Charles Darwin

L'Origine
des espèces

UltraLetters Publishing

Titre : L'Origine des espèces

Auteur : Charles Darwin

Première publication : 1859, en anglais.

Traducteur : Edmond Barbier (1906).

ISBN : 978-2-930718-05-7

Connectez-vous sur www.UltraLetters.com

UltraLetters Publishing
Chaussée de Louvain 383/6
B-1030 Bruxelles, Belgique
contact@UltraLetters.com

Sommaire

Avis du traducteur

Il ne nous appartient pas de faire une préface à l'Origine des espèces. Tout a été dit sur ce livre célèbre, qui, plus qu'aucun autre peut-être de tous ceux publiés à notre époque, a soulevé d'ardentes discussions.

Plusieurs éditions en ont déjà paru en France. Aucune n'est complète, car l'auteur, dans chaque nouvelle édition anglaise, a apporté d'importantes modifications à son ouvrage.

La nouvelle traduction que nous soumettons aujourd'hui au public a été faite sur la sixième édition anglaise. C'est l'édition définitive, nous écrit M. Darwin.

Nous ne prétendons pas avoir traduit l'ouvrage de l'illustre naturaliste anglais mieux que n'ont fait nos devanciers. C'est la précision que nous avons cherchée, plus que l'élégance du style. Il nous a semblé que notre premier devoir était de respecter scrupuleusement la pensée de l'auteur, et nous avons voulu surtout que notre version eût toute l'exactitude possible.

Edmond Barbier

sélection naturelle, et c'est la première fois qu'il a été publiquement soutenu ; mais il ne l'applique qu'aux races humaines, et à certains caractères seulement. Après avoir remarqué que les nègres et les mulâtres échappent à certaines maladies tropicales, il constate premièrement que tous les animaux tendent à varier dans une certaine mesure, et secondement que les agriculteurs améliorent leurs animaux domestiques par la sélection. Puis il ajoute que ce qui, dans ce dernier cas, est effectué par « l'art paraît l'être également, mais plus lentement, par la nature, pour la production des variétés humaines adaptées aux régions qu'elles habitent : ainsi, parmi les variétés accidentelles qui ont pu surgir chez les quelques habitants disséminés dans les parties centrales de l'Afrique, quelques-unes étaient sans doute plus aptes que les autres à supporter les maladies du pays. Cette race a dû, par conséquent, se multiplier, pendant que les autres dépérissaient, non seulement parce qu'elles ne pouvaient résister aux maladies, mais aussi parce qu'il leur était impossible de lutter contre leurs vigoureux voisins. D'après mes remarques précédentes, il n'y a pas à douter que cette race énergique ne fût une race brune. Or, la même tendance à la formation de variétés persistant toujours, il a dû surgir, dans le cours des temps, des races de plus en plus noires ; et la race la plus noire étant la plus propre à s'adapter au climat, elle a dû devenir la race prépondérante, sinon la seule, dans le pays particulier où elle a pris naissance. » L'auteur étend ensuite ces mêmes considérations aux habitants blancs des climats plus froids. Je dois remercier M. Rowley, des États-Unis, d'avoir, par l'entremise de M. Brace, appelé mon attention sur ce passage du mémoire du docteur Wells.

L'honorable et révérend W. Hebert, plus tard doyen de Manchester, écrivait en 1822, dans le quatrième volume des Horticultural Transactions, et dans son ouvrage sur les Amaryllidacées (1837, p. 19, 339), que « les expériences d'horticulture ont établi, sans réfutation possible, que les espèces botaniques ne sont qu'une classe supérieure de variétés plus permanentes. » Il étend la même opinion aux animaux, et croit que des espèces uniques de chaque genre ont été créées dans un état primitif très plastique, et que ces types ont produit ultérieurement, principalement par entrecroisement et aussi par variation, toutes nos espèces existantes.

En 1826, le professeur Grant, dans le dernier paragraphe de son mémoire bien connu sur les spongilles (Edinburgh Philos. Journal, 1826, t. XIV, p. 283), déclare nettement qu'il croit que les espèces descendent d'autres espèces, et qu'elles se perfectionnent dans le cours des modifications qu'elles subissent. Il a appuyé sur cette même opinion dans sa cinquante-cinquième conférence, publiée en 1834 dans the Lancet.

En 1831, M. Patrick Matthew a publié un traité intitulé Naval Timber and Arboriculture, dans lequel il émet exactement la même opinion que celle que M. Wallace et moi avons exposée dans le Linnean Journal, et que je développe dans le présent ouvrage. Malheureusement, M. Matthew avait énoncé ses opinions très brièvement et par passages disséminés dans un appendice à un ouvrage traitant un sujet tout différent ; elles passèrent donc inaperçues jusqu'à ce que M. Matthew lui-même ait attiré l'attention sur elles dans le Gardener's Chronicle (7 avril 1860). Les différences entre nos manières de voir n'ont pas grande importance. Il semble croire que le monde a été presque dépeuplé à des périodes successives, puis repeuplé de nouveau ; il admet, à titre d'alternative, que de nouvelles formes peuvent se produire « sans l'aide d'aucun moule ou germe antérieur ». Je crois ne pas bien comprendre quelques passages, mais il me semble qu'il accorde beaucoup d'influence à l'action directe des conditions d'existence. Il a toutefois établi clairement toute la puissance du principe de la sélection naturelle.

Dans sa Description physique des îles Canaries (1836, p.147), le célèbre géologue et naturaliste von Buch exprime nettement l'opinion que les variétés se modifient peu à peu et deviennent des espèces permanentes, qui ne sont plus capables de s'entrecroiser.

Dans la Nouvelle Flore de l'Amérique du Nord (1836, p. 6), Rafinesque s'exprimait comme suit : « Toutes les espèces ont pu autrefois être des variétés, et beaucoup de variétés deviennent graduellement des espèces en acquérant des caractères permanents et particuliers ;» et, un peu plus loin, il ajoute (p. 18) : « les types primitifs ou ancêtres du genre exceptés. »

En 1843-44, dans le Boston Journal of Nat. Hist. U. S. (t.IV, p. 468), le professeur Haldeman a exposé avec talent les arguments pour et contre l'hypothèse du développement et de la modification de l'espèce ; il paraît pencher du côté de la variabilité.

Les Vestiges of Creation ont paru en 1844. Dans la dixième édition, fort améliorée (1853), l'auteur anonyme dit (p. 155) : « La proposition à laquelle on peut s'arrêter après de nombreuses considérations est que les diverses séries d'êtres animés, depuis les plus simples et les plus anciens jusqu'aux plus élevés et aux plus récents, sont, sous la providence de Dieu, le résultat de deux causes : premièrement, d'une impulsion communiquée aux formes de la vie ; impulsion qui les pousse en un temps donné, par voie de génération régulière, à travers tous les degrés d'organisation, jusqu'aux Dicotylédonées et aux Vertébrés supérieurs ; ces degrés sont, d'ailleurs, peu nombreux et généralement marqués par des intervalles dans leur caractère organique, ce qui nous rend si difficile dans la pratique l'appréciation des affinités ; secondement, d'une autre impulsion en rapport avec les forces vitales, tendant, dans la série des générations, à approprier, en les modifiant, les conformations organiques aux circonstances extérieures, comme la nourriture, la localité et les influences météoriques ; ce sont là les adaptations du théologien naturel. » L'auteur paraît croire que l'organisation progresse par soubresauts, mais que les effets produits par les conditions d'existence sont graduels. Il soutient avec assez de force, en se basant sur des raisons générales, que les espèces ne sont pas des productions immuables. Mais je ne vois pas comment les deux « impulsions » supposées peuvent expliquer scientifiquement les nombreuses et admirables coadaptations que l'on remarque dans la nature ; comment, par exemple, nous pouvons ainsi nous rendre compte de la marche qu'a dû suivre le pic pour s'adapter à ses habitudes particulières. Le style brillant et énergique de ce livre, quoique présentant dans les premières éditions peu de connaissances exactes et une grande absence de prudence scientifique, lui assura aussitôt un grand succès ; et, à mon avis, il a rendu service en appelant l'attention sur le sujet, en combattant les préjugés et en préparant les esprits à l'adoption d'idées analogues.

En 1846, le vétéran de la zoologie, M. J. d'Omalius d'Halloy, a publié (Bull. de l'Acad. roy. de Bruxelles, vol. XIII, p.581) un mémoire excellent, bien que court, dans lequel il émet l'opinion qu'il est plus probable que les espèces nouvelles ont été produites par descendance avec modifications plutôt que créées séparément ; l'auteur avait déjà exprimé cette opinion en 1831.

Dans son ouvrage Nature of Limbs, p. 86, le professeur Owen écrivait en 1849 : « L'idée archétype s'est manifestée dans la chair sur notre planète, avec des modifications diverses, longtemps avant l'existence des espèces animales qui en sont actuellement l'expression. Mais jusqu'à présent nous ignorons entièrement à quelles lois naturelles ou à quelles causes secondaires la succession régulière et la progression de ces phénomènes organiques ont pu être soumises. » Dans son discours à l'Association britannique, en 1858, il parle (p. 51) de « l'axiome de la puissance créatrice continue, ou de la destinée préordonnée des choses vivantes. » Plus loin (p. 90), à propos de la distribution géographique, il ajoute : « Ces phénomènes ébranlent la croyance où nous étions que l'aptéryx de la Nouvelle-Zélande et le coq de bruyère rouge de l'Angleterre aient été des créations distinctes faites dans une île et pour elle. Il est utile, d'ailleurs de se rappeler toujours aussi que le zoologiste attribue le mot de création à un procédé sur lequel il ne connaît rien. » Il développe cette idée en ajoutant que toutes les fois qu'un « zoologiste cite des exemples tels que le précédent, comme preuve d'une création distincte dans une île et pour elle, il veut dire seulement qu'il ne sait pas comment le coq de bruyère rouge se trouve exclusivement dans ce lieu, et que cette manière d'exprimer son ignorance implique en même temps la croyance à une grande cause créatrice primitive, à laquelle l'oiseau aussi bien que les îles doivent leur origine. » Si nous rapprochons les unes des autres les phrases prononcées dans ce discours, il semble que, en 1858, le célèbre naturaliste n'était pas convaincu que l'aptéryx et le coq de bruyère rouge aient apparu pour la première fois dans leurs contrées respectives, sans qu'il puisse expliquer comment, pas plus qu'il ne saurait expliquer pourquoi.

Ce discours a été prononcé après la lecture du mémoire de M. Wallace et du mien sur l'origine des espèces devant la Société Linnéenne. Lors de la publication de la première édition du présent ouvrage, je fus, comme beaucoup d'autres avec moi, si complètement trompé par des expressions telles que « l'action continue de la puissance créatrice », que je rangeai le professeur Owen, avec d'autres paléontologistes, parmi les partisans convaincus de l'immutabilité de l'espèce ; mais il paraît que c'était de ma part une grave erreur (Anatomy of Vertebrates, vol. III, p. 796). Dans les précédentes éditions de mon ouvrage je conclus, et je maintiens encore ma conclusion, d'après un passage commençant (ibid., vol. I, p. 35) par les mots : « Sans doute la forme type, etc. », que le professeur Owen admettait la sélection naturelle comme pouvant avoir contribué en quelque chose à la formation de nouvelles espèces ; mais il paraît, d'après un autre passage (ibid., vol. III, p. 798), que ceci est inexact et non démontré. Je donnai aussi quelques extraits d'une correspondance entre le professeur Owen et le rédacteur en chef de la London Review, qui paraissaient prouver à ce dernier, comme à moi-même, que le professeur Owen prétendait avoir émis avant moi la théorie de la sélection naturelle. J'exprimai une grande surprise et une grande satisfaction en apprenant cette nouvelle ; mais, autant qu'il est possible de comprendre certains passages récemment publiés (Anat. of Vertebrates, III, p. 798), je suis encore en tout ou en partie retombé dans l'erreur. Mais je me rassure en voyant d'autres que moi trouver aussi difficiles à comprendre et à concilier entre eux les travaux de controverse du professeur Owen. Quant à la simple énonciation du principe de la sélection naturelle, il est tout à fait indifférent que le professeur Owen m'ait devancé ou non, car tous deux, comme le prouve cette esquisse historique, nous avons depuis longtemps eu le docteur Wells et M. Matthew pour prédécesseurs.

M. Isidore Geoffroy Saint-Hilaire, dans des conférences faites en 1850 (résumées dans Revue et Mag. de zoologie, janvier 1851), expose brièvement les raisons qui lui font croire que « les caractères spécifiques sont fixés pour chaque espèce, tant qu'elle se perpétue au milieu des mêmes circonstances ; ils se modifient si les conditions ambiantes viennent à changer ». « En résumé, l'observation des animaux sauvages démontre déjà la variabilité limitée des espèces. Les expériences sur les animaux sauvages devenus domestiques, et sur les animaux domestiques redevenus sauvages, la démontrent plus clairement encore. Ces mêmes expériences prouvent, de plus, que les différences produites peuvent être de valeur générique. » Dans son Histoire naturelle générale (vol. II, 1859, p. 430), il développe des conclusions analogues.

Une circulaire récente affirme que, dès 1851 (Dublin Médical Press, p. 322), le docteur Freke a émis l'opinion que tous les êtres organisés descendent d'une seule forme primitive. Les bases et le traitement du sujet diffèrent totalement des miens, et, comme le docteur Freke a publié en 1861 son essai sur l'Origine des espèces par voie d'affinité organique, il serait superflu de ma part de donner un aperçu quelconque de son système.

M. Herbert Spencer, dans un mémoire (publié d'abord dans le Leader, mars 1852, et reproduit dans ses Essays en 1858), a établi, avec un talent et une habileté remarquables, la comparaison entre la théorie de la création et celle du développement des êtres organiques. Il tire ses preuves de l'analogie des productions domestiques, des changements que subissent les embryons de beaucoup d'espèces, de la difficulté de distinguer entre les espèces et les variétés, et du principe de gradation générale ; il conclut que les espèces ont éprouvé des modifications qu'il attribue au changement des conditions. L'auteur (1855) a aussi étudié la psychologie en partant du principe de l'acquisition graduelle de chaque aptitude et de chaque faculté mentale.

En 1852, M. Naudin, botaniste distingué, dans un travail remarquable sur l'origine des espèces (Revue horticole, p. 102, republié en partie dans les Nouvelles Archives du Muséum, vol. I, p. 171), déclare que les espèces se forment de la même manière que les variétés cultivées, ce qu'il attribue à la sélection exercée par l'homme. Mais il n'explique pas comment agit la sélection à l'état de nature. Il admet, comme le doyen Herbert, que les espèces, à l'époque de leur apparition, étaient plus plastiques qu'elles ne le sont aujourd'hui. Il appuie sur ce qu'il appelle le principe de finalité, « puissance mystérieuse, indéterminée, fatalité pour les uns, pour les autres volonté providentielle, dont l'action incessante sur les êtres vivants détermine, à toutes les époques de l'existence du monde, la forme, le volume et la durée de chacun d'eux, en raison de sa destinée dans l'ordre de choses dont il fait partie. C'est cette puissance qui harmonise chaque membre à l'ensemble en l'appropriant à la fonction qu'il doit remplir dans l'organisme général de la nature, fonction qui est pour lui sa raison d'être[3] »
.

---

[3] Il paraît résulter de citations faites dans Untersuchungen über die Entwickelungs-Gesetze, de Bronn, que Unger, botaniste et paléontologiste distingué, a publié en 1852 l'opinion que les espèces subissent un développement et des modifications. D'Alton a exprimé la même opinion en 1821, dans l'ouvrage sur les fossiles auquel il a collaboré avec Pander. Oken, dans son ouvrage mystique Natur-Philosophie, a soutenu des opinions analogues. Il paraît résulter de renseignements contenus dans l'ouvrage Sur l'Espèce, de Godron, que Bory Saint Vincent, Burdach, Poiret et Fries ont tous admis la continuité de la

Un géologue célèbre, le comte Keyserling, a, en 1853 (Bull. de la Soc. géolog., 2e série, vol. X, p. 357), suggéré que, de même que de nouvelles maladies causées peut-être par quelque miasme ont apparu et se sont répandues dans le monde, de même des germes d'espèces existantes ont pu être, à certaines périodes, chimiquement affectés par des molécules ambiantes de nature particulière, et ont donné naissance à de nouvelles formes.

Cette même année 1853, le docteur Schaaffhausen a publié une excellente brochure (Verhandl. des naturhist. Vereins der Preuss. Rheinlands, etc.) dans laquelle il explique le développement progressif des formes organiques sur la terre. Il croit que beaucoup d'espèces ont persisté très longtemps, quelques-unes seulement s'étant modifiées, et il explique les différences actuelles par la destruction des formes intermédiaires. « Ainsi les plantes et les animaux vivants ne sont pas séparés des espèces éteintes par de nouvelles créations, mais doivent être regardés comme leurs descendants par voie de génération régulière. »

M. Lecoq, botaniste français très connu, dans ses Études sur la géographie botanique, vol. I, p. 250, écrit en 1854 : « On voit que nos recherches sur la fixité ou la variation de l'espèce nous conduisent directement aux idées émises par deux hommes justement célèbres, Geoffroy Saint-Hilaire et Gœthe. » Quelques autres passages épars dans l'ouvrage de M. Lecoq laissent quelques doutes sur les limites qu'il assigne à ses opinions sur les modifications des espèces.

Dans ses Essays on the Unity of Worlds, 1855, le révérend Baden Powell a traité magistralement la philosophie de la création. On ne peut démontrer d'une manière plus frappante comment l'apparition d'une espèce nouvelle « est un phénomène régulier et non casuel », ou, selon l'expression de sir John Herschell, « un procédé naturel par opposition à un procédé miraculeux ».

Le troisième volume du Journal ot the Linnean Society, publié le 1er juillet 1858, contient quelques mémoires de M. Wallace et de moi, dans lesquels, comme je le constate dans l'introduction du présent volume, M. Wallace énonce avec beaucoup de clarté et de puissance la théorie de la sélection naturelle.

Von Baer, si respecté de tous les zoologistes, exprima, en 1859 (voir prof. Rud. Wagner, Zoologisch-anthropologische Untersuchungen, p. 51, 1861), sa conviction, fondée surtout sur les lois de la distribution géographique, que des formes actuellement distinctes au plus haut degré sont les descendants d'un parent-type unique.

---

production d'espèces nouvelles. — Je dois ajouter que sur trente-quatre auteurs cités dans cette notice historique, qui admettent la modification des espèces, et qui rejettent les actes de création séparés, il y en a vingt-sept qui ont écrit sur des branches spéciales d'histoire naturelle et de géologie.

En juin 1859, le professeur Huxley, dans une conférence devant l'Institution royale sur « les types persistants de la vie animale », a fait les remarques suivantes : « Il est difficile de comprendre la signification des faits de cette nature, si nous supposons que chaque espèce d'animaux, ou de plantes, ou chaque grand type d'organisation, a été formé et placé sur la terre, à de longs intervalles, par un acte distinct de la puissance créatrice ; et il faut bien se rappeler qu'une supposition pareille est aussi peu appuyée sur la tradition ou la révélation, qu'elle est fortement opposée à l'analogie générale de la nature. Si, d'autre part, nous regardons les types persistants au point de vue de l'hypothèse que les espèces, à chaque époque, sont le résultat de la modification graduelle d'espèces préexistantes, hypothèse qui, bien que non prouvée, et tristement compromise par quelques-uns de ses adhérents, est encore la seule à laquelle la physiologie prête un appui favorable, l'existence de ces types persistants semblerait démontrer que l'étendue des modifications que les êtres vivants ont dû subir pendant les temps géologiques n'a été que faible relativement à la série totale des changements par lesquels ils ont passé. »

En décembre 1859, le docteur Hooker a publié son Introduction to the Australian Flora ; dans la première partie de ce magnifique ouvrage, il admet la vérité de la descendance et des modifications des espèces, et il appuie cette doctrine par un grand nombre d'observations originales.

La première édition anglaise du présent ouvrage a été publiée le 24 novembre 1859, et la seconde le 7 janvier 1860.

Introduction

Les rapports géologiques qui existent entre la faune actuelle et la faune éteinte de l'Amérique méridionale, ainsi que certains faits relatifs à la distribution des êtres organisés qui peuplent ce continent, m'ont profondément frappé lors de mon voyage à bord du navire le Beagle[4], en qualité de naturaliste. Ces faits, comme on le verra dans les chapitres subséquents de ce volume, semblent jeter quelque lumière sur l'origine des espèces — ce mystère des mystères — pour employer l'expression de l'un de nos plus grands philosophes. À mon retour en Angleterre, en 1837, je pensai qu'en accumulant patiemment tous les faits relatifs à ce sujet, qu'en les examinant sous toutes les faces, je pourrais peut-être arriver à élucider cette question. Après cinq années d'un travail opiniâtre, je rédigeai quelques notes ; puis, en 1844, je résumai ces notes sous forme d'un mémoire, où j'indiquais les résultats qui me semblaient offrir quelque degré de probabilité ; depuis cette époque, j'ai constamment poursuivi le même but. On m'excusera, je l'espère, d'entrer dans ces détails personnels ; si je le fais, c'est pour prouver que je n'ai pris aucune décision à la légère.

Mon œuvre est actuellement (1859) presque complète. Il me faudra, cependant, bien des années encore pour l'achever, et, comme ma santé est loin d'être bonne, mes amis m'ont conseillé de publier le résumé qui fait l'objet de ce volume. Une autre raison m'a complètement décidé : M. Wallace, qui étudie actuellement l'histoire naturelle dans l'archipel Malais, en est arrivé à des conclusions presque identiques aux miennes sur l'origine des espèces. En 1858, ce savant naturaliste m'envoya un mémoire à ce sujet, avec prière de le communiquer à Sir Charles Lyell, qui le remit à la Société Linnéenne ; le mémoire de M. Wallace a paru dans le troisième volume du journal de cette société. Sir Charles Lyell et le docteur Hooker, qui tous deux étaient au courant de mes travaux — le docteur Hooker avait lu l'extrait de mon manuscrit écrit en 1844 — me conseillèrent de publier, en même temps que le mémoire de M. Wallace, quelques extraits de mes notes manuscrites.

Le mémoire qui fait l'objet du présent volume est nécessairement imparfait. Il me sera impossible de renvoyer à toutes les autorités auxquelles j'emprunte certains faits, mais j'espère que le lecteur voudra bien se fier à mon exactitude. Quelques

---

[4] La relation du voyage de M. Darwin a été récemment publiée en français sous le titre de : Voyage d'un naturaliste autour du monde, 1 vol, in-8°, Paris, Reinwald.

erreurs ont pu, sans doute, se glisser dans mon travail, bien que j'aie toujours eu grand soin de m'appuyer seulement sur des travaux de premier ordre. En outre, je devrai me borner à indiquer les conclusions générales auxquelles j'en suis arrivé, tout en citant quelques exemples, qui, je pense, suffiront dans la plupart des cas. Personne, plus que moi, ne comprend la nécessité de publier plus tard, en détail, tous les faits sur lesquels reposent mes conclusions ; ce sera l'objet d'un autre ouvrage. Cela est d'autant plus nécessaire que, sur presque tous les points abordés dans ce volume, on peut invoquer des faits qui, au premier abord, semblent tendre à des conclusions absolument contraires à celles que j'indique. Or, on ne peut arriver à un résultat satisfaisant qu'en examinant les deux côtés de la question et en discutant les faits et les arguments ; c'est là chose impossible dans cet ouvrage.

Je regrette beaucoup que le défaut d'espace m'empêche de reconnaître l'assistance généreuse que m'ont prêtée beaucoup de naturalistes, dont quelques-uns me sont personnellement inconnus. Je ne puis, cependant, laisser passer cette occasion sans exprimer ma profonde gratitude à M. le docteur Hooker, qui, pendant ces quinze dernières années, a mis à mon entière disposition ses trésors de science et son excellent jugement.

On comprend facilement qu'un naturaliste qui aborde l'étude de l'origine des espèces et qui observe les affinités mutuelles des êtres organisés, leurs rapports embryologiques, leur distribution géographique, leur succession géologique et d'autres faits analogues, en arrive à la conclusion que les espèces n'ont pas été créées indépendamment les unes des autres, mais que, comme les variétés, elles descendent d'autres espèces. Toutefois, en admettant même que cette conclusion soit bien établie, elle serait peu satisfaisante jusqu'à ce qu'on ait pu prouver comment les innombrables espèces, habitant la terre, se sont modifiées de façon à acquérir cette perfection de forme et de coadaptation qui excite à si juste titre notre admiration. Les naturalistes assignent, comme seules causes possibles aux variations, les conditions extérieures, telles que le climat, l'alimentation, etc. Cela peut être vrai dans un sens très limité, comme nous le verrons plus tard ; mais il serait absurde d'attribuer aux seules conditions extérieures la conformation du pic, par exemple, dont les pattes, la queue, le bec et la langue sont si admirablement adaptés pour aller saisir les insectes sous l'écorce des arbres. Il serait également absurde d'expliquer la conformation du gui et ses rapports avec plusieurs êtres organisés distincts, par les seuls effets des conditions extérieures, de l'habitude, ou de la volonté de la plante elle-même, quand on pense que ce parasite tire sa nourriture de certains arbres, qu'il produit des graines que doivent transporter certains oiseaux, et qu'il porte des fleurs unisexuées, ce qui nécessite l'intervention de certains insectes pour porter le pollen d'une fleur à une autre.

Il est donc de la plus haute importance d'élucider quels sont les moyens de modification et de coadaptation. Tout d'abord, il m'a semblé probable que l'étude attentive des animaux domestiques et des plantes cultivées devait offrir le meilleur champ de recherches pour expliquer cet obscur problème. Je n'ai pas été désappointé ; j'ai bientôt reconnu, en effet, que nos connaissances, quelque imparfaites qu'elles soient, sur les variations à l'état domestique, nous fournissent toujours l'explication la plus simple et la moins sujette à erreur. Qu'il me soit donc permis d'ajouter que, dans ma conviction, ces études ont la plus grande importance et qu'elles sont ordinairement beaucoup trop négligées par les naturalistes.

Ces considérations m'engagent à consacrer le premier chapitre de cet ouvrage à l'étude des variations à l'état domestique. Nous y verrons que beaucoup de modifications héréditaires sont tout au moins possibles ; et, ce qui est également important, ou même plus important encore, nous verrons quelle influence exerce l'homme en accumulant, par la sélection, de légères variations successives. J'étudierai ensuite la variabilité des espèces à l'état de nature, mais je me verrai naturellement forcé de traiter ce sujet beaucoup trop brièvement ; on ne pourrait, en effet, le traiter complètement qu'à condition de citer une longue série de faits. En tout cas, nous serons à même de discuter quelles sont les circonstances les plus favorables à la variation. Dans le chapitre suivant, nous considérerons la lutte pour l'existence parmi les êtres organisés dans le monde entier, lutte qui doit inévitablement découler de la progression géométrique de leur augmentation en nombre. C'est la doctrine de Malthus appliquée à tout le règne animal et à tout le règne végétal. Comme il naît beaucoup plus d'individus de chaque espèce qu'il n'en peut survivre ; comme, en conséquence, la lutte pour l'existence se renouvelle à chaque instant, il s'ensuit que tout être qui varie quelque peu que ce soit de façon qui lui est profitable a une plus grande chance de survivre ; cet être est ainsi l'objet d'une sélection naturelle. En vertu du principe si puissant de l'hérédité, toute variété objet de la sélection tendra à propager sa nouvelle forme modifiée.

Je traiterai assez longuement, dans le quatrième chapitre, ce point fondamental de la sélection naturelle. Nous verrons alors que la sélection naturelle cause presque inévitablement une extinction considérable des formes moins bien organisées et amène ce que j'ai appelé la divergence des caractères. Dans le chapitre suivant, j'indiquerai les lois complexes et peu connues de la variation. Dans les cinq chapitres subséquents, je discuterai les difficultés les plus sérieuses qui semblent s'opposer à l'adoption de cette théorie ; c'est-à-dire, premièrement, les difficultés de transition, ou, en d'autres termes, comment un être simple, ou un simple organisme, peut se modifier, se perfectionner, pour devenir un être hautement développé, ou un organisme admirablement construit ; secondement, l'instinct, ou la puissance intellectuelle des animaux ; troisièmement, l'hybridité, ou la stérilité des espèces et la fécondité des variétés quand on les croise ; et, quatrièmement, l'imperfection des documents géologiques. Dans le chapitre suivant, j'examinerai la succession géologique des êtres à travers le temps ; dans le douzième et dans le treizième chapitre, leur distribution géographique à travers l'espace ; dans le quatorzième, leur classification ou leurs affinités mutuelles, soit à leur état de complet développement, soit à leur état embryonnaire. Je consacrerai le dernier chapitre à une brève récapitulation de l'ouvrage entier et à quelques remarques finales.

On ne peut s'étonner qu'il y ait encore tant de points obscurs relativement à l'origine des espèces et des variétés, si l'on tient compte de notre profonde ignorance pour tout ce qui concerne les rapports réciproques des êtres innombrables qui vivent autour de nous. Qui peut dire pourquoi telle espèce est très nombreuse et très répandue, alors que telle autre espèce voisine est très rare et a un habitat fort restreint ? Ces rapports ont, cependant, la plus haute importance, car c'est d'eux que dépendent la prospérité actuelle et, je le crois fermement, les futurs progrès et la modification de tous les habitants de ce monde. Nous connaissons encore bien moins les rapports réciproques des innombrables habitants du monde pendant les longues périodes géologiques écoulées. Or, bien que beaucoup de points soient encore très obscurs, bien qu'ils doivent rester, sans doute, inexpliqués longtemps encore, je me vois cependant, après les études les plus approfondies, après une appréciation froide et impartiale, forcé de soutenir que l'opinion défendue jusque tout récemment par la plupart des naturalistes, opinion que je partageais moi-même autrefois, c'est-à-dire que chaque espèce a été l'objet d'une création indépendante, est absolument erronée. Je suis pleinement convaincu que les espèces ne sont pas immuables ; je suis convaincu que les espèces qui appartiennent à ce que nous appelons le même genre descendent directement de quelque autre espèce ordinairement éteinte, de même que les variétés reconnues d'une espèce quelle qu'elle soit descendent directement de cette espèce ; je suis convaincu, enfin, que la sélection naturelle a joué le rôle principal dans la modification des espèces, bien que d'autres agents y aient aussi participé.

Chapitre I

DE LA VARIATION DES ESPÈCES À L'ÉTAT DOMESTIQUE.

Causes de la variabilité. — Effets des habitudes. — Effets de l'usage ou du non-usage des parties. — Variation par corrélation. — Hérédité. — Caractères des variétés domestiques. — Difficulté de distinguer entre les variétés et les espèces. — Nos variétés domestiques descendent d'une ou de plusieurs espèces. — Pigeons domestiques, leurs différences et leur origine. — La sélection appliquée depuis longtemps, ses effets. — Sélection méthodique et inconsciente. — Origine inconnue de nos animaux domestiques. — Circonstances favorables à l'exercice de la sélection par l'homme.

CAUSES DE LA VARIABILITÉ

Quand on compare les individus appartenant à une même variété ou à une même sous-variété de nos plantes cultivées depuis le plus longtemps et de nos animaux domestiques les plus anciens, on remarque tout d'abord qu'ils diffèrent ordinairement plus les uns des autres que les individus appartenant à une espèce ou à une variété quelconque à l'état de nature. Or, si l'on pense à l'immense diversité de nos plantes cultivées et de nos animaux domestiques, qui ont varié à toutes les époques, exposés qu'ils étaient aux climats et aux traitements les plus divers, on est amené à conclure que cette grande variabilité provient de ce que nos productions domestiques ont été élevées dans des conditions de vie moins uniformes, ou même quelque peu différentes de celles auxquelles l'espèce mère a été soumise à l'état de nature. Il y a peut-être aussi quelque chose de fondé dans l'opinion soutenue par Andrew Knight, c'est-à-dire que la variabilité peut provenir en partie de l'excès de nourriture. Il semble évident que les êtres organisés doivent être exposés, pendant plusieurs générations, à de nouvelles conditions d'existence, pour qu'il se produise chez eux une quantité appréciable de variation ; mais il est tout aussi évident que, dès qu'un organisme a commencé à varier, il continue ordinairement à le faire pendant de nombreuses générations. On ne pourrait citer aucun exemple d'un organisme variable qui ait cessé de varier à l'état domestique. Nos plantes les plus anciennement cultivées, telles que le froment, produisent encore de nouvelles variétés ; nos animaux réduits depuis le plus longtemps à l'état domestique sont encore susceptibles de modifications ou d'améliorations très rapides.

Autant que je puis en juger, après avoir longuement étudié ce sujet, les conditions de la vie paraissent agir de deux façons distinctes : directement sur l'organisation entière ou sur certaines parties seulement, et indirectement en affectant le système reproducteur. Quant à l'action directe, nous devons nous rappeler que, dans tous les cas, comme l'a fait dernièrement remarquer le professeur Weismann, et comme je l'ai incidemment démontré dans mon ouvrage sur la Variation à l'état domestique[5], nous devons nous rappeler, dis-je, que cette action comporte deux facteurs : la nature de l'organisme et la nature des conditions. Le premier de ces facteurs semble être de beaucoup le plus important ; car, autant toutefois que nous en pouvons juger, des variations presque semblables se produisent quelquefois dans des conditions différentes, et, d'autre part, des variations différentes se produisent dans des conditions qui paraissent presque uniformes. Les effets sur la descendance sont définis ou indéfinis. On peut les considérer comme définis quand tous, ou presque tous les descendants d'individus soumis à certaines conditions d'existence pendant plusieurs générations, se modifient de la même manière. Il est extrêmement difficile de spécifier l'étendue des changements qui ont été définitivement produits de cette façon. Toutefois, on ne peut guère avoir de doute relativement à de nombreuses modifications très légères, telles que : modifications de la taille provenant de la quantité de nourriture ; modifications de la couleur provenant de la nature de l'alimentation ; modifications dans l'épaisseur de la peau et de la fourrure provenant de la nature du climat, etc. Chacune des variations infinies que nous remarquons dans le plumage de nos oiseaux de basse-cour doit être le résultat d'une cause efficace ; or, si la même cause agissait uniformément, pendant une longue série de générations, sur un grand nombre d'individus, ils se modifieraient probablement tous de la même manière. Des faits tels que les excroissances extraordinaires et compliquées, conséquence invariable du dépôt d'une goutte microscopique de poison fournie par un gall-insecte, nous prouvent quelles modifications singulières peuvent, chez les plantes, résulter d'un changement chimique dans la nature de la sève.

Le changement des conditions produit beaucoup plus souvent une variabilité indéfinie qu'une variabilité définie, et la première a probablement joué un rôle beaucoup plus important que la seconde dans la formation de nos races domestiques. Cette variabilité indéfinie se traduit par les innombrables petites particularités qui distinguent les individus d'une même espèce, particularités que l'on ne peut attribuer, en vertu de l'hérédité, ni au père, ni à la mère, ni à un

_____

[5] De la Variation des Animaux et des Plantes à l'état domestique. Paris, Reinwald.

ancêtre plus éloigné. Des différences considérables apparaissent même parfois chez les jeunes d'une même portée, ou chez les plantes nées de graines provenant d'une même capsule. À de longs intervalles, on voit surgir des déviations de conformation assez fortement prononcées pour mériter la qualification de monstruosités ; ces déviations affectent quelques individus, au milieu de millions d'autres élevés dans le même pays et nourris presque de la même manière ; toutefois, on ne peut établir une ligne absolue de démarcation entre les monstruosités et les simples variations. On peut considérer comme les effets indéfinis des conditions d'existence, sur chaque organisme individuel, tous ces changements de conformation, qu'ils soient peu prononcés ou qu'ils le soient beaucoup, qui se manifestent chez un grand nombre d'individus vivant ensemble. On pourrait comparer ces effets indéfinis aux effets d'un refroidissement, lequel affecte différentes personnes de façon indéfinie, selon leur état de santé ou leur constitution, se traduisant chez les unes par un rhume de poitrine, chez les autres par un rhume de cerveau, chez celle-ci par un rhumatisme, chez celle-là par une inflammation de divers organes.

Passons à ce que j'ai appelé l'action indirecte du changement des conditions d'existence, c'est-à-dire les changements provenant de modifications affectant le système reproducteur. Deux causes principales nous autorisent à admettre l'existence de ces variations : l'extrême sensibilité du système reproducteur pour tout changement dans les conditions extérieures ; la grande analogie, constatée par Kölreuter et par d'autres naturalistes, entre la variabilité résultant du croisement d'espèces distinctes et celle que l'on peut observer chez les plantes et chez les animaux élevés dans des conditions nouvelles ou artificielles. Un grand nombre de faits témoignent de l'excessive sensibilité du système reproducteur pour tout changement, même insignifiant, dans les conditions ambiantes. Rien n'est plus facile que d'apprivoiser un animal, mais rien n'est plus difficile que de l'amener à reproduire en captivité, alors même que l'union des deux sexes s'opère facilement. Combien d'animaux qui ne se reproduisent pas, bien qu'on les laisse presque en liberté dans leur pays natal ! On attribue ordinairement ce fait, mais bien à tort, à une corruption des instincts. Beaucoup de plantes cultivées poussent avec la plus grande vigueur, et cependant elles ne produisent que fort rarement des graines ou n'en produisent même pas du tout. On a découvert, dans quelques cas, qu'un changement insignifiant, un peu plus ou un peu moins d'eau par exemple, à une époque particulière de la croissance, amène ou non chez la plante la production des graines. Je ne puis entrer ici dans les détails des faits que j'ai recueillis et publiés ailleurs sur ce curieux sujet ; toutefois, pour démontrer combien sont singulières les lois qui régissent la reproduction des animaux en captivité, je puis constater que les animaux carnivores, même ceux provenant des pays tropicaux, reproduisent assez facilement dans nos pays, sauf toutefois les animaux appartenant à la famille des plantigrades, alors que les oiseaux carnivores ne pondent presque jamais d'œufs féconds. Bien des plantes exotiques ne produisent qu'un pollen sans valeur comme celui des hybrides les plus stériles. Nous voyons donc, d'une part, des animaux et des plantes réduits à l'état domestique se reproduire facilement en captivité, bien qu'ils soient souvent faibles et maladifs ; nous voyons, d'autre part, des individus, enlevés tout jeunes à leurs forêts, supportant très bien la captivité, admirablement apprivoisés, dans la force de l'âge, sains (je pourrais citer bien des exemples) dont le système reproducteur a été cependant si sérieusement affecté par des causes inconnues, qu'il cesse de fonctionner. En présence de ces deux ordres de faits, faut-il s'étonner que le système reproducteur agisse si irrégulièrement quand il fonctionne en captivité, et que les descendants soient un peu différents de leurs parents ? Je puis ajouter que, de même que certains animaux reproduisent facilement dans les conditions les moins naturelles (par exemple, les lapins et les furets enfermés dans des cages), ce qui prouve que le système reproducteur de ces animaux n'est pas affecté par la captivité ; de même aussi, certains animaux et certaines plantes supportent la domesticité ou la culture sans varier beaucoup, à peine plus peut-être qu'à l'état de nature.

Quelques naturalistes soutiennent que toutes les variations sont liées à l'acte de la reproduction sexuelle ; c'est là certainement une erreur. J'ai cité, en effet, dans un autre ouvrage, une longue liste de plantes que les jardiniers appellent des plantes folles, c'est-à-dire des plantes chez lesquelles on voit surgir tout à coup un bourgeon présentant quelque caractère nouveau et parfois tout différent des autres bourgeons de la même plante. Ces variations de bourgeons, si on peut employer cette expression, peuvent se propager à leur tour par greffes ou par marcottes, etc., ou quelquefois même par semis. Ces variations se produisent rarement à l'état sauvage, mais elles sont assez fréquentes chez les plantes soumises à la culture. Nous pouvons conclure, d'ailleurs, que la nature de l'organisme joue le rôle principal dans la production de la forme particulière de chaque variation, et que la nature des conditions lui est subordonnée ; en effet, nous voyons souvent sur un même arbre soumis à des conditions uniformes, un seul bourgeon, au milieu de milliers d'autres produits annuellement, présenter soudain des caractères nouveaux ; nous voyons, d'autre part, des bourgeons appartenant à des arbres distincts, placés dans des conditions différentes, produire quelquefois à peu près la même variété — des bourgeons de pêchers, par exemple, produire des brugnons et des bourgeons de rosier commun produire des roses moussues. La nature des conditions n'a donc peut-être pas plus d'importance dans ce cas que n'en a la nature de l'étincelle, communiquant le feu à une masse de combustible, pour déterminer la nature de la flamme.

Effets des habitudes et de l'usage ou du non-usage des parties ; variation par corrélation ; hérédité.

Le changement des habitudes produit des effets héréditaires ; on pourrait citer, par exemple, l'époque de la floraison des plantes transportées d'un climat dans un autre. Chez les animaux, l'usage ou le non-usage des parties a une influence plus considérable encore. Ainsi, proportionnellement au reste du squelette, les os de l'aile pèsent moins et les os de la cuisse pèsent plus chez le canard domestique que chez le canard sauvage. Or, on peut incontestablement attribuer ce changement à ce que le canard domestique vole moins et marche plus que le canard sauvage. Nous pouvons encore citer, comme un des effets de l'usage des parties, le développement considérable, transmissible par hérédité, des mamelles chez les vaches et chez les chèvres dans les pays où l'on a l'habitude de traire ces animaux, comparativement à l'état de ces organes dans d'autres pays. Tous les animaux domestiques ont, dans quelques pays, les oreilles pendantes ; on a attribué cette particularité au fait que ces animaux, ayant moins de causes d'alarmes, cessent de se servir des muscles de l'oreille, et cette opinion semble très fondée.

La variabilité est soumise à bien des lois ; on en connaît imparfaitement quelques-unes, que je discuterai brièvement ci-après. Je désire m'occuper seulement ici de la variation par corrélation. Des changements importants qui se produisent chez l'embryon, ou chez la larve, entraînent presque toujours des changements analogues chez l'animal adulte. Chez les monstruosités, les effets de corrélation entre des parties complètement distinctes sont très curieux ; Isidore Geoffroy Saint-Hilaire cite des exemples nombreux dans son grand ouvrage sur cette question. Les éleveurs admettent que, lorsque les membres sont longs, la tête l'est presque toujours aussi. Quelques cas de corrélation sont extrêmement singuliers : ainsi, les chats entièrement blancs et qui ont les yeux bleus sont ordinairement sourds ; toutefois, M. Tait a constaté récemment que le fait est limité aux mâles. Certaines couleurs et certaines particularités constitutionnelles vont ordinairement ensemble ; je pourrais citer bien des exemples remarquables de ce fait chez les animaux et chez les plantes. D'après un grand nombre de faits recueillis par Heusinger, il paraît que certaines plantes incommodent les moutons et les cochons blancs, tandis que les individus à robe foncée s'en nourrissent impunément. Le professeur Wyman m'a récemment communiqué une excellente preuve de ce fait. Il demandait à quelques fermiers de la Virginie pourquoi ils n'avaient que des cochons noirs ; ils lui répondirent que les cochons mangent la racine du lachnanthes, qui colore leurs os en rose et qui fait tomber leurs sabots ; cet effet se produit sur toutes les variétés, sauf sur la variété noire. L'un d'eux ajouta : « Nous choisissons, pour les élever, tous les individus noirs d'une portée, car ceux-là seuls ont quelque chance de vivre. » Les chiens dépourvus de poils ont la dentition imparfaite ; on dit que les animaux à poil long et rude sont prédisposés à avoir des cornes longues ou nombreuses ; les pigeons à pattes emplumées ont des membranes entre les orteils antérieurs ; les pigeons à bec court ont les pieds petits ; les pigeons à bec long ont les pieds grands. Il en résulte donc que l'homme, en continuant toujours à choisir, et, par conséquent, à développer une particularité quelconque, modifie, sans en avoir l'intention, d'autres parties de l'organisme, en vertu des lois mystérieuses de la corrélation.

Les lois diverses, absolument ignorées ou imparfaitement comprises, qui régissent la variation, ont des effets extrêmement complexes. Il est intéressant d'étudier les différents traités relatifs à quelques-unes de nos plantes cultivées depuis fort longtemps, telles que la jacinthe, la pomme de terre ou même le dahlia, etc. ; on est réellement étonné de voir par quels innombrables points de conformation et de constitution les variétés et les sous-variétés diffèrent légèrement les unes des autres. Leur organisation tout entière semble être devenue plastique et s'écarter légèrement de celle du type originel.

Toute variation non héréditaire est sans intérêt pour nous. Mais le nombre et la diversité des déviations de conformation transmissibles par hérédité, qu'elles soient insignifiantes ou qu'elles aient une importance physiologique considérable, sont presque infinis. L'ouvrage le meilleur et le plus complet que nous ayons à ce sujet est celui du docteur Prosper Lucas. Aucun éleveur ne met en doute la grande énergie des tendances héréditaires ; tous ont pour axiome fondamental que le semblable produit le semblable, et il ne s'est trouvé que quelques théoriciens pour suspecter la valeur absolue de ce principe. Quand une déviation de structure se reproduit souvent, quand nous la remarquons chez le père et chez l'enfant, il est très difficile de dire si cette déviation provient ou non de quelque cause qui a agi sur l'un comme sur l'autre. Mais, d'autre part, lorsque parmi des individus, évidemment exposés aux mêmes conditions, quelque déviation très rare, due à quelque concours extraordinaire de circonstances, apparaît chez un seul individu, au milieu de millions d'autres qui n'en sont point affectés, et que nous voyons réapparaître cette déviation chez le descendant, la seule théorie des probabilités nous force presque à attribuer cette réapparition à l'hérédité. Qui n'a entendu parler des cas d'albinisme, de peau épineuse, de peau velue, etc., héréditaires chez plusieurs membres d'une même famille ? Or, si des déviations rares et extraordinaires peuvent réellement se transmettre par hérédité, à plus forte raison on peut soutenir que des déviations moins extraordinaires et plus communes peuvent également se transmettre. La meilleure manière de résumer la question serait peut-être de considérer que, en règle générale, tout caractère, quel qu'il soit, se transmet par hérédité et que la non-transmission est l'exception.

Les lois qui régissent l'hérédité sont pour la plupart inconnues. Pourquoi, par exemple, une même particularité, apparaissant chez divers individus de la même espèce ou d'espèces différentes, se transmet-elle quelquefois et quelquefois ne se transmet-elle pas par hérédité ? Pourquoi certains caractères du grand-père, ou de la grand-mère, ou d'ancêtres plus éloignés, réapparaissent-ils chez l'enfant ? Pourquoi une particularité se transmet-elle souvent d'un sexe, soit aux deux sexes, soit à un sexe seul, mais plus ordinairement à un seul, quoique non pas exclusivement au sexe semblable ? Les particularités qui apparaissent chez les mâles de nos espèces domestiques se transmettent souvent, soit exclusivement, soit à un degré beaucoup plus considérable au mâle seul ; or, c'est là un fait qui a une assez grande importance pour nous. Une règle beaucoup plus importante et qui souffre, je crois, peu d'exceptions, c'est que, à quelque période de la vie qu'une particularité fasse d'abord son apparition, elle tend à réapparaître chez les descendants à un âge correspondant, quelquefois même un peu plus tôt. Dans bien des cas, il ne peut en être autrement ; en effet, les particularités héréditaires que présentent les cornes du gros bétail ne peuvent se manifester chez leurs descendants qu'à l'âge adulte ou à peu près ; les particularités que présentent les vers à soie n'apparaissent aussi qu'à l'âge correspondant où le ver existe sous la forme de chenille ou de cocon. Mais les maladies héréditaires et quelques autres faits me portent à croire que cette règle est susceptible d'une plus grande extension ; en effet, bien qu'il n'y ait pas de raison apparente pour qu'une particularité réapparaisse à un âge déterminé, elle tend cependant à se représenter chez le descendant au même âge que chez l'ancêtre. Cette règle me parait avoir une haute importance pour expliquer les lois de l'embryologie. Ces remarques ne s'appliquent naturellement qu'à la première apparition de la particularité, et non pas à la cause primaire qui peut avoir agi sur des ovules ou sur l'élément mâle ; ainsi, chez le descendant d'une vache désarmée et d'un taureau à longues cornes, le développement des cornes, bien que ne se manifestant que très tard, est évidemment dû à l'influence de l'élément mâle.

Puisque j'ai fait allusion au retour vers les caractères primitifs, je puis m'occuper ici d'une observation faite souvent par les naturalistes, c'est-à-dire que nos variétés domestiques, en retournant à la vie sauvage, reprennent graduellement, mais invariablement, les caractères du type originel. On a conclu de ce fait qu'on ne peut tirer de l'étude des races domestiques aucune déduction applicable à la connaissance des espèces sauvages. J'ai en vain cherché à découvrir sur quels faits décisifs on a pu appuyer cette assertion si fréquemment et si hardiment renouvelée ; il serait très difficile en effet, d'en prouver l'exactitude, car nous pouvons affirmer, sans crainte de nous tromper, que la plupart de nos variétés domestiques les plus fortement prononcées ne pourraient pas vivre à l'état sauvage. Dans bien des cas, nous ne savons même pas quelle est leur souche primitive ; il nous est donc presque impossible de dire si le retour à cette souche est plus ou moins parfait. En outre, il serait indispensable, pour empêcher les effets du croisement, qu'une seule variété fût rendue à la liberté. Cependant, comme il est certain que nos variétés peuvent accidentellement faire retour au type de leurs ancêtres par quelques-uns de leurs caractères, il me semble assez probable que, si nous pouvions parvenir à acclimater, ou même à cultiver pendant plusieurs générations, les différentes races du chou, par exemple, dans un sol très-pauvre (dans ce cas toutefois il faudrait attribuer quelque influence à l'action définie de la pauvreté du sol), elles feraient retour, plus ou moins complètement, au type sauvage primitif. Que l'expérience réussisse ou non, cela a peu d'importance au point de vue de notre argumentation, car les conditions d'existence auraient été complètement modifiées par l'expérience elle-même. Si on pouvait démontrer que nos variétés domestiques présentent une forte tendance au retour, c'est-à-dire si l'on pouvait établir qu'elles tendent à perdre leurs caractères acquis, lors même qu'elles restent soumises aux mêmes conditions et qu'elles sont maintenues en nombre considérable, de telle sorte que les croisements puissent arrêter, en les confondant, les petites déviations de conformation, je reconnais, dans ce cas, que nous ne pourrions pas conclure des variétés domestiques aux espèces. Mais cette manière de voir ne trouve pas une preuve en sa faveur. Affirmer que nous ne pourrions pas perpétuer nos chevaux de trait et nos chevaux de course, notre bétail à longues et à courtes cornes, nos volailles de races diverses, nos légumes, pendant un nombre infini de générations, serait contraire à ce que nous enseigne l'expérience de tous les jours.

CARACTÈRES DES VARIÉTÉS DOMESTIQUES ; DIFFICULTÉ DE DISTINGUER ENTRE LES VARIÉTÉS ET LES ESPÈCES ; ORIGINE DES VARIÉTÉS DOMESTIQUES ATTRIBUÉE À UNE OU À PLUSIEURS ESPÈCES.

Quand nous examinons les variétés héréditaires ou les races de nos animaux domestiques et de nos plantes cultivées et que nous les comparons à des espèces très voisines, nous remarquons ordinairement, comme nous l'avons déjà dit, chez chaque race domestique, des caractères moins uniformes que chez les espèces vraies. Les races domestiques présentent souvent un caractère quelque peu monstrueux ; j'entends par là que, bien que différant les unes des autres et des espèces voisines du même genre par quelques légers caractères, elles diffèrent souvent à un haut degré sur un point spécial, soit qu'on les compare les unes aux autres, soit surtout qu'on les compare à l'espèce sauvage dont elles se rapprochent le plus. À cela près (et sauf la fécondité parfaite des variétés croisées entre elles, sujet que nous discuterons plus tard), les races domestiques de la même espèce diffèrent l'une de l'autre de la même manière que font les espèces voisines du même genre à l'état sauvage ; mais les différences, dans la plupart des cas, sont moins considérables. Il faut admettre que ce point est prouvé, car des juges compétents estiment que les races domestiques de beaucoup d'animaux et de beaucoup de plantes descendent d'espèces originelles distinctes, tandis que d'autres juges, non moins compétents, ne les regardent que comme de simples variétés. Or, si une distinction bien tranchée existait entre les races domestiques et les espèces, cette sorte de doute ne se présenterait pas si fréquemment. On a répété souvent que les races domestiques ne diffèrent pas les unes des autres par des caractères ayant une valeur générique. On peut démontrer que cette assertion n'est pas exacte ; toutefois, les naturalistes ont des opinions très différentes quant à ce qui constitue un caractère génétique, et, par conséquent, toutes les appréciations actuelles sur ce point sont purement empiriques. Quand j'aurai expliqué l'origine du genre dans la nature, on verra que nous ne devons nullement nous attendre à trouver chez nos races domestiques des différences d'ordre générique.

Nous en sommes réduits aux hypothèses dès que nous essayons d'estimer la valeur des différences de conformation qui séparent nos races domestiques les plus voisines ; nous ne savons pas, en effet, si elles descendent d'une ou de plusieurs espèces mères. Ce serait pourtant un point fort intéressant à élucider. Si, par exemple, on pouvait prouver que le Lévrier, le Limier, le Terrier, l'Épagneul et le Bouledogue, animaux dont la race, nous le savons, se propage si purement, descendent tous d'une même espèce, nous serions évidemment autorisés à douter de l' immutabilité d'un grand nombre d'espèces sauvages étroitement alliées, celle des renards, par exemple, qui habitent les diverses parties du globe. Je ne crois pas, comme nous le verrons tout à l'heure, que la somme des différences que nous constatons entre nos diverses races de chiens se soit produite entièrement à l'état de domesticité ; j'estime, au contraire, qu'une partie de ces différences proviennent de ce qu'elles descendent d'espèces distinctes. À l'égard des races fortement accusées de quelques autres espèces domestiques, il y a de fortes présomptions, ou même des preuves absolues, qu'elles descendent toutes d'une souche sauvage unique.

On a souvent prétendu que, pour les réduire en domesticité, l'homme a choisi les animaux et les plantes qui présentaient une tendance inhérente exceptionnelle à la variation, et qui avaient la faculté de supporter les climats les plus différents. Je ne conteste pas que ces aptitudes aient beaucoup ajouté à la valeur de la plupart de nos produits domestiques ; mais comment un sauvage pouvait-il savoir, alors qu'il apprivoisait un animal, si cet animal était susceptible de varier dans les générations futures et de supporter les changements de climat ? Est-ce que la faible variabilité de l'âne et de l'oie, le peu de disposition du renne pour la chaleur ou du chameau pour le froid, ont empêché leur domestication ? Je puis persuadé que, si l'on prenait à l'état sauvage des animaux et des plantes en nombre égal à celui de nos produits domestiques et appartenant à un aussi grand nombre de classes et de pays, et qu'on les fît se reproduire à l'état domestique, pendant un nombre pareil de générations, ils varieraient autant en moyenne qu'ont varié les espèces mères de nos races domestiques actuelles.

Il est impossible de décider, pour la plupart de nos plantes les plus anciennement cultivées et de nos animaux réduits depuis de longs siècles en domesticité, s'ils descendent d'une ou de plusieurs espèces sauvages. L'argument principal de ceux qui croient à l'origine multiple de nos animaux domestiques repose sur le fait que nous trouvons, dès les temps les plus anciens, sur les monuments de l'Égypte et dans les habitations lacustres de la Suisse, une grande diversité de races. Plusieurs d'entre elles ont une ressemblance frappante, ou sont même identiques avec celles qui existent aujourd'hui. Mais ceci ne fait que reculer l'origine de la civilisation, et prouve que les animaux ont été réduits en domesticité à une période beaucoup plus ancienne qu'on ne le croyait jusqu'à présent. Les habitants des cités lacustres de la Suisse cultivaient plusieurs espèces de froment et d'orge, le pois, le pavot pour en extraire de l'huile, et le chanvre ; ils possédaient plusieurs animaux domestiques et étaient en relations commerciales avec d'autres nations. Tout cela prouve clairement, comme Heer le fait remarquer, qu'ils avaient fait des progrès considérables ; mais cela implique aussi une longue période antécédente de civilisation moins avancée, pendant laquelle les animaux domestiques, élevés dans différentes régions, ont pu, en variant, donner naissance à des races distinctes. Depuis la découverte d'instruments en silex dans les couches superficielles de beaucoup de parties du monde, tous les géologues croient que l'homme barbare existait à une période extraordinairement reculées, et nous savons aujourd'hui qu'il est à peine une tribu, si barbare qu'elle soit, qui n'ait au moins domestiqué le chien.

L'origine de la plupart de nos animaux domestiques restera probablement à jamais douteuse. Mais je dois ajouter ici que, après avoir laborieusement recueilli tous les faits connus relatifs aux chiens domestiques du monde entier, j'ai été amené à conclure que plusieurs espèces sauvages de canidés ont dû être apprivoisées, et que leur sang plus ou moins mélangé coule dans les veines de nos races domestiques naturelles. Je n'ai pu arriver à aucune conclusion précise relativement aux moutons et aux chèvres. D'après les faits que m'a communiqués M. Blyth sur les habitudes, la voix, la constitution et la formation du bétail à bosse indien, il est presque certain qu'il descend d'une souche primitive différente de celle qui a produit notre bétail européen. Quelques juges compétents croient que ce dernier descend de deux ou trois souches sauvages, sans prétendre affirmer que ces souches doivent être oui ou non considérées comme espèces. Cette conclusion, aussi bien que la distinction spécifique qui existe entre le bétail à bosse et le bétail ordinaire, a été presque définitivement établie par les admirables recherches du professeur Rütimeyer. Quant aux chevaux, j'hésite à croire, pour des raisons que je ne pourrais détailler ici, contrairement d'ailleurs à l'opinion de plusieurs savants, que toutes les races descendent d'une seule espèce. J'ai élevé presque toutes les races anglaises de nos oiseaux de basse-cour, je les ai croisées, j'ai étudié leur squelette, et j'en suis arrivé à la conclusion qu'elles descendent toutes de l'espèce sauvage indienne, le Gallus bankiva ; c'est aussi l'opinion de M. Blyth et d'autres naturalistes qui ont étudié cet oiseau dans l'Inde. Quant aux canards et aux lapins, dont quelques races diffèrent considérablement les unes des autres, il est évident qu'ils descendent tous du Canard commun sauvage et du Lapin sauvage.

Quelques auteurs ont poussé à l'extrême la doctrine que nos races domestiques descendent de plusieurs souches sauvages. Ils croient que toute race qui se reproduit purement, si légers que soient ses caractères distinctifs, a eu son prototype sauvage. À ce compte, il aurait dû exister au moins une vingtaine d'espèces de bétail sauvage, autant d'espèces de moutons, et plusieurs espèces de chèvres en Europe, dont plusieurs dans la Grande-Bretagne seule. Un auteur soutient qu'il a dû autrefois exister dans la Grande-Bretagne onze espèces de moutons sauvages qui lui étaient propres ! Lorsque nous nous rappelons que la Grande-Bretagne ne possède pas aujourd'hui un mammifère qui lui soit particulier, que la France n'en a que fort peu qui soient distincts de ceux de l'Allemagne, et qu'il en est de même de la Hongrie et de l'Espagne, etc., mais que chacun de ces pays possède plusieurs espèces particulières de bétail, de moutons, etc., il faut bien admettre qu'un grand nombre de races domestiques ont pris naissance en Europe, car d'où pourraient-elles venir ? Il en est de même dans l'Inde. Il est certain que les variations héréditaires ont joué un grand rôle dans la formation des races si nombreuses des chiens domestiques, pour lesquelles j'admets cependant plusieurs souches distinctes. Qui pourrait croire, en effet, que des animaux ressemblant au Lévrier italien, au Limier, au Bouledogue, au Bichon ou à l'Épagneul de Blenheim, types si différents de ceux des canidés sauvages, aient jamais existé à l'état de nature ? On a souvent affirmé, sans aucune preuve à l'appui, que toutes nos races de chiens proviennent du croisement d'un petit nombre d'espèces primitives. Mais on n'obtient, par le croisement, que des formes intermédiaires entre les parents ; or, si nous voulons expliquer ainsi l'existence de nos différentes races domestiques, il faut admettre l'existence antérieure des formes les plus extrêmes, telles que le

Lévrier italien, le Limier, le Bouledogue, etc., à l'état sauvage. Du reste, on a beaucoup exagéré la possibilité de former des races distinctes par le croisement. Il est prouvé que l'on peut modifier une race par des croisements accidentels, en admettant toutefois qu'on choisisse soigneusement les individus qui présentent le type désiré ; mais il serait très difficile d'obtenir une race intermédiaire entre deux races complètement distinctes. Sir J. Sebright a entrepris de nombreuses expériences dans ce but, mais il n'a pu obtenir aucun résultat. Les produits du premier croisement entre deux races pures sont assez uniformes, quelquefois même parfaitement identiques, comme je l'ai constaté chez les pigeons. Rien ne semble donc plus simple ; mais, quand on en vient à croiser ces métis les uns avec les autres pendant plusieurs générations, on n'obtient plus deux produits semblables et les difficultés de l'opération deviennent manifestes.

RACES DU PIGEON DOMESTIQUE, LEURS DIFFÉRENCES ET LEUR ORIGINE.

Persuadé qu'il vaut toujours mieux étudier un groupe spécial, je me suis décidé, après mûre réflexion, pour les pigeons domestiques. J'ai élevé toutes les races que j'ai pu me procurer par achat ou autrement ; on a bien voulu, en outre, m'envoyer des peaux provenant de presque toutes les parties du monde ; je suis principalement redevable de ces envois à l'honorable W. Elliot, qui m'a fait parvenir des spécimens de l'Inde, et à l'honorable C. Murray, qui m'a expédié des spécimens de la Perse. On a publié, dans toutes les langues, des traités sur les pigeons ; quelques-uns de ces ouvrages sont fort importants, en ce sens qu'ils remontent à une haute antiquité. Je me suis associé à plusieurs éleveurs importants et je fais partie de deux Pigeons-clubs de Londres. La diversité des races de pigeons est vraiment étonnante. Si l'on compare le Messager anglais avec le Culbutant courte-face, on est frappé de l'énorme différence de leur bec, entraînant des différences correspondantes dans le crâne. Le Messager, et plus particulièrement le mâle, présente un remarquable développement de la membrane caronculeuse de la tête, accompagné d'un grand allongement des paupières, de larges orifices nasaux et d'une grande ouverture du bec. Le bec du Culbutant courte-face ressemble à celui d'un passereau ; le Culbutant ordinaire hérite de la singulière habitude de s'élever à une grande hauteur en troupe serrée, puis de faire en l'air une culbute complète. Le Runt (pigeon romain) est un gros oiseau, au bec long et massif et aux grands pieds ; quelques sous-races ont le cou très long, d'autres de très longues ailes et une longue queue, d'autres enfin ont la queue extrêmement courte. Le Barbe est allié au Messager ; mais son bec, au lieu d'être long, est large et très court. Le Grosse-gorge a le corps, les ailes et les pattes allongés ; son énorme jabot, qu'il enfle avec orgueil, lui donne un aspect bizarre et comique. Le Turbit, ou pigeon à cravate, a le bec court et conique et une rangée de plumes retroussées sur la poitrine ; il a l'habitude de dilater légèrement la partie supérieure de son œsophage. Le Jacobin a les plumes tellement retroussées sur l'arrière du cou, qu'elles forment une espèce de capuchon ; proportionnellement à sa taille, il a les plumes des ailes et du cou fort allongées. Le Trompette, ou pigeon Tambour, et le Rieur, font entendre, ainsi que l'indique leur nom, un roucoulement très différent de celui des autres races. Le pigeon Paon porte trente ou même quarante plumes à la queue, au lieu de douze ou de quatorze, nombre normal chez tous les membres de la famille des pigeons ; il porte ces plumes si étalées et si redressées, que, chez les oiseaux de race pure, la tête et la queue se touchent ; mais la glande oléifère est complètement atrophiée. Nous pourrions encore indiquer quelques autres races moins distinctes.

Le développement des os de la face diffère énormément, tant par la longueur que par la largeur et la courbure, dans le squelette des différentes races. La forme ainsi que les dimensions de la mâchoire inférieure varient d'une manière très remarquable. Le nombre des vertèbres caudales et des vertèbres sacrées varie aussi, de même que le nombre des côtes et des apophyses, ainsi que leur largeur relative. La forme et la grandeur des ouvertures du sternum, le degré de divergence et les dimensions des branches de la fourchette, sont également très variables. La largeur proportionnelle de l'ouverture du bec ; la longueur relative des paupières ; les dimensions de l'orifice des narines et celles de la langue, qui n'est pas toujours en corrélation absolument exacte avec la longueur du bec ; le développement du jabot et de la partie supérieure de l'œsophage ; le développement ou l'atrophie de la glande oléifère ; le nombre des plumes primaires de l'aile et de la queue ; la longueur relative des ailes et de la queue, soit entre elles, soit par rapport au corps ; la longueur relative des pattes et des pieds ; le nombre des écailles des doigts ; le développement de la membrane interdigitale, sont autant de parties essentiellement variables. L'époque à laquelle les jeunes acquièrent leur plumage parfait, ainsi que la nature du duvet dont les pigeonneaux sont revêtus à leur éclosion, varient aussi ; il en est de même de la forme et de la grosseur des œufs. Le vol et, chez certaines races, la voix et les instincts, présentent des diversités remarquables. Enfin, chez certaines variétés, les mâles et les femelles en sont arrivés à différer quelque peu les uns des autres.

On pourrait aisément rassembler une vingtaine de pigeons tels que, si on les montrait à un ornithologiste, et qu'on les lui donnât pour des oiseaux sauvages, il les classerait certainement comme autant d'espèces bien distinctes. Je ne crois même pas qu'aucun ornithologiste consentît à placer dans un même genre le Messager anglais, le Culbutant courte-face, le Runt, le Barbe, le Grosse-gorge et le Paon ; il le ferait d'autant moins qu'on pourrait lui montrer, pour chacune de ces races, plusieurs sous-variétés de descendance pure, c'est-à-dire d'espèces, comme il les appellerait certainement.

Quelque considérable que soit la différence qu'on observe entre les diverses races de pigeons, je me range pleinement à l'opinion commune des naturalistes qui les font toutes descendre du Biset (Columba livia), en comprenant sous ce terme plusieurs races géographiques, ou sous-espèces, qui ne diffèrent les unes des autres que par des points insignifiants. J'exposerai succinctement plusieurs des raisons qui m'ont conduit à adopter cette opinion, car elles sont, dans une certaine mesure, applicables à d'autres cas. Si nos diverses races de pigeons ne sont pas des variétés, si, en un mot, elles ne descendent pas du Biset, elles doivent descendre de sept ou huit types originels au moins, car il serait impossible de produire nos races domestiques actuelles par les croisements réciproques d'un nombre moindre. Comment, par exemple, produire un Grosse-gorge en croisant deux races, à moins que l'une des races ascendantes ne possède son énorme jabot caractéristique ? Les types originels supposés doivent tous avoir été habitants des rochers comme le Biset, c'est-à-dire des espèces qui ne perchaient ou ne nichaient pas volontiers sur les arbres. Mais, outre le Columba livia et ses sous-espèces géographiques, on ne connaît que deux ou trois autres espèces de pigeons de roche et elles ne présentent aucun des caractères propres aux races domestiques. Les espèces primitives doivent donc, ou bien exister encore dans les pays où elles ont été originellement réduites en domesticité, auquel cas elles auraient échappé à l'attention des ornithologistes, ce qui, considérant leur taille, leurs habitudes et leur remarquable caractère, semble très improbable ; ou bien être éteintes à l'état sauvage. Mais il est difficile d'exterminer des oiseaux nichant au bord des précipices et doués d'un vol puissant. Le Biset commun, d'ailleurs, qui a les mêmes habitudes que les races domestiques, n'a été exterminé ni sur les petites îles qui entourent la Grande-Bretagne, ni sur les côtes de la Méditerranée. Ce serait donc faire une supposition bien hardie que d'admettre l'extinction d'un aussi grand nombre d'espèces ayant des habitudes semblables à celles du Biset. En outre, les races domestiques dont nous avons parlé plus haut ont été transportées dans toutes les parties du monde ; quelques-unes, par conséquent, ont dû être ramenées dans leur pays d'origine ; aucune d'elles, cependant, n'est retournée à l'état sauvage, bien que le pigeon de colombier, qui n'est autre que le Biset sous une forme très peu modifiée, soit redevenu sauvage en plusieurs endroits. Enfin, l'expérience nous prouve combien il est difficile d'amener un animal sauvage à se reproduire régulièrement en captivité ; cependant, si l'on admet l'hypothèse de l'origine multiple de nos pigeons, il faut admettre aussi que sept ou huit espèces au moins ont été autrefois assez complètement apprivoisées par l'homme à demi sauvage pour devenir parfaitement fécondes en captivité.

Il est un autre argument qui me semble avoir un grand poids et qui peut s'appliquer à plusieurs autres cas : c'est que les races dont nous avons parlé plus haut, bien que ressemblant de manière générale au Biset sauvage par leur constitution, leurs habitudes, leur voix, leur couleur, et par la plus grande partie de leur conformation, présentent cependant avec lui de grandes anomalies sur d'autres points. On chercherait en vain, dans toute la grande famille des colombidés, un bec semblable à celui du Messager anglais, du Culbutant courte-face ou du Barbe ; des plumes retroussées analogues à celles du Jacobin ; un jabot pareil à celui du Grosse-gorge ; des plumes caudales comparables à celles du pigeon Paon. Il faudrait donc admettre, non seulement que des hommes à demi sauvages ont réussi à apprivoiser complètement plusieurs espèces, mais que, par hasard ou avec intention ; ils ont choisi les espèces les plus extraordinaires et les plus anormales ; il faudrait admettre, en outre, que toutes ces espèces se sont éteintes depuis ou sont restées inconnues. Un tel concours de circonstances extraordinaires est improbable au plus haut degré.

Quelques faits relatifs à la couleur des pigeons méritent d'être signalés. Le Biset est bleu-ardoise avec les reins blancs ; chez la sous-espèce indienne, le Columba intermedia de Strickland, les reins sont bleuâtres ; la queue porte une barre foncée terminale et les plumes des côtés sont extérieurement bordées de blanc à leur base ; les ailes ont deux barres noires. Chez quelques races à demi domestiques, ainsi que chez quelques autres absolument sauvages, les ailes, outre les deux barres noires, sont tachetées de noir. Ces divers signes ne se trouvent réunis chez aucune autre espèce de la famille. Or, tous les signes que nous venons d'indiquer sont parfois réunis et parfaitement développés, jusqu'au bord blanc des plumes extérieures de la queue, chez les oiseaux de race pure appartenant à toutes nos races domestiques. En outre, lorsque l'on croise des pigeons, appartenant à deux ou plusieurs races distinctes, n'offrant ni la coloration bleue, ni aucune des marques dont nous venons de parler, les produits de ces croisements se montrent très disposés à acquérir soudainement ces caractères. Je me bornerai à citer un exemple que j'ai moi-même observé au milieu de tant d'autres. J'ai croisé quelques pigeons Paons blancs de race très pure avec quelques Barbes noirs — les variétés bleues du Barbe sont si rares, que je n'en connais pas un seul cas en Angleterre — : les oiseaux que j'obtins étaient noirs, bruns et tachetés. Je croisai de même un Barbe avec un pigeon Spot, qui est un oiseau blanc avec la queue rouge et une tache rouge sur le haut de la tête, et qui se reproduit fidèlement ; j'obtins des métis brunâtres et tachetés. Je croisai alors un des métis Barbe-Paon avec un métis Barbe-Spot et j'obtins un oiseau d'un aussi beau bleu qu'aucun pigeon de race sauvage, ayant les reins blancs, portant la double barre noire des ailes et les plumes externes de la queue barrées de noir et bordées de blanc ! Si toutes les races de pigeons domestiques descendent du Biset, ces faits s'expliquent facilement par le principe bien connu du retour au caractère des ancêtres ; mais si on conteste cette descendance, il faut forcément faire une des deux suppositions suivantes, suppositions improbables au plus haut degré : ou bien tous les divers types originels étaient colorés et marqués comme le Biset, bien qu'aucune autre espèce existante ne présente ces mêmes caractères, de telle sorte que, dans chaque race séparée, il existe une tendance au retour vers ces couleurs et vers ces marques ; ou bien chaque race, même la plus pure, a été croisée avec le Biset dans l'intervalle d'une douzaine ou tout au plus d'une vingtaine de générations — je dis une vingtaine de générations, parce qu'on ne connaît aucun exemple de produits d'un croisement ayant fait retour à un ancêtre de sang étranger éloigné d'eux par un nombre de générations plus considérable. — Chez une race qui n'a été croisée qu'une fois, la tendance à faire retour à un des caractères dus à ce croisement s'amoindrit naturellement, chaque génération successive contenant une quantité toujours moindre de sang étranger. Mais, quand il n'y a pas eu de croisement et qu'il existe chez une race une tendance à faire retour à un caractère perdu pendant plusieurs générations, cette tendance, d'après tout ce que nous savons, peut se transmettre sans affaiblissement pendant un nombre indéfini de générations. Les auteurs qui ont écrit sur l'hérédité ont souvent confondu ces deux cas très distincts du retour.

Enfin, ainsi que j'ai pu le constater par les observations que j'ai faites tout exprès sur les races les plus distinctes, les hybrides ou métis provenant de toutes les races domestiques du pigeon sont parfaitement féconds. Or, il est difficile, sinon impossible, de citer un cas bien établi tendant à prouver que les descendants hybrides provenant de deux espèces d'animaux nettement distinctes sont complètement féconds. Quelques auteurs croient qu'une domesticité longtemps prolongée diminue cette forte tendance à la stérilité. L'histoire du chien et celle de quelques autres animaux domestiques rend cette opinion très probable, si on l'applique à des espèces étroitement alliées ; mais il me semblerait téméraire à l'extrême d'étendre cette hypothèse jusqu'à supposer que des espèces primitivement aussi distinctes que le sont aujourd'hui les Messagers, les Culbutants, les Grosses-gorges et les Paons aient pu produire des descendants parfaitement féconds *inter se*.

Ces différentes raisons, qu'il est peut-être bon de récapituler, c'est-à-dire : l'improbabilité que l'homme ait autrefois réduit en domesticité sept ou huit espèces de pigeons et surtout qu'il ait pu les faire se reproduire librement en cet état ; le fait que ces espèces supposées sont partout inconnues à l'état sauvage et que nulle part les espèces domestiques ne sont redevenues sauvages ; le fait que ces espèces présentent certains caractères très anormaux, si on les compare à toutes les autres espèces de colombidés, bien qu'elles ressemblent au Biset sous presque tous les rapports ; le fait que la couleur bleue et les différentes marques noires reparaissent chez toutes les races, et quand on les conserve pures, et quand on les croise ; enfin, le fait que les métis sont parfaitement féconds — toutes ces raisons nous portent à conclure que toutes nos races domestiques descendent du Biset ou Columbia livia et de ses sous-espèces géographiques.

J'ajouterai à l'appui de cette opinion : premièrement, que le Columbia livia ou Biset s'est montré, en Europe et dans l'Inde, susceptible d'une domestication facile, et qu'il y a une grande analogie entre ses habitudes et un grand nombre de points de sa conformation avec les habitudes et la conformation de toutes les races domestiques ; deuxièmement, que, bien qu'un Messager anglais, ou un Culbutant courte-face, diffère considérablement du Biset par certains caractères, on peut cependant, en comparant les diverses sous-variétés de ces deux races, et principalement celles provenant de pays éloignés, établir entre elles et le Biset une série presque complète reliant les deux extrêmes (on peut établir les mêmes séries dans quelques autres cas, mais non pas avec toutes les races) ; troisièmement, que les principaux caractères de chaque race sont, chez chacune d'elles, essentiellement variables, tels que, par exemple, les caroncules et la longueur du bec chez le Messager anglais, le bec si court du Culbutant, et le nombre des plumes caudales chez le pigeon Paon (l'explication évidente de ce fait ressortira quand nous traiterons de la sélection) ; quatrièmement, que les pigeons ont été l'objet des soins les plus vigilants de la part d'un grand nombre d'amateurs, et qu'ils sont réduits à l'état domestique depuis des milliers d'années dans les différentes parties du monde. Le document le plus ancien que l'on trouve dans l'histoire relativement aux pigeons remonte à la cinquième dynastie égyptienne, environ trois mille ans avant notre ère ; ce document m'a été indiqué par le professeur Lepsius ; d'autre part, M. Birch m'apprend que le pigeon est mentionné dans un menu de repas de la dynastie précédente. Pline nous dit que les Romains payaient les pigeons un prix considérable : « On en est venu, dit le naturaliste latin, à tenir compte de leur généalogie et de leur race. » Dans l'Inde, vers l'an 1600, Akber-Khan faisait grand cas des pigeons ; la cour n'en emportait jamais avec elle moins de vingt mille. « Les monarques de l'Iran et du Touran lui envoyaient des oiseaux très rares ; » puis le chroniqueur royal ajoute : « Sa Majesté, en croisant les races, ce qui n'avait jamais été fait jusque-là, les améliora étonnamment. » Vers cette même époque, les Hollandais se montrèrent aussi amateurs des pigeons qu'avaient pu l'être les anciens Romains. Quand nous traiterons de la sélection, on comprendra l'immense importance de ces considérations pour expliquer la somme énorme des variations que les pigeons ont subies. Nous verrons alors, aussi, comment il se fait que les différentes races offrent si souvent des caractères en quelque sorte monstrueux. Il faut enfin signaler une circonstance extrêmement favorable pour la production de races distinctes, c'est que les pigeons mâles et femelles s'apparient d'ordinaire pour la vie, et qu'on peut ainsi élever plusieurs races différentes dans une même volière.

Je viens de discuter assez longuement, mais cependant de façon encore bien insuffisante, l'origine probable de nos pigeons domestiques ; si je l'ai fait, c'est que, quand je commençai à élever des pigeons et à en observer les différentes espèces, j'étais tout aussi peu disposé à admettre, sachant avec quelle fidélité les diverses races se reproduisent, qu'elles descendent toutes d'une même espèce mère et qu'elles se sont formées depuis qu'elles sont réduites en domesticité, que le serait tout naturaliste à accepter la même conclusion à l'égard des nombreuses espèces de passereaux ou de tout autre groupe naturel d'oiseaux sauvages. Une circonstance m'a surtout frappé, c'est que la plupart des éleveurs d'animaux domestiques, ou les cultivateurs avec lesquels je me suis entretenu, ou dont j'ai lu les ouvrages, sont tous fermement convaincus que les différentes races, dont chacun d'eux s'est spécialement occupé, descendent d'autant d'espèces primitivement distinctes. Demandez, ainsi que je l'ai fait, à un célèbre éleveur de bœufs de Hereford, s'il ne pourrait pas se faire que son bétail descendît d'une race à longues cornes, ou que les deux races descendissent d'une souche parente commune, et il se moquera de vous. Je n'ai jamais rencontré un éleveur de pigeons, de volailles, de canards ou de lapins qui ne fût intimement convaincu que chaque race principale descend d'une espèce distincte. Van Mons, dans son traité sur les poires et sur les pommes, se refuse catégoriquement à croire que différentes sortes, un pippin Ribston et une pomme Codlin, par exemple, puissent descendre des graines d'un même arbre. On pourrait citer une infinité d'autres exemples. L'explication de ce fait me paraît simple : fortement impressionnés, en raison de leurs longues études, par les différences qui existent entre les diverses races, et quoique sachant bien que chacune d'elles varie légèrement, puisqu'ils ne gagnent des prix dans les concours qu'en choisissant avec soin ces légères différences, les éleveurs ignorent cependant les principes généraux, et se refusent à évaluer les légères différences qui se sont accumulées pendant un grand nombre de générations successives. Les naturalistes, qui en savent bien moins que les éleveurs sur les lois de l'hérédité, qui n'en savent pas plus sur les chaînons intermédiaires qui relient les unes aux autres de longues lignées généalogiques, et qui, cependant, admettent que la plupart de nos races domestiques descendent d'un même type, ne pourraient-ils pas devenir un peu plus prudents et cesser de tourner en dérision l'opinion qu'une espèce, à l'état de nature, puisse être la postérité directe d'autres espèces ?

Principes de sélection anciennement appliqués et de leurs effets.

Considérons maintenant, en quelques lignes, la formation graduelle de nos races domestiques, soit qu'elles dérivent d'une seule espèce, soit qu'elles procèdent de plusieurs espèces voisines. On peut attribuer quelques effets à l'action directe et définie des conditions extérieures d'existence, quelques autres aux habitudes, mais il faudrait être bien hardi pour expliquer, par de telles causes, les différences qui existent entre le cheval de trait et le cheval de course, entre le Limier et le Lévrier, entre le pigeon Messager et le pigeon Culbutant. Un des caractères les plus remarquables de nos races domestiques, c'est que nous voyons chez elles des adaptations qui ne contribuent en rien au bien-être de l'animal ou de la plante, mais simplement à l'avantage ou au caprice de l'homme. Certaines variations utiles à l'homme se sont probablement produites soudainement, d'autres par degrés ; quelques naturalistes, par exemple, croient que le Chardon à foulon armé de crochets, que ne peut remplacer aucune machine, est tout simplement une variété du Dipsacus sauvage ; or, cette transformation peut s'être manifestée dans un seul semis. Il en a été probablement ainsi pour le chien Tournebroche ; on sait, tout au moins, que le mouton Ancon a surgi d'une manière subite. Mais il faut, si l'on compare le cheval de trait et le cheval de course, le dromadaire et le chameau, les diverses races de moutons adaptées soit aux plaines cultivées, soit aux pâturages des montagnes, et dont la laine, suivant la race, est appropriée tantôt à un usage, tantôt à un autre ; si l'on compare les différentes races de chiens, dont chacune est utile à l'homme à des points de vue divers ; si l'on compare le coq de combat, si enclin à la bataille, avec d'autres races si pacifiques, avec les pondeuses perpétuelles qui ne demandent jamais à couver, et avec le coq Bantam, si petit et si élégant ; si l'on considère, enfin, cette légion de plantes agricoles et culinaires, les arbres qui encombrent nos vergers, les fleurs qui ornent nos jardins, les unes si utiles à l'homme en différentes saisons et pour tant d'usages divers, ou seulement si agréables à ses yeux, il faut chercher, je crois, quelque chose de plus qu'un simple effet de variabilité. Nous ne pouvons supposer, en effet, que toutes ces races ont été soudainement produites avec toute la perfection et toute l'utilité qu'elles ont aujourd'hui ; nous savons même, dans bien des cas, qu'il n'en a pas été ainsi. Le pouvoir de sélection, d'accumulation, que possède l'homme, est la clef de ce problème ; la nature fournit les variations successives, l'homme les accumule dans certaines directions qui lui sont utiles. Dans ce sens, on peut dire que l'homme crée à son profit des races utiles.

La grande valeur de ce principe de sélection n'est pas hypothétique. Il est certain que plusieurs de nos éleveurs les plus éminents ont, pendant le cours d'une seule vie d'homme, considérablement modifié leurs bestiaux et leurs moutons. Pour bien comprendre les résultats qu'ils ont obtenus, il est indispensable de lire quelques-uns des nombreux ouvrages qu'ils ont consacrés à ce sujet et de voir les animaux eux-mêmes. Les éleveurs considèrent ordinairement l'organisme d'un animal comme un élément plastique, qu'ils peuvent modifier presque à leur gré. Si je n'étais borné par l'espace, je pourrais citer, à ce sujet, de nombreux exemples empruntés à des autorités hautement compétentes. Youatt, qui, plus que tout autre peut-être, connaissait les travaux des agriculteurs et qui était lui-même un excellent juge en fait d'animaux, admet que le principe de la sélection « permet à l'agriculteur, non seulement de modifier le caractère de son troupeau, mais de le transformer entièrement. C'est la baguette magique au moyen de laquelle il peut appeler à la vie les formes et les modèles qui lui plaisent. » Lord Somerville dit, à propos de ce que les éleveurs ont fait pour le mouton : « Il semblerait qu'ils aient tracé l'esquisse d'une forme parfaite en soi, puis qu'ils lui ont donné l'existence. » En Saxe, on comprend si bien l'importance du principe de la sélection, relativement au mouton mérinos, qu'on en a fait une profession ; on place le mouton sur une table et un connaisseur l'étudie comme il ferait d'un tableau ; on répète cet examen trois fois par an, et chaque fois on marque et l'on classe les moutons de façon à choisir les plus parfaits pour la reproduction.

Le prix énorme attribué aux animaux dont la généalogie est irréprochable prouve les résultats que les éleveurs anglais ont déjà atteints ; leurs produits sont expédiés dans presque toutes les parties du monde. Il ne faudrait pas croire que ces améliorations fussent ordinairement dues au croisement de différentes races ; les meilleurs éleveurs condamnent absolument cette pratique, qu'ils n'emploient quelquefois que pour des sous-races étroitement alliées. Quand un croisement de ce genre a été fait, une sélection rigoureuse devient encore beaucoup plus indispensable que dans les cas ordinaires. Si la sélection consistait simplement à isoler quelques variétés distinctes et à les faire se reproduire, ce principe serait si évident, qu'à peine aurait-on à s'en occuper ; mais la grande importance de la sélection consiste dans les effets considérables produits par l'accumulation dans une même direction, pendant des générations successives, de différences absolument inappréciables pour des yeux inexpérimentés, différences que, quant à moi, j'ai vainement essayé d'apprécier. Pas un homme sur mille n'a la justesse de coup d'œil et la sûreté de jugement nécessaires pour faire un habile éleveur. Un homme doué de ces qualités, qui consacre de longues années à l'étude de ce sujet, puis qui y voue son existence entière, en y apportant toute son énergie et une persévérance indomptable, réussira sans doute et pourra réaliser d'immenses progrès ; mais le défaut d'une seule de ces qualités déterminera forcément l'insuccès. Peu de personnes s'imaginent combien il faut de capacités naturelles, combien il faut d'années de pratique pour faire un bon éleveur de pigeons.

Les horticulteurs suivent les mêmes principes ; mais ici les variations sont souvent plus soudaines. Personne ne suppose que nos plus belles plantes sont le résultat d'une seule variation de la souche originelle. Nous savons qu'il en a été tout autrement dans bien des cas sur lesquels nous possédons des renseignements exacts. Ainsi, on peut citer comme exemple l'augmentation toujours croissante de la grosseur de la groseille à maquereau commune. Si l'on compare les fleurs actuelles avec des dessins faits il y a seulement vingt ou trente ans, on est frappé des améliorations de la plupart des produits du fleuriste. Quand une race de plantes est suffisamment fixée, les horticulteurs ne se donnent plus la peine de choisir les meilleurs plants, ils se contentent de visiter les plates-bandes pour arracher les plants qui dévient du type ordinaire. On pratique aussi cette sorte de sélection avec les animaux, car personne n'est assez négligent pour permettre aux sujets défectueux d'un troupeau de se reproduire.

Il est encore un autre moyen d'observer les effets accumulés de la sélection chez les plantes ; on n'a, en effet, qu'à comparer, dans un parterre, la diversité des fleurs chez les différentes variétés d'une même espèce ; dans un potager, la diversité des feuilles, des gousses, des tubercules, ou en général de la partie recherchée des plantes potagères, relativement aux fleurs des mêmes variétés ; et, enfin, dans un verger, la diversité des fruits d'une même espèce, comparativement aux feuilles et aux fleurs de ces mêmes arbres. Remarquez combien diffèrent les feuilles du Chou et que de ressemblance dans la fleur ; combien, au contraire, sont différentes les fleurs de la Pensée et combien les feuilles sont uniformes ; combien les fruits des différentes espèces de Groseilliers diffèrent par la grosseur, la couleur, la forme et le degré de villosité, et combien les fleurs présentent peu de différence. Ce n'est pas que les variétés qui diffèrent beaucoup sur un point ne diffèrent pas du tout sur tous les autres, car je puis affirmer, après de longues et soigneuses observations, que cela n'arrive jamais ou presque jamais. La loi de la corrélation de croissance, dont il ne faut jamais oublier l'importance, entraîne presque toujours quelques différences ; mais, en règle générale, on ne peut douter que la sélection continue de légères variations portant soit sur les feuilles, soit sur les fleurs, soit sur les fruits, ne produise des races différentes les unes des autres, plus particulièrement en l'un de ces organes.

On pourrait objecter que le principe de la sélection n'a été réduit en pratique que depuis trois quarts de siècle. Sans doute, on s'en est récemment beaucoup plus occupé, et on a publié de nombreux ouvrages à ce sujet ; aussi les résultats ont-ils été, comme on devait s'y attendre, rapides et importants ; mais il n'est pas vrai de dire que ce principe soit une découverte moderne. Je pourrais citer plusieurs ouvrages d'une haute antiquité prouvant qu'on reconnaissait, dès alors, l'importance de ce principe. Nous avons la preuve que, même pendant les périodes barbares qu'a traversées l'Angleterre, on importait souvent des animaux de choix, et des lois en défendaient l'exportation ; on ordonnait la destruction des chevaux qui n'atteignaient pas une certaine taille ; ce que l'on peut comparer au travail que font les horticulteurs lorsqu'ils éliminent, parmi les produits de leurs semis, toutes les plantes qui tendent à dévier du type régulier. Une ancienne encyclopédie chinoise formule nettement les principes de la sélection ; certains auteurs classiques romains indiquent quelques règles précises ; il résulte de certains passages de la Genèse que, dès cette antique période, on prêtait déjà quelque attention à la couleur des animaux domestiques. Encore aujourd'hui, les sauvages croisent quelquefois leurs chiens avec des espèces canines sauvages pour en améliorer la race ; Pline atteste qu'on faisait de même autrefois. Les sauvages de l'Afrique méridionale appareillent leurs attelages de bétail d'après la couleur ; les Esquimaux en agissent de même pour leurs attelages de chiens. Livingstone constate que les nègres de l'intérieur de l'Afrique, qui n'ont eu aucun rapport avec les Européens, évaluent à un haut prix les bonnes races domestiques. Sans doute, quelques-uns de ces faits ne témoignent pas d'une sélection directe ; mais ils prouvent que, dès l'antiquité, l'élevage des animaux domestiques était l'objet de soins tout particuliers, et que les sauvages en font autant aujourd'hui. Il serait étrange, d'ailleurs, que, l'hérédité des bonnes qualités et des défauts étant si évidente, l'élevage n'eût pas de bonne heure attiré l'attention de l'homme.

SÉLECTION INCONSCIENTE.

Les bons éleveurs modernes, qui poursuivent un but déterminé, cherchent, par une sélection méthodique, à créer de nouvelles lignées ou des sous-races supérieures à toutes celles qui existent dans le pays. Mais il est une autre sorte de sélection beaucoup plus importante au point de vue qui nous occupe, sélection qu'on pourrait appeler inconsciente ; elle a pour mobile le désir que chacun éprouve de posséder et de faire reproduire les meilleurs individus de chaque espèce. Ainsi, quiconque veut avoir des chiens d'arrêt essaye naturellement de se procurer les meilleurs chiens qu'il peut ; puis, il fait reproduire les meilleurs seulement, sans avoir le désir de modifier la race d'une manière permanente et sans même y songer. Toutefois, cette habitude, continuée pendant des siècles, finit par modifier et par améliorer une race quelle qu'elle soit ; c'est d'ailleurs en suivant ce procédé, mais d'une façon plus méthodique, que Bakewell, Collins, etc., sont parvenus à modifier considérablement, pendant le cours de leur vie, les formes et les qualités de leur bétail. Des changements de cette nature, c'est-à-dire lents et insensibles, ne peuvent être appréciés qu'autant que d'anciennes mesures exactes ou des dessins faits avec soin peuvent servir de point de comparaison. Dans quelques cas, cependant, on retrouve dans des régions moins civilisées, où la race s'est moins améliorée, des individus de la même race peu modifiés, d'autres même qui n'ont subi aucune modification. Il y a lieu de croire que l'épagneul King-Charles a été assez fortement modifié de façon inconsciente, depuis l'époque où régnait le roi dont il porte le nom. Quelques autorités très compétentes sont convaincues que le chien couchant descend directement de l'épagneul, et que les modifications se sont produites très lentement. On sait que le chien d'arrêt anglais s'est considérablement modifié pendant le dernier siècle ; on attribue, comme cause principale à ces changements, des croisements avec le chien courant. Mais ce qui importe ici, c'est que le changement s'est effectué inconsciemment, graduellement, et cependant avec tant d'efficacité que, bien que notre vieux chien d'arrêt espagnol vienne certainement d'Espagne, M. Borrow m'a dit n'avoir pas vu dans ce dernier pays un seul chien indigène semblable à notre chien d'arrêt actuel.

Le même procédé de sélection, joint à des soins particuliers, a transformé le cheval de course anglais et l'a amené à dépasser en vitesse et en taille les chevaux arabes dont il descend, si bien que ces derniers, d'après les règlements des courses de Goodwood, portent un poids moindre. Lord Spencer et d'autres ont démontré que le bétail anglais a augmenté en poids et en précocité, comparativement à l'ancien bétail. Si, à l'aide des données que nous fournissent les vieux traités, on compare l'état ancien et l'état actuel des pigeons Messagers et des pigeons Culbutants dans la Grande-Bretagne, dans l'Inde et en Perse, on peut encore retracer les phases par lesquelles les différentes races de pigeons ont successivement passé, et comment elles en sont venues à différer si prodigieusement du Biset.

Youatt cite un excellent exemple des effets obtenus au moyen de la sélection continue que l'on peut considérer comme inconsciente, par cette raison que les éleveurs ne pouvaient ni prévoir ni même désirer le résultat qui en a été la conséquence, c'est-à-dire la création de deux branches distinctes d'une même race. M. Buckley et M. Burgess possèdent deux troupeaux de moutons de Leicester, qui « descendent en droite ligne, depuis plus de cinquante ans, dit M. Youatt, d'une même souche que possédait M. Bakewell. Quiconque s'entend un peu à l'élevage ne peut supposer que le propriétaire de l'un ou l'autre troupeau ait jamais mélangé le pur sang de la race Bakewell, et, cependant, la différence qui existe actuellement entre ces deux troupeaux est si grande, qu'ils semblent composés de deux variétés tout à fait distinctes. »

S'il existe des peuples assez sauvages pour ne jamais songer à s'occuper de l'hérédité des caractères chez les descendants de leurs animaux domestiques, il se peut toutefois qu'un animal qui leur est particulièrement utile soit plus précieusement conservé pendant une famine, ou pendant les autres accidents auxquels les sauvages sont exposés, et que, par conséquent, cet animal de choix laisse plus de descendants que ses congénères inférieurs. Dans ce cas, il en résulte une sorte de sélection inconsciente. Les sauvages de la Terre de Feu eux-mêmes attachent une si grande valeur à leurs animaux domestiques, qu'ils préfèrent, en temps de disette, tuer et dévorer les vieilles femmes de la tribu, parce qu'ils les considèrent comme beaucoup moins utiles que leurs chiens.

Les mêmes procédés d'amélioration amènent des résultats analogues chez les plantes, en vertu de la conservation accidentelle des plus beaux individus, qu'ils soient ou non assez distincts pour que l'on puisse les classer, lorsqu'ils apparaissent, comme des variétés distinctes, et qu'ils soient ou non le résultat d'un croisement entre deux ou plusieurs espèces ou races. L'augmentation de la taille et de la beauté des variétés actuelles de la Pensée, de la Rose, du Délargonium, du Dahlia et d'autres plantes, comparées avec leur souche primitive ou même avec les anciennes variétés, indique clairement ces améliorations. Nul ne pourrait s'attendre à obtenir une Pensée ou un Dahlia de premier choix en semant la graine d'une plante sauvage. Nul ne pourrait espérer produire une poire fondante de premier ordre en semant le pépin d'une poire sauvage ; peut-être pourrait-on obtenir ce résultat si l'on employait une pauvre semence croissant à l'état sauvage, mais provenant d'un arbre autrefois cultivé. Bien que la poire ait été cultivée pendant les temps classiques, elle n'était, s'il faut en croire Pline, qu'un fruit de qualité très inférieure. On peut voir, dans bien des ouvrages relatifs à l'horticulture, la surprise que ressentent les auteurs des résultats étonnants obtenus par les jardiniers, qui n'avaient à leur disposition que de bien pauvres matériaux ; toutefois, le procédé est bien simple, et il a presque été appliqué de façon inconsciente pour en arriver au résultat final. Ce procédé consiste à cultiver toujours les meilleures variétés connues, à en semer les graines et, quand une variété un peu meilleure vient à se produire, à la cultiver préférablement à toute autre. Les jardiniers de l'époque gréco-latine, qui cultivaient les meilleures poires qu'ils pouvaient alors se procurer, s'imaginaient bien peu quels fruits délicieux nous mangerions un jour ; quoi qu'il en soit, nous devons, sans aucun doute, ces excellents fruits à ce qu'ils ont naturellement choisi et conservé les meilleures variétés connues.

Ces modifications considérables effectuées lentement et accumulées de façon inconsciente expliquent, je le crois, ce fait bien connu que, dans un grand nombre de cas, il nous est impossible de distinguer et, par conséquent, de reconnaître les souches sauvages des plantes et des fleurs qui, depuis une époque reculée, ont été cultivées dans nos jardins. S'il a fallu des centaines, ou même des milliers d'années pour modifier la plupart de nos plantes et pour les améliorer de façon à ce qu'elles devinssent aussi utiles qu'elles le sont aujourd'hui pour l'homme, il est facile de comprendre comment il se fait que ni l'Australie, ni le cap de Bonne-Espérance, ni aucun autre pays habité par l'homme sauvage, ne nous ait fourni aucune plante digne d'être cultivée. Ces pays si riches en espèces doivent posséder, sans aucun doute, les types de plusieurs plantes utiles ; mais ces plantes indigènes n'ont pas été améliorées par une sélection continue, et elles n'ont pas été amenées, par conséquent, à un état de perfection comparable à celui qu'ont atteint les plantes cultivées dans les pays les plus anciennement civilisés.

Quant aux animaux domestiques des peuples sauvages, il ne faut pas oublier qu'ils ont presque toujours, au moins pendant quelques saisons, à chercher eux-mêmes leur nourriture. Or, dans deux pays très différents sous le rapport des conditions de la vie, des individus appartenant à une même espèce, mais ayant une constitution ou une conformation légèrement différentes, peuvent souvent beaucoup mieux réussir dans l'un que dans l'autre ; il en résulte que, par un procédé de sélection naturelle que nous exposerons bientôt plus en détail, il peut se former deux sous-races. C'est peut-être là, ainsi que l'ont fait remarquer plusieurs auteurs, qu'il faut chercher l'explication du fait que, chez les sauvages, les animaux domestiques ont beaucoup plus le caractère d'espèces que les animaux domestiques des pays civilisés.

Si l'on tient suffisamment compte du rôle important qu'a joué le pouvoir sélectif de l'homme, on s'explique aisément que nos races domestiques, et par leur conformation, et par leurs habitudes, se soient si complètement adaptées à nos besoins et à nos caprices. Nous y trouvons, en outre, l'explication du caractère si fréquemment anormal de nos races domestiques et du fait que leurs différences extérieures sont si grandes, alors que les différences portant sur l'organisme sont relativement si légères. L'homme ne peut guère choisir que des déviations de conformation qui affectent l'extérieur ; quant aux déviations internes, il ne pourrait les choisir qu'avec la plus grande difficulté, on peut même ajouter qu'il s'en inquiète fort peu. En outre, il ne peut exercer son pouvoir sélectif que sur des variations que la nature lui a tout d'abord fournies. Personne, par exemple, n'aurait jamais essayé de produire un pigeon Paon, avant d'avoir vu un pigeon dont la queue offrait un développement quelque peu inusité ; personne n'aurait cherché à produire un pigeon Grosse-gorge, avant d'avoir remarqué une dilatation exceptionnelle du jabot chez un de ces oiseaux ; or, plus une déviation accidentelle présente un caractère anormal ou bizarre, plus elle a de chances d'attirer l'attention de l'homme. Mais nous venons d'employer l'expression : essayer de produire un pigeon Paon ; c'est là, je n'en doute pas, dans la plupart des cas, une expression absolument inexacte. L'homme qui, le premier, a choisi, pour le faire reproduire, un pigeon dont la queue était un peu plus développée que celle de ses congénères, ne s'est jamais imaginé ce que deviendraient les descendants de ce pigeon par suite d'une sélection longuement continuée, soit inconsciente, soit méthodique. Peut-être le pigeon, souche de tous les pigeons Paons, n'avait-il que quatorze plumes caudales un peu étalées, comme le pigeon Paon actuel de Java, ou comme quelques individus d'autres races distinctes, chez lesquels on a compté jusqu'à dix-sept plumes caudales. Peut-être le premier pigeon Grosse-gorge ne gonflait-il pas plus son jabot que ne le fait actuellement le Turbit quand il dilate la partie supérieure de son œsophage, habitude à laquelle les éleveurs ne prêtent aucune espèce d'attention, parce qu'elle n'est pas un des caractères de cette race.

Il ne faudrait pas croire, cependant, que, pour attirer l'attention de l'éleveur, la déviation de structure doive être très prononcée. L'éleveur, au contraire, remarque les différences les plus minimes, car il est dans la nature de chaque homme de priser toute nouveauté en sa possession, si insignifiante qu'elle soit. On ne saurait non plus juger de l'importance qu'on attribuait autrefois à quelques légères différences chez les individus de la même espèce, par l'importance qu'on leur attribue, aujourd'hui que les diverses races sont bien établies. On sait que de légères variations se présentent encore accidentellement chez les pigeons, mais on les rejette comme autant de défauts ou de déviations du type de perfection admis pour chaque race. L'Oie commune n'a pas fourni de variétés bien accusées ; aussi a-t-on dernièrement exposé comme des espèces distinctes, dans nos expositions de volailles, la race de Toulouse et la race commune, qui ne diffèrent que par la couleur, c'est-à-dire le plus fugace de tous les caractères.

Ces différentes raisons expliquent pourquoi nous ne savons rien ou presque rien sur l'origine ou sur l'histoire de nos races domestiques. Mais, en fait, peut-on soutenir qu'une race, ou un dialecte, ait une origine distincte ? Un homme conserve et fait reproduire un individu qui présente quelque légère déviation de conformation ; ou bien il apporte plus de soins qu'on ne le fait d'ordinaire pour apparier ensemble ses plus beaux sujets ; ce faisant, il les améliore, et ces animaux perfectionnés se répandent lentement dans le voisinage. Ils n'ont pas encore un nom particulier ; peu appréciés, leur histoire est négligée. Mais, si l'on continue à suivre ce procédé lent et graduel, et que, par conséquent, ces animaux s'améliorent de plus en plus, ils se répandent davantage, et on finit par les reconnaître pour une race distincte ayant quelque valeur ; ils reçoivent alors un nom, probablement un nom de province. Dans les pays à demi civilisés, où les communications sont difficiles, une nouvelle race ne se répand que bien lentement. Les principaux caractères de la nouvelle race étant reconnus et appréciés à leur juste valeur, le principe de la sélection inconsciente, comme je l'ai appelée, aura toujours pour effet d'augmenter les traits caractéristiques de la race, quels qu'ils puissent être d'ailleurs, — sans doute à une époque plus particulièrement qu'à une autre, selon que la race nouvelle est ou non à la mode,— plus particulièrement aussi dans un pays que dans un autre, selon que les habitants sont plus ou moins civilisés. Mais, en tout cas, il est très peu probable que l'on conserve l'historique de changements si lents et si insensibles.

CIRCONSTANCES FAVORABLES À LA SÉLECTION OPÉRÉE PAR L'HOMME.

Il convient maintenant d'indiquer en quelques mots les circonstances qui facilitent ou qui contrarient l'exercice de la sélection par l'homme. Une grande faculté de variabilité est évidemment favorable, car elle fournit tous les matériaux sur lesquels repose la sélection ; toutefois, de simples différences individuelles sont plus que suffisantes pour permettre, à condition que l'on y apporte beaucoup de soins, l'accumulation d'une grande somme de modifications dans presque toutes les directions. Toutefois, comme des variations manifestement utiles ou agréables à l'homme ne se produisent qu'accidentellement, on a d'autant plus de chance qu'elles se produisent, qu'on élève un plus grand nombre d'individus. Le nombre est, par conséquent, un des grands éléments de succès. C'est en partant de ce principe que Marshall a fait remarquer autrefois, en parlant des moutons de certaines parties du Yorkshire : « Ces animaux appartenant à des gens pauvres et étant, par conséquent, divisés en petits troupeaux, il y a peu de chance qu'ils s'améliorent jamais. » D'autre part, les horticulteurs, qui élèvent des quantités considérables de la même plante, réussissent ordinairement mieux que les amateurs à produire de nouvelles variétés. Pour qu'un grand nombre d'individus d'une espèce quelconque existe dans un même pays, il faut que l'espèce y trouve des conditions d'existence favorables à sa reproduction. Quand les individus sont en petit nombre, on permet à tous de se reproduire, quelles que soient d'ailleurs leurs qualités, ce qui empêche l'action sélective de se manifester. Mais le point le plus important de tous est, sans contredit, que l'animal ou la plante soit assez utile à l'homme, ou ait assez de valeur à ses yeux, pour qu'il apporte l'attention la plus scrupuleuse aux moindres déviations qui peuvent se produire dans les qualités ou dans la conformation de cet animal ou de cette plante. Rien n'est possible sans ces précautions. J'ai entendu faire sérieusement la remarque qu'il est très heureux que le fraisier ait commencé précisément à varier au moment où les jardiniers ont porté leur attention sur cette plante. Or, il n'est pas douteux que le fraisier a dû varier depuis qu'on le cultive, seulement on a négligé ces légères variations. Mais, dès que les jardiniers se mirent à choisir les plantes portant un fruit un peu plus gros, un peu plus parfumé, un peu plus précoce, à en semer les graines, à trier ensuite les plants pour faire reproduire les meilleurs, et ainsi de suite, ils sont arrivés à produire, en s'aidant ensuite de quelques croisements avec d'autres espèces, ces nombreuses et admirables variétés de fraises qui ont paru pendant ces trente ou quarante dernières années.

Il importe, pour la formation de nouvelles races d'animaux, d'empêcher autant que possible les croisements, tout au moins dans un pays qui renferme déjà d'autres races. Sous ce rapport, les clôtures jouent un grand rôle. Les sauvages nomades, ou les habitants de plaines ouvertes, possèdent rarement plus d'une race de la même espèce. Le pigeon s'apparie pour la vie ; c'est là une grande commodité pour l'éleveur, qui peut ainsi améliorer et faire reproduire fidèlement plusieurs races, quoiqu'elles habitent une même volière ; cette circonstance doit, d'ailleurs, avoir singulièrement favorisé la formation de nouvelles races. Il est un point qu'il est bon d'ajouter : les pigeons se multiplient beaucoup et vite, et on peut sacrifier tous les sujets défectueux, car ils servent à l'alimentation. Les chats, au contraire, en raison de leurs habitudes nocturnes et vagabondes, ne peuvent pas être aisément appariés, et, bien qu'ils aient une si grande valeur aux yeux des femmes et des enfants, nous voyons rarement une race distincte se perpétuer parmi eux ; celles que l'on rencontre, en effet, sont presque toujours importées de quelque autre pays. Certains animaux domestiques varient moins que d'autres, cela ne fait pas de doute ; on peut cependant, je crois, attribuer à ce que la sélection ne leur a pas été appliquée la rareté ou l'absence de races distinctes chez le chat, chez l'âne, chez le paon, chez l'oie, etc.: chez les chats, parce qu'il est fort difficile de les apparier ; chez les ânes, parce que ces animaux ne se trouvent ordinairement que chez les pauvres gens, qui s'occupent peu de surveiller leur reproduction, et la preuve, c'est que, tout récemment, on est parvenu à modifier et à améliorer singulièrement cet animal par une sélection attentive dans certaines parties de l'Espagne et des États-Unis ; chez le paon, parce que cet animal est difficile à élever et qu'on ne le conserve pas en grande quantité ; chez l'oie, parce que ce volatile n'a de valeur que pour sa chair et pour ses plumes, et surtout, peut-être, parce que personne n'a jamais désiré en multiplier les races. Il est juste d'ajouter que l'Oie domestique semble avoir un organisme singulièrement inflexible, bien qu'elle ait quelque peu varié, comme je l'ai démontré ailleurs.

Quelques auteurs ont affirmé que la limite de la variation chez nos animaux domestiques est bientôt atteinte et qu'elle ne saurait être dépassée. Il serait quelque peu téméraire d'affirmer que la limite a été atteinte dans un cas quel qu'il soit, car presque tous nos animaux et presque toutes nos plantes se sont beaucoup améliorés de bien des façons, dans une période récente ; or, ces améliorations impliquent des variations. Il serait également téméraire d'affirmer que les caractères, possédés aujourd'hui jusqu'à leur extrême limite, ne pourront pas, après être restés fixes pendant des siècles, varier de nouveau dans de nouvelles conditions d'existence. Sans doute, comme l'a fait remarquer M. Wallace avec beaucoup de raison, on finira par atteindre une limite. Il y a, par exemple, une limite à la vitesse d'un animal terrestre, car cette limite est déterminée par la résistance à vaincre, par le poids du corps et par la puissance de contraction des fibres musculaires. Mais ce qui nous importe, c'est que les variétés domestiques des mêmes espèces diffèrent les unes des autres, dans presque tous les caractères dont l'homme s'est occupé et dont il a fait l'objet d'une sélection, beaucoup plus que ne le font les espèces distinctes des mêmes genres. Isidore Geoffroy Saint-Hilaire l'a démontré relativement à la taille ; il en est de même pour la couleur, et probablement pour la longueur du poil. Quant à la vitesse, qui dépend de tant de caractères physiques, Éclipse était beaucoup plus rapide, et un cheval de camion est incomparablement plus fort qu'aucun individu naturel appartenant au même genre. De même pour les plantes, les graines des différentes qualités de fèves ou de maïs diffèrent probablement plus, sous le rapport de la grosseur, que ne le font les graines des espèces distinctes dans un genre quelconque appartenant aux deux mêmes familles. Cette remarque s'applique aux fruits des différentes variétés de pruniers, plus encore aux melons et à un grand nombre d'autres cas analogues.

Résumons en quelques mots ce qui est relatif à l'origine de nos races d'animaux domestiques et de nos plantes cultivées. Les changements dans les conditions d'existence ont la plus haute importance comme cause de variabilité, et parce que ces conditions agissent directement sur l'organisme, et parce qu'elles agissent indirectement en affectant le système reproducteur. Il n'est pas probable que la variabilité soit, en toutes circonstances, une résultante inhérente et nécessaire de ces changements. La force plus ou moins grande de l'hérédité et celle de la tendance au retour déterminent ou non la persistance des variations. Beaucoup de lois inconnues, dont la corrélation de croissance est probablement la plus importante, régissent la variabilité. On peut attribuer une certaine influence à l'action définie des conditions d'existence, mais nous ne savons pas dans quelles proportions cette influence s'exerce. On peut attribuer quelque influence, peut-être même une influence considérable, à l'augmentation d'usage ou du non-usage des parties. Le résultat final, si l'on considère toutes ces influences, devient infiniment complexe. Dans quelques cas, le croisement d'espèces primitives distinctes semble avoir joué un rôle fort important au point de vue de l'origine de nos races. Dès que plusieurs races ont été formées dans une région quelle qu'elle soit, leur croisement accidentel, avec l'aide de la sélection, a sans doute puissamment contribué à la formation de nouvelles variétés. On a, toutefois, considérablement exagéré l'importance des croisements, et relativement aux animaux, et relativement aux plantes qui se multiplient par graines. L'importance du croisement est immense, au contraire, pour les plantes qui se multiplient temporairement par boutures, par greffes etc., parce que le cultivateur peut, dans ce cas, négliger l'extrême variabilité des hybrides et des métis et la stérilité des hybrides ; mais les plantes qui ne se multiplient pas par graines ont pour nous peu d'importance, leur durée n'étant que temporaire. L'action accumulatrice de la sélection, qu'elle soit appliquée méthodiquement et vite, ou qu'elle soit appliquée inconsciemment, lentement, mais de façon plus efficace, semble avoir été la grande puissance qui a présidé à toutes ces causes de changement.

Chapitre II

DE LA VARIATION À L'ÉTAT DE NATURE.

Variabilité. — Différences individuelles. — Espèces douteuses. — Les espèces ayant un habitat fort étendu, les espèces très répandues et les espèces communes sont celles qui varient le plus. — Dans chaque pays, les espèces appartenant aux genres qui contiennent beaucoup d'espèces varient plus fréquemment que celles appartenant aux genres qui contiennent peu d'espèces. — Beaucoup d'espèces appartenant aux genres qui contiennent un grand nombre d'espèces ressemblent à des variétés, en ce sens qu'elles sont alliées de très près, mais inégalement, les unes aux autres, et en ce qu'elles ont un habitat restreint.

VARIABILITÉ.

Avant d'appliquer aux êtres organisés vivant à l'état de nature les principes que nous avons posés dans le chapitre précédent, il importe d'examiner brièvement si ces derniers sont sujets à des variations. Pour traiter ce sujet avec l'attention qu'il mérite, il faudrait dresser un long et aride catalogue de faits ; je réserve ces faits pour un prochain ouvrage. Je ne discuterai pas non plus ici les différentes définitions que l'on a données du terme espèce. Aucune de ces définitions n'a complètement satisfait tous les naturalistes, et cependant chacun d'eux sait vaguement ce qu'il veut dire quand il parle d'une espèce. Ordinairement le terme espèce implique l'élément inconnu d'un acte créateur distinct. Il est presque aussi difficile de définir le terme variété ; toutefois, ce terme implique presque toujours une communauté de descendance, bien qu'on puisse rarement en fournir les preuves. Nous avons aussi ce que l'on désigne sous le nom de monstruosités ; mais elles se confondent avec les variétés. En se servant du terme monstruosité, on veut dire, je pense, une déviation considérable de conformation, ordinairement nuisible ou tout au moins peu utile à l'espèce. Quelques auteurs emploient le terme variation dans le sens technique, c'est-à-dire comme impliquant une modification qui découle directement des conditions physiques de la vie ; or, dans ce sens, les variations ne sont pas susceptibles d'être transmises par hérédité. Qui pourrait soutenir, cependant, que la diminution de taille des coquillages dans les eaux saumâtres de la Baltique, ou celle des plantes sur le sommet des Alpes, ou que l'épaississement de la fourrure d'un animal arctique ne sont pas héréditaires pendant quelques générations tout au moins ? Dans ce cas, je le suppose, on appellerait ces formes des variétés.

On peut douter que des déviations de structure aussi soudaines et aussi considérables que celles que nous observons quelquefois chez nos productions domestiques, principalement chez les plantes, se propagent de façon permanente à l'état de nature. Presque toutes les parties de chaque être organisé sont si admirablement disposées, relativement aux conditions complexes de l'existence de cet être, qu'il semble aussi improbable qu'aucune de ces parties ait atteint du premier coup la perfection, qu'il semblerait improbable qu'une machine fort compliquée ait été inventée d'emblée à l'état parfait par l'homme. Chez les animaux réduits en domesticité, il se produit quelquefois des monstruosités qui ressemblent à des conformations normales chez des animaux tout différents. Ainsi, les porcs naissent quelquefois avec une sorte de trompe ; or, si une espèce sauvage du même genre possédait naturellement une trompe, on pourrait soutenir que cet appendice a paru sous forme de monstruosité. Mais, jusqu'à présent, malgré les recherches les plus scrupuleuses, je n'ai pu trouver aucun cas de monstruosité ressemblant à des structures normales chez des formes presque voisines, et ce sont celles-là seulement qui auraient de l'importance dans le cas qui nous occupe. En admettant que des monstruosités semblables apparaissent parfois chez l'animal à l'état de nature, et qu'elles soient susceptibles de transmission par hérédité — ce qui n'est pas toujours le cas — leur conservation dépendrait de circonstances extraordinairement favorables, car elles se produisent rarement et isolément. En outre, pendant la première génération et les générations suivantes, les individus affectés de ces monstruosités devraient se croiser avec les individus ordinaires, et, en conséquence, leur caractère anormal disparaîtrait presque inévitablement. Mais j'aurai à revenir, dans un chapitre subséquent, sur la conservation et sur la perpétuation des variations isolées ou accidentelles.

DIFFÉRENCES INDIVIDUELLES.

On peut donner le nom de différences individuelles aux différences nombreuses et légères qui se présentent chez les descendants des mêmes parents, ou auxquelles on peut assigner cette cause, parce qu'on les observe chez des individus de la même espèce, habitant une même localité restreinte. Nul ne peut supposer que tous les individus de la même espèce soient coulés dans un même moule. Ces différences individuelles ont pour nous la plus haute importance, car, comme chacun a pu le remarquer, elles se transmettent souvent par hérédité ; en outre, elles fournissent aussi des matériaux sur lesquels peut agir la sélection naturelle et qu'elle peut accumuler de la même façon que l'homme accumule, dans une direction donnée, les différences individuelles de ses produits domestiques. Ces différences individuelles affectent ordinairement des parties que les naturalistes considèrent comme peu importantes ; je pourrais toutefois prouver, par de nombreux exemples, que des parties très importantes, soit au point de vue physiologique, soit au point de vue de la classification, varient quelquefois chez des individus appartenant à une même espèce. Je suis convaincu que le naturaliste le plus expérimenté serait surpris du nombre des cas de variabilité qui portent sur des organes importants ; on peut facilement se rendre compte de ce fait en recueillant, comme je l'ai fait pendant de nombreuses années, tous les cas constatés par des autorités compétentes. Il est bon de se rappeler que les naturalistes à système répugnent à admettre que les caractères importants puissent varier ; il y a, d'ailleurs, peu de naturalistes qui veuillent se donner la peine d'examiner attentivement les organes internes importants, et de les comparer avec de nombreux spécimens appartenant à la même espèce. Personne n'aurait pu supposer que le branchement des principaux nerfs, auprès du grand ganglion central d'un insecte, soit variable chez une même espèce ; on aurait tout au plus pu penser que des changements de cette nature ne peuvent s'effectuer que très lentement ; cependant sir John Lubbock a démontré que dans les nerfs du Coccus il existe un degré de variabilité qui peut presque se comparer au branchement irrégulier d'un tronc d'arbre. Je puis ajouter que ce même naturaliste a démontré que les muscles des larves de certains insectes sont loin d'être uniformes. Les auteurs tournent souvent dans un cercle vicieux quand ils soutiennent que les organes importants ne varient jamais ; ces mêmes auteurs, en effet, et il faut dire que quelques-uns l'ont franchement avoué, ne considèrent comme importants que les organes qui ne varient pas. Il va sans dire que, si l'on raisonne ainsi, on ne pourra jamais citer d'exemple de la variation d'un organe important ; mais, si l'on se place à tout autre point de vue, on pourra certainement citer de nombreux exemples de ces variations.

Il est un point extrêmement embarrassant, relativement aux différences individuelles. Je fais allusion aux genres que l'on a appelés « protéens » ou « polymorphes », genres chez lesquels les espèces varient de façon déréglée. À peine y a-t-il deux naturalistes qui soient d'accord pour classer ces formes comme espèces ou comme variétés. On peut citer comme exemples les genres Rubus, Rosa et Hieracium chez les plantes ; plusieurs genres d'insectes et de coquillages brachiopodes. Dans la plupart des genres polymorphes, quelques espèces ont des caractères fixes et définis. Les genres polymorphes dans un pays semblent, à peu d'exceptions près, l'être aussi dans un autre, et, s'il faut en juger par les Brachiopodes, ils l'ont été à d'autres époques. Ces faits sont très embarrassants, car ils semblent prouver que cette espèce de variabilité est indépendante des conditions d'existence. Je suis disposé à croire que, chez quelques-uns de ces genres polymorphes tout au moins, ce sont là des variations qui ne sont ni utiles ni nuisibles à l'espèce, et qu'en conséquence la sélection naturelle ne s'en est pas emparée pour les rendre définitives, comme nous l'expliquerons plus tard.

On sait que, indépendamment des variations, certains individus appartenant à une même espèce présentent souvent de grandes différences de conformation ; ainsi, par exemple, les deux sexes de différents animaux ; les deux ou trois castes de femelles stériles et de travailleurs chez les insectes, beaucoup d'animaux inférieurs à l'état de larve ou non encore parvenus à l'âge adulte. On a aussi constaté des cas de dimorphisme et de trimorphisme chez les animaux et chez les plantes. Ainsi, M. Wallace, qui dernièrement a appelé l'attention sur ce sujet, a démontré que, dans l'archipel Malais, les femelles de certaines espèces de papillons revêtent régulièrement deux ou même trois formes absolument distinctes, qui ne sont reliées les unes aux autres par aucune variété intermédiaire. Fritz Müller a décrit des cas analogues, mais plus extraordinaires encore, chez les mâles de certains crustacés du Brésil. Ainsi, un Tanais mâle se trouve régulièrement sous deux formes distinctes ; l'une de ces formes possède des pinces fortes et ayant un aspect différent, l'autre a des antennes plus abondamment garnie de cils odorants. Bien que, dans la plupart de ces cas, les deux ou trois formes observées chez les animaux et chez les plantes ne soient pas reliées actuellement par des chaînons intermédiaires, il est probable qu'à une certaine époque ces intermédiaires ont existé. M. Wallace, par exemple, a décrit un certain papillon qui présente, dans une même île, un grand nombre de variétés reliées par des chaînons intermédiaires, et dont les formes extrêmes ressemblent étroitement aux deux formes d'une espèce dimorphe voisine, habitant une autre partie de l'archipel Malais. Il en est de même chez les fourmis ; les différentes castes de travailleurs sont ordinairement tout à fait distinctes ; mais, dans quelques cas, comme nous le verrons plus tard, ces castes sont reliées les unes aux autres par des variétés imperceptiblement graduées. J'ai observé les mêmes phénomènes chez certaines plantes dimorphes. Sans doute, il paraît tout d'abord extrêmement remarquable qu'un même papillon femelle puisse produire en même temps trois formes femelles distinctes et une seule forme mâle ; ou bien qu'une plante hermaphrodite puisse produire, dans une même capsule, trois formes hermaphrodites distinctes, portant trois sortes différentes de femelles et trois ou même six sortes différentes de mâles. Toutefois, ces cas ne sont que des exagérations du fait ordinaire, à savoir : que la femelle produit des descendants des deux sexes, qui, parfois, diffèrent les uns des autres d'une façon extraordinaire.

ESPÈCES DOUTEUSES.

Les formes les plus importantes pour nous, sous bien des rapports, sont celles qui, tout en présentant, à un degré très prononcé, le caractère d'espèces, sont assez semblables à d'autres formes ou sont assez parfaitement reliées avec elles par des intermédiaires, pour que les naturalistes répugnent à les considérer comme des espèces distinctes. Nous avons toute raison de croire qu'un grand nombre de ces formes voisines et douteuses ont conservé leurs caractères de façon permanente pendant longtemps, pendant aussi longtemps même, autant que nous pouvons en juger, que les bonnes et vraies espèces. Dans la pratique, quand un naturaliste peut rattacher deux formes l'une à l'autre par des intermédiaires, il considère l'une comme une variété de l'autre ; il désigne la plus commune, mais parfois aussi la première décrite, comme l'espèce, et la seconde comme la variété. Il se présente quelquefois, cependant, des cas très difficiles, que je n'énumérerai pas ici, où il s'agit de décider si une forme doit être classée comme une variété d'une autre forme, même quand elles sont intimement reliées par des formes intermédiaires ; bien qu'on suppose d'ordinaire que ces formes intermédiaires ont une nature hybride, cela ne suffit pas toujours pour trancher la difficulté. Dans bien des cas, on regarde une forme comme une variété d'une autre forme, non pas parce qu'on a retrouvé les formes intermédiaires, mais parce que l'analogie qui existe entre elles fait supposer à l'observateur que ces intermédiaires existent aujourd'hui, ou qu'ils ont anciennement existé. Or, en agir ainsi, c'est ouvrir la porte au doute et aux conjectures.

Pour déterminer, par conséquent, si l'on doit classer une forme comme une espèce ou comme une variété, il semble que le seul guide à suivre soit l'opinion des naturalistes ayant un excellent jugement et une grande expérience ; mais, souvent, il devient nécessaire de décider à la majorité des voix, car il n'est guère de variétés bien connues et bien tranchées que des juges très compétents n'aient considérées comme telles, alors que d'autres juges tout aussi compétents les considèrent comme des espèces.

Il est certain tout au moins que les variétés ayant cette nature douteuse sont très communes. Si l'on compare la flore de la Grande-Bretagne à celle de la France ou à celle des États-Unis, flores décrites par différents botanistes, on voit quel nombre surprenant de formes ont été classées par un botaniste comme espèces, et par un autre comme variétés. M. H.-C. Watson, auquel je suis très reconnaissant du concours qu'il m'a prêté, m'a signalé cent quatre-vingt-deux plantes anglaises, que l'on considère ordinairement comme des variétés, mais que certains botanistes ont toutes mises au rang des espèces ; en faisant cette liste, il a omis plusieurs variétés insignifiantes, lesquelles néanmoins ont été rangées comme espèces par certains botanistes, et il a entièrement omis plusieurs genres polymorphes. M. Babington compte, dans les genres qui comprennent le plus de formes polymorphes, deux cent cinquante et une espèces, alors que M. Bentham n'en compte que cent douze, ce qui fait une différence de cent trente-neuf formes douteuses ! Chez les animaux qui s'accouplent pour chaque portée et qui jouissent à un haut degré de la faculté de la locomotion, on trouve rarement, dans un même pays, des formes douteuses, mises au rang d'espèces par un zoologiste, et de variétés par un autre ; mais ces formes sont communes dans les régions séparées. Combien n'y a-t-il pas d'oiseaux et d'insectes de l'Amérique septentrionale et de l'Europe, ne différant que très peu les uns des autres, qui ont été comptés, par un éminent naturaliste comme des espèces incontestables, et par un autre, comme des variétés, ou bien, comme on les appelle souvent, comme des races géographiques ! M. Wallace démontre, dans plusieurs mémoires remarquables, qu'on peut diviser en quatre groupes les différents animaux, principalement les lépidoptères, habitant les îles du grand archipel Malais : les formes variables, les formes locales, les races géographiques ou sous-espèces, et les vraies espèces représentatives. Les premières, ou formes variables, varient beaucoup dans les limites d'une même île. Les formes locales sont assez constantes et sont distinctes dans chaque île séparée ; mais, si l'on compare les unes aux autres les formes locales des différentes îles, on voit que les différences qui les séparent sont si légères et offrent tant de gradations, qu'il est impossible de les définir et de les décrire, bien qu'en même temps les formes extrêmes soient suffisamment distinctes. Les races géographiques ou sous-espèces constituent des formes locales complètement fixes et isolées ; mais, comme elles ne diffèrent pas les unes des autres par des caractères importants et fortement accusés, « il faut s'en rapporter uniquement à l'opinion individuelle pour déterminer lesquelles il convient de considérer comme espèces, et lesquelles comme variétés ». Enfin, les espèces représentatives occupent, dans l'économie naturelle de chaque île, la même place que les formes locales et les sous-espèces ; mais elles se distinguent les unes des autres par une somme de différences plus grande que celles qui existent entre les formes locales et les sous-espèces ; les naturalistes les regardent presque toutes comme de vraies espèces. Toutefois, il n'est pas possible d'indiquer un criterium certain qui permette de reconnaître les formes variables, les formes locales, les sous-espèces et les espèces représentatives.

Il y a bien des années, alors que je comparais et que je voyais d'autres naturalises comparer les uns avec les autres et avec ceux du continent américain les oiseaux provenant des îles si voisines de l'archipel des Galapagos, j'ai été profondément frappé de la distinction vague et arbitraire qui existe entre les espèces et les variétés. M. Wollaston, dans son admirable ouvrage, considère comme des variétés beaucoup d'insectes habitant les îlots du petit groupe de Madère ; or, beaucoup d'entomologistes classeraient la plupart d'entre eux comme des espèces distinctes. Il y a, même en Irlande, quelques animaux que l'on regarde ordinairement aujourd'hui comme des variétés, mais que certains zoologistes ont mis au rang des espèces. Plusieurs savants ornithologistes estiment que notre coq de bruyère rouge n'est qu'une variété très prononcée d'une espèce norvégienne ; mais la plupart le considèrent comme une espèce incontestablement particulière à la Grande-Bretagne. Un éloignement considérable entre les habitats de deux formes douteuses conduit beaucoup de naturalistes à classer ces dernières comme des espèces distinctes. Mais n'y a-t-il pas lieu de se demander : quelle est dans ce cas la distance suffisante ? Si la distance entre l'Amérique et l'Europe est assez considérable, suffit-il, d'autre part, de la distance entre l'Europe et les Açores, Madère et les Canaries, ou de celle qui existe entre les différents îlots de ces petits archipels ?

M. B.-D. Walsh, entomologiste distingué des États-Unis, a décrit ce qu'il appelle les variétés et les espèces phytophages. La plupart des insectes qui se nourrissent de végétaux vivent exclusivement sur une espèce ou sur un groupe de plantes ; quelques-uns se nourrissent indistinctement de plusieurs sortes de plantes ; mais ce n'est pas pour eux une cause de variations. Dans plusieurs cas, cependant, M. Walsh a observé que les insectes vivant sur différentes plantes présentent, soit à l'état de larve, soit à l'état parfait, soit dans les deux cas, des différences légères, bien que constantes, au point de vue de la couleur, de la taille ou de la nature des sécrétions. Quelquefois les mâles seuls, d'autres fois les mâles et les femelles présentent ces différences à un faible degré. Quand les différences sont un peu plus accusées et que les deux sexes sont affectés à tous les âges, tous les entomologistes considèrent ces formes comme des espèces vraies. Mais aucun observateur ne peut décider pour un autre, en admettant même qu'il puisse le faire pour lui-même, auxquelles de ces formes phytophages il convient de donner le nom d'espèces ou de variétés. M. Walsh met au nombre des variétés les formes qui s'entrecroisent facilement ; il appelle espèces celles qui paraissent avoir perdu cette faculté d'entrecroisement. Comme les différences proviennent de ce que les insectes se sont nourris, pendant longtemps, de plantes distinctes, on ne peut s'attendre à trouver actuellement les intermédiaires reliant les différentes formes. Le naturaliste perd ainsi son meilleur guide, lorsqu'il s'agit de déterminer s'il doit mettre les formes douteuses au rang des variétés ou des espèces. Il en est nécessairement de même pour les organismes voisins qui habitent des îles ou des continents séparés. Quand, au contraire, un animal ou une plante s'étend sur un même continent, ou habite plusieurs îles d'un même archipel, en présentant diverses formes dans les différents points qu'il occupe, on peut toujours espérer trouver les formes intermédiaires qui, reliant entre elles les formes extrêmes, font descendre celles-ci au rang de simples variétés.

Quelques naturalistes soutiennent que les animaux ne présentent jamais de variétés ; aussi attribuent-ils une valeur spécifique à la plus petite différence, et, quand ils rencontrent une même forme identique dans deux pays éloignés ou dans deux formations géologiques, ils affirment que deux espèces distinctes sont cachées sous une même enveloppe. Le terme espèce devient, dans ce cas, une simple abstraction inutile, impliquant et affirmant un acte séparé du pouvoir créateur. Il est certain que beaucoup de formes, considérées comme des variétés par des juges très compétents, ont des caractères qui les font si bien ressembler à des espèces, que d'autres juges, non moins compétents, les ont considérées comme telles. Mais discuter s'il faut les appeler espèces ou variétés, avant d'avoir trouvé une définition de ces termes et que cette définition soit généralement acceptée, c'est s'agiter dans le vide.

Beaucoup de variétés bien accusées ou espèces douteuses mériteraient d'appeler notre attention ; on a tiré, en effet, de nombreux et puissants arguments de la distribution géographique, des variations analogues, de l'hybridité, etc., pour essayer de déterminer le rang qu'il convient de leur assigner ; mais je ne peux, faute d'espace, discuter ici ces arguments. Des recherches attentives permettront sans doute aux naturalistes de s'entendre pour la classification de ces formes douteuses. Il faut ajouter, cependant, que nous les trouvons en plus grand nombre dans les pays les plus connus. En outre, si un animal ou une plante à l'état sauvage est très utile à l'homme, ou que, pour quelque cause que ce soit, elle attire vivement son attention, on constate immédiatement qu'il en existe plusieurs variétés que beaucoup d'auteurs considèrent comme des espèces. Le chêne commun, par exemple, est un des arbres qui ont été le plus étudiés, et cependant un naturaliste allemand érige en espèces plus d'une douzaine de formes, que les autres botanistes considèrent presque universellement comme des variétés. En Angleterre, on peut invoquer l'opinion des plus éminents botanistes et des hommes pratiques les plus expérimentés ; les uns affirment que les chênes sessiles et les chênes pédonculés sont des espèces bien distinctes, les autres que ce sont de simples variétés.

Puisque j'en suis sur ce sujet, je désire citer un remarquable mémoire publié dernièrement par M. A. de Candolle sur les chênes du monde entier. Personne n'a eu à sa disposition des matériaux plus complets relatifs aux caractères distinctifs des espèces, personne n'aurait pu étudier ces matériaux avec plus de soin et de sagacité. Il commence par indiquer en détail les nombreux points de conformation susceptibles de variations chez les différentes espèces, et il estime numériquement la fréquence relative de ces variations. Il indique plus d'une douzaine de caractères qui varient, même sur une seule branche, quelquefois en raison de l'âge ou du développement de l'individu, quelquefois sans qu'on puisse assigner aucune cause à ces variations. Bien entendu, de semblables caractères n'ont aucune valeur spécifique ; mais, comme l'a fait remarquer Asa Gray dans son commentaire sur ce mémoire, ces caractères font généralement partie des définitions spécifiques. De Candolle ajoute qu'il donne le rang d'espèces aux formes possédant des caractères qui ne varient jamais sur un même arbre et qui ne sont jamais reliées par des formes intermédiaires. Après cette discussion, résultat de tant de travaux, il appuie sur cette remarque : « Ceux qui prétendent que la plus grande partie de nos espèces sont nettement délimitées, et que les espèces douteuses se trouvent en petite minorité, se trompent certainement. Cela semble vrai aussi longtemps qu'un genre est imparfaitement connu, et que l'on décrit ses espèces d'après quelques spécimens provisoires, si je peux m'exprimer ainsi. À mesure qu'on connaît mieux un genre, on découvre des formes intermédiaires et les doutes augmentent quant aux limites spécifiques. » Il ajoute aussi que ce sont les espèces les mieux connues qui présentent le plus grand nombre de variétés et de sous-variétés spontanées. Ainsi, le Quercus robur a vingt-huit variétés, dont toutes, excepté six, se groupent autour de trois sous-espèces, c'est-à-dire Quercus pedunculata, sessiliflora et pubescens. Les formes qui relient ces trois sous-espèces sont comparativement rares ; or, Asa Gray remarque avec justesse que si ces formes intermédiaires, rares aujourd'hui, venaient à s'éteindre complètement, les trois sous-espèces se trouveraient entre elles exactement dans le même rapport que le sont les quatre ou cinq espèces provisoirement admises, qui se groupent de très près autour du Quercus robur. Enfin, de Candolle admet que, sur les trois cents espèces qu'il énumère dans son mémoire comme appartenant à la famille des chênes, les deux tiers au moins sont des espèces provisoires, c'est-à-dire qu'elles ne sont pas strictement conformes à la définition donnée plus haut de ce qui constitue une espèce vraie. Il faut ajouter que de Candolle ne croit plus que les espèces sont des créations immuables ; il en arrive à la conclusion que la théorie de dérivation est la plus naturelle « et celle qui concorde le mieux avec les faits connus en paléontologie, en botanique, en zoologie géographique, en anatomie et en classification ».

Quand un jeune naturaliste aborde l'étude d'un groupe d'organismes qui lui sont parfaitement inconnus, il est d'abord très embarrassé pour déterminer quelles sont les différences qu'il doit considérer comme impliquant une espèce ou simplement une variété ; il ne sait pas, en effet, quelles sont la nature et l'étendue des variations dont le groupe dont il s'occupe est susceptible, fait qui prouve au moins combien les variations sont générales. Mais, s'il restreint ses études à une seule classe habitant un seul pays, il saura bientôt quel rang il convient d'assigner à la plupart des formes douteuses. Tout d'abord, il est disposé à reconnaître beaucoup d'espèces, car il est frappé, aussi bien que l'éleveur de pigeons et de volailles dont nous avons déjà parlé, de l'étendue des différences qui existent chez les formes qu'il étudie continuellement ; en outre, il sait à peine que des variations analogues, qui se présentent dans d'autres groupes et dans d'autres pays, seraient de nature à corriger ses premières impressions. À mesure que ses observations prennent un développement plus considérable, les difficultés s'accroissent, car il se trouve en présence d'un plus grand nombre de formes très voisines. En supposant que ses observations prennent un caractère général, il finira par pouvoir se décider ; mais il n'atteindra ce point qu'en admettant des variations nombreuses, et il ne manquera pas de naturalistes pour contester ses conclusions. Enfin, les difficultés surgiront en foule, et il sera forcé de s'appuyer presque entièrement sur l'analogie, lorsqu'il en arrivera à étudier les formes voisines provenant de pays aujourd'hui séparés, car il ne pourra retrouver les chaînons intermédiaires qui relient ces formes douteuses.

Jusqu'à présent on n'a pu tracer une ligne de démarcation entre les espèces et les sous-espèces, c'est-à-dire entre les formes qui, dans l'opinion de quelques naturalistes, pourraient être presque mises au rang des espèces sans le mériter tout à fait. On n'a pas réussi davantage à tracer une ligne de démarcation entre les sous-espèces et les variétés fortement accusées, ou entre les variétés à peine sensibles et les différences individuelles. Ces différences se fondent l'une dans l'autre par des degrés insensibles, constituant une véritable série ; or, la notion de série implique l'idée d'une transformation réelle.

Aussi, bien que les différences individuelles offrent peu d'intérêt aux naturalistes classificateurs, je considère qu'elles ont la plus haute importance en ce qu'elles constituent les premiers degrés vers ces variétés si légères qu'on croit devoir à peine les signaler dans les ouvrages sur l'histoire naturelle. Je crois que les variétés un peu plus prononcées, un peu plus persistantes, conduisent à d'autres variétés plus prononcées et plus persistantes encore ; ces dernières amènent la sous-espèce, puis enfin l'espèce. Le passage d'un degré de différence à un autre peut, dans bien des cas, résulter simplement de la nature de l'organisme et des différentes conditions physiques auxquelles il a été longtemps exposé. Mais le passage d'un degré de différence à un autre, quand il s'agit de caractères d'adaptation plus importants, peut s'attribuer sûrement à l'action accumulatrice de la sélection naturelle, que j'expliquerai plus tard, et aux effets de l'augmentation de l'usage ou du non-usage des parties. On peut donc dire qu'une variété fortement accusée est le commencement d'une espèce. Cette assertion est-elle fondée ou non ? C'est ce dont on pourra juger quand on aura pesé avec soin les arguments et les différents faits qui font l'objet de ce volume.

Il ne faudrait pas supposer, d'ailleurs, que toutes les variétés ou espèces en voie de formation atteignent le rang d'espèces. Elles peuvent s'éteindre, ou elles peuvent se perpétuer comme variétés pendant de très longues périodes ; M. Wollaston a démontré qu'il en était ainsi pour les variétés de certains coquillages terrestres fossiles à Madère, et M. Gaston de Saporta pour certaines plantes. Si une variété prend un développement tel que le nombre de ses individus dépasse celui de l'espèce souche, il est certain qu'on regardera la variété comme l'espèce et l'espèce comme la variété. Ou bien il peut se faire encore que la variété supplante et extermine l'espèce souche ; ou bien encore elles peuvent coexister toutes deux et être toutes deux considérées comme des espèces indépendantes. Nous reviendrons, d'ailleurs un peu plus loin sur ce sujet.

On comprendra, d'après ces remarques, que, selon moi, on a, dans un but de commodité, appliqué arbitrairement le terme espèce à certains individus qui se ressemblent de très près, et que ce terme ne diffère pas essentiellement du terme variété, donné à des formes moins distinctes et plus variables. Il faut ajouter, d'ailleurs, que le terme variété, comparativement à de simples différences individuelles, est aussi appliqué arbitrairement dans un but de commodité.

LES ESPÈCES COMMUNES ET TRÈS RÉPANDUES SONT CELLES QUI VARIENT LE PLUS.

Je pensais, guidé par des considérations théoriques, qu'on pourrait obtenir quelques résultats intéressants relativement à la nature et au rapport des espèces qui varient le plus, en dressant un tableau de toutes les variétés de plusieurs flores bien étudiées. Je croyais, tout d'abord, que c'était là un travail fort simple ; mais M. H.-C. Watson, auquel je dois d'importants conseils et une aide précieuse sur cette question, m'a bientôt démontré que je rencontrerais beaucoup de difficultés ; le docteur Hooker m'a exprimé la même opinion en termes plus énergiques encore. Je réserve, pour un futur ouvrage, la discussion de ces difficultés et les tableaux comportant les nombres proportionnels des espèces variables. Le docteur Hooker m'autorise à ajouter qu'après avoir lu avec soin mon manuscrit et examiné ces différents tableaux, il partage mon opinion quant au principe que je vais établir tout à l'heure. Quoi qu'il en soit, cette question, traitée brièvement comme il faut qu'elle le soit ici, est assez embarrassante en ce qu'on ne peut éviter des allusions à la lutte pour l'existence, à la divergence des caractères, et à quelques autres questions que nous aurons à discuter plus tard.

Alphonse de Candolle et quelques autres naturalistes ont démontré que les plantes ayant un habitat très étendu ont ordinairement des variétés. Ceci est parfaitement compréhensible, car ces plantes sont exposées à diverses conditions physiques, et elles se trouvent en concurrence (ce qui, comme nous le verrons plus tard, est également important ou même plus important encore) avec différentes séries d'êtres organisés. Toutefois, nos tableaux démontrent en outre que, dans tout pays limité, les espèces les plus communes, c'est-à-dire celles qui comportent le plus grand nombre d'individus et les plus répandues dans leur propre pays (considération différente de celle d'un habitat considérable et, dans une certaine mesure, de celle d'une espèce commune), offrent le plus souvent des variétés assez prononcées pour qu'on en tienne compte dans les ouvrages sur la botanique. On peut donc dire que les espèces qui ont un habitat considérable, qui sont le plus répandues dans leur pays natal, et qui comportent le plus grand nombre d'individus, sont les espèces florissantes ou espèces dominantes, comme on pourrait les appeler, et sont celles qui produisent le plus souvent des variétés bien prononcées, que je considère comme des espèces naissantes. On aurait pu, peut-être, prévoir ces résultats ; en effet, les variétés, afin de devenir permanentes, ont nécessairement à lutter contre les autres habitants du même pays ; or, les espèces qui dominent déjà sont le plus propres à produire des rejetons qui, bien que modifiés dans une certaine mesure, héritent encore des avantages qui ont permis à leurs parents de vaincre leurs concurrents. Il va sans dire que ces remarques sur la prédominance ne s'appliquent qu'aux formes qui entrent en concurrence avec d'autres formes, et, plus spécialement, aux membres d'un même genre ou d'une même classe ayant des habitudes presque semblables. Quant au nombre des individus, la comparaison, bien entendu, s'applique seulement aux membres du même groupe. On peut dire qu'une plante domine si elle est plus répandue, ou si le nombre des individus qu'elle comporte est plus considérable que celui des autres plantes du même pays vivant dans des conditions presque analogues. Une telle plante n'en est pas moins dominante parce que quelques conferves aquatiques ou quelques champignons parasites comportent un plus grand nombre d'individus et sont plus généralement répandus ; mais, si une espèce de conferves ou de champignons parasites surpasse les espèces voisines au point de vue que nous venons d'indiquer, ce sera alors une espèce dominante dans sa propre classe.

LES ESPÈCES DES GENRES LES PLUS RICHES DANS CHAQUE PAYS VARIENT PLUS FRÉQUEMMENT QUE LES ESPÈCES DES GENRES MOINS RICHES.

Si l'on divise en deux masses égales les plantes habitant un pays, telles qu'elles sont décrites dans sa flore, et que l'on place d'un côté toutes celles appartenant aux genres les plus riches, c'est-à-dire aux genres qui comprennent le plus d'espèces, et de l'autre les genres les plus pauvres, on verra que les genres les plus riches comprennent un plus grand nombre d'espèces très communes, très répandues, ou, comme nous les appelons, d'espèces dominantes. Ceci était encore à prévoir ; en effet, le simple fait que beaucoup d'espèces du même genre habitent un pays démontre qu'il y a, dans les conditions organiques ou inorganiques de ce pays, quelque chose qui est particulièrement favorable à ce genre ; en conséquence, il était à prévoir qu'on trouverait dans les genres les plus riches, c'est-à-dire dans ceux qui comprennent beaucoup d'espèces, un nombre relativement plus considérable d'espèces dominantes. Toutefois, il y a tant de causes en jeu tendant à contrebalancer ce résultat, que je suis très surpris que mes tableaux indiquent même une petite majorité en faveur des grands genres. Je ne mentionnerai ici que deux de ces causes. Les plantes d'eau douce et celles d'eau salée sont ordinairement très répandues et ont une extension géographique considérable, mais cela semble résulter de la nature des stations qu'elles occupent et n'avoir que peu ou pas de rapport avec l'importance des genres auxquels ces espèces appartiennent. De plus, les plantes placées très bas dans l'échelle de l'organisation sont ordinairement beaucoup plus répandues que les plantes mieux organisées ; ici encore, il n'y a aucun rapport immédiat avec l'importance des genres. Nous reviendrons, dans notre chapitre sur la distribution géographique, sur la cause de la grande dissémination des plantes d'organisation inférieure.

En partant de ce principe, que les espèces ne sont que des variétés bien tranchées et bien définies, j'ai été amené à supposer que les espèces des genres les plus riches dans chaque pays doivent plus souvent offrir des variétés que les espèces des genres moins riches ; car, chaque fois que des espèces très voisines se sont formées (j'entends des espèces d'un même genre), plusieurs variétés ou espèces naissantes doivent, en règle générale, être actuellement en voie de formation. Partout où croissent de grands arbres, on peut s'attendre à trouver de jeunes plants. Partout où beaucoup d'espèces d'un genre se sont formées en vertu de variations, c'est que les circonstances extérieures ont favorisé la variabilité ; or, tout porte à supposer que ces mêmes circonstances sont encore favorables à la variabilité. D'autre part, si l'on considère chaque espèce comme le résultat d'autant d'actes indépendants de création, il n'y a aucune raison pour que les groupes comprenant beaucoup d'espèces présentent plus de variétés que les groupes en comprenant très peu.

Pour vérifier la vérité de cette induction, j'ai classé les plantes de douze pays et les insectes coléoptères de deux régions en deux groupes à peu près égaux, en mettant d'un côté les espèces appartenant aux genres les plus riches, et de l'autre celles appartenant aux genres les moins riches ; or, il s'est invariablement trouvé que les espèces appartenant aux genres les plus riches offrent plus de variétés que celles appartenant aux autres genres. En outre, les premières présentent un plus grand nombre moyen de variétés que les dernières. Ces résultats restent les mêmes quand on suit un autre mode de classement et quand on exclut des tableaux les plus petits genres, c'est-à-dire les genres qui ne comportent que d'une à quatre espèces. Ces faits ont une haute signification si l'on se place à ce point de vue que les espèces ne sont que des variétés permanentes et bien tranchées ; car, partout où se sont formées plusieurs espèces du même genre, ou, si nous pouvons employer cette expression, partout où les causes de cette formation ont été très actives, nous devons nous attendre à ce que ces causes soient encore en action, d'autant que nous avons toute raison de croire que la formation des espèces doit être très lente. Cela est certainement le cas si l'on considère les variétés comme des espèces naissantes, car mes tableaux démontrent clairement que, en règle générale, partout où plusieurs espèces d'un genre ont été formées, les espèces de ce genre présentent un nombre de variétés, c'est-à-dire d'espèces naissantes, beaucoup au-dessus de la moyenne. Ce n'est pas que tous les genres très riches varient beaucoup actuellement et accroissent ainsi le nombre de leurs espèces, ou que les genres moins riches ne varient pas et n'augmentent pas, ce qui serait fatal à ma théorie ; la géologie nous prouve, en effet, que, dans le cours des temps, les genres pauvres ont souvent beaucoup augmenté et que les genres riches, après avoir atteint un maximum, ont décliné et ont fini par disparaître. Tout ce que nous voulons démontrer, c'est que, partout où beaucoup d'espèces d'un genre se sont formées, beaucoup en moyenne se forment encore, et c'est là certainement ce qu'il est facile de prouver.

BEAUCOUP D'ESPÈCES COMPRISES DANS LES GENRES LES PLUS RICHES RESSEMBLENT À DES VARIÉTÉS EN CE QU'ELLES SONT TRÈS ÉTROITEMENT, MAIS INÉGALEMENT VOISINES LES UNES DES AUTRES, ET EN CE QU'ELLES ONT UN HABITAT TRÈS LIMITÉ.

D'autres rapports entre les espèces des genres riches et les variétés qui en dépendent, méritent notre attention. Nous avons vu qu'il n'y a pas de criterium infaillible qui nous permette de distinguer entre les espèces et les variétés bien tranchées. Quand on ne découvre pas de chaînons intermédiaires entre des formes douteuses, les naturalistes sont forcés de se décider en tenant compte de la différence qui existe entre ces formes douteuses, pour juger, par analogie, si cette différence suffit pour les élever au rang d'espèces. En conséquence, la différence est un criterium très important qui nous permet de classer deux formes comme espèces ou comme variétés. Or, Fries a remarqué pour les plantes, et Westwood pour les insectes, que, dans les genres riches, les différences entre les espèces sont souvent très insignifiantes. J'ai cherché à apprécier numériquement ce fait par la méthode des moyennes ; mes résultats sont imparfaits, mais ils n'en confirment pas moins cette hypothèse. J'ai consulté aussi quelques bons observateurs, et après de mûres réflexions ils ont partagé mon opinion. Sous ce rapport donc, les espèces des genres riches ressemblent aux variétés plus que les espèces des genres pauvres. En d'autres termes, on peut dire que, chez les genres riches où se produisent actuellement un nombre de variétés, ou espèces naissantes, plus grand que la moyenne, beaucoup d'espèces déjà produites ressemblent encore aux variétés, car elles diffèrent moins les unes des autres qu'il n'est ordinaire.

En outre, les espèces des genres riches offrent entre elles les mêmes rapports que ceux que l'on constate entre les variétés d'une même espèce. Aucun naturaliste n'oserait soutenir que toutes les espèces d'un genre sont également distinctes les unes des autres ; on peut ordinairement les diviser en sous-genres, en sections, ou en groupes inférieurs. Comme Fries l'a si bien fait remarquer, certains petits groupes d'espèces se réunissent ordinairement comme des satellites autour d'autres espèces. Or, que sont les variétés, sinon des groupes d'organismes inégalement apparentés les uns aux autres et réunis autour de certaines formes, c'est-à-dire autour des espèces types ? Il y a, sans doute, une différence importante entre les variétés et les espèces, c'est-à-dire que la somme des différences existant entre les variétés comparées les unes avec les autres, ou avec l'espèce type, est beaucoup moindre que la somme des différences existant entre les espèces du même genre. Mais, quand nous en viendrons à discuter le principe de la divergence des caractères, nous trouverons l'explication de ce fait, et nous verrons aussi comment il se fait que les petites différences entre les variétés tendent à s'accroître et à atteindre graduellement le niveau des différences plus grandes qui caractérisent les espèces.

Encore un point digne d'attention. Les variétés ont généralement une distribution fort restreinte ; c'est presque une banalité que cette assertion, car si une variété avait une distribution plus grande que celle de l'espèce qu'on lui attribue comme souche, leur dénomination aurait été réciproquement inverse. Mais il y a raison de croire que les espèces très voisines d'autres espèces, et qui sous ce rapport ressemblent à des variétés, offrent souvent aussi une distribution limitée. Ainsi, par exemple, M. H.-C. Watson a bien voulu m'indiquer, dans l'excellent Catalogue des plantes de Londres (4e édition), soixante-trois plantes qu'on y trouve mentionnées comme espèces, mais qu'il considère comme douteuses à cause de leur analogie étroite avec d'autres espèces. Ces soixante-trois espèces s'étendent en moyenne sur 6.9 des provinces ou districts botaniques entre lesquels M. Watson a divisé la Grande-Bretagne. Dans ce même catalogue, on trouve cinquante-trois variétés reconnues s'étendant sur 7.7 de ces provinces, tandis que les espèces auxquelles se rattachent ces variétés s'étendent sur 14.3 provinces. Il résulte de ces chiffres que les variétés, reconnues comme telles, ont à peu près la même distribution restreinte que ces formes très voisines que M. Watson m'a indiquées comme espèces douteuses, mais qui sont universellement considérées par les botanistes anglais comme de bonnes et véritables espèces.

RÉSUMÉ.

En résumé, on ne peut distinguer les variétés des espèces que : 1º par la découverte de chaînons intermédiaires ; 2º par une certaine somme peu définie de différences qui existent entre les unes et les autres. En effet, si deux formes diffèrent très peu, on les classe ordinairement comme variétés, bien qu'on ne puisse pas directement les relier entre elles ; mais on ne saurait définir la somme des différences nécessaires pour donner à deux formes le rang d'espèces. Chez les genres présentant, dans un pays quelconque, un nombre d'espèces supérieur à la moyenne, les espèces présentent aussi une moyenne de variétés plus considérable. Chez les grands genres, les espèces sont souvent, quoique à un degré inégal, très voisines les unes des autres, et forment des petits groupes autour d'autres espèces. Les espèces très voisines ont ordinairement une distribution restreinte. Sous ces divers rapports, les espèces des grands genres présentent de fortes analogies avec les variétés. Or, il est facile de se rendre compte de ces analogies, si l'on part de ce principe que chaque espèce a existé d'abord comme variété, la variété étant l'origine de l'espèce ; ces analogies, au contraire, restent inexplicables si l'on admet que chaque espèce a été créée séparément.

Nous avons vu aussi que ce sont les espèces les plus florissantes, c'est-à-dire les espèces dominantes, des plus grands genres de chaque classe qui produisent en moyenne le plus grand nombre de variétés ; or, ces variétés, comme nous le verrons plus tard, tendent à se convertir en espèces nouvelles et distinctes. Ainsi, les genres les plus riches ont une tendance à devenir plus riches encore ; et, dans toute la nature, les formes vivantes, aujourd'hui dominantes, manifestent une tendance à le devenir de plus en plus, parce qu'elles produisent beaucoup de descendants modifiés et dominants. Mais, par une marche graduelle que nous expliquerons plus tard, les plus grands genres tendent aussi à se fractionner en des genres moindres. C'est ainsi que, dans tout l'univers, les formes vivantes se trouvent divisées en groupes subordonnés à d'autres groupes.

Chapitre III

LA LUTTE POUR L'EXISTENCE.

Son influence sur la sélection naturelle. — Ce terme pris dans un sens figuré. — Progression géométrique de l'augmentation des individus. — Augmentation rapide des animaux et des plantes acclimatés. — Nature des obstacles qui empêchent cette augmentation. — Concurrence universelle. — Effets du climat. — Le grand nombre des individus devient une protection. — Rapports complexes entre tous les animaux et entre toutes les plantes. — La lutte pour l'existence est très acharnée entre les individus et les variétés de la même espèce, souvent aussi entre les espèces du même genre. — Les rapports d'organisme à organisme sont les plus importants de tous les rapports.

Avant d'aborder la discussion du sujet de ce chapitre, il est bon d'indiquer en quelques mots quelle est l'influence de lutte pour l'existence sur la sélection naturelle. Nous avons vu, dans le précédent chapitre, qu'il existe une certaine variabilité individuelle chez les êtres organisés à l'état sauvage ; je ne crois pas, d'ailleurs, que ce point ait jamais été contesté. Peu nous importe que l'on donne le nom d'espèces, de sous-espèces ou de variétés à une multitude de formes douteuses ; peu nous importe, par exemple, quel rang on assigne aux deux ou trois cents formes douteuses des plantes britanniques, pourvu que l'on admette l'existence de variétés bien tranchées. Mais le seul fait de l'existence de variabilité individuelles et de quelques variétés bien tranchées, quoique nécessaires comme point de départ pour la formation des espèces, nous aide fort peu à comprendre comment se forment ces espèces à l'état de nature, comment se sont perfectionnées toutes ces admirables adaptations d'une partie de l'organisme dans ses rapports avec une autre partie, ou avec les conditions de la vie, ou bien encore, les rapports d'un être organisé avec un autre. Les rapports du pic et du gui nous offrent un exemple frappant de ces admirables coadaptations. Peut-être les exemples suivants sont-ils un peu moins frappants, mais la coadaptation n'en existe pas moins entre le plus humble parasite et l'animal ou l'oiseau aux poils ou aux plumes desquels il s'attache : dans la structure du scarabée qui plonge dans l'eau ; dans la graine garnie de plumes que transporte la brise la plus légère ; en un mot, nous pouvons remarquer d'admirables adaptations partout et dans toutes les parties du monde organisé.

On peut encore se demander comment il se fait que les variétés que j'ai appelées espèces naissantes ont fini par se convertir en espèces vraies et distinctes, lesquelles, dans la plupart des cas, diffèrent évidemment beaucoup plus les unes des autres que les variétés d'une même espèce ; comment se forment ces groupes d'espèces, qui constituent ce qu'on appelle des genres distincts, et qui diffèrent plus les uns des autres que les espèces du même genre ? Tous ces effets, comme nous l'expliquerons de façon plus détaillée dans le chapitre suivant, découlent d'une même cause : la lutte pour l'existence. Grâce à cette lutte, les variations, quelque faibles qu'elles soient et de quelque cause qu'elles proviennent, tendent à préserver les individus d'une espèce et se transmettent ordinairement à leur descendance, pourvu qu'elles soient utiles à ces individus dans leurs rapports infiniment complexes avec les autres êtres organisés et avec les conditions physiques de la vie. Les descendants auront, eux aussi, en vertu de ce fait, une plus grande chance de persister ; car, sur les individus d'une espèce quelconque nés périodiquement, un bien petit nombre peut survivre. J'ai donné à ce principe, en vertu duquel une variation si insignifiante qu'elle soit se conserve et se perpétue, si elle est utile, le nom de sélection naturelle, pour indiquer les rapports de cette sélection avec celle que l'homme peut accomplir. Mais l'expression qu'emploie souvent M. Herbert Spencer : « la persistance du plus apte », est plus exacte et quelquefois tout aussi commode. Nous avons vu que, grâce à la sélection, l'homme peut certainement obtenir de grands résultats et adapter les êtres organisés à ses besoins, en accumulant les variations légères, mais utiles, qui lui sont fournies par la nature. Mais la sélection naturelle, comme nous le verrons plus tard, est une puissance toujours prête à l'action ; puissance aussi supérieure aux faibles efforts de l'homme que les ouvrages de la nature sont supérieurs à ceux de l'art.

Discutons actuellement, un peu plus en détail, la lutte pour l'existence. Je traiterai ce sujet avec les développements qu'il comporte dans un futur ouvrage. De Candolle l'aîné et Lyell ont démontré, avec leur largeur de vues habituelle, que tous les êtres organisés ont à soutenir une terrible concurrence. Personne n'a traité ce sujet, relativement aux plantes, avec plus d'élévation et de talent que M. W. Herbert, doyen de Manchester ; sa profonde connaissance de la botanique le mettait d'ailleurs à même de le faire avec autorité. Rien de plus facile que d'admettre la vérité de ce principe : la lutte universelle pour l'existence ; rien de plus difficile — je parle par expérience — que d'avoir toujours ce principe présent à l'esprit ; or, à moins qu'il n'en soit ainsi, ou bien on verra mal toute l'économie de la nature, ou on se méprendra sur le sens qu'il convient d'attribuer à tous les faits relatifs à la distribution, à la rareté, à l'abondance, à l'extinction et aux variations des êtres organisés. Nous contemplons la nature brillante de beauté et de bonheur, et nous remarquons souvent une surabondance d'alimentation ; mais nous ne voyons pas, ou nous oublions, que les oiseaux, qui chantent perchés nonchalamment sur une branche, se nourrissent principalement d'insectes ou de graines, et que, ce faisant, ils détruisent continuellement des êtres vivants ; nous oublions que des oiseaux carnassiers ou des bêtes de proie sont aux aguets pour détruire des quantités considérables de ces charmants chanteurs, et pour dévorer leurs œufs ou leurs petits ; nous ne nous rappelons pas toujours que, s'il y a en certains moments surabondance d'alimentation, il n'en est pas de même pendant toutes les saisons de chaque année.

L'EXPRESSION : LUTTE POUR L'EXISTENCE, EMPLOYÉE DANS LE SENS FIGURÉ.

Je dois faire remarquer que j'emploie le terme de lutte pour l'existence dans le sens général et métaphorique, ce qui implique les relations mutuelles de dépendance des êtres organisés, et, ce qui est plus important, non seulement la vie de l'individu, mais son aptitude ou sa réussite à laisser des descendants. On peut certainement affirmer que deux animaux carnivores, en temps de famine, luttent l'un contre l'autre à qui se procurera les aliments nécessaires à son existence. Mais on arrivera à dire qu'une plante, au bord du désert, lutte pour l'existence contre la sécheresse, alors qu'il serait plus exact de dire que son existence dépend de l'humidité. On pourra dire plus exactement qu'une plante, qui produit annuellement un million de graines, sur lesquelles une seule, en moyenne, parvient à se développer et à mûrir à son tour, lutte avec les plantes de la même espèce, ou d'espèces différentes, qui recouvrent déjà le sol. Le gui dépend du pommier et de quelques autres arbres ; or, c'est seulement au figuré que l'on pourra dire qu'il lutte contre ces arbres, car si des parasites en trop grand nombre s'établissent sur le même arbre, ce dernier languit et meurt ; mais on peut dire que plusieurs guis, poussant ensemble sur la même branche et produisant des graines, luttent l'un avec l'autre. Comme ce sont les oiseaux qui disséminent les graines du gui, son existence dépend d'eux, et l'on pourra dire au figuré que le gui lutte avec d'autres plantes portant des fruits, car il importe à chaque plante d'amener les oiseaux à manger les fruits qu'elle produit, pour en disséminer la graine. J'emploie donc, pour plus de commodité, le terme général lutte pour l'existence, dans ces différents sens qui se confondent les uns avec les autres.

PROGRESSION GÉOMÉTRIQUE DE L'AUGMENTATION DES INDIVIDUS.

La lutte pour l'existence résulte inévitablement de la rapidité avec laquelle tous les êtres organisés tendent à se multiplier. Tout individu qui, pendant le terme naturel de sa vie, produit plusieurs œufs ou plusieurs graines, doit être détruit à quelque période de son existence, ou pendant une saison quelconque, car, autrement le principe de l'augmentation géométrique étant donné, le nombre de ses descendants deviendrait si considérable, qu'aucun pays ne pourrait les nourrir. Aussi, comme il naît plus d'individus qu'il n'en peut vivre, il doit y avoir, dans chaque cas, lutte pour l'existence, soit avec un autre individu de la même espèce, soit avec des individus d'espèces différentes, soit avec les conditions physiques de la vie. C'est la doctrine de Malthus appliquée avec une intensité beaucoup plus considérable à tout le règne animal et à tout le règne végétal, car il n'y a là ni production artificielle d'alimentation, ni restriction apportée au mariage par la prudence. Bien que quelques espèces se multiplient aujourd'hui plus ou moins rapidement, il ne peut en être de même pour toutes, car le monde ne pourrait plus les contenir.

Il n'y a aucune exception à la règle que tout être organisé se multiplie naturellement avec tant de rapidité que, s'il n'est détruit, la terre serait bientôt couverte par la descendance d'un seul couple. L'homme même, qui se reproduit si lentement, voit son nombre doublé tous les vingt-cinq ans, et, à ce taux, en moins de mille ans, il n'y aurait littéralement plus de place sur le globe pour se tenir debout. Linné a calculé que, si une plante annuelle produit seulement deux graines — et il n'y a pas de plante qui soit si peu productive — et que l'année suivante les deux jeunes plants produisent à leur tour chacun deux graines, et ainsi de suite, on arrivera en vingt ans à un million de plants. De tous les animaux connus, l'éléphant, pense-t-on, est celui qui se reproduit le plus lentement. J'ai fait quelques calculs pour estimer quel serait probablement le taux minimum de son augmentation en nombre. On peut, sans crainte de se tromper, admettre qu'il commence à se reproduire à l'âge de trente ans, et qu'il continue jusqu'à quatre-vingt-dix ; dans l'intervalle, il produit six petits, et vit lui-même jusqu'à l'âge de cent ans. Or, en admettant ces chiffres, dans sept cent quarante ou sept cent cinquante ans, il y aurait dix-neuf millions d'éléphants vivants, tous descendants du premier couple.

Mais, nous avons mieux, sur ce sujet, que des calculs théoriques, nous avons des preuves directes, c'est-à-dire les nombreux cas observés de la rapidité étonnante avec laquelle se multiplient certains animaux à l'état sauvage, quand les circonstances leur sont favorables pendant deux ou trois saisons. Nos animaux domestiques, redevenus sauvages dans plusieurs parties du monde, nous offrent une preuve plus frappante encore de ce fait. Si l'on n'avait des données authentiques sur l'augmentation des bestiaux et des chevaux — qui cependant se reproduisent si lentement — dans l'Amérique méridionale et plus récemment en Australie, on ne voudrait certes pas croire aux chiffres que l'on indique. Il en est de même des plantes ; on pourrait citer bien des exemples de plantes importées devenues communes dans une île en moins de dix ans. Plusieurs plantes, telles que le cardon et le grand chardon, qui sont aujourd'hui les plus communes dans les grandes plaines de la Plata, et qui recouvrent des espaces de plusieurs lieues carrées, à l'exclusion de toute autre plante, ont été importées d'Europe. Le docteur Falconer m'apprend qu'il y a aux Indes des plantes communes aujourd'hui, du cap Comorin jusqu'à l'Himalaya, qui ont été importées d'Amérique, nécessairement depuis la découverte de cette dernière partie du monde. Dans ces cas, et dans tant d'autres que l'on pourrait citer, personne ne suppose que la fécondité des animaux et des plantes se soit tout à coup accrue de façon sensible. Les conditions de la vie sont très favorables, et, en conséquence, les parents vivent plus longtemps, et tous, ou presque tous les jeunes se développent ; telle est évidemment l'explication de ces faits. La progression géométrique de leur augmentation, progression dont les résultats ne manquent jamais de surprendre, explique simplement cette augmentation si rapide, si extraordinaire, et leur distribution considérable dans leur nouvelle patrie.

À l'état sauvage, presque toutes les plantes arrivées à l'état de maturité produisent annuellement des graines, et, chez les animaux, il y en a fort peu qui ne s'accouplent pas. Nous pouvons donc affirmer, sans crainte de nous tromper, que toutes les plantes et tous les animaux tendent à se multiplier selon une progression géométrique ; or, cette tendance doit être enrayée par la destruction des individus à certaines périodes de leur vie, car, autrement ils envahiraient tous les pays et ne pourraient plus subsister. Notre familiarité avec les grands animaux domestiques tend, je crois, à nous donner des idées fausses ; nous ne voyons pour eux aucun cas de destruction générale, mais nous ne nous rappelons pas assez qu'on en abat, chaque année, des milliers pour notre alimentation, et qu'à l'état sauvage une cause autre doit certainement produire les mêmes effets.

La seule différence qu'il y ait entre les organismes qui produisent annuellement un très grand nombre d'œufs ou de graines et ceux qui en produisent fort peu, est qu'il faudrait plus d'années à ces derniers pour peupler une région placée dans des conditions favorables, si immense que soit d'ailleurs cette région. Le condor pond deux œufs et l'autruche une vingtaine, et cependant, dans un même pays, le condor peut être l'oiseau le plus nombreux des deux. Le pétrel Fulmar ne pond qu'un œuf, et cependant on considère cette espèce d'oiseau comme la plus nombreuse qu'il y ait au monde. Telle mouche dépose des centaines d'œufs ; telle autre, comme l'hippobosque, n'en dépose qu'un seul ; mais cette différence ne détermine pas combien d'individus des deux espèces peuvent se trouver dans une même région. Une grande fécondité a quelque importance pour les espèces dont l'existence dépend d'une quantité d'alimentation essentiellement variable, car elle leur permet de s'accroître rapidement en nombre à un moment donné. Mais l'importance réelle du grand nombre des œufs ou des graines est de compenser une destruction considérable à une certaine période de la vie ; or, cette période de destruction, dans la grande majorité des cas, se présente de bonne heure. Si l'animal a le pouvoir de protéger d'une façon quelconque ses œufs ou ses jeunes, une reproduction peu considérable suffit pour maintenir à son maximum le nombre des individus de l'espèce ; si, au contraire, les œufs et les jeunes sont exposés à une facile destruction, la reproduction doit être considérable pour que l'espèce ne s'éteigne pas. Il suffirait, pour maintenir au même nombre les individus d'une espèce d'arbre, vivant en moyenne un millier d'années, qu'une seule graine fût produite une fois tous les mille ans, mais à la condition expresse que cette graine ne soit jamais détruite et qu'elle soit placée dans un endroit où il est certain qu'elle se développera. Ainsi donc, et dans tous les cas, la quantité des graines ou des œufs produits n'a qu'une influence indirecte sur le nombre moyen des individus d'une espèce animale ou végétale.

Il faut donc, lorsque l'on contemple la nature, se bien pénétrer des observations que nous venons de faire ; il ne faut jamais oublier que chaque être organisé s'efforce toujours de multiplier ; que chacun d'eux soutient une lutte pendant une certaine période de son existence ; que les jeunes et les vieux sont inévitablement exposés à une destruction incessante, soit durant chaque génération, soit à de certains intervalles. Qu'un de ces freins vienne à se relâcher, que la destruction s'arrête si peu que ce soit, et le nombre des individus d'une espèce s'élève rapidement à un chiffre prodigieux.

DE LA NATURE DES OBSTACLES À LA MULTIPLICATION.

Les causes qui font obstacle à la tendance naturelle à la multiplication de chaque espèce sont très obscures. Considérons une espèce très vigoureuse ; plus grand est le nombre des individus dont elle se compose, plus ce nombre tend à augmenter. Nous ne pourrions pas même, dans un cas donné, déterminer exactement quels sont les freins qui agissent. Cela n'a rien qui puisse surprendre, quand on réfléchit que notre ignorance sur ce point est absolue, relativement même à l'espèce humaine, quoique l'homme soit bien mieux connu que tout autre animal. Plusieurs auteurs ont discuté ce sujet avec beaucoup de talent ; j'espère moi-même l'étudier longuement dans un futur ouvrage, particulièrement à l'égard des animaux retournés à l'état sauvage dans l'Amérique méridionale. Je me bornerai ici à quelques remarques, pour rappeler certains points principaux à l'esprit du lecteur. Les œufs ou les animaux très jeunes semblent ordinairement souffrir le plus, mais il n'en est pas toujours ainsi ; chez les plantes, il se fait une énorme destruction de graines ; mais, d'après mes observations, il semble que ce sont les semis qui souffrent le plus, parce qu'ils germent dans un terrain déjà encombré par d'autres plantes. Différents ennemis détruisent aussi une grande quantité de plants ; j'ai observé, par exemple, quelques jeunes plants de nos herbes indigènes, semés dans une plate-bande ayant 3 pieds de longueur sur 2 de largeur, bien labourée et bien débarrassée de plantes étrangères, et où, par conséquent, ils ne pouvaient pas souffrir du voisinage de ces plantes : sur trois cent cinquante-sept plants, deux cent quatre-vingt-quinze ont été détruits, principalement par les limaces et par les insectes. Si on laisse pousser du gazon qu'on a fauché pendant très longtemps, ou, ce qui revient au même, que des quadrupèdes ont l'habitude de brouter, les plantes les plus vigoureuses tuent graduellement celles qui le sont le moins, quoique ces dernières aient atteint leur pleine maturité ; ainsi, dans une petite pelouse de gazon, ayant 3 pieds sur 7, sur vingt espèces qui y poussaient, neuf ont péri, parce qu'on a laissé croître librement les autres espèces.

La quantité de nourriture détermine, cela va sans dire, la limite extrême de la multiplication de chaque espèce ; mais, le plus ordinairement, ce qui détermine le nombre moyen des individus d'une espèce, ce n'est pas la difficulté d'obtenir des aliments, mais la facilité avec laquelle ces individus deviennent la proie d'autres animaux. Ainsi, il semble hors de doute que la quantité de perdrix, de grouses et de lièvres qui peut exister dans un grand parc, dépend principalement du soin avec lequel on détruit leurs ennemis. Si l'on ne tuait pas une seule tête de gibier en Angleterre pendant vingt ans, mais qu'en même temps on ne détruisît aucun de leurs ennemis, il y aurait alors probablement moins de gibier qu'il n'y en a aujourd'hui, bien qu'on en tue des centaines de mille chaque année. Il est vrai que, dans quelques cas particuliers, l'éléphant, par exemple, les bêtes de proie n'attaquent pas l'animal ; dans l'Inde, le tigre lui-même se hasarde très rarement à attaquer un jeune éléphant défendu par sa mère.

Le climat joue un rôle important quant à la détermination du nombre moyen d'une espèce, et le retour périodique des froids ou des sécheresses extrêmes semble être le plus efficace de tous les freins. J'ai calculé, en me basant sur le peu de nids construits au printemps, que l'hiver de 1854-1855 a détruit les quatre cinquièmes des oiseaux de ma propriété ; c'est là une destruction terrible, quand on se rappelle que 10 pour 100 constituent, pour l'homme, une mortalité extraordinaire en cas d'épidémie. Au premier abord, il semble que l'action du climat soit absolument indépendante de la lutte pour l'existence ; mais il faut se rappeler que les variations climatériques agissent directement sur la quantité de nourriture, et amènent ainsi la lutte la plus vive entre les individus, soit de la même espèce, soit d'espèces distinctes, qui se nourrissent du même genre d'aliment. Quand le climat agit directement, le froid extrême, par exemple, ce sont les individus les moins vigoureux, ou ceux qui ont à leur disposition le moins de nourriture pendant l'hiver, qui souffrent le plus. Quand nous allons du sud au nord, ou que nous passons d'une région humide à une région desséchée, nous remarquons toujours que certaines espèces deviennent de plus en plus rares, et finissent par disparaître ; le changement de climat frappant nos sens, nous sommes tout disposés à attribuer cette disparition à son action directe. Or, cela n'est point exact ; nous oublions que chaque espèce, dans les endroits mêmes où elle est le plus abondante, éprouve constamment de grandes pertes à certains moments de son existence, pertes que lui infligent des ennemis ou des concurrents pour le même habitat et pour la même nourriture ; or, si ces ennemis ou ces concurrents sont favorisés si peu que ce soit par une légère variation du climat, leur nombre s'accroît considérablement, et, comme chaque district contient déjà autant d'habitants qu'il peut en nourrir, les autres espèces doivent diminuer. Quand nous nous dirigeons vers le sud et que nous voyons une espèce diminuer en nombre, nous pouvons être certains que cette diminution tient autant à ce qu'une autre espèce a été favorisée qu'à ce que la première a éprouvé un préjudice. Il en est de même, mais à un degré moindre, quand nous remontons vers le nord, car le nombre des espèces de toutes sortes, et, par conséquent, des concurrents, diminue dans les pays septentrionaux. Aussi rencontrons-nous beaucoup plus souvent, en nous dirigeant vers le nord, ou en faisant l'ascension d'une montagne, que nous ne le faisons en suivant une direction opposée, des formes rabougries, dues directement à l'action nuisible du climat. Quand nous atteignons les régions arctiques, ou les sommets couverts de neiges éternelles, ou les déserts absolus, la lutte pour l'existence n'existe plus qu'avec les éléments.

Le nombre prodigieux des plantes qui, dans nos jardins, supportent parfaitement notre climat, mais qui ne s'acclimatent jamais, parce qu'elles ne peuvent soutenir la concurrence avec nos plantes indigènes, ou résister à nos animaux indigènes, prouve clairement que le climat agit principalement de façon indirecte, en favorisant d'autres espèces.

Quand une espèce, grâce à des circonstances favorables, se multiplie démesurément dans une petite région, des épidémies se déclarent souvent chez elle. Au moins, cela semble se présenter chez notre gibier ; nous pouvons observer là un frein indépendant de la lutte pour l'existence. Mais quelques-unes de ces prétendues épidémies semblent provenir de la présence de vers parasites qui, pour une cause quelconque, peut-être à cause d'une diffusion plus facile au milieu d'animaux trop nombreux, ont pris un développement plus considérable ; nous assistons en conséquence à une sorte de lutte entre le parasite et sa proie.

D'autre part, dans bien des cas, il faut qu'une même espèce comporte un grand nombre d'individus relativement au nombre de ses ennemis, pour pouvoir se perpétuer. Ainsi, nous cultivons facilement beaucoup de froment, de colza, etc., dans nos champs, parce que les graines sont en excès considérable comparativement au nombre des oiseaux qui viennent les manger. Or, les oiseaux, bien qu'ayant une surabondance de nourriture pendant ce moment de la saison, ne peuvent augmenter proportionnellement à cette abondance de graines, parce que l'hiver a mis un frein à leur développement ; mais on sait combien il est difficile de récolter quelques pieds de froment ou d'autres plantes analogues dans un jardin ; quant à moi, cela m'a toujours été impossible. Cette condition de la nécessité d'un nombre considérable d'individus pour la conservation d'une espèce explique, je crois, certains faits singuliers que nous offre la nature, celui, par exemple, de plantes fort rares qui sont parfois très abondantes dans les quelques endroits où elles existent ; et celui de plantes véritablement sociables, c'est-à-dire qui se groupent en grand nombre aux extrêmes limites de leur habitat. Nous pouvons croire, en effet, dans de semblables cas, qu'une plante ne peut exister qu'à l'endroit seul où les conditions de la vie sont assez favorables pour que beaucoup puissent exister simultanément et sauver ainsi l'espèce d'une complète destruction. Je dois ajouter que les bons effets des croisements et les déplorables effets des unions consanguines jouent aussi leur rôle dans la plupart de ces cas. Mais je n'ai pas ici à m'étendre davantage sur ce sujet.

RAPPORTS COMPLEXES QU'ONT ENTRE EUX LES ANIMAUX ET LES PLANTES DANS LA LUTTE POUR L'EXISTENCE.

Plusieurs cas bien constatés prouvent combien sont complexes et inattendus les rapports réciproques des êtres organisés qui ont à lutter ensemble dans un même pays. Je me contenterai de citer ici un seul exemple, lequel, bien que fort simple, m'a beaucoup intéressé. Un de mes parents possède, dans le Staffordshire, une propriété où j'ai eu occasion de faire de nombreuses recherches ; tout à côté d'une grande lande très stérile, qui n'a jamais été cultivée, se trouve un terrain de plusieurs centaines d'acres, ayant exactement la même nature, mais qui a été enclos il y a vingt-cinq ans et planté de pins d'Écosse. Ces plantations ont amené, dans la végétation de la partie enclose de la lande, des changements si remarquables, que l'on croirait passer d'une région à une autre ; non seulement le nombre proportionnel des bruyères ordinaires a complètement changé, mais douze espèces de plantes (sans compter des herbes et des carex) qui n'existent pas dans la lande, prospèrent dans la partie plantée. L'effet produit sur les insectes a été encore plus grand, car on trouve à chaque pas, dans les plantations, six espèces d'oiseaux insectivores qu'on ne voit jamais dans la lande, laquelle n'est fréquentée que par deux ou trois espèces distinctes d'oiseaux insectivores. Ceci nous prouve quel immense changement produit l'introduction d'une seule espèce d'arbres, car on n'a fait aucune culture sur cette terre ; on s'est contenté de l'enclore, de façon à ce que le bétail ne puisse entrer. Il est vrai qu'une clôture est aussi un élément fort important dont j'ai pu observer les effets auprès de Farnham, dans le comté de Surrey. Là se trouvent d'immenses landes, plantées çà et là, sur le sommet des collines, de quelques groupes de vieux pins d'Écosse ; pendant ces dix dernières années, on a enclos quelques-unes de ces landes, et aujourd'hui il pousse de toutes parts une quantité de jeunes pins, venus naturellement, et si rapprochés les uns des autres, que tous ne peuvent pas vivre. Quand j'ai appris que ces jeunes arbres n'avaient été ni semés ni plantés, j'ai été tellement surpris, que je me rendis à plusieurs endroits d'où je pouvais embrasser du regard des centaines d'hectares de landes qui n'avaient pas été enclos ; or, il m'a été impossible de rien découvrir, sauf les vieux arbres. En examinant avec plus de soin l'état de la lande, j'ai découvert une multitude de petits plants qui avaient été rongés par les bestiaux. Dans l'espace d'un seul mètre carré, à une distance de quelques centaines de mètres de l'un des vieux arbres, j'ai compté trente-deux jeunes plants : l'un d'eux avait vingt-six anneaux ; il avait donc essayé, pendant bien des années, d'élever sa tête au-dessus des tiges de la bruyère et n'y avait pas réussi. Rien d'étonnant donc à ce que le sol se couvrît de jeunes pins vigoureux dès que les clôtures ont été établies. Et, cependant, ces landes sont si stériles et si étendues, que personne n'aurait pu s'imaginer que les bestiaux aient pu y trouver des aliments.

Nous voyons ici que l'existence du pin d'Écosse dépend absolument de la présence ou de l'absence des bestiaux ; dans quelques parties du monde, l'existence du bétail dépend de certains insectes. Le Paraguay offre peut-être l'exemple le plus frappant de ce fait : dans ce pays, ni les bestiaux, ni les chevaux, ni les chiens ne sont retournés à l'état sauvage, bien que le contraire se soit produit sur une grande échelle dans les régions situées au nord et au sud. Azara et Rengger ont démontré qu'il faut attribuer ce fait à l'existence au Paraguay d'une certaine mouche qui dépose ses œufs dans les naseaux de ces animaux immédiatement après leur naissance. La multiplication de ces mouches, quelque nombreuses qu'elles soient d'ailleurs, doit être ordinairement entravée par quelque frein, probablement par le développement d'autres insectes parasites. Or donc, si certains oiseaux insectivores diminuaient au Paraguay, les insectes parasites augmenteraient probablement en nombre, ce qui amènerait la disparition des mouches, et alors bestiaux et chevaux retourneraient à l'état sauvage, ce qui aurait pour résultat certain de modifier considérablement la végétation, comme j'ai pu l'observer moi-même dans plusieurs parties de l'Amérique méridionale. La végétation à son tour aurait une grande influence sur les insectes, et l'augmentation de ceux-ci provoquerait, comme nous venons de le voir par l'exemple du Staffordshire, le développement d'oiseaux insectivores, et ainsi de suite, en cercles toujours de plus en plus complexes. Ce n'est pas que, dans la nature, les rapports soient toujours aussi simples que cela. La lutte dans la lutte doit toujours se reproduire avec des succès différents ; cependant, dans le cours des siècles, les forces se balancent si exactement, que la face de la nature reste uniforme pendant d'immenses périodes, bien qu'assurément la cause la plus insignifiante suffise pour assurer la victoire à tel ou tel être organisé. Néanmoins, notre ignorance est si profonde et notre vanité si grande, que nous nous étonnons quand nous apprenons l'extinction d'un être organisé ; comme nous ne comprenons pas la cause de cette extinction, nous ne savons qu'invoquer des cataclysmes, qui viennent désoler le monde, et inventer des lois sur la durée des formes vivantes !

Encore un autre exemple pour bien faire comprendre quels rapports complexes relient entre eux des plantes et des animaux fort éloignés les uns des autres dans l'échelle de la nature. J'aurai plus tard l'occasion de démontrer que les insectes, dans mon jardin, ne visitent jamais la Lobelia fulgens, plante exotique, et qu'en conséquence, en raison de sa conformation particulière, cette plante ne produit jamais de graines. Il faut absolument, pour les féconder, que les insectes visitent presque toutes nos orchidées, car ce sont eux qui transportent le pollen d'une fleur à une autre. Après de nombreuses expériences, j'ai reconnu que le bourdon est presque indispensable pour la fécondation de la pensée (Viola tricolor), parce que les autres insectes du genre abeille ne visitent pas cette fleur. J'ai reconnu également que les visites des abeilles sont nécessaires pour la fécondation de quelques espèces de trèfle : vingt pieds de trèfle de Hollande (Trifolium repens), par exemple, ont produit deux mille deux cent quatre-vingt-dix graines, alors que vingt autres pieds, dont les abeilles ne pouvaient pas approcher, n'en ont pas produit une seule. Le bourdon seul visite le trèfle rouge, parce que les autres abeilles ne peuvent pas en atteindre le nectar. On affirme que les phalènes peuvent féconder cette plante ; mais j'en doute fort, parce que le poids de leur corps n'est pas suffisant pour déprimer les pétales alaires. Nous pouvons donc considérer comme très probable que, si le genre bourdon venait à disparaître, ou devenait très rare en Angleterre, la pensée et le trèfle rouge deviendraient aussi très rares ou disparaîtraient complètement. Le nombre des bourdons, dans un district quelconque, dépend, dans une grande mesure, du nombre des mulots qui détruisent leurs nids et leurs rayons de miel ; or, le colonel Newman, qui a longtemps étudié les habitudes du bourdon, croit que « plus des deux tiers de ces insectes sont ainsi détruits chaque année en Angleterre ». D'autre part, chacun sait que le nombre des mulots dépend essentiellement de celui des chats, et le colonel Newman ajoute : « J'ai remarqué que les nids de bourdon sont plus abondants près des villages et des petites villes, ce que j'attribue au plus grand nombre de chats qui détruisent les mulots. » Il est donc parfaitement possible que la présence d'un animal félin dans une localité puisse déterminer, dans cette même localité, l'abondance de certaines plantes en raison de l'intervention des souris et des abeilles !

Différents freins, dont l'action se fait sentir à diverses époques de la vie et pendant certaines saisons de l'année, affectent donc l'existence de chaque espèce. Les uns sont très efficaces, les autres le sont moins, mais l'effet de tous est de déterminer la quantité moyenne des individus d'une espèce ou l'existence même de chacune d'elles. On pourrait démontrer que, dans quelques cas, des freins absolument différents agissent sur la même espèce dans certains districts. Quand on considère les plantes et les arbustes qui constituent un fourré, on est tenté d'attribuer leur nombre proportionnel à ce qu'on appelle le hasard. Mais c'est là une erreur profonde. Chacun sait que, quand on abat une forêt américaine, une végétation toute différente surgit ; on a observé que d'anciennes ruines indiennes, dans le sud des États-Unis, ruines qui devaient être jadis isolées des arbres, présentent aujourd'hui la même diversité, la même proportion d'essences que les forêts vierges environnantes. Or, quel combat doit s'être livré pendant de longs siècles entre les différentes espèces d'arbres dont chacune répandait annuellement ses graines par milliers ! Quelle guerre incessante d'insecte à insecte, quelle lutte entre les insectes, les limaces et d'autres animaux analogues, avec les oiseaux et les bêtes de proie, tous s'efforçant de multiplier, se mangeant les uns les autres, ou se nourrissant de la substance des arbres, de leurs graines et de leurs jeunes pousses, ou des autres plantes qui ont d'abord couvert le sol et qui empêchaient, par conséquent, la croissance des arbres ! Que l'on jette en l'air une poignée de plumes, elles retomberont toutes sur le sol en vertu de certaines lois définies ; mais combien le problème de leur chute est simple quand on le compare à celui des actions et des réactions des plantes et des animaux innombrables qui, pendant le cours des siècles, ont déterminé les quantités proportionnelles des espèces d'arbres qui croissent aujourd'hui sur les ruines indiennes !

La dépendance d'un être organisé vis-à-vis d'un autre, telle que celle du parasite dans ses rapports avec sa proie, se manifeste d'ordinaire entre des êtres très éloignés les uns des autres dans l'échelle de la nature. Tel, quelquefois, est aussi le cas pour certains animaux que l'on peut considérer comme luttant l'un avec l'autre pour l'existence ; et cela dans le sens le plus strict du mot, les sauterelles, par exemple, et les quadrupèdes herbivores. Mais la lutte est presque toujours beaucoup plus acharnée entre les individus appartenant à la même espèce ; en effet, ils fréquentent les mêmes districts, recherchent la même nourriture, et sont exposés aux mêmes dangers. La lutte est presque aussi acharnée quand il s'agit de variétés de la même espèce, et la plupart du temps elle est courte ; si, par exemple, on sème ensemble plusieurs variétés de froment, et que l'on sème, l'année suivante, la graine mélangée provenant de la première récolte, les variétés qui conviennent le mieux au sol et au climat, et qui naturellement se trouvent être les plus fécondes, l'emportent sur les autres, produisent plus de graines, et, en conséquence, au bout de quelques années, supplantent toutes les autres variétés. Cela est si vrai, que, pour conserver un mélange de variétés aussi voisines que le sont celles des pois de senteur, il faut chaque année recueillir séparément les graines de chaque variété et avoir soin de les mélanger dans la proportion voulue, autrement les variétés les plus faibles diminuent peu à peu et finissent par disparaître. Il en est de même pour les variétés de moutons ; on affirme que certaines variétés de montagne affament à tel point les autres, qu'on ne peut les laisser ensemble dans les mêmes pâturages. Le même résultat s'est produit quand on a voulu conserver ensemble différentes variétés de sangsues médicinales. Il est même douteux que toutes les variétés de nos plantes cultivées et de nos animaux domestiques aient si exactement la même force, les mêmes habitudes et la même constitution que les proportions premières d'une masse mélangée (je ne parle pas, bien entendu, des croisements) puissent se maintenir pendant une demi-douzaine de générations, si, comme dans les races à l'état sauvage, on laisse la lutte s'engager entre elles, et si l'on n'a pas soin de conserver annuellement une proportion exacte entre les graines ou les petits.

LA LUTTE POUR L'EXISTENCE EST PLUS ACHARNÉE QUAND ELLE A LIEU ENTRE DES INDIVIDUS ET DES VARIÉTÉS APPARTENANT À LA MÊME ESPÈCE.

Les espèces appartenant au même genre ont presque toujours, bien qu'il y ait beaucoup d'exceptions à cette règle, des habitudes et une constitution presque semblables ; la lutte entre ces espèces est donc beaucoup plus acharnée, si elles se trouvent placées en concurrence les unes avec les autres, que si cette lutte s'engage entre des espèces appartenant à des genres distincts. L'extension récente qu'a prise, dans certaines parties des États-Unis, une espèce d'hirondelle qui a causé l'extinction d'une autre espèce, nous offre un exemple de ce fait. Le développement de la draine a amené, dans certaines parties de l'Écosse, la rareté croissante de la grive commune. Combien de fois n'avons-nous pas entendu dire qu'une espèce de rats a chassé une autre espèce devant elle, sous les climats les plus divers ! En Russie, la petite blatte d'Asie a chassé devant elle sa grande congénère. En Australie, l'abeille que nous avons importée extermine rapidement la petite abeille indigène, dépourvue d'aiguillon. Une espèce de moutarde en supplante une autre, et ainsi de suite. Nous pouvons concevoir à peu près comment il se fait que la concurrence soit plus vive entre les formes alliées, qui remplissent presque la même place dans l'économie de la nature ; mais il est très probable que, dans aucun cas, nous ne pourrions indiquer les raisons exactes de la victoire remportée par une espèce sur une autre dans la grande bataille de la vie.

Les remarques que je viens de faire conduisent à un corollaire de la plus haute importance, c'est-à-dire que la conformation de chaque être organisé est en rapport, dans les points les plus essentiels et quelquefois cependant les plus cachés, avec celle de tous les êtres organisés avec lesquels il se trouve en concurrence pour son alimentation et pour sa résidence, et avec celle de tous ceux qui lui servent de proie ou contre lesquels il a à se défendre. La conformation des dents et des griffes du tigre, celle des pattes et des crochets du parasite qui s'attache aux poils du tigre, offrent une confirmation évidente de cette loi. Mais les admirables graines emplumées de la chicorée sauvage et les pattes aplaties et frangées des coléoptères aquatiques ne semblent tout d'abord en rapport qu'avec l'air et avec l'eau. Cependant, l'avantage présenté par les graines emplumées se trouve, sans aucun doute, en rapport direct avec le sol déjà garni d'autres plantes, de façon à ce que les graines puissent se distribuer dans un grand espace et tomber sur un terrain qui n'est pas encore occupé. Chez le coléoptère aquatique, la structure des jambes, si admirablement adaptée pour qu'il puisse plonger, lui permet de lutter avec d'autres insectes aquatiques pour chercher sa proie, ou pour échapper aux attaques d'autres animaux.

La substance nutritive déposée dans les graines de bien des plantes semble, à première vue, ne présenter aucune espèce de rapports avec d'autres plantes. Mais la croissance vigoureuse des jeunes plants provenant de ces graines, les pois et les haricots par exemple, quand on les sème au milieu d'autres graminées, paraît indiquer que le principal avantage de cette substance est de favoriser la croissance des semis, dans la lutte qu'ils ont à soutenir contre les autres plantes qui poussent autour d'eux.

Pourquoi chaque forme végétale ne se multiplie-t-elle pas dans toute l'étendue de sa région naturelle jusqu'à doubler ou quadrupler le nombre de ses représentants ? Nous savons parfaitement qu'elle peut supporter un peu plus de chaleur ou de froid, un peu plus d'humidité ou de sécheresse, car nous savons qu'elle habite des régions plus chaudes ou plus froides, plus humides ou plus sèches. Cet exemple nous démontre que, si nous désirons donner à une plante le moyen d'accroître le nombre de ses représentants, il faut la mettre en état de vaincre ses concurrents et de déjouer les attaques des animaux qui s'en nourrissent. Sur les limites de son habitat géographique, un changement de constitution en rapport avec le climat lui serait d'un avantage certain ; mais nous avons toute raison de croire que quelques plantes ou quelques animaux seulement s'étendent assez loin pour être exclusivement détruits par la rigueur du climat. C'est seulement aux confins extrêmes de la vie, dans les régions arctiques ou sur les limites d'un désert absolu, que cesse la concurrence. Que la terre soit très froide ou très sèche, il n'y en aura pas moins concurrence entre quelques espèces ou entre les individus de la même espèce, pour occuper les endroits les plus chauds ou les plus humides.

Il en résulte que les conditions d'existence d'une plante ou d'un animal placé dans un pays nouveau, au milieu de nouveaux compétiteurs, doivent se modifier de façon essentielle, bien que le climat soit parfaitement identique à celui de son ancien habitat. Si on souhaite que le nombre de ses représentants s'accroisse dans sa nouvelle patrie, il faut modifier l'animal ou la plante tout autrement qu'on ne l'aurait fait dans son ancienne patrie, car il faut lui procurer certains avantages sur un ensemble de concurrents ou d'ennemis tout différents. Rien de plus facile que d'essayer ainsi, en imagination, de procurer à une espèce certains avantages sur une autre ; mais, dans la pratique, il est plus que probable que nous ne saurions pas ce qu'il y a à faire. Cela seul devrait suffire à nous convaincre de notre ignorance sur les rapports mutuels qui existent entre tous les êtres organisés ; c'est là une vérité qui nous est aussi nécessaire qu'elle nous est difficile à comprendre. Tout ce que nous pouvons faire, c'est de nous rappeler à tout instant que tous les êtres organisés s'efforcent perpétuellement de se multiplier selon une progression géométrique ; que chacun d'eux à certaines périodes de sa vie, pendant certaines saisons de l'année, dans le cours de chaque génération ou à de certains intervalles, doit lutter pour l'existence et être exposé à une grande destruction. La pensée de cette lutte universelle provoque de tristes réflexions, mais nous pouvons nous consoler avec la certitude que la guerre n'est pas incessante dans la nature, que la peur y est inconnue, que la mort est généralement prompte, et que ce sont les êtres vigoureux, sains et heureux qui survivent et se multiplient.

Chapitre IV

LA SÉLECTION NATURELLE OU LA PERSISTANCE DU PLUS APTE.

La sélection naturelle ; comparaison de son pouvoir avec le pouvoir sélectif de l'homme ; son influence sur les caractères a peu d'importance ; son influence à tous les âges et sur les deux sexes. — Sélection sexuelle. — De la généralité des croisements entre les individus de la même espèce. — Circonstances favorables ou défavorables à la sélection naturelle, telles que croisements, isolement, nombre des individus. — Action lente. — Extinction causée par la sélection naturelle. — Divergence des caractères dans ses rapports avec la diversité des habitants d'une région limitée et avec l'acclimatation. — Action de la sélection naturelle sur les descendants d'un type commun résultant de la divergence des caractères. — La sélection naturelle explique le groupement de tous les êtres organisés ; les progrès de l'organisme ; la persistance des formes inférieures ; la convergence des caractères ; la multiplication indéfinie des espèces. — Résumé.

Quelle influence a, sur la variabilité, cette lutte pour l'existence que nous venons de décrire si brièvement ? Le principe de la sélection, que nous avons vu si puissant entre les mains de l'homme, s'applique-t-il à l'état de nature ? Nous prouverons qu'il s'applique de façon très efficace. Rappelons-nous le nombre infini de variations légères, de simples différences individuelles, qui se présentent chez nos productions domestiques et, à un degré moindre, chez les espèces à l'état sauvage ; rappelons-nous aussi la force des tendances héréditaires. À l'état domestique, on peut dire que l'organisme entier devient en quelque sorte plastique. Mais, comme Hooker et Asa Gray l'ont fait si bien remarquer, la variabilité que nous remarquons chez toutes nos productions domestiques n'est pas l'œuvre directe de l'homme. L'homme ne peut ni produire ni empêcher les variations ; il ne peut que conserver et accumuler celles qui se présentent. Il expose, sans en avoir l'intention, les êtres organisés à de nouvelles conditions d'existence, et des variations en résultent ; or, des changements analogues peuvent, doivent même se présenter à l'état de nature. Qu'on se rappelle aussi combien sont complexes, combien sont étroits les rapports de tous les êtres organisés les uns avec les autres et avec les conditions physiques de la vie, et, en conséquence, quel avantage chacun d'eux peut retirer de diversités de conformation infiniment variées, étant données des conditions de vie différentes. Faut-il donc s'étonner, quand on voit que des variations utiles à l'homme se sont certainement produites, que d'autres variations, utiles à l'animal dans la grande et terrible bataille de la vie, se produisent dans le cours de nombreuses générations ? Si ce fait est admis, pouvons-nous douter (il faut toujours se rappeler qu'il naît beaucoup plus d'individus qu'il n'en peut vivre) que les individus possédant un avantage quelconque, quelque léger qu'il soit d'ailleurs, aient la meilleure chance de vivre et de se reproduire ? Nous pouvons être certains, d'autre part, que toute variation, si peu nuisible qu'elle soit à l'individu ; entraîne forcément la disparition de celui-ci. J'ai donné le nom de sélection naturelle ou de persistance du plus apte à cette conservation des différences et des variations individuelles favorables et à cette élimination des variations nuisibles. Les variations insignifiantes, c'est-à-dire qui ne sont ni utiles ni nuisibles à l'individu, ne sont certainement pas affectées par la sélection naturelle et demeurent à l'état d'éléments variables, tels que peut-être ceux que nous remarquons chez certaines espèces polymorphes, ou finissent par se fixer, grâce à la nature de l'organisme et à celle des conditions d'existence.

Plusieurs écrivains ont mal compris, ou mal critiqué, ce terme de sélection naturelle. Les uns se sont même imaginé que la sélection naturelle amène la variabilité, alors qu'elle implique seulement la conservation des variations accidentellement produites, quand elles sont avantageuses à l'individu dans les conditions d'existence où il se trouve placé. Personne ne proteste contre les agriculteurs, quand ils parlent des puissants effets de la sélection effectuée par l'homme ; or, dans ce cas, il est indispensable que la nature produise d'abord les différences individuelles que l'homme choisit dans un but quelconque. D'autres ont prétendu que le terme sélection implique un choix conscient de la part des animaux qui se modifient, et on a même argué que, les plantes n'ayant aucune volonté, la sélection naturelle ne leur est pas applicable. Dans le sens littéral du mot, il n'est pas douteux que le terme sélection naturelle ne soit un terme erroné ; mais, qui donc a jamais critiqué les chimistes, parce qu'ils se servent du terme affinité élective en parlant des différents éléments ? Cependant, on ne peut pas dire, à strictement parler, que l'acide choisisse la base avec laquelle il se combine de préférence. On a dit que je parle de la sélection naturelle comme d'une puissance active ou divine ; mais qui donc critique un auteur lorsqu'il parle de l'attraction ou de la gravitation, comme régissant les mouvements des planètes ? Chacun sait ce que signifient, ce qu'impliquent ces expressions métaphoriques nécessaires à la clarté de la discussion. Il est aussi très difficile d'éviter de personnifier le nom nature ; mais, par nature, j'entends seulement l'action combinée et les résultats complexes d'un grand nombre de lois naturelles ; et, par lois, la série de faits que nous avons reconnus. Au bout de quelque temps on se familiarisera avec ces termes et on oubliera ces critiques inutiles.

Nous comprendrons mieux l'application de la loi de la sélection naturelle en prenant pour exemple un pays soumis à quelques légers changements physiques, un changement climatérique, par exemple. Le nombre proportionnel de ses habitants change presque immédiatement aussi, et il est probable que quelques espèces s'éteignent. Nous pouvons conclure de ce que nous avons vu relativement aux rapports complexes et intimes qui relient les uns aux autres les habitants de chaque pays, que tout changement dans la proportion numérique des individus d'une espèce affecte sérieusement toutes les autres espèces, sans parler de l'influence exercée par les modifications du climat. Si ce pays est ouvert, de nouvelles formes y pénètrent certainement, et cette immigration tend encore à troubler les rapports mutuels de ses anciens habitants. Qu'on se rappelle, à ce sujet, quelle a toujours été l'influence de l'introduction d'un seul arbre ou d'un seul mammifère dans un pays. Mais s'il s'agit d'une île, ou d'un pays entouré en partie de barrières infranchissables, dans lequel, par conséquent, de nouvelles formes mieux adaptées aux modifications du climat ne peuvent pas facilement pénétrer, il se trouve alors, dans l'économie de la nature, quelque place qui serait mieux remplie si quelques-uns des habitants originels se modifiaient de façon ou d'autre, puisque, si le pays était ouvert, ces places seraient prises par les immigrants. Dans ce cas, de légères modifications, favorables à quelque degré que ce soit aux individus d'une espèce, en les adaptant mieux à de nouvelles conditions ambiantes, tendraient à se perpétuer, et la sélection naturelle aurait ainsi des matériaux disponibles pour commencer son œuvre de perfectionnement.

Nous avons de bonnes raisons de croire, comme nous l'avons démontré dans le premier chapitre, que les changements des conditions d'existence tendent à augmenter la faculté à la variabilité. Dans les cas que nous venons de citer, les conditions d'existence ayant changé, le terrain est donc favorable à la sélection naturelle, car il offre plus de chances pour la production de variations avantageuses, sans lesquelles la sélection naturelle ne peut rien. Il ne faut jamais oublier que, dans le terme variation, je comprends les simples différences individuelles. L'homme peut amener de grands changements chez ses animaux domestiques et chez ses plantes cultivées, en accumulant les différences individuelles dans une direction donnée ; la sélection naturelle peut obtenir les mêmes résultats, mais beaucoup plus facilement, parce que son action peut s'étendre sur un laps de temps beaucoup plus considérable. Je ne crois pas, d'ailleurs, qu'il faille de grands changements physiques, tels que des changements climatériques, ou qu'un pays soit particulièrement isolé et à l'abri de l'immigration, pour que des places libres se produisent et que la sélection naturelle les fasse occuper en améliorant quelques-uns des organismes variables. En effet, comme tous les habitants de chaque pays luttent à armes à peu près égales, il peut suffire d'une modification très légère dans la conformation ou dans les habitudes d'une espèce pour lui donner l'avantage sur toutes les autres. D'autres modifications de la même nature pourront encore accroître cet avantage, aussi longtemps que l'espèce se trouvera dans les mêmes conditions d'existence et jouira des mêmes moyens pour se nourrir et pour se défendre. On ne pourrait citer aucun pays dont les habitants indigènes soient actuellement si parfaitement adaptés les uns aux autres, si absolument en rapport avec les conditions physiques qui les entourent, pour ne laisser place à aucun perfectionnement ; car, dans tous les pays, les espèces natives ont été si complètement vaincues par des espèces acclimatées, qu'elles ont laissé quelques-unes de ces étrangères prendre définitivement possession du sol. Or, les espèces étrangères ayant ainsi, dans chaque pays, vaincu quelques espèces indigènes, on peut en conclure que ces dernières auraient pu se modifier avec avantage, de façon à mieux résister aux envahisseurs.

Puisque l'homme peut obtenir et a certainement obtenu de grands résultats par ses moyens méthodiques et inconscients de sélection, où s'arrête l'action de la sélection naturelle ? L'homme ne peut agir que sur les caractères extérieurs et visibles. La nature, si l'on veut bien me permettre de personnifier sous ce nom la conservation naturelle ou la persistance du plus apte, ne s'occupe aucunement des apparences, à moins que l'apparence n'ait quelque utilité pour les êtres vivants. La nature peut agir sur tous les organes intérieurs, sur la moindre différence d'organisation, sur le mécanisme vital tout entier. L'homme n'a qu'un but : choisir en vue de son propre avantage ; la nature, au contraire, choisit pour l'avantage de l'être lui-même. Elle donne plein exercice aux caractères qu'elle choisit, ce qu'implique le fait seul de leur sélection. L'homme réunit dans un même pays les espèces provenant de bien des climats différents ; il exerce rarement d'une façon spéciale et convenable les caractères qu'il a choisis ; il donne la même nourriture aux pigeons à bec long et aux pigeons à bec court ; il n'exerce pas de façon différente le quadrupède à longues pattes et à courtes pattes ; il expose aux mêmes influences climatériques les moutons à longue laine et ceux à laine courte. Il ne permet pas aux mâles les plus vigoureux de lutter pour la possession des femelles. Il ne détruit pas rigoureusement tous les individus inférieurs ; il protège, au contraire, chacun d'eux, autant qu'il est en son pouvoir, pendant toutes les saisons. Souvent il commence la sélection en choisissant quelques formes à demi monstrueuses, ou, tout au moins, en s'attachant à quelque modification assez apparente pour attirer son attention ou pour lui être immédiatement utile. À l'état de nature, au contraire la plus petite différence de conformation ou de constitution peut suffire à faire pencher la balance dans la lutte pour l'existence et se perpétuer ainsi. Les désirs et les efforts de l'homme sont si changeants ! sa vie est si courte ! Aussi, combien doivent être imparfaits les résultats qu'il obtient, quand on les compare à ceux que peut accumuler la nature pendant de longues périodes géologiques ! Pouvons-nous donc nous étonner que les caractères des productions de la nature soient beaucoup plus franchement accusés que ceux des races domestiques de l'homme ? Quoi d'étonnant à ce que ces productions naturelles soient infiniment mieux adaptées aux conditions les plus complexes de l'existence, et qu'elles portent en tout le cachet d'une œuvre bien plus complète ?

On peut dire, par métaphore, que la sélection naturelle recherche, à chaque instant et dans le monde entier, les variations les plus légères ; elle repousse celles qui sont nuisibles, elle conserve et accumule celles qui sont utiles ; elle travaille en silence, insensiblement, partout et toujours, dès que l'occasion s'en présente, pour améliorer tous les êtres organisés relativement à leurs conditions d'existence organiques et inorganiques. Ces lentes et progressives transformations nous échappent jusqu'à ce que, dans le cours des âges, la main du temps les ait marquées de son empreinte, et alors nous nous rendons si peu compte des longues périodes géologiques écoulées, que nous nous contentons de dire que les formes vivantes sont aujourd'hui différentes de ce qu'elles étaient autrefois.

Pour que des modifications importantes se produisent dans une espèce, il faut qu'une variété une fois formée présente de nouveau, après de longs siècles peut-être, des différences individuelles participant à la nature utile de celles qui se sont présentées d'abord ; il faut, en outre, que ces différences se conservent et se renouvellent encore. Des différences individuelles de la même nature se reproduisent constamment ; il est donc à peu près certain que les choses se passent ainsi. Mais, en somme, nous ne pouvons affirmer ce fait qu'en nous assurant si cette hypothèse concorde avec les phénomènes généraux de la nature et les explique. D'autre part, la croyance générale que la somme des variations possibles est une quantité strictement limitée, est aussi une simple assertion hypothétique.

Bien que la sélection naturelle ne puisse agir qu'en vue de l'avantage de chaque être vivant, il n'en est pas moins vrai que des caractères et des conformations, que nous sommes disposés à considérer comme ayant une importance très secondaire, peuvent être l'objet de son action. Quand nous voyons les insectes qui se nourrissent de feuilles revêtir presque toujours une teinte verte, ceux qui se nourrissent d'écorce une teinte grisâtre, le ptarmigan des Alpes devenir blanc en hiver et le coq de bruyère porter des plumes couleur de bruyère, ne devons-nous pas croire que les couleurs que revêtent certains oiseaux et certains insectes leur sont utiles pour les garantir du danger ? Le coq de bruyère se multiplierait innombrablement s'il n'était pas détruit à quelqu'une des phases de son existence, et on sait que les oiseaux de proie lui font une chasse active ; les faucons, doués d'une vue perçante, aperçoivent leur proie de si loin, que, dans certaines parties du continent, on n'élève pas de pigeons blancs parce qu'ils sont exposés à trop de dangers. La sélection naturelle pourrait donc remplir son rôle en donnant à chaque espèce de coq de bruyère une couleur appropriée au pays qu'il habite, en conservant et en perpétuant cette couleur dès qu'elle est acquise.

Il ne faudrait pas penser non plus que la destruction accidentelle d'un animal ayant une couleur particulière ne puisse produire que peu d'effets sur une race. Nous devons nous rappeler, en effet, combien il est essentiel dans un troupeau de moutons blancs de détruire les agneaux qui ont la moindre tache noire. Nous avons vu que la couleur des cochons qui, en Virginie, se nourrissent de certaines racines, est pour eux une cause de vie ou de mort. Chez les plantes, les botanistes considèrent le duvet du fruit et la couleur de la chair comme des caractères très insignifiants ; cependant, un excellent horticulteur, Downing, nous apprend qu'aux États-Unis les fruits à peau lisse souffrent beaucoup plus que ceux recouverts de duvet des attaques d'un insecte, le curculio ; que les prunes pourprées sont beaucoup plus sujettes à certaines maladies que les prunes jaunes ; et qu'une autre maladie attaque plus facilement les pêches à chair jaune que les pêches à chair d'une autre couleur. Si ces légères différences, malgré le secours de l'art, décident du sort des variétés cultivées, ces mêmes différences doivent évidemment, à l'état de nature, suffire à décider qui l'emportera d'un arbre produisant des fruits à la peau lisse ou à la peau velue, à la chair pourpre ou à la chair jaune ; car, dans cet état, les arbres ont à lutter avec d'autres arbres et avec une foule d'ennemis.

Quand nous étudions les nombreux petits points de différence qui existent entre les espèces et qui, dans notre ignorance, nous paraissent insignifiants, nous ne devons pas oublier que le climat, l'alimentation, etc., ont, sans aucun doute, produit quelques effets directs. Il ne faut pas oublier non plus qu'en vertu des lois de la corrélation, quand une partie varie et que la sélection naturelle accumule les variations, il se produit souvent d'autres modifications de la nature la plus inattendue.

Nous avons vu que certaines variations qui, à l'état domestique, apparaissent à une période déterminée de la vie, tendent à réapparaître chez les descendants à la même période. On pourrait citer comme exemples la forme, la taille et la saveur des grains de beaucoup de variétés de nos légumes et de nos plantes agricoles ; les variations du ver à soie à l'état de chenille et de cocon ; les œufs de nos volailles et la couleur du duvet de leurs petits ; les cornes de nos moutons et de nos bestiaux à l'âge adulte. Or, à l'état de nature, la sélection naturelle peut agir sur certains êtres organisés et les modifier à quelque âge que ce soit par l'accumulation de variations profitables à cet âge et par leur transmission héréditaire à l'âge correspondant. S'il est avantageux à une plante que ses graines soient plus facilement disséminées par le vent, il est aussi aisé à la sélection naturelle de produire ce perfectionnement, qu'il est facile au planteur, par la sélection méthodique, d'augmenter et d'améliorer le duvet contenu dans les gousses de ses cotonniers.

La sélection naturelle peut modifier la larve d'un insecte de façon à l'adapter à des circonstances complètement différentes de celles où devra vivre l'insecte adulte. Ces modifications pourront même affecter, en vertu de la corrélation, la conformation de l'adulte. Mais, inversement, des modifications dans la conformation de l'adulte peuvent affecter la conformation de la larve. Dans tous les cas, la sélection naturelle ne produit pas de modifications nuisibles à l'insecte, car alors l'espèce s'éteindrait.

La sélection naturelle peut modifier la conformation du jeune relativement aux parents et celle des parents relativement aux jeunes. Chez les animaux vivant en société, elle transforme la conformation de chaque individu de telle sorte qu'il puisse se rendre utile à la communauté, à condition toutefois que la communauté profite du changement. Mais ce que la sélection naturelle ne saurait faire, c'est de modifier la structure d'une espèce sans lui procurer aucun avantage propre et seulement au bénéfice d'une autre espèce. Or, quoique les ouvrages sur l'histoire naturelle rapportent parfois de semblables faits, je n'en ai pas trouvé un seul qui puisse soutenir l'examen. La sélection naturelle peut modifier profondément une conformation qui ne serait très utile qu'une fois pendant la vie d'un animal, si elle est importante pour lui. Telles sont, par exemple, les grandes mâchoires que possèdent certains insectes et qu'ils emploient exclusivement pour ouvrir leurs cocons, ou l'extrémité cornée du bec des jeunes oiseaux qui les aide à briser l'œuf pour en sortir. On affirme que, chez les meilleures espèces de pigeons culbutants à bec court, il périt dans l'œuf plus de petits qu'il n'en peut sortir ; aussi les amateurs surveillent-ils le moment de l'éclosion pour secourir les petits s'il en est besoin. Or, si la nature voulait produire un pigeon à bec très court pour l'avantage de cet oiseau, la modification serait très lente et la sélection la plus rigoureuse se ferait dans l'œuf, et ceux-là seuls survivraient qui auraient le bec assez fort, car tous ceux à bec faible périraient inévitablement ; ou bien encore, la sélection naturelle agirait pour produire des coquilles plus minces, se cassant plus facilement, car l'épaisseur de la coquille est sujette à la variabilité comme toutes les autres structures.

Il est peut-être bon de faire remarquer ici qu'il doit y avoir, pour tous les êtres, de grandes destructions accidentelles qui n'ont que peu ou pas d'influence sur l'action de la sélection naturelle. Par exemple, beaucoup d'œufs ou de graines sont détruits chaque année ; or, la sélection naturelle ne peut les modifier qu'autant qu'ils varient de façon à échapper aux attaques de leurs ennemis. Cependant, beaucoup de ces œufs ou de ces graines auraient pu, s'ils n'avaient pas été détruits, produire des individus mieux adaptés aux conditions ambiantes qu'aucun de ceux qui ont survécu. En outre, un grand nombre d'animaux ou de plantes adultes, qu'ils soient ou non les mieux adaptés aux conditions ambiantes, doivent annuellement périr, en raison de causes accidentelles, qui ne seraient en aucune façon mitigées par des changements de conformation ou de constitution avantageux à l'espèce sous tous les autres rapports. Mais, quelque considérable que soit cette destruction des adultes, peu importe, pourvu que le nombre des individus qui survivent dans une région quelconque reste assez considérable — peu importe encore que la destruction des œufs ou des graines soit si grande, que la centième ou même la millième partie se développe seule, — il n'en est pas moins vrai que les individus les plus aptes, parmi ceux qui survivent, en supposant qu'il se produise chez eux des variations dans une direction avantageuse, tendent à se multiplier en plus grand nombre que les individus moins aptes. La sélection naturelle ne pourrait, sans doute, exercer son action dans certaines directions avantageuses, si le nombre des individus se trouvait considérablement diminué par les causes que nous venons d'indiquer, et ce cas a dû se produire souvent ; mais ce n'est pas là une objection valable contre son efficacité à d'autres époques et dans d'autres circonstances. Nous sommes loin, en effet, de pouvoir supposer que beaucoup d'espèces soient soumises à des modifications et à des améliorations à la même époque et dans le même pays.

SÉLECTION SEXUELLE.

À l'état domestique, certaines particularités apparaissent souvent chez l'un des sexes et deviennent héréditaires chez ce sexe ; il en est de même à l'état de nature. Il est donc possible que la sélection naturelle modifie les deux sexes relativement aux habitudes différentes de l'existence, comme cela arrive quelquefois, ou qu'un seul sexe se modifie relativement à l'autre sexe, ce qui arrive très souvent. Ceci me conduit à dire quelques mots de ce que j'ai appelé la sélection sexuelle. Cette forme de sélection ne dépend pas de la lutte pour l'existence avec d'autres êtres organisés, ou avec les conditions ambiantes, mais de la lutte entre les individus d'un sexe, ordinairement les mâles, pour s'assurer la possession de l'autre sexe. Cette lutte ne se termine pas par la mort du vaincu, mais par le défaut ou par la petite quantité de descendants. La sélection sexuelle est donc moins rigoureuse que la sélection naturelle. Ordinairement, les mâles les plus vigoureux, c'est-à-dire ceux qui sont les plus aptes à occuper leur place dans la nature, laissent un plus grand nombre de descendants. Mais, dans bien des cas, la victoire ne dépend pas tant de la vigueur générale de l'individu que de la possession d'armes spéciales qui ne se trouvent que chez le mâle. Un cerf dépourvu de bois, ou un coq dépourvu d'éperons, aurait bien peu de chances de laisser de nombreux descendants. La sélection sexuelle, en permettant toujours aux vainqueurs de se reproduire, peut donner sans doute à ceux-ci un courage indomptable, des éperons plus longs, une aile plus forte pour briser la patte du concurrent, à peu près de la même manière que le brutal éleveur de coqs de combat peut améliorer la race par le choix rigoureux de ses plus beaux adultes. Je ne saurais dire jusqu'où descend cette loi de la guerre dans l'échelle de la nature. On dit que les alligators mâles se battent, mugissent, tournent en cercle, comme le font les Indiens dans leurs danses guerrières, pour s'emparer des femelles ; on a vu des saumons mâles se battre pendant des journées entières ; les cerfs volants mâles portent quelquefois la trace des blessures que leur ont faites les larges mandibules d'autres mâles ; M. Fabre, cet observateur inimitable, a vu fréquemment certains insectes hyménoptères mâles se battre pour la possession d'une femelle qui semble rester spectatrice indifférente du combat et qui, ensuite, part avec le vainqueur. La guerre est peut-être plus terrible encore entre les mâles des animaux polygames, car ces derniers semblent pourvus d'armes spéciales. Les animaux carnivores mâles semblent déjà bien armés, et cependant la sélection naturelle peut encore leur donner de nouveaux moyens de défense, tels que la crinière au lion et la mâchoire à crochet au saumon mâle, car le bouclier peut être aussi important que la lance au point de vue de la victoire.

Chez les oiseaux, cette lutte revêt souvent un caractère plus pacifique. Tous ceux qui ont étudié ce sujet ont constaté une ardente rivalité chez les mâles de beaucoup d'espèces pour attirer les femelles par leurs chants. Les merles de roche de la Guyane, les oiseaux de paradis, et beaucoup d'autres encore, s'assemblent en troupes ; les mâles se présentent successivement ; ils étalent avec le plus grand soin, avec le plus d'effet possible, leur magnifique plumage ; ils prennent les poses les plus extraordinaires devant les femelles, simples spectatrices, qui finissent par choisir le compagnon le plus agréable. Ceux qui ont étudié avec soin les oiseaux en captivité savent que, eux aussi, sont très susceptibles de préférences et d'antipathies individuelles : ainsi, sir R. Heron a remarqué que toutes les femelles de sa volière aimaient particulièrement un certain paon panaché. Il n'est impossible d'entrer ici dans tous les détails qui seraient nécessaires ; mais, si l'homme réussit à donner en peu de temps l'élégance du port et la beauté du plumage à nos coqs Bantam, d'après le type idéal que nous concevons pour cette espèce, je ne vois pas pourquoi les oiseaux femelles ne pourraient pas obtenir un résultat semblable en choisissant, pendant des milliers de générations, les mâles qui leur paraissent les plus beaux, ou ceux dont la voix est la plus mélodieuse. On peut expliquer, en partie, par l'action de la sélection sexuelle quelques lois bien connues relatives au plumage des oiseaux mâles et femelles comparé au plumage des petits, par des variations se présentant à différents âges et transmises soit aux mâles seuls, soit aux deux sexes, à l'âge correspondant ; mais l'espace nous manque pour développer ce sujet.

Je crois donc que, toutes les fois que les mâles et les femelles d'un animal quel qu'il soit ont les mêmes habitudes générales d'existence, mais qu'ils diffèrent au point de vue de la conformation, de la couleur ou de l'ornementation, ces différences sont principalement dues à la sélection sexuelle ; c'est-à-dire que certains mâles ont eu, pendant une suite non interrompue de générations, quelques légers avantages sur d'autres mâles, provenant soit de leurs armes, soit de leurs moyens de défense, soit de leur beauté ou de leurs attraits, avantages qu'ils ont transmis exclusivement à leur postérité mâle. Je ne voudrais pas cependant attribuer à cette cause toutes les différences sexuelles ; nous voyons, en effet, chez nos animaux domestiques, se produire chez les mâles des particularités qui ne semblent pas avoir été augmentées par la sélection de l'homme. La touffe de poils sur le jabot du dindon sauvage ne saurait lui être d'aucun avantage, il est douteux même qu'elle puisse lui servir d'ornement aux yeux de la femelle ; si même cette touffe de poils avait apparu à l'état domestique, on l'aurait considérée comme une monstruosité.

EXEMPLES DE L'ACTION DE LA SÉLECTION NATURELLE OU DE LA PERSISTANCE DU PLUS APTE.

Afin de bien faire comprendre de quelle manière agit, selon moi, la sélection naturelle, je demande la permission de donner un ou deux exemples imaginaires. Supposons un loup qui se nourrisse de différents animaux, s'emparant des uns par la ruse, des autres par la force, d'autres, enfin, par l'agilité. Supposons encore que sa proie la plus rapide, le daim par exemple, ait augmenté en nombre à la suite de quelques changements survenus dans le pays, ou que les autres animaux dont il se nourrit ordinairement aient diminué pendant la saison de l'année où le loup est le plus pressé par la faim. Dans ces circonstances, les loups les plus agiles et les plus rapides ont plus de chance de survivre que les autres ; ils persistent donc, pourvu toutefois qu'ils conservent assez de force pour terrasser leur proie et s'en rendre maîtres, à cette époque de l'année ou à toute autre, lorsqu'ils sont forcés de s'emparer d'autres animaux pour se nourrir. Je ne vois pas plus de raison de douter de ce résultat que de la possibilité pour l'homme d'augmenter la vitesse de ses lévriers par une sélection soigneuse et méthodique, ou par cette espèce de sélection inconsciente qui provient de ce que chaque personne s'efforce de posséder les meilleurs chiens, sans avoir la moindre pensée de modifier la race. Je puis ajouter que, selon M. Pierce, deux variétés de loups habitent les montagnes de Catskill, aux États-Unis: l'une de ces variétés, qui affecte un peu la forme du lévrier, se nourrit principalement de daims ; l'autre, plus épaisse, aux jambes plus courtes, attaque plus fréquemment les troupeaux.

Il faut observer que, dans l'exemple cité ci-dessus, je parle des loups les plus rapides pris individuellement, et non pas d'une variation fortement accusée qui s'est perpétuée. Dans les éditions précédentes de cet ouvrage, on pouvait croire que je présentais cette dernière alternative comme s'étant souvent produite. Je comprenais l'immense importance des différences individuelles, et cela m'avait conduit à discuter en détail les résultats de la sélection inconsciente par l'homme, sélection qui dépend de la conservation de tous les individus plus ou moins supérieurs et de la destruction des individus inférieurs. Je comprenais aussi que, à l'état de nature, la conservation d'une déviation accidentelle de structure, telle qu'une monstruosité, doit être un événement très rare, et que, si cette déviation se conserve d'abord, elle doit tendre bientôt à disparaître, à la suite de croisements avec des individus ordinaires. Toutefois, après avoir lu un excellent article de la North British Review (1867), j'ai mieux compris encore combien il est rare que des variations isolées, qu'elles soient légères ou fortement accusées, puissent se perpétuer. L'auteur de cet article prend pour exemple un couple d'animaux produisant pendant leur vie deux cents petits, sur lesquels, en raison de différentes causes de destruction, deux seulement, en moyenne, survivent pour propager leur espèce. On peut dire, tout d'abord, que c'est là une évaluation très minime pour la plupart des animaux élevés dans l'échelle, mais qu'il n'y a rien d'exagéré pour les organismes inférieurs. L'écrivain démontre ensuite que, s'il naît un seul individu qui varie de façon à lui donner deux chances de plus de vie qu'à tous les autres individus, il aurait encore cependant bien peu de chance de persister. En supposant qu'il se reproduise et que la moitié de ses petits héritant de la variation favorable, les jeunes, s'il faut en croire l'auteur, n'auraient qu'une légère chance de plus pour survivre et pour se reproduire, et cette chance diminuerait à chaque génération successive. On ne peut, je crois, mettre en doute la justesse de ces remarques. Supposons, en effet, qu'un oiseau quelconque puisse se procurer sa nourriture plus facilement, s'il a le bec recourbé ; supposons encore qu'un oiseau de cette espèce naisse avec le bec fortement recourbé, et que, par conséquent, il vive facilement ; il n'en est pas moins vrai qu'il y aurait peu de chances que ce seul individu perpétuât son espèce à l'exclusion de la forme ordinaire. Mais, s'il en faut juger d'après ce qui se passe chez les animaux à l'état de domesticité, on ne peut pas douter non plus que, si l'on choisit, pendant plusieurs générations, un grand nombre d'individus ayant le bec plus ou moins recourbé, et si l'on détruit un plus grand nombre encore d'individus ayant le bec le plus droit possible, les premiers ne se multiplient facilement. Toutefois, il ne faut pas oublier que certaines variations fortement accusées, que personne ne songerait à classer comme de simples différences individuelles, se représentent souvent parce que des conditions analogues agissent sur des organismes analogues ; nos productions domestiques nous offrent de nombreux exemples de ce fait. Dans ce cas, si l'individu qui a varié ne transmet pas de point en point à ses petits ses caractères nouvellement acquis, il ne leur transmet pas moins, aussi longtemps que les conditions restent les mêmes, une forte tendance à varier de la même manière. On ne peut guère douter non plus que la tendance à varier dans une même direction n'ait été quelquefois si puissante, que tous les individus de la même espèce se sont modifiés de la même façon, sans l'aide d'aucune espèce de sélection, on pourrait, dans tous les cas, citer bien des exemples d'un tiers, d'un cinquième ou même d'un dixième des individus qui ont été affectés de cette façon. Ainsi, Graba estime que, aux îles Féroé, un cinquième environ des Guillemots se compose d'une variété si bien accusée, qu'on l'a classée autrefois comme une espèce distincte, sous le nom d'Uria lacrymans. Quand il en est ainsi, si la variation est avantageuse à l'animal, la forme modifiée doit supplanter bientôt la forme originelle, en vertu de la survivance du plus apte.

J'aurai à revenir sur les effets des croisements au point de vue de l'élimination des variations de toute sorte ; toutefois, je peux faire remarquer ici que la plupart des animaux et des plantes aiment à conserver le même habitat et ne s'en éloignent pas sans raison ; on pourrait citer comme exemple les oiseaux voyageurs eux-mêmes, qui, presque toujours, reviennent habiter la même localité. En conséquence, toute variété de formation nouvelle serait ordinairement locale dans le principe, ce qui semble, d'ailleurs, être la règle générale pour les variétés à l'état de nature ; de telle façon que les individus modifiés de manière analogue doivent bientôt former un petit groupe et tendre à se reproduire facilement. Si la nouvelle variété réussit dans la lutte pour l'existence, elle se propage lentement autour d'un point central ; elle lutte constamment avec les individus qui n'ont subi aucun changement, en augmentant toujours le cercle de son action, et finit par les vaincre. Il n'est peut-être pas inutile de citer un autre exemple un peu plus compliqué de l'action de la sélection naturelle. Certaines plantes sécrètent une liqueur sucrée, apparemment dans le but d'éliminer de leur sève quelques substances nuisibles. Cette sécrétion s'effectue, parfois, à l'aide de glandes placées à la base des stipules chez quelques légumineuses, et sur le revers des feuilles du laurier commun. Les insectes recherchent avec avidité cette liqueur, bien qu'elle se trouve toujours en petite quantité ; mais leur visite ne constitue aucun avantage pour la plante. Or, supposons qu'un certain nombre de plantes d'une espèce quelconque sécrètent cette liqueur ou ce nectar à l'intérieur de leurs fleurs. Les insectes en quête de ce nectar se couvrent de pollen et le transportent alors d'une fleur à une autre. Les fleurs de deux individus distincts de la même espèce se trouvent croisées par ce fait ; or, le croisement, comme il serait facile de le démontrer, engendre des plants vigoureux, qui ont la plus grande chance de vivre et de se perpétuer. Les plantes qui produiraient les fleurs aux glandes les plus larges, et qui, par conséquent, sécréteraient le plus de liqueur, seraient plus souvent visitées par les insectes et se croiseraient plus souvent aussi ; en conséquence, elles finiraient, dans le cours du temps, par l'emporter sur toutes les autres et par former une variété locale. Les fleurs dont les étamines et les pistils seraient placés, par rapport à la grosseur et aux habitudes des insectes qui les visitent, de manière à favoriser, de quelque façon que ce soit, le transport du pollen, seraient pareillement avantagées. Nous aurions pu choisir pour exemple des insectes qui visitent les fleurs en quête du pollen au lieu de la sécrétion sucrée ; le pollen ayant pour seul objet la fécondation, il semble, au premier abord, que sa destruction soit une véritable perte pour la plante. Cependant, si les insectes qui se nourrissent de pollen transportaient de fleur en fleur un peu de cette substance, accidentellement d'abord, habituellement ensuite, et que des croisements fussent le résultat de ces transports, ce serait encore un gain pour la plante que les neuf dixièmes de son pollen fussent détruits. Il en résulterait que les individus qui posséderaient les anthères les plus grosses et la plus grande quantité de pollen, auraient plus de chances de perpétuer leur espèce.

Lorsqu'une plante, par suite de développements successifs, est de plus en plus recherchée par les insectes, ceux-ci, agissant inconsciemment, portent régulièrement le pollen de fleur en fleur ; plusieurs exemples frappants me permettraient de prouver que ce fait se présente tous les jours. Je n'en citerai qu'un seul, parce qu'il me servira en même temps à démontrer comment peut s'effectuer par degrés la séparation des sexes chez les plantes. Certains Houx ne portent que des fleurs mâles, pourvues d'un pistil rudimentaire et de quatre étamines produisant une petite quantité de pollen ; d'autres ne portent que des fleurs femelles, qui ont un pistil bien développé et quatre étamines avec des anthères non développées, dans lesquelles on ne saurait découvrir un seul grain de pollen. Ayant observé un arbre femelle à la distance de 60 mètres d'un arbre mâle, je plaçai sous le microscope les stigmates de vingt fleurs recueillies sur diverses branches ; sur tous, sans exception, je constatai la présence de quelques grains de pollen, et sur quelques-uns une profusion. Le pollen n'avait pas pu être transporté par le vent, qui depuis plusieurs jours soufflait dans une direction contraire. Le temps était froid, tempétueux, et par conséquent peu favorable aux visites des abeilles ; cependant toutes les fleurs que j'ai examinées avaient été fécondées par des abeilles qui avaient volé d'arbre en arbre, en quête de nectar. Reprenons notre démonstration : dès que la plante est devenue assez attrayante pour les insectes pour que le pollen soit régulièrement transporté de fleur en fleur, une autre série de faits commence à se produire. Aucun naturaliste ne met en doute les avantages de ce qu'on a appelé la division physiologique du travail. On peut en conclure qu'il serait avantageux pour les plantes de produire seulement des étamines sur une fleur ou sur un arbuste tout entier, et seulement des pistils sur une autre fleur ou sur un autre arbuste. Chez les plantes cultivées et placées, par conséquent, dans de nouvelles conditions d'existence, tantôt les organes mâles et tantôt les organes femelles deviennent plus ou moins impuissants. Or, si nous supposons que ceci puisse se produire, à quelque degré que ce soit, à l'état de nature, le pollen étant déjà régulièrement transporté de fleur en fleur et la complète séparation des sexes étant avantageuse au point de vue de la division du travail, les individus chez lesquels cette tendance augmente de plus en plus sont de plus en plus favorisés et choisis, jusqu'à ce qu'enfin la complète séparation des sexes s'effectue. Il nous faudrait trop de place pour démontrer comment, par le dimorphisme ou par d'autres moyens, certainement aujourd'hui en action, s'effectue actuellement la séparation des sexes chez les plantes de diverses espèces. Mais je puis ajouter que, selon Asa Gray, quelques espèces de Houx, dans l'Amérique septentrionale, se trouvent exactement dans une position intermédiaire, ou, pour employer son expression, sont plus ou moins dioïquement polygames.

Examinons maintenant les insectes qui se nourrissent de nectar. Nous pouvons supposer que la plante, dont nous avons vu les sécrétions augmenter lentement par suite d'une sélection continue, est une plante commune, et que certains insectes comptent en grande partie sur son nectar pour leur alimentation. Je pourrais prouver, par de nombreux exemples, combien les abeilles sont économes de leur temps ; je rappellerai seulement les incisions qu'elles ont coutume de faire à la base de certaines fleurs pour en atteindre le nectar, alors qu'avec un peu plus de peine elles pourraient y entrer par le sommet de la corolle. Si l'on se rappelle ces faits, on peut facilement croire que, dans certaines circonstances, des différences individuelles dans la courbure ou dans la longueur de la trompe, etc., bien que trop insignifiantes pour que nous puissions les apprécier, peuvent être profitables aux abeilles ou à tout autre insecte, de telle façon que certains individus seraient à même de se procurer plus facilement leur nourriture que certains autres ; les sociétés auxquelles ils appartiendraient se développeraient par conséquent plus vite, et produiraient plus d'essaims héritant des mêmes particularités. Les tubes des corolles du trèfle rouge commun et du trèfle incarnat (Trifolium pratense et T. incarnatum) ne paraissent pas, au premier abord, différer de longueur ; cependant, l'abeille domestique atteint aisément le nectar du trèfle incarnat, mais non pas celui du trèfle commun rouge, qui n'est visité que par les bourdons ; de telle sorte que des champs entiers de trèfle rouge offrent en vain à l'abeille une abondante récolte de précieux nectar. Il est certain que l'abeille aime beaucoup ce nectar ; j'ai souvent vu moi-même, mais seulement en automne, beaucoup d'abeilles sucer les fleurs par des trous que les bourdons avaient pratiqués à la base du tube. La différence de la longueur des corolles dans les deux espèces de trèfle doit être insignifiante ; cependant, elle suffit pour décider les abeilles à visiter une fleur plutôt que l'autre. On a affirmé, en outre, que les abeilles visitent les fleurs du trèfle rouge de la seconde récolte qui sont un peu plus petites. Je ne sais pas si cette assertion est fondée ; je ne sais pas non plus si une autre assertion, récemment publiée, est plus fondée, c'est-à-dire que l'abeille de Ligurie, que l'on considère ordinairement comme une simple variété de l'abeille domestique commune, et qui se croise souvent avec elle, peut atteindre et sucer le nectar du trèfle rouge. Quoi qu'il en soit, il serait très avantageux pour l'abeille domestique, dans un pays où abonde cette espèce de trèfle, d'avoir une trompe un peu plus longue ou différemment construite. D'autre part, comme la fécondité de cette espèce de trèfle dépend absolument de la visite des bourdons, il serait très avantageux pour la plante, si les bourdons devenaient rares dans un pays, d'avoir une corolle plus courte ou plus profondément divisée, pour que l'abeille puisse en sucer les fleurs. On peut comprendre ainsi comment il se fait qu'une fleur et un insecte puissent lentement, soit simultanément, soit l'un après l'autre, se modifier et s'adapter mutuellement de la manière la plus parfaite, par la conservation continue de tous les individus présentant de légères déviations de structure avantageuses pour l'un et pour l'autre.

Je sais bien que cette doctrine de la sélection naturelle, basée sur des exemples analogues à ceux que je viens de citer, peut soulever les objections qu'on avait d'abord opposées aux magnifiques hypothèses de sir Charles Lyell, lorsqu'il a voulu expliquer les transformations géologiques par l'action des causes actuelles. Toutefois, il est rare qu'on cherche aujourd'hui à traiter d'insignifiantes les causes que nous voyons encore en action sous nos yeux, quand on les emploie à expliquer l'excavation des plus profondes vallées ou la formation de longues lignes de dunes intérieures. La sélection naturelle n'agit que par la conservation et l'accumulation de petites modifications héréditaires, dont chacune est profitable à l'individu conservé : or, de même que la géologie moderne, quand il s'agit d'expliquer l'excavation d'une profonde vallée, renonce à invoquer l'hypothèse d'une seule grande vague diluvienne, de même aussi la sélection naturelle tend à faire disparaître la croyance à la création continue de nouveaux êtres organisés, ou à de grandes et soudaines modifications de leur structure.

Du croisement des individus.

Je dois me permettre ici une courte digression. Quand il s'agit d'animaux et de plantes ayant des sexes séparés, il est évident que la participation de deux individus est toujours nécessaire pour chaque fécondation (à l'exception, toutefois, des cas si curieux et si peu connus de parthénogénèse) ; mais l'existence de cette loi est loin d'être aussi évidente chez les hermaphrodites. Il y a néanmoins quelque raison de croire que, chez tous les hermaphrodites, deux individus coopèrent, soit accidentellement, soit habituellement, à la reproduction de leur espèce. Cette idée fut suggérée, il y a déjà longtemps, mais de façon assez douteuse, par Sprengel, par Knight et par Kölreuter. Nous verrons tout à l'heure l'importance de cette suggestion ; mais je serai obligé de traiter ici ce sujet avec une extrême brièveté, bien que j'aie à ma disposition les matériaux nécessaires pour une discussion approfondie. Tous les vertébrés, tous les insectes et quelques autres groupes considérables d'animaux s'accouplent pour chaque fécondation. Les recherches modernes ont beaucoup diminué le nombre des hermaphrodites supposés, et, parmi les vrais hermaphrodites, il en est beaucoup qui s'accouplent, c'est-à-dire que deux individus s'unissent régulièrement pour la reproduction de l'espèce ; or, c'est là le seul point qui nous intéresse. Toutefois, il y a beaucoup d'hermaphrodites qui, certainement, ne s'accouplent habituellement pas, et la grande majorité des plantes se trouve dans ce cas. Quelle raison peut-il donc y avoir pour supposer que, même alors, deux individus concourent à l'acte reproducteur ? Comme il m'est impossible d'entrer ici dans les détails, je dois me contenter de quelques considérations générales.

En premier lieu, j'ai recueilli un nombre considérable de faits. J'ai fait moi-même un grand nombre d'expériences prouvant, d'accord avec l'opinion presque universelle des éleveurs, que, chez les animaux et chez les plantes, un croisement entre des variétés différentes ou entre des individus de la même variété, mais d'une autre lignée, rend la postérité qui en naît plus vigoureuse et plus féconde ; et que, d'autre part, les reproductions entre proches parents diminuent cette vigueur et cette fécondité. Ces faits si nombreux suffisent à prouver qu'il est une loi générale de la nature tendant à ce qu'aucun être organisé ne se féconde lui-même pendant un nombre illimité de générations, et qu'un croisement avec un autre individu est indispensable de temps à autre, bien que peut-être à de longs intervalles.

Cette hypothèse nous permet, je crois, d'expliquer plusieurs grandes séries de faits tels que le suivant, inexplicable de toute autre façon. Tous les horticulteurs qui se sont occupés de croisements, savent combien l'exposition à l'humidité rend difficile la fécondation d'une fleur ; et, cependant, quelle multitude de fleurs ont leurs anthères et leurs stigmates pleinement exposés aux intempéries de l'air ! Étant admis qu'un croisement accidentel est indispensable, bien que les anthères et le pistil de la plante soient si rapprochés que la fécondation de l'un par l'autre soit presque inévitable, cette libre exposition, quelque désavantageuse qu'elle soit, peut avoir pour but de permettre librement l'entrée du pollen provenant d'un autre individu. D'autre part, beaucoup de fleurs, comme celles de la grande famille des Papilionacées ou Légumineuses, ont les organes sexuels complètement renfermés ; mais ces fleurs offrent presque invariablement de belles et curieuses adaptations en rapport avec les visites des insectes. Les visites des abeilles sont si nécessaires à beaucoup de fleurs de la famille des Papilionacées, que la fécondité de ces dernières diminue beaucoup si l'on empêche ces visites. Or, il est à peine possible que les insectes volent de fleur en fleur sans porter le pollen de l'une à l'autre, au grand avantage de la plante. Les insectes agissent, dans ce cas, comme le pinceau dont nous nous servons, et qu'il suffit, pour assurer la fécondation, de promener sur les anthères d'une fleur et sur les stigmates d'une autre fleur. Mais il ne faudrait pas supposer que les abeilles produisent ainsi une multitude d'hybrides entre des espèces distinctes ; car, si l'on place sur le même stigmate du pollen propre à la plante et celui d'une autre espèce, le premier annule complètement, ainsi que l'a démontré Gærtner, l'influence du pollen étranger.

Quand les étamines d'une fleur s'élancent soudain vers le pistil, ou se meuvent lentement vers lui l'une après l'autre, il semble que ce soit uniquement pour mieux assurer la fécondation d'une fleur par elle-même ; sans doute, cette adaptation est utile dans ce but. Mais l'intervention des insectes est souvent nécessaire pour déterminer les étamines à se mouvoir, comme Kölreuter l'a démontré pour l'épine-vinette. Dans ce genre, où tout semble disposé pour assurer la fécondation de la fleur par elle-même, on sait que, si l'on plante l'une près de l'autre des formes ou des variétés très voisines, il est presque impossible d'élever des plants de race pure, tant elles se croisent naturellement. Dans de nombreux autres cas, comme je pourrais le démontrer par les recherches de Sprengel et d'autres naturalistes aussi bien que par mes propres observations, bien loin que rien contribue à favoriser la fécondation d'une plante par elle-même, on remarque des adaptations spéciales qui empêchent absolument le stigmate de recevoir le pollen de ses propres étamines. Chez le Lobelia fulgens, par exemple, il y a tout un système, aussi admirable que complet, au moyen duquel les anthères de chaque fleur laissent échapper leurs nombreux granules de pollen avant que le stigmate de la même fleur soit prêt à les recevoir. Or, comme, dans mon jardin tout au moins, les insectes ne visitent jamais cette fleur, il en résulte qu'elle ne produit jamais de graines, bien que j'aie pu en obtenir une grande quantité en plaçant moi-même le pollen d'une fleur sur le stigmate d'une autre fleur. Une autre espèce de Lobélia visitée par les abeilles produit, dans mon jardin, des graines abondantes. Dans beaucoup d'autres cas, bien que nul obstacle mécanique spécial n'empêche le stigmate de recevoir le pollen de la même fleur, cependant, comme Sprengel et plus récemment Hildebrand et d'autres l'ont démontré, et comme je puis le confirmer moi-même, les anthères éclatent avant que le stigmate soit prêt à être fécondé, ou bien, au contraire, c'est le stigmate qui arrive à maturité avant le pollen, de telle sorte que ces prétendues plantes dichogames ont en réalité des sexes séparés et doivent se croiser habituellement. Il en est de même des plantes réciproquement dimorphes et trimorphes auxquelles nous avons déjà fait allusion. Combien ces faits sont extraordinaires ! Combien il est étrange que le pollen et le stigmate de la même fleur, bien que placés l'un près de l'autre dans le but d'assurer la fécondation de la fleur par elle-même, soient, dans tant de cas, réciproquement inutiles l'un à l'autre ! Comme il est facile d'expliquer ces faits, qui deviennent alors si simples, dans l'hypothèse qu'un croisement accidentel avec un individu distinct est avantageux ou indispensable !

Si on laisse produire des graines à plusieurs variétés de choux, de radis, d'oignons et de quelques autres plantes placées les unes auprès des autres, j'ai observé que la grande majorité des jeunes plants provenant de ces grains sont des métis. Ainsi, j'ai élevé deux cent trente-trois jeunes plants de choux provenant de différentes variétés poussant les unes auprès des autres, et, sur ces deux cent trente-trois plants, soixante-dix-huit seulement étaient de race pure, et encore quelques-uns de ces derniers étaient-ils légèrement altérés. Cependant, le pistil de chaque fleur, chez le chou, est non seulement entouré par six étamines, mais encore par celles des nombreuses autres fleurs qui se trouvent sur le même plant ; en outre, le pollen de chaque fleur arrive facilement au stigmate, sans qu'il soit besoin de l'intervention des insectes ; j'ai observé, en effet, que des plantes protégées avec soin contre les visites des insectes produisent un nombre complet de siliques. Comment se fait-il donc qu'un si grand nombre des jeunes plants soient des métis ? Cela doit provenir de ce que le pollen d'une variété distincte est doué d'un pouvoir fécondant plus actif que le pollen de la fleur elle-même, et que cela fait partie de la loi générale en vertu de laquelle le croisement d'individus distincts de la même espèce est avantageux à la plante. Quand, au contraire, des espèces distinctes se croisent, l'effet est inverse, parce que le propre pollen d'une plante l'emporte presque toujours en pouvoir fécondant sur un pollen étranger ; nous reviendrons, d'ailleurs, sur ce sujet dans un chapitre subséquent.

On pourrait faire cette objection que, sur un grand arbre, couvert d'innombrables fleurs, il est presque impossible que le pollen soit transporté d'arbre en arbre, et qu'à peine pourrait-il l'être de fleur en fleur sur le même arbre ; or, on ne peut considérer que dans un sens très limité les fleurs du même arbre comme des individus distincts. Je crois que cette objection a une certaine valeur, mais la nature y a suffisamment pourvu en donnant aux arbres une forte tendance à produire des fleurs à sexes séparés. Or, quand les sexes sont séparés, bien que le même arbre puisse produire des fleurs mâles et des fleurs femelles, il faut que le pollen soit régulièrement transporté d'une fleur à une autre, et ce transport offre une chance de plus pour que le pollen passe accidentellement d'un arbre à un autre. J'ai constaté que, dans nos contrées, les arbres appartenant à tous les ordres ont les sexes plus souvent séparés que toutes les autres plantes. À ma demande, le docteur Hooker a bien voulu dresser la liste des arbres de la Nouvelle-Zélande, et le docteur Asa Gray celle des arbres des États-Unis ; les résultats ont été tels que je les avais prévus. D'autre part, le docteur Hooker m'a informé que cette règle ne s'applique pas à l'Australie ; mais, si la plupart des arbres australiens sont dichogames, le même effet se produit que s'ils portaient des fleurs à sexes séparés. Je n'ai fait ces quelques remarques sur les arbres que pour appeler l'attention sur ce sujet.

Examinons brièvement ce qui se passe chez les animaux. Plusieurs espèces terrestres sont hermaphrodites, telles, par exemple, que les mollusques terrestres et les vers de terre ; tous néanmoins s'accouplent. Jusqu'à présent, je n'ai pas encore rencontré un seul animal terrestre qui puisse se féconder lui-même. Ce fait remarquable, qui contraste si vivement avec ce qui se passe chez les plantes terrestres, s'explique facilement par l'hypothèse de la nécessité d'un croisement accidentel ; car, en raison de la nature de l'élément fécondant, il n'y a pas, chez l'animal terrestre, de moyens analogues à l'action des insectes et du vent sur les plantes, qui puissent amener un croisement accidentel sans la coopération de deux individus. Chez les animaux aquatiques, il y a, au contraire, beaucoup d'hermaphrodites qui se fécondent eux-mêmes, mais ici les courants offrent un moyen facile de croisements accidentels. Après de nombreuses recherches, faites conjointement avec une des plus hautes et des plus compétentes autorités, le professeur Huxley, il m'a été impossible de découvrir, chez les animaux aquatiques, pas plus d'ailleurs que chez les plantes, un seul hermaphrodite chez lequel les organes reproducteurs fussent si parfaitement internes, que tout accès fût absolument fermé à l'influence accidentelle d'un autre individu, de manière à rendre tout croisement impossible. Les Cirripèdes m'ont longtemps semblé faire exception à cette règle ; mais, grâce à un heureux hasard, j'ai pu prouver que deux individus, tous deux hermaphrodites et capables de se féconder eux-mêmes, se croisent cependant quelquefois.

La plupart des naturalistes ont dû être frappés, comme d'une étrange anomalie, du fait que, chez les animaux et chez les plantes, parmi les espèces d'une même famille et aussi d'un même genre, les unes sont hermaphrodites et les autres unisexuelles, bien qu'elles soient très semblables par tous les autres points de leur organisation. Cependant, s'il se trouve que tous les hermaphrodites se croisent de temps en temps, la différence qui existe entre eux et les espèces unisexuelles est fort insignifiante, au moins sous le rapport des fonctions.

Ces différentes considérations et un grand nombre de faits spéciaux que j'ai recueillis, mais que le défaut d'espace m'empêche de citer ici, semblent prouver que le croisement accidentel entre des individus distincts, chez les animaux et chez les plantes, constitue une loi sinon universelle, au moins très générale dans la nature.

CIRCONSTANCES FAVORABLES A LA PRODUCTION DE NOUVELLES FORMES PAR LA SÉLECTION NATURELLE.

C'est là un sujet extrêmement compliqué. Une grande variabilité, et, sous ce terme, on comprend toujours les différences individuelles, est évidemment favorable à l'action de la sélection naturelle. La multiplicité des individus, en offrant plus de chances de variations avantageuses dans un temps donné, compense une variabilité moindre chez chaque individu pris personnellement, et c'est là, je crois, un élément important de succès. Bien que la nature accorde de longues périodes au travail de la sélection naturelle, il ne faudrait pas croire, cependant, que ce délai soit indéfini. En effet, tous les êtres organisés luttent pour s'emparer des places vacantes dans l'économie de la nature ; par conséquent, si une espèce, quelle qu'elle soit, ne se modifie pas et ne se perfectionne pas aussi vite que ses concurrents, elle doit être exterminée. En outre, la sélection naturelle ne peut agir que si quelques-uns des descendants héritent de variations avantageuses. La tendance au retour vers le type des aïeux peut souvent entraver ou empêcher l'action de la sélection naturelle ; mais, d'un autre côté, comme cette tendance n'a pas empêché l'homme de créer, par la sélection, de nombreuses races domestiques, pourquoi prévaudrait-elle contre l'œuvre de la sélection naturelle ?

Quand il s'agit d'une sélection méthodique, l'éleveur choisit, certains sujets pour atteindre un but déterminé ; s'il permet à tous les individus de se croiser librement, il est certain qu'il échouera. Mais, quand beaucoup d'éleveurs, sans avoir l'intention de modifier une race, ont un type commun de perfection, et que tous essayent de se procurer et de faire reproduire les individus les plus parfaits, cette sélection inconsciente amène lentement mais sûrement, de grands progrès, en admettant même qu'on ne sépare pas les individus plus particulièrement beaux. Il en est de même à l'état de nature ; car, dans une région restreinte, dont l'économie générale présente quelques lacunes, tous les individus variant dans une certaine direction déterminée, bien qu'à des degrés différents, tendent à persister. Si, au contraire, la région est considérable, les divers districts présentent certainement des conditions différentes d'existence ; or, si une même espèce est soumise à des modifications dans ces divers districts, les variétés nouvellement formées se croisent sur les confins de chacun d'eux. Nous verrons, toutefois, dans le sixième chapitre de cet ouvrage, que les variétés intermédiaires, habitant des districts intermédiaires, sont ordinairement éliminées, dans un laps de temps plus ou moins considérable, par une des variétés voisines. Le croisement affecte principalement les animaux qui s'accouplent pour chaque fécondation, qui vagabondent beaucoup, et qui ne se multiplient pas dans une proportion rapide. Aussi, chez les animaux de cette nature, les oiseaux par exemple, les variétés doivent ordinairement être confinées dans des régions séparées les unes des autres ; or, c'est là ce qui arrive presque toujours. Chez les organismes hermaphrodites qui ne se croisent qu'accidentellement, de même que chez les animaux qui s'accouplent pour chaque fécondation, mais qui vagabondent peu, et qui se multiplient rapidement, une nouvelle variété perfectionnée peut se former vite en un endroit quelconque, petit s'y maintenir et se répandre ensuite de telle sorte que les individus de la nouvelle variété se croisent principalement ensemble. C'est en vertu de ce principe que les horticulteurs préfèrent toujours conserver des graines recueillies sur des massifs considérables de plantes, car ils évitent ainsi les chances de croisement.

Il ne faudrait pas croire non plus que les croisements faciles pussent entraver l'action de la sélection naturelle chez les animaux qui se reproduisent lentement et s'accouplent pour chaque fécondation. Je pourrais citer des faits nombreux prouvant que, dans un même pays, deux variétés d'une même espèce d'animaux peuvent longtemps rester distinctes, soit qu'elles fréquentent ordinairement des régions différentes, soit que la saison de l'accouplement ne soit pas la même pour chacune d'elles, soit enfin que les individus de chaque variété préfèrent s'accoupler les uns avec les autres.

Le croisement joue un rôle considérable dans la nature ; grâce à lui les types restent purs et uniformes dans la même espèce ou dans la même variété. Son action est évidemment plus efficace chez les animaux qui s'accouplent pour chaque fécondation ; mais nous venons de voir que tous les animaux et toutes les plantes se croisent de temps en temps. Lorsque les croisements n'ont lieu qu'à de longs intervalles, les individus qui en proviennent, comparés à ceux résultant de la fécondation de la plante ou de l'animal par lui-même, sont beaucoup plus vigoureux, beaucoup plus féconds, et ont, par suite, plus de chances de survivre et de propager leur espèce. Si rares donc que soient certains croisements, leur influence doit, après une longue période, exercer un effet puissant sur les progrès de l'espèce. Quant aux êtres organisés placés très bas sur l'échelle, qui ne se propagent pas sexuellement, qui ne s'accouplent pas, et chez lesquels les croisements sont impossibles, l'uniformité des caractères ne peut se conserver chez eux, s'ils restent placés dans les mêmes conditions d'existence, qu'en vertu du principe de l'hérédité et grâce à la sélection naturelle, dont l'action amène la destruction des individus qui s'écartent du type ordinaire. Si les conditions d'existence viennent à changer, si la forme subit des modifications, la sélection naturelle, en conservant des variations avantageuses analogues, peut seule donner aux rejetons modifiés l'uniformité des caractères.

L'isolement joue aussi un rôle important dans la modification des espèces par la sélection naturelle. Dans une région fermée, isolée et peu étendue, les conditions organiques et inorganiques de l'existence sont presque toujours uniformes, de telle sorte que la sélection naturelle tend à modifier de la même manière tous les individus variables de la même espèce. En outre, le croisement avec les habitants des districts voisins se trouve empêché. Moritz Wagner a dernièrement publié, à ce sujet, un mémoire très intéressant ; il a démontré que l'isolement, en empêchant les croisements entre les variétés nouvellement formées, a probablement un effet plus considérable que je ne le supposais moi-même. Mais, pour des raisons que j'ai déjà indiquées, je ne puis, en aucune façon, adopter l'opinion de ce naturaliste, quand il soutient que la migration et l'isolement sont les éléments nécessaires à la formation de nouvelles espèces. L'isolement joue aussi un rôle très important après un changement physique des conditions d'existence, tel, par exemple, que modifications de climat, soulèvement du sol, etc., car il empêche l'immigration d'organismes mieux adaptés à ces nouvelles conditions d'existence ; il se trouve ainsi, dans l'économie naturelle de la région, de nouvelles places vacantes, qui seront remplies au moyen des modifications des anciens habitants. Enfin, l'isolement assure à une variété nouvelle tout le temps qui lui est nécessaire pour se perfectionner lentement, et c'est là parfois un point important. Cependant, si la région isolée est très petite, soit parce qu'elle est entourée de barrières, soit parce que les conditions physiques y sont toutes particulières, le nombre total de ses habitants sera aussi très peu considérable, ce qui retarde l'action de la sélection naturelle, au point de vue de la sélection de nouvelles espèces, car les chances de l'apparition de variation avantageuses se trouvent diminuées.

La seule durée du temps ne peut rien par elle-même, ni pour ni contre la sélection naturelle. J'énonce cette règle parce qu'on a soutenu à tort que j'accordais à l'élément du temps un rôle prépondérant dans la transformation des espèces, comme si toutes les formes de la vie devaient nécessairement subir des modifications en vertu de quelques lois innées. La durée du temps est seulement importante — et sous ce rapport on ne saurait exagérer cette importance — en ce qu'elle présente plus de chance pour l'apparition de variations avantageuses et en ce qu'elle leur permet, après qu'elles ont fait l'objet de la sélection, de s'accumuler et de se fixer. La durée du temps contribue aussi à augmenter l'action directe des conditions physiques de la vie dans leur rapport avec la constitution de chaque organisme.

Si nous interrogeons la nature pour lui demander la preuve des règles que nous venons de formuler, et que nous considérions une petite région isolée, quelle qu'elle soit, une île océanique, par exemple, bien que le nombre des espèces qui l'habitent soit peu considérable, — comme nous le verrons dans notre chapitre sur la distribution géographique, — cependant la plus grande partie de ces espèces sont endémiques, c'est-à-dire qu'elles ont été produites en cet endroit, et nulle part ailleurs dans le monde. Il semblerait donc, à première vue, qu'une île océanique soit très favorable à la production de nouvelles espèces. Mais nous sommes très exposés à nous tromper, car, pour déterminer si une petite région isolée a été plus favorable qu'une grande région ouverte comme un continent, ou réciproquement, à la production de nouvelles formes organiques, il faudrait pouvoir établir une comparaison entre des temps égaux, ce qu'il nous est impossible de faire.

L'isolement contribue puissamment, sans contredit, à la production de nouvelles espèces ; toutefois, je suis disposé à croire qu'une vaste contrée ouverte est plus favorable encore, quand il s'agit de la production des espèces capables de se perpétuer pendant de longues périodes et d'acquérir une grande extension. Une grande contrée ouverte offre non seulement plus de chances pour que des variations avantageuses fassent leur apparition en raison du grand nombre des individus de la même espèce qui l'habitent, mais aussi en raison de ce que les conditions d'existence sont beaucoup plus complexes à cause de la multiplicité des espèces déjà existantes. Or, si quelqu'une de ces nombreuses espèces se modifie et se perfectionne, d'autres doivent se perfectionner aussi dans la même proportion, sinon elles disparaîtraient fatalement. En outre, chaque forme nouvelle, dès qu'elle s'est beaucoup perfectionnée, peut se répandre dans une région ouverte et continue, et se trouve ainsi en concurrence avec beaucoup d'autres formes. Les grandes régions, bien qu'aujourd'hui continues, ont dû souvent, grâce à d'anciennes oscillations de niveau, exister antérieurement à un état fractionné, de telle sorte que les bons effets de l'isolement ont pu se produire aussi dans une certaine mesure. En résumé, je conclus que, bien que les petites régions isolées soient, sous quelques rapports, très favorables à la production de nouvelles espèces, les grandes régions doivent cependant favoriser des modifications plus rapides, et qu'en outre, ce qui est plus important, les nouvelles formes produites dans de grandes régions, ayant déjà remporté la victoire sur de nombreux concurrents, sont celles qui prennent l'extension la plus rapide et qui engendrent un plus grand nombre de variétés et d'espèces nouvelles Ce sont donc celles qui jouent le rôle le plus important dans l'histoire constamment changeante du monde organisé.

Ce principe nous aide, peut-être, à comprendre quelques faits sur lesquels nous aurons à revenir dans notre chapitre sur la distribution géographique ; par exemple, le fait que les productions du petit continent australien disparaissent actuellement devant celles du grand continent européo-asiatique. C'est pourquoi aussi les productions continentales se sont acclimatées partout et en si grand nombre dans les îles. Dans une petite île, la lutte pour l'existence a dû être moins ardente, et, par conséquent, les modifications et les extinctions moins importantes. Ceci nous explique pourquoi la flore de Madère, ainsi que le fait remarquer Oswald Heer, ressemble, dans une certaine mesure, à la flore éteinte de l'époque tertiaire en Europe. La totalité de la superficie de tous les bassins d'eau douce ne forme qu'une petite étendue en comparaison de celle des terres et des mers. En conséquence, la concurrence, chez les productions d'eau douce, a dû être moins vive que partout ailleurs ; les nouvelles formes ont dû se produire plus lentement, les anciennes formes s'éteindre plus lentement aussi. Or, c'est dans l'eau douce que nous trouvons sept genres de poissons ganoïdes, restes d'un ordre autrefois prépondérant ; c'est également dans l'eau douce que nous trouvons quelques-unes des formes les plus anormales que l'on connaisse dans le monde, l'Ornithorynque et le Lépidosirène, par exemple, qui, comme certains animaux fossiles, constituent jusqu'à un certain point une transition entre des ordres aujourd'hui profondément séparés dans l'échelle de la nature. On pourrait appeler ces formes anormales de véritables fossiles vivants ; si elles se sont conservées jusqu'à notre époque, c'est qu'elles ont habité une région isolée, et qu'elles ont été exposées à une concurrence moins variée et, par conséquent, moins vive.

S'il me fallait résumer en quelques mots les conditions avantageuses ou non à la production de nouvelles espèces par la sélection naturelle, autant toutefois qu'un problème aussi complexe le permet, je serais disposé à conclure que, pour les productions terrestres, un grand continent, qui a subi de nombreuses oscillations de niveau, a dû être le plus favorable à la production de nombreux êtres organisés nouveaux, capables de se perpétuer pendant longtemps et de prendre une grande extension. Tant que la région a existé ; sous forme de continent, les habitants ont dû être nombreux en espèces et en individus, et, par conséquent, soumis à une ardente concurrence. Quand, à la suite d'affaissements, ce continent s'est subdivisé en nombreuses grandes îles séparées, chacune de ces îles a dû encore contenir beaucoup d'individus de la même espèce, de telle sorte que les croisements ont dû cesser entre les variétés bientôt devenues propres à chaque île. Après des changements physiques de quelque nature que ce soit, toute immigration a dû cesser, de façon que les anciens habitants modifiés ont dû occuper toutes les places nouvelles dans l'économie naturelle de chaque île ; enfin, le laps de temps écoulé a permis aux variétés, habitant chaque île, de se modifier complètement et de se perfectionner. Quand, à la suite de soulèvements, les îles se sont de nouveau transformées en un continent, une lutte fort vive a dû recommencer ; les variétés les plus favorisées ou les plus perfectionnées ont pu alors s'étendre ; les formes moins perfectionnées ont été exterminées, et le continent renouvelé a changé d'aspect au point de vue du nombre relatif de ses différents habitants. Là, enfin, s'ouvre un nouveau champ pour la sélection naturelle, qui tend à perfectionner encore plus les habitants et à produire de nouvelles espèces.

J'admets complètement que la sélection naturelle agit d'ordinaire avec une extrême lenteur. Elle ne peut même agir que lorsqu'il y a, dans l'économie naturelle d'une région, des places vacantes, qui seraient mieux remplies si quelques-uns des habitants subissaient certaines modifications. Ces lacunes ne se produisent le plus souvent qu'à la suite de changements physiques, qui presque toujours s'accomplissent très lentement, et à condition que quelques obstacles s'opposent à l'immigration de formes mieux adaptées. Toutefois, à mesure que quelques-uns des anciens habitants se modifient, les rapports mutuels de presque tous les autres doivent changer. Cela seul suffit à créer des lacunes que peuvent remplir des formes mieux adaptées ; mais c'est là une opération qui s'accomplit très lentement. Bien que tous les individus de la même espèce diffèrent quelque peu les uns des autres, il faut souvent beaucoup de temps avant qu'il se produise des variations avantageuses dans les différentes parties de l'organisation ; en outre, le libre croisement retarde souvent beaucoup les résultats qu'on pourrait obtenir. On ne manquera pas de m'objecter que ces diverses causes sont plus que suffisantes pour neutraliser l'influence de la sélection naturelle. Je ne le crois pas. J'admets, toutefois, que la sélection naturelle n'agit que très lentement et seulement à de longs intervalles, et seulement aussi sur quelques habitants d'une même région. Je crois, en outre, que ces résultats lents et intermittents concordent bien avec ce que nous apprend la géologie sur le développement progressif des habitants du monde.

Quelque lente pourtant que soit la marche de la sélection naturelle, si l'homme, avec ses moyens limités, peut réaliser tant de progrès en appliquant la sélection artificielle, je ne puis concevoir aucune limite à la somme des changements, de même qu'à la beauté et à la complexité des adaptations de tous les êtres organisés dans leurs rapports les uns avec les autres et avec les conditions physiques d'existence que peut, dans le cours successif des âges, réaliser le pouvoir sélectif de la nature.

LA SÉLECTION NATURELLE AMÈNE CERTAINES EXTINCTIONS.

Nous traiterons plus complètement ce sujet dans le chapitre relatif à la géologie. Il faut toutefois en dire ici quelques mots, parce qu'il se relie de très près à la sélection naturelle. La sélection naturelle agit uniquement au moyen de la conservation des variations utiles à certains égards, variations qui persistent en raison de cette utilité même. Grâce à la progression géométrique de la multiplication de tous les êtres organisés, chaque région contient déjà autant d'habitants qu'elle en peut nourrir ; il en résulte que, à mesure que les formes favorisées augmentent en nombre, les formes moins favorisées diminuent et deviennent très rares. La géologie nous enseigne que la rareté est le précurseur de l'extinction. Il est facile de comprendre qu'une forme quelconque, n'ayant plus que quelques représentants, a de grandes chances pour disparaître complètement, soit en raison de changements considérables dans la nature des saisons, soit à cause de l'augmentation temporaire du nombre de ses ennemis. Nous pouvons, d'ailleurs, aller plus loin encore ; en effet, nous pouvons affirmer que les formes les plus anciennes doivent disparaître à mesure que des formes nouvelles se produisent, à moins que nous n'admettions que le nombre des formes spécifiques augmente indéfiniment. Or, la géologie nous démontre clairement que le nombre des formes spécifiques n'a pas indéfiniment augmenté, et nous essayerons de démontrer tout à l'heure comment il se fait que le nombre des espèces n'est pas devenu infini sur le globe.

Nous avons vu que les espèces qui comprennent le plus grand nombre d'individus ont le plus de chance de produire, dans un temps donné, des variations favorables. Les faits cités dans le second chapitre nous en fournissent la preuve, car ils démontrent que ce sont les espèces communes, étendues ou dominantes, comme nous les avons appelées, qui présentent le plus grand nombre de variétés. Il en résulte que les espèces rares se modifient ou se perfectionnent moins vite dans un temps donné ; en conséquence, elles sont vaincues, dans la lutte pour l'existence, par les descendants modifiés ou perfectionnés des espèces plus communes.

Je crois que ces différentes considérations nous conduisent à une conclusion inévitable : à mesure que de nouvelles espèces se forment dans le cours des temps, grâce à l'action de la sélection naturelle, d'autres espèces deviennent de plus en plus rares et finissent par s'éteindre. Celles qui souffrent le plus, sont naturellement celles qui se trouvent plus immédiatement en concurrence avec les espèces qui se modifient et qui se perfectionnent. Or, nous avons vu, dans le chapitre traitant de la lutte pour l'existence, que ce sont les formes les plus voisines — les variétés de la même espèce et les espèces du même genre ou de genres voisins — qui, en raison de leur structure, de leur constitution et de leurs habitudes analogues, luttent ordinairement le plus vigoureusement les unes avec les autres ; en conséquence, chaque variété ou chaque espèce nouvelle, pendant qu'elle se forme, doit lutter ordinairement avec plus d'énergie avec ses parents les plus proches et tendre à les détruire. Nous pouvons remarquer, d'ailleurs, une même marche d'extermination chez nos productions domestiques, en raison de la sélection opérée par l'homme. On pourrait citer bien des exemples curieux pour prouver avec quelle rapidité de nouvelles races de bestiaux, de moutons et d'autres animaux, ou de nouvelles variétés de fleurs, prennent la place de races plus anciennes et moins perfectionnées. L'histoire nous apprend que, dans le Yorkshire, les anciens bestiaux noirs ont été remplacés par les bestiaux à longues cornes, et que ces derniers ont disparu devant les bestiaux à courtes cornes (je cite les expressions mêmes d'un écrivain agricole), comme s'ils avaient été emportés par la peste.

DIVERGENCE DES CARACTÈRES.

Le principe que je désigne par ce terme a une haute importance, et permet, je crois, d'expliquer plusieurs faits importants. En premier lieu, les variétés, alors même qu'elles sont fortement prononcées, et bien qu'elles aient, sous quelques rapports, les caractères d'espèces — ce qui est prouvé par les difficultés que l'on éprouve, dans bien des cas, pour les classer — diffèrent cependant beaucoup moins les unes des autres que ne le font les espèces vraies et distinctes. Néanmoins, je crois que les variétés sont des espèces en voie de formation, ou sont, comme je les ai appelées, des espèces naissantes. Comment donc se fait-il qu'une légère différence entre les variétés s'amplifie au point de devenir la grande différence que nous remarquons entre les espèces ? La plupart des innombrables espèces qui existent dans la nature, et qui présentent des différences bien tranchées, nous prouvent que le fait est ordinaire ; or, les variétés, souche supposée d'espèces futures bien définies, présentent des différences légères et à peine indiquées. Le hasard, pourrions-nous dire, pourrait faire qu'une variété différât, sous quelques rapports, de ses ascendants ; les descendants de cette variété pourraient, à leur tour, différer de leurs ascendants sous les mêmes rapports, mais de façon plus marquée ; cela, toutefois, ne suffirait pas à expliquer les grandes différences qui existent habituellement entre les espèces du même genre.

Comme je le fais toujours, j'ai cherché chez nos productions domestiques l'explication de ce fait. Or, nous remarquons chez elles quelque chose d'analogue. On admettra, sans doute, que la production de races aussi différentes que le sont les bestiaux à courtes cornes et les bestiaux de Hereford, le cheval de course et le cheval de trait, les différentes races de pigeons, etc., n'aurait jamais pu s'effectuer par la seule accumulation, due au hasard, de variations analogues pendant de nombreuses générations successives. En pratique, un amateur remarque, par exemple, un pigeon ayant un bec un peu plus court qu'il n'est usuel ; un autre amateur remarque un pigeon ayant un bec long ; en vertu de cet axiome que les amateurs n'admettent pas un type moyen, mais préfèrent les extrêmes, ils commencent tous deux (et c'est ce qui est arrivé pour les sous-races du pigeon Culbutant) à choisir et à faire reproduire des oiseaux ayant un bec de plus en plus long ou un bec de plus en plus court. Nous pouvons supposer encore que, à une antique période de l'histoire, les habitants d'une nation ou d'un district aient eu besoin de chevaux rapides, tandis que ceux d'un autre district avaient besoin de chevaux plus lourds et plus forts. Les premières différences ont dû certainement être très légères, mais, dans la suite des temps, en conséquence de la sélection continue de chevaux rapides dans un cas et de chevaux vigoureux dans l'autre, les différences ont dû s'accentuer, et on en est arrivé à la formation de deux sous-races. Enfin, après des siècles, ces deux sous-races se sont converties en deux races distinctes et fixes. À mesure que les différences s'accentuaient, les animaux inférieurs ayant des caractères intermédiaires, c'est-à-dire ceux qui n'étaient ni très rapides ni très forts, n'ont jamais dû être employés à la reproduction, et ont dû tendre ainsi à disparaître. Nous voyons donc ici, dans les productions de l'homme, l'action de ce qu'on peut appeler « le principe de la divergence » ; en vertu de ce principe, des différences, à peine appréciables d'abord, augmentent continuellement, et les races tendent à s'écarter chaque jour davantage les unes des autres et de la souche commune.

Mais comment, dira-t-on, un principe analogue peut-il s'appliquer dans la nature ? Je crois qu'il peut s'appliquer et qu'il s'applique de la façon la plus efficace (mais je dois avouer qu'il m'a fallu longtemps pour comprendre comment), en raison de cette simple circonstance que, plus les descendants d'une espèce quelconque deviennent différents sous le rapport de la structure, de la constitution et des habitudes, plus ils sont à même de s'emparer de places nombreuses et très différentes dans l'économie de la nature, et par conséquent d'augmenter en nombre.

Nous pouvons clairement discerner ce fait chez les animaux ayant des habitudes simples. Prenons, par exemple, un quadrupède carnivore et admettons que le nombre de ces animaux a atteint, il y a longtemps, le maximum de ce que peut nourrir un pays quel qu'il soit. Si la tendance naturelle de ce quadrupède à se multiplier continue à agir, et que les conditions actuelles du pays qu'il habite ne subissent aucune modification, il ne peut réussir à s'accroître en nombre qu'à condition que ses descendants variables s'emparent de places à présent occupées par d'autres animaux : les uns, par exemple, en devenant capables de se nourrir de nouvelles espèces de proies mortes ou vivantes ; les autres, en habitant de nouvelles stations, en grimpant aux arbres, en devenant aquatiques ; d'autres enfin, peut-être, en devenant moins carnivores. Plus les descendants de notre animal carnivore se modifient sous le rapport des habitudes et de la structure, plus ils peuvent occuper de places dans la nature. Ce qui s'applique à un animal s'applique à tous les autres et dans tous les temps, à une condition toutefois, c'est qu'il soit susceptible de variations, car autrement la sélection naturelle ne peut rien. Il en est de même pour les plantes. On a prouvé par l'expérience que, si on sème dans un carré de terrain une seule espèce de graminées, et dans un carré semblable plusieurs genres distincts de graminées, il lève dans ce second carré plus de plants, et on récolte un poids plus considérable d'herbages secs que dans le premier. Cette même loi s'applique aussi quand on sème, dans des espaces semblables, soit une seule variété de froment, soit plusieurs variétés mélangées. En conséquence, si une espèce quelconque de graminées varie et que l'on choisisse continuellement les variétés qui diffèrent l'une de l'autre de la même manière, bien qu'à un degré peu considérable, comme le font d'ailleurs les espèces distinctes et les genres de graminées, un plus grand nombre de plantes individuelles de cette espèce, y compris ses descendants modifiés, parviendraient à vivre sur un même terrain. Or, nous savons que chaque espèce et chaque variété de graminées répandent annuellement sur le sol des graines innombrables, et que chacune d'elles, pourrait-on dire, fait tous ses efforts pour augmenter en nombre. En conséquence, dans le cours de plusieurs milliers de générations, les variétés les plus distinctes d'une espèce quelconque de graminées auraient la meilleure chance de réussir, d'augmenter en nombre et de supplanter ainsi les variétés moins distinctes ; or, les variétés, quand elles sont devenues très distinctes les unes des autres, prennent le rang d'espèces.

Bien des circonstances naturelles nous démontrent la vérité du principe, qu'une grande diversité de structure peut maintenir la plus grande somme de vie. Nous remarquons toujours une grande diversité chez les habitants d'une région très petite, surtout si cette région est librement ouverte à l'immigration, où, par conséquent, la lutte entre individus doit être très vive. J'ai observé, par exemple, qu'un gazon, ayant une superficie de 3 pieds sur 4, placé, depuis bien des années, absolument dans les mêmes conditions, contenait 20 espèces de plantes appartenant à 18 genres et à 8 ordres, ce qui prouve combien ces plantes différaient les unes des autres. Il en est de même pour les plantes et pour les insectes qui habitent des petits îlots uniformes, ou bien des petits étangs d'eau douce. Les fermiers ont trouvé qu'ils obtiennent de meilleures récoltes en établissant une rotation de plantes appartenant aux ordres les plus différents ; or, la nature suit ce qu'on pourrait appeler une « rotation simultanée ». La plupart des animaux et des plantes qui vivent tout auprès d'un petit terrain, quel qu'il soit, pourraient vivre sur ce terrain, en supposant toutefois que sa nature n'offrît aucune particularité extraordinaire ; on pourrait même dire qu'ils font tous leurs efforts pour s'y porter, mais on voit que, quand la lutte devient très vive, les avantages résultant de la diversité de structure ainsi que des différences d'habitude et de constitution qui en sont la conséquence, font que les habitants qui se coudoient ainsi de plus près appartiennent en règle générale à ce que nous appelons des genres et des ordres différents.

L'acclimatation des plantes dans les pays étrangers, amenée par l'intermédiaire de l'homme, fournit une nouvelle preuve du même principe. On devrait s'attendre à ce que toutes les plantes qui réussissent à s'acclimater dans un pays quelconque fussent ordinairement très voisines des plantes indigènes ; ne pense-t-on pas ordinairement, en effet, que ces dernières ont été spécialement créées pour le pays qu'elles habitent et adaptées à ses conditions ? On pourrait s'attendre aussi, peut-être, à ce que les plantes acclimatées appartinssent à quelques groupes plus spécialement adaptés à certaines stations de leur nouvelle patrie. Or, le cas est tout différent, et Alphonse de Candolle a fait remarquer avec raison, dans son grand et admirable ouvrage, que les flores, par suite de l'acclimatation, s'augmentent beaucoup plus en nouveaux genres qu'en nouvelles espèces, proportionnellement au nombre des genres et des espèces indigènes. Pour en donner un seul exemple, dans la dernière édition du Manuel de la flore de la partie septentrionale des États-Unis par le docteur Asa Gray, l'auteur indique 260 plantes acclimatées, qui appartiennent à 162 genres. Ceci suffit à prouver que ces plantes acclimatées ont une nature très diverse. Elles diffèrent, en outre, dans une grande mesure, des plantes indigènes ; car, sur ces 162 genres acclimatés, il n'y en a pas moins de 100 qui ne sont pas indigènes aux États-Unis ; une addition proportionnelle considérable a donc ainsi été faite aux genres qui habitent aujourd'hui ce pays.

Si nous considérons la nature des plantes ou des animaux qui, dans un pays quelconque, ont lutté avec avantage avec les habitants indigènes et se sont ainsi acclimatés, nous pouvons nous faire quelque idée de la façon dont les habitants indigènes devraient se modifier pour l'emporter sur leurs compatriotes. Nous pouvons, tout au moins, en conclure que la diversité de structure, arrivée au point de constituer de nouvelles différences génériques, leur serait d'un grand profit.

Les avantages de la diversité de structure chez les habitants d'une même région sont analogues, en un mot, à ceux que présente la division physiologique du travail dans les organes d'un même individu, sujet si admirablement élucidé par Milne-Edwards. Aucun physiologiste ne met en doute qu'un estomac fait pour digérer des matières végétales seules, ou des matières animales seules, tire de ces substances la plus grande somme de nourriture. De même, dans l'économie générale d'un pays quelconque, plus les animaux et les plantes offrent de diversités tranchées les appropriant à différents modes d'existence, plus le nombre des individus capables d'habiter ce pays est considérable. Un groupe d'animaux dont l'organisme présente peu de différences peut difficilement lutter avec un groupe dont les différences sont plus accusées. On pourrait douter, par exemple, que les marsupiaux australiens, divisés en groupes différant très peu les uns des autres, et qui représentent faiblement, comme M. Waterhouse et quelques autres l'ont fait remarquer, nos carnivores, nos ruminants et nos rongeurs, puissent lutter avec succès contre ces ordres si bien développés. Chez les mammifères australiens nous pouvons donc observer la diversification des espèces à un état incomplet de développement.

EFFETS PROBABLES DE L'ACTION DE LA SÉLECTION NATURELLE, PAR SUITE DE LA DIVERGENCE DES CARACTÈRES ET DE L'EXTINCTION, SUR LES DESCENDANTS D'UN ANCÊTRE COMMUN.

Après la discussion qui précède, quelque résumée qu'elle soit, nous pouvons conclure que les descendants modifiés d'une espèce quelconque réussissent d'autant mieux que leur structure est plus diversifiée et qu'ils peuvent ainsi s'emparer de places occupées par d'autres êtres. Examinons maintenant comment ces avantages résultant de la divergence des caractères tendent à agir, quand ils se combinent avec la sélection naturelle et l'extinction.

Le diagramme ci-contre peut nous aider à comprendre ce sujet assez compliqué. Supposons que les lettres A à L représentent les espèces d'un genre riche dans le pays qu'il habite ; supposons, en outre, que ces espèces se ressemblent, à des degrés inégaux, comme cela arrive ordinairement dans la nature ; c'est ce qu'indiquent, dans le diagramme, les distances inégales qui séparent les lettres. J'ai dit un genre riche, parce que, comme nous l'avons vu dans le second chapitre, plus d'espèces varient en moyenne dans un genre riche que dans un genre pauvre, et que les espèces variables des genres riches présentent un plus grand nombre de variétés. Nous avons vu aussi que les espèces les plus communes et les plus répandues varient plus que les espèces rares dont l'habitat est restreint. Supposons que A représente une espèce variable commune très répandue, appartenant à un genre riche dans son propre pays. Les lignes ponctuées divergentes, de longueur inégale, partant de A, peuvent représenter ses descendants variables. On suppose que les variations sont très légères et de la nature la plus diverse ; qu'elles ne paraissent pas toutes simultanément, mais souvent après de longs intervalles de temps, et qu'elles ne persistent pas non plus pendant des périodes égales. Les variations avantageuses seules persistent, ou, en d'autres termes, font l'objet de la sélection naturelle. C'est là que se manifeste l'importance du principe des avantages résultant de la divergence des caractères ; car ce principe détermine ordinairement les variations les plus divergentes et les plus différentes (représentées par les lignes ponctuées extérieures), que la sélection naturelle fixe et accumule. Quand une ligne ponctuée atteint une des lignes horizontales et que le point de contact est indiqué par une lettre minuscule, accompagnée d'un chiffre, on suppose qu'il s'est accumulé une quantité suffisante de variations pour former une variété bien tranchée, c'est-à-dire telle qu'on croirait devoir l'indiquer dans un ouvrage sur la zoologie systématique.

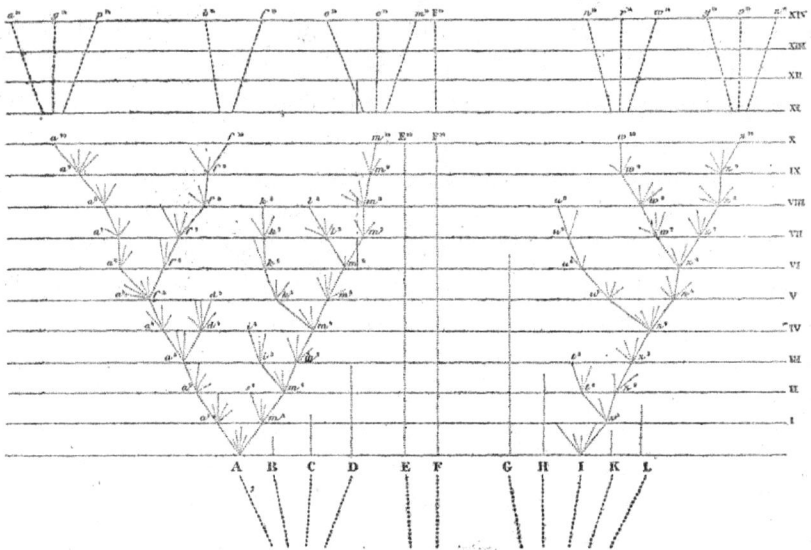

Les intervalles entre les lignes horizontales du diagramme peuvent représenter chacun mille générations ou plus. Supposons qu'après mille générations l'espèce A ait produit deux variétés bien tranchées, c'est-à-dire a1 et m1. Ces deux variétés se trouvent généralement encore placées dans des conditions analogues à celles qui ont déterminé des variations chez leurs ancêtres, d'autant que la variabilité est en elle-même héréditaire ; en conséquence, elles tendent aussi à varier, et ordinairement de la même manière que leurs ancêtres. En outre, ces deux variétés, n'étant que des formes légèrement modifiées, tendent à hériter des avantages qui ont rendu leur prototype A plus nombreux que la plupart des autres habitants du même pays ; elles participent aussi aux avantages plus généraux qui ont rendu le genre auquel appartiennent leurs ancêtres un genre riche dans son propre pays. Or, toutes ces circonstances sont favorables à la production de nouvelles variétés.

Si donc ces deux variétés sont variables, leurs variations les plus divergentes persisteront ordinairement pendant les mille générations suivantes. Après cet intervalle, on peut supposer que la variété a1 a produit la variété a2, laquelle, grâce au principe de la divergence, diffère plus de A que ne le faisait la variété a1. On peut supposer aussi que la variété m1 a produit, au bout du même laps de temps, deux variétés : m2 et s2, différant l'une de l'autre, et différant plus encore de leur souche commune A. Nous pourrions continuer à suivre ces variétés pas à pas pendant une période quelconque. Quelques variétés, après chaque série de mille générations, auront produit une seule variété, mais toujours plus modifiée ; d'autres auront produit deux ou trois variétés ; d'autres, enfin, n'en auront pas produit. Ainsi, les variétés, ou les descendants modifiés de la souche commune A, augmentent ordinairement en nombre en revêtant des caractères de plus en plus divergents. Le diagramme représente cette série jusqu'à la dix-millième génération, et, sous une forme condensée et simplifiée, jusqu'à la quatorze-millième.

Je ne prétends pas dire, bien entendu, que cette série soit aussi régulière qu'elle l'est dans le diagramme, bien qu'elle ait été représentée de façon assez irrégulière ; je ne prétends pas dire non plus que ces progrès soient incessants ; il est beaucoup plus probable, au contraire, que chaque forme persiste sans changement pendant de longues périodes, puis qu'elle est de nouveau soumise à des modifications. Je ne prétends pas dire non plus que les variétés les plus divergentes persistent toujours ; une forme moyenne peut persister pendant longtemps et peut, ou non, produire plus d'un descendant modifié. La sélection naturelle, en effet, agit toujours en raison des places vacantes, ou de celles qui ne sont pas parfaitement occupées par d'autres êtres, et cela implique des rapports infiniment complexes. Mais, en règle générale, plus les descendants d'une espèce quelconque se modifient sous le rapport de la conformation, plus ils ont de chances de s'emparer de places et plus leur descendance modifiée tend à augmenter. Dans notre diagramme, la ligne de descendance est interrompue à des intervalles réguliers par des lettres minuscules chiffrées, indiquant les formes successives qui sont devenues suffisamment distinctes pour qu'on les reconnaisse comme variétés ; il va sans dire que ces points sont imaginaires et qu'on aurait pu les placer n'importe où, en laissant des intervalles assez longs pour permettre l'accumulation d'une somme considérable de variations divergentes.

Comme tous les descendants modifiés d'une espèce commune et très répandue, appartenant à un genre riche, tendent à participer aux avantages qui ont donné à leur ancêtre la prépondérance dans la lutte pour l'existence, ils se multiplient ordinairement en nombre, en même temps que leurs caractères deviennent plus divergents : ce fait est représenté dans le diagramme par les différentes branches divergentes partant de A. Les descendants modifiés des branches les plus récentes et les plus perfectionnées tendent à prendre la place des branches plus anciennes et moins perfectionnées, et par conséquent à les éliminer ; les branches inférieures du diagramme, qui ne parviennent pas jusqu'aux lignes horizontales supérieures, indiquent ce fait. Dans quelques cas, sans doute, les modifications portent sur une seule ligne de descendance, et le nombre des descendants modifiés ne s'accroît pas, bien que la somme des modifications divergentes ait pu augmenter. Ce cas serait représenté dans le diagramme si toutes les lignes partant de A étaient enlevées, à l'exception de celles allant de a1 à a10. Le cheval de course anglais et le limier anglais ont évidemment divergé lentement de leur souche primitive de la façon que nous venons d'indiquer, sans qu'aucun d'eux ait produit des branches ou des races nouvelles.

Supposons que, après dix mille générations, l'espèce A ait produit trois formes : a10, f10 et m10, qui, ayant divergé en caractères pendant les générations successives, en sont arrivées à différer largement, mais peut-être inégalement les unes des autres et de leur souche commune. Si nous supposons que la somme des changements entre chaque ligne horizontale du diagramme soit excessivement minime, ces trois formes ne seront encore que des variétés bien tranchées ; mais nous n'avons qu'à supposer un plus grand nombre de générations, ou une modification un peu plus considérable à chaque degré, pour convertir ces trois formes en espèces douteuses, ou même en espèces bien définies. Le diagramme indique donc les degrés au moyen desquels les petites différences, séparant les variétés, s'accumulent au point de former les grandes différences séparant les espèces. En continuant la même marche pendant un plus grand nombre de générations, ce qu'indique le diagramme sous une forme condensée et simplifiée, nous obtenons huit espèces, a14 à m14, descendant toutes de A. C'est ainsi, je crois, que les espèces se multiplient et que les genres se forment.

Il est probable que, dans un genre riche, plus d'une espèce doit varier. J'ai supposé, dans le diagramme, qu'une seconde espèce, l'a produit, par une marche analogue, après dix mille générations, soit deux variétés bien tranchées, w10 et z10, soit deux espèces, selon la somme de changements que représentent les lignes horizontales. Après quatorze mille générations, on suppose que six nouvelles espèces, n14 à z14, ont été produites. Dans un genre quelconque, les espèces qui diffèrent déjà beaucoup les unes des autres tendent ordinairement à produire le plus grand nombre de descendants modifiés, car ce sont elles qui ont le plus de chances de s'emparer de places nouvelles et très différentes dans l'économie de la nature. Aussi ai-je choisi dans le diagramme l'espèce extrême A et une autre espèce presque extrême I, comme celles qui ont beaucoup varié, et qui ont produit de nouvelles variétés et de nouvelles espèces. Les autres neuf espèces de notre genre primitif, indiquées par des lettres majuscules, peuvent continuer, pendant des périodes plus ou moins longues, à transmettre à leurs descendants leurs caractères non modifiés ; ceci est indiqué dans le diagramme par les lignes ponctuées qui se prolongent plus ou moins loin.

Mais, pendant la marche des modifications, représentées dans le diagramme, un autre de nos principes, celui de l'extinction, a dû jouer un rôle important. Comme, dans chaque pays bien pourvu d'habitants, la sélection naturelle agit nécessairement en donnant à une forme, qui fait l'objet de son action, quelques avantages sur d'autres formes dans la lutte pour l'existence, il se produit une tendance constante chez les descendants perfectionnés d'une espèce quelconque à supplanter et à exterminer, à chaque génération, leurs prédécesseurs et leur souche primitive. Il faut se rappeler, en effet, que la lutte la plus vive se produit ordinairement entre les formes qui sont les plus voisines les unes des autres, sous le rapport des habitudes, de la constitution et de la structure. En conséquence, toutes les formes intermédiaires entre la forme la plus ancienne et la forme la plus nouvelle, c'est-à-dire entre les formes plus ou moins perfectionnées de la même espèce, aussi bien que l'espèce souche elle-même, tendent ordinairement à s'éteindre. Il en est probablement de même pour beaucoup de lignes collatérales tout entières, vaincues par des formes plus récentes et plus perfectionnées. Si, cependant, le descendant modifié d'une espèce pénètre dans quelque région distincte, ou s'adapte rapidement à quelque région tout à fait nouvelle, il ne se trouve pas en concurrence avec le type primitif et tous deux peuvent continuer à exister.

Si donc on suppose que notre diagramme représente une somme considérable de modifications, l'espèce A et toutes les premières variétés qu'elle a produites, auront été éliminées et remplacées par huit nouvelles espèces, a14 à m14 ; et l'espèce I par six nouvelles espèces, n14 à z14.

Mais nous pouvons aller plus loin encore. Nous avons supposé que les espèces primitives du genre dont nous nous occupons se ressemblent les unes aux autres à des degrés inégaux ; c'est là ce qui se présente souvent dans la nature. L'espèce A est donc plus voisine des espèces B, C, D que des autres espèces, et l'espèce I est plus voisine des espèces G, H, K, L que des premières. Nous avons supposé aussi que ces deux espèces, A et I, sont très communes et très répandues, de telle sorte qu'elles devaient, dans le principe, posséder quelques avantages sur la plupart des autres espèces appartenant au même genre. Les espèces représentatives, au nombre de quatorze à la quatorzième génération, ont probablement hérité de quelques-uns de ces avantages ; elles se sont, en outre, modifiées, perfectionnées de diverses manières, à chaque génération successive, de façon à se mieux adapter aux nombreuses places vacantes dans l'économie naturelle du pays qu'elles habitent. Il est donc très probable qu'elles ont exterminé, pour les remplacer, non seulement les représentants non modifiés des souches mères A et I, mais aussi quelques-unes des espèces primitives les plus voisines de ces souches. En conséquence, il doit rester à la quatorzième génération très peu de descendants des espèces primitives. Nous pouvons supposer qu'une espèce seulement, l'espèce F, sur les deux espèces E et F, les moins voisines des deux espèces primitives A, I, a pu avoir des descendants jusqu'à cette dernière génération.

Ainsi que l'indique notre diagramme, les onze espèces primitives sont désormais représentées par quinze espèces. En raison de la tendance divergente de la sélection naturelle, la somme de différence des caractères entre les espèces a14 et z14 doit être beaucoup plus considérable que la différence qui existait entre les individus les plus distincts des onze espèces primitives. Les nouvelles espèces, en outre, sont alliées les unes aux autres d'une manière toute différente. Sur les huit descendants de A, ceux indiqués par les lettres a14, q14 et p14 sont très voisins, parce que ce sont des branches récentes de a10 ; b14 et f14, ayant divergé à une période beaucoup plus ancienne de a5, sont, dans une certaine mesure, distincts de ces trois premières espèces ; et enfin o14, e14 et m14 sont très-voisins les uns des autres ; mais, comme elles ont divergé de A au commencement même de cette série de modifications, ces espèces doivent être assez différentes des cinq autres, pour constituer sans doute un sous-genre ou un genre distinct.

Les six descendants de I forment deux sous-genres ou deux genres distincts. Mais, comme, l'espèce primitive I différait beaucoup de A, car elle se trouvait presque à l'autre extrémité du genre primitif, les six espèces descendant de I, grâce à l'hérédité seule, doivent différer considérablement des huit espèces descendant de A ; en outre, nous avons supposé que les deux groupes ont continué à diverger dans des directions différentes. Les espèces intermédiaires, et c'est là une considération fort importante, qui reliaient les espèces originelles A et I, se sont toutes éteintes, à l'exception de F, qui seul a laissé des descendants. En conséquence, les six nouvelles espèces descendant de I, et les huit espèces descendant de A, devront être classées comme des genres très distincts, ou même comme des sous-familles distinctes.

C'est ainsi, je crois, que deux ou plusieurs genres descendent, par suite de modifications, de deux ou de plusieurs espèces d'un même genre. Ces deux ou plusieurs espèces souches descendent aussi, à leur tour, de quelque espèce d'un genre antérieur. Cela est indiqué, dans notre diagramme, par les lignes ponctuées placées au-dessous des lettres majuscules, lignes convergeant en groupe vers un seul point. Ce point représente une espèce, l'ancêtre supposé de nos sous-genres et de nos genres. Il est utile de s'arrêter un instant pour considérer le caractère de la nouvelle espèce F14, laquelle, avons-nous supposé, n'a plus beaucoup divergé, mais a conservé la forme de F, soit avec quelques légères modifications, soit sans aucun changement. Les affinités de cette espèce vis-à-vis des quatorze autres espèces nouvelles doivent être nécessairement très curieuses. Descendue d'une forme située à peu près à égale distance entre les espèces souches A et I, que nous supposons éteintes et inconnues, elle doit présenter, dans une certaine mesure, un caractère intermédiaire entre celui des deux groupes descendus de cette même espèce. Mais, comme le caractère de ces deux groupes s'est continuellement écarté du type souche, la nouvelle espèce F14 ne constitue pas un intermédiaire immédiat entre eux ; elle constitue plutôt un intermédiaire entre les types des deux groupes. Or, chaque naturaliste peut se rappeler, sans doute, des cas analogues.

Nous avons supposé, jusqu'à présent, que chaque ligne horizontale du diagramme représente mille générations ; mais chacune d'elles pourrait représenter un million de générations, ou même davantage ; chacune pourrait même représenter une des couches successives de la croûte terrestre, dans laquelle on trouve des fossiles. Nous aurons à revenir sur ce point, dans notre chapitre sur la géologie, et nous verrons alors, je crois, que le diagramme jette quelque lumière sur les affinités des êtres éteints. Ces êtres, bien qu'appartenant ordinairement aux mêmes ordres, aux mêmes familles ou aux mêmes genres que ceux qui existent aujourd'hui, présentent souvent cependant, dans une certaine mesure, des caractères intermédiaires entre les groupes actuels ; nous pouvons le comprendre d'autant mieux que les espèces existantes vivaient à différentes époques reculées, alors que les lignes de descendance avaient moins divergé.

Je ne vois aucune raison qui oblige à limiter à la formation des genres seuls la série de modifications que nous venons d'indiquer. Si nous supposons que, dans le diagramme, la somme des changements représentée par chaque groupe successif de lignes ponctuées divergentes est très grande, les formes a14 à p14, b14 et f14, o14 à m14 formeront trois genres bien distincts. Nous aurons aussi deux genres très distincts descendant de I et différant très considérablement des descendants de A. Ces deux groupes de genres formeront ainsi deux familles ou deux ordres distincts, selon le somme des modifications divergentes que l'on suppose représentée par le diagramme. Or, les deux nouvelles familles, ou les deux ordres nouveaux, descendent de deux espèces appartenant à un même genre primitif, et on peut supposer que ces espèces descendent de formes encore plus anciennes et plus inconnues.

Nous avons vu que, dans chaque pays, ce sont les espèces appartenant aux genres les plus riches qui présentent le plus souvent des variétés ou des espèces naissantes. On aurait pu s'y attendre ; en effet, la sélection naturelle agissant seulement sur les individus ou les formes qui, grâce à certaines qualités, l'emportent sur d'autres dans la lutte pour l'existence, elle exerce principalement son action sur ceux qui possèdent déjà certains avantages ; or, l'étendue d'un groupe quelconque prouve que les espèces qui le composent ont hérité de quelques qualités possédées par un ancêtre commun. Aussi, la lutte pour la production de descendants nouveaux et modifiés s'établit principalement entre les groupes les plus riches qui essayent tous de se multiplier. Un groupe riche l'emporte lentement sur un autre groupe considérable, le réduit en nombre et diminue ainsi ses chances de variation et de perfectionnement. Dans un même groupe considérable, les sous-groupes les plus récents et les plus perfectionnés, augmentant sans cesse, s'emparant à à chaque instant de nouvelles places dans l'économie de la nature, tendent constamment aussi à supplanter et à détruire les sous-groupes les plus anciens et les moins perfectionnés Enfin, les groupes et les sous-groupes peu nombreux et vaincus finissent par disparaître.

Si nous portons les yeux sur l'avenir, nous pouvons prédire que les groupes d'êtres organisés qui sont aujourd'hui riches et dominants, qui ne sont pas encore entamés, c'est-à-dire qui n'ont pas souffert encore la moindre extinction, doivent continuer à augmenter en nombre pendant de longues périodes. Mais quels groupes finiront par prévaloir ? C'est là ce que personne ne peut prévoir, car nous savons que beaucoup de groupes, autrefois très développés, sont aujourd'hui éteints. Si l'on s'occupe d'un avenir encore plus éloigné, on peut prédire que, grâce à l'augmentation continue et régulière des plus grands groupes, une foule de petits groupes doivent disparaître complètement sans laisser de descendants modifiés, et qu'en conséquence, bien peu d'espèces vivant à une époque quelconque doivent avoir des descendants après un laps de temps considérable. J'aurai à revenir sur ce point dans le chapitre sur la classification ; mais je puis ajouter que, selon notre théorie, fort peu d'espèces très anciennes doivent avoir des représentants à l'époque actuelle ; or, comme tous les descendants de la même espèce forment une classe, il est facile de comprendre comment il se fait qu'il y ait si peu de classes dans chaque division principale du royaume animal et du royaume végétal. Bien que peu des espèces les plus anciennes aient laissé des descendants modifiés, cependant, à d'anciennes périodes géologiques, la terre a pu être presque aussi peuplée qu'elle l'est aujourd'hui d'espèces appartenant à beaucoup de genres, de familles, d'ordres et de classes.

DU PROGRÈS POSSIBLE DE L'ORGANISATION.

La sélection naturelle agit exclusivement au moyen de la conservation et de l'accumulation des variations qui sont utiles à chaque individu dans les conditions organiques et inorganiques où il peut se trouver placé à toutes les périodes de la vie. Chaque être, et c'est là le but final du progrès, tend à se perfectionner de plus en plus relativement à ces conditions. Ce perfectionnement conduit inévitablement au progrès graduel de l'organisation du plus grand nombre des êtres vivants dans le monde entier. Mais nous abordons ici un sujet fort compliqué, car les naturalistes n'ont pas encore défini, d'une façon satisfaisante pour tous, ce que l'on doit entendre par « un progrès de l'organisation ». Pour les vertébrés, il s'agit clairement d'un progrès intellectuel et d'une conformation se rapprochant de celle de l'homme. On pourrait penser que la somme des changements qui se produisent dans les différentes parties et dans les différents organes, au moyen de développements successifs depuis l'embryon jusqu'à la maturité, suffit comme terme de comparaison ; mais il y a des cas, certains crustacés parasites par exemple, chez lesquels plusieurs parties de la conformation deviennent moins parfaites, de telle sorte que l'animal adulte n'est certainement pas supérieur à la larve. Le criterium de von Baer semble le plus généralement applicable et le meilleur, c'est-à-dire l'étendue de la différenciation des parties du même être et la spécialisation de ces parties pour différentes fonctions, ce à quoi j'ajouterai : à l'état adulte ; ou, comme le dirait Milne-Edwards, le perfectionnement de la division du travail physiologique. Mais nous comprendrons bien vite quelle obscurité règne sur ce sujet, si nous étudions, par exemple, les poissons. En effet, certains naturalistes regardent comme les plus élevés dans l'échelle ceux qui, comme le requin, se rapprochent le plus des amphibies, tandis que d'autres naturalistes considèrent comme les plus élevés les poissons osseux ou téléostéens, parce qu'ils sont plus réellement pisciformes et diffèrent le plus des autres classes des vertébrés. L'obscurité du sujet nous frappe plus encore si nous étudions les plantes, pour lesquelles, bien entendu, le criterium de l'intelligence n'existe pas ; en effet, quelques botanistes rangent parmi les plantes les plus élevées celles qui présentent sur chaque fleur, à l'état complet de développement, tous les organes, tels que : sépales, pétales, étamines et pistils, tandis que d'autres botanistes, avec plus de raison probablement, accordent le premier rang aux plantes dont les divers organes sont très modifiés et en nombre réduit.

Si nous adoptons, comme criterium d'une haute organisation, la somme de différenciations et de spécialisations des divers organes chez chaque individu adulte, ce qui comprend le perfectionnement intellectuel du cerveau, la sélection naturelle conduit clairement à ce but. Tous les physiologistes, en effet, admettent que la spécialisation des organes est un avantage pour l'individu, en ce sens que, dans cet état, les organes accomplissent mieux leurs fonctions ; en conséquence, l'accumulation des variations tendant à la spécialisation, cette accumulation entre dans le ressort de la sélection naturelle. D'un autre côté, si l'on se rappelle que tous les êtres organisés tendent à se multiplier rapidement et à s'emparer de toutes les places inoccupées, ou moins bien occupées dans l'économie de la nature, il est facile de comprendre qu'il est très possible que la sélection naturelle prépare graduellement un individu pour une situation dans laquelle plusieurs organes lui seraient superflus ou inutiles ; dans ce cas, il y aurait une rétrogradation réelle dans l'échelle de l'organisation. Nous discuterons avec plus de profit, dans le chapitre sur la succession géologique, la question de savoir si, en règle générale, l'organisation a fait des progrès certains depuis les périodes géologiques les plus reculées jusqu'à nos jours.

Mais pourra-t-on dire, si tous les êtres organisés tendent ainsi à s'élever dans l'échelle, comment se fait-il qu'une foule de formes inférieures existent encore dans le monde ? Comment se fait-il qu'il y ait, dans chaque grande classe, des formes beaucoup plus développées que certaines autres ? Pourquoi les formes les plus perfectionnées n'ont-elles pas partout supplanté et exterminé les formes inférieures ? Lamarck, qui croyait à une tendance innée et fatale de tous les êtres organisés vers la perfection, semble avoir si bien pressenti cette difficulté, qu'il a été conduit à supposer que des formes simples et nouvelles sont constamment produites par la génération spontanée. La science n'a pas encore prouvé le bien fondé de cette doctrine, quoi qu'elle puisse, d'ailleurs, nous révéler dans l'avenir. D'après notre théorie, l'existence persistante des organismes inférieurs n'offre aucune difficulté ; en effet, la sélection naturelle, ou la persistance du plus apte, ne comporte pas nécessairement un développement progressif, elle s'empare seulement des variations qui se présentent et qui sont utiles à chaque individu dans les rapports complexes de son existence. Et, pourrait-on dire, quel avantage y aurait-il, autant que nous pouvons en juger, pour un animalcule infusoire, pour un ver intestinal, ou même pour un ver de terre, à acquérir une organisation supérieure ? Si cet avantage n'existe pas, la sélection naturelle n'améliore que fort peu ces formes, et elle les laisse, pendant des périodes infinies, dans leurs conditions inférieures actuelles. Or, la géologie nous enseigne que quelques formes très inférieures, comme les infusoires et les rhizopodes, ont conservé leur état actuel depuis une période immense. Mais il serait bien téméraire de supposer que la plupart des nombreuses formes inférieures existant aujourd'hui n'ont fait aucun progrès depuis l'apparition de la vie sur la terre ; en effet, tous les naturalistes qui ont disséqué quelques-uns de ces êtres, qu'on est d'accord pour placer au plus bas de l'échelle, doivent avoir été frappés de leur organisation si étonnante et si belle.

Les mêmes remarques peuvent s'appliquer aussi, si nous examinons les mêmes degrés d'organisation, dans chacun des grands groupes ; par exemple, la coexistence des mammifères et des poissons chez les vertébrés, celle de l'homme et de l'ornithorynque chez les mammifères, celle du requin et du branchiostome (Amphioxus) chez les poissons. Ce dernier poisson, par l'extrême simplicité de sa conformation, se rapproche beaucoup des invertébrés. Mais les mammifères et les poissons n'entrent guère en lutte les uns avec les autres ; les progrès de la classe entière des mammifères, ou de certains individus de cette classe, en admettant même que ces progrès les conduisent à la perfection, ne les amèneraient pas à prendre la place des poissons. Les physiologistes croient que, pour acquérir toute l'activité dont il est susceptible, le cerveau doit être baigné de sang chaud, ce qui exige une respiration aérienne. Les mammifères à sang chaud se trouvent donc placés dans une position fort désavantageuse quand ils habitent l'eau ; en effet, ils sont obligés de remonter continuellement à la surface pour respirer. Chez les poissons, les membres de la famille du requin ne tendent pas à supplanter le branchiostome, car ce dernier, d'après Fritz Muller, a pour seul compagnon et pour seul concurrent, sur les côtes sablonneuses et stériles du Brésil méridional, un annélide anormal. Les trois ordres inférieurs de mammifères, c'est-à-dire les marsupiaux, les édentés et les rongeurs, habitent, dans l'Amérique méridionale, la même région que de nombreuses espèces de singes, et, probablement, ils s'inquiètent fort peu les uns des autres. Bien que l'organisation ait pu, en somme, progresser, et qu'elle progresse encore dans le monde entier, il y aura cependant toujours bien des degrés de perfection ; en effet, le perfectionnement de certaines classes entières, ou de certains individus de chaque classe, ne conduit pas nécessairement à l'extinction des groupes avec lesquels ils ne se trouvent pas en concurrence active. Dans quelques cas, comme nous le verrons bientôt, les organismes inférieurs paraissent avoir persisté jusqu'à l'époque actuelle, parce qu'ils habitent des régions restreintes et fermées, où ils ont été soumis à une concurrence moins active, et où leur petit nombre a retardé la production de variations favorables.

Enfin, je crois que beaucoup d'organismes inférieurs existent encore dans le monde en raison de causes diverses. Dans quelques cas, des variations, ou des différences individuelles d'une nature avantageuse, ne se sont jamais présentées, et, par conséquent, la sélection naturelle n'a pu ni agir ni les accumuler. Dans aucun cas probablement il ne s'est pas écoulé assez de temps pour permettre tout le développement possible. Dans quelques cas il doit y avoir eu ce que nous devons désigner sous le nom de rétrogradation d'organisation. Mais la cause principale réside dans ce fait que, étant données de très simples conditions d'existence, une haute organisation serait inutile, peut-être même désavantageuse, en ce qu'étant d'une nature plus délicate, elle se dérangerait plus facilement, et serait aussi plus facilement détruite.

On s'est demandé comment, lors de la première apparition de la vie, alors que tous les êtres organisés, pouvons-nous croire, présentaient la conformation la plus simple, les premiers degrés du progrès ou de la différenciation des parties ont pu se produire. M. Herbert Spencer répondrait probablement que, dès qu'un organisme unicellulaire simple est devenu, par la croissance ou par la division, un composé de plusieurs cellules, ou qu'il s'est fixé à quelques surfaces d'appui, la loi qu'il a établie est entrée en action, et il exprime ainsi cette loi : « Les unités homologues de toute force se différencient à mesure que leurs rapports avec les forces incidentes sont différents. » Mais, comme nous ne connaissons aucun fait qui puisse nous servir de point de comparaison, toute spéculation sur ce sujet serait presque inutile. C'est toutefois une erreur de supposer qu'il n'y a pas eu lutte pour l'existence, et, par conséquent, pas de sélection naturelle, jusqu'à ce que beaucoup de formes se soient produites ; il peut se produire des variations avantageuses dans une seule espèce, habitant une station isolée, et toute la masse des individus peut aussi, en conséquence, se modifier, et deux formes distinctes se produire. Mais, comme je l'ai fait remarquer à la fin de l'introduction, personne ne doit s'étonner de ce qu'il reste encore tant de points inexpliqués sur l'origine des espèces, si l'on réfléchit à la profonde ignorance dans laquelle nous sommes sur les rapports mutuels des habitants du monde à notre époque, et bien plus encore pendant les périodes écoulées.

CONVERGENCE DES CARACTÈRES.

M. H.-C. Watson pense que j'ai attribué trop d'importance à la divergence des caractères (dont il paraît, d'ailleurs, admettre l'importance) et que ce qu'on peut appeler leur convergence a dû également jouer un rôle. Si deux espèces, appartenant à deux genres distincts, quoique voisins, ont toutes deux produit un grand nombre de formes nouvelles et divergentes, il est concevable que ces formes puissent assez se rapprocher les unes des autres pour qu'on doive placer toutes les classes dans le même genre ; en conséquence, les descendants de deux genres distincts convergeraient en un seul. Mais, dans la plupart des cas, il serait bien téméraire d'attribuer à la convergence une analogie étroite et générale de conformation chez les descendants modifiés de formes très distinctes. Les forces moléculaires déterminent seules la forme d'un cristal ; il n'est donc pas surprenant que des substances différentes puissent parfois revêtir la même forme. Mais nous devons nous souvenir que, chez les êtres organisés, la forme de chacun d'eux dépend d'une infinité de rapports complexes, à savoir : les variations qui se sont manifestées, dues à des causes trop inexplicables pour qu'on puisse les analyser, — la nature des variations qui ont persisté ou qui ont fait l'objet de la sélection naturelle, lesquelles dépendent des conditions physiques ambiantes, et, dans une plus grande mesure encore, des organismes environnants avec lesquels chaque individu est entré en concurrence, — et, enfin, l'hérédité (élément fluctuant en soi) d'innombrables ancêtres dont les formes ont été déterminées par des rapports également complexes. Il serait incroyable que les descendants de deux organismes qui, dans l'origine, différaient d'une façon prononcée, aient jamais convergé ensuite d'assez près pour que leur organisation totale s'approche de l'identité. Si cela était, nous retrouverions la même forme, indépendamment de toute connexion génésique, dans des formations géologiques très séparées ; or, l'étude des faits observés s'oppose à une semblable conséquence.

M. Watson objecte aussi que l'action continue de la sélection naturelle, accompagnée de la divergence des caractères, tendrait à la production d'un nombre infini de formes spécifiques. Il semble probable, en ce qui concerne tout au moins les conditions physiques, qu'un nombre suffisant d'espèces s'adapterait bientôt à toutes les différences de chaleur, d'humidité, etc., quelque considérables que soient ces différences ; mais j'admets complètement que les rapports réciproques des êtres organisés sont plus importants. Or, à mesure que le nombre des espèces s'accroît dans un pays quelconque, les conditions organiques de la vie doivent devenir de plus en plus complexes. En conséquence, il ne semble y avoir, à première vue, aucune limite à la quantité des différences avantageuses de structure et, par conséquent aussi, au nombre des espèces qui pourraient être produites. Nous ne savons même pas si les régions les plus riches possèdent leur maximum de formes spécifiques : au cap de Bonne-Espérance et en Australie, où vivent déjà un nombre si étonnant d'espèces, beaucoup de plantes européennes se sont acclimatées. Mais la géologie nous démontre que, depuis une époque fort ancienne de la période tertiaire, le nombre des espèces de coquillages et, depuis le milieu de cette même période, le nombre des espèces de mammifères n'ont pas beaucoup augmenté, en admettant même qu'ils aient augmenté un peu. Quel est donc le frein qui s'oppose à une augmentation indéfinie du nombre des espèces ? La quantité des individus (je n'entends pas dire le nombre des formes spécifiques) pouvant vivre dans une région doit avoir une limite, car cette quantité dépend en grande mesure des conditions extérieures ; par conséquent, si beaucoup d'espèces habitent une même région, chacune de ces espèces, presque toutes certainement, ne doivent être représentées que par un petit nombre d'individus ; en outre, ces espèces sont sujettes à disparaître en raison de changements accidentels survenus dans la nature des saisons, ou dans le nombre de leurs ennemis. Dans de semblables cas, l'extermination est rapide, alors qu'au contraire la production de nouvelles espèces est toujours fort lente. Supposons, comme cas extrême, qu'il y ait en

Angleterre autant d'espèces que d'individus : le premier hiver rigoureux, ou un été très sec, causerait l'extermination de milliers d'espèces. Les espèces rares, et chaque espèce deviendrait rare si le nombre des espèces d'un pays s'accroissait indéfiniment, présentent, nous avons expliqué en vertu de quel principe, peu de variations avantageuses dans un temps donné ; en conséquence, la production de nouvelles formes spécifiques serait considérablement retardée. Quand une espèce devient rare, les croisements consanguins contribuent à hâter son extinction ; quelques auteurs ont pensé qu'il fallait, en grande partie, attribuer à ce fait la disparition de l'aurochs en Lituanie, du cerf en Corse et de l'ours en Norvège, etc. Enfin, et je suis disposé à croire que c'est là l'élément le plus important, une espèce dominante, ayant déjà vaincu plusieurs concurrents dans son propre habitat, tend à s'étendre et à en supplanter beaucoup d'autres. Alphonse de Candolle a démontré que les espèces qui se répandent beaucoup tendent ordinairement à se répandre de plus en plus ; en conséquence, ces espèces tendent à supplanter et à exterminer plusieurs espèces dans plusieurs régions et à arrêter ainsi l'augmentation désordonnée des formes spécifiques sur le globe. Le docteur Hooker a démontré récemment qu'à l'extrémité sud-est de l'Australie, qui paraît avoir été envahie par de nombreux individus venant de différentes parties du globe, les différentes espèces australiennes indigènes ont considérablement diminué en nombre. Je ne prétends pas déterminer quel poids il convient d'attacher à ces diverses considérations ; mais ces différentes causes réunies doivent limiter dans chaque pays la tendance à un accroissement indéfini du nombre des formes spécifiques.

RÉSUMÉ DU CHAPITRE.

Si, au milieu des conditions changeantes de l'existence, les êtres organisés présentent des différences individuelles dans presque toutes les parties de leur structure, et ce point n'est pas contestable ; s'il se produit, entre les espèces, en raison de la progression géométrique de l'augmentation des individus, une lutte sérieuse pour l'existence à un certain âge, à une certaine saison, ou pendant une période quelconque de leur vie, et ce point n'est certainement pas contestable ; alors, en tenant compte de l'infinie complexité des rapports mutuels de tous les êtres organisés et de leurs rapports avec les conditions de leur existence, ce qui cause une diversité infinie et avantageuse des structures, des constitutions et des habitudes, il serait très extraordinaire qu'il ne se soit jamais produit des variations utiles à la prospérité de chaque individu, de la même façon qu'il s'est produit tant de variations utiles à l'homme. Mais, si des variations utiles à un être organisé quelconque se présentent quelquefois, assurément les individus qui en sont l'objet ont la meilleure chance de l'emporter dans la lutte pour l'existence ; puis, en vertu du principe si puissant de l'hérédité, ces individus tendent à laisser des descendants ayant le même caractère qu'eux. J'ai donné le nom de sélection naturelle à ce principe de conservation ou de persistance du plus apte. Ce principe conduit au perfectionnement de chaque créature, relativement aux conditions organiques et inorganiques de son existence ; et, en conséquence, dans la plupart des cas, à ce que l'on peut regarder comme un progrès de l'organisation. Néanmoins, les formes simples et inférieures persistent longtemps lorsqu'elles sont bien adaptées aux conditions peu complexes de leur existence.

En vertu du principe de l'hérédité des caractères aux âges correspondants, la sélection naturelle peut agir sur l'œuf, sur la graine ou sur le jeune individu, et les modifier aussi facilement qu'elle peut modifier l'adulte. Chez un grand nombre d'animaux, la sélection sexuelle vient en aide à la sélection ordinaire, en assurant aux mâles les plus vigoureux et les mieux adaptés le plus grand nombre de descendants. La sélection sexuelle développe aussi chez les mâles des caractères qui leur sont utiles dans leurs rivalités ou dans leurs luttes avec d'autres mâles, caractères qui peuvent se transmettre à un sexe seul ou aux deux sexes, suivant la forme d'hérédité prédominante chez l'espèce.

La sélection naturelle a-t-elle réellement joué ce rôle ? A-t-elle réellement adapté les formes diverses de la vie à leurs conditions et à leurs stations différentes ? C'est en pesant les faits exposés dans les chapitres suivants que nous pourrons en juger. Mais nous avons déjà vu comment la sélection naturelle détermine l'extinction ; or, l'histoire et la géologie nous démontrent clairement quel rôle l'extinction a joué dans l'histoire zoologique du monde. La sélection naturelle conduit aussi à la divergence des caractères ; car, plus les êtres organisés diffèrent les uns les autres sous le rapport de la structure, des habitudes et de la constitution, plus la même région peut en nourrir un grand nombre ; nous en avons eu la preuve en étudiant les habitants d'une petite région et les productions acclimatées. Par conséquent, pendant la modification des descendants d'une espèce quelconque, pendant la lutte incessante de toutes les espèces pour s'accroître en nombre, plus ces descendants deviennent différents, plus ils ont de chances de réussir dans la lutte pour l'existence. Aussi, les petites différences qui distinguent les variétés d'une même espèce tendent régulièrement à s'accroître jusqu'à ce qu'elles deviennent égales aux grandes différences qui existent entre les espèces d'un même genre, ou même entre des genres distincts.

Nous avons vu que ce sont les espèces communes très répandues et ayant un habitat considérable, et qui, en outre, appartiennent aux genres les plus riches de chaque classe, qui varient le plus, et que ces espèces tendent à transmettre à leurs descendants modifiés cette supériorité qui leur assure aujourd'hui la domination dans leur propre pays. La sélection naturelle, comme nous venons de le faire remarquer, conduit à la divergence des caractères et à l'extinction complète des formes intermédiaires et moins perfectionnées. En partant de ces principes, on peut expliquer la nature des affinités et les distinctions ordinairement bien définies qui existent entre les innombrables êtres organisés de chaque classe à la surface du globe. Un fait véritablement étonnant et que nous méconnaissons trop, parce que nous sommes peut-être trop familiarisés avec lui, c'est que tous les animaux et toutes les plantes, tant dans le temps que dans l'espace, se trouvent réunis par groupes subordonnés à d'autres groupes d'une même manière que nous remarquons partout, c'est-à-dire que les variétés d'une même espèce les plus voisines les unes des autres, et que les espèces d'un même genre moins étroitement et plus inégalement alliées, forment des sections et des sous-genres ; que les espèces de genres distincts encore beaucoup moins proches et, enfin, que les genres plus ou moins semblables forment des sous-familles, des familles, des ordres, des sous-classes et des classes. Les divers groupes subordonnés d'une classe quelconque ne peuvent pas être rangés sur une seule ligne, mais semblent se grouper autour de certains points, ceux-là autour d'autres, et ainsi de suite en cercles presque infinis. Si les espèces avaient été créées indépendamment les unes des autres, on n'aurait pu expliquer cette sorte de classification ; elle s'explique facilement, au contraire, par l'hérédité et par l'action complexe de la sélection naturelle, produisant l'extinction et la divergence des caractères, ainsi que le démontre notre diagramme.

On a quelquefois représenté sous la figure d'un grand arbre les affinités de tous les êtres de la même classe, et je crois que cette image est très juste sous bien des rapports. Les rameaux et les bourgeons représentent les espèces existantes ; les branches produites pendant les années précédentes représentent la longue succession des espèces éteintes. À chaque période de croissance, tous les rameaux essayent de pousser des branches de toutes parts, de dépasser et de tuer les rameaux et les branches environnantes, de la même façon que les espèces et les groupes d'espèces ont, dans tous les temps, vaincu d'autres espèces dans la grande lutte pour l'existence. Les bifurcations du tronc, divisées en grosses branches, et celles-ci en branches moins grosses et plus nombreuses, n'étaient autrefois, alors que l'arbre était jeune, que des petits rameaux bourgeonnants ; or, cette relation entre les anciens bourgeons et les nouveaux au moyen des branches ramifiées représente bien la classification de toutes les espèces éteintes et vivantes en groupes subordonnés à d'autres groupes. Sur les nombreux rameaux qui prospéraient alors que l'arbre n'était qu'un arbrisseau, deux ou trois seulement, transformés aujourd'hui en grosses branches, ont survécu et portent les ramifications subséquentes ; de même, sur les nombreuses espèces qui vivaient pendant les périodes géologiques écoulées depuis si longtemps, bien peu ont laissé des descendants vivants et modifiés. Dès la première croissance de l'arbre, plus d'une branche a dû périr et tomber ; or, ces branches tombées de grosseur différente peuvent représenter les ordres, les familles et les genres tout entiers, qui n'ont plus de représentants vivants, et que nous ne connaissons qu'à l'état fossile. De même que nous voyons çà et là sur l'arbre une branche mince, égarée, qui a surgi de quelque bifurcation inférieure, et qui, par suite d'heureuses circonstances, est encore vivante, et atteint le sommet de l'arbre, de même nous rencontrons accidentellement quelque animal, comme l'ornithorynque ou le lépidosirène, qui, par ses affinités, rattache, sous quelques rapports, deux grands embranchements de l'organisation, et qui doit probablement à une situation isolée d'avoir échappé à une concurrence fatale. De même que les bourgeons produisent de nouveaux bourgeons, et que ceux-ci, s'ils sont vigoureux, forment des branches qui éliminent de tous côtés les branches plus faibles, de même je crois que la génération en a agi de la même façon pour le grand arbre de la vie, dont les branches mortes et brisées sont enfouies dans les couches de l'écorce terrestre, pendant que ses magnifiques ramifications, toujours vivantes, et sans cesse renouvelées, en couvrent la surface.

Chapitre V

DES LOIS DE LA VARIATION

Effets du changement des conditions. — Usage et non-usage des parties combinées avec la sélection naturelle ; organes du vol et de la vue. — Acclimatation. — Variations corrélatives. — Compensation et économie de croissance. — Fausses corrélations. — Les organismes inférieurs multiples et rudimentaires sont variables. — Les parties développées de façon extraordinaire sont très variables ; les caractères spécifiques sont plus variables que les caractères génériques ; les caractères sexuels secondaires sont très variables. — Les espèces du même genre varient d'une manière analogue. — Retour à des caractères depuis longtemps perdus. — Résumé.

J'ai, jusqu'à présent, parlé des variations — si communes et si diverses chez les êtres organisés réduits à l'état de domesticité, et, à un degré moindre, chez ceux qui se trouvent à l'état sauvage — comme si elles étaient dues au hasard. C'est là, sans contredit, une expression bien incorrecte ; peut-être, cependant, a-t-elle un avantage en ce qu'elle sert à démontrer notre ignorance absolue sur les causes de chaque variation particulière. Quelques savants croient qu'une des fonctions du système reproducteur consiste autant à produire des différences individuelles, ou des petites déviations de structure, qu'à rendre les descendants semblables à leurs parents. Mais le fait que les variations et les monstruosités se présentent beaucoup plus souvent à l'état domestique qu'à l'état de nature, le fait que les espèces ayant un habitat très étendu sont plus variables que celles ayant un habitat restreint, nous autorisent à conclure que la variabilité doit avoir ordinairement quelque rapport avec les conditions d'existence auxquelles chaque espèce a été soumise pendant plusieurs générations successives. J'ai essayé de démontrer, dans le premier chapitre, que les changements des conditions agissent de deux façons : directement, sur l'organisation entière, ou sur certaines parties seulement de l'organisme ; indirectement, au moyen du système reproducteur. En tout cas, il y a deux facteurs : la nature de l'organisme, qui est de beaucoup le plus important des deux, et la nature des conditions ambiantes. L'action directe du changement des conditions conduit à des résultats définis ou indéfinis. Dans ce dernier cas, l'organisme semble devenir plastique, et nous nous trouvons en présence d'une grande variabilité flottante. Dans le premier cas, la nature de l'organisme est telle qu'elle cède facilement, quand on la soumet à de certaines conditions et tous, ou presque tous les individus, se modifient de la même manière.

Il est très difficile de déterminer jusqu'à quel point le changement des conditions, tel, par exemple, que le changement de climat, d'alimentation, etc., agit d'une façon définie. Il y a raison de croire que, dans le cours du temps, les effets de ces changements sont plus considérables qu'on ne peut l'établir par la preuve directe. Toutefois, nous pouvons conclure, sans craindre de nous tromper, qu'on ne peut attribuer uniquement à une cause agissante semblable les adaptations de structure, si nombreuses et si complexes, que nous observons dans la nature entre les différents êtres organisés. Dans les cas suivants, les conditions ambiantes semblent avoir produit un léger effet défini : E. Forbes affirme que les coquillages, à l'extrémité méridionale de leur habitat, revêtent, quand ils vivent dans des eaux peu profondes, des couleurs beaucoup plus brillantes que les coquillages de la même espèce, qui vivent plus au nord et à une plus grande profondeur ; mais cette loi ne s'applique certainement pas toujours. M. Gould a observé que les oiseaux de la même espèce sont plus brillamment colorés, quand ils vivent dans un pays où le ciel est toujours pur, que lorsqu'ils habitent près des côtes ou sur des îles ; Wollaston assure que la résidence près des bords de la mer affecte la couleur des insectes. Moquin-Tandon donne une liste de plantes dont les feuilles deviennent charnues, lorsqu'elles croissent près des bords de la mer, bien que cela ne se produise pas dans toute autre situation. Ces organismes, légèrement variables, sont intéressants, en ce sens qu'ils présentent des caractères analogues à ceux que possèdent les espèces exposées à des conditions semblables.

Quand une variation constitue un avantage si petit qu'il soit pour un être quelconque, on ne saurait dire quelle part il convient d'attribuer à l'action accumulatrice de la sélection naturelle, et quelle part il convient d'attribuer à l'action définie des conditions d'existence. Ainsi, tous les fourreurs savent fort bien que les animaux de la même espèce ont une fourrure d'autant plus épaisse et d'autant plus belle, qu'ils habitent un pays plus septentrional ; mais qui peut dire si cette différence provient de ce que les individus les plus chaudement vêtus ont été favorisés et ont persisté pendant de nombreuses générations, ou si elle est une conséquence de la rigueur du climat ? Il paraît, en effet, que le climat exerce une certaine action directe sur la fourrure de nos quadrupèdes domestiques.

On pourrait citer, chez une même espèce, des exemples de variations analogues, bien que cette espèce soit exposée à des conditions ambiantes aussi différentes que possible ; d'autre part, on pourrait citer des variations différentes produites dans des conditions ambiantes qui paraissent identiques. Enfin, tous les naturalistes pourraient citer des cas innombrables d'espèces restant absolument les mêmes, c'est-à-dire qui ne varient en aucune façon, bien qu'elles vivent sous les climats les plus divers. Ces considérations me font pencher à attribuer moins de poids à l'action directe des conditions ambiantes qu'à une tendance à la variabilité, due à des causes que nous ignorons absolument.

On peut dire que dans un certain sens non seulement les conditions d'existence déterminent, directement ou indirectement, les variations, mais qu'elles influencent aussi la sélection naturelle ; les conditions déterminent, en effet, la persistance de telle ou telle variété. Mais quand l'homme se charge de la sélection, il est facile de comprendre que les deux éléments du changement sont distincts ; la variabilité se produit d'une façon quelconque, mais c'est la volonté de l'homme qui accumule les variations dans certaines directions ; or, cette intervention répond à la persistance du plus apte à l'état de nature.

EFFETS PRODUITS PAR LA SÉLECTION NATURELLE SUR L'ACCROISSEMENT DE L'USAGE ET DU NON-USAGE DES PARTIES.

Les faits cités dans le premier chapitre ne permettent, je crois, aucun doute sur ce point : que l'usage, chez nos animaux domestiques renforce et développe certaines parties, tandis que le non-usage les diminue ; et, en outre, que ces modifications sont héréditaires. À l'état de nature, nous n'avons aucun terme de comparaison qui nous permette de juger des effets d'un usage ou d'un non-usage constant, car nous ne connaissons pas les formes type ; mais, beaucoup d'animaux possèdent des organes dont on ne peut expliquer la présence que par les effets du non-usage. Y a-t-il, comme le professeur Owen l'a fait remarquer, une anomalie plus grande dans la nature qu'un oiseau qui ne peut pas voler ; cependant, il y en a plusieurs dans cet état. Le canard à ailes courtes de l'Amérique méridionale doit se contenter de battre avec ses ailes la surface de l'eau, et elles sont, chez lui, à peu près dans la même condition que celles du canard domestique d'Aylesbury ; en outre, s'il faut en croire M. Cunningham, ces canards peuvent voler quand ils sont tout jeunes, tandis qu'ils en sont incapables à l'âge adulte. Les grands oiseaux qui se nourrissent sur le sol, ne s'envolent guère que pour échapper au danger ; il est donc probable que le défaut d'ailes, chez plusieurs oiseaux qui habitent actuellement ou qui, dernièrement encore, habitaient des îles océaniques, où ne se trouve aucune bête de proie, provient du non-usage des ailes. L'autruche, il est vrai, habite les continents et est exposée à bien des dangers auxquels elle ne peut pas se soustraire par le vol, mais elle peut, aussi bien qu'un grand nombre de quadrupèdes, se défendre contre ses ennemis à coups de pied. Nous sommes autorisés à croire que l'ancêtre du genre autruche avait des habitudes ressemblant à celles de l'outarde, et que, à mesure que la grosseur et le poids du corps de cet oiseau augmentèrent pendant de longues générations successives, l'autruche se servit toujours davantage de ses jambes et moins de ses ailes, jusqu'à ce qu'enfin il lui devînt impossible de voler.

Kirby a fait remarquer, et j'ai observé le même fait, que les tarses ou partie postérieure des pattes de beaucoup de scarabées mâles qui se nourrissent d'excréments, sont souvent brisés ; il a examiné dix-sept spécimens dans sa propre collection et aucun d'eux n'avait plus la moindre trace des tarses. Chez l'Onites apelles, les tarses disparaissent si souvent, qu'on a décrit cet insecte comme n'en ayant pas. Chez quelques autres genres, les tarses existent, mais à l'état rudimentaire. Chez l'Ateuchus, ou scarabée sacré des Egyptiens, ils font absolument défaut. On ne saurait encore affirmer positivement que les mutilations accidentelles soient héréditaires ; toutefois, les cas remarquables observés par M. Brown-Séquard, relatifs à la transmission par hérédité des effets de certaines opérations chez le cochon d'Inde, doivent nous empêcher de nier absolument cette tendance. En conséquence, il est peut-être plus sage de considérer l'absence totale des tarses antérieurs chez l'Ateuchus, et leur état rudimentaire chez quelques autres genres, non pas comme des cas de mutilations héréditaires, mais comme les effets d'un non-usage longtemps continué ; en effet, comme beaucoup de scarabées qui se nourrissent d'excréments ont perdu leurs tarses, cette disparition doit arriver à un âge peu avancé de leur existence, et, par conséquent, les tarses ne doivent pas avoir beaucoup d'importance pour ces insectes, ou ils ne doivent pas s'en servir beaucoup.

Dans quelques cas, on pourrait facilement attribuer au défaut d'usage certaines modifications de structure qui sont surtout dues à la sélection naturelle. M. Wollaston a découvert le fait remarquable que, sur cinq cent cinquante espèces de scarabées (on en connaît un plus grand nombre aujourd'hui) qui habitent l'île de Madère, deux cents sont si pauvrement pourvues d'ailes, qu'elles ne peuvent voler ; il a découvert, en outre, que, sur vingt-neuf genres indigènes, toutes les espèces appartenant à vingt-trois de ces genres se trouvent dans cet état ! Plusieurs faits, à savoir que les scarabées, dans beaucoup de parties du monde, sont portés fréquemment en mer par le vent et qu'ils y périssent ; que les scarabées de Madère, ainsi que l'a observé M. Wollaston, restent cachés jusqu'à ce que le vent tombe et que le soleil brille ; que la proportion des scarabées sans ailes est beaucoup plus considérable dans les déserts exposés aux variations atmosphériques, qu'à Madère même ; que — et c'est là le fait le plus extraordinaire sur lequel M. Wollaston a insisté avec beaucoup de raison — certains groupes considérables de scarabées, qui ont absolument besoin d'ailes, autre part si nombreux, font ici presque entièrement défaut ; ces différentes considérations, dis-je, me portent à croire que le défaut d'ailes chez tant de scarabées à Madère est principalement dû à l'action de la sélection naturelle, combinée probablement avec le non-usage de ces organes. Pendant plusieurs générations successives, tous les scarabées qui se livraient le moins au vol, soit parce que leurs ailes étaient un peu moins développées, soit en raison de leurs habitudes indolentes, doivent avoir eu la meilleure chance de persister, parce qu'ils n'étaient pas exposés à être emportés à la mer ; d'autre part, les individus qui s'élevaient facilement dans l'air, étaient plus exposés à être emportés au large et, par conséquent, à être détruits.

Les insectes de Madère qui ne se nourrissent pas sur le sol, mais qui, comme certains coléoptères et certains lépidoptères, se nourrissent sur les fleurs, et qui doivent, par conséquent, se servir de leurs ailes pour trouver leurs aliments, ont, comme l'a observé M. Wollaston, les ailes très développées, au lieu d'être diminuées. Ce fait est parfaitement compatible avec l'action de la sélection naturelle. En effet, à l'arrivée d'un nouvel insecte dans l'île, la tendance au développement ou à la réduction de ses ailes, dépend de ce fait qu'un plus grand nombre d'individus échappent à la mort, en luttant contre le vent ou en discontinuant de voler. C'est, en somme, ce qui se passe pour des matelots qui ont fait naufrage auprès d'une côte ; il est important pour les bons nageurs de pouvoir nager aussi longtemps que possible, mais il vaut mieux pour les mauvais nageurs ne pas savoir nager du tout, et s'attacher au bâtiment naufragé.

Les taupes et quelques autres rongeurs fouisseurs ont les yeux rudimentaires, quelquefois même complètement recouverts d'une pellicule et de poils. Cet état des yeux est probablement dû à une diminution graduelle, provenant du non-usage, augmenté sans doute par la sélection naturelle. Dans l'Amérique méridionale, un rongeur appelé Tucu-Tuco ou Ctenomys a des habitudes encore plus souterraines que la taupe ; on m'a assuré que ces animaux sont fréquemment aveugles. J'en ai conservé un vivant et celui-là certainement était aveugle ; je l'ai disséqué après sa mort, et j'ai trouvé alors que son aveuglement provenait d'une inflammation de la membrane clignotante. L'inflammation des yeux est nécessairement nuisible à un animal ; or, comme les yeux ne sont pas nécessaires aux animaux qui ont des habitudes souterraines, une diminution de cet organe, suivie de l'adhérence des paupières et de leur protection par des poils, pourrait dans ce cas devenir avantageuse ; s'il en est ainsi, la sélection naturelle vient achever l'œuvre commencée par le non-usage de l'organe.

On sait que plusieurs animaux appartenant aux classes les plus diverses, qui habitent les grottes souterraines de la Carniole et celles du Kentucky, sont aveugles. Chez quelques crabes, le pédoncule portant l'œil est conservé, bien que l'appareil de la vision ait disparu, c'est-à-dire que le support du télescope existe, mais que le télescope lui-même et ses verres font défaut. Comme il est difficile de supposer que l'œil, bien qu'inutile, puisse être nuisible à des animaux vivant dans l'obscurité, on peut attribuer l'absence de cet organe au non-usage. Chez l'un de ces animaux aveugles, le rat de caverne (Neotoma), dont deux spécimens ont été capturés par le professeur Silliman à environ un demi-mille de l'ouverture de la grotte, et par conséquent pas dans les parties les plus profondes, les yeux étaient grands et brillants. Le professeur Silliman m'apprend que ces animaux ont fini par acquérir une vague aptitude à percevoir les objets, après avoir été soumis pendant un mois à une lumière graduée.

Il est difficile d'imaginer des conditions ambiantes plus semblables que celles de vastes cavernes, creusées dans de profondes couches calcaires, dans des pays ayant à peu près le même climat. Aussi, dans l'hypothèse que les animaux aveugles ont été créés séparément pour les cavernes d'Europe et d'Amérique, on doit s'attendre à trouver une grande analogie dans leur organisation et leurs affinités. Or, la comparaison des deux faunes nous prouve qu'il n'en est pas ainsi. Schiödte fait remarquer, relativement aux insectes seuls : « Nous ne pouvons donc considérer l'ensemble du phénomène que comme un fait purement local, et l'analogie qui existe entre quelques faunes qui habitent la caverne du Mammouth (Kentucky) et celles qui habitent les cavernes de la Carniole, que comme l'expression de l'analogie qui s'observe généralement entre la faune de l'Europe et celle de l'Amérique du Nord. » Dans l'hypothèse où je me place, nous devons supposer que les animaux américains, doués dans la plupart des cas de la faculté ordinaire de la vue, ont quitté le monde extérieur, pour s'enfoncer lentement et par générations successives dans les profondeurs des cavernes du Kentucky, ou, comme l'ont fait d'autres animaux, dans les cavernes de l'Europe. Nous possédons quelques preuves de la gradation de cette habitude ; Schiödte ajoute en effet : « Nous pouvons donc regarder les faunes souterraines comme de petites ramifications qui, détachées des faunes géographiques limitées du voisinage, ont pénétré sous terre et qui, à mesure qu'elles se plongeaient davantage dans l'obscurité, se sont accommodées à leurs nouvelles conditions d'existence. Des animaux peu différents des formes ordinaires ménagent la transition ; puis, viennent ceux conformés pour vivre dans un demi-jour ; enfin, ceux destinés à l'obscurité complète et dont la structure est toute particulière. » Je dois ajouter que ces remarques de Schiödte s'appliquent, non à une même espèce, mais à plusieurs espèces distinctes. Quand, après d'innombrables générations, l'animal atteint les plus grandes profondeurs, le non-usage de l'organe a plus ou moins complètement atrophié l'œil, et la sélection naturelle lui a, souvent aussi, donné une sorte de compensation pour sa cécité en déterminant un allongement des antennes. Malgré ces modifications, nous devons encore trouver certaines affinités entre les habitants des cavernes de l'Amérique et les autres habitants de ce continent, aussi bien qu'entre les habitants des cavernes de l'Europe et ceux du continent européen. Or, le professeur Dana m'apprend qu'il en est ainsi pour quelques-uns des animaux qui habitent les grottes souterraines de l'Amérique ; quelques-uns des insectes qui habitent les cavernes de l'Europe sont très voisins de ceux qui habitent la région adjacente. Dans l'hypothèse ordinaire d'une création indépendante, il serait difficile d'expliquer de façon rationnelle les affinités qui existent entre les animaux aveugles des grottes et les autres habitants du continent. Nous devons, d'ailleurs, nous attendre à trouver, chez les habitants des grottes souterraines de l'ancien et du nouveau monde, l'analogie bien connue que nous remarquons dans la plupart de leurs autres productions. Comme on trouve en abondance, sur des rochers ombragés, loin des grottes, une espèce aveugle de Bathyscia, la perte de la vue chez l'espèce de ce genre qui habite les grottes souterraines, n'a probablement aucun rapport avec l'obscurité de son habitat ; il semble tout naturel, en effet, qu'un insecte déjà privé de la vue s'adapte facilement à vivre dans les grottes obscures. Un autre genre aveugle (' Anophthalmus) offre, comme l'a fait remarquer M. Murray, cette particularité remarquable, qu'on ne le trouve que dans les cavernes ; en outre, ceux qui habitent les différentes cavernes de l'Europe et de l'Amérique appartiennent à des espèces distinctes ; mais il est possible que les ancêtres de ces différentes espèces, alors qu'ils étaient doués de la vue, aient pu habiter les deux continents, puis s'éteindre, à l'exception de ceux qui habitent les endroits retirés qu'ils occupent actuellement. Loin d'être surpris que quelques-uns des habitants des cavernes, comme l'Amblyopsis, poisson aveugle signalé par Agassiz, et le Protée, également aveugle, présentent de grandes anomalies dans leurs rapports avec les reptiles européens, je suis plutôt étonné que nous ne retrouvions pas dans les cavernes un plus grand nombre de représentants d'animaux éteints, en raison du peu de concurrence à laquelle les habitants de ces sombres demeures ont été exposés.

ACCLIMATATION.

Les habitudes sont héréditaires chez les plantes ; ainsi, par exemple, l'époque de la floraison, les heures consacrées au sommeil, la quantité de pluie nécessaire pour assurer la germination des graines, etc., et ceci me conduit à dire quelques mots sur l'acclimatation. Comme rien n'est plus ordinaire que de trouver des espèces d'un même genre dans des pays chauds et dans des pays froids, il faut que l'acclimatation ait, dans la longue série des générations, joué un rôle considérable, s'il est vrai que toutes les espèces du même genre descendent d'une même souche. Chaque espèce, cela est évident, est adaptée au climat du pays quelle habite ; les espèces habitant une région arctique, ou même une région tempérée, ne peuvent supporter le climat des tropiques, et vice versa. En outre, beaucoup de plantes grasses ne peuvent supporter les climats humides. Mais on a souvent exagéré le degré d'adaptation des espèces aux climats sous lesquels elles vivent. C'est ce que nous pouvons conclure du fait que, la plupart du temps, il nous est impossible de prédire si une plante importée pourra supporter notre climat, et de cet autre fait, qu'un grand nombre de plantes et d'animaux, provenant des pays les plus divers, vivent chez nous en excellente santé. Nous avons raison de croire que les espèces à l'état de nature sont restreintes à un habitat peu étendu, bien plus par suite de la lutte qu'elles ont à soutenir avec d'autres êtres organisés, que par suite de leur adaptation à un climat particulier. Que cette adaptation, dans la plupart des cas, soit ou non très rigoureuse, nous n'en avons pas moins la preuve que quelques plantes peuvent, dans une certaine mesure, s'habituer naturellement à des températures différentes, c'est-à-dire s'acclimater. Le docteur Hooker a recueilli des graines de pins et de rhododendrons sur des individus de la même espèce, croissant à des hauteurs différentes sur l'Himalaya ; or, ces graines, semées et cultivées en Angleterre, possèdent des aptitudes constitutionnelles différentes relativement à la résistance au froid. M. Thwaites m'apprend qu'il a observé des faits semblables à Ceylan ; M. H.-C. Watson a fait des observations analogues sur des espèces européennes de plantes rapportées des Açores en Angleterre ; je pourrais citer beaucoup d'autres exemples. À l'égard des animaux, on peut citer plusieurs faits authentiques prouvant que, depuis les temps historiques, certaines espèces ont émigré en grand nombre de latitudes chaudes vers de plus froides, et réciproquement. Toutefois, nous ne pouvons affirmer d'une façon positive que ces animaux étaient strictement adaptés au climat de leur pays natal, bien que, dans la plupart des cas, nous admettions que cela soit ; nous ne savons pas non plus s'ils se sont subséquemment si bien acclimatés dans leur nouvelle patrie, qu'ils s'y sont mieux adaptés qu'ils ne l'étaient dans le principe.

On pourrait sans doute acclimater facilement, dans des pays tout différents, beaucoup d'animaux vivant aujourd'hui à l'état sauvage ; ce qui semble le prouver, c'est que nos animaux domestiques ont été originairement choisis par les sauvages, parce qu'ils leur étaient utiles et parce qu'ils se reproduisaient facilement en domesticité, et non pas parce qu'on s'est aperçu plus tard qu'on pouvait les transporter dans les pays les plus différents. Cette faculté extraordinaire de nos animaux domestiques à supporter les climats les plus divers, et, ce qui est une preuve encore plus convaincante, à rester parfaitement féconds partout où on les transporte, est sans doute un argument en faveur de la proposition que nous venons d'émettre. Il ne faudrait cependant pas pousser cet argument trop loin ; en effet, nos animaux domestiques descendent probablement de plusieurs souches sauvages ; le sang, par exemple, d'un loup des régions tropicales et d'un loup des régions arctiques peut se trouver mélangé chez nos races de chiens domestiques. On ne peut considérer le rat et la souris comme des animaux domestiques ; ils n'en ont pas moins été transportés par l'homme dans beaucoup de parties du monde, et ils ont aujourd'hui un habitat beaucoup plus considérable que celui des autres rongeurs ; ils supportent, en effet, le climat froid des îles Féroë, dans l'hémisphère boréal, et des îles Falkland, dans l'hémisphère austral, et le climat brûlant de bien des îles de la zone torride. On peut donc considérer l'adaptation à un climat spécial comme une qualité qui peut aisément se greffer sur cette large flexibilité de constitution qui paraît inhérente à la plupart des animaux. Dans cette hypothèse, la capacité qu'offre l'homme lui-même, ainsi que ses animaux domestiques, de pouvoir supporter les climats les plus différents ; le fait que l'éléphant et le rhinocéros ont autrefois vécu sous un climat glacial, tandis que les espèces existant actuellement habitent toutes les régions de la zone torride, ne sauraient être considérés comme des anomalies, mais bien comme des exemples d'une flexibilité ordinaire de constitution qui se manifeste dans certaines circonstances particulières.

Quelle est la part qu'il faut attribuer aux habitudes seules ? Quelle est celle qu'il faut attribuer à la sélection naturelle de variétés ayant des constitutions innées différentes ? Quelle est celle enfin qu'il faut attribuer à ces deux causes combinées dans l'acclimatation d'une espèce sous un climat spécial ? C'est là une question très obscure. L'habitude ou la coutume a sans doute quelque influence, s'il faut en croire l'analogie ; les ouvrages sur l'agriculture et même les anciennes encyclopédies chinoises donnent à chaque instant le conseil de transporter les animaux d'une région dans une autre. En outre, comme il n'est pas probable que l'homme soit parvenu à choisir tant de races et de sous-races, dont la constitution convient si parfaitement aux pays qu'elles habitent, je crois qu'il faut attribuer à l'habitude les résultats obtenus. D'un autre côté, la sélection naturelle doit tendre inévitablement à conserver les individus doués d'une constitution bien adaptée aux pays qu'ils habitent. On constate, dans les traités sur plusieurs espèces de plantes cultivées, que certaines variétés supportent mieux tel climat que tel autre. On en trouve la preuve dans les ouvrages sur la pomologie publiés aux États-Unis ; on y recommande, en effet, d'employer certaines variétés dans les États du Nord, et certaines autres dans les États du Sud. Or, comme la plupart de ces variétés ont une origine récente, on ne peut attribuer à l'habitude leurs différences constitutionnelles. On a même cité, pour prouver que, dans certains cas, l'acclimatation est impossible, l'artichaut de Jérusalem, qui ne se propage jamais en Angleterre par semis et dont, par conséquent, on n'a pas pu obtenir de nouvelles variétés ; on fait remarquer que cette plante est restée aussi délicate qu'elle l'était. On a souvent cité aussi, et avec beaucoup plus de raison, le haricot comme exemple ; mais on ne peut pas dire, dans ce cas, que l'expérience ait réellement été faite, il faudrait pour cela que, pendant une vingtaine de générations, quelqu'un prît la peine de semer des haricots d'assez bonne heure pour qu'une grande partie fût détruite par le froid ; puis, qu'on recueillît la graine des quelques survivants, en ayant soin d'empêcher les croisements accidentels ; puis, enfin, qu'on recommençât chaque année cet essai en s'entourant des mêmes précautions. Il ne faudrait pas supposer, d'ailleurs, qu'il n'apparaisse jamais de différences dans la constitution des haricots, car plusieurs variétés sont beaucoup plus rustiques que d'autres ; c'est là un fait dont j'ai pu observer moi-même des exemples frappants.

En résumé, nous pouvons conclure que l'habitude ou bien que l'usage et le non-usage des parties ont, dans quelques cas, joué un rôle considérable dans les modifications de la constitution et de l'organisme ; nous pouvons conclure aussi que ces causes se sont souvent combinées avec la sélection naturelle de variations innées, et que les résultats sont souvent aussi dominés par cette dernière cause.

VARIATIONS CORRÉLATIVES.

J'entends par cette expression que les différentes parties de l'organisation sont, dans le cours de leur croissance et de leur développement, si intimement reliées les unes aux autres, que d'autres parties se modifient quand de légères variations se produisent dans une partie quelconque et s'y accumulent en vertu de l'action de la sélection naturelle. C'est là un sujet fort important, que l'on connaît très imparfaitement et dans la discussion duquel on peut facilement confondre des ordres de faits tout différents. Nous verrons bientôt, en effet, que l'hérédité simple prend quelquefois une fausse apparence de corrélation. On pourrait citer, comme un des exemples les plus évidents de vraie corrélation, les variations de structure qui, se produisant chez le jeune ou chez la larve, tendent à affecter la structure de l'animal adulte. Les différentes parties homologues du corps, qui, au commencement de la période embryonnaire, ont une structure identique, et qui sont, par conséquent, exposées à des conditions semblables, sont éminemment sujettes à varier de la même manière. C'est ainsi, par exemple, que le côté droit et le côté gauche du corps varient de la même façon ; que les membres antérieurs, que même la mâchoire et les membres varient simultanément ; on sait que quelques anatomistes admettent l'homologie de la mâchoire inférieure avec les membres. Ces tendances, je n'en doute pas, peuvent être plus ou moins complètement dominées par la sélection naturelle. Ainsi, il a existé autrefois une race de cerfs qui ne portaient d'andouillers que d'un seul côté ; or, si cette particularité avait été très avantageuse à cette race, il est probable que la sélection naturelle l'aurait rendue permanente.

Les parties homologues, comme l'ont fait remarquer certains auteurs, tendent à se souder, ainsi qu'on le voit souvent dans les monstruosités végétales ; rien n'est plus commun, en effet, chez les plantes normalement conformées, que l'union des parties homologues, la soudure, par exemple, des pétales de la corolle en un seul tube. Les parties dures semblent affecter la forme des parties molles adjacentes ; quelques auteurs pensent que la diversité des formes qu'affecte le bassin chez les oiseaux, détermine la diversité remarquable que l'on observe dans la forme de leurs reins. D'autres croient aussi que, chez l'espèce humaine, la forme du bassin de la mère exerce par la pression une influence sur la forme de la tête de l'enfant. Chez les serpents, selon Schlegel, la forme du corps et le mode de déglutition déterminent la position et la forme de plusieurs des viscères les plus importants.

La nature de ces rapports reste fréquemment obscure. M. Isidore Geoffroy Saint-Hilaire insiste fortement sur ce point, que certaines déformations coexistent fréquemment, tandis que d'autres ne s'observent que rarement sans que nous puissions en indiquer la raison. Quoi de plus singulier que le rapport qui existe, chez les chats, entre la couleur blanche, les yeux bleus et la surdité ; ou, chez les mêmes animaux, entre le sexe femelle et la coloration tricolore ; chez les pigeons, entre l'emplumage des pattes et les pellicules qui relient les doigts externes ; entre l'abondance du duvet, chez les pigeonneaux qui sortent de l'œuf, et la coloration de leur plumage futur ; ou, enfin, le rapport qui existe chez le chien turc nu, entre les poils et les dents, bien que, dans ce cas, l'homologie joue sans doute un rôle ? Je crois même que ce dernier cas de corrélation ne peut pas être accidentel ; si nous considérons, en effet, les deux ordres de mammifères dont l'enveloppe dermique présente le plus d'anomalie, les cétacés (baleines) et les édentés (tatous, fourmiliers, etc.), nous voyons qu'ils présentent aussi la dentition la plus anormale ; mais, comme l'a fait remarquer M. Mivart, il y a tant d'exceptions à cette règle, qu'elle a en somme peu de valeur.

Je ne connais pas d'exemple plus propre à démontrer l'importance des lois de la corrélation et de la variation, indépendamment de l'utilité et, par conséquent, de toute sélection naturelle, que la différence qui existe entre les fleurs internes et externes de quelques composées et de quelques ombellifères. Chacun a remarqué la différence qui existe entre les fleurettes périphériques et les fleurettes centrales de la marguerite, par exemple ; or, l'atrophie partielle ou complète des organes reproducteurs accompagne souvent cette différence. En outre, les graines de quelques-unes de ces plantes diffèrent aussi sous le rapport de la forme et de la ciselure. On a quelquefois attribué ces différences à la pression des involucres sur les fleurettes, ou à leurs pressions réciproques, et la forme des graines contenues dans les fleurettes périphériques de quelques composées semble confirmer cette opinion ; mais, chez les ombellifères, comme me l'apprend le docteur Hooker, ce ne sont certes pas les espèces ayant les capitulées les plus denses dont les fleurs périphériques et centrales offrent le plus fréquemment des différences. On pourrait penser que le développement des pétales périphériques, en enlevant la nourriture aux organes reproducteurs, détermine leur atrophie ; mais ce ne peut être, en tout cas, la cause unique ; car, chez quelques composées, les graines des fleurettes internes et externes diffèrent sans qu'il y ait aucune différence dans les corolles. Il se peut que ces différences soient en rapport avec un flux de nourriture différent pour les deux catégories de fleurettes ; nous savons, tout au moins, que, chez les fleurs irrégulières, celles qui sont le plus rapprochées de l'axe se montrent les plus sujettes à la pélorie, c'est-à-dire à devenir symétriques de façon anormale. J'ajouterai comme exemple de ce fait et comme cas de corrélation remarquable que, chez beaucoup de pélargoniums, les deux pétales supérieurs de la fleur centrale de la touffe perdent souvent leurs taches de couleur plus foncée ; cette disposition est accompagnée de l'atrophie complète du nectaire adhérent, et la fleur centrale devient ainsi pélorique ou régulière. Lorsqu'un des deux pétales supérieurs est seul décoloré, le nectaire n'est pas tout à fait atrophié, il est seulement très raccourci.

Quant au développement de la corolle, il est très probable, comme le dit Sprengel, que les fleurettes périphériques servent à attirer les insectes, dont le concours est très utile ou même nécessaire à la fécondation de la plante ; s'il en est ainsi, la sélection naturelle a pu entrer en jeu. Mais il paraît impossible, en ce qui concerne les graines, que leurs différences de formes, qui ne sont pas toujours en corrélation avec certaines différences de la corolle, puissent leur être avantageuses ; cependant, chez les Ombellifères, ces différences semblent si importantes — les graines étant quelquefois orthospermes dans les fleurs extérieures et cœlospermes dans les fleurs centrales — que de Candolle l'aîné a basé sur ces caractères les principales divisions de l'ordre. Ainsi, des modifications de structure, ayant une haute importance aux yeux des classificateurs, peuvent être dues entièrement aux lois de la variation et de la corrélation, sans avoir, autant du moins que nous pouvons en juger, aucune utilité pour l'espèce.

Nous pouvons quelquefois attribuer à tort à la variation corrélative des conformations communes à des groupes entiers d'espèces, qui ne sont, en fait, que le résultat de l'hérédité. Un ancêtre éloigné, en effet, a pu acquérir, en vertu de la sélection naturelle, quelques modifications de conformation, puis, après des milliers de générations, quelques autres modifications indépendantes. Ces deux modifications, transmises ensuite à tout un groupe de descendants ayant des habitudes diverses, pourraient donc être naturellement regardées comme étant en corrélation nécessaire. Quelques autres corrélations semblent évidemment dues au seul mode d'action de la sélection naturelle. Alphonse de Candolle a remarqué, en effet, qu'on n'observe jamais de graines ailées dans les fruits qui ne s'ouvrent pas. J'explique ce fait par l'impossibilité où se trouve la sélection naturelle de donner graduellement des ailes aux graines, si les capsules ne sont pas les premières à s'ouvrir ; en effet, c'est dans ce cas seulement que les graines, conformées de façon à être plus facilement emportées par le vent, l'emporteraient sur celles moins bien adaptées pour une grande dispersion.

COMPENSATION ET ÉCONOMIE DE CROISSANCE.

Geoffroy Saint-Hilaire l'aîné et Goethe ont formulé, à peu près à la même époque, la loi de la compensation de croissance ; pour me servir des expressions de Goethe : « afin de pouvoir dépenser d'un côté, la nature est obligée d'économiser de l'autre.» Cette règle s'applique, je crois, dans une certaine mesure, à nos animaux domestiques ; si la nutrition se porte en excès vers une partie ou vers un organe, il est rare qu'elle se porte, en même temps, en excès tout au moins, vers un autre organe ; ainsi, il est difficile de faire produire beaucoup de lait à une vache et de l'engraisser en même temps. Les mêmes variétés de choux ne produisent pas en abondance un feuillage nutritif et des graines oléagineuses. Quand les graines que contiennent nos fruits tendent à s'atrophier, le fruit lui-même gagne beaucoup en grosseur et en qualité. Chez nos volailles, la présence d'une touffe de plumes sur la tête correspond à un amoindrissement de la crête, et le développement de la barbe à une diminution des caroncules. Il est difficile de soutenir que cette loi s'applique universellement chez les espèces à l'état de nature ; elle est admise cependant par beaucoup de bons observateurs, surtout par les botanistes. Toutefois, je ne donnerai ici aucun exemple, car je ne vois guère comment on pourrait distinguer, d'un côté, entre les effets d'une partie qui se développerait largement sous l'influence de la sélection naturelle et d'une autre partie adjacente qui diminuerait, en vertu de la même cause, ou par suite du non-usage ; et, d'un autre côté, entre les effets produits par le défaut de nutrition d'une partie, grâce à l'excès de croissance d'une autre partie adjacente.

Je suis aussi disposé à croire que quelques-uns des cas de compensation qui ont été cités, ainsi que quelques autres faits, peuvent se confondre dans un principe plus général, à savoir : que la sélection naturelle s'efforce constamment d'économiser toutes les parties de l'organisme. Si une conformation utile devient moins utile dans de nouvelles conditions d'existence, la diminution de cette conformation s'ensuivra certainement, car il est avantageux pour l'individu de ne pas gaspiller de la nourriture au profit d'une conformation inutile. C'est ainsi seulement que je puis expliquer un fait qui m'a beaucoup frappé chez les cirripèdes, et dont on pourrait citer bien des exemples analogues : quand un cirripède parasite vit à l'intérieur d'un autre cirripède, et est par ce fait abrité et protégé, il perd plus ou moins complètement sa carapace. C'est le cas chez l'Ibla mâle, et d'une manière encore plus remarquable chez le Proteolepas. Chez tous les autres cirripèdes, la carapace est formée par un développement prodigieux des trois segments antérieurs de la tête, pourvus de muscles et de nerfs volumineux ; tandis que, chez le Proteolepas parasite et abrité, toute la partie antérieure de la tête est réduite à un simple rudiment, placé à la base d'antennes préhensiles ; or, l'économie d'une conformation complexe et développée, devenue superflue, constitue un grand avantage pour chaque individu de l'espèce ; car, dans la lutte pour l'existence, à laquelle tout animal est exposé, chaque Proteolepas a une meilleure chance de vivre, puisqu'il gaspille moins d'aliments.

C'est ainsi, je crois, que la sélection naturelle tend, à la longue, à diminuer toutes les parties de l'organisation, dès qu'elles deviennent superflues en raison d'un changement d'habitudes ; mais elle ne tend en aucune façon à développer proportionnellement les autres parties. Inversement, la sélection naturelle peut parfaitement réussir à développer considérablement un organe, sans entraîner, comme compensation indispensable, la réduction de quelques parties adjacentes.

LES CONFORMATIONS MULTIPLES, RUDIMENTAIRES ET D'ORGANISATION INFÉRIEURE SONT VARIABLES.

Il semble de règle chez les variétés et chez les espèces, comme l'a fait remarquer Isidore Geoffroy Saint-Hilaire, que, toutes les fois qu'une partie ou qu'un organe se trouve souvent répété dans la conformation d'un individu (par exemple les vertèbres chez les serpents et les étamines chez les fleurs polyandriques), le nombre en est variable, tandis qu'il est constant lorsque le nombre de ces mêmes parties est plus restreint. Le même auteur, ainsi que quelques botanistes, ont, en outre, reconnu que les parties multiples sont extrêmement sujettes à varier. En tant que, pour me servir de l'expression du professeur Owen, cette répétition végétative est un signe d'organisation inférieure, la remarque qui précède concorde avec l'opinion générale des naturalistes, à savoir : que les êtres placés aux degrés inférieurs de l'échelle de l'organisation sont plus variables que ceux qui en occupent le sommet.

Je pense que, par infériorité dans l'échelle, on doit entendre ici que les différentes parties de l'organisation n'ont qu'un faible degré de spécialisation pour des fonctions particulières ; or, aussi longtemps que la même partie a des fonctions diverses à accomplir, on s'explique peut-être pourquoi elle doit rester variable, c'est-à-dire pourquoi la sélection naturelle n'a pas conservé ou rejeté toutes les légères déviations de conformation avec autant de rigueur que lorsqu'une partie ne sert plus qu'à un usage spécial. On pourrait comparer ces organes à un couteau destiné à toutes sortes d'usages, et qui peut, en conséquence, avoir une forme quelconque, tandis qu'un outil destiné à un usage déterminé doit prendre une forme particulière. La sélection naturelle, il ne faut jamais l'oublier, ne peut agir qu'en se servant de l'individu, et pour son avantage.

On admet généralement que les parties rudimentaires sont sujettes à une grande variabilité. Nous aurons à revenir sur ce point ; je me contenterai d'ajouter ici que leur variabilité semble résulter de leur inutilité et de ce que la sélection naturelle ne peut, en conséquence, empêcher des déviations de conformation de se produire.

Une partie extraordinairement développée chez une espèce quelconque, comparativement a l'état de la même partie chez les espèces voisines, tend a varier beaucoup.

M. Waterhouse a fait à ce sujet, il y a quelques années, une remarque qui m'a beaucoup frappé. Le professeur Owen semble en être arrivé aussi à des conclusions presque analogues. Je ne saurais essayer de convaincre qui que ce soit de la vérité de la proposition ci-dessus formulée sans l'appuyer de l'exposé d'une longue série de faits que j'ai recueillis sur ce point, mais qui ne peuvent trouver place dans cet ouvrage.

Je dois me borner à constater que, dans ma conviction, c'est là une règle très générale. Je sais qu'il y a là plusieurs causes d'erreur, mais j'espère en avoir tenu suffisamment compte. Il est bien entendu que cette règle ne s'applique en aucune façon aux parties, si extraordinairement développées qu'elles soient, qui ne présentent pas un développement inusité chez une espèce ou chez quelques espèces, comparativement à la même partie chez beaucoup d'espèces très voisines. Ainsi, bien que, dans la classe des mammifères, l'aile de la chauve-souris soit une conformation très anormale, la règle ne saurait s'appliquer ici, parce que le groupe entier des chauves-souris possède des ailes ; elle s'appliquerait seulement si une espèce quelconque possédait des ailes ayant un développement remarquable, comparativement aux ailes des autres espèces du même genre. Mais cette règle s'applique de façon presque absolue aux caractères sexuels secondaires, lorsqu'ils se manifestent d'une manière inusitée. Le terme caractère sexuel secondaire, employé par Hunter, s'applique aux caractères qui, particuliers à un sexe, ne se rattachent pas directement à l'acte de la reproduction. La règle s'applique aux mâles et aux femelles, mais plus rarement à celles-ci, parce qu'il est rare qu'elles possèdent des caractères sexuels secondaires remarquables. Les caractères de ce genre, qu'ils soient ou non développés d'une manière extraordinaire, sont très variables, et c'est en raison de ce fait que la règle précitée s'applique si complètement à eux ; je crois qu'il ne peut guère y avoir de doute sur ce point. Mais les cirripèdes hermaphrodites nous fournissent la preuve que notre règle ne s'applique pas seulement aux caractères sexuels secondaires ; en étudiant cet ordre, je me suis particulièrement attaché à la remarque de M. Waterhouse, et je suis convaincu que la règle s'applique presque toujours. Dans un futur ouvrage, je donnerai la liste des cas les plus remarquables que j'ai recueillis ; je me bornerai à citer ici un seul exemple qui justifie la règle dans son application la plus étendue. Les valves operculaires des cirripèdes sessiles (balanes) sont, dans toute l'étendue du terme, des conformations très importantes et qui diffèrent extrêmement peu, même chez les genres distincts. Cependant, chez les différentes espèces de l'un de ces genres, le genre Pyrgoma, ces valves présentent une diversification remarquable, les valves homologues ayant quelquefois une forme entièrement dissemblable. L'étendue des variations chez les individus d'une même espèce est telle, que l'on peut affirmer, sans exagération, que les variétés de la même espèce diffèrent plus les unes des autres par les caractères tirés de ces organes importants que ne le font d'autres espèces appartenant à des genres distincts.

J'ai particulièrement examiné les oiseaux sous ce rapport, parce que, chez ces animaux, les individus d'une même espèce, habitant un même pays, varient extrêmement peu ; or, la règle semble certainement applicable à cette classe. Je n'ai pas pu déterminer qu'elle s'applique aux plantes, mais je dois ajouter que cela m'aurait fait concevoir des doutes sérieux sur sa réalité, si l'énorme variabilité des végétaux ne rendait excessivement difficile la comparaison de leur degré relatif de variabilité.

Lorsqu'une partie, ou un organe, se développe chez une espèce d'une façon remarquable ou à un degré extraordinaire, on est fondé à croire que cette partie ou cet organe a une haute importance pour l'espèce ; toutefois, la partie est dans ce cas très sujette à varier. Pourquoi en est-il ainsi ? Je ne peux trouver aucune explication dans l'hypothèse que chaque espèce a fait l'objet d'un acte créateur spécial et que tous ses organes, dans le principe, étaient ce qu'ils sont aujourd'hui. Mais, si nous nous plaçons dans l'hypothèse que les groupes d'espèces descendent d'autres espèces à la suite de modifications opérées par la sélection naturelle, on peut, je crois, résoudre en partie cette question. Que l'on me permette d'abord quelques remarques préliminaires. Si, chez nos animaux domestiques, on néglige l'animal entier, ou un point quelconque de leur conformation, et qu'on n'applique aucune sélection, la partie négligée (la crête, par exemple, chez la poule Dorking), ou la race entière, cesse d'avoir un caractère uniforme ; on pourra dire alors que la race dégénère. Or, le cas est presque identique pour les organes rudimentaires, pour ceux qui n'ont été que peu spécialisés en vue d'un but particulier et peut-être pour les groupes polymorphes ; dans ces cas, en effet, la sélection naturelle n'a pas exercé ou n'a pas pu exercer son action, et l'organisme est resté ainsi dans un état flottant. Mais, ce qui nous importe le plus ici, c'est que les parties qui, chez nos animaux domestiques, subissent actuellement les changements les plus rapides en raison d'une sélection continue, sont aussi celles qui sont très sujettes à varier. Que l'on considère les individus d'une même race de pigeons et l'on verra quelles prodigieuses différences existent chez les becs des culbutants, chez les becs et les caroncules des messagers, dans le port et la queue des paons, etc., points sur lesquels les éleveurs anglais portent aujourd'hui une attention particulière. Il y a même des sous-races, comme celle des culbutants courte-face, chez lesquelles il est très difficile d'obtenir des oiseaux presque parfaits, car beaucoup s'écartent de façon considérable du type admis. On peut réellement dire qu'il y a une lutte constante, d'un côté entre la tendance au retour à un état moins parfait, aussi bien qu'une tendance innée à de nouvelles variations, et d'autre part, avec l'influence d'une sélection continue pour que la race reste pure. À la longue, la sélection l'emporte, et nous ne mettons jamais en ligne de compte la pensée que nous pourrions échouer assez misérablement pour obtenir un oiseau aussi commun que le culbutant commun, d'un bon couple de culbutants courte-face purs. Mais, aussi longtemps que la sélection agit énergiquement, il faut s'attendre à de nombreuses variations dans les parties qui sont sujettes à son action.

Examinons maintenant ce qui se passe à l'état de nature. Quand une partie s'est développée d'une façon extraordinaire chez une espèce quelconque, comparativement à ce qu'est la même partie chez les autres espèces du même genre, nous pouvons conclure que cette partie a subi d'énormes modifications depuis l'époque où les différentes espèces se sont détachées de l'ancêtre commun de ce genre. Il est rare que cette époque soit excessivement reculée, car il est fort rare que les espèces persistent pendant plus d'une période géologique. De grandes modifications impliquent une variabilité extraordinaire et longtemps continuée, dont les effets ont été accumulés constamment par la sélection naturelle pour l'avantage de l'espèce. Mais, comme la variabilité de la partie ou de l'organe développé d'une façon extraordinaire a été très grande et très continue pendant un laps de temps qui n'est pas excessivement long, nous pouvons nous attendre, en règle générale, à trouver encore aujourd'hui plus de variabilité dans cette partie que dans les autres parties de l'organisation, qui sont restées presque constantes depuis une époque bien plus reculée. Or, je suis convaincu que c'est là la vérité. Je ne vois aucune raison de douter que la lutte entre la sélection naturelle d'une part, avec la tendance au retour et la variabilité d'autre part, ne cesse dans le cours des temps, et que les organes développés de la façon la plus anormale ne deviennent constants. Aussi, d'après notre théorie, quand un organe, quelque anormal qu'il soit, se transmet à peu près dans le même état à beaucoup de descendants modifiés, l'aile de la chauve-souris, par exemple, cet organe a dû exister pendant une très longue période à peu près dans le même état, et il a fini par n'être pas plus variable que toute autre conformation. C'est seulement dans les cas où la modification est comparativement récente et extrêmement considérable, que nous devons nous attendre à trouver encore, à un haut degré de développement, la variabilité générative, comme on pourrait l'appeler. Dans ce cas, en effet, il est rare que la variabilité ait déjà été fixée par la sélection continue des individus variant au degré et dans le sens voulu, et par l'exclusion continue des individus qui tendent à faire retour vers un état plus ancien et moins modifié.

LES CARACTÈRES SPÉCIFIQUES SONT PLUS VARIABLES QUE LES CARACTÈRES GÉNÉRIQUES.

On peut appliquer au sujet qui va nous occuper le principe que nous venons de discuter. Il est notoire que les caractères spécifiques sont plus variables que les caractères génériques. Je cite un seul exemple pour faire bien comprendre ma pensée : si un grand genre de plantes renferme plusieurs espèces, les unes portant des fleurs bleues, les autres des fleurs rouges, la coloration n'est qu'un caractère spécifique, et personne ne sera surpris de ce qu'une espèce bleue devienne rouge et réciproquement ; si, au contraire, toutes les espèces portent des fleurs bleues, la coloration devient un caractère générique, et la variabilité de cette coloration constitue un fait beaucoup plus extraordinaire.

J'ai choisi cet exemple parce que l'explication qu'en donneraient la plupart des naturalistes ne pourrait pas s'appliquer ici ; ils soutiendraient, en effet, que les caractères spécifiques sont plus variables que les caractères génériques, parce que les premiers impliquent des parties ayant une importance physiologique moindre que ceux que l'on considère ordinairement quand il s'agit de classer un genre. Je crois que cette explication est vraie en partie, mais seulement de façon indirecte ; j'aurai, d'ailleurs, à revenir sur ce point en traitant de la classification. Il serait presque superflu de citer des exemples pour prouver que les caractères spécifiques ordinaires sont plus variables que les caractères génériques ; mais, quand il s'agit de caractères importants, j'ai souvent remarqué, dans les ouvrages sur l'histoire naturelle, que, lorsqu'un auteur s'étonne que quelque organe important, ordinairement très constant, dans un groupe considérable d'espèces, diffère beaucoup chez des espèces très voisines, il est souvent variable chez les individus de la même espèce. Ce fait prouve qu'un caractère qui a ordinairement une valeur générique devient souvent variable lorsqu'il perd de sa valeur et descend au rang de caractère spécifique, bien que son importance physiologique puisse rester la même. Quelque chose d'analogue s'applique aux monstruosités ; Isidore Geoffroy Saint-Hilaire, tout au moins, ne met pas en doute que, plus un organe diffère normalement chez les différentes espèces du même groupe, plus il est sujet à des anomalies chez les individus.

Dans l'hypothèse ordinaire d'une création indépendante pour chaque espèce, comment pourrait-il se faire que la partie de l'organisme qui diffère de la même partie chez d'autres espèces du même genre, créées indépendamment elles aussi, soit plus variable que les parties qui se ressemblent beaucoup chez les différentes espèces de ce genre ? Quant à moi, je ne crois pas qu'il soit possible d'expliquer ce fait. Au contraire, dans l'hypothèse que les espèces ne sont que des variétés fortement prononcées et persistantes, on peut s'attendre la plupart du temps à ce que les parties de leur organisation qui ont varié depuis une époque comparativement récente et qui par suite sont devenues différentes, continuent encore à varier. Pour poser la question en d'autres termes : on appelle caractères génériques les points par lesquels toutes les espèces d'un genre se ressemblent et ceux par lesquels elles diffèrent des genres voisins ; on peut attribuer ces caractères à un ancêtre commun qui les a transmis par hérédité à ses descendants, car il a dû arriver bien rarement que la sélection naturelle ait modifié, exactement de la même façon, plusieurs espèces distinctes adaptées à des habitudes plus ou moins différentes ; or, comme ces prétendus caractères génériques ont été transmis par hérédité avant l'époque où les différentes espèces se sont détachées de leur ancêtre commun et que postérieurement ces caractères n'ont pas varié, ou que, s'ils diffèrent, ils ne le font qu'à un degré extrêmement minime, il n'est pas probable qu'ils varient actuellement. D'autre part, on appelle caractères spécifiques les points par lesquels les espèces diffèrent des autres espèces du même genre ; or, comme ces caractères spécifiques ont varié et se sont différenciés depuis l'époque où les espèces se sont écartées de l'ancêtre commun, il est probable qu'ils sont encore variables dans une certaine mesure ; tout au moins, ils sont plus variables que les parties de l'organisation qui sont restées constantes depuis une très longue période.

LES CARACTÈRES SEXUELS SECONDAIRES SONT VARIABLES.

Je pense que tous les naturalistes admettront, sans qu'il soit nécessaire d'entrer dans aucun détail, que les caractères sexuels secondaires sont très variables. On admettra aussi que les espèces d'un même groupe diffèrent plus les unes des autres sous le rapport des caractères sexuels secondaires que dans les autres parties de leur organisation : que l'on compare, par exemple, les différences qui existent entre les gallinacés mâles, chez lesquels les caractères sexuels secondaires sont très développés, avec les différences qui existent entre les femelles. La cause première de la variabilité de ces caractères n'est pas évidente ; mais nous comprenons parfaitement pourquoi ils ne sont pas aussi persistants et aussi uniformes que les autres caractères ; ils sont, en effet, accumulés par la sélection sexuelle, dont l'action est moins rigoureuse que celle de la sélection naturelle ; la première, en effet, n'entraîne pas la mort, elle se contente de donner moins de descendants aux mâles moins favorisés. Quelle que puisse être la cause de la variabilité des caractères sexuels secondaires, la sélection sexuelle a un champ d'action très étendu, ces caractères étant très variables ; elle a pu ainsi déterminer, chez les espèces d'un même groupe, des différences plus grandes sous ce rapport que sous tous les autres.

Il est un fait assez remarquable, c'est que les différences secondaires entre les deux sexes de la même espèce portent précisément sur les points mêmes de l'organisation par lesquels les espèces d'un même genre diffèrent les unes des autres. Je vais citer à l'appui de cette assertion les deux premiers exemples qui se trouvent sur ma liste ; or, comme les différences, dans ces cas, sont de nature très extraordinaire, il est difficile de croire que les rapports qu'ils présentent soient accidentels. Un même nombre d'articulations des tarses est un caractère commun à des groupes très considérables de coléoptères ; or, comme l'a fait remarquer Westwood, le nombre de ces articulations varie beaucoup chez les engidés, et ce nombre diffère aussi chez les deux sexes de la même espèce. De même, chez les hyménoptères fouisseurs, le mode de nervation des ailes est un caractère de haute importance, parce qu'il est commun à des groupes considérables ; mais la nervation, dans certains genres, varie chez les diverses espèces et aussi chez les deux sexes d'une même espèce. Sir J. Lubbock a récemment fait remarquer que plusieurs petits crustacés offrent d'excellents exemples de cette loi. « Ainsi, chez le Pontellus, ce sont les antennes antérieures et la cinquième paire de pattes qui constituent les principaux caractères sexuels ; ce sont aussi ces organes qui fournissent les principales différences spécifiques. » Ce rapport a pour moi une signification très claire ; je considère que toutes les espèces d'un même genre descendent aussi certainement d'un ancêtre commun, que les deux sexes d'une même espèce descendent du même ancêtre. En conséquence, si une partie quelconque de l'organisme de l'ancêtre commun, ou de ses premiers descendants, est devenue variable, il est très probable que la sélection naturelle et la sélection sexuelle se sont emparées des variations de cette partie pour adapter les différentes espèces à occuper diverses places dans l'économie de la nature, pour approprier l'un à l'autre les deux sexes de la même espèce, et enfin pour préparer les mâles à lutter avec d'autres mâles pour la possession des femelles.

J'en arrive donc à conclure à la connexité intime de tous les principes suivants, à savoir : la variabilité plus grande des caractères spécifiques, c'est-à-dire ceux qui distinguent les espèces les unes des autres, comparativement à celle des caractères génériques, c'est-à-dire les caractères possédés en commun par toutes les espèces d'un genre ; — l'excessive variabilité que présente souvent un point quelconque lorsqu'il est développé chez une espèce d'une façon extraordinaire, comparativement à ce qu'il est chez les espèces congénères ; et le peu de variabilité d'un point, quelque développé qu'il puisse être, s'il est commun à un groupe tout entier d'espèces ; — la grande variabilité des caractères sexuels secondaires et les différences considérables qu'ils présentent chez des espèces très voisines ; — les caractères sexuels secondaires se manifestant généralement sur ces points mêmes de l'organisme où portent les différences spécifiques ordinaires. Tous ces principes dérivent principalement de ce que les espèces d'un même groupe descendent d'un ancêtre commun qui leur a transmis par hérédité beaucoup de caractères communs ; — de ce que les parties qui ont récemment varié de façon considérable ont plus de tendance à continuer de le faire que les parties fixes qui n'ont pas varié depuis longtemps ; — de ce que la sélection naturelle a, selon le laps de temps écoulé, maîtrisé plus ou moins complètement la tendance au retour et à de nouvelles variations ; — de ce que la sélection sexuelle est moins rigoureuse que la sélection naturelle ; — enfin, de ce que la sélection naturelle et la sélection sexuelle ont accumulé les variations dans les mêmes parties et les ont adaptées ainsi à diverses fins, soit sexuelles, soit ordinaires.

Les espèces distinctes présentent des variations analogues, de telle sorte qu'une variété d'une espèce revêt souvent un caractère propre à une espèce voisine, ou fait retour à quelques-uns des caractères d'un ancêtre éloigné.

On comprendra facilement ces propositions en examinant nos races domestiques. Les races les plus distinctes de pigeons, dans des pays très éloignés les uns des autres, présentent des sous-variétés caractérisées par des plumes renversées sur la tête et par des pattes emplumées ; caractères que ne possédait pas le biset primitif ; c'est là un exemple de variations analogues chez deux ou plusieurs races distinctes. La présence fréquente, chez le grosse-gorge, de quatorze et même de seize plumes caudales peut être considérée comme une variation représentant la conformation normale d'une autre race, le pigeon paon. Tout le monde admettra, je pense, que ces variations analogues proviennent de ce qu'un ancêtre commun a transmis par hérédité aux différentes races de pigeons une même constitution et une tendance à la variation, lorsqu'elles sont exposées à des influences inconnues semblables. Le règne végétal nous fournit un cas de variations analogues dans les tiges renflées, ou, comme on les désigne habituellement, dans les racines du navet de Suède et du rutabaga, deux plantes que quelques botanistes regardent comme des variétés descendant d'un ancêtre commun et produites par la culture ; s'il n'en était pas ainsi, il y aurait là un cas de variation analogue entre deux prétendues espèces distinctes, auxquelles on pourrait en ajouter une troisième, le navet ordinaire. Dans l'hypothèse de la création indépendante des espèces, nous aurions à attribuer cette similitude de développement des tiges chez les trois plantes, non pas à sa vraie cause, c'est-à-dire à la communauté de descendance et à la tendance à varier dans une même direction qui en est la conséquence, mais à trois actes de création distincts, portant sur des formes extrêmement voisines. Naudin a observé plusieurs cas semblables de variations analogues dans la grande famille des cucurbitacées, et divers savants chez les céréales. M. Walsh a discuté dernièrement avec beaucoup de talent divers cas semblables qui se présentent chez les insectes à l'état de nature, et il les a groupés sous sa loi d'égale variabilité.

Toutefois, nous rencontrons un autre cas chez les pigeons, c'est-à-dire l'apparition accidentelle, chez toutes les races, d'une coloration bleu-ardoise, des deux bandes noires sur les ailes, des reins blancs, avec une barre à l'extrémité de la queue, dont les plumes extérieures sont, près de leur base, extérieurement bordées de blanc. Comme ces différentes marques constituent un caractère de l'ancêtre commun, le biset, on ne saurait, je crois, contester que ce soit là un cas de retour et non pas une variation nouvelle et analogue qui apparaît chez plusieurs races. Nous pouvons, je pense, admettre cette conclusion en toute sécurité ; car, comme nous l'avons vu, ces marques colorées sont très sujettes à apparaître chez les petits résultant du croisement de deux races distinctes ayant une coloration différente ; or, dans ce cas, il n'y a rien dans les conditions extérieures de l'existence, sauf l'influence du croisement sur les lois de l'hérédité, qui puisse causer la réapparition de la couleur bleu-ardoise accompagnée des diverses autres marques.

Sans doute, il est très surprenant que des caractères réapparaissent après avoir disparu pendant un grand nombre de générations, des centaines peut-être. Mais, chez une race croisée une seule fois avec une autre race, la descendance présente accidentellement, pendant plusieurs générations — quelques auteurs disent pendant une douzaine ou même pendant une vingtaine — une tendance à faire retour aux caractères de la race étrangère. Après douze générations, la proportion du sang, pour employer une expression vulgaire, de l'un des ancêtres n'est que de 1 sur 2048 ; et pourtant, comme nous le voyons, on croit généralement que cette proportion infiniment petite de sang étranger suffit à déterminer une tendance au retour. Chez une race qui n'a pas été croisée, mais chez laquelle les deux ancêtres souche ont perdu quelques caractères que possédait leur ancêtre commun, la tendance à faire retour vers ce caractère perdu pourrait, d'après tout ce que nous pouvons savoir, se transmettre de façon plus ou moins énergique pendant un nombre illimité de générations. Quand un caractère perdu reparaît chez une race après un grand nombre de générations, l'hypothèse la plus probable est, non pas que l'individu affecté se met soudain à ressembler à un ancêtre dont il est séparé par plusieurs centaines de générations, mais que le caractère en question se trouvait à l'état latent chez les individus de chaque génération successive et qu'enfin ce caractère s'est développé sous l'influence de conditions favorables, dont nous ignorons la nature. Chez les pigeons barbes, par exemple, qui produisent très rarement des oiseaux bleus, il est probable qu'il y a chez les individus de chaque génération une tendance latente à la reproduction du plumage bleu. La transmission de cette tendance, pendant un grand nombre de générations, n'est pas plus difficile à comprendre que la transmission analogue d'organes rudimentaires complètement inutiles. La simple tendance à produire un rudiment est même quelquefois héréditaire.

Comme nous supposons que toutes les espèces d'un même genre descendent d'un ancêtre commun, nous pourrions nous attendre à ce qu'elles varient accidentellement de façon analogue ; de telle sorte que les variétés de deux ou plusieurs espèces se ressembleraient, ou qu'une variété ressemblerait par certains caractères à une autre espèce distincte — celle-ci n'étant, d'après notre théorie, qu'une variété permanente bien accusée. Les caractères exclusivement dus à une variation analogue auraient probablement peu d'importance, car la conservation de tous les caractères importants est déterminée par la sélection naturelle, qui les approprie aux habitudes différentes de l'espèce. On pourrait s'attendre, en outre, à ce que les espèces du même genre présentassent accidentellement des caractères depuis longtemps perdus. Toutefois, comme nous ne connaissons pas l'ancêtre commun d'un groupe naturel quelconque, nous ne pourrons distinguer entre les caractères dus à un retour et ceux qui proviennent de variations analogues. Si, par exemple, nous ignorions que le Biset, souche de nos pigeons domestiques, n'avait ni plumes aux pattes, ni plumes renversées sur la tête, il nous serait impossible de dire s'il faut attribuer ces caractères à un fait de retour ou seulement à des variations analogues ; mais nous aurions pu conclure que la coloration bleue est un cas de retour, à cause du nombre des marques qui sont en rapport avec cette nuance, marques qui, selon toute probabilité, ne reparaîtraient pas toutes ensemble au cas d'une simple variation ; nous aurions été, d'ailleurs, d'autant plus fondés à en arriver à cette conclusion, que la coloration bleue et les différentes marques reparaissent très souvent quand on croise des races ayant une coloration différente. En conséquence, bien que, chez les races qui vivent à l'état de nature, nous ne puissions que rarement déterminer quels sont les cas de retour à un caractère antérieur, et quels sont ceux qui constituent une variation nouvelle, mais analogue, nous devrions toutefois, d'après notre théorie, trouver quelquefois chez les descendants d'une espèce en voie de modification des caractères qui existent déjà chez d'autres membres du même groupe. Or, c'est certainement ce qui arrive.

La difficulté que l'on éprouve à distinguer les espèces variables provient, en grande partie, de ce que les variétés imitent, pour ainsi dire, d'autres espèces du même genre. On pourrait aussi dresser un catalogue considérable de formes intermédiaires entre deux autres formes qu'on ne peut encore regarder que comme des espèces douteuses ; or, ceci prouve que les espèces, en variant, ont revêtu quelques caractères appartenant à d'autres espèces, à moins toutefois que l'on n'admette une création indépendante pour chacune de ces formes très voisines. Toutefois, nous trouvons la meilleure preuve de variations analogues dans les parties ou les organes qui ont un caractère constant, mais qui, cependant, varient accidentellement de façon à ressembler, dans une certaine mesure, à la même partie ou au même organe chez une espèce voisine. J'ai dressé une longue liste de ces cas, mais malheureusement je me trouve dans l'impossibilité de pouvoir la donner ici. Je dois donc me contenter d'affirmer que ces cas se présentent certainement et qu'ils sont très remarquables.

Je citerai toutefois un exemple curieux et compliqué, non pas en ce qu'il affecte un caractère important, mais parce qu'il se présente chez plusieurs espèces du même genre, dont les unes sont réduites à l'état domestique et dont les autres vivent à l'état sauvage. C'est presque certainement là un cas de retour. L'âne porte quelquefois sur les jambes des raies transversales très distinctes, semblables à celles qui se trouvent sur les jambes du zèbre ; on a affirmé que ces raies sont beaucoup plus apparentes chez l'ânon, et les renseignements que je me suis procurés à cet égard confirment le fait. La raie de l'épaule est quelquefois double et varie beaucoup sous le rapport de la couleur et du dessin. On a décrit un âne blanc, mais non pas albinos, qui n'avait aucune raie, ni sur l'épaule ni sur le dos ; — ces deux raies d'ailleurs sont quelquefois très faiblement indiquées ou font absolument défaut chez les ânes de couleur foncée. On a vu, dit-on, le koulan de Pallas avec une double raie sur l'épaule. M. Blyth a observé une hémione ayant sur l'épaule une raie distincte, bien que cet animal n'en porte ordinairement pas. Le colonel Poole m'a informé, en outre, que les jeunes de cette espèce ont ordinairement les jambes rayées et une bande faiblement indiquée sur l'épaule. Le quagga, dont le corps est, comme celui du zèbre, si complètement rayé, n'a cependant pas de raies aux jambes ; toutefois, le docteur

Gray a dessiné un de ces animaux dont les jarrets portaient des zébrures très distinctes.

En ce qui concerne le cheval, j'ai recueilli en Angleterre des exemples de la raie dorsale, chez des chevaux appartenant aux races les plus distinctes et ayant des robes de toutes les couleurs. Les barres transversales sur les jambes ne sont pas rares chez les chevaux isabelle et chez ceux poil de souris ; je les ai observées en outre chez un alezan ; on aperçoit quelquefois une légère raie sur l'épaule des chevaux isabelle et j'en ai remarqué une faible trace chez un cheval bai. Mon fils a étudié avec soin et a dessiné un cheval de trait belge, de couleur isabelle, ayant les jambes rayées et une double raie sur chaque épaule ; j'ai moi-même eu l'occasion de voir un poney isabelle du Devonshire, et on m'a décrit avec soin un petit poney ayant la même robe, originaire du pays de Galles, qui, tous deux, portaient trois raies parallèles sur chaque épaule.

Dans la région nord-ouest de l'Inde, la race des chevaux Kattywar est si généralement rayée, que, selon le colonel Poole, qui a étudié cette race pour le gouvernement indien, on ne considère pas comme de race pure un cheval dépourvu de raies. La raie dorsale existe toujours, les jambes sont ordinairement rayées, et la raie de l'épaule, très commune, est quelquefois double et même triple. Les raies, souvent très apparentes chez le poulain, disparaissent quelquefois complètement chez les vieux chevaux. Le colonel Poole a eu l'occasion de voir des chevaux Kattywar gris et bais rayés au moment de la mise bas. Des renseignements qui m'ont été fournis par M. W.-W. Edwards, m'autorisent à croire que, chez le cheval de course anglais, la raie dorsale est beaucoup plus commune chez le poulain que chez l'animal adulte. J'ai moi-même élevé récemment un poulain provenant d'une jument baie (elle-même produit d'un cheval turcoman et d'une jument flamande) par un cheval de course anglais, ayant une robe baie ; ce poulain, à l'âge d'une semaine, présentait sur son train postérieur et sur son front de nombreuses zébrures foncées très étroites et de légères raies sur les jambes ; toutes ces raies disparurent bientôt complètement. Sans entrer ici dans de plus amples détails, je puis constater que j'ai entre les mains beaucoup de documents établissant de façon positive l'existence de raies sur les jambes et sur les épaules de chevaux appartenant aux races les plus diverses et provenant de tous les pays, depuis l'Angleterre jusqu'à la Chine, et depuis la Norwège, au nord, jusqu'à l'archipel Malais, au sud. Dans toutes les parties du monde, les raies se présentent le plus souvent chez les chevaux isabelle et poil de souris ; je comprends, sous le terme isabelle, une grande variété de nuances s'étendant entre le brun noirâtre, d'une part, et la teinte café au lait, de l'autre.

Je sais que le colonel Hamilton Smith, qui a écrit sur ce sujet, croit que les différentes races de chevaux descendent de plusieurs espèces primitives, dont l'une ayant la robe isabelle était rayée, et il attribue à d'anciens croisements avec cette souche tous les cas que nous venons de décrire. Mais on peut rejeter cette manière de voir, car il est fort improbable que le gros cheval de trait belge, que les poneys du pays de Galles, le double poney de la Norvège, la race grêle de Kattywar, etc., habitant les parties du globe les plus éloignées, aient tous été croisés avec une même souche primitive supposée.

Examinons maintenant les effets des croisements entre les différentes espèces du genre cheval. Rollin affirme que le mulet ordinaire, produit de l'âne et du cheval, est particulièrement sujet à avoir les jambes rayées ; selon M. Gosse, neuf mulets sur dix se trouvent dans ce cas, dans certaines parties des États-Unis. J'ai vu une fois un mulet dont les jambes étaient rayées au point qu'on aurait pu le prendre pour un hybride du zèbre ; M. W.-C. Martin, dans son excellent Traité sur le cheval, a représenté un mulet semblable. J'ai vu quatre dessins coloriés représentant des hybrides entre l'âne et le zèbre ; or, les jambes sont beaucoup plus rayées que le reste du corps ; l'un d'eux, en outre, porte une double raie sur l'épaule. Chez le fameux hybride obtenu par lord Morton, du croisement d'une jument alezane avec un quagga, l'hybride, et même les poulains purs que la même jument donna subséquemment avec un cheval arabe noir, avaient sur les jambes des raies encore plus prononcées qu'elles ne le sont chez le quagga pur. Enfin, et c'est là un des cas les plus remarquables, le docteur Gray a représenté un hybride (il m'apprend que depuis il a eu l'occasion d'en voir un second exemple) provenant du croisement d'un âne et d'une hémione ; bien que l'âne n'ait qu'accidentellement des raies sur les jambes et qu'elles fassent défaut, ainsi que la raie sur l'épaule, chez l'hémione, cet hybride avait, outre des raies sur les quatre jambes, trois courtes raies sur l'épaule, semblables à celles du poney isabelle du Devonshire et du poney isabelle du pays de Galles que nous avons décrits ; il avait, en outre, quelques marques zébrées sur les côtés de la face. J'étais si convaincu, relativement à ce dernier fait, que pas une de ces raies ne peut provenir de ce qu'on appelle ordinairement le hasard, que le fait seul de l'apparition de ces zébrures de la face, chez l'hybride de l'âne et de l'hémione, m'engagea à demander au colonel Poole si de pareils caractères n'existaient pas chez la race de Kattywar, si éminemment sujette à présenter des raies, question à laquelle, comme nous l'avons vu, il m'a répondu affirmativement.

Or, quelle conclusion devons-nous tirer de ces divers faits ? Nous voyons plusieurs espèces distinctes du genre cheval qui, par de simples variations, présentent des raies sur les jambes, comme le zèbre, ou sur les épaules, comme l'âne. Cette tendance augmente chez le cheval dès que paraît la robe isabelle, nuance qui se rapproche de la coloration générale des autres espèces du genre.

Aucun changement de forme, aucun autre caractère nouveau n'accompagne l'apparition des raies. Cette même tendance à devenir rayé se manifeste plus fortement chez les hybrides provenant de l'union des espèces les plus distinctes. Or, revenons à l'exemple des différentes races de pigeons : elles descendent toutes d'un pigeon (en y comprenant deux ou trois sous-espèces ou races géographiques) ayant une couleur bleuâtre et portant, en outre, certaines raies et certaines marques ; quand une race quelconque de pigeons revêt, par une simple variation, la nuance bleuâtre, ces raies et ces autres marques reparaissent invariablement, mais sans qu'il se produise aucun autre changement de forme ou de caractère. Quand on croise les races les plus anciennes et les plus constantes, affectant différentes couleurs, on remarque une forte tendance à la réapparition, chez l'hybride, de la teinte bleuâtre, des raies et des marques. J'ai dit que l'hypothèse la plus probable pour expliquer la réapparition de caractères très anciens est qu'il y a chez les jeunes de chaque génération successive une tendance à revêtir un caractère depuis longtemps perdu, et que cette tendance l'emporte quelquefois en raison de causes inconnues. Or, nous venons de voir que, chez plusieurs espèces du genre cheval, les raies sont plus prononcées ou reparaissent plus ordinairement chez le jeune que chez l'adulte. Que l'on appelle espèces ces races de pigeons, dont plusieurs sont constantes depuis des siècles, et l'on obtient un cas exactement parallèle à celui des espèces du genre cheval ! Quant à moi, remontant par la pensée à quelques millions de générations en arrière, j'entrevois un animal rayé comme le zèbre, mais peut-être d'une construction très différente sous d'autres rapports, ancêtre commun de notre cheval domestique (que ce dernier descende ou non de plusieurs souches sauvages), de l'âne, de l'hémione, du quagga et du zèbre.

Quiconque admet que chaque espèce du genre cheval a fait l'objet d'une création indépendante est disposé à admettre, je présume, que chaque espèce a été créée avec une tendance à la variation, tant à l'état sauvage qu'à l'état domestique, de façon à pouvoir revêtir accidentellement les raies caractéristiques des autres espèces du genre ; il doit admettre aussi que chaque espèce a été créée avec une autre tendance très prononcée, à savoir que, croisée avec des espèces habitant les points du globe les plus éloignés, elle produit des hybrides ressemblant par leurs raies, non à leurs parents, mais à d'autres espèces du genre. Admettre semblable hypothèse c'est vouloir substituer à une cause réelle une cause imaginaire, ou tout au moins inconnue ; c'est vouloir, en un mot, faire de l'œuvre divine une dérision et une déception. Quant à moi, j'aimerais tout autant admettre, avec les cosmogonistes ignorants d'il y a quelques siècles, que les coquilles fossiles n'ont jamais vécu, mais qu'elles ont été créées en pierre pour imiter celles qui vivent sur le rivage de la mer.

RÉSUMÉ.

Notre ignorance en ce qui concerne les lois de la variation est bien profonde. Nous ne pouvons pas, une fois sur cent, prétendre indiquer les causes d'une variation quelconque. Cependant, toutes les fois que nous pouvons réunir les termes d'une comparaison, nous remarquons que les mêmes lois semblent avoir agi pour produire les petites différences qui existent entre les variétés d'une même espèce, et les grandes différences qui existent entre les espèces d'un même genre. Le changement des conditions ne produit généralement qu'une variabilité flottante, mais quelquefois aussi des effets directs et définis ; or, ces effets peuvent à la longue devenir très prononcés, bien que nous ne puissions rien affirmer, n'ayant pas de preuves suffisantes à cet égard. L'habitude, en produisant des particularités constitutionnelles, l'usage en fortifiant les organes, et le défaut d'usage en les affaiblissant ou en les diminuant, semblent, dans beaucoup de cas, avoir exercé une action considérable. Les parties homologues tendent à varier d'une même manière et à se souder. Les modifications des parties dures et externes affectent quelquefois les parties molles et internes. Une partie fortement développée tend peut-être à attirer à elle la nutrition des parties adjacentes, et toute partie de la conformation est économisée, qui peut l'être sans inconvénient. Les modifications de la conformation, pendant le premier âge, peuvent affecter des parties qui se développent plus tard ; il se produit, sans aucun doute, beaucoup de cas de variations corrélatives dont nous ne pouvons comprendre la nature. Les parties multiples sont variables, au point de vue du nombre et de la conformation, ce qui provient peut-être de ce que ces parties n'ayant pas été rigoureusement spécialisées pour remplir des fonctions particulières, leurs modifications échappent à l'action rigoureuse de la sélection naturelle. C'est probablement aussi à cette même circonstance qu'il faut attribuer la variabilité plus grande des êtres placés au rang inférieur de l'échelle organique que des formes plus élevées, dont l'organisation entière est plus spécialisée. La sélection naturelle n'a pas d'action sur les organes rudimentaires, ces organes étant inutiles, et, par conséquent, variables. Les caractères spécifiques, c'est-à-dire ceux qui ont commencé à différer depuis que les diverses espèces du même genre se sont détachées d'un ancêtre commun, sont plus variables que les caractères génériques, c'est-à-dire ceux qui, transmis par hérédité depuis longtemps, n'ont pas varié pendant le même laps de temps. Nous avons signalé, à ce sujet, des parties ou des organes spéciaux qui sont encore variables parce qu'ils ont varié récemment et se sont ainsi différenciés ; mais nous avons vu aussi, dans le second chapitre, que le même principe s'applique à l'individu tout entier ; en effet, dans les localités où on rencontre beaucoup d'espèces d'un genre quelconque — c'est-à-dire là où il y a eu précédemment beaucoup de variations et de différenciations et là où une création active de nouvelles formes spécifiques a eu lieu — on trouve aujourd'hui en moyenne, dans ces mêmes localités et chez ces mêmes espèces, le plus grand nombre de variétés. Les caractères sexuels secondaires sont extrêmement variables ; ces caractères, en outre, diffèrent beaucoup dans les espèces d'un même groupe. La variabilité des mêmes points de l'organisation a généralement eu pour résultat de déterminer des différences sexuelles secondaires chez les deux sexes d'une même espèce et des différences spécifiques chez les différentes espèces d'un même genre. Toute partie ou tout organe qui, comparé à ce qu'il est chez une espèce voisine, présente un développement anormal dans ses dimensions ou dans sa forme, doit avoir subi une somme considérable de modifications depuis la formation du genre, ce qui nous explique pourquoi il est souvent beaucoup plus variable que les autres points de l'organisation. La variation est, en effet, un procédé lent et prolongé, et la sélection naturelle, dans des cas semblables, n'a pas encore eu le temps de maîtriser la tendance à la variabilité ultérieure, ou au retour vers un état moins modifié. Mais lorsqu'une espèce, possédant un organe extraordinairement développé, est devenue la souche d'un grand nombre de descendants modifiés — ce qui, dans notre hypothèse, suppose une très longue période — la sélection naturelle a pu donner à l'organe, quelque extraordinairement développé qu'il puisse être, un caractère fixe. Les espèces qui ont reçu par hérédité de leurs parents communs une constitution presque analogue et qui ont été soumises à des influences semblables, tendent naturellement à présenter des variations analogues ou à faire accidentellement retour à quelques-uns des caractères de leurs premiers ancêtres. Or, bien que le retour et les variations analogues puissent ne pas amener la production de nouvelles modifications importantes, ces modifications n'en contribuent pas moins à la diversité, à la magnificence et à l'harmonie de la nature.

Quelle que puisse être la cause déterminante des différences légères qui se produisent entre le descendant et l'ascendant, cause qui doit exister dans chaque cas, nous avons raison de croire que l'accumulation constante des différences avantageuses a déterminé toutes les modifications les plus importantes d'organisation relativement aux habitudes de chaque espèce.

Chapitre VI

DIFFICULTÉS SOULEVÉES CONTRE L'HYPOTHÈSE DE LA DESCENDANCE AVEC MODIFICATIONS.

Difficultés que présente la théorie de la descendance avec modifications. — Manque ou rareté des variétés de transition. — Transitions dans les habitudes de la vie. — Habitudes différentes chez une même espèce. — Espèces ayant des habitudes entièrement différentes de celles de ses espèces voisines. — Organes de perfection extrême. — Mode de transition. — Cas difficiles. — Natura non facit saltum. — Organes peu importants. — Les organes ne sont pas absolument parfaits dans tous les cas. — La loi de l'unité de type et des conditions d'existence est comprise dans la théorie de la sélection naturelle.

Une foule d'objections se sont sans doute présentées à l'esprit du lecteur avant qu'il en soit arrivé à cette partie de mon ouvrage. Les unes sont si graves, qu'aujourd'hui encore je ne peux y réfléchir sans me sentir quelque peu ébranlé ; mais, autant que j'en peux juger, la plupart ne sont qu'apparentes, et quant aux difficultés réelles, elles ne sont pas, je crois, fatales à l'hypothèse que je soutiens.

On peut grouper ces difficultés et ces objections ainsi qu'il suit :

1° Si les espèces dérivent d'autres espèces par des degrés insensibles, pourquoi ne rencontrons-nous pas d'innombrables formes de transition ? Pourquoi tout n'est-il pas dans la nature à l'état de confusion ? Pourquoi les espèces sont-elles si bien définies ?

2° Est-il possible qu'un animal ayant, par exemple, la conformation et les habitudes de la chauve-souris ait pu se former à la suite de modifications subies par quelque autre animal ayant des habitudes et une conformation toutes différentes ? Pouvons-nous croire que la sélection naturelle puisse produire, d'une part, des organes insignifiants tels que la queue de la girafe, qui sert de chasse-mouches et, d'autre part, un organe aussi important que l'œil ?

3° Les instincts peuvent-ils s'acquérir et se modifier par l'action de la sélection naturelle ? Comment expliquer l'instinct qui pousse l'abeille à construire des cellules et qui lui a fait devancer ainsi les découvertes des plus grands mathématiciens ?

4° Comment expliquer que les espèces croisées les unes avec les autres restent stériles ou produisent des descendants stériles, alors que les variétés croisées les unes avec les autres restent fécondes ?

Nous discuterons ici les deux premiers points ; nous consacrerons le chapitre suivant à quelques objections diverses ; l'instinct et l'hybridité feront l'objet de chapitres spéciaux.

DU MANQUE OU DE LA RARETÉ DES VARIÉTÉS DE TRANSITION.

La sélection naturelle n'agit que par la conservation des modifications avantageuses ; chaque forme nouvelle, survenant dans une localité suffisamment peuplée, tend, par conséquent, à prendre la place de la forme primitive moins perfectionnée, ou d'autres formes moins favorisées avec lesquelles elle entre en concurrence, et elle finit par les exterminer. Ainsi, l'extinction et la sélection naturelle vont constamment de concert. En conséquence, si nous admettons que chaque espèce descend de quelque forme inconnue, celle-ci, ainsi que toutes les variétés de transition, ont été exterminées par le fait seul de la formation et du perfectionnement d'une nouvelle forme.

Mais pourquoi ne trouvons-nous pas fréquemment dans la croûte terrestre les restes de ces innombrables formes de transition qui, d'après cette hypothèse, ont dû exister ? La discussion de cette question trouvera mieux sa place dans le chapitre relatif à l'imperfection des documents géologiques ; je me bornerai à dire ici que les documents fournis par la géologie sont infiniment moins complets qu'on ne le croit ordinairement. La croûte terrestre constitue, sans doute, un vaste musée ; mais les collections naturelles provenant de ce musée sont très imparfaites et n'ont été réunies d'ailleurs qu'à de longs intervalles.

Quoi qu'il en soit, on objectera sans doute que nous devons certainement rencontrer aujourd'hui beaucoup de formes de transition quand plusieurs espèces très voisines habitent une même région.

Prenons un exemple très simple : en traversant un continent du nord au sud, on rencontre ordinairement, à des intervalles successifs, des espèces très voisines, ou espèces représentatives, qui occupent évidemment à peu près la même place dans l'économie naturelle du pays. Ces espèces représentatives se trouvent souvent en contact et se confondent même l'une avec l'autre ; puis, à mesure que l'une devient de plus en plus rare, l'autre augmente peu à peu et finit par se substituer à la première. Mais, si nous comparons ces espèces là où elles se confondent, elles sont généralement aussi absolument distinctes les unes des autres, par tous les détails de leur conformation, que peuvent l'être les individus pris dans le centre même de la région qui constitue leur habitat ordinaire. Ces espèces voisines, dans mon hypothèse, descendent d'une souche commune ; pendant le cours de ses modifications, chacune d'elles a dû s'adapter aux conditions d'existence de la région qu'elle habite, a dû supplanter et exterminer la forme parente originelle, ainsi que toutes les variétés qui ont formé les transitions entre son état actuel et ses différents états antérieurs. On ne doit donc pas s'attendre à trouver actuellement, dans chaque localité, de nombreuses variétés de transition, bien qu'elles doivent y avoir existé et qu'elles puissent y être enfouies à l'état fossile. Mais pourquoi ne trouve-t-on pas actuellement, dans les régions intermédiaires, présentant des conditions d'existence intermédiaires, des variétés reliant intimement les unes aux autres les formes extrêmes ? Il y a là une difficulté qui m'a longtemps embarrassé ; mais on peut, je crois, l'expliquer dans une grande mesure.

En premier lieu, il faut bien se garder de conclure qu'une région a été continue pendant de longes périodes, parce qu'elle l'est aujourd'hui. La géologie semble nous démontrer que, même pendant les dernières parties de la période tertiaire, la plupart des continents étaient morcelés en îles dans lesquelles des espèces distinctes ont pu se former séparément, sans que des variétés intermédiaires aient pu exister dans des zones intermédiaires. Par suite de modifications dans la forme des terres et de changements climatériques, les aires marines actuellement continues doivent avoir souvent existé, jusqu'à une époque récente, dans un état beaucoup moins uniforme et beaucoup moins continu qu'à présent. Mais je n'insiste pas sur ce moyen d'éluder la difficulté : je crois, en effet, que beaucoup d'espèces parfaitement définies se sont formées dans des régions strictement continues ; mais je crois, d'autre part, que l'état autrefois morcelé de surfaces qui n'en font plus qu'une aujourd'hui a joué un rôle important dans la formation de nouvelles espèces, surtout chez les animaux errants qui se croisent facilement.

Si nous observons la distribution actuelle des espèces sur un vaste territoire, nous remarquons qu'elles sont, en général, très nombreuses dans une grande région, puis qu'elles deviennent tout à coup de plus en plus rares sur les limites de cette région et qu'elles finissent par disparaître. Le territoire neutre, entre deux espèces représentatives, est donc généralement très étroit, comparativement à celui qui est propre à chacune d'elles. Nous observons le même fait en faisant l'ascension d'une montagne ; Alphonse de Candolle a fait remarquer avec quelle rapidité disparaît quelquefois une espèce alpine commune. Les sondages effectués à la drague dans les profondeurs de la mer ont fourni des résultats analogues à E. Forbes. Ces faits doivent causer quelque surprise à ceux qui considèrent le climat et les conditions physiques de l'existence comme les éléments essentiels de la distribution des êtres organisés ; car le climat, l'altitude ou la profondeur varient de façon graduelle et insensible. Mais, si nous songeons que chaque espèce, même dans son centre spécial, augmenterait immensément en nombre sans la concurrence que lui opposent les autres espèces ; si nous songeons que presque toutes servent de proie aux autres ou en font la leur ; si nous songeons, enfin, que chaque être organisé a, directement ou indirectement, les rapports les plus intimes et les plus importants avec les autres êtres organisés, il est facile de comprendre que l'extension géographique d'une espèce, habitant un pays quelconque, est loin de dépendre exclusivement des changements insensibles des conditions physiques, mais que cette extension dépend essentiellement de la présence d'autres espèces avec lesquelles elle se trouve en concurrence et qui, par conséquent, lui servent de proie, ou à qui elle sert de proie. Or, comme ces espèces sont elles-mêmes définies et qu'elles ne se confondent pas par des gradations insensibles, l'extension d'une espèce quelconque dépendant, dans tous les cas, de l'extension des autres, elle tend à être elle-même nettement circonscrite. En outre, sur les limites de son habitat, là où elle existe en moins grand nombre, une espèce est extrêmement sujette à disparaître par suite des fluctuations dans le nombre de ses ennemis ou des êtres qui lui servent de proie, ou bien encore de changements dans la nature du climat ; la distribution géographique de l'espèce tend donc à se définir encore plus nettement.

Les espèces voisines, ou espèces représentatives, quand elles habitent une région continue, sont ordinairement distribuées de telle façon que chacune d'elles occupe un territoire considérable et qu'il y a entre elles un territoire neutre, comparativement étroit, dans lequel elles deviennent tout à coup de plus en plus rares ; les variétés ne différant pas essentiellement des espèces, la même règle s'applique probablement aux variétés. Or, dans le cas d'une espèce variable habitant une région très étendue, nous aurons à adapter deux variétés à deux grandes régions et une troisième variété à une zone intermédiaire étroite qui les sépare. La variété intermédiaire, habitant une région restreinte, est, par conséquent, beaucoup moins nombreuse ; or, autant que je puis en juger, c'est ce qui se passe chez les variétés à l'état de nature. J'ai pu observer des exemples frappants de cette règle chez les variétés intermédiaires qui existent entre les variétés bien tranchées du genre Balanus. Il résulte aussi des renseignements que m'ont transmis M. Watson, le docteur Asa Gray et M. Wollaston, que les variétés reliant deux autres formes quelconques sont, en général, numériquement moins nombreuses que les formes qu'elles relient. Or, si nous pouvons nous fier à ces faits et à ces inductions, et en conclure que les variétés qui en relient d'autres existent ordinairement en moins grand nombre que les formes extrêmes, nous sommes à même de comprendre pourquoi les variétés intermédiaires ne peuvent pas persister pendant de longues périodes, et pourquoi, en règle générale, elles sont exterminées et disparaissent plus tôt que les formes qu'elles reliaient primitivement les unes aux autres.

Nous avons déjà vu, en effet, que toutes les formes numériquement faibles courent plus de chances d'être exterminées que celles qui comprennent de nombreux individus ; or, dans ce cas particulier, la forme intermédiaire est essentiellement exposée aux empiètements des formes très voisine qui l'entourent de tous côtés. Il est, d'ailleurs, une considération bien plus importante : c'est que, pendant que s'accomplissent les modifications qui, pensons-nous, doivent perfectionner deux variétés et les convertir en deux espèces distinctes, les deux variétés, qui sont numériquement parlant les plus fortes et qui ont un habitat plus étendu, ont de grands avantages sur la variété intermédiaire qui existe en petit nombre dans une étroite zone intermédiaire. En effet, les formes qui comprennent de nombreux individus ont plus de chance que n'en ont les formes moins nombreuses de présenter, dans un temps donné, plus de variations à l'action de la sélection naturelle. En conséquence, les formes les plus communes tendent, dans la lutte pour l'existence, à vaincre et à supplanter les formes moins communes, car ces dernières se modifient et se perfectionnent plus lentement. C'est en vertu du même principe, selon moi, que les espèces communes dans chaque pays, comme nous l'avons vu dans le second chapitre, présentent, en moyenne, un plus grand nombre de variétés bien tranchées que les espèces plus rares. Pour bien faire comprendre ma pensée, supposons trois variétés de moutons, l'une adaptée à une vaste région montagneuse, la seconde habitant un terrain comparativement restreint et accidenté, la troisième occupant les plaines étendues qui se trouvent à la base des montagnes. Supposons, en outre, que les habitants de ces trois régions apportent autant de soins et d'intelligence à améliorer les races par la sélection ; les chances de réussite sont, dans ce cas, toutes en faveur des grands propriétaires de la montagne ou de la plaine, et ils doivent réussir à améliorer leurs animaux beaucoup plus promptement que les petits propriétaires de la région intermédiaire plus restreinte. En conséquence, les races améliorées de la montagne et de la plaine ne tarderont pas à supplanter la race intermédiaire moins parfaite, et les deux races, qui étaient à l'origine numériquement les plus fortes, se trouveront en contact immédiat, la variété ayant disparu devant elles.

Pour me résumer, je crois que les espèces arrivent à être assez bien définies et à ne présenter, à aucun moment, un chaos inextricable de formes intermédiaires :

1° Parce que les nouvelles variétés se forment très lentement. La variation, en effet, suit une marche très lente et la sélection naturelle ne peut rien jusqu'à ce qu'il se présente des différences ou des variations individuelles favorables, et jusqu'à ce qu'il se trouve, dans l'économie naturelle de la région, une place que puissent mieux remplir quelques-uns de ses habitants modifiés. Or, ces places nouvelles ne se produisent qu'en vertu de changements climatériques très lents, ou à la suite de l'immigration accidentelle de nouveaux habitants, ou peut-être et dans une mesure plus large, parce que, quelques-uns des anciens habitants s'étant lentement modifiés, les anciennes et les nouvelles formes ainsi produites agissent et réagissent les unes sur les autres. Il en résulte que, dans toutes les régions et à toutes les époques, nous ne devons rencontrer que peu d'espèces présentant de légères modifications, permanentes jusqu'à un certain point ; or, cela est certainement le cas.

2° Parce que des surfaces aujourd'hui continues ont dû, à une époque comparativement récente, exister comme parties isolées sur lesquelles beaucoup de formes, plus particulièrement parmi les classes errantes et celles qui s'accouplent pour chaque portée, ont pu devenir assez distinctes pour être regardées comme des espèces représentatives. Dans ce cas, les variétés intermédiaires qui reliaient les espèces représentatives à la souche commune ont dû autrefois exister dans chacune de ces stations isolées ; mais ces chaînons ont été exterminés par la sélection naturelle, de telle sorte qu'ils ne se trouvent plus à l'état vivant.

3° Lorsque deux ou plusieurs variétés se sont formées dans différentes parties d'une surface strictement continue, il est probable que des variétés intermédiaires se sont formées en même temps dans les zones intermédiaires ; mais la durée de ces espèces a dû être d'ordinaire fort courte. Ces variétés intermédiaires, en effet, pour les raisons que nous avons déjà données (raisons tirées principalement de ce que nous savons sur la distribution actuelle d'espèces très voisines, ou espèces représentatives, ainsi que de celle des variétés reconnues), existent dans les zones intermédiaires en plus petit nombre que les variétés qu'elles relient les unes aux autres. Cette cause seule suffirait à exposer les variétés intermédiaires à une extermination accidentelle ; mais il est, en outre, presque certain qu'elles doivent disparaître devant les formes qu'elles relient à mesure que l'action de la sélection naturelle se fait sentir davantage ; les formes extrêmes, en effet, comprenant un plus grand nombre d'individus, présentent en moyenne plus de variations et sont, par conséquent, plus sensibles à l'action de la sélection naturelle, et plus disposées à une amélioration ultérieure.

Enfin, envisageant cette fois non pas un temps donné, mais le temps pris dans son ensemble, il a dû certainement exister, si ma théorie est fondée, d'innombrables variétés intermédiaires reliant intimement les unes aux autres les espèces d'un même groupe ; mais la marche seule de la sélection naturelle, comme nous l'avons fait si souvent remarquer, tend constamment à éliminer les formes parentes et les chaînons intermédiaires. On ne pourrait trouver la preuve de leur existence passée que dans les restes fossiles qui, comme nous essayerons de le démontrer dans un chapitre subséquent, ne se conservent que d'une manière extrêmement imparfaite et intermittente.

DE L'ORIGINE ET DES TRANSITIONS DES ÊTRES ORGANISÉS AYANT UNE CONFORMATION ET DES HABITUDES PARTICULIÈRES.

Les adversaires des idées que j'avance ont souvent demandé comment il se fait, par exemple, qu'un animal carnivore terrestre ait pu se transformer en un animal ayant des habitudes aquatiques ; car comment cet animal aurait-il pu subsister pendant l'état de transition ? Il serait facile de démontrer qu'il existe aujourd'hui des animaux carnivores qui présentent tous les degrés intermédiaires entre des mœurs rigoureusement terrestres et des mœurs rigoureusement aquatiques ; or, chacun d'eux étant soumis à la lutte pour l'existence, il faut nécessairement qu'il soit bien adapté à la place qu'il occupe dans la nature. Ainsi, le Mustela vison de l'Amérique du Nord a les pieds palmés et ressemble à la loutre par sa fourrure, par ses pattes courtes et par la forme de sa queue. Pendant l'été, cet animal se nourrit de poissons et plonge pour s'en emparer ; mais, pendant le long hiver des régions septentrionales, il quitte les eaux congelées et, comme les autres putois, se nourrit de souris et d'animaux terrestres. Il aurait été beaucoup plus difficile de répondre si l'on avait choisi un autre cas et si l'on avait demandé, par exemple, comment il se fait qu'un quadrupède insectivore a pu se transformer en une chauve-souris volante. Je crois cependant que de semblables objections n'ont pas un grand poids.

Dans cette occasion, comme dans beaucoup d'autres, je sens toute l'importance qu'il y aurait à exposer tous les exemples frappants que j'ai recueillis sur les habitudes et les conformations de transition chez ces espèces voisines, ainsi que sur la diversification d'habitudes, constantes ou accidentelles, qu'on remarque chez une même espèce. Il ne faudrait rien moins qu'une longue liste de faits semblables pour amoindrir la difficulté que présente la solution de cas analogues à celui de la chauve-souris.

Prenons la famille des écureuils : nous remarquons chez elle une gradation insensible, depuis des animaux dont la queue n'est que légèrement aplatie, et d'autres, ainsi que le fait remarquer sir J. Richardson, dont la partie postérieure du corps n'est que faiblement dilatée avec la peau des flancs un peu développée, jusqu'à ce qu'on appelle les Ecureuils volants. Ces derniers ont les membres et même la racine de la queue unis par une large membrane qui leur sert de parachute et qui leur permet de franchir, en fendant l'air, d'immenses distances d'un arbre à un autre. Nous ne pouvons douter que chacune de ces conformations ne soit utile à chaque espèce d'écureuil dans son habitat, soit en lui permettant d'échapper aux oiseaux ou aux animaux carnassiers et de se procurer plus rapidement sa nourriture, soit surtout en amoindrissant le danger des chutes. Mais il n'en résulte pas que la conformation de chaque écureuil soit absolument la meilleure qu'on puisse concevoir dans toutes les conditions naturelles. Supposons, par exemple, que le climat et la végétation viennent à changer, qu'il y ait immigration d'autres rongeurs ou d'autres bêtes féroces, ou que d'anciennes espèces de ces dernières se modifient, l'analogie nous conduit à croire que les écureuils, ou quelques-uns tout au moins, diminueraient en nombre ou disparaîtraient, à moins qu'ils ne se modifiassent et ne se perfectionnassent pour parer à cette nouvelle difficulté de leur existence.

Je ne vois donc aucune difficulté, surtout dans des conditions d'existence en voie de changement, à la conservation continue d'individus ayant la membrane des flancs toujours plus développée, chaque modification étant utile, chacune se multipliant jusqu'à ce que, grâce à l'action accumulatrice de la sélection naturelle, un parfait écureuil volant ait été produit.

Considérons actuellement le Galéopithèque ou lémur volant, que l'on classait autrefois parmi les chauves-souris, mais que l'on range aujourd'hui parmi les insectivores. Cet animal porte une membrane latérale très large, qui part de l'angle de la mâchoire pour s'étendre jusqu'à la queue, en recouvrant ses membres et ses doigts allongés ; cette membrane est pourvue d'un muscle extenseur. Bien qu'aucun individu adapté à glisser dans l'air ne relie actuellement le galéopithèque aux autres insectivores, on peut cependant supposer que ces chaînons existaient autrefois et que chacun d'eux s'est développé de la même façon que les écureuils volants moins parfaits, chaque gradation de conformation présentant une certaine utilité à son possesseur. Je ne vois pas non plus de difficulté insurmontable à croire, en outre, que les doigts et l'avant-bras du galéopithèque, reliés par la membrane, aient pu être considérablement allongés par la sélection naturelle, modifications qui, au point de vue des organes du vol, auraient converti cet animal en une chauve-souris. Nous voyons peut-être, chez certaines Chauves-souris dont la membrane de l'aile s'étend du sommet de l'épaule à la queue, en recouvrant les pattes postérieures, les traces d'un appareil primitivement adapté à glisser dans l'air, plutôt qu'au vol proprement dit.

Si une douzaine de genres avaient disparu, qui aurait osé soupçonner qu'il a existé des oiseaux dont les ailes ne leur servent que de palettes pour battre l'eau, comme le canard à ailes courtes (Micropterus d'Eyton) ; de nageoires dans l'eau et de pattes antérieures sur terre, comme chez le pingouin ; de voiles chez l'autruche, et à aucun usage fonctionnel chez l'Apteryx ? Cependant, la conformation de chacun de ces oiseaux est excellente pour chacun d'eux dans les conditions d'existence où il se trouve placé, car chacun doit lutter pour vivre, mais elle n'est pas nécessairement la meilleure qui se puisse concevoir dans toutes les conditions possibles. Il ne faudrait pas conclure des remarques qui précèdent qu'aucun des degrés de conformation d'ailes qui y sont signalés, et qui tous peut-être résultent du défaut d'usage, doive indiquer la marche naturelle suivant laquelle les oiseaux ont fini par acquérir leur perfection de vol ; mais ces remarques servent au moins à démontrer la diversité possible des moyens de transition.

Si l'on considère que certains membres des classes aquatiques, comme les crustacés et les mollusques, sont adaptés à la vie terrestre ; qu'il existe des oiseaux et des mammifères volants, des insectes volants de tous les types imaginables ; qu'il y a eu autrefois des reptiles volants, on peut concevoir que les poissons volants, qui peuvent actuellement s'élancer dans l'air et parcourir des distances considérables en s'élevant et en se soutenant au moyen de leurs nageoires frémissantes, auraient pu se modifier de manière à devenir des animaux parfaitement ailés. S'il en avait été ainsi, qui aurait pu s'imaginer que, dans un état de transition antérieure, ces animaux habitaient l'océan et qu'ils se servaient de leurs organes de vol naissants, autant que nous pouvons le savoir, dans le seul but d'échapper à la voracité des autres poissons ?

Quand nous voyons une conformation absolument parfaite appropriée à une habitude particulière, telle que l'adaptation des ailes de l'oiseau pour le vol, nous devons nous rappeler que les animaux présentant les premières conformations graduelles et transitoires ont dû rarement survivre jusqu'à notre époque, car ils ont dû disparaître devant leurs successeurs que la sélection naturelle a rendus graduellement plus parfaits. Nous pouvons conclure en outre que les états transitoires entre des conformations appropriées à des habitudes d'existence très différentes ont dû rarement, à une antique période, se développer en grand nombre et sous beaucoup de formes subordonnées. Ainsi, pour en revenir à notre exemple imaginaire du poisson volant, il ne semble pas probable que les poissons capables de s'élever jusqu'au véritable vol auraient revêtu bien des formes différentes, aptes à chasser, de diverses manières, des proies de diverses natures sur la terre et sur l'eau, avant que leurs organes du vol aient atteint un degré de perfection assez élevé pour leur assurer, dans la lutte pour l'existence, un avantage décisif sur d'autres animaux. La chance de découvrir, à l'état fossile, des espèces présentant les différentes transitions de conformation, est donc moindre, parce qu'elles ont existé en moins grand nombre que des espèces ayant une conformation complètement développée.

Je citerai actuellement deux ou trois exemples de diversifications et de changements d'habitudes chez les individus d'une même espèce. Dans l'un et l'autre cas, la sélection naturelle pourrait facilement adapter la conformation de l'animal à ses habitudes modifiées, ou exclusivement à l'une d'elles seulement. Toutefois, il est difficile de déterminer, cela d'ailleurs nous importe peu, si les habitudes changent ordinairement les premières, la conformation se modifiant ensuite, ou si de légères modifications de conformations entraînent un changement d'habitudes ; il est probable que ces deux modifications se présentent souvent simultanément. Comme exemple de changements d'habitudes, il suffit de signaler les nombreux insectes britanniques qui se nourrissent aujourd'hui de plantes exotiques, ou exclusivement de substances artificielles. On pourrait citer des cas innombrables de modifications d'habitudes ; j'ai souvent, dans l'Amérique méridionale, surveillé un gobe-mouches (Saurophagus sulphuratus) planer sur un point, puis s'élancer vers un autre, tout comme le ferait un émouchet ; puis, à d'autres moments, se tenir immobile au bord de l'eau pour s'y précipiter à la poursuite du poisson, comme le ferait un martin-pêcheur. On peut voir dans nos pays la grosse mésange (Parus major) grimper aux branches tout comme un grimpereau ; quelquefois, comme la pie-grièche, elle tue les petits oiseaux en leur portant des coups sur la tête, et je l'ai souvent observée, je l'ai plus souvent encore entendue marteler des graines d'if sur une branche et les briser comme le ferait la citelle. Hearne a vu, dans l'Amérique du Nord, l'ours noir nager pendant des heures, la gueule toute grande ouverte, et attraper ainsi des insectes dans l'eau, à peu près comme le ferait une baleine.

Comme nous voyons quelquefois des individus avoir des habitudes différentes de celles propres à leur espèce et aux autres espèces du même genre, il semblerait que ces individus dussent accidentellement devenir le point de départ de nouvelles espèces, ayant des habitudes anormales, et dont la conformation s'écarterait plus ou moins de celle de la souche type. La nature offre des cas semblables. Peut-on citer un cas plus frappant d'adaptation que celui de la conformation du pic pour grimper aux troncs d'arbres, et pour saisir les insectes dans les fentes de l'écorce ? Il y a cependant dans l'Amérique septentrionale des pics qui se nourrissent presque exclusivement de fruits, et d'autres qui, grâce à leurs ailes allongées, peuvent chasser les insectes au vol. Dans les plaines de la Plata, où il ne pousse pas un seul arbre, on trouve une espèce de pic (Colaptes campestris) ayant deux doigts en avant et deux en arrière, la langue longue et effilée, les plumes caudales pointues, assez rigides pour soutenir l'oiseau dans la position verticale, mais pas tout à fait aussi rigides qu'elles le sont chez les vrais pics, et un fort bec droit, qui n'est pas toutefois aussi droit et aussi fort que celui des vrais pics, mais qui est cependant assez solide pour percer le bois. Ce

Colaptes est donc bien un pic par toutes les parties essentielles de sa conformation. Les caractères même insignifiants, tels que la coloration, le son rauque de la voix, le vol ondulé, démontrent clairement sa proche parenté avec notre pic commun ; cependant, je puis affirmer, d'après mes propres observations, que confirment d'ailleurs celles d'Azara, observateur si soigneux et si exact, que, dans certains districts considérables, ce Colaptes ne grimpe pas aux arbres et qu'il fait son nid dans des trous qu'il creuse dans la terre ! Toutefois, comme l'a constaté M. Hudson, ce même pic, dans certains autres districts, fréquente les arbres et creuse des trous dans le tronc pour y faire son nid. Comme autre exemple des habitudes variées de ce genre, je puis ajouter que de Saussure a décrit un Colaptes du Mexique qui creuse des trous dans du bois dur pour y déposer une provision de glands.

Le pétrel est un des oiseaux de mer les plus aériens que l'on connaisse ; cependant, dans les baies tranquilles de la Terre de Feu, on pourrait certainement prendre le Puffinuria Berardi pour un grèbe ou un pingouin, à voir ses habitudes générales, sa facilité extraordinaire pour plonger, sa manière de nager et de voler, quand on peut le décider à le faire ; cependant cet oiseau est essentiellement un pétrel, mais plusieurs parties de son organisation ont été profondément modifiées pour l'adapter à ses nouvelles habitudes, tandis que la conformation du pic de la Plata ne s'est que fort peu modifiée. Les observations les plus minutieuses, faites sur le cadavre d'un cincle (merle d'eau), ne laisseraient jamais soupçonner ses habitudes aquatiques ; cependant, cet oiseau, qui appartient à la famille des merles, ne trouve sa subsistance qu'en plongeant, il se sert de ses ailes sous l'eau et saisit avec ses pattes les pierres du fond. Tous les membres du grand ordre des hyménoptères sont terrestres, à l'exception du genre proctotrupes, dont sir John Lubbock a découvert les habitudes aquatiques. Cet insecte entre souvent dans l'eau en s'aidant non de ses pattes, mais de ses ailes et peut y rester quatre heures sans revenir à la surface ; il ne semble, cependant, présenter aucune modification de conformation en rapport avec ses habitudes anormales.

Ceux qui croient que chaque être a été créé tel qu'il est aujourd'hui doivent ressentir parfois un certain étonnement quand ils rencontrent un animal ayant des habitudes et une conformation qui ne concordent pas. Les pieds palmés de l'oie et du canard sont clairement conformés pour la nage. Il y a cependant dans les régions élevées des oies aux pieds palmés, qui n'approchent jamais de l'eau ; Audubon, seul, a vu la frégate, dont les quatre doigts sont palmés, se poser sur la surface de l'Océan. D'autre part, les grèbes et les foulques, oiseaux éminemment aquatiques, n'ont en fait de palmures qu'une légère membrane bordant les doigts. Ne semble-t-il pas évident que les longs doigts dépourvus de membranes des grallatores sont faits pour marcher dans les marais et sur les végétaux flottants ? La poule d'eau et le râle des genêts appartiennent à cet ordre ; cependant le premier de ces oiseaux est presque aussi aquatique que la foulque, et le second presque aussi terrestre que la caille ou la perdrix. Dans ces cas, et l'on pourrait en citer beaucoup d'autres, les habitudes ont changé sans que la conformation se soit modifiée de façon correspondante. On pourrait dire que le pied palmé de l'oie des hautes régions est devenu presque rudimentaire quant à ses fonctions, mais non pas quant à sa conformation. Chez la frégate, une forte échancrure de la membrane interdigitale indique un commencement de changement dans la conformation.

Celui qui croit à des actes nombreux et séparés de création peut dire que, dans les cas de cette nature, il a plu au Créateur de remplacer un individu appartenant à un type par un autre appartenant à un autre type, ce qui me paraît être l'énoncé du même fait sous une forme recherchée. Celui qui, au contraire, croit à la lutte pour l'existence et au principe de la sélection naturelle reconnaît que chaque être organisé essaye constamment de se multiplier en nombre ; il sait, en outre, que si un être varie si peu que ce soit dans ses habitudes et dans sa conformation, et obtient ainsi un avantage sur quelque autre habitant de la même localité, il s'empare de la place de ce dernier, quelque différente qu'elle puisse être de celle qu'il occupe lui-même. Aussi n'éprouve-t-il aucune surprise en voyant des oies et des frégates aux pieds palmés, bien que ces oiseaux habitent la terre et qu'ils ne se posent que rarement sur l'eau ; des râles de genêts à doigts allongés vivant dans les prés au lieu de vivre dans les marais ; des pics habitant des lieux dépourvus de tout arbre ; et, enfin, des merles ou des hyménoptères plongeurs et des pétrels ayant les mœurs des pingouins.

Organes très parfaits et très complexes.

Il semble absurde au possible, je le reconnais, de supposer que la sélection naturelle ait pu former l'œil avec toutes les inimitables dispositions qui permettent d'ajuster le foyer à diverses distances, d'admettre une quantité variable de lumière et de corriger les aberrations sphériques et chromatiques. Lorsqu'on affirma pour la première fois que le soleil est immobile et que la terre tourne autour de lui, le sens commun de l'humanité déclara la doctrine fausse ; mais on sait que le vieux dicton : Vox populi, vox Dei, n'est pas admis en matière de science. La raison nous dit que si, comme cela est certainement le cas, on peut démontrer qu'il existe de nombreuses gradations entre un œil simple et imparfait et un œil complexe et parfait, chacune de ces gradations étant avantageuse à l'être qui la possède ; que si, en outre, l'œil varie quelquefois et que ces variations sont transmissibles par hérédité, ce qui est également le cas ; que si, enfin, ces variations sont utiles à un animal dans les conditions changeantes de son existence, la difficulté d'admettre qu'un œil complexe et parfait a pu être produit par la sélection naturelle, bien qu'insurmontable pour notre imagination, n'attaque en rien notre théorie. Nous n'avons pas plus à nous occuper de savoir comment un nerf a pu devenir sensible à l'action de la lumière que nous n'avons à nous occuper de rechercher l'origine de la vie elle-même ; toutefois, comme il existe certains organismes inférieurs sensibles à la lumière, bien que l'on ne puisse découvrir chez eux aucune trace de nerf, il ne paraît pas impossible que certains éléments du sarcode, dont ils sont en grande partie formés, puissent s'agréger et se développer en nerfs doués de cette sensibilité spéciale.

C'est exclusivement dans la ligne directe de ses ascendants que nous devons rechercher les gradations qui ont amené les perfectionnements d'un organe chez une espèce quelconque. Mais cela n'est presque jamais possible, et nous sommes forcés de nous adresser aux autres espèces et aux autres genres du même groupe, c'est-à-dire aux descendants collatéraux de la même souche, afin de voir quelles sont les gradations possibles dans les cas où, par hasard, quelques-unes de ces gradations se seraient transmises avec peu de modifications. En outre, l'état d'un même organe chez des classes différentes peut incidemment jeter quelque lumière sur les degrés qui l'ont amené à la perfection.

L'organe le plus simple auquel on puisse donner le nom d'œil, consiste en un nerf optique, entouré de cellules de pigment, et recouvert d'une membrane transparente, mais sans lentille ni aucun autre corps réfringent. Nous pouvons, d'ailleurs, d'après M. Jourdain, descendre plus bas encore et nous trouvons alors des amas de cellules pigmentaires paraissant tenir lieu d'organe de la vue, mais ces cellules sont dépourvues de tout nerf et reposent simplement sur des tissus sarcodiques. Des organes aussi simples, incapables d'aucune vision distincte, ne peuvent servir qu'à distinguer entre la lumière et l'obscurité. Chez quelques astéries, certaines petites dépressions dans la couche de pigment qui entoure le nerf sont, d'après l'auteur que nous venons de citer, remplies de matières gélatineuses transparentes, surmontées d'une surface convexe ressemblant à la cornée des animaux supérieurs. M. Jourdain suppose que cette surface, sans pouvoir déterminer la formation d'une image, sert à concentrer les rayons lumineux et à en rendre la perception plus facile. Cette simple concentration de la lumière constitue le premier pas, mais de beaucoup le plus important, vers la constitution d'un œil véritable, susceptible de former des images ; il suffit alors, en effet, d'ajuster l'extrémité nue du nerf optique qui, chez quelques animaux inférieurs, est profondément enfouie dans le corps et qui, chez quelques autres, se trouve plus près de la surface, à une distance déterminée de l'appareil de concentration, pour que l'image se forme sur cette extrémité.

Dans la grande classe des articulés, nous trouvons, comme point de départ, un nerf optique simplement recouvert d'un pigment ; ce dernier forme quelquefois une sorte de pupille, mais il n'y a ni lentille ni trace d'appareil optique. On sait actuellement que les nombreuses facettes qui, par leur réunion, constituent la cornée des grands yeux composés des insectes, sont de véritables lentilles, et que les cônes intérieurs renferment des filaments nerveux très singulièrement modifiés. Ces organes, d'ailleurs, sont tellement diversifiés chez les articulés, que Müller avait établi trois classes principales d'yeux composés, comprenant sept subdivisions et une quatrième classe d'yeux simples agrégés.

Si l'on réfléchit à tous ces faits, trop peu détaillés ici, relatifs à l'immense variété de conformation qu'on remarque dans les yeux des animaux inférieurs ; si l'on se rappelle combien les formes actuellement vivantes sont peu nombreuses en comparaison de celles qui sont éteintes, il n'est plus aussi difficile d'admettre que la sélection naturelle ait pu transformer un appareil simple, consistant en un nerf optique recouvert d'un pigment et surmonté d'une membrane transparente, en un instrument optique aussi parfait que celui possédé par quelque membre que ce soit de la classe des articulés.

Quiconque admet ce point ne peut hésiter à faire un pas de plus, et s'il trouve, après avoir lu ce volume, que la théorie de la descendance, avec les modifications qu'apporte la sélection naturelle, explique un grand nombre de faits autrement inexplicables, il doit admettre que la sélection naturelle a pu produire une conformation aussi parfaite que l'œil d'un aigle, bien que, dans ce cas, nous ne connaissions pas les divers états de transition. On a objecté que, pour que l'œil puisse se modifier tout en restant un instrument parfait, il faut qu'il soit le siège de plusieurs changements simultanés, fait que l'on considère comme irréalisable par la sélection naturelle. Mais, comme j'ai essayé de le démontrer dans mon ouvrage sur les variations des animaux domestiques, il n'est pas nécessaire de supposer que les modifications sont simultanées, à condition qu'elles soient très légères et très graduelles. Différentes sortes de modifications peuvent aussi tendre à un même but général ; ainsi, comme l'a fait remarquer M. Wallace, « si une lentille a un foyer trop court ou trop long, cette différence peut se corriger, soit par une modification de la courbe, soit par une modification de la densité ; si la courbe est irrégulière et que les rayons ne convergent pas vers un même point, toute amélioration dans la régularité de la courbe constitue un progrès. Ainsi, ni la contraction de l'iris, ni les mouvements musculaires de l'œil ne sont essentiels à la vision : ce sont uniquement des progrès qui ont pu s'ajouter et se perfectionner à toutes les époques de la construction de l'appareil. » Dans la plus haute division du règne animal, celle des vertébrés, nous pouvons partir d'un œil si simple, qu'il ne consiste, chez le branchiostome, qu'en un petit sac transparent, pourvu d'un nerf et plein de pigment, mais dépourvu de tout autre appareil. Chez les poissons et chez les reptiles, comme Owen l'a fait remarquer, « la série des gradations des structures dioptriques est considérable. » Un fait significatif, c'est que, même chez l'homme, selon Virchow, qui a une si grande autorité, la magnifique lentille cristalline se forme dans l'embryon par une accumulation de cellules épithéliales logées dans un repli de la peau qui affecte la forme d'un sac ; le corps vitré est formé par un tissu embryonnaire sous-cutané. Toutefois, pour en arriver à une juste conception relativement à la formation de l'œil avec tous ses merveilleux caractères, qui ne sont pas cependant encore absolument parfaits, il faut que la raison l'emporte sur l'imagination ; or, j'ai trop bien senti moi-même combien cela est difficile, pour être étonné que d'autres hésitent à étendre aussi loin le principe de la sélection naturelle.

La comparaison entre l'œil et le télescope se présente naturellement à l'esprit. Nous savons que ce dernier instrument a été perfectionné par les efforts continus et prolongés des plus hautes intelligences humaines, et nous en concluons naturellement que l'œil a dû se former par un procédé analogue. Mais cette conclusion n'est-elle pas présomptueuse ? Avons-nous le droit de supposer que le Créateur met en jeu des forces intelligentes analogues à celles de l'homme ? Si nous voulons comparer l'œil à un instrument optique, nous devons imaginer une couche épaisse d'un tissu transparent, imbibé de liquide, en contact avec un nerf sensible à la lumière ; nous devons supposer ensuite que les différentes parties de cette couche changent constamment et lentement de densité, de façon à se séparer en zones, ayant une épaisseur et une densité différentes, inégalement distantes entre elles et changeant graduellement de forme à la surface. Nous devons supposer, en outre, qu'une force représentée par la sélection naturelle, ou la persistance du plus apte, est constamment à l'affût de toutes les légères modifications affectant les couches transparentes, pour conserver toutes celles qui, dans diverses circonstances, dans tous les sens et à tous les degrés, tendent à permettre la formation d'une image plus distincte. Nous devons supposer que chaque nouvel état de l'instrument se multiplie par millions, pour se conserver jusqu'à ce qu'il s'en produise un meilleur qui remplace et annule les précédents. Dans les corps vivants, la variation cause les modifications légères, la reproduction les multiplie presque à l'infini, et la sélection naturelle s'empare de chaque amélioration avec une sûreté infaillible. Admettons, enfin, que cette marche se continue pendant des millions d'années et s'applique pendant chacune à des millions d'individus ; ne pouvons-nous pas admettre alors qu'il ait pu se former ainsi un instrument optique vivant, aussi supérieur à un appareil de verre que les œuvres du Créateur sont supérieures à celles de l'homme ?

MODES DE TRANSITIONS.

Si l'on arrivait à démontrer qu'il existe un organe complexe qui n'ait pas pu se former par une série de nombreuses modifications graduelles et légères, ma théorie ne pourrait certes plus se défendre. Mais je ne peux trouver aucun cas semblable. Sans doute, il existe beaucoup d'organes dont nous ne connaissons pas les transitions successives, surtout si nous examinons les espèces très isolées qui, selon ma théorie, ont été exposées à une grande extinction. Ou bien, encore, si nous prenons un organe commun à tous les membres d'une même classe, car, dans ce dernier cas, cet organe a dû surgir à une époque reculée depuis laquelle les nombreux membres de cette classe se sont développés ; or, pour découvrir les premières transitions qu'a subies cet organe, il nous faudrait examiner des formes très anciennes et depuis longtemps éteintes.

Nous ne devons conclure à l'impossibilité de la production d'un organe par une série graduelle de transitions d'une nature quelconque qu'avec une extrême circonspection. On pourrait citer, chez les animaux inférieurs, de nombreux exemples d'un même organe remplissant à la fois des fonctions absolument distinctes. Ainsi, chez la larve de la libellule et chez la loche (Cobites) le canal digestif respire, digère et excrète. L'hydre peut être tournée du dedans au dehors, et alors sa surface extérieure digère et l'estomac respire. Dans des cas semblables, la sélection naturelle pourrait, s'il devait en résulter quelque avantage, spécialiser pour une seule fonction tout ou partie d'un organe qui jusque-là aurait rempli deux fonctions, et modifier aussi considérablement sa nature par des degrés insensibles. On connaît beaucoup de plantes qui produisent régulièrement, en même temps, des fleurs différemment construites ; or, si ces plantes ne produisaient plus que des fleurs d'une seule sorte, un changement considérable s'effectuerait dans le caractère de l'espèce avec une grande rapidité comparative. Il est probable cependant que les deux sortes de fleurs produites par la même plante se sont, dans le principe, différenciées l'une de l'autre par des transitions insensibles que l'on peut encore observer dans quelques cas.

Deux organes distincts, ou le même organe sous deux formes différentes, peuvent accomplir simultanément la même fonction chez un même individu, ce qui constitue un mode fort important de transition. Prenons un exemple, il y a des poissons qui respirent par leurs branchies l'air dissous dans l'eau, et qui peuvent, en même temps, absorber l'air libre par leur vessie natatoire, ce dernier organe étant partagé en divisions fortement vasculaires et muni d'un canal pneumatique pour l'introduction de l'air. Prenons un autre exemple dans le règne végétal : les plantes grimpent de trois manières différentes, en se tordant en spirales, en se cramponnant à un support par leurs vrilles, ou bien par l'émission de radicelles aériennes. Ces trois modes s'observent ordinairement dans des groupes distincts, mais il y a quelques espèces chez lesquelles on rencontre deux de ces modes, ou même les trois combinés chez le même individu. Dans des cas semblables l'un des deux organes pourrait facilement se modifier et se perfectionner de façon à accomplir la fonction à lui tout seul ; puis, l'autre organe, après avoir aidé le premier dans le cours de son perfectionnement, pourrait, à son tour, se modifier pour remplir une fonction distincte, ou s'atrophier complètement.

L'exemple de la vessie natatoire chez les poissons est excellent, en ce sens qu'il nous démontre clairement le fait important qu'un organe primitivement construit dans un but distinct, c'est-à-dire pour faire flotter l'animal, peut se convertir en un organe ayant une fonction très différente, c'est-à-dire la respiration. La vessie natatoire fonctionne aussi, chez certains poissons, comme un accessoire de l'organe de l'ouïe. Tous les physiologistes admettent que, par sa position et par sa conformation, la vessie natatoire est homologue ou idéalement semblable aux poumons des vertébrés supérieurs ; on est donc parfaitement fondé à admettre que la vessie natatoire a été réellement convertie en poumon, c'est-à-dire en un organe exclusivement destiné à la respiration.

On peut conclure de ce qui précède que tous les vertébrés pourvus de poumons descendent par génération ordinaire de quelque ancien prototype inconnu, qui possédait un appareil flotteur ou, autrement dit, une vessie natatoire. Nous pouvons ainsi, et c'est une conclusion que je tire de l'intéressante description qu'Owen a faite à ces parties, comprendre le fait étrange que tout ce que nous buvons et que tout ce que nous mangeons doit passer devant l'orifice de la trachée, au risque de tomber dans les poumons, malgré l'appareil remarquable qui permet la fermeture de la glotte. Chez les vertébrés supérieurs, les branchies ont complètement disparu ; cependant, chez l'embryon, les fentes latérales du cou et la sorte de boutonnière faite par les artères en indiquent encore la position primitive. Mais on peut concevoir que la sélection naturelle ait pu adapter les branchies, actuellement tout à fait disparues, à quelques fonctions toutes différentes ; Landois, par exemple, a démontré que les ailes des insectes ont eu pour origine la trachée ; il est donc très probable que, chez cette grande classe, des organes qui servaient autrefois à la respiration se trouvent transformés en organes servant au vol.

Il est si important d'avoir bien présente à l'esprit la probabilité de la transformation d'une fonction en une autre, quand on considère les transitions des organes, que je citerai un autre exemple. On remarque chez les cirripèdes pédonculés deux replis membraneux, que j'ai appelés freins ovigères et qui, à l'aide d'une sécrétion visqueuse, servent à retenir les œufs dans le sac jusqu'à ce qu'ils soient éclos. Les cirripèdes n'ont pas de branchies, toute la surface du corps, du sac et des freins servent à la respiration. Les cirripèdes sessiles ou balanides, d'autre part, ne possèdent pas les freins ovigères, les œufs restant libres au fond du sac dans la coquille bien close ; mais, dans une position correspondant à celle qu'occupent les freins, ils ont des membranes très étendues, très repliées, communiquant librement avec les lacunes circulatoires du sac et du corps, et que tous les naturalistes ont considérées comme des branchies. Or, je crois qu'on ne peut contester que les freins ovigères chez une famille sont strictement homologues avec les branchies d'une autre famille, car on remarque toutes les gradations entre les deux appareils. Il n'y a donc pas lieu de douter que les deux petits replis membraneux qui primitivement servaient de freins ovigères, tout en aidant quelque peu à la respiration, ont été graduellement transformés en branchies par la sélection naturelle, par une simple augmentation de grosseur et par l'atrophie des glandes glutinifères. Si tous les cirripèdes pédonculés qui ont éprouvé une extinction bien plus considérable que les cirripèdes sessiles avaient complètement disparu, qui aurait pu jamais s'imaginer que les branchies de cette dernière famille étaient primitivement des organes destinés à empêcher que les œufs ne fussent entraînés hors du sac ?

Le professeur Cope et quelques autres naturalistes des États-Unis viennent d'insister récemment sur un autre mode possible de transition, consistant en une accélération ou en un retard apporté à l'époque de la reproduction. On sait actuellement que quelques animaux sont aptes à se reproduire à un âge très précoce, avant même d'avoir acquis leurs caractères complets ; or, si cette faculté venait à prendre chez une espèce un développement considérable, il est probable que l'état adulte de ces animaux se perdrait tôt ou tard ; dans ce cas, le caractère de l'espèce tendrait à se modifier et à se dégrader considérablement surtout si la larve différait beaucoup de la forme adulte. On sait encore qu'il y a un assez grand nombre d'animaux qui, après avoir atteint l'âge adulte, continuent à changer de caractère pendant presque toute leur vie. Chez les mammifères, par exemple, l'âge modifie souvent beaucoup la forme du crâne, fait dont le docteur Murie a observé des exemples frappants chez les phoques. Chacun sait que la complication des ramifications des cornes du cerf augmente beaucoup avec l'âge, et que les plumes de quelques oiseaux se développent beaucoup quand ils vieillissent. Le professeur Cope affirme que les dents de certains lézards subissent de grandes modifications de forme quand ils avancent en âge ; Fritz Müller a observé que les crustacés, après avoir atteint l'âge adulte, peuvent revêtir des caractères nouveaux, affectant non seulement des parties insignifiantes, mais même des parties fort importantes. Dans tous ces cas — et ils sont nombreux — si l'âge de la reproduction était retardé, le caractère de l'espèce se modifierait tout au moins dans son état adulte ; il est même probable que les phases antérieures et précoces du développement seraient, dans quelques cas, précipitées et finalement perdues. Je ne puis émettre l'opinion que quelques espèces aient été souvent, ou aient même été jamais modifiées par ce mode de transition comparativement soudain ; mais, si le cas s'est présenté, il est probable que les différences entre les jeunes et les adultes et entre les adultes et les vieux ont été primitivement acquises par degrés insensibles.

DIFFICULTÉS SPÉCIALES DE LA THÉORIE DE LA SÉLECTION NATURELLE.

Bien que nous ne devions admettre qu'avec une extrême circonspection l'impossibilité de la formation d'un organe par une série de transitions insensibles, il se présente cependant quelques cas sérieusement difficiles.

Un des plus sérieux est celui des insectes neutres, dont la conformation est souvent toute différente de celle des mâles ou des femelles fécondes ; je traiterai ce sujet dans le prochain chapitre. Les organes électriques des poissons offrent encore de grandes difficultés, car il est impossible de concevoir par quelles phases successives ces appareils merveilleux ont pu se développer. Il n'y a pas lieu, d'ailleurs, d'en être surpris, car nous ne savons même pas à quoi Ils servent. Chez le gymnote et chez la torpille ils constituent sans doute un puissant agent de défense et peut-être un moyen de saisir leur proie ; d'autre part, chez la raie, qui possède dans la queue un organe analogue, il se manifeste peu d'électricité, même quand l'animal est très irrité, ainsi que l'a observé Matteucci ; il s'en manifeste même si peu, qu'on peut à peine supposer à cet organe les fonctions que nous venons d'indiquer. En outre, comme l'a démontré le docteur R.-Mac-Donnell, la raie, outre l'organe précité, en possède un autre près de la tête ; on ne sait si ce dernier organe est électrique, mais il paraît être absolument analogue à la batterie électrique de la torpille. On admet généralement qu'il existe une étroite analogie entre ces organes et le muscle ordinaire, tant dans la structure intime et la distribution des nerfs que dans l'action qu'exercent sur eux divers réactifs. Il faut surtout observer qu'une décharge électrique accompagne les contractions musculaires, et, comme l'affirme le docteur Radcliffe, « dans son état de repos l'appareil électrique de la torpille paraît être le siège d'un chargement tout pareil à celui qui s'effectue dans les muscles et dans les nerfs à l'état d'inaction, et le choc produit par la décharge subite de l'appareil de la torpille ne serait en aucune façon une force de nature particulière, mais simplement une autre forme de la décharge qui accompagne l'action des muscles et du nerf moteur. » Nous ne pouvons actuellement pousser plus loin l'explication ; mais, comme nous ne savons rien relativement aux habitudes et à la conformation des ancêtres des poissons électriques existants, il serait extrêmement téméraire d'affirmer l'impossibilité que ces organes aient pu se développer graduellement en vertu de transitions avantageuses.

Une difficulté bien plus sérieuse encore semble nous arrêter quand il s'agit de ces organes ; ils se trouvent, en effet, chez une douzaine d'espèces de poissons, dont plusieurs sont fort éloignés par leurs affinités.

Quand un même organe se rencontre chez plusieurs individus d'une même classe, surtout chez les individus ayant des habitudes de vie très différentes, nous pouvons ordinairement attribuer cet organe à un ancêtre commun qui l'a transmis par hérédité à ses descendants ; nous pouvons, en outre, attribuer son absence, chez quelques individus de la même classe, à une disparition provenant du non-usage ou de l'action de la sélection naturelle. De telle sorte donc que, si les organes électriques provenaient par hérédité de quelque ancêtre reculé, nous aurions pu nous attendre à ce que tous les poissons électriques fussent tout particulièrement alliés les uns aux autres ; mais tel n'est certainement pas le cas. La géologie, en outre, ne nous permet pas de penser que la plupart des poissons ont possédé autrefois des organes électriques que leurs descendants modifiés ont aujourd'hui perdus. Toutefois, si nous étudions ce sujet de plus près, nous nous apercevons que les organes électriques occupent différentes parties du corps des quelques poissons qui les possèdent ; que la conformation de ces organes diffère sous le rapport de l'arrangement des plaques et, selon Pacini, sous le rapport des moyens mis en œuvre pour exciter l'électricité, et, enfin, que ces organes sont pourvus de nerfs venant de différentes parties du corps, et c'est peut-être là la différence la plus importante de toutes. On ne peut donc considérer ces organes électriques comme homologues, tout au plus peut-on les regarder comme analogues sous le rapport de la fonction. Il n'y a donc aucune raison de supposer qu'ils proviennent par hérédité d'un ancêtre commun ; si l'on admettait, en effet, cette communauté d'origine, ces organes devraient se ressembler exactement sous tous les rapports. Ainsi s'évanouit la difficulté inhérente à ce fait qu'un organe, apparemment le même, se trouve chez plusieurs espèces éloignées les unes des autres, mais il n'en reste pas moins à expliquer cette autre difficulté, moindre certainement, mais considérable encore : par quelle série de transitions ces organes se sont-ils développés dans chaque groupe séparé de poissons ?

Les organes lumineux qui se rencontrent chez quelques insectes appartenant à des familles très différentes et qui sont situés dans diverses parties du corps, offrent, dans notre état d'ignorance actuelle, une difficulté absolument égale à celle des organes électriques. On pourrait citer d'autres cas analogues : chez les plantes, par exemple, la disposition curieuse au moyen de laquelle une masse de pollen portée sur un pédoncule avec une glande adhésive, est évidemment la même chez les orchidées et chez les asclépias, — genres aussi éloignés que possible parmi les plantes à fleurs ; — mais, ici encore, les parties ne sont pas homologues. Dans tous les cas où des êtres, très éloignés les uns des autres dans l'échelle de l'organisation, sont pourvus d'organes particuliers et analogues, on remarque que, bien que l'aspect général et la fonction de ces organes puissent être les mêmes, on peut cependant toujours discerner entre eux quelques différences fondamentales. Par exemple, les yeux des céphalopodes et ceux des vertébrés paraissent absolument semblables ; or, dans des groupes si éloignés les uns des autres, aucune partie de cette ressemblance ne peut être attribuée à la transmission par hérédité d'un caractère possédé par un ancêtre commun. M. Mivart a présenté ce cas comme offrant une difficulté toute spéciale, mais il m'est impossible de découvrir la portée de son argumentation. Un organe destiné à la vision doit se composer de tissus transparents et il doit renfermer une lentille quelconque pour permettre la formation d'une image au fond d'une chambre noire. Outre cette ressemblance superficielle, il n'y a aucune analogie réelle entre les yeux des seiches et ceux des vertébrés ; on peut s'en convaincre, d'ailleurs, en consultant l'admirable mémoire de Hensen sur les yeux des céphalopodes. Il m'est impossible d'entrer ici dans les détails ; je peux toutefois indiquer quelques points de différence. Le cristallin, chez les seiches les mieux organisées, se compose de deux parties placées l'une derrière l'autre et forme comme deux lentilles qui, toutes deux, ont une conformation et une disposition toutes différentes de ce qu'elles sont chez les vertébrés. La rétine est complètement dissemblable ; elle présente, en effet, une inversion réelle des éléments constitutifs et les membranes formant les enveloppes de l'œil contiennent un gros ganglion nerveux. Les rapports des muscles sont aussi différents qu'il est possible et il en est de même pour d'autres points. Il en résulte donc une grande difficulté pour apprécier jusqu'à quel point il convient d'employer les mêmes termes dans la description des yeux des céphalopodes et de ceux des vertébrés. On peut, cela va sans dire, nier que, dans chacun des cas, l'œil ait pu se développer par la sélection naturelle de légères variations successives ; mais, si on l'admet pour l'un, ce système est évidemment possible pour l'autre, et on peut, ce mode de formation accepté, déduire par anticipation les différences fondamentales existant dans la structure des organes visuels des deux groupes. De même que deux hommes ont parfois, indépendamment l'un de l'autre, fait la même invention, de même aussi il semble que, dans les cas précités, la sélection naturelle, agissant pour le bien de chaque être et profitant de toutes les variations favorables, a produit des organes analogues, tout au moins en ce qui concerne la fonction, chez des êtres organisés distincts qui ne doivent rien de l'analogie de conformation que l'on remarque chez eux à l'héritage d'un ancêtre commun.

Fritz Müller a suivi avec beaucoup de soin une argumentation presque analogue pour mettre à l'épreuve les conclusions indiquées dans ce volume. Plusieurs familles de crustacés comprennent quelques espèces pourvues d'un appareil respiratoire qui leur permet de vivre hors de l'eau. Dans deux de ces familles très voisines, qui ont été plus particulièrement étudiées par Müller, les espèces se ressemblent par tous les caractères importants, à savoir : les organes des sens, le système circulatoire, la position des touffes de poil qui tapissent leurs estomacs complexes, enfin toute la structure des branchies qui leur permettent de respirer dans l'eau, jusqu'aux crochets microscopiques qui servent à les nettoyer. On aurait donc pu s'attendre à ce que, chez les quelques espèces des deux familles qui vivent sur terre, les appareils également importants de la respiration aérienne fussent semblables ; car pourquoi cet appareil, destiné chez ces espèces à un même but spécial, se trouve-t-il être différent, tandis que les autres organes importants sont très semblables ou même identiques ?

Fritz Müller soutient que cette similitude sur tant de points de conformation doit, d'après la théorie que je défends, s'expliquer par une transmission héréditaire remontant à un ancêtre commun. Mais, comme la grande majorité des espèces qui appartiennent aux deux familles précitées, de même d'ailleurs que tous les autres crustacés, ont des habitudes aquatiques, il est extrêmement improbable que leur ancêtre commun ait été pourvu d'un appareil adapté à la respiration aérienne. Müller fut ainsi conduit à examiner avec soin cet appareil respiratoire chez les espèces qui en sont pourvues ; il trouva que cet appareil diffère, chez chacune d'elles, sous plusieurs rapports importants, comme, par exemple, la position des orifices, le mode de leur ouverture et de leur fermeture, et quelques détails accessoires. Or, on s'explique ces différences, on aurait même pu s'attendre à les rencontrer, dans l'hypothèse que certaines espèces appartenant à des familles distinctes se sont peu à peu adaptées à vivre de plus en plus hors de l'eau et à respirer à l'air libre. Ces espèces, en effet, appartenant à des familles distinctes, devaient différer dans une certaine mesure ; or, leur variabilité ne devait pas être exactement la même, en vertu du principe que la nature de chaque variation dépend de deux facteurs, c'est-à-dire la nature de l'organisme et celle des conditions ambiantes. La sélection naturelle, en conséquence, aura dû agir sur des matériaux ou des variations de nature différente, afin d'arriver à un même résultat fonctionnel, et les conformations ainsi acquises doivent nécessairement différer. Dans l'hypothèse de créations indépendantes, ce cas tout entier reste inintelligible. La série des raisonnements qui précèdent paraît avoir eu une grande influence pour déterminer Fritz Müller à adopter les idées que j'ai développées dans le présent ouvrage.

Un autre zoologiste distingué, feu le professeur Claparède, est arrivé au même résultat en raisonnant de la même manière. Il démontre que certains acarides parasites, appartenant à des sous-familles et à des familles distinctes, sont pourvus d'organes qui leur servent à se cramponner aux poils. Ces organes ont dû se développer d'une manière indépendante et ne peuvent avoir été transmis par un ancêtre commun ; dans les divers groupes, ces organes sont formés par une modification des pattes antérieures, des pattes postérieures, des mandibules ou lèvres, et des appendices de la face inférieure de la partie postérieure du corps.

Dans les différents exemples que nous venons de discuter, nous avons vu que, chez des êtres plus ou moins éloignés les uns des autres, un même but est atteint et une même fonction accomplie par des organes assez semblable en apparence, mais qui ne le sont pas en réalité. D'autre part, il est de règle générale dans la nature qu'un même but soit atteint par les moyens les plus divers, même chez des êtres ayant entre eux d'étroites affinités. Quelle différence de construction n'y a-t-il pas, en effet, entre l'aile emplumée d'un oiseau et l'aile membraneuse de la chauve-souris ; et, plus encore, entre les quatre ailes d'un papillon, les deux ailes de la mouche et les deux ailes et les deux élytres d'un coléoptère ? Les coquilles bivalves sont construites pour s'ouvrir et se fermer, mais quelle variété de modèles ne remarque-t-on pas dans la conformation de la charnière, depuis la longue série de dents qui s'emboîtent régulièrement les unes dans les autres chez la nucule, jusqu'au simple ligament de la moule ? La dissémination des graines des végétaux est favorisée par leur petitesse, par la conversion de leurs capsules en une enveloppe légère sous forme de ballon, par leur situation au centre d'une pulpe charnue composée des parties les plus diverses, rendue nutritive, revêtue de couleurs voyantes de façon à attirer l'attention des oiseaux qui les dévorent, par la présence de crochets, de grappins de toutes sortes, de barbes dentelées, au moyen desquels elles adhèrent aux poils des animaux ; par l'existence d'ailerons et d'aigrettes aussi variés par la forme qu'élégants par la structure, qui en font les jouets du moindre courant d'air. La réalisation du même but par les moyens les plus divers est si importante, que je citerai encore un exemple. Quelques auteurs soutiennent que si les êtres organisés ont été façonnés de tant de manières différentes, c'est par pur amour de la variété, comme les jouets dans un magasin ; mais une telle idée de la nature est inadmissible. Chez les plantes qui ont les sexes séparés ainsi que chez celles qui, bien qu'hermaphrodites, ne peuvent pas spontanément faire tomber le pollen sur les stigmates, un concours accessoire est nécessaire pour que la fécondation soit possible. Chez les unes, le pollen en grains très légers et non adhérents est emporté par le vent et amené ainsi sur le stigmate par pur hasard ; c'est le mode le plus simple que l'on puisse concevoir. Il en est un autre bien différent, quoique presque aussi simple : il consiste en ce qu'une fleur symétrique sécrète quelques gouttes de nectar recherché par les insectes, qui, en s'introduisant dans la corolle pour le recueillir, transportent le pollen des anthères aux stigmates.

Partant de cet état si simple, nous trouvons un nombre infini de combinaisons ayant toutes un même but, réalisé d'une façon analogue, mais entraînant des modifications dans toutes les parties de la fleur. Tantôt le nectar est emmagasiné dans des réceptacles affectant les formes les plus diverses ; les étamines et les pistils sont alors modifiés de différentes façons, quelquefois ils sont disposés en trappes, quelquefois aussi ils sont susceptibles de mouvements déterminés par l'irritabilité et l'élasticité. Partant de là, nous pourrions passer en revue des quantités innombrables de conformations pour en arriver enfin à un cas extraordinaire d'adaptation que le docteur Crüger a récemment décrit chez le coryanthes. Une partie de la lèvre inférieure (labellum) de cette orchidée est excavée de façon à former une grande auge dans laquelle tombent continuellement des gouttes d'eau presque pure sécrétée par deux cornes placées au-dessus ; lorsque l'auge est à moitié pleine, l'eau s'écoule par un canal latéral. La base du labellum qui se trouve au-dessus de l'auge est elle-même excavée et forme une sorte de chambre pourvue de deux entrées latérales ; dans cette chambre, on remarque des crêtes charnues très curieuses. L'homme le plus ingénieux ne pourrait s'imaginer à quoi servent tous ces appareils s'il n'a été témoins de ce qui se passe. Le docteur Crüger a remarqué que beaucoup de bourdons visitent les fleurs gigantesques de cette orchidée non pour en sucer le nectar, mais pour ronger les saillies charnues que renferme la chambre placée au-dessus de l'auge ; en ce faisant, les bourdons se poussent fréquemment les uns les autres dans l'eau, se mouillent les ailes et, ne pouvant s'envoler, sont obligés de passer par le canal latéral qui sert à l'écoulement du trop-plein. Le docteur Crüger a vu une procession continuelle de bourdons sortant ainsi de leur bain involontaire. Le passage est étroit et recouvert par la colonne de telle sorte que l'insecte, en s'y frayant un chemin, se frotte d'abord le dos contre le stigmate visqueux et ensuite contre les glandes également visqueuses des masses de pollen. Celles-ci adhèrent au dos du premier bourdon qui a traversé le passage et il les emporte. Le docteur Crüger m'a envoyé dans de l'esprit-de-vin une fleur contenant un bourdon tué avant qu'il se soit complètement dégagé du passage et sur le dos duquel on voit une masse de pollen. Lorsque le bourdon ainsi chargé de pollen s'envole sur une autre fleur ou revient une seconde fois sur la même et que, poussé par ses camarades, il retombe dans l'auge, il ressort par le passage, la masse de pollen qu'il porte sur son dos se trouve nécessairement en contact avec le stigmate visqueux, y adhère et la fleur est ainsi fécondée. Nous comprenons alors l'utilité de toutes les parties de la fleur, des cornes sécrétant de l'eau, de l'auge demi-pleine qui empêche les bourdons de s'envoler, les force à se glisser dans le canal pour sortir et par cela même à se frotter contre le pollen visqueux et contre le stigmate également visqueux.

La fleur d'une autre orchidée très voisine, le Catasetum, a une construction également ingénieuse, qui répond au même but, bien qu'elle soit toute différente. Les bourdons visitent cette fleur comme celle du coryanthes pour en ronger le labellum ; ils touchent alors inévitablement une longue pièce effilée, sensible, que j'ai appelée l'antenne. Celle-ci, dès qu'on la touche, fait vibrer une certaine membrane qui se rompt immédiatement ; cette rupture fait mouvoir un ressort qui projette le pollen avec la rapidité d'une flèche dans la direction de l'insecte au dos duquel il adhère par son extrémité visqueuse. Le pollen de la fleur mâle (car, dans cette orchidée, les sexes sont séparés) est ainsi transporté à la fleur femelle, où il se trouve en contact avec le stigmate, assez visqueux pour briser certains fils élastiques ; le stigmate retient le pollen et est ainsi fécondé.

On peut se demander comment, dans les cas précédents et dans une foule d'autres, on arrive à expliquer tous ces degrés de complication et ces moyens si divers pour obtenir un même résultat. On peut répondre, sans aucun doute, que, comme nous l'avons déjà fait remarquer, lorsque deux formes qui diffèrent l'une de l'autre dans une certaine mesure se mettent à varier, leur variabilité n'est pas identique et, par conséquent, les résultats obtenus par la sélection naturelle, bien que tendant à un même but général, ne doivent pas non plus être identiques. Il faut se rappeler aussi que tous les organismes très développés ont subi de nombreuses modifications ; or, comme chaque conformation modifiée tend à se transmettre par hérédité, il est rare qu'une modification disparaisse complètement sans avoir subi de nouveaux changements. Il en résulte que la conformation des différentes parties d'une espèce, à quelque usage que ces parties servent d'ailleurs, représente la somme de nombreux changements héréditaires que l'espèce a successivement éprouvés, pour s'adapter à de nouvelles habitudes et à de nouvelles conditions d'existence.

Enfin, bien que, dans beaucoup de cas, il soit très difficile de faire même la moindre conjecture sur les transitions successives qui ont amené les organes à leur état actuel, je suis cependant étonné, en songeant combien est minime la proportion entre les formes vivantes et connues et celles qui sont éteintes et inconnues, qu'il soit si rare de rencontrer un organe dont on ne puisse indiquer quelques états de transition. Il est certainement vrai qu'on voit rarement apparaître chez un individu de nouveaux organes qui semblent avoir été créés dans un but spécial ; c'est même ce que démontre ce vieil axiome de l'histoire naturelle dont on a quelque peu exagéré la portée : Natura non facit saltum. La plupart des naturalistes expérimentés admettent la vérité de cet adage ; ou, pour employer les expressions de Milne-Edwards, la nature est prodigue de variétés, mais avare d'innovations. Pourquoi, dans l'hypothèse des créations, y aurait-il tant de variétés et si peu de nouveautés réelles ? Pourquoi toutes les parties, tous les organes de tant d'êtres indépendants, créés, suppose-t-on, séparément pour occuper une place séparée dans la nature, seraient-ils si ordinairement reliés les uns aux autres par une série de gradations ? Pourquoi la nature n'aurait-elle pas passé soudainement d'une conformation à une autre ? La théorie de la sélection naturelle nous fait comprendre clairement pourquoi il n'en est point ainsi ; la sélection naturelle, en effet, n'agit qu'en profitant de légères variations successives, elle ne peut donc jamais faire de sauts brusques et considérables, elle ne peut avancer que par degrés insignifiants, lents et sûrs.

ACTION DE LA SÉLECTION NATURELLE SUR LES ORGANES PEU IMPORTANTS EN APPARENCE.

La sélection naturelle n'agissant que par la vie et par la mort, par la persistance du plus apte et par l'élimination des individus moins perfectionnés, j'ai éprouvé quelquefois de grandes difficultés à m'expliquer l'origine ou la formation de parties peu importantes ; les difficultés sont aussi grandes, dans ce cas, que lorsqu'il s'agit des organes les plus parfaits et les plus complexes, mais elles sont d'une nature différente.

En premier lieu, notre ignorance est trop grande relativement à l'ensemble de l'économie organique d'un être quelconque, pour que nous puissions dire quelles sont les modifications importantes et quelles sont les modifications insignifiantes. Dans un chapitre précédent, j'ai indiqué quelques caractères insignifiants, tels que le duvet des fruits ou la couleur de la chair, la couleur de la peau et des poils des quadrupèdes, sur lesquels, en raison de leur rapport avec des différences constitutionnelles, ou en raison de ce qu'ils déterminent les attaques de certains insectes, la sélection naturelle a certainement pu exercer une action. La queue de la girafe ressemble à un chasse-mouches artificiel ; il paraît donc d'abord incroyable que cet organe ait pu être adapté à son usage actuel par une série de légères modifications qui l'auraient mieux approprié à un but aussi insignifiant que celui de chasser les mouches. Nous devons réfléchir, cependant, avant de rien affirmer de trop positif même dans ce cas, car nous savons que l'existence et la distribution du bétail et d'autres animaux dans l'Amérique méridionale dépendent absolument de leur aptitude à résister aux attaques des insectes ; de sorte que les individus qui ont les moyens de se défendre contre ces petits ennemis peuvent occuper de nouveaux pâturages et s'assurer ainsi de grands avantages. Ce n'est pas que, à de rares exceptions près, les gros mammifères puissent être réellement détruits par les mouches, mais ils sont tellement harassés et affaiblis par leurs attaques incessantes, qu'ils sont plus exposés aux maladies et moins en état de se procurer leur nourriture en temps de disette, ou d'échapper aux bêtes féroces.

Des organes aujourd'hui insignifiants ont probablement eu, dans quelques cas, une haute importance pour un ancêtre reculé. Après s'être lentement perfectionnés à quelque période antérieure, ces organes se sont transmis aux espèces existantes à peu près dans le même état, bien qu'ils leur servent fort peu aujourd'hui ; mais il va sans dire que la sélection naturelle aurait arrêté toute déviation désavantageuse de leur conformation. On pourrait peut-être expliquer la présence habituelle de la queue et les nombreux usages auxquels sert cet organe chez tant d'animaux terrestres dont les poumons ou vessies natatoires modifiés trahissent l'origine aquatique, par le rôle important que joue la queue, comme organe de locomotion, chez tous les animaux aquatiques. Une queue bien développée s'étant formée chez un animal aquatique, peut ensuite s'être modifiée pour divers usages, comme chasse-mouches, comme organe de préhension, comme moyen de se retourner, chez le chien par exemple, bien que, sous ce dernier rapport, l'importance de la queue doive être très minime, puisque le lièvre, qui n'a presque pas de queue, se retourne encore plus vivement que le chien.

En second lieu, nous pouvons facilement nous tromper en attribuant de l'importance à certains caractères et en croyant qu'ils sont dus à l'action de la sélection naturelle. Nous ne devons pas perdre de vue les effets que peuvent produire l'action définie des changements dans les conditions d'existence, — les prétendues variations spontanées qui semblent dépendre, à un faible degré, de la nature des conditions ambiantes, — la tendance au retour vers des caractères depuis longtemps perdus, — les lois complexes de la croissance, telles que la corrélation, la compensation, la pression qu'une partie peut exercer sur une autre, etc., — et, enfin, la sélection sexuelle, qui détermine souvent la formation de caractères utiles à un des sexes, et ensuite leur transmission plus ou moins complète à l'autre sexe pour lequel ils n'ont aucune utilité. Cependant, les conformations ainsi produites indirectement, bien que d'abord sans avantages pour l'espèce, peuvent, dans la suite, être devenues utiles à sa descendance modifiée qui se trouve dans des conditions vitales nouvelles ou qui a acquis d'autres habitudes.

S'il n'y avait que des pics verts et que nous ne sachions pas qu'il y a beaucoup d'espèces de pics de couleur noire et pie, nous aurions probablement pensé que la couleur verte du pic est une admirable adaptation, destinée à dissimuler à ses ennemis cet oiseau si éminemment forestier. Nous aurions, par conséquent, attaché beaucoup d'importance à ce caractère, et nous l'aurions attribué à la sélection naturelle ; or, cette couleur est probablement due à la sélection sexuelle. Un palmier grimpant de l'archipel malais s'élève le long des arbres les plus élevés à l'aide de crochets admirablement construits et disposés à l'extrémité de ses branches. Cet appareil rend sans doute les plus grands services à cette plante ; mais, comme nous pouvons remarquer des crochets presque semblables sur beaucoup d'arbres qui ne sont pas grimpeurs, et que ces crochets, s'il faut en juger par la distribution des espèces épineuses de l'Afrique et de l'Amérique méridionale, doivent servir de défense aux arbres contre les animaux, de même les crochets du palmier peuvent avoir été dans l'origine développés dans ce but défensif, pour se perfectionner ensuite et être utilisés par la plante quand elle a subi de nouvelles modifications et qu'elle est devenue un grimpeur. On considère ordinairement la peau nue qui recouvre la tête du vautour comme une adaptation directe qui lui permet de fouiller incessamment dans les chairs en putréfaction ; le fait est possible, mais cette dénudation pourrait être due aussi à l'action directe de la matière putride. Il faut, d'ailleurs, ne s'avancer sur ce terrain qu'avec une extrême prudence, car on sait que le dindon mâle a la tête dénudée, et que sa nourriture est toute différente. On a soutenu que les sutures du crâne, chez les jeunes mammifères, sont d'admirables adaptations qui viennent en aide à la parturition ; il n'est pas douteux qu'elles ne facilitent cet acte, si même elles ne sont pas indispensables. Mais, comme les sutures existent aussi sur le crâne des jeunes oiseaux et des jeunes reptiles qui n'ont qu'à sortir d'un œuf brisé, nous pouvons en conclure que cette conformation est une conséquence des lois de la croissance, et qu'elle a été ensuite utilisée dans la parturition des animaux supérieurs.

Notre ignorance est profonde relativement aux causes des variations légères ou des différences individuelles ; rien ne saurait mieux nous le faire comprendre que les différences qui existent entre les races de nos animaux domestiques dans différents pays, et, plus particulièrement, dans les pays peu civilisés où il n'y a eu que peu de sélection méthodique. Les animaux domestiques des sauvages, dans différents pays, ont souvent à pourvoir à leur propre subsistance, et sont, dans une certaine mesure, exposés à l'action de la sélection naturelle ; or, les individus ayant des constitutions légèrement différentes pourraient prospérer davantage sous des climats divers. Chez le bétail, la susceptibilité aux attaques des mouches est en rapport avec la couleur ; il en est de même pour l'action vénéneuse de certaines plantes, de telle sorte que la coloration elle-même se trouve ainsi soumise à l'action de la sélection naturelle. Quelques observateurs sont convaincus que l'humidité du climat affecte la croissance des poils et qu'il existe un rapport entre les poils et les cornes. Les races des montagnes diffèrent toujours des races des plaines ; une région montagneuse doit probablement exercer une certaine influence sur les membres postérieurs en ce qu'ils ont un travail plus rude à accomplir, et peut-être même aussi sur la forme du bassin ; conséquemment, en vertu de la loi des variations homologues, les membres antérieurs et la tête doivent probablement être affectés aussi. La forme du bassin pourrait aussi affecter, par la pression, la forme de quelques parties du jeune animal dans le sein de sa mère. L'influence des hautes régions sur la respiration tend, comme nous avons bonne raison de le croire, à augmenter la capacité de la poitrine et à déterminer, par corrélation, d'autres changements. Le défaut d'exercice joint à une abondante nourriture a probablement, sur l'organisme entier, des effets encore plus importants ; c'est là, sans doute, comme H. von

Nathusius vient de le démontrer récemment dans son excellent traité, la cause principale des grandes modifications qu'ont subies les races porcines. Mais, nous sommes bien trop ignorants pour pouvoir discuter l'importance relative des causes connues ou inconnues de la variation ; j'ai donc fait les remarques qui précèdent uniquement pour démontrer que, s'il nous est impossible de nous rendre compte des différences caractéristiques de nos races domestiques, bien qu'on admette généralement que ces races descendent directement d'une même souche ou d'un très petit nombre de souches, nous ne devrions pas trop insister sur notre ignorance quant aux causes précises des légères différences analogues qui existent entre les vraies espèces.

JUSQU'À QUEL POINT EST VRAIE LA DOCTRINE UTILITAIRE ; COMMENT S'ACQUIERT LA BEAUTÉ.

Les remarques précédentes m'amènent à dire quelques mots sur la protestation qu'ont faite récemment quelques naturalistes contre la doctrine utilitaire, d'après laquelle chaque détail de conformation a été produit pour le bien de son possesseur. Ils soutiennent que beaucoup de conformations ont été créées par pur amour de la beauté, pour charmer les yeux de l'homme ou ceux du Créateur (ce dernier point, toutefois, est en dehors de toute discussion scientifique) ou par pur amour de la variété, point que nous avons déjà discuté. Si ces doctrines étaient fondées, elles seraient absolument fatales à ma théorie. J'admets complètement que beaucoup de conformations n'ont plus aujourd'hui d'utilité absolue pour leur possesseur, et que, peut-être, elles n'ont jamais été utiles à leurs ancêtres ; mais cela ne prouve pas que ces conformations aient eu uniquement pour cause la beauté ou la variété. Sans aucun doute, l'action définie du changement des conditions et les diverses causes de modifications que nous avons indiquées ont toutes produit un effet probablement très grand, indépendamment des avantages ainsi acquis. Mais, et c'est là une considération encore plus importante, la plus grande partie de l'organisme de chaque créature vivante lui est transmise par hérédité ; en conséquence, bien que certainement chaque individu soit parfaitement approprié à la place qu'il occupe dans la nature, beaucoup de conformations n'ont plus aujourd'hui de rapport bien direct et bien intime avec ses nouvelles conditions d'existence. Ainsi, il est difficile de croire que les pieds palmés de l'oie habitant les régions élevées, ou que ceux de la frégate, aient une utilité bien spéciale pour ces oiseaux ; nous ne pouvons croire que les os similaires qui se trouvent dans le bras du singe, dans la jambe antérieure du cheval, dans l'aile de la chauve-souris et dans la palette du phoque aient une utilité spéciale pour ces animaux. Nous pouvons donc, en toute sûreté, attribuer ces conformations à l'hérédité. Mais, sans aucun doute, des pieds palmés ont été aussi utiles à l'ancêtre de l'oie terrestre et de la frégate qu'ils le sont aujourd'hui à la plupart des oiseaux aquatiques. Nous pouvons croire aussi que l'ancêtre du phoque n'avait pas une palette, mais un pied à cinq doigts, propre à saisir ou à marcher ; nous pouvons peut-être croire, en outre, que les divers os qui entrent dans la constitution des membres du singe, du cheval et de la chauve-souris se sont primitivement développés en vertu du principe d'utilité, et qu'ils proviennent probablement de la réduction d'os plus nombreux qui se trouvaient dans la nageoire de quelque ancêtre reculé ressemblant à un poisson, ancêtre de toute la classe. Il est à peine possible de déterminer quelle part il faut faire aux différentes causes de changement, telles que l'action définie des conditions ambiantes, les prétendues variations spontanées et les lois complexes de la croissance ; mais, après avoir fait ces importantes réserves, nous pouvons conclure que tout détail de conformation chez chaque être vivant est encore aujourd'hui, ou a été autrefois, directement ou indirectement utile à son possesseur.

Quant à l'opinion que les êtres organisés ont reçu la beauté pour le plaisir de l'homme — opinion subversive de toute ma théorie — je ferai tout d'abord remarquer que le sens du beau dépend évidemment de la nature de l'esprit, indépendamment de toute qualité réelle chez l'objet admiré, et que l'idée du beau n'est pas innée ou inaltérable. La preuve de cette assertion, c'est que les hommes de différentes races admirent, chez les femmes, un type de beauté absolument différent. Si les beaux objets n'avaient été créés que pour le plaisir de l'homme, il faudrait démontrer qu'il y avait moins de beauté sur la terre avant que l'homme ait paru sur la scène. Les admirables volutes et les cônes de l'époque éocène, les ammonites si élégamment sculptées de la période secondaire, ont-ils donc été créés pour que l'homme puisse, des milliers de siècles plus tard, les admirer dans ses musées ? Il y a peu d'objets plus admirables que les délicates enveloppes siliceuses des diatomées : ont-elles donc été créées pour que l'homme puisse les examiner et les admirer en se servant des plus forts grossissements du microscope ? Dans ce dernier cas, comme dans beaucoup d'autres, la beauté dépend tout entière de la symétrie de croissance. On met les fleurs au nombre des plus belles productions de la nature ; mais elles sont devenues brillantes, et, par conséquent, belles, pour faire contraste avec les feuilles vertes, de façon à ce que les insectes puissent les apercevoir facilement. J'en suis arrivé à cette conclusion, parce que j'ai trouvé, comme règle invariable, que les fleurs fécondées par le vent, n'ont jamais une corolle revêtue de brillantes couleurs. Diverses plantes produisent ordinairement deux sortes de fleurs : les unes ouvertes et aux couleurs brillantes de façon à attirer les insectes, les autres fermées, incolores, privées de nectar, et que ne visitent jamais les insectes. Nous en pouvons conclure que si les insectes ne s'étaient jamais développés à la surface de la terre, nos plantes ne se seraient pas couvertes de fleurs admirables et qu'elles n'auraient produit que les tristes fleurs que nous voyons sur les pins, sur les chênes, sur les noisetiers, sur les frênes, sur les graminées, les épinards, les orties, qui toutes sont fécondées par l'action du vent. Le même raisonnement peut s'appliquer aux fruits ; tout le monde admet qu'une fraise ou qu'une cerise bien mûre est aussi agréable à l'œil qu'au palais ; que les fruits vivement colorés du fusain et les baies écarlates du houx sont d'admirables objets. Mais cette beauté n'a d'autre but que d'attirer les oiseaux et les insectes pour qu'en dévorant ces fruits ils en disséminent les graines ; j'ai, en effet, observé, et il n'y a pas d'exception à cette règle, que les graines sont toujours disséminées ainsi quand elles sont enveloppées d'un fruit quelconque (c'est-à-dire qu'elles se trouvent enfouies dans une masse charnue), à condition que ce fruit ait une teinte brillante ou qu'il soit très apparent parce qu'il est blanc ou noir.

D'autre part, j'admets volontiers qu'un grand nombre d'animaux mâles, tels que tous nos oiseaux les plus magnifiques, quelques reptiles, quelques mammifères, et une foule de papillons admirablement colorés, ont acquis la beauté pour la beauté elle-même ; mais ce résultat a été obtenu par la sélection sexuelle, c'est-à-dire parce que les femelles ont continuellement choisi les plus beaux mâles ; cet embellissement n'a donc pas eu pour but le plaisir de l'homme. On pourrait faire les mêmes remarques relativement au chant des oiseaux. Nous pouvons conclure de tout ce qui précède qu'une grande partie du règne animal possède à peu près le même goût pour les belles couleurs et pour la musique. Quand la femelle est aussi brillamment colorée que le mâle, ce qui n'est pas rare chez les oiseaux et chez les papillons, cela parait résulter de ce que les couleurs acquises par la sélection sexuelle ont été transmises aux deux sexes au lieu de l'être aux mâles seuls. Comment le sentiment de la beauté, dans sa forme la plus simple, c'est-à-dire la sensation de plaisir particulier qu'inspirent certaines couleurs, certaines formes et certains sons, s'est-il primitivement développé chez l'homme et chez les animaux inférieurs ? C'est là un point fort obscur. On se heurte d'ailleurs aux mêmes difficultés si l'on veut expliquer comment il se fait que certaines saveurs et certains parfums procurent une jouissance, tandis que d'autres inspirent une aversion générale. Dans tous ces cas, l'habitude paraît avoir joué un certain rôle ; mais ces sensations doivent avoir quelques causes fondamentales dans la constitution du système nerveux de chaque espèce.

La sélection naturelle ne peut, en aucune façon, produire des modifications chez une espèce dans le but exclusif d'assurer un avantage à une autre espèce, bien que, dans la nature, une espèce cherche incessamment à tirer avantage ou à profiter de la conformation des autres. Mais la sélection naturelle peut souvent produire — et nous avons de nombreuses preuves qu'elle le fait — des conformations directement préjudiciables à d'autres animaux, telles que les crochets de la vipère et l'ovipositeur de l'ichneumon, qui lui permet de déposer ses œufs dans le corps d'autres insectes vivants. Si l'on parvenait à prouver qu'une partie quelconque de la conformation d'une espèce donnée a été formée dans le but exclusif de procurer certains avantages à une autre espèce, ce serait la ruine de ma théorie ; ces parties, en effet, n'auraient pas pu être produites par la sélection naturelle. Or, bien que dans les ouvrages sur l'histoire naturelle on cite de nombreux exemples à cet effet, je n'ai pu en trouver un seul qui me semble avoir quelque valeur. On admet que le serpent à sonnettes est armé de crochets venimeux pour sa propre défense et pour détruire sa proie ; mais quelques écrivains supposent en même temps que ce serpent est pourvu d'un appareil sonore qui, en avertissant sa proie, lui cause un préjudice. Je croirais tout aussi volontiers que le chat recourbe l'extrémité de sa queue, quand il se prépare à s'élancer, dans le seul but d'avertir la souris qu'il convoite. L'explication de beaucoup la plus probable est que le serpent à sonnettes agite son appareil sonore, que le cobra gonfle son jabot, que la vipère s'enfle, au moment où elle émet son sifflement si dur et si violent, dans le but d'effrayer les oiseaux et les bêtes qui attaquent même les espèces les plus venimeuses. Les serpents, en un mot, agissent en vertu de la même cause qui fait que la poule hérisse ses plumes et étend ses ailes quand un chien s'approche de ses poussins. Mais la place me manque pour entrer dans plus de détails sur les nombreux moyens qu'emploient les animaux pour essayer d'intimider leurs ennemis.

La sélection naturelle ne peut déterminer chez un individu une conformation qui lui serait plus nuisible qu'utile, car elle ne peut agir que par et pour son bien. Comme Paley l'a fait remarquer, aucun organe ne se forme dans le but de causer une douleur ou de porter un préjudice à son possesseur. Si l'on établit équitablement la balance du bien et du mal causés par chaque partie, on s'apercevra qu'en somme chacune d'elles est avantageuse. Si, dans le cours des temps, dans des conditions d'existence nouvelles, une partie quelconque devient nuisible, elle se modifie ; s'il n'en est pas ainsi, l'être s'éteint, comme tant de millions d'autres êtres se sont éteints avant lui.

La sélection naturelle tend seulement à rendre chaque être organisé aussi parfait, ou un peu plus parfait, que les autres habitants du même pays avec lesquels il se trouve en concurrence. C'est là, sans contredit, le comble de la perfection qui peut se produire à l'état de nature. Les productions indigènes de la Nouvelle-Zélande, par exemple, sont parfaites si on les compare les unes aux autres, mais elles cèdent aujourd'hui le terrain et disparaissent rapidement devant les légions envahissantes de plantes et d'animaux importés d'Europe. La sélection naturelle ne produit pas la perfection absolue ; autant que nous en pouvons juger, d'ailleurs, ce n'est pas à l'état de nature que nous rencontrons jamais ces hauts degrés. Selon Müller, la correction pour l'aberration de la lumière n'est pas parfaite, même dans le plus parfait de tous les organes, l'œil humain. Helmholtz, dont personne ne peut contester le jugement, après avoir décrit dans les termes les plus enthousiastes la merveilleuse puissance de l'œil humain, ajoute ces paroles remarquables : « Ce que nous avons découvert d'inexact et d'imparfait dans la machine optique et dans la production de l'image sur la rétine n'est rien comparativement aux bizarreries que nous avons rencontrées dans le domaine de la sensation. Il semblerait que la nature ait pris plaisir à accumuler les contradictions pour enlever tout fondement à la théorie d'une harmonie préexistante entre les mondes intérieurs et extérieurs. » Si notre raison nous pousse à admirer avec enthousiasme une foule de dispositions inimitables de la nature, cette même raison nous dit, bien que nous puissions facilement nous tromper dans les deux cas, que certaines autres dispositions sont moins parfaites. Pouvons-nous, par exemple, considérer comme parfait l'aiguillon de l'abeille, qu'elle ne peut, sous peine de perdre ses viscères, retirer de la blessure qu'elle a faite à certains ennemis, parce que cet aiguillon est barbelé, disposition qui cause inévitablement la mort de l'insecte ?

Si nous considérons l'aiguillon de l'abeille comme ayant existé chez quelque ancêtre reculé à l'état d'instrument perforant et denté, comme on en rencontre chez tant de membres du même ordre d'insectes ; que, depuis, cet instrument se soit modifié sans se perfectionner pour remplir son but actuel, et que le venin, qu'il sécrète, primitivement adapté à quelque autre usage, tel que la production de galles, ait aussi augmenté de puissance, nous pouvons peut-être comprendre comment il se fait que l'emploi de l'aiguillon cause si souvent la mort de l'insecte. En effet, si l'aptitude à piquer est utile à la communauté, elle réunit tous les éléments nécessaires pour donner prise à la sélection naturelle, bien qu'elle puisse causer la mort de quelques-uns de ses membres. Nous admirons l'étonnante puissance d'odorat qui permet aux mâles d'un grand nombre d'insectes de trouver leur femelle, mais pouvons-nous admirer chez les abeilles la production de tant de milliers de mâles qui, à l'exception d'un seul, sont complètement inutiles à la communauté et qui finissent par être massacrés par leurs sœurs industrieuses et stériles ? Quelque répugnance que nous ayons à le faire, nous devrions admirer la sauvage haine instinctive qui pousse la reine abeille à détruire, dès leur naissance, les jeunes reines, ses filles, ou à périr elle-même dans le combat ; il n'est pas douteux, en effet, qu'elle n'agisse pour le bien de la communauté et que, devant l'inexorable principe de la sélection naturelle, peu importe l'amour ou la haine maternelle, bien que ce dernier sentiment soit heureusement excessivement rare. Nous admirons les combinaisons si diverses, si ingénieuses, qui assurent la fécondation des orchidées et de beaucoup d'autres plantes par l'entremise des insectes ; mais pouvons-nous considérer comme également parfaite la production, chez nos pins, d'épaisses nuées de pollen, de façon à ce que quelques grains seulement puissent tomber par hasard sur les ovules ?

Résumé : la théorie de la sélection naturelle comprend la loi de l'unité de type et des conditions d'existence.

Nous avons consacré ce chapitre à la discussion de quelques-unes des difficultés que présente notre théorie et des objections qu'on peut soulever contre elle. Beaucoup d'entre elles sont sérieuses, mais je crois qu'en les discutant nous avons projeté quelque lumière sur certains faits que la théorie des créations indépendantes laisse dans l'obscurité la plus profonde. Nous avons vu que, pendant une période donnée, les espèces ne sont pas infiniment variables, et qu'elles ne sont pas reliées les unes aux autres par une foule de gradations intermédiaires ; en partie, parce que la marche de la sélection naturelle est toujours lente et que, pendant un temps donné, elle n'agit que sur quelques formes ; en partie, parce que la sélection naturelle implique nécessairement l'élimination constante et l'extinction des formes intermédiaires antérieures. Les espèces très voisines, habitant aujourd'hui une surface continue, ont dû souvent se former alors que cette surface n'était pas continue et que les conditions extérieures de l'existence ne se confondaient pas insensiblement dans toutes ses parties. Quand deux variétés surgissent dans deux districts d'une surface continue, il se forme souvent une variété intermédiaire adaptée à une zone intermédiaire ; mais, en vertu de causes que nous avons indiquées, la variété intermédiaire est ordinairement moins nombreuse que les deux formes qu'elle relie ; en conséquence, ces deux dernières, dans le cours de nouvelles modifications favorisées par le nombre considérable d'individus qu'elles contiennent, ont de grands avantages sur la variété intermédiaire moins nombreuse et réussissent ordinairement à l'éliminer et à l'exterminer.

Nous avons vu, dans ce chapitre, qu'il faut apporter la plus grande prudence avant de conclure à l'impossibilité d'un changement graduel des habitudes d'existence les plus différentes ; avant de conclure, par exemple, que la sélection naturelle n'a pas pu transformer en chauve-souris un animal qui, primitivement, n'était apte qu'à planer en glissant dans l'air.

Nous avons vu qu'une espèce peut changer ses habitudes si elle est placée dans de nouvelles conditions d'existence, ou qu'elle peut avoir des habitudes diverses, quelquefois très différentes de celles de ses plus proches congénères. Si nous avons soin de nous rappeler que chaque être organisé s'efforce de vivre partout où il peut, nous pouvons comprendre, en vertu du principe que nous venons d'exprimer, comment il se fait qu'il y ait des oies terrestres à pieds palmés, des pics ne vivant pas sur les arbres, des merles qui plongent dans l'eau et des pétrels ayant les habitudes des pingouins.

La pensée que la sélection naturelle a pu former un organe aussi parfait que l'œil, paraît de nature à faire reculer le plus hardi ; il n'y a, cependant, aucune impossibilité logique à ce que la sélection naturelle, étant données des conditions de vie différentes, ait amené à un degré de perfection considérable un organe, quel qu'il soit, qui a passé par une longue série de complications toutes avantageuses à leur possesseur. Dans les cas où nous ne connaissons pas d'états intermédiaires ou de transition, il ne faut pas conclure trop promptement qu'ils n'ont jamais existé, car les métamorphoses de beaucoup d'organes prouvent quels changements étonnants de fonction sont tout au moins possibles. Par exemple, il est probable qu'une vessie natatoire s'est transformée en poumons. Un même organe, qui a simultanément rempli des fonctions très diverses, puis qui s'est spécialisé en tout ou en partie pour une seule fonction, ou deux organes distincts ayant en même temps rempli une même fonction, l'un s'étant amélioré tandis que l'autre lui venait en aide, sont des circonstances qui ont dû souvent faciliter la transition.

Nous avons vu que des organes qui servent au même but et qui paraissent identiques, ont pu se former séparément, et de façon indépendante, chez deux formes très éloignées l'une de l'autre dans l'échelle organique. Toutefois, si l'on examine ces organes avec soin, on peut presque toujours découvrir chez eux des différences essentielles de conformation, ce qui est la conséquence du principe de la sélection naturelle. D'autre part, la règle générale dans la nature est d'arriver aux mêmes fins par une diversité infinie de conformations et ceci découle naturellement aussi du même grand principe.

Dans bien des cas, nous sommes trop ignorants pour pouvoir affirmer qu'une partie ou qu'un organe a assez peu d'importance pour la prospérité d'une espèce, pour que la sélection naturelle n'ait pas pu, par de lentes accumulations, apporter des modifications dans sa structure. Dans beaucoup d'autres cas, les modifications sont probablement le résultat direct des lois de la variation ou de la croissance, indépendamment de tous avantages acquis.

Mais nous pouvons affirmer que ces conformations elles-mêmes ont été plus tard mises à profit et modifiées de nouveau pour le bien de l'espèce, placée dans de nouvelles conditions d'existence. Nous pouvons croire aussi qu'une partie ayant eu autrefois une haute importance s'est souvent conservée ; la queue, par exemple, d'un animal aquatique existe encore chez ses descendants terrestres, bien que cette partie ait actuellement une importance si minime, que, dans son état actuel, elle ne pourrait pas être produite par la sélection naturelle.

La sélection naturelle ne peut rien produire chez une espèce, dans un but exclusivement avantageux ou nuisible à une autre espèce, bien qu'elle puisse amener la production de parties, d'organes ou d'excrétions très utiles et même indispensables, ou très nuisibles à d'autres espèces ; mais, dans tous les cas, ces productions sont en même temps avantageuses pour l'individu qui les possède.

Dans un pays bien peuplé, la sélection naturelle agissant principalement par la concurrence des habitants ne peut déterminer leur degré de perfection que relativement aux types du pays. Aussi, les habitants d'une région plus petite disparaissent généralement devant ceux d'une région plus grande. Dans cette dernière, en effet, il y a plus d'individus ayant des formes diverses, la concurrence est plus active et, par conséquent, le type de perfection est plus élevé. La sélection naturelle ne produit pas nécessairement la perfection absolue, état que, autant que nous en pouvons juger, on ne peut s'attendre à trouver nulle part.

La théorie de la sélection naturelle nous permet de comprendre clairement la valeur complète du vieil axiome : *Natura non facit saltum*[6]. Cet axiome, en tant qu'appliqué seulement aux habitants actuels du globe, n'est pas rigoureusement exact, mais il devient strictement vrai lorsque l'on considère l'ensemble de tous les êtres organisés connus ou inconnus de tous les temps.

On admet généralement que la formation de tous les êtres organisés repose sur deux grandes lois : l'unité de type et les conditions d'existence. On entend par unité de type cette concordance fondamentale qui caractérise la conformation de tous les êtres organisés d'une même classe et qui est tout à fait indépendante de leurs habitudes et de leur mode de vie. Dans ma théorie, l'unité de type s'explique par l'unité de descendance. Les conditions d'existence, point sur lequel l'illustre Cuvier a si souvent insisté, font partie du principe de la sélection naturelle. Celle-ci, en effet, agit, soit en adaptant actuellement les parties variables de chaque être à ses conditions vitales organiques ou inorganiques, soit en les ayant adaptées à ces conditions pendant les longues périodes écoulées. Ces adaptations ont été, dans certains cas, provoquées par l'augmentation de l'usage ou du non-usage des parties, ou affectées par l'action directe des milieux, et, dans tous les cas, ont été subordonnées aux diverses lois de la croissance et de la variation. Par conséquent, la loi des conditions d'existence est de fait la loi supérieure, puisqu'elle comprend, par l'hérédité des variations et des adaptations antérieures, celle de l'unité de type.

---

[6] La Nature ne fait pas de saut.

Chapitre VII

OBJECTIONS DIVERSES FAITES A LA THÉORIE DE LA SÉLECTION NATURELLE.

Longévité. — Les modifications ne sont pas nécessairement simultanées. — Modifications ne rendant en apparence aucun service direct. — Développement progressif. — Constance plus grande des caractères ayant la moindre importance fonctionnelle. — Prétendue incompétence de la sélection naturelle pour expliquer les phases premières de conformations utiles. — Causes qui s'opposent à l'acquisition de structures utiles au moyen de la sélection naturelle. — Degrés de conformation avec changement de fonctions. — Organes très différents chez les membres d'une même classe, provenant par développement d'une seule et même source. — Raisons pour refuser de croire à des modifications considérables et subites.

Je consacrerai ce chapitre à l'examen des diverses objections qu'on a opposées à mes opinions, ce qui pourra éclaircir quelques discussions antérieures ; mais il serait inutile de les examiner toutes, car, dans le nombre, beaucoup émanent d'auteurs qui ne se sont pas même donné la peine de comprendre le sujet. Ainsi, un naturaliste allemand distingué affirme que la partie la plus faible de ma théorie réside dans le fait que je considère tous les êtres organisés comme imparfaits. Or, ce que j'ai dit réellement, c'est qu'ils ne sont pas tous aussi parfaits qu'ils pourraient l'être, relativement à leurs conditions d'existence ; ce qui le prouve, c'est que de nombreuses formes indigènes ont, dans plusieurs parties du monde, cédé la place à des intrus étrangers. Or, les êtres organisés, en admettant même qu'à une époque donnée ils aient été parfaitement adaptés à leurs conditions d'existence, ne peuvent, lorsque celles-ci changent, conserver les mêmes rapports d'adaptation qu'à condition de changer eux-mêmes ; aussi, personne ne peut contester que les conditions physiques de tous les pays, ainsi que le nombre et les formes des habitants, ont subi des modifications considérables.

Un critique a récemment soutenu, en faisant parade d'une grande exactitude mathématique, que la longévité est un grand avantage pour toutes les espèces, de sorte que celui qui croit à la sélection naturelle « doit disposer son arbre généalogique » de façon à ce que tous les descendants aient une longévité plus grande que leurs ancêtres ! Notre critique ne saurait-il concevoir qu'une plante bisannuelle, ou une forme animale inférieure, pût pénétrer dans un climat froid et y périr chaque hiver ; et cependant, en raison d'avantages acquis par la sélection naturelle, survivre d'année en année par ses graines ou par ses œuf ? M. E. Ray Lankester a récemment discuté ce sujet, et il conclut, autant du moins que la complexité excessive de la question lui permet d'en juger, que la longévité est ordinairement en rapport avec le degré qu'occupe chaque espèce dans l'échelle de l'organisation, et aussi avec la somme de dépense qu'occasionnent tant la reproduction que l'activité générale. Or, ces conditions doivent probablement avoir été largement déterminées par la sélection naturelle.

On a conclu de ce que ni les plantes ni les animaux connus en Egypte n'ont éprouvé de changements depuis trois ou quatre mille ans, qu'il en est probablement de même pour tous ceux de toutes les parties du globe. Mais, ainsi que l'a remarqué M. G. H. Lewes, ce mode d'argumentation prouve trop, car les anciennes races domestiques figurées sur les monuments égyptiens, ou qui nous sont parvenues embaumées, ressemblent beaucoup aux races vivantes actuelles, et sont même identiques avec elles ; cependant tous les naturalistes admettent que ces races ont été produites par les modifications de leurs types primitifs. Les nombreux animaux qui ne se sont pas modifiés depuis le commencement de la période glaciaire, présenteraient un argument incomparablement plus fort, en ce qu'ils ont été exposés à de grands changements de climat et ont émigré à de grandes distances ; tandis que, autant que nous pouvons le savoir, les conditions d'existence sont aujourd'hui exactement les mêmes en Egypte qu'elles l'étaient il y a quelques milliers d'années. Le fait que peu ou point de modifications se sont produites depuis la période glaciaire aurait quelque valeur contre ceux qui croient à une loi innée et nécessaire de développement ; mais il est impuissant contre la doctrine de la sélection naturelle, ou de la persistance du plus apte, car celle-ci implique la conservation de toutes les variations et de toutes les différences individuelles avantageuses qui peuvent surgir, ce qui ne peut arriver que dans des circonstances favorables.

Bronn, le célèbre paléontologiste, en terminant la traduction allemande du présent ouvrage, se demande comment, étant donné le principe de la sélection naturelle, une variété peut vivre côte à côte avec l'espèce parente ? Si les deux formes ont pris des habitudes différentes ou se sont adaptées à de nouvelles conditions d'existence, elles peuvent vivre ensemble ; car si nous excluons, d'une part, les espèces polymorphes chez lesquelles la variabilité paraît être d'une nature toute spéciale, et, d'autre part, les variations simplement temporaires, telles que la taille, l'albinisme, etc., les variétés permanentes habitent généralement, à ce que j'ai pu voir, des stations distinctes, telles que des régions élevées ou basses, sèches ou humides. En outre, dans le cas d'animaux essentiellement errants et se croisant librement, les variétés paraissent être généralement confinées dans des régions distinctes.

Bronn insiste aussi sur le fait que les espèces distinctes ne diffèrent jamais par des caractères isolés, mais sous beaucoup de rapports ; il se demande comment il se fait que de nombreux points de l'organisme aient été toujours modifiés simultanément par la variation et par la sélection naturelle. Mais rien n'oblige à supposer que toutes les parties d'un individu se soient modifiées simultanément. Les modifications les plus frappantes, adaptées d'une manière parfaite à un usage donné, peuvent, comme nous l'avons précédemment remarqué, être le résultat de variations successives, légères, apparaissant dans une partie, puis dans une autre ; mais, comme elles se transmettent toutes ensemble, elles nous paraissent s'être simultanément développées. Du reste, la meilleure réponse à faire à cette objection est fournie par les races domestiques qui ont été principalement modifiées dans un but spécial, au moyen de la sélection opérée par l'homme. Voyez le cheval de trait et le cheval de course, ou le lévrier et le dogue. Toute leur charpente et même leurs caractères intellectuels ont été modifiés ; mais, si nous pouvions retracer chaque degré successif de leur transformation — ce que nous pouvons faire pour ceux qui ne remontent pas trop haut dans le passé — nous constaterions des améliorations et des modifications légères, affectant tantôt une partie, tantôt une autre, mais pas de changements considérables et simultanés. Même lorsque l'homme n'a appliqué la sélection qu'à un seul caractère — ce dont nos plantes cultivées offrent les meilleurs exemples — on trouve invariablement que si un point spécial, que ce soit la fleur, le fruit ou le feuillage, a subi de grands changements, presque toutes les autres parties ont été aussi le siège de modifications. On peut attribuer ces modifications en partie au principe de la corrélation de croissance, et en partie à ce qu'on a appelé la variation spontanée.

Une objection plus sérieuse faite par M. Bronn, et récemment par M. Broca, est que beaucoup de caractères paraissent ne rendre aucun service à leurs possesseurs, et ne peuvent pas, par conséquent, avoir donné prise à la sélection naturelle. Bronn cite l'allongement des oreilles et de la queue chez les différentes espèces de lièvres et de souris, les replis compliqués de l'émail dentaire existant chez beaucoup d'animaux, et une multitude de cas analogues. Au point de vue des végétaux, ce sujet a été discuté par Nägeli dans un admirable mémoire. Il admet une action importante de la sélection naturelle, mais il insiste sur le fait que les familles de plantes diffèrent surtout par leurs caractères morphologiques, qui paraissent n'avoir aucune importance pour la prospérité de l'espèce. Il admet, par conséquent, une tendance innée à un développement progressif et plus complet. Il indique l'arrangement des cellules dans les tissus, et des feuilles sur l'axe, comme des cas où la sélection naturelle n'a pu exercer aucune action. On peut y ajouter les divisions numériques des parties de la fleur, la position des ovules, la forme de la graine, lorsqu'elle ne favorise pas sa dissémination, etc.

Cette objection est sérieuse. Néanmoins, il faut tout d'abord se montrer fort prudent quand il s'agit de déterminer quelles sont actuellement, ou quelles peuvent avoir été dans le passé les conformations avantageuses à chaque espèce. En second lieu, il faut toujours songer que lorsqu'une partie se modifie, d'autres se modifient aussi, en raison de causes qu'on entrevoit à peine, telles que l'augmentation ou la diminution de l'afflux de nourriture dans une partie, la pression réciproque, l'influence du développement d'un organe précoce sur un autre qui ne se forme que plus tard, etc. Il y a encore d'autres causes que nous ne comprenons pas, qui provoquent des cas nombreux et mystérieux de corrélation. Pour abréger, on peut grouper ensemble ces influences sous l'expression : lois de la croissance. En troisième lieu, nous avons à tenir compte de l'action directe et définie de changements dans les conditions d'existence, et aussi de ce qu'on appelle les variations spontanées, sur lesquelles la nature des milieux ne paraît avoir qu'une influence insignifiante. Les variations des bourgeons, telles que l'apparition d'une rose moussue sur un rosier commun, ou d'une pêche lisse sur un pêcher ordinaire, offrent de bons exemples de variations spontanées ; mais, même dans ces cas, si nous réfléchissons à la puissance de la goutte infinitésimale du poison qui produit le développement de galles complexes, nous ne saurions être bien certains que les variations indiquées ne sont pas l'effet de quelque changement local dans la nature de la sève, résultant de quelque modification des milieux. Toute différence individuelle légère aussi bien que les variations plus prononcées, qui surgissent accidentellement, doit avoir une cause ; or, il est presque certain que si cette cause inconnue agissait d'une manière persistante, tous les individus de l'espèce seraient semblablement modifiés.

Dans les éditions antérieures de cet ouvrage, je n'ai pas, cela semble maintenant probable, attribué assez de valeur à la fréquence et à l'importance des modifications dues à la variabilité spontanée. Mais il est impossible d'attribuer à cette cause les innombrables conformations parfaitement adaptées aux habitudes vitales de chaque espèce. Je ne puis pas plus croire à cela que je ne puis expliquer par là la forme parfaite du cheval de course ou du lévrier, adaptation qui étonnait tellement les anciens naturalistes, alors que le principe de la sélection par l'homme n'était pas encore bien compris.

Il peut être utile de citer quelques exemples à l'appui de quelques-unes des remarques qui précèdent. En ce qui concerne l'inutilité supposée de diverses parties et de différents organes, il est à peine nécessaire de rappeler qu'il existe, même chez les animaux les plus élevés et les mieux connus, des conformations assez développées pour que personne ne mette en doute leur importance ; cependant leur usage n'a pas été reconnu ou ne l'a été que tout récemment. Bronn cite la longueur des oreilles et de la queue, chez plusieurs espèces de souris, comme des exemples, insignifiants il est vrai, de différences de conformations sans usage spécial ; or, je signalerai que le docteur Schöbl constate, dans les oreilles externes de la souris commune, un développement extraordinaire des nerfs, de telle sorte que les oreilles servent probablement d'organes tactiles ; la longueur des oreilles n'est donc pas sans importance. Nous verrons tout à l'heure que, chez quelques espèces, la queue constitue un organe préhensile très utile ; sa longueur doit donc contribuer à exercer une influence sur son usage.

À propos des plantes, je me borne, par suite du mémoire de Nägeli, aux remarques suivantes : on admet, je pense, que les fleurs des orchidées présentent une foule de conformations curieuses, qu'on aurait regardées, il y a quelques années, comme de simples différences morphologiques sans fonction spéciale. Or, on sait maintenant qu'elles ont une importance immense pour la fécondation de l'espèce à l'aide des insectes, et qu'elles ont probablement été acquises par l'action de la sélection naturelle. Qui, jusque tout récemment, se serait figuré que, chez les plantes dimorphes et trimorphes, les longueurs différentes des étamines et des pistils, ainsi que leur arrangement, pouvaient avoir aucune utilité ? Nous savons maintenant qu'elles en ont une considérable.

Chez certains groupes entiers de plantes, les ovules sont dressés, chez d'autres ils sont retombants ; or, dans un même ovaire de certaines plantes, un ovule occupe la première position, et un second la deuxième. Ces positions paraissent d'abord purement morphologiques, ou sans signification physiologique ; mais le docteur Hooker m'apprend que, dans un même ovaire, il y a fécondation des ovules supérieurs seuls, dans quelques cas, et des ovules inférieurs dans d'autres ; il suppose que le fait dépend probablement de la direction dans laquelle les tubes polliniques pénètrent dans l'ovaire. La position des ovules, s'il en est ainsi, même lorsque l'un est redressé et l'autre retombant dans un même ovaire, résulterait de la sélection de toute déviation légère dans leur position, favorable à leur fécondation et à la production de graines.

Il y a des plantes appartenant à des ordres distincts, qui produisent habituellement des fleurs de deux sortes, — les unes ouvertes, conformation ordinaire, les autres fermées et imparfaites. Ces deux espèces de fleurs diffèrent d'une manière étonnante ; elles peuvent cependant passer graduellement de l'une à l'autre sur la même plante. Les fleurs ouvertes ordinaires pouvant s'entrecroiser sont assurées des bénéfices certains résultant de cette circonstance. Les fleurs fermées et incomplètes ont toutefois une très haute importance, qui se traduit par la production d'une grande quantité de graines, et une dépense de pollen excessivement minime. Comme nous venons de le dire, la conformation des deux espèces de fleurs diffère beaucoup. Chez les fleurs imparfaites, les pétales ne consistent presque toujours qu'en simples rudiments, et les grains de pollen sont réduits en diamètre. Chez l'Ononis columnae cinq des étamines alternantes sont rudimentaires, état qu'on observe aussi sur trois étamines de quelques espèces de Viola, tandis que les deux autres, malgré leur petitesse, conservent leurs fonctions propres. Sur trente fleurs closes d'une violette indienne (dont le nom m'est resté inconnu, les plantes n'ayant jamais chez moi produit de fleurs complètes), les sépales, chez six, au lieu de se trouver au nombre normal de cinq, sont réduits à trois. Dans une section des Malpighiaceae, les fleurs closes, d'après A. de Jussieu, sont encore plus modifiées, car les cinq étamines placées en face des sépales sont toutes atrophiées, une sixième étamine, située devant un pétale, étant seule développée. Cette étamine n'existe pas dans les fleurs ordinaires des espèces chez lesquelles le style est atrophié et les ovaires réduits de deux à trois. Maintenant, bien que la sélection naturelle puisse avoir empêché l'épanouissement de quelques fleurs, et réduit la quantité de pollen devenu ainsi superflu quand il est enfermé dans l'enveloppe florale, il est probable qu'elle n'a contribué que fort peu aux modifications spéciales précitées, mais que ces modifications résultent des lois de la croissance, y compris l'inactivité fonctionnelle de certaines parties pendant les progrès de la diminution du pollen et de l'occlusion des fleurs.

Il est si important de bien apprécier les effets des lois de la croissance, que je crois nécessaire de citer quelques exemples d'un autre genre ; ainsi, les différences que provoquent, dans la même partie ou dans le même organe, des différences de situation relative sur la même plante. Chez le châtaignier d'Espagne et chez certains pins, d'après Schacht, les angles de divergence des feuilles diffèrent suivant que les branches qui les portent sont horizontales ou verticales. Chez la rue commune et quelques autres plantes, une fleur, ordinairement la fleur centrale ou la fleur terminale, s'ouvre la première, et présente cinq sépales et pétales, et cinq divisions dans l'ovaire ; tandis que toutes les autres fleurs de la plante sont tétramères. Chez l'Adoxa anglais, la fleur la plus élevée a ordinairement deux lobes au calice, et les autres groupes sont tétramères ; tandis que les fleurs qui l'entourent ont trois lobes au calice, et les autres organes sont pentamères. Chez beaucoup de composées et d'ombellifères (et d'autres plantes), les corolles des fleurs placées à la circonférence sont bien plus développées que celles des fleurs placées au centre ; ce qui paraît souvent lié à l'atrophie des organes reproducteurs. Il est un fait plus curieux, déjà signalé, c'est qu'on peut remarquer des différences dans la forme, dans la couleur et dans les autres caractères des graines de la périphérie et de celles du centre. Chez les Carthamus et autres composées, les graines centrales portent seules une aigrette ; chez les Hyoseris, la même fleur produit trois graines de formes différentes. Chez certaines ombellifères, selon Tausch, les graines extérieures sont orthospermes, et la graine centrale cœlosperme ; caractère que de Candolle considérait, chez d'autres espèces, comme ayant une importance systématique des plus grandes. Le professeur Braun mentionne un genre de fumariacées chez lequel les fleurs portent, sur la partie inférieure de l'épi, de petites noisettes ovales, à côtes, contenant une graine ; et sur la portion supérieure, des siliques lancéolées, bivalves, renfermant deux graines. La sélection naturelle, autant toutefois que nous pouvons en juger, n'a pu jouer aucun rôle, ou n'a joué qu'un rôle insignifiant, dans ces divers cas, à l'exception du développement complet des fleurons de la périphérie, qui sont utiles pour rendre la plante apparente et pour attirer les insectes. Toutes ces modifications résultent de la situation relative et de l'action réciproque des organes ; or, on ne peut mettre en doute que, si toutes les fleurs et toutes les feuilles de la même plante avaient été soumises aux mêmes conditions externes et internes, comme le sont les fleurs et les feuilles dans certaines positions, toutes auraient été modifiées de la même manière.

Nous observons, dans beaucoup d'autres cas, des modifications de structure, considérées par les botanistes comme ayant la plus haute importance, qui n'affectent que quelques fleurs de la plante, ou qui se manifestent sur des plantes distinctes, croissant ensemble dans les mêmes conditions. Ces variations, n'ayant aucune apparence d'utilité pour la plante, ne peuvent pas avoir subi l'influence de la sélection naturelle. La cause nous en est entièrement inconnue ; nous ne pouvons même pas les attribuer, comme celles de la dernière classe, à une action peu éloignée, telle que la position relative. En voici quelques exemples. Il est si fréquent d'observer sur une même plante des fleurs tétramères, pentamères, etc., que je n'ai pas besoin de m'appesantir sur ce point ; mais, comme les variations numériques sont comparativement rares lorsque les organes sont eux-mêmes en petit nombre, je puis ajouter que, d'après de Candolle, les fleurs du Papaver bracteatum portent deux sépales et quatre pétales (type commun chez le pavot), ou trois sépales et six pétales. La manière dont ces derniers sont pliés dans le bouton est un caractère morphologique très constant dans la plupart des groupes ; mais le professeur Asa Gray constate que, chez quelques espèces de Mimulus, l'estivation est presque aussi fréquemment celle des rhinanthidées que celles des antirrhinidées, à la dernière desquelles le genre précité appartient. Auguste Saint-Hilaire indique les cas suivants : le genre Zanthoxylon appartient à une division des rutacées à un seul ovaire ; on trouve cependant, chez quelques espèces, plusieurs fleurs sur la même plante, et même sur une seule panicule, ayant soit un, soit deux ovaires. Chez l'Helianthemum, la capsule a été décrite comme uniloculaire ou triloculaire ; chez l'Helianthemum mutabile, « une lame plus ou moins large s'étend entre le péricarpe et le placenta. » Chez les fleurs de la Saponaria officinalis, le docteur Masters a observé des cas de placentations libres tant marginales que centrales. Saint-Hilaire a rencontré à la limite extrême méridionale de la région qu'occupe la Gomphia oleæformis, deux formes dont il ne mit pas d'abord en doute la spécificité distincte ; mais, les trouvant ultérieurement sur un même arbuste, il dut ajouter : « Voilà donc, dans un même individu, des loges et un style qui se rattachent tantôt à un axe vertical et tantôt à un gynobase. »

Nous voyons, d'après ce qui précède, qu'on peut attribuer, indépendamment de la sélection naturelle, aux lois de la croissance et à l'action réciproque des parties, un grand nombre de modifications morphologiques chez les plantes. Mais peut-on dire que, dans les cas où ces variations sont si fortement prononcées, on ait devant soi des plantes tendant à un état de développement plus élevé, selon la doctrine de Nägeli, qui croit à une tendance innée vers la perfection ou vers un perfectionnement progressif ? Au contraire, le simple fait que les parties en question diffèrent et varient beaucoup chez une plante quelconque, ne doit-il pas nous porter à conclure que ces modifications ont fort peu d'importance pour elle, bien qu'elles puissent en avoir une très considérable pour nous en ce qui concerne nos classifications ? On ne saurait dire que l'acquisition d'une partie inutile fait monter un organisme dans l'échelle naturelle ; car, dans le cas des fleurs closes et imparfaites que nous avons décrites plus haut, si l'on invoque un principe nouveau, ce serait un principe de nature rétrograde plutôt que progressive ; or, il doit en être de même chez beaucoup d'animaux parasites et dégénérés. Nous ignorons la cause déterminante des modifications précitées ; mais si cette cause inconnue devait agir uniformément pendant un laps de temps très long, nous pouvons penser que les résultats seraient à peu près uniformes ; dans ce cas, tous les individus de l'espèce seraient modifiés de la même manière.

Les caractères précités n'ayant aucune importance pour la prospérité de l'espèce, la sélection naturelle n'a dû ni accumuler ni augmenter les variations légères accidentelles. Une conformation qui s'est développée par une sélection de longue durée, devient ordinairement variable, lorsque cesse l'utilité qu'elle avait pour l'espèce, comme nous le voyons par les organes rudimentaires, la sélection naturelle cessant alors d'agir sur ces organes. Mais, lorsque des modifications sans importance pour la prospérité de l'espèce ont été produites par la nature de l'organisme et des conditions, elles peuvent se transmettre, et paraissent souvent avoir été transmises à peu près dans le même état à une nombreuse descendance, d'ailleurs autrement modifiée. Il ne peut avoir été très important pour la plupart des mammifères, des oiseaux ou des reptiles, d'être couverts de poils, de plumes ou d'écailles, et cependant les poils ont été transmis à la presque totalité des mammifères, les plumes à tous les oiseaux, et les écailles à tous les vrais reptiles. Une conformation, quelle qu'elle puisse être, commune à de nombreuses formes voisines, a été considérée par nous comme ayant une importance systématique immense, et est, en conséquence, souvent estimée comme ayant une importance vitale essentielle pour l'espèce. Je suis donc disposé à croire que les différences morphologiques que nous regardons comme importantes — telles que l'arrangement des feuilles, les divisions de la fleur ou de l'ovaire, la position des ovules, etc. — ont souvent apparu dans l'origine comme des variations flottantes, devenues tôt ou tard constantes, en raison de la nature de l'organisme et des conditions ambiantes, ainsi que par le croisement d'individus distincts, mais non pas en vertu de la sélection naturelle. L'action de la sélection ne peut, en effet, avoir ni réglé ni accumulé les légères variations des caractères morphologiques qui n'affectent en rien la prospérité de l'espèce. Nous arrivons ainsi à ce singulier résultat, que les caractères ayant la plus grande importance pour le systématiste, n'en ont qu'une très légère, au point de vue vital, pour l'espèce ; mais cette proposition est loin d'être aussi paradoxale qu'elle peut le paraître à première vue, ainsi que nous le verrons plus loin en traitant du principe génétique de la classification.

Bien que nous n'ayons aucune preuve certaine de l'existence d'une tendance innée des êtres organisés vers un développement progressif, ce progrès résulte nécessairement de l'action continue de la sélection naturelle, comme j'ai cherché à le démontrer dans le quatrième chapitre. La meilleure définition qu'on ait jamais donnée de l'élévation à un degré plus élevé des types de l'organisation, repose sur le degré de spécialisation ou de différenciation que les organes ont atteint ; or, cette division du travail paraît être le but vers lequel tend la sélection naturelle, car les parties ou organes sont alors mis à même d'accomplir leurs diverses fonctions d'une manière toujours plus efficace.

M. Saint-George Mivart, zoologiste distingué, a récemment réuni toutes les objections soulevées par moi et par d'autres contre la théorie de la sélection naturelle, telle qu'elle a été avancée par M. Wallace et par moi, en les présentant avec beaucoup d'art et de puissance. Ainsi groupées, elles ont un aspect formidable ; or, comme il n'entrait pas dans le plan de M. Mivart de constater les faits et les considérations diverses contraires à ses conclusions, il faut que le lecteur fasse de grands efforts de raisonnement et de mémoire, s'il veut peser avec soin les arguments pour et contre. Dans la discussion des cas spéciaux, M. Mivart néglige les effets de l'augmentation ou de la diminution de l'usage des parties, dont j'ai toujours soutenu la haute importance, et que j'ai traités plus longuement, je crois, qu'aucun auteur, dans l'ouvrage De la Variation à l'état domestique. Il affirme souvent aussi que je n'attribue rien à la variation, en dehors de la sélection naturelle, tandis que, dans l'ouvrage précité, j'ai recueilli un nombre de cas bien démontrés et bien établis de variations, nombre bien plus considérable que celui qu'on pourrait trouver dans aucun ouvrage que je connaisse. Mon jugement peut ne pas mériter confiance, mais, après avoir lu l'ouvrage de M. Mivart avec l'attention la plus grande, après avoir comparé le contenu de chacune de ses parties avec ce que j'ai avancé sur les mêmes points, je suis resté plus convaincu que jamais que j'en suis arrivé à des conclusions généralement vraies, avec cette réserve toutefois, que, dans un sujet si compliqué, ces conclusions peuvent encore être entachées de beaucoup d'erreurs partielles.

Toutes les objections de M. Mivart ont été ou seront examinées dans le présent volume. Le point nouveau qui paraît avoir frappé beaucoup de lecteurs est « que la sélection naturelle est insuffisante pour expliquer les phases premières ou naissantes des conformations utiles ». Ce sujet est en connexion intime avec celui de la gradation des caractères, souvent accompagnée d'un changement de fonctions — la conversion d'une vessie natatoire en poumons, par exemple — faits que nous avons discutés dans le chapitre précédent sous deux points de vue différents. Je veux toutefois examiner avec quelques détails plusieurs des cas avancés par M. Mivart, en choisissant les plus frappants, le manque de place m'empêchant de les considérer tous.

La haute stature de la girafe, l'allongement de son cou, de ses membres antérieurs, de sa tête et de sa langue, en font un animal admirablement adapté pour brouter sur les branches élevées des arbres. Elle peut ainsi trouver des aliments placés hors de la portée des autres ongulés habitant le même pays ; ce qui doit, pendant les disettes, lui procurer de grands avantages. L'exemple du bétail niata de l'Amérique méridionale nous prouve, en effet, quelle petite différence de conformation suffit pour déterminer, dans les moments de besoin, une différence très importante au point de vue de la conservation de la vie d'un animal. Ce bétail broute l'herbe comme les autres, mais la projection de sa mâchoire inférieure l'empêche, pendant les sécheresses fréquentes, de brouter les branchilles d'arbres, de roseaux, etc., auxquelles les races ordinaires de bétail et de chevaux sont, pendant ces périodes, obligées de recourir. Les niatas périssent alors si leurs propriétaires ne les nourrissent pas. Avant d'en venir aux objections de M. Mivart, je crois devoir expliquer, une fois encore, comment la sélection naturelle agit dans tous les cas ordinaires. L'homme a modifié quelques animaux, sans s'attacher nécessairement à des points spéciaux de conformation ; il a produit le cheval de course ou le lévrier en se contentant de conserver et de faire reproduire les animaux les plus rapides, ou le coq de combat, en consacrant à la reproduction les seuls mâles victorieux dans les luttes. De même, pour la girafe naissant à l'état sauvage, les individus les plus élevés et les plus capables de brouter un pouce ou deux plus haut que les autres, ont souvent pu être conservés en temps de famine ; car ils ont dû parcourir tout le pays à la recherche d'aliments. On constate, dans beaucoup de traités d'histoire naturelle donnant les relevés de mesures exactes, que les individus d'une même espèce diffèrent souvent légèrement par les longueurs relatives de leurs diverses parties. Ces différences proportionnellement fort légères, dues aux lois de la croissance et de la variation, n'ont pas la moindre importance ou la moindre utilité chez la plupart des espèces. Mais si l'on tient compte des habitudes probables de la girafe naissante, cette dernière observation ne peut s'appliquer, car les individus ayant une ou plusieurs parties plus allongées qu'à l'ordinaire, ont dû en général survivre seuls. Leur croisement a produit des descendants qui ont hérité, soit des mêmes particularités corporelles, soit d'une tendance à varier dans la même direction ; tandis que les individus moins favorisés sous les mêmes rapports doivent avoir été plus exposés à périr.

Nous voyons donc qu'il n'est pas nécessaire de séparer des couples isolés, comme le fait l'homme, quand il veut améliorer systématiquement une race ; la sélection naturelle préserve et isole ainsi tous les individus supérieurs, leur permet de se croiser librement et détruit tous ceux d'ordre inférieur. Par cette marche longuement continuée, qui correspond exactement à ce que j'ai appelé la sélection inconsciente que pratique l'homme, combinée sans doute dans une très grande mesure avec les effets héréditaires de l'augmentation de l'usage des parties, il me paraît presque certain qu'un quadrupède ongulé ordinaire pourrait se convertir en girafe.

M. Mivart oppose deux objections à cette conclusion. L'une est que l'augmentation du volume du corps réclame évidemment un supplément de nourriture ; il considère donc « comme très problématique que les inconvénients résultant de l'insuffisance de nourriture dans les temps de disette, ne l'emportent pas de beaucoup sur les avantages ». Mais comme la girafe existe actuellement en grand nombre dans l'Afrique méridionale, où abondent aussi quelques espèces d'antilopes plus grandes que le bœuf, pourquoi douterions-nous que, en ce qui concerne la taille, il n'ait pas existé autrefois des gradations intermédiaires, exposées comme aujourd'hui à des disettes rigoureuses ? Il est certain que la possibilité d'atteindre à un supplément de nourriture que les autres quadrupèdes ongulés du pays laissaient intact, a dû constituer quelque avantage pour la girafe en voie de formation et à mesure qu'elle se développait. Nous ne devons pas non plus oublier que le développement de la taille constitue une protection contre presque toutes les bêtes de proie, à l'exception du lion ; même vis-à-vis de ce dernier, le cou allongé de la girafe — et le plus long est le meilleur — joue le rôle de vigie, selon la remarque de M. Chauncey Wright. Sir S. Baker attribue à cette cause le fait qu'il n'y a pas d'animal plus difficile à chasser que la girafe. Elle se sert aussi de son long cou comme d'une arme offensive ou défensive en utilisant ses contractions rapides pour projeter avec violence sa tête armée de tronçons de cornes. Or, la conservation d'une espèce ne peut que rarement être déterminée par un avantage isolé, mais par l'ensemble de divers avantages, grands et petits.

M. Mivart se demande alors, et c'est là sa seconde objection, comment il se fait, puisque la sélection naturelle est efficace, et que l'aptitude à brouter à une grande hauteur constitue un si grand avantage, comment il se fait, dis-je, que, en dehors de la girafe, et à un moindre degré, du chameau, du guanaco et du macrauchenia, aucun autre mammifère à sabots n'ait acquis un cou allongé et une taille élevée ? Ou encore comment il se fait qu'aucun membre du groupe n'ait acquis une longue trompe ? L'explication est facile en ce qui concerne l'Afrique méridionale, qui fut autrefois peuplée de nombreux troupeaux de girafes ; et je ne saurais mieux faire que de citer un exemple en guise de réponse. Dans toutes les prairies de l'Angleterre contenant des arbres, nous voyons que toutes les branches inférieures sont émondées à une hauteur horizontale correspondant exactement au niveau que peuvent atteindre les chevaux ou le bétail broutant la tête levée ; or, quel avantage auraient les moutons qu'on y élève, si leur cou s'allongeait quelque peu ? Dans toute région, une espèce broute certainement plus haut que les autres, et il est presque également certain qu'elle seule peut aussi acquérir dans ce but un cou allongé, en vertu de la sélection naturelle et par les effets de l'augmentation d'usage. Dans l'Afrique méridionale, la concurrence au point de vue de la consommation des hautes branches des acacias et de divers autres arbres ne peut exister qu'entre les girafes, et non pas entre celles-ci et d'autres animaux ongulés.

On ne saurait dire positivement pourquoi, dans d'autres parties du globe, divers animaux appartenant au même ordre n'ont acquis ni cou allongé ni trompe ; mais attendre une réponse satisfaisante à une question de ce genre serait aussi déraisonnable que de demander le motif pour lequel un événement de l'histoire de l'humanité a fait défaut dans un pays, tandis qu'il s'est produit dans un autre. Nous ignorons les conditions déterminantes du nombre et de la distribution d'une espèce, et nous ne pouvons même pas conjecturer quels sont les changements de conformation propres à favoriser son développement dans un pays nouveau. Nous pouvons cependant entrevoir d'une manière générale que des causes diverses peuvent avoir empêché le développement d'un cou allongé ou d'une trompe. Pour pouvoir atteindre le feuillage situé très haut (sans avoir besoin de grimper, ce que la conformation des ongulés leur rend impossible), il faut que le volume du corps prenne un développement considérable ; or, il est des pays qui ne présentent que fort peu de grands mammifères, l'Amérique du Sud par exemple, malgré l'exubérante richesse du pays, tandis qu'ils sont abondants à un degré sans égal dans l'Afrique méridionale. Nous ne savons nullement pourquoi il en est ainsi ni pourquoi les dernières périodes tertiaires ont été, beaucoup mieux que l'époque actuelle, appropriées à l'existence des grands mammifères. Quelles que puissent être ces causes, nous pouvons reconnaître que certaines régions et que certaines périodes ont été plus favorables que d'autres au développement d'un mammifère aussi volumineux que la girafe.

Pour qu'un animal puisse acquérir une conformation spéciale bien développée, il est presque indispensable que certaines autres parties de son organisme se modifient et s'adaptent à cette conformation. Bien que toutes les parties du corps varient légèrement, il n'en résulte pas toujours que les parties nécessaires le fassent dans la direction exacte et au degré voulu. Nous savons que les parties varient très différemment en manière et en degré chez nos différents animaux domestiques, et que quelques espèces sont plus variables que d'autres. Il ne résulte même pas de l'apparition de variations appropriées, que la sélection naturelle puisse agir sur elles et déterminer une conformation en apparence avantageuse pour l'espèce. Par exemple, si le nombre des individus présents dans un pays dépend principalement de la destruction opérée par les bêtes de proie — par les parasites externes ou internes, etc., — cas qui semblent se présenter souvent, la sélection naturelle ne peut modifier que très lentement une conformation spécialement destinée à se procurer des aliments ; car, dans ce cas, son intervention est presque insensible. Enfin, la sélection naturelle a une marche fort lente, et elle réclame pour produire des effets quelque peu prononcés, une longue durée des mêmes conditions favorables. C'est seulement en invoquant des raisons aussi générales et aussi vagues que nous pouvons expliquer pourquoi, dans plusieurs parties du globe, les mammifères ongulés n'ont pas acquis des cous allongés ou d'autres moyens de brouter les branches d'arbres placées à une certaine hauteur.

Beaucoup d'auteurs ont soulevé des objections analogues à celles qui précèdent. Dans chaque cas, en dehors des causes générales que nous venons d'indiquer, il y en a diverses autres qui ont probablement gêné et entravé l'action de la sélection naturelle, à l'égard de conformations qu'on considère comme avantageuses à certaines espèces. Un de ces écrivains demande pourquoi l'autruche n'a pas acquis la faculté de voler. Mais un instant de réflexion démontre quelle énorme quantité de nourriture serait nécessaire pour donner à cet oiseau du désert la force de mouvoir son énorme corps au travers de l'air. Les îles océaniques sont habitées par des chauves-souris et des phoques, mais non pas par des mammifères terrestres ; quelques chauves-souris, représentant des espèces particulières, doivent avoir longtemps séjourné dans leur habitat actuel. Sir C. Lyell demande donc (tout en répondant par certaines raisons) pourquoi les phoques et les chauves-souris n'ont pas, dans de telles îles, donné naissance à des formes adaptées à la vie terrestre ? Mais les phoques se changeraient nécessairement tout d'abord en animaux carnassiers terrestres d'une grosseur considérable, et les chauves-souris en insectivores terrestres. Il n'y aurait pas de proie pour les premiers ; les chauves-souris ne pourraient trouver comme nourriture que des insectes terrestres ; or, ces derniers sont déjà pourchassés par les reptiles et par les oiseaux qui ont, les premiers, colonisé les îles océaniques et qui y abondent. Les modifications de structure, dont chaque degré est avantageux à une espèce variable, ne sont favorisées que dans certaines conditions particulières. Un animal strictement terrestre, en chassant quelquefois dans les eaux basses, puis dans les ruisseaux et les lacs, peut arriver à se convertir en un animal assez aquatique pour braver l'Océan. Mais ce n'est pas dans les îles océaniques que les phoques trouveraient des conditions favorables à un retour graduel à des formes terrestres. Les chauves-souris, comme nous l'avons déjà démontré, ont probablement acquis leurs ailes en glissant primitivement dans l'air pour se transporter d'un arbre à un autre, comme les prétendus écureuils volants, soit pour échapper à leurs ennemis, soit pour éviter les chutes ; mais l'aptitude au véritable vol une fois développée, elle ne se réduirait jamais, au moins en ce qui concerne les buts précités, de façon à redevenir l'aptitude moins efficace de planer dans l'air. Les ailes des chauves-souris pourraient, il est vrai, comme celles de beaucoup d'oiseaux, diminuer de grandeur ou même disparaître complètement par suite du défaut d'usage ; mais il serait nécessaire, dans ce cas, que ces animaux eussent d'abord acquis la faculté de courir avec rapidité sur le sol à l'aide de leurs membres postérieurs seuls, de manière à pouvoir lutter avec les oiseaux et les autres animaux terrestres ; or, c'est là une modification pour laquelle la chauve-souris paraît bien mal appropriée. Nous énonçons ces conjectures uniquement pour démontrer qu'une transition de structure dont chaque degré constitue un avantage est une chose très complexe et qu'il n'y a, par conséquent, rien d'extraordinaire à ce que, dans un cas particulier, aucune transition ne se soit produite.

Enfin, plus d'un auteur s'est demandé pourquoi, chez certains animaux plus que chez certains autres, le pouvoir mental a acquis un plus haut degré de développement, alors que ce développement serait avantageux pour tous. Pourquoi les singes n'ont-ils pas acquis les aptitudes intellectuelles de l'homme ? On pourrait indiquer des causes diverses ; mais il est inutile de les exposer, car ce sont de simples conjectures ; d'ailleurs, nous ne pouvons pas apprécier leur probabilité relative. On ne saurait attendre de réponse définie à la seconde question, car personne ne peut résoudre ce problème bien plus simple :

pourquoi, étant données deux races de sauvages, l'une a-t-elle atteint à un degré beaucoup plus élevé que l'autre dans l'échelle de la civilisation ; fait qui paraît impliquer une augmentation des forces cérébrales.

Revenons aux autres objections de M. Mivart. Les insectes, pour échapper aux attaques de leurs ennemis, ressemblent souvent à des objets divers, tels que feuilles vertes ou sèches, branchilles mortes, fragments de lichen, fleurs, épines, excréments d'oiseaux, et même à d'autres insectes vivants ; j'aurai à revenir sur ce dernier point. La ressemblance est souvent étonnante ; elle ne se borne pas à la couleur, mais elle s'étend à la forme et même au maintien. Les chenilles qui se tiennent immobiles sur les branches, où elles se nourrissent, ont tout l'aspect de rameaux morts, et fournissent ainsi un excellent exemple d'une ressemblance de ce genre. Les cas de ressemblance avec certains objets, tels que les excréments d'oiseaux, sont rares et exceptionnels. Sur ce point, M. Mivart remarque : « Comme, selon la théorie de M. Darwin, il y a une tendance constante à une variation indéfinie, et comme les variations naissantes qui en résultent doivent se produire dans toutes les directions, elles doivent tendre à se neutraliser réciproquement et à former des modifications si instables, qu'il est difficile, sinon impossible, de voir comment ces oscillations indéfinies de commencements infinitésimaux peuvent arriver à produire des ressemblances appréciables avec des feuilles, des bambous, ou d'autres objets ; ressemblances dont la sélection naturelle doit s'emparer pour les perpétuer. »

Il est probable que, dans tous les cas précités, les insectes, dans leur état primitif, avaient quelque ressemblance grossière et accidentelle avec certains objets communs dans les stations qu'ils habitaient. Il n'y a là, d'ailleurs, rien d'improbable, si l'on considère le nombre infini d'objets environnants et la diversité de forme et de couleur des multitudes d'insectes. La nécessité d'une ressemblance grossière pour point de départ nous permet de comprendre pourquoi les animaux plus grands et plus élevés (il y a une exception, la seule que je connaisse, un poisson) ne ressemblent pas, comme moyen défensif, à des objets spéciaux, mais seulement à la surface de la région qu'ils habitent, et cela surtout par la couleur. Admettons qu'un insecte ait primitivement ressemblé, dans une certaine mesure, à un ramuscule mort ou à une feuille sèche, et qu'il ait varié légèrement dans diverses directions ; toute variation augmentant la ressemblance, et favorisant, par conséquent, la conservation de l'insecte, a dû se conserver, pendant que les autres variations négligées ont fini par se perdre entièrement ; ou bien même, elles ont dû être éliminées si elles diminuaient sa ressemblance avec l'objet imité. L'objection de M. Mivart aurait, en effet, quelque portée si nous cherchions à expliquer ces ressemblances par une simple variabilité flottante, sans le concours de la sélection naturelle, ce qui n'est pas le cas.

Je ne comprends pas non plus la portée de l'objection que M. Mivart soulève relativement aux « derniers degrés de perfection de l'imitation ou de la mimique », comme dans l'exemple que cite M. Wallace, relatif à un insecte (Ceroxylus laceratus) qui ressemble à une baguette recouverte d'une mousse, au point qu'un Dyak indigène soutenait que les excroissances foliacées étaient en réalité de la mousse. Les insectes sont la proie d'oiseaux et d'autres ennemis doués d'une vue probablement plus perçante que la nôtre ; toute ressemblance pouvant contribuer à dissimuler l'insecte tend donc à assurer d'autant plus sa conservation que cette ressemblance est plus parfaite. Si l'on considère la nature des différences existant entre les espèces du groupe comprenant le Ceroxylus, il n'y a aucune improbabilité à ce que cet insecte ait varié par les irrégularités de sa surface, qui ont pris une coloration plus ou moins verte ; car, dans chaque groupe, les caractères qui diffèrent chez les diverses espèces sont plus sujets à varier, tandis que ceux d'ordre générique ou communs à toutes les espèces sont plus constants.

La baleine du Groenland est un des animaux les plus étonnants qu'il y ait, et les fanons qui revêtent sa mâchoire, un de ses plus singuliers caractères. Les fanons consistent, de chaque côté de la mâchoire supérieure, en une rangée d'environ trois cents plaques ou lames rapprochées, placées transversalement à l'axe le plus long de la bouche. Il y a, à l'intérieur de la rangée principale, quelques rangées subsidiaires. Les extrémités et les bords internes de toutes les plaques s'éraillent en épines rigides, qui recouvrent le palais gigantesque, et servent à tamiser ou à filtrer l'eau et à recueillir ainsi les petites créatures qui servent de nourriture à ces gros animaux. La lame médiane la plus longue de la baleine groenlandaise a dix, douze ou quinze pieds de longueur ; mais il y a chez les différentes espèces de cétacés des gradations de longueur ; la lame médiane a chez l'une, d'après Scoresby, quatre pieds, trois chez deux autres, dix-huit pouces chez une quatrième et environ neuf pouces de longueur chez le Balænoptera rostrata. Les qualités du fanon diffèrent aussi chez les différentes espèces.

M. Mivart fait à ce propos la remarque suivante : « Dès que le fanon a atteint un développement qui le rend utile, la sélection naturelle seule suffirait, sans doute, à assurer sa conservation et son augmentation dans des limites convenables. Mais comment expliquer le commencement d'un développement si utile ? » On peut, comme réponse, se demander : pourquoi les ancêtres primitifs des baleines à fanon n'auraient-ils pas eu une bouche construite dans le genre du bec lamellaire du canard ? Les canards, comme les baleines, se nourrissent en filtrant l'eau et la boue, ce qui a fait donner quelquefois à la famille le nom de Criblatores. J'espère que l'on ne se servira pas de ces remarques pour me faire dire que les ancêtres des baleines étaient réellement pourvus de bouches lamellaires ressemblant au bec du canard. Je veux seulement faire comprendre que la supposition n'a rien d'impossible, et que les vastes fanons de la baleine groenlandaise pourraient provenir du développement de lamelles semblables, grâce à une série de degrés insensibles tous utiles à leurs descendants.

Le bec du souchet (Spatula clypeata) offre une conformation bien plus belle et bien plus complexe que la bouche de la baleine. Dans un spécimen que j'ai examiné la mâchoire supérieure porte de chaque côté une rangée ou un peigne de lamelles minces, élastiques, au nombre de cent quatre-vingt-huit, taillées obliquement en biseau, de façon à se terminer en pointe, et placées transversalement sur l'axe allongé de la bouche. Elles s'élèvent sur le palais et sont rattachées aux côtés de la mâchoire par une membrane flexible. Les plus longues sont celles du milieu ; elles ont environ un tiers de pouce de longueur et dépassent le rebord d'environ 0,14 de pouce. On observe à leur base une courte rangée auxiliaire de lamelles transversales obliques. Sous ces divers rapports, elles ressemblent aux fanons de la bouche de la baleine ; mais elles en diffèrent beaucoup vers l'extrémité du bec, en ce qu'elles se dirigent vers la gorge au lieu de descendre verticalement. La tête entière du souchet est incomparablement moins volumineuse que celle d'un Balænoptera rostrata de taille moyenne, espèce où les fanons n'ont que neuf pouces de long, car elle représente environ le dix-huitième de la tête de ce dernier ; de sorte que, si nous donnions à la tête du souchet la longueur de celle du Balænoptera, les lamelles auraient 6 pouces de longueur — c'est-à-dire les deux tiers de la longueur des fanons de cette espèce de baleines. La mandibule inférieure du canard-souchet est pourvue de lamelles qui égalent en longueur celles de la mandibule supérieure, mais elles sont plus fines, et diffèrent ainsi d'une manière très marquée de la mâchoire inférieure de la baleine, qui est dépourvue de fanons. D'autre part, les extrémités de ces lamelles inférieures sont divisées en pointes finement hérissées, et ressemblent ainsi curieusement aux fanons. Chez le genre Prion, membre de la famille distincte des pétrels, la mandibule supérieure est seule pourvue de lamelles bien développées et dépassant les bords, de sorte que le bec de l'oiseau ressemble sous ce rapport à la bouche de la baleine.

De la structure hautement développée du souchet, on peut, sans que l'intervalle soit bien considérable (comme je l'ai appris par les détails et les spécimens que j'ai reçus de M. Salvin) sous le rapport de l'aptitude à la filtration, passer par le bec du Merganetta armata, et sous quelques rapports par celui du Aix sponsa, au bec du canard commun. Chez cette dernière espèce, les lamelles sont plus grossières que chez le souchet, et sont fermement attachées aux côtés de la mâchoire ; il n'y en a que cinquante environ de chaque côté, et elles ne font pas saillie au-dessous des bords. Elles se terminent en carré, sont revêtues d'un tissu résistant et translucide, et paraissent destinées au broiement des aliments. Les bords de la mandibule inférieure sont croisés par de nombreuses arêtes fines, mais peu saillantes. Bien que, comme tamis, ce bec soit très inférieur à celui du souchet, il sert, comme tout le monde le sait, constamment à cet usage. M. Salvin m'apprend qu'il y a d'autres espèces chez lesquelles les lamelles sont considérablement moins développées que chez le canard commun ; mais je ne sais pas si ces espèces se servent de leur bec pour filtrer l'eau.

Passons à un autre groupe de la même famille. Le bec de l'oie égyptienne (Chenalopex) ressemble beaucoup à celui du canard commun ; mais les lamelles sont moins nombreuses, moins distinctes et font moins saillie en dedans ; cependant, comme me l'apprend M. E. Bartlett, cette oie « se sert de son bec comme le canard, et rejette l'eau au dehors par les coins ». Sa nourriture principale est toutefois l'herbe qu'elle broute comme l'oie commune, chez laquelle les lamelles presque confluentes de la mâchoire supérieure sont beaucoup plus grossières que chez le canard commun ; il y en a vingt-sept de chaque côté et elles se terminent au-dessus en protubérances dentiformes. Le palais est aussi couvert de boutons durs et arrondis. Les bords de la mâchoire inférieure sont garnis de dents plus proéminentes, plus grossières et plus aiguës que chez le canard. L'oie commune ne filtre pas l'eau ; elle se sert exclusivement de son bec pour arracher et pour couper l'herbe, usage auquel il est si bien adapté que l'oiseau peut tondre l'herbe de plus près qu'aucun autre animal. Il y a d'autres espèces d'oies, à ce que m'apprend M. Bartlett, chez lesquelles les lamelles sont moins développées que chez l'oie commune.

Nous voyons ainsi qu'un membre de la famille des canards avec un bec construit comme celui de l'oie commune, adapté uniquement pour brouter, ou ne présentant que des lamelles peu développées, pourrait, par de légers changements, se transformer en une espèce ayant un bec semblable à celui de l'oie d'Égypte — celle-ci à son tour en une autre ayant un bec semblable à celui du canard commun — et enfin en une forme analogue au souchet, pourvue d'un bec presque exclusivement adapté à la filtration de l'eau, et ne pouvant être employé à saisir ou à déchirer des aliments solides qu'avec son extrémité en forme de crochet. Je peux ajouter que le bec de l'oie pourrait, par de légers changements, se transformer aussi en un autre pourvu de dents recourbées, saillantes, comme celles du merganser (de la même famille), servant au but fort différent de saisir et d'assurer la prise du poisson vivant.

Revenons aux baleines. L'Hyperodon bidens est dépourvu de véritables dents pouvant servir efficacement, mais son palais, d'après Lacépède, est durci par la présence de petites pointes de corne inégales et dures. Il n'y a donc rien d'improbable à ce que quelque forme cétacée primitive ait eu le palais pourvu de pointes cornées semblables, plus régulièrement situées, et qui, comme les protubérances du bec de l'oie, lui servaient à saisir ou à déchirer sa proie. Cela étant, on peut à peine nier que la variation et la sélection naturelle aient pu convertir ces pointes en lamelles aussi développées qu'elles le sont chez l'oie égyptienne, servant tant à saisir les objets qu'à filtrer l'eau, puis en lamelles comme celles du canard domestique, et progressant toujours jusqu'à ce que leur conformation ait atteint celle du souchet, où elles servent alors exclusivement d'appareil filtrant. Des gradations, que l'on peut observer chez les cétacés encore vivants, nous conduisent de cet état où les lamelles ont acquis les deux tiers de la grandeur des fanons chez le Balæna rostrata, aux énormes fanons de la baleine groenlandaise. Il n'y a pas non plus la moindre raison de douter que chaque pas fait dans cette direction a été aussi favorable à certains cétacés anciens, les fonctions changeant lentement pendant le progrès du développement, que le sont les gradations existant dans les becs des divers membres actuels de la famille des canards. Nous devons nous rappeler que chaque espèce de canards est exposée à une lutte sérieuse pour l'existence, et que la formation de toutes les parties de son organisation doit être parfaitement adaptée à ses conditions vitales.

Les pleuronectes, ou poissons plats, sont remarquables par le défaut de symétrie de leur corps. Ils reposent sur un côté — sur le gauche dans la plupart des espèces ; chez quelques autres, sur le côté droit ; on rencontre même quelquefois des exemples d'individus adultes renversés. La surface inférieure, ou surface de repos, ressemble au premier abord à la surface inférieure d'un poisson ordinaire ; elle est blanche ; sous plusieurs rapports elle est moins développée que la surface supérieure et les nageoires latérales sont souvent plus petites. Les yeux constituent toutefois, chez ces poissons, la particularité la plus remarquable ; car ils occupent tous deux le côté supérieur de la tête. Dans le premier âge ils sont en face l'un de l'autre ; le corps est alors symétrique et les deux côtés sont également colorés. Bientôt, l'œil propre au côté inférieur se transporte lentement autour de la tête pour aller s'établir sur le côté supérieur, mais il ne passe pas à travers le crâne, comme on le croyait autrefois. Il est évident que si cet œil inférieur ne subissait pas ce transport, il serait inutile pour le poisson alors qu'il occupe sa position habituelle, c'est-à-dire qu'il est couché sur le côté ; il serait, en outre, exposé à être blessé par le fond sablonneux. L'abondance extrême de plusieurs espèces de soles, de plies, etc., prouve que la structure plate et non symétrique des pleuronectes est admirablement adaptée à leurs conditions vitales. Les principaux avantages qu'ils en tirent paraissent être une protection contre leurs ennemis, et une grande facilité pour se nourrir sur le fond. Toutefois, comme le fait remarquer Schiödte, les différents membres de la famille actuelle présentent « une longue série de formes passant graduellement de l'Hippoglossus pinguis, qui ne change pas sensiblement de forme depuis qu'il quitte l'œuf, jusqu'aux soles, qui dévient entièrement d'un côté ».

M. Mivart s'est emparé de cet exemple et fait remarquer qu'une transformation spontanée et soudaine dans la position des yeux est à peine concevable, point sur lequel je suis complètement de son avis. Il ajoute alors : « Si le transport de l'œil vers le côté opposé de la tête est graduel, quel avantage peut présenter à l'individu une modification aussi insignifiante ? Il semble même que cette transformation naissante a dû plutôt être nuisible. » Mais il aurait pu trouver une réponse à cette objection dans les excellentes observations publiées en 1867 par M. Malm. Les pleuronectes très jeunes et encore symétriques, ayant les yeux situés sur les côtés opposés de la tête, ne peuvent longtemps conserver la position verticale, vu la hauteur excessive de leur corps, la petitesse de leurs nageoires latérales et la privation de vessie natatoire. Ils se fatiguent donc bientôt et tombent au fond, sur le côté. Dans cette situation de repos, d'après l'observation de Malm, ils tordent, pour ainsi dire, leur œil inférieur vers le haut, pour voir dans cette direction, et cela avec une vigueur qui entraîne une forte pression de l'œil contre la partie supérieure de l'orbite. Il devient alors très apparent que la partie du front comprise entre les yeux se contracte temporairement. Malm a eu l'occasion de voir un jeune poisson relever et abattre l'œil inférieur sur une distance angulaire de 70 degrés environ.

Il faut se rappeler que, pendant le jeune âge, le crâne est cartilagineux et flexible, et que, par conséquent, il cède facilement à l'action musculaire. On sait aussi que, chez les animaux supérieurs, même après la première jeunesse, le crâne cède et se déforme lorsque la peau ou les muscles sont contractés de façon permanente par suite d'une maladie ou d'un accident. Chez les lapins à longues oreilles, si l'une d'elles retombe et s'incline en avant, son poids entraîne dans le même sens tous les os du crâne appartenant au même côté de la tête, fait dont j'ai donné une illustration. (De la Variation des animaux, etc., I, 127, traduction française.) Malm a constaté que les jeunes perches, les jeunes saumons, et plusieurs autres poissons symétriques venant de naître, ont l'habitude de se reposer quelquefois sur le côté au fond de l'eau ; ils s'efforcent de diriger l'œil inférieur vers le haut, et leur crâne finit par se déformer un peu. Cependant, ces poissons se trouvant bientôt à même de conserver la position verticale, il n'en résulte chez eux aucun effet permanent. Plus les pleuronectes vieillissent, au contraire, plus ils se reposent sur le côté, à cause de l'aplatissement croissant de leur corps, d'où la production d'un effet permanent sur la forme de la tête et la position des yeux. À en juger par analogie, la tendance à la torsion augmente sans aucun doute par hérédité. Schiödte croit, contrairement à quelques naturalistes, que les pleuronectes ne sont pas même symétriques dans l'embryon, ce qui permettrait de comprendre pourquoi certaines espèces, dans leur jeunesse, se reposent sur le côté gauche, d'autres sur le droit. Malm ajoute, en confirmation de l'opinion précédente, que le Trachyterus arcticus adulte, qui n'appartient pas à la famille des pleuronectes, repose sur le côté gauche au fond de l'eau et nage diagonalement ; or, chez ce poisson, on prétend que les deux côtés de la tête sont quelque peu dissemblables. Notre grande autorité sur les poissons, le docteur Günther, conclut son analyse du travail de Malm par la remarque que « l'auteur donne une explication fort simple de la condition anormale des pleuronectes. »

Nous voyons ainsi que les premières phases du transport de l'œil d'un côté à l'autre de la tête, que M. Mivart considère comme nuisibles, peuvent être attribuées à l'habitude, sans doute avantageuse pour l'individu et pour l'espèce, de regarder en haut avec les deux yeux, tout en restant couché au fond sur le côté. Nous pouvons aussi attribuer aux effets héréditaires de l'usage le fait que, chez plusieurs genres de poissons plats, la bouche est inclinée vers la surface inférieure, avec les os maxillaires plus forts et plus efficaces du côté de la tête dépourvu d'œil que de l'autre côté, dans le but, comme le suppose le docteur Traquair, de saisir plus facilement les aliments sur le sol. D'autre part, le défaut d'usage peut expliquer l'état moins développé de toute la moitié inférieure du corps, comprenant les nageoires latérales ; Yarrell pense même que la réduction de ces nageoires est avantageuse pour le poisson ; « parce qu'elles ont pour agir moins d'espace que les nageoires supérieures ». On peut également attribuer au défaut d'usage la différence dans le nombre de dents existant aux deux mâchoires du carrelet, dans la proportion de quatre à sept sur les moitiés supérieures, et de vingt-cinq à trente sur les moitiés inférieures. L'état incolore du ventre de la plupart des poissons et des autres animaux peut nous faire raisonnablement supposer que, chez les poissons plats, le même défaut de coloration de la surface inférieure, qu'elle soit à droite ou à gauche, est dû à l'absence de la lumière. Mais on ne saurait attribuer à l'action de la lumière les taches singulières qui se trouvent sur le côté supérieur de la sole, taches qui ressemblent au fond sablonneux de la mer, ou la faculté qu'ont quelques espèces, comme l'a démontré récemment Pouchet, de modifier leur couleur pour se mettre en rapport avec la surface ambiante, ou la présence de tubercules osseux sur la surface supérieure du turbot. La sélection naturelle a probablement joué ici un rôle pour adapter à leurs conditions vitales la forme générale du corps et beaucoup d'autres particularités de ces poissons. Comme je l'ai déjà fait remarquer avec tant d'insistance, il faut se rappeler que la sélection naturelle développe les effets héréditaires d'une augmentation d'usage des parties, et peut-être de leur non-usage. Toutes les variations spontanées dans la bonne direction sont, en effet, conservées par elle et tendent à persister, tout comme les individus qui héritent au plus haut degré des effets de l'augmentation avantageuse de l'usage d'une partie. Il paraît toutefois impossible de décider, dans chaque cas particulier, ce qu'il faut attribuer aux effets de l'usage d'un côté et à la sélection naturelle de l'autre.

Je peux citer un autre exemple d'une conformation qui paraît devoir son origine exclusivement à l'usage et à l'habitude. L'extrémité de la queue, chez quelques singes américains, s'est transformée en un organe préhensile d'une perfection étonnante et sert de cinquième main. Un auteur qui est d'accord sur tous les points avec M. Mivart remarque, au sujet de cette conformation, qu'il « est impossible de croire que, quel que soit le nombre de siècles écoulés, la première tendance à saisir ait pu préserver les individus qui la possédaient, ou favoriser leur chance d'avoir et d'élever des descendants. » Il n'y a rien qui nécessite une croyance pareille. L'habitude, et ceci implique presque toujours un avantage grand ou petit, suffirait probablement pour expliquer l'effet obtenu. Brehm a vu les petits d'un singe africain (Cercopithecus) se cramponner au ventre de leur mère par les mains, et, en même temps, accrocher leurs petites queues autour de la sienne. Le professeur Henslow a gardé en captivité quelques rats des moissons (Mus messorius), dont la queue, qui par sa conformation ne peut pas être placée parmi les queues préhensiles, leur servait cependant souvent à monter dans les branches d'un buisson placé dans leur cage, en s'enroulant autour des branches. Le docteur Günther m'a transmis une observation semblable sur une souris qu'il a vue se suspendre ainsi par la queue. Si le rat des moissons avait été plus strictement conformé pour habiter les arbres, il aurait peut-être eu la queue munie d'une structure préhensile, comme c'est le cas chez quelques membres du même ordre. Il est difficile de dire, en présence de ses habitudes pendant sa jeunesse, pourquoi le cercopithèque n'a pas acquis une queue préhensile. Il est possible toutefois que la queue très allongée de ce singe lui rende plus de services comme organe d'équilibre dans les bonds prodigieux qu'il fait, que comme organe de préhension.

Les glandes mammaires sont communes à la classe entière des mammifères, et indispensables à leur existence ; elles ont donc dû se développer depuis une époque excessivement reculée ; mais nous ne savons rien de positif sur leur mode de développement. M. Mivart demande : « Peut-on concevoir que le petit d'un animal quelconque ait pu jamais être sauvé de la mort en suçant accidentellement une goutte d'un liquide à peine nutritif sécrété par une glande cutanée accidentellement hypertrophiée chez sa mère ? Et en fût-il même ainsi, quelle chance y aurait-il eu en faveur de la perpétuation d'une telle variation ? » Mais la question n'est pas loyalement posée. La plupart des transformistes admettent que les mammifères descendent d'une forme marsupiale ; s'il en est ainsi, les glandes mammaires ont dû se développer d'abord dans le sac marsupial. Le poisson Hippocampus couve ses œufs, et nourrit ses petits pendant quelque temps dans un sac de ce genre ; un naturaliste américain, M. Lockwood, conclut de ce qu'il a vu du développement des petits, qu'ils sont nourris par une sécrétion des glandes cutanées du sac. Or, n'est-il pas au moins possible que les petits aient pu être nourris semblablement chez les ancêtres primitifs des mammifères avant même qu'ils méritassent ce dernier nom ? Dans ce cas, les individus produisant un liquide nutritif, se rapprochant de la nature du lait, ont dû, dans la suite des temps, élever un plus grand nombre de descendants bien nourris, que n'ont pu le faire ceux ne produisant qu'un liquide plus pauvre ; les glandes cutanées qui sont les homologues des glandes mammaires, ont dû ainsi se perfectionner et devenir plus actives. Le fait que, sur un certain endroit du sac, les glandes se sont plus développées que sur les autres, s'accorde avec le principe si étendu de la spécialisation ; ces glandes auront alors constitué un sein, d'abord dépourvu de mamelon, comme nous en observons chez l'ornithorynque au plus bas degré de l'échelle des mammifères. Je ne prétends aucunement décider la part qu'ont pu prendre à la spécialisation plus complète des glandes, soit la compensation de croissance, soit les effets de l'usage, soit la sélection naturelle.

Le développement des glandes mammaires n'aurait pu rendre aucun service, et n'aurait pu, par conséquent, être effectué par la sélection naturelle, si les petits n'avaient en même temps pu tirer leur nourriture de leurs sécrétions. Il n'est pas plus difficile de comprendre que les jeunes mammifères aient instinctivement appris à sucer une mamelle, que de s'expliquer comment les poussins, pour sortir de l'œuf, ont appris à briser la coquille en la frappant avec leur bec adapté spécialement à ce but, ou comment, quelques heures après l'éclosion, ils savent becqueter et ramasser les grains destinés à leur nourriture. L'explication la plus probable, dans ces cas, est que l'habitude, acquise par la pratique à un âge plus avancé, s'est ensuite transmise par hérédité, à l'âge le plus précoce. On dit que le jeune kangourou ne sait pas sucer et ne fait que se cramponner au mamelon de la mère, qui a le pouvoir d'injecter du lait dans la bouche de son petit impuissant et à moitié formé. M. Mivart remarque à ce sujet : « Sans une disposition spéciale, le petit serait infailliblement suffoqué par l'introduction du lait dans la trachée. Mais il y a une disposition spéciale. Le larynx est assez allongé pour remonter jusqu'à l'orifice postérieur du passage nasal, et pour pouvoir ainsi donner libre accès à l'air destiné aux poumons ; le lait passe inoffensivement de chaque côté du larynx prolongé, et se rend sans difficulté dans l'œsophage qui est derrière. » M. Mivart se demande alors comment la sélection naturelle a pu enlever au kangourou adulte (et aux autres mammifères, dans l'hypothèse qu'ils descendent d'une forme marsupiale) cette conformation au moins complètement innocente et inoffensive. On peut répondre que la voix, dont l'importance est certainement très grande chez beaucoup d'animaux, n'aurait pu acquérir toute sa puissance si le larynx pénétrait dans le passage nasal ; le professeur Flower m'a fait observer, en outre, qu'une conformation de ce genre aurait apporté de grands obstacles à l'usage d'une nourriture solide par l'animal.

Examinons maintenant en quelques mots les divisions inférieures du règne animal. Les échinodermes (astéries, oursins, etc.) sont pourvus d'organes remarquables nommés pédicellaires, qui consistent, lorsqu'ils sont bien développés, en un forceps tridactyle, c'est-à-dire en une pince composée de trois bras dentelés, bien adaptés entre eux et placés sur une tige flexible mue par des muscles. Ce forceps peut saisir les objets avec fermeté ; Alexandre Agassiz a observé un oursin transportant rapidement des parcelles d'excréments de forceps en forceps le long de certaines lignes de son corps pour ne pas salir sa coquille. Mais il n'y a pas de doute que, tout en servant à enlever les ordures, ils ne remplissent d'autres fonctions, dont l'une paraît avoir la défense pour objet.

Comme dans plusieurs occasions précédentes, M. Mivart demande au sujet de ces organes : « Quelle a pu être l'utilité des premiers rudiments de ces conformations, et comment les bourgeons naissants ont-ils pu préserver la vie d'un seul Echinus ? » il ajoute : « Même un développement subit de la faculté de saisir n'aurait pu être utile sans la tige mobile, ni cette dernière efficace sans l'adaptation des mâchoires propres à happer ; or, ces conditions de structure coordonnées, d'ordre aussi complexe, ne peuvent simultanément provenir de variations légères et indéterminées ; ce serait vouloir soutenir un paradoxe que de le nier.» Il est certain, cependant, si paradoxal que cela paraisse à M. Mivart, qu'il existe chez plusieurs astéries des forceps tridactyles sans tige, fixés solidement à la base, susceptibles d'exercer l'action de happer, et qui sont, au moins en partie, des organes défensifs. Je sais, grâce à l'obligeance que M. Agassiz a mise à me transmettre une foule de détails sur ce sujet, qu'il y a d'autres astéries chez lesquelles l'un des trois bras du forceps est réduit à constituer un support pour les deux autres, et encore d'autres genres où le troisième bras fait absolument défaut. M. Perrier décrit l'Echinoneus comme portant deux sortes de pédicellaires, l'un ressemblant à ceux de l'Echinus, et l'autre à ceux du Spatangus ; ces cas sont intéressants, car ils fournissent des exemples de certaines transitions subites résultant de l'avortement de l'un des deux états d'un organe.

M. Agassiz conclut de ses propres recherches et de celles de Müller, au sujet de la marche que ces organes curieux ont dû suivre dans leur évolution, qu'il faut, sans aucun doute, considérer comme des épines modifiées les pédicellaires des astéries et des oursins. On peut le déduire, tant du mode de leur développement chez l'individu, que de la longue et parfaite série des degrés que l'on observe chez différents genres et chez différentes espèces, depuis de simples granulations jusqu'à des pédicellaires tridactyles parfaits, en passant par des piquants ordinaires. La gradation s'étend jusqu'au mode suivant lequel les épines et les pédicellaires sont articulés sur la coquille par les baguettes calcaires qui les portent. On trouve, chez quelques genres d'astéries, « les combinaisons les plus propres à démontrer que les pédicellaires ne sont que des modifications de piquants ramifiés. » Ainsi, nous trouvons des épines fixes sur la base desquelles sont articulées trois branches équidistantes, mobiles et dentelées, et portant, sur la partie supérieure, trois autres ramifications également mobiles. Or, lorsque ces dernières surmontent le sommet de l'épine, elles forment de fait un pédicellaire tridactyle grossier, qu'on peut observer sur une même épine en même temps que les trois branches inférieures. On ne peut, dans ce cas, méconnaître l'identité qui existe entre les bras des pédicellaires et les branches mobiles d'une épine. On admet généralement que les piquants ordinaires servent d'arme défensive ; il n'y a donc aucune raison de douter qu'il n'en soit aussi de même des rameaux mobiles et dentelés, dont l'action est plus efficace lorsqu'ils se réunissent pour fonctionner en appareil préhensile. Chaque gradation comprise entre le piquant ordinaire fixe et le pédicellaire fixe serait donc avantageuse à l'animal.

Ces organes, au lieu d'être fixes ou placés sur un support immobile, sont, chez certains genres d'astéries, placés au sommet d'un tronc flexible et musculaire, bien que court ; outre qu'ils servent d'arme défensive, ils ont probablement, dans ce cas, quelque fonction additionnelle. On peut reconnaître chez les oursins tous les états par lesquels a passé l'épine fixe pour finir par s'articuler avec la coquille et acquérir ainsi la mobilité. Je voudrais pouvoir disposer de plus d'espace afin de donner un résumé plus complet des observations intéressantes d'Agassiz sur le développement des pédicellaires. On peut, ajoute-t-il, trouver tous les degrés possibles entre les pédicellaires des astéries et les crochets des ophiures, autre groupe d'échinodermes, ainsi qu'entre les pédicellaires des oursins et les ancres des holothuries, qui appartiennent aussi à la même grande classe.

Certains animaux composés qu'on a nommés zoophytes, et parmi eux les polyzoaires en particulier, sont pourvus d'organes curieux, appelés aviculaires, dont la conformation diffère beaucoup chez les diverses espèces. Ces organes, dans leur état le plus parfait, ressemblent singulièrement à une tête ou à un bec de vautour en miniature ; ils sont placés sur un support et doués d'une certaine mobilité, ce qui est également le cas pour la mandibule inférieure. J'ai observé chez une espèce que tous les aviculaires de la même branche font souvent simultanément le même mouvement en arrière et en avant, la mâchoire inférieure largement ouverte, et décrivent un angle d'environ 90 degrés en cinq secondes. Ce mouvement provoque un tremblement dans tout le polyzoaire. Quand on touche les mâchoires avec une aiguille, elles la saisissent avec une vigueur telle, que l'on peut secouer la branche entière.

M. Mivart cite ce cas, parce qu'il lui semble très difficile que la sélection naturelle ait produit, dans des divisions fort distinctes du règne animal, le développement d'organes tels que les aviculaires des polyzoaires et les pédicellaires des échinodermes, organes qu'il regarde comme « essentiellement analogues ». Or, en ce qui concerne la conformation, je ne vois aucune similitude entre les pédicellaires tridactyles et les aviculaires. Ces derniers ressemblent beaucoup plus aux pinces des crustacés, ressemblance que M. Mivart aurait, avec autant de justesse, pu citer comme une difficulté spéciale, ou bien encore il aurait pu considérer de la même façon leur ressemblance avec la tête et le bec d'un oiseau. M. Busk, le docteur Smitt et le docteur Nitsche — naturalistes qui ont étudié ce groupe fort attentivement — considèrent les aviculaires comme les homologues des zooïdes et de leurs cellules composant le zoophyte ; la lèvre ou couvercle mobile de la cellule correspondant à la mandibule inférieure également mobile de l'aviculaire. Toutefois, M. Busk ne connaît aucune gradation actuellement existante entre un zooïde et un aviculaire. Il est donc impossible de conjecturer par quelles gradations utiles une des formes a pu se transformer en une autre, mais il n'en résulte en aucune manière que ces degrés n'aient pas existé.

Comme il y a une certaine ressemblance entre les pinces des crustacés et les aviculaires des polyzoaires, qui servent également de pinces, il peut être utile de démontrer qu'il existe actuellement une longue série de gradations utiles chez les premiers. Dans la première et la plus simple phase, le segment terminal du membre se meut de façon à s'appliquer soit contre le sommet carré et large de l'avant-dernier segment, soit contre un côté tout entier ; ce membre peut ainsi servir à saisir un objet, tout en servant toujours d'organe locomoteur. Nous trouvons ensuite qu'un coin de l'avant-dernier segment se termine par une légère proéminence pourvue quelquefois de dents irrégulières, contre lesquelles le dernier segment vient s'appliquer. La grosseur de cette projection venant à augmenter et sa forme, ainsi que celle du segment terminal, se modifiant et s'améliorant légèrement, les pinces deviennent de plus en plus parfaites jusqu'à former un instrument aussi efficace que les pattes-mâchoires des homards. On peut parfaitement observer toutes ces gradations.

Les polyzoaires possèdent, outre l'aviculaire, des organes curieux nommés vibracula. Ils consistent généralement en de longues soies capables de mouvement et facilement excitables. Chez une espèce que j'ai examinée, les cils vibratiles étaient légèrement courbés et dentelés le long du bord extérieur ; tous ceux du même polyzoaire se mouvaient souvent simultanément, de telle sorte qu'agissant comme de longues rames, ils font passer rapidement une branche sur le porte-objet de mon microscope. Si l'on place une branche sur ce bord extérieur des polyzoaires, les cils vibratiles se mêlent et ils font de violents efforts pour se dégager. On croit qu'ils servent de moyen de défense à l'animal, et, d'après les observations de M. Busk, « ils balayent lentement et doucement la surface du polypier, pour éloigner ce qui pourrait nuire aux habitants délicats des cellules lorsqu'ils sortent leurs tentacules. » Les aviculaires servent probablement aussi de moyen défensif ; en outre, ils saisissent et tuent des petits animaux que l'on croit être ensuite entraînés par les courants à portée des tentacules des zooïdes. Quelques espèces sont pourvues d'aviculaires et de cils vibratiles ; il en est qui n'ont que les premiers ; d'autres, mais en petit nombre, ne possèdent que les cils vibratiles seuls.

Il est difficile d'imaginer deux objets plus différents en apparence qu'un cil vibratile ou faisceau de soies et qu'un aviculaire, ressemblant à une tête d'oiseau ; ils sont cependant presque certainement homologues et proviennent d'une source commune, un zooïde avec sa cellule. Nous pouvons donc comprendre comment il se fait que, dans certains cas, ces organes passent graduellement de l'un à l'autre, comme me l'a affirmé M. Busk. Ainsi, chez les aviculaires de plusieurs espèces de Lepralia, la mandibule mobile est si allongée et si semblable à une touffe de poils, que l'on ne peut déterminer la nature aviculaire de l'organe que par la présence du bec fixe placé au-dessus d'elle. Il se peut que les cils vibratiles se soient directement développés de la lèvre des cellules, sans avoir passé par la phase aviculaire ; mais il est plus probable qu'ils ont suivi cette dernière voie, car il semble difficile que, pendant les états précoces de la transformation, les autres parties de la cellule avec le zooïde inclus aient disparu subitement. Dans beaucoup de cas les cils vibratiles ont à leur base un support cannelé qui paraît représenter le bec fixe, bien qu'il fasse entièrement défaut chez quelques espèces. Cette théorie du développement du cil vibratile est intéressante, si elle est fondée ; car, en supposant que toutes les espèces munies d'aviculaires aient disparu, l'imagination la plus vive n'en serait jamais venue jusqu'à l'idée que les cils vibratiles ont primitivement existé comme partie d'un organe ressemblant à une tête d'oiseau ou à un capuchon irrégulier. Il est intéressant de voir deux organes si différents se développer en partant d'une origine commune ; or, comme la mobilité de la lèvre de la cellule sert de moyen défensif aux zooïdes, il n'y a aucune difficulté à croire que toutes les gradations au moyen desquelles la lèvre a été transformée en mandibule inférieure d'un aviculaire et ensuite en une soie allongée, ont été également des dispositions protectrices dans des circonstances et dans des directions différentes.

M. Mivart, dans sa discussion, ne traite que deux cas tirés du règne végétal et relatifs, l'un à la structure des fleurs des orchidées, et l'autre aux mouvements des plantes grimpantes. Relativement aux premières, il dit : « On regarde comme peu satisfaisante l'explication que l'on donne de leur origine — elle est insuffisante pour faire comprendre les commencements infinitésimaux de conformations qui n'ont d'utilité que lorsqu'elles ont atteint un développement considérable. » Ayant traité à fond ce sujet dans un autre ouvrage, je ne donnerai ici que quelques détails sur une des plus frappantes particularités des fleurs des orchidées, c'est-à-dire sur leurs amas de pollen. Un amas pollinique bien développé consiste en une quantité de grains de pollen fixés à une tige élastique ou caudicule, et réunis par une petite quantité d'une substance excessivement visqueuse. Ces amas de pollen sont transportés par les insectes sur le stigmate d'une autre fleur. Il y a des espèces d'orchidées chez lesquelles les masses de pollen n'ont pas de caudicule, les grains étant seulement reliés ensemble par des filaments d'une grande finesse ; mais il est inutile d'en parler ici, cette disposition n'étant pas particulière aux orchidées ; je peux pourtant mentionner que chez le Cypripedium, qui se trouve à la base de la série de cette famille, nous pouvons entrevoir le point de départ du développement des filaments. Chez d'autres orchidées, ces filaments se réunissent sur un point de l'extrémité des amas de pollen, ce qui constitue la première trace d'une caudicule. Les grains de pollen avortés qu'on découvre quelquefois enfouis dans les parties centrales et fermes de la caudicule nous fournissent une excellente preuve que c'est là l'origine de cette conformation, même quand elle est très développée et très allongée.

Quant à la seconde particularité principale, la petite masse de matière visqueuse portée par l'extrémité de la caudicule, on peut signaler une longue série de gradations, qui ont toutes été manifestement utiles à la plante. Chez presque toutes les fleurs d'autres ordres, le stigmate sécrète une substance visqueuse. Chez certaines orchidées une matière similaire est sécrétée, mais en quantité beaucoup plus considérable, par un seul des trois stigmates, qui reste stérile peut-être à cause de la sécrétion copieuse dont il est le siège. Chaque insecte visitant une fleur de ce genre enlève par frottement une partie de la substance visqueuse, et emporte en même temps quelques grains de pollen. De cette simple condition, qui ne diffère que peu de celles qui s'observent dans une foule de fleurs communes, il est des degrés de gradation infinis — depuis les espèces où la masse pollinique occupe l'extrémité d'une caudicule courte et libre, jusqu'à celles où la caudicule s'attache fortement à la matière visqueuse, le stigmate stérile se modifiant lui-même beaucoup. Nous avons, dans ce dernier cas, un appareil pollinifère dans ses conditions les plus développées et les plus parfaites. Quiconque examine avec soin les fleurs des orchidées, ne peut nier l'existence de la série des gradations précitées — depuis une masse de grains de pollen réunis entre eux par des filaments, avec un stigmate ne différant que fort peu de celui d'une fleur ordinaire, jusqu'à un appareil pollinifère très compliqué et admirablement adapté au transport par les insectes ; on ne peut nier non plus que toutes les gradations sont, chez les diverses espèces, très bien adaptées à la conformation générale de chaque fleur, dans le but de provoquer sa fécondation par les insectes. Dans ce cas et dans presque tous les autres, l'investigation peut être poussée plus loin, et on peut se demander comment le stigmate d'une fleur ordinaire a pu devenir visqueux ; mais, comme nous ne connaissons pas l'histoire complète d'un seul groupe d'organismes, il est inutile de poser de pareilles questions, auxquelles nous ne pouvons espérer répondre.

Venons-en aux plantes grimpantes. On peut les classer en une longue série, depuis celles qui s'enroulent simplement autour d'un support, jusqu'à celles que j'ai appelées à feuilles grimpantes et à celles pourvues de vrilles. Dans ces deux dernières classes, les tiges ont généralement, mais pas toujours, perdu la faculté de s'enrouler, bien qu'elles conservent celle de la rotation, que possèdent également les vrilles. Des gradations insensibles relient les plantes à feuilles grimpantes avec celles pourvues de vrilles, et certaines plantes peuvent être indifféremment placées dans l'une ou l'autre classe. Mais, si l'on passe des simples plantes qui s'enroulent à celles pourvues de vrilles, une qualité importante apparaît, c'est la sensibilité au toucher, qui provoque, au contact d'un objet, dans les tiges des feuilles ou des fleurs, ou dans leurs modifications en vrilles, des mouvements dans le but de l'entourer et de le saisir. Après avoir lu mon mémoire sur ces plantes, on admettra, je crois, que les nombreuses gradations de fonction et de structure existant entre les plantes qui ne font que s'enrouler et celles à vrilles sont, dans chaque cas, très avantageuses pour l'espèce. Par exemple, il doit être tout à l'avantage d'une plante grimpante de devenir une plante à feuilles grimpantes, et il est probable que chacune d'elles, portant des feuilles à tiges longues, se serait développée en une plante à feuilles grimpantes, si les tiges des feuilles avaient présenté, même à un faible degré, la sensibilité requise pour répondre à l'action du toucher.

L'enroulement constituant le mode le plus simple de s'élever sur un support et formant la base de notre série, on peut naturellement se demander comment les plantes ont pu acquérir cette aptitude naissante, que plus tard la sélection naturelle a perfectionnée et augmentée. L'aptitude à s'enrouler dépend d'abord de la flexibilité excessive des jeunes tiges (caractère commun à beaucoup de plantes qui ne sont pas grimpantes) ; elle dépend ensuite de ce que ces tiges se tordent constamment pour se diriger dans toutes les directions, successivement l'une après l'autre, dans le même ordre. Ce mouvement a pour résultat l'inclinaison des tiges de tous côtés et détermine chez elles une rotation suivie. Dès que la portion inférieure de la tige rencontre un obstacle qui l'arrête, la partie supérieure continue à se tordre et à tourner, et s'enroule nécessairement ainsi en montant autour du support. Le mouvement rotatoire cesse après la croissance précoce de chaque rejeton. Cette aptitude à la rotation et la faculté de grimper qui en est la conséquence, se rencontrant isolément chez des espèces et chez des genres distincts, qui appartiennent à des familles de plantes fort éloignées les unes des autres, ont dû être acquises d'une manière indépendante, et non par hérédité d'un ancêtre commun. Cela me conduisit à penser qu'une légère tendance à ce genre de mouvement ne doit pas être rare chez les plantes non grimpantes, et que cette tendance doit fournir à la sélection naturelle la base sur laquelle elle peut opérer pour la perfectionner. Je ne connaissais, lorsque je fis cette réflexion, qu'un seul cas fort imparfait, celui des jeunes pédoncules floraux du Maurandia, qui tournent légèrement et irrégulièrement, comme les tiges des plantes grimpantes, mais sans faire aucun usage de cette aptitude. Fritz Müller découvrit peu après que les jeunes tiges d'un Alisma et d'un Linum — plantes non grimpantes et fort éloignées l'une de l'autre dans le système naturel — sont affectées d'un mouvement de rotation bien apparent, mais irrégulier ; il ajoute qu'il a des raisons pour croire que cette même aptitude existe chez d'autres plantes. Ces légers mouvements paraissent ne rendre aucun service à ces plantes, en tous cas ils ne leur permettent en aucune façon de grimper, point dont nous nous occupons. Néanmoins, nous comprenons que si les tiges de ces plantes avaient été flexibles, et que, dans les conditions où elles se trouvent placées, il leur eût été utile de monter à une certaine hauteur, le mouvement de rotation lent et irrégulier qui leur est habituel aurait pu, grâce à la sélection naturelle, s'augmenter et s'utiliser jusqu'à ce qu'elles aient été transformées en espèces grimpantes bien développées.

On peut appliquer à la sensibilité des tiges des feuilles, des fleurs et des vrilles les mêmes remarques qu'aux cas de mouvement rotatoire des plantes grimpantes. Ce genre de sensibilité se rencontrant chez un nombre considérable d'espèces qui appartiennent à des groupes très différents, il doit se trouver à un état naissant chez beaucoup de plantes qui ne sont pas devenues grimpantes. Or, cela est exact ; chez la Maurandia dont j'ai déjà parlé, j'ai observé que les jeunes pédoncules floraux s'inclinent légèrement vers le côté où on les a touchés. Morren a constaté chez plusieurs espèces d'Oxalis des mouvements dans les feuilles et dans les tiges, surtout après qu'elles ont été exposées aux rayons brûlants du soleil, lorsqu'on les touche faiblement et à plusieurs reprises, ou qu'on secoue la plante. J'ai renouvelé, avec le même résultat, les mêmes observations sur d'autres espèces d'Oxalis ; chez quelques-unes le mouvement est perceptible, mais plus apparent dans les jeunes feuilles ; chez d'autres espèces le mouvement est extrêmement léger. Il est un fait plus important, s'il faut en croire Hofmeister, haute autorité en ces matières : les jeunes pousses et les feuilles de toutes les plantes entrent en mouvement après avoir été secouées. Nous savons que, chez les plantes grimpantes, les pétioles, les pédoncules et les vrilles sont sensibles seulement pendant la première période de leur croissance.

Il est à peine possible d'admettre que les mouvements légers dont nous venons de parler, provoqués par l'attouchement ou la secousse des organes jeunes et croissants des plantes, puissent avoir une importance fonctionnelle pour eux.

Mais, obéissant à divers stimulants, les plantes possèdent des pouvoirs moteurs qui ont pour elles une importance manifeste ; par exemple, leur tendance à rechercher la lumière et plus rarement à l'éviter, leur propension à pousser dans la direction contraire à l'attraction terrestre plutôt qu'à la suivre. Les mouvements qui résultent de l'excitation des nerfs et des muscles d'un animal par un courant galvanique ou par l'absorption de la strychnine peuvent être considérés comme un résultat accidentel, car ni les nerfs ni les muscles n'ont été rendus spécialement sensibles à ces stimulants. Il paraît également que les plantes, ayant une aptitude à des mouvements causés par certains stimulants, peuvent accidentellement être excitées par un attouchement ou par une secousse. Il n'est donc pas très difficile d'admettre que, chez les plantes à feuilles grimpantes ou chez celles munies de vrilles, cette tendance a été favorisée et augmentée par la sélection naturelle. Il est toutefois probable, pour des raisons que j'ai consignées dans mon mémoire, que cela n'a dû arriver qu'aux plantes ayant déjà acquis l'aptitude à la rotation, et qui avaient ainsi la faculté de s'enrouler.

J'ai déjà cherché à expliquer comment les plantes ont acquis cette faculté, à savoir : par une augmentation d'une tendance à des mouvements de rotation légers et irréguliers n'ayant d'abord aucun usage ; ces mouvements, comme ceux provoqués par un attouchement ou une secousse, étant le résultat accidentel de l'aptitude au mouvement, acquise en vue d'autres motifs avantageux. Je ne chercherai pas à décider si, pendant le développement graduel des plantes grimpantes, la sélection naturelle a reçu quelque aide des effets héréditaires de l'usage ; mais nous savons que certains mouvements périodiques, tels que celui que l'on désigne sous le nom de sommeil des plantes, sont réglés par l'habitude.

Voilà les principaux cas, choisis avec soin par un habile naturaliste, pour prouver que la théorie de la sélection naturelle est impuissante à expliquer les états naissants des conformations utiles ; j'espère avoir démontré, par la discussion, que, sur ce point, il ne peut y avoir de doutes et que l'objection n'est pas fondée. J'ai trouvé ainsi une excellente occasion de m'étendre un peu sur les gradations de structure souvent associées à un changement de fonctions — sujet important, qui n'a pas été assez longuement traité dans les éditions précédentes de cet ouvrage. Je vais actuellement récapituler en quelques mots les observations que je viens de faire.

En ce qui concerne la girafe, la conservation continue des individus de quelque ruminant éteint, devant à la longueur de son cou, de ses jambes, etc., la faculté de brouter au-dessus de la hauteur moyenne, et la destruction continue de ceux qui ne pouvaient pas atteindre à la même hauteur, auraient suffi à produire ce quadrupède remarquable ; mais l'usage prolongé de toutes les parties, ainsi que l'hérédité, ont dû aussi contribuer d'une manière importante à leur coordination. Il n'y a aucune improbabilité à croire que, chez les nombreux insectes qui imitent divers objets, une ressemblance accidentelle avec un objet quelconque a été, dans chaque cas, le point de départ de l'action de la sélection naturelle, dont les effets ont dû se perfectionner plus tard par la conservation accidentelle des variations légères qui tendaient à augmenter la ressemblance. Cela peut durer aussi longtemps que l'insecte continue à varier et que sa ressemblance plus parfaite lui permet de mieux échapper à ses ennemis doués d'une vue perçante. Sur le palais de quelques espèces de baleines, on remarque une tendance à la formation de petites pointes irrégulières cornées, et, en conséquence de l'aptitude de la sélection naturelle à conserver toutes les variations favorables, ces pointes se sont converties d'abord en nœuds lamellaires ou en dentelures, comme celles du bec de l'oie, — puis en lames courtes, comme celles du canard domestique, — puis en lamelles aussi parfaites que celles du souchet, et enfin en gigantesques fanons, comme dans la bouche de l'espèce du Groënland. Les fanons servent, dans la famille des canards, d'abord de dents, puis en partie à la mastication et en partie à la filtration, et, enfin, presque exclusivement à ce dernier usage.

L'habitude ou l'usage n'a, autant que nous pouvons en juger, que peu ou point contribué au développement de conformations semblables aux lamelles ou aux fanons dont nous nous occupons. Au contraire, le transfert de l'œil inférieur du poisson plat au côté supérieur de la tête, et la formation d'une queue préhensile, chez certains singes, peuvent être attribués presque entièrement à l'usage continu et à l'hérédité. Quant aux mamelles des animaux supérieurs, on peut conjecturer que, primitivement, les glandes cutanées couvrant la surface totale d'un sac marsupial sécrétaient un liquide nutritif, et que ces glandes, améliorées au point de vue de leur fonction par la sélection naturelle et concentrées sur un espace limité, ont fini par former la mamelle. Il n'est pas plus difficile de comprendre comment les piquants ramifiés de quelque ancien échinoderme, servant d'armes défensives, ont été transformés par la sélection naturelle en pédicellaires tridactyles, que de s'expliquer le développement des pinces des crustacés par des modifications utiles, quoique légères, apportées dans les derniers segments d'un membre servant d'abord uniquement à la locomotion. Les aviculaires et les cils vibratiles des polyzoaires sont des organes ayant une même origine, quoique fort différents par leur aspect ; il est facile de comprendre les services qu'ont rendus les phases successives qui ont produit les cils vibratiles. Dans les amas polliniques des orchidées, on peut retrouver les phases de la transformation en caudicule des filaments qui primitivement servaient à rattacher ensemble les grains de pollen ; on peut également suivre la série des transformations par lesquelles la substance visqueuse semblable à celle que sécrètent les stigmates des fleurs ordinaires, et servant à peu près, quoique pas tout à fait, au même usage, s'est attachée aux extrémités libres des caudicules ; toutes ces gradations ont été évidemment avantageuses aux plantes en question. Quant aux plantes grimpantes, il est inutile de répéter ce que je viens de dire à l'instant.

Si la sélection naturelle a tant de puissance, a-t-on souvent demandé, pourquoi n'a-t-elle pas donné à certaines espèces telle ou telle conformation qui leur eût été avantageuse ? Mais il serait déraisonnable de demander une réponse précise à des questions de ce genre, si nous réfléchissons à notre ignorance sur le passé de chaque espèce et sur les conditions qui, aujourd'hui, déterminent son abondance et sa distribution. Sauf quelques cas où l'on peut invoquer ces causes spéciales, on ne peut donner ordinairement que des raisons générales. Ainsi, comme il faut nécessairement beaucoup de modifications coordonnées pour adapter une espèce à de nouvelles habitudes d'existence, il a pu arriver souvent que les parties nécessaires n'ont pas varié dans la bonne direction ou jusqu'au degré voulu. L'accroissement numérique a dû, pour beaucoup d'espèces, être limité par des agents de destruction qui étaient étrangers à tout rapport avec certaines conformations ; or, nous nous imaginons que la sélection naturelle aurait dû produire ces conformations parce qu'elles nous paraissent avantageuses pour l'espèce. Mais, dans ce cas, la sélection naturelle n'a pu provoquer les conformations dont il s'agit, parce qu'elles ne jouent aucun rôle dans la lutte pour l'existence. Dans bien des cas, la présence simultanée de conditions complexes, de longue durée, de nature particulière, agissant ensemble, est nécessaire au développement de certaines conformations, et il se peut que les conditions requises se soient rarement présentées simultanément. L'opinion qu'une structure donnée, que nous croyons, souvent à tort, être avantageuse pour une espèce, doit être en toute circonstance le produit de la sélection naturelle, est contraire à ce que nous pouvons comprendre de son mode d'action. M. Mivart ne nie pas que la sélection naturelle n'ait pu effectuer quelque chose ; mais il la regarde comme absolument insuffisante pour expliquer les phénomènes que j'explique par son action. Nous avons déjà discuté ses principaux arguments, nous examinerons les autres plus loin. Ils me paraissent peu démonstratifs et de peu de poids, comparés à ceux que l'on peut invoquer en faveur de la puissance de la sélection naturelle appuyée par les autres agents que j'ai souvent indiqués. Je dois ajouter ici que quelques faits et quelques arguments dont j'ai fait usage dans ce qui précède, ont été cités dans le même but, dans un excellent article récemment publié par la Medico-Chirurgical Review.

Actuellement, presque tous les naturalistes admettent l'évolution sous quelque forme. M. Mivart croit que les espèces changent en vertu « d'une force ou d'une tendance interne », sur la nature de laquelle on ne sait rien. Tous les transformistes admettent que les espèces ont une aptitude à se modifier, mais il me semble qu'il n'y a aucun motif d'invoquer d'autre force interne que la tendance à la variabilité ordinaire, qui a permis à l'homme de produire, à l'aide de la sélection, un grand nombre de races domestiques bien adaptées à leur destination, et qui peut avoir également produit, grâce à la sélection naturelle, par une série de gradations, les races ou les espèces naturelles. Comme nous l'avons déjà expliqué, le résultat final constitue généralement un progrès dans l'organisation ; cependant il se présente un petit nombre de cas où c'est au contraire une rétrogradation.

M. Mivart est, en outre, disposé à croire, et quelques naturalistes partagent son opinion, que les espèces nouvelles se manifestent « subitement et par des modifications paraissant toutes à la fois ». Il suppose, par exemple, que les différences entre l'hipparion tridactyle et le cheval se sont produites brusquement. Il pense qu'il est difficile de croire que l'aile d'un oiseau a pu se développer autrement que par une modification comparativement brusque, de nature marquée et importante ; opinion qu'il applique, sans doute, à la formation des ailes des chauves-souris et des ptérodactyles. Cette conclusion, qui implique d'énormes lacunes et une discontinuité de la série, me paraît improbable au suprême degré.

Les partisans d'une évolution lente et graduelle admettent, bien entendu, que les changements spécifiques ont pu être aussi subits et aussi considérables qu'une simple variation isolée que nous observons à l'état de nature, ou même à l'état domestique. Pourtant, les espèces domestiques ou cultivées étant bien plus variables que les espèces sauvages, il est peu probable que ces dernières aient été affectées aussi souvent par des modifications aussi prononcées et aussi subites que celles qui surgissent accidentellement à l'état domestique. On peut attribuer au retour plusieurs de ces dernières variations ; et les caractères qui reparaissent ainsi avaient probablement été, dans bien des cas, acquis graduellement dans le principe. On peut donner à un plus grand nombre le nom de monstruosités, comme, par exemple, les hommes à six doigts, les hommes porcs-épics, les moutons Ancon, le bétail Niata, etc. ; mais ces caractères diffèrent considérablement de ce qu'ils sont dans les espèces naturelles et jettent peu de lumière sur notre sujet. En excluant de pareils cas de brusques variations, le petit nombre de ceux qui restent pourraient, trouvés à l'état naturel, représenter au plus des espèces douteuses, très rapprochées du type de leurs ancêtres.

Voici les raisons qui me font douter que les espèces naturelles aient éprouvé des changements aussi brusques que ceux qu'on observe accidentellement chez les races domestiques, et qui m'empêchent complètement de croire au procédé bizarre auquel M. Mivart les attribue. L'expérience nous apprend que des variations subites et fortement prononcées s'observent isolément et à intervalles de temps assez éloignés chez nos produits domestiques. Comme nous l'avons déjà expliqué, des variations de ce genre se manifestant à l'état de nature seraient sujettes à disparaître par des causes accidentelles de destruction, et surtout par les croisements subséquents. Nous savons aussi, par l'expérience, qu'à l'état domestique il en est de même, lorsque l'homme ne s'attache pas à conserver et à isoler avec les plus grands soins les individus chez lesquels ont apparu ces variations subites. Il faudrait donc croire nécessairement, d'après la théorie de M. Mivart, et contrairement à toute analogie, que, pour amener l'apparition subite d'une nouvelle espèce, il ait simultanément paru dans un même district beaucoup d'individus étonnamment modifiés. Comme dans le cas où l'homme se livre inconsciemment à la sélection, la théorie de l'évolution graduelle supprime cette difficulté ; l'évolution implique, en effet, la conservation d'un grand nombre d'individus, variant plus ou moins dans une direction favorable, et la destruction d'un grand nombre de ceux qui varient d'une manière contraire.

Il n'y a aucun doute que beaucoup d'espèces se sont développées d'une manière excessivement graduelle. Les espèces et même les genres de nombreuses grandes familles naturelles sont si rapprochés qu'il est souvent difficile de les distinguer les uns des autres. Sur chaque continent, en allant du nord au sud, des terres basses aux régions élevées, etc., nous trouvons une foule d'espèces analogues ou très voisines ; nous remarquons le même fait sur certains continents séparés, mais qui, nous avons toute raison de le croire, ont été autrefois réunis. Malheureusement, les remarques qui précèdent et celles qui vont suivre m'obligent à faire allusion à des sujets que nous aurons à discuter plus loin. Que l'on considère les nombreuses îles entourant un continent et l'on verra combien de leurs habitants ne peuvent être élevés qu'au rang d'espèces douteuses. Il en est de même si nous étudions le passé et si nous comparons les espèces qui viennent de disparaître avec celles qui vivent actuellement dans les mêmes contrées, ou si nous faisons la même comparaison entre les espèces fossiles enfouies dans les étages successifs d'une même couche géologique. Il est évident, d'ailleurs, qu'une foule d'espèces éteintes se rattachent de la manière la plus étroite à d'autres espèces qui existent actuellement, ou qui existaient récemment encore ; or, on ne peut guère soutenir que ces espèces se soient développées d'une façon brusque et soudaine. Il ne faut pas non plus oublier que, lorsqu'au lieu d'examiner les parties spéciales d'espèces distinctes, nous étudions celles des espèces voisines, nous trouvons des gradations nombreuses, d'une finesse étonnante, reliant des structures totalement différentes.

Un grand nombre de faits ne sont compréhensibles qu'à condition que l'on admette le principe que les espèces se sont produites très graduellement ; le fait, par exemple, que les espèces comprises dans les grands genres sont plus rapprochées, et présentent un nombre de variétés beaucoup plus considérable que les espèces des genres plus petits. Les premières sont aussi réunies en petits groupes, comme le sont les variétés autour des espèces avec lesquelles elles offrent d'autres analogies, ainsi que nous l'avons vu dans le deuxième chapitre. Le même principe nous fait comprendre pourquoi les caractères spécifiques sont plus variables que les caractères génériques, et pourquoi les organes développés à un degré extraordinaire varient davantage que les autres parties chez une même espèce. On pourrait ajouter bien des faits analogues, tous tendant dans la même direction.

Bien qu'un grand nombre d'espèces se soient presque certainement formées par des gradations aussi insignifiantes que celles qui séparent les moindres variétés, on pourrait cependant soutenir que d'autres se sont développées brusquement ; mais alors il faudrait apporter des preuves évidentes à l'appui de cette assertion. Les analogies vagues et sous quelques rapports fausses, comme M. Chauncey Wright l'a démontré, qui ont été avancées à l'appui de cette théorie, telles que la cristallisation brusque de substances inorganiques, ou le passage d'une forme polyèdre à une autre par des changements de facettes, ne méritent aucune considération. Il est cependant une classe de faits qui, à première vue, tendraient à établir la possibilité d'un développement subit : c'est l'apparition soudaine d'êtres nouveaux et distincts dans nos formations géologiques. Mais la valeur de ces preuves dépend entièrement de la perfection des documents géologiques relatifs à des périodes très reculées de l'histoire du globe. Or, si ces annales sont aussi fragmentaires que beaucoup de géologues l'affirment, il n'y a rien d'étonnant à ce que de nouvelles formes nous apparaissent comme si elles venaient de se développer subitement.

Aucun argument n'est produit en faveur des brusques modifications par l'absence de chaînons qui puissent combler les lacunes de nos formations géologiques, à moins que nous n'admettons les transformations prodigieuses que suppose M. Mivart, telles que le développement subit des ailes des oiseaux et des chauves-souris ou la brusque conversion de l'hipparion en cheval. Mais l'embryologie nous conduit à protester nettement contre ces modifications subites. Il est notoire que les ailes des oiseaux et des chauves-souris, les jambes des chevaux ou des autres quadrupèdes ne peuvent se distinguer à une période embryonnaire précoce, et qu'elles se différencient ensuite par une marche graduelle insensible. Comme nous le verrons plus tard, les ressemblances embryologiques de tout genre s'expliquent par le fait que les ancêtres de nos espèces existantes ont varié après leur première jeunesse et ont transmis leurs caractères nouvellement acquis à leurs descendants à un âge correspondant. L'embryon, n'étant pas affecté par ces variations, nous représente l'état passé de l'espèce. C'est ce qui explique pourquoi, pendant les premières phases de leur développement, les espèces existantes ressemblent si fréquemment à des formes anciennes et éteintes appartenant à la même classe. Qu'on accepte cette opinion sur la signification des ressemblances embryologiques, ou toute autre manière de voir, il n'est pas croyable qu'un animal ayant subi des transformations aussi importantes et aussi brusques que celles dont nous venons de parler, n'offre pas la moindre trace d'une modification subite pendant son état embryonnaire : or, chaque détail de sa conformation se développe par des phases insensibles.

Quiconque croit qu'une forme ancienne a été subitement transformée par une force ou une tendance interne en une autre forme pourvue d'ailes par exemple, est presque forcé d'admettre, contrairement à toute analogie, que beaucoup d'individus ont dû varier simultanément. Or, on ne peut nier que des modifications aussi subites et aussi considérables ne diffèrent complètement de celles que la plupart des espèces paraissent avoir subies. On serait, en outre, forcé de croire à la production subite de nombreuses conformations admirablement adaptées aux autres parties du corps de l'individu et aux conditions ambiantes, sans pouvoir présenter l'ombre d'une explication relativement à ces coadaptations si compliquées et si merveilleuses. On serait, enfin, obligé d'admettre que ces grandes et brusques transformations n'ont laissé sur l'embryon aucune trace de leur action. Or, admettre tout cela, c'est, selon moi, quitter le domaine de la science pour entrer dans celui des miracles.

Chapitre VIII

INSTINCT.

Les instincts peuvent se comparer aux habitudes, mais ils ont une origine différente. — Gradation des instincts. — Fourmis et pucerons. — Variabilité des instincts. — Instincts domestiques ; leur origine. — Instincts naturels du coucou, de l'autruche et des abeilles parasites. — Instinct esclavagiste des fourmis. — L'abeille ; son instinct constructeur. — Les changements d'instinct et de conformation ne sont pas nécessairement simultanés. — Difficultés de la théorie de la sélection naturelle appliquée aux instincts. — Insectes neutres ou stériles. — Résumé.

Beaucoup d'instincts sont si étonnants que leur développement paraîtra sans doute au lecteur une difficulté suffisante pour renverser toute ma théorie. Je commence par constater que je n'ai pas plus l'intention de rechercher l'origine des facultés mentales que celles de la vie. Nous n'avons, en effet, à nous occuper que des diversités de l'instinct et des autres facultés mentales chez les animaux de la même classe.

Je n'essayerai pas de définir l'instinct. Il serait aisé de démontrer qu'on comprend ordinairement sous ce terme plusieurs actes intellectuels distincts ; mais chacun sait ce que l'on entend lorsque l'on dit que c'est l'instinct qui pousse le coucou à émigrer et à déposer ses œufs dans les nids d'autres oiseaux. On regarde ordinairement comme instinctif un acte accompli par un animal, surtout lorsqu'il est jeune et sans expérience, ou un acte accompli par beaucoup d'individus, de la même manière, sans qu'ils sachent en prévoir le but, alors que nous ne pourrions accomplir ce même acte qu'à l'aide de la réflexion et de la pratique. Mais je pourrais démontrer qu'aucun de ces caractères de l'instinct n'est universel, et que, selon l'expression de Pierre Huber, on peut constater fréquemment, même chez les êtres peu élevés dans l'échelle de la nature, l'intervention d'une certaine dose de jugement ou de raison.

Frédéric Cuvier, et plusieurs des anciens métaphysiciens, ont comparé l'instinct à l'habitude, comparaison qui, à mon avis, donne une notion exacte de l'état mental qui préside à l'exécution d'un acte instinctif, mais qui n'indique rien quant à son origine. Combien d'actes habituels n'exécutons-nous pas d'une façon inconsciente, souvent même contrairement à notre volonté ? La volonté ou la raison peut cependant modifier ces actes. Les habitudes s'associent facilement avec d'autres, ainsi qu'avec certaines heures et avec certains états du corps ; une fois acquises, elles restent souvent constantes toute la vie. On pourrait encore signaler d'autres ressemblances entre les habitudes et l'instinct. De même que l'on récite sans y penser une chanson connue, de même une action instinctive en suit une autre comme par une sorte de rythme ; si l'on interrompt quelqu'un qui chante ou qui récite quelque chose par cœur, il lui faut ordinairement revenir en arrière pour reprendre le fil habituel de la pensée. Pierre Huber a observé le même fait chez une chenille qui construit un hamac très compliqué ; lorsqu'une chenille a conduit son hamac jusqu'au sixième étage, et qu'on la place dans un hamac construit seulement jusqu'au troisième étage, elle achève simplement les quatrième, cinquième et sixième étages de la construction. Mais si on enlève la chenille à un hamac achevé jusqu'au troisième étage, par exemple, et qu'on la place dans un autre achevé jusqu'au sixième, de manière à ce que la plus grande partie de son travail soit déjà faite, au lieu d'en tirer parti, elle semble embarrassée, et, pour l'achever, paraît obligée de repartir du troisième étage où elle en était restée, et elle s'efforce ainsi de compléter un ouvrage déjà fait.

Si nous supposons qu'un acte habituel devienne héréditaire, — ce qui est souvent le cas — la ressemblance de ce qui était primitivement une habitude avec ce qui est actuellement un instinct est telle qu'on ne saurait les distinguer l'un de l'autre. Si Mozart, au lieu de jouer du clavecin à l'âge de trois ans avec fort peu de pratique, avait joué un air sans avoir pratiqué du tout, on aurait pu dire qu'il jouait réellement par instinct. Mais ce serait une grave erreur de croire que la plupart des instincts ont été acquis par habitude dans une génération, et transmis ensuite par hérédité aux générations suivantes. On peut clairement démontrer que les instincts les plus étonnants que nous connaissions, ceux de l'abeille et ceux de beaucoup de fourmis, par exemple, ne peuvent pas avoir été acquis par l'habitude.

Chacun admettra que les instincts sont, en ce qui concerne le bien-être de chaque espèce dans ses conditions actuelles d'existence, aussi importants que la conformation physique. Or, il est tout au moins possible que, dans des milieux différents, de légères modifications de l'instinct puissent être avantageuses à une espèce. Il en résulte que, si l'on peut démontrer que les instincts varient si peu que ce soit, il n'y a aucune difficulté à admettre que la sélection naturelle puisse conserver et accumuler constamment les variations de l'instinct, aussi longtemps qu'elles sont profitables aux individus. Telle est, selon moi, l'origine des instincts les plus merveilleux et les plus compliqués. Il a dû en être des instincts comme des modifications physiques du corps, qui, déterminées et augmentées par l'habitude et l'usage, peuvent s'amoindrir et disparaître par le défaut d'usage. Quant aux effets de l'habitude, je leur attribue, dans la plupart des cas, une importance moindre qu'à ceux de la sélection naturelle de ce que nous pourrions appeler les variations spontanées de l'instinct, — c'est-à-dire des variations produites par ces mêmes causes inconnues qui déterminent de légères déviations dans la conformation physique.

La sélection naturelle ne peut produire aucun instinct complexe autrement que par l'accumulation lente et graduelle de nombreuses variations légères et cependant avantageuses. Nous devrions donc, comme pour la conformation physique, trouver dans la nature, non les degrés transitoires eux-mêmes qui ont abouti à l'instinct complexe actuel — degrés qui ne pourraient se rencontrer que chez les ancêtres directs de chaque espèce — mais quelques vestiges de ces états transitoires dans les lignes collatérales de descendance ; tout au moins devrions-nous pouvoir démontrer la possibilité de transitions de cette sorte ; or, c'est en effet ce que nous pouvons faire. C'est seulement, il ne faut pas l'oublier, en Europe et dans l'Amérique du Nord que les instincts des animaux ont été quelque peu observés ; nous n'avons, en outre, aucun renseignement sur les instincts des espèces éteintes ; j'ai donc été très étonné de voir que nous puissions si fréquemment encore découvrir des transitions entre les instincts les plus simples et les plus compliqués. Les instincts peuvent se trouver modifiés par le fait qu'une même espèce a des instincts divers à diverses périodes de son existence, pendant différentes saisons, ou selon les conditions où elle se trouve placée, etc. ; en pareil cas, la sélection naturelle peut conserver l'un ou l'autre de ces instincts. On rencontre, en effet, dans la nature, des exemples de diversité d'instincts chez une même espèce.

En outre, de même que pour la conformation physique, et d'après ma théorie, l'instinct propre à chaque espèce est utile à cette espèce, et n'a jamais, autant que nous en pouvons juger, été donné à une espèce pour l'avantage exclusif d'autres espèces. Parmi les exemples que je connais d'un animal exécutant un acte dans le seul but apparent que cet acte profite à un autre animal, un des plus singuliers est celui des pucerons, qui cèdent volontairement aux fourmis la liqueur sucrée qu'ils excrètent. C'est Huber qui a observé le premier cette particularité, et les faits suivants prouvent que cet abandon est bien volontaire. Après avoir enlevé toutes les fourmis qui entouraient une douzaine de pucerons placés sur un plant de Rumex, j'empêchai pendant plusieurs heures l'accès de nouvelles fourmis. Au bout de ce temps, convaincu que les pucerons devaient avoir besoin d'excréter, je les examinai à la loupe, puis je cherchai avec un cheveu à les caresser et à les irriter comme le font les fourmis avec leurs antennes, sans qu'aucun d'eux excrétât quoi que ce soit. Je laissai alors arriver une fourmi, qui, à la précipitation de ses mouvements, semblait consciente d'avoir fait une précieuse trouvaille ; elle se mit aussitôt à palper successivement avec ses antennes l'abdomen des différents pucerons ; chacun de ceux-ci, à ce contact, soulevait immédiatement son abdomen et excrétait une goutte limpide de liqueur sucrée que la fourmi absorbait avec avidité. Les pucerons les plus jeunes se comportaient de la même manière ; l'acte était donc instinctif, et non le résultat de l'expérience. Les pucerons, d'après les observations de Huber, ne manifestent certainement aucune antipathie pour les fourmis, et, si celles-ci font défaut, ils finissent par émettre leur sécrétion sans leur concours. Mais, ce liquide étant très visqueux, il est probable qu'il est avantageux pour les pucerons d'en être débarrassés, et que, par conséquent, ils n'excrètent pas pour le seul avantage des fourmis. Bien que nous n'ayons aucune preuve qu'un animal exécute un acte quel qu'il soit pour le bien particulier d'un autre animal, chacun cependant s'efforce de profiter des instincts d'autrui, de même que chacun essaye de profiter de la plus faible conformation physique des autres espèces. De même encore, on ne peut pas considérer certains instincts comme absolument parfaits ; mais, de plus grands détails sur ce point et sur d'autres points analogues n'étant pas indispensables, nous ne nous en occuperons pas ici.

Un certain degré de variation dans les instincts à l'état de nature, et leur transmission par hérédité, sont indispensables à l'action de la sélection naturelle ; je devrais donc donner autant d'exemples que possible, mais l'espace me manque. Je dois me contenter d'affirmer que les instincts varient certainement ; ainsi, l'instinct migrateur varie quant à sa direction et à son intensité et peut même se perdre totalement. Les nids d'oiseaux varient suivant l'emplacement où ils sont construits et suivant la nature et la température du pays habité, mais le plus souvent pour des causes qui nous sont complètement inconnues. Audubon a signalé quelques cas très remarquables de différences entre les nids d'une même espèce habitant le nord et le sud des États-Unis. Si l'instinct est variable, pourquoi l'abeille n'a-t-elle pas la faculté d'employer quelque autre matériel de construction lorsque la cire fait défaut ? Mais quelle autre substance pourrait-elle employer ? Je me suis assuré qu'elles peuvent façonner et utiliser la cire durcie avec du vermillon ou ramollie avec de l'axonge. Andrew Knight a observé que ses abeilles, au lieu de recueillir péniblement du propolis, utilisaient un ciment de cire et de térébenthine dont il avait recouvert des arbres dépouillés de leur écorce. On a récemment prouvé que les abeilles, au lieu de chercher le pollen dans les fleurs, se servent volontiers d'une substance fort différente, le gruau. La crainte d'un ennemi particulier est certainement une faculté instinctive, comme on peut le voir chez les jeunes oiseaux encore dans le nid, bien que l'expérience et la vue de la même crainte chez d'autres animaux tendent à augmenter cet instinct. J'ai démontré ailleurs que les divers animaux habitant les îles désertes n'acquièrent que peu à peu la crainte de l'homme ; nous pouvons observer ce fait en Angleterre même, où tous les gros oiseaux sont beaucoup plus sauvages que les petits, parce que les premiers ont toujours été les plus persécutés. C'est là, certainement, la véritable explication de ce fait ; car, dans les îles inhabitées, les grands oiseaux ne sont pas plus craintifs que les petits ; et la pie, qui est si défiante en Angleterre, ne l'est pas en Norvège, non plus que la corneille mantelée en Egypte.

On pourrait citer de nombreux faits prouvant que les facultés mentales des animaux de la même espèce varient beaucoup à l'état de nature. On a également des exemples d'habitudes étranges qui se présentent occasionnellement chez les animaux sauvages, et qui, si elles étaient avantageuses à l'espèce, pourraient, grâce à la sélection naturelle, donner naissance à de nouveaux instincts. Je sens combien ces affirmations générales, non appuyées par les détails des faits eux-mêmes, doivent faire peu d'impression sur l'esprit du lecteur ; je dois malheureusement me contenter de répéter que je n'avance rien dont je ne possède les preuves absolues.

LES CHANGEMENTS D'HABITUDES OU D'INSTINCT SE TRANSMETTENT PAR HÉRÉDITÉ CHEZ LES ANIMAUX DOMESTIQUES.

L'examen rapide de quelques cas observés chez les animaux domestiques nous permettra d'établir la possibilité ou même la probabilité de la transmission par hérédité des variations de l'instinct à l'état de nature. Nous pourrons apprécier, en même temps, le rôle que l'habitude et la sélection des variations dites spontanées ont joué dans les modifications qu'ont éprouvées les aptitudes mentales de nos animaux domestiques. On sait combien ils varient sous ce rapport. Certains chats, par exemple, attaquent naturellement les rats, d'autres se jettent sur les souris, et ces caractères sont héréditaires. Un chat, selon M. Saint-John, rapportait toujours à la maison du gibier à plumes, un autre des lièvres et des lapins ; un troisième chassait dans les terrains marécageux et attrapait presque chaque nuit quelque bécassine. On pourrait citer un grand nombre de cas curieux et authentiques indiquant diverses nuances de caractère et de goût, ainsi que des habitudes bizarres, en rapport avec certaines dispositions de temps ou de lieu, et devenues héréditaires. Mais examinons les différentes races de chiens. On sait que les jeunes chiens couchants tombent souvent en arrêt et appuient les autres chiens, la première fois qu'on les mène à la chasse ; j'en ai moi-même observé un exemple très frappant. La faculté de rapporter le gibier est aussi héréditaire à un certain degré, ainsi que la tendance chez le chien de berger à courir autour du troupeau et non à la rencontre des moutons. Je ne vois point en quoi ces actes, que les jeunes chiens sans expérience exécutent tous de la même manière, évidemment avec beaucoup de plaisir et sans en comprendre le but — car le jeune chien d'arrêt ne peut pas plus savoir qu'il arrête pour aider son maître, que le papillon blanc ne sait pourquoi il pond ses œufs sur une feuille de chou — je ne vois point, dis je, en quoi ces actes diffèrent essentiellement des vrais instincts. Si nous voyions un jeune loup, non dressé, s'arrêter et demeurer immobile comme une statue, dès qu'il évente sa proie, puis s'avancer lentement avec une démarche toute particulière ; si nous voyions une autre espèce de loup se mettre à courir autour d'un troupeau de daims, de manière à le conduire vers un point déterminé, nous considérerions, sans aucun doute, ces actes comme instinctifs. Les instincts domestiques, comme on peut les appeler, sont certainement moins stables que les instincts naturels ; ils ont subi, en effet, l'influence d'une sélection bien moins rigoureuse, ils ont été transmis pendant une période de bien plus courte durée, et dans des conditions ambiantes bien moins fixes.

Les croisements entre diverses races de chiens prouvent à quel degré les instincts, les habitudes ou le caractère acquis en domesticité sont héréditaires et quel singulier mélange en résulte. Ainsi on sait que le croisement avec un bouledogue a influencé, pendant plusieurs générations, le courage et la ténacité du lévrier ; le croisement avec un lévrier communique à toute une famille de chiens de berger la tendance à chasser le lièvre. Les instincts domestiques soumis ainsi à l'épreuve du croisement ressemblent aux instincts naturels, qui se confondent aussi d'une manière bizarre, et persistent pendant longtemps dans la ligne de descendance ; Le Roy, par exemple, parle d'un chien qui avait un loup pour bisaïeul ; on ne remarquait plus chez lui qu'une seule trace de sa sauvage parenté : il ne venait jamais en ligne droite vers son maître lorsque celui-ci l'appelait.

On a souvent dit que les instincts domestiques n'étaient que des dispositions devenues héréditaires à la suite d'habitudes imposées et longtemps soutenues ; mais cela n'est pas exact. Personne n'aurait jamais songé, et probablement personne n'y serait jamais parvenu, à apprendre à un pigeon à faire la culbute, acte que j'ai vu exécuter par de jeunes oiseaux qui n'avaient jamais aperçu un pigeon culbutant. Nous pouvons croire qu'un individu a été doué d'une tendance à prendre cette étrange habitude et que, par la sélection continue des meilleurs culbutants dans chaque génération successive, cette tendance s'est développée pour en arriver au point où elle en est aujourd'hui. Les culbutants des environs de Glasgow, à ce que m'apprend M. Brent, en sont arrivés à ne pouvoir s'élever de 18 pouces au-dessus du sol sans faire la culbute. On peut mettre en doute qu'on eût jamais songé à dresser les chiens à tomber en arrêt, si un de ces animaux n'avait pas montré naturellement une tendance à le faire ; on sait que cette tendance se présente quelquefois naturellement, et j'ai eu moi-même occasion de l'observer chez un terrier de race pure. L'acte de tomber en arrêt n'est probablement qu'une exagération de la courte pause que fait l'animal qui se ramasse pour s'élancer sur sa proie. La première tendance à l'arrêt une fois manifestée, la sélection méthodique, jointe aux effets héréditaires d'un dressage sévère dans chaque génération successive, a dû rapidement compléter l'œuvre ; la sélection inconsciente concourt d'ailleurs toujours au résultat, car, sans se préoccuper autrement de l'amélioration de la race, chacun cherche naturellement à se procurer les chiens qui chassent le mieux et qui, par conséquent, tombent le mieux en arrêt. L'habitude peut, d'autre part, avoir suffi dans quelques cas ; il est peu d'animaux plus difficiles à apprivoiser que les jeunes lapins sauvages ; aucun animal, au contraire, ne s'apprivoise plus facilement que le jeune lapin domestique ; or, comme je ne puis supposer que la facilité à apprivoiser les jeunes lapins domestiques ait jamais fait l'objet d'une sélection spéciale, il faut bien attribuer la plus grande partie de cette transformation héréditaire d'un état sauvage excessif à l'extrême opposé, à l'habitude et à une captivité prolongée.

Les instincts naturels se perdent à l'état domestique. Certaines races de poules, par exemple, ont perdu l'habitude de couver leurs œufs et refusent même de le faire. Nous sommes si familiarisés avec nos animaux domestiques que nous ne voyons pas à quel point leurs facultés mentales se sont modifiées, et cela d'une manière permanente. On ne peut douter que l'affection pour l'homme ne soit devenue instinctive chez le chien. Les loups, les chacals, les renards, et les diverses espèces félines, même apprivoisées, sont toujours enclins à attaquer les poules, les moutons et les porcs ; cette tendance est incurable chez les chiens qui ont été importés très jeunes de pays comme l'Australie et la Terre de Feu, où les sauvages ne possèdent aucune de ces espèces d'animaux domestiques. D'autre part, il est bien rare que nous soyons obligés d'apprendre à nos chiens, même tout jeunes, à ne pas attaquer les moutons, les porcs ou les volailles. Il n'est pas douteux que cela peut quelquefois leur arriver, mais on les corrige, et s'ils continuent, on les détruit ; de telle sorte que l'habitude ainsi qu'une certaine sélection ont concouru à civiliser nos chiens par hérédité. D'autre part, l'habitude a entièrement fait perdre aux petits poulets cette terreur du chien et du chat qui était sans aucun doute primitivement instinctive chez eux ; le capitaine Hutton m'apprend, en effet, que les jeunes poulets de la souche parente, le Gallus bankiva, lors même qu'ils sont couvés dans l'Inde par une poule domestique, sont d'abord d'une sauvagerie extrême. Il en est de même des jeunes faisans élevés en Angleterre par une poule domestique. Ce n'est pas que les poulets aient perdu toute crainte, mais seulement la crainte des chiens et des chats ; car, si la poule donne le signal du danger, ils la quittent aussitôt (les jeunes dindonneaux surtout), et vont chercher un refuge dans les fourrés du voisinage ; circonstance dont le but évident est de permettre à la mère de s'envoler, comme cela se voit chez beaucoup d'oiseaux terrestres sauvages. Cet instinct, conservé par les poulets, est d'ailleurs inutile à l'état domestique, la poule ayant, par défaut d'usage, perdu presque toute aptitude au vol.

Nous pouvons conclure de là que les animaux réduits en domesticité ont perdu certains instincts naturels et en ont acquis certains autres, tant par l'habitude que par la sélection et l'accumulation qu'a faite l'homme pendant des générations successives, de diverses dispositions spéciales et mentales qui ont apparu d'abord sous l'influence de causes que, dans notre ignorance, nous appelons accidentelles. Dans quelques cas, des habitudes forcées ont seules suffi pour provoquer des modifications mentales devenues héréditaires ; dans d'autres, ces habitudes ne sont entrées pour rien dans le résultat, dû alors aux effets de la sélection, tant méthodique qu'inconsciente ; mais il est probable que, dans la plupart des cas, les deux causes ont dû agir simultanément.

INSTINCTS SPÉCIAUX.

C'est en étudiant quelques cas particuliers que nous arriverons à comprendre comment, à l'état de nature, la sélection a pu modifier les instincts. Je n'en signalerai ici que trois : l'instinct qui pousse le coucou à pondre ses œufs dans les nids d'autres oiseaux, l'instinct qui pousse certaines fourmis à se procurer des esclaves, et la faculté qu'a l'abeille de construire ses cellules. Tous les naturalistes s'accordent avec raison pour regarder ces deux derniers instincts comme les plus merveilleux que l'on connaisse.

Instinct du coucou — Quelques naturalistes supposent que la cause immédiate de l'instinct du coucou est que la femelle ne pond ses œufs qu'à des intervalles de deux ou trois jours ; de sorte que, si elle devait construire son nid et couver elle-même, ses premiers œufs resteraient quelque temps abandonnés, ou bien il y aurait dans le nid des œufs et des oiseaux de différents âges. Dans ce cas, la durée de la ponte et de l'éclosion serait trop longue, l'oiseau émigrant de bonne heure, et le mâle seul aurait probablement à pourvoir aux besoins des premiers oiseaux éclos. Mais le coucou américain se trouve dans ces conditions, car cet oiseau fait lui-même son nid, et on y rencontre en même temps des petits oiseaux et des œufs qui ne sont pas éclos. On a tour à tour affirmé et nié le fait que le coucou américain dépose occasionnellement ses œufs dans les nids d'autres oiseaux ; mais je tiens du docteur Merrell, de l'Iowa, qu'il a une fois trouvé dans l'Illinois, dans le nid d'un geai bleu (Garrulus cristatus), un jeune coucou et un jeune geai ; tous deux avaient déjà assez de plumes pour qu'on pût les reconnaître facilement et sans crainte de se tromper. Je pourrais citer aussi plusieurs cas d'oiseaux d'espèces très diverses qui déposent quelquefois leurs œufs dans les nids d'autres oiseaux. Or, supposons que l'ancêtre du coucou d'Europe ait eu les habitudes de l'espèce américaine, et qu'il ait parfois pondu un œuf dans un nid étranger. Si cette habitude a pu, soit en lui permettant d'émigrer plus tôt, soit pour toute autre cause, être avantageuse à l'oiseau adulte, ou que l'instinct trompé d'une autre espèce ait assuré au jeune coucou de meilleurs soins et une plus grande vigueur que s'il eût été élevé par sa propre mère, obligée de s'occuper à la fois de ses œufs et de petits ayant tous un âge différent, il en sera résulté un avantage tant pour l'oiseau adulte que pour le jeune. L'analogie nous conduit à croire que les petits ainsi élevés ont pu hériter de l'habitude accidentelle et anormale de leur mère, pondre à leur tour leurs œufs dans d'autres nids, et réussir ainsi à mieux élever leur progéniture. Je crois que cette habitude longtemps continuée a fini par amener l'instinct bizarre du coucou. Adolphe Müller a récemment constaté que le coucou dépose parfois ses œufs sur le sol nu, les couve, et nourrit ses petits ; ce fait étrange et rare paraît évidemment être un cas de retour à l'instinct primitif de nidification, depuis longtemps perdu.

On a objecté que je n'avais pas observé chez le coucou d'autres instincts corrélatifs et d'autres adaptations de structure que l'on regarde comme étant en coordination nécessaire. N'ayant jusqu'à présent aucun fait pour nous guider, toute spéculation sur un instinct connu seulement chez une seule espèce eût été inutile. Les instincts du coucou européen et du coucou américain non parasite étaient, jusque tout récemment, les seuls connus ; mais actuellement nous avons, grâce aux observations de M. Ramsay, quelques détails sur trois espèces australiennes, qui pondent aussi dans les nids d'autres oiseaux. Trois points principaux sont à considérer dans l'instinct du coucou : — premièrement, que, à de rares exceptions près, le coucou ne dépose qu'un seul œuf dans un nid, de manière à ce que le jeune, gros et vorace, qui doit en sortir, reçoive une nourriture abondante ; — secondement, que les œufs sont remarquablement petits, à peu près comme ceux de l'alouette, oiseau moins gros d'un quart que le coucou. Le coucou américain non parasite pond des œufs ayant une grosseur normale, nous pouvons donc conclure que ces petites dimensions de l'œuf sont un véritable cas d'adaptation ; — troisièmement, peu après sa naissance, le jeune coucou a l'instinct, la force et une conformation du dos qui lui permettent d'expulser hors du nid ses frères nourriciers, qui périssent de faim et de froid. On a été jusqu'à soutenir que c'était là une sage et bienfaisante disposition, qui, tout en assurant une nourriture abondante au jeune coucou, provoquait la mort de ses frères nourriciers avant qu'ils eussent acquis trop de sensibilité !

Passons aux espèces australiennes. Ces oiseaux ne déposent généralement qu'un œuf dans un même nid, il n'est pas rare cependant d'en trouver deux et même trois dans un nid. Les œufs du coucou bronzé varient beaucoup en grosseur ; ils ont de huit à dix lignes de longueur. Or, s'il y avait eu avantage pour cette espèce à pondre des œufs encore plus petits, soit pour tromper les parents nourriciers, soit plus probablement pour qu'ils éclosent plus vite (car on assure qu'il y a un rapport entre la grosseur de l'œuf et la durée de l'incubation), on peut aisément admettre qu'il aurait pu se former une race ou espèce dont les œufs auraient été de plus en plus petits, car ces œufs auraient eu plus de chances de tourner à bien. M. Ramsay a remarqué que deux coucous australiens, lorsqu'ils pondent dans un nid ouvert, choisissent de préférence ceux qui contiennent déjà des œufs de la même couleur que les leurs. Il y a aussi, chez l'espèce européenne, une tendance vers un instinct semblable, mais elle s'en écarte souvent, car on rencontre des œufs ternes et grisâtres au milieu des œufs bleu verdâtre brillants de la fauvette. Si notre coucou avait invariablement fait preuve de l'instinct en question, on l'aurait certainement ajouté à tous ceux qu'il a dû, prétend-on, nécessairement acquérir ensemble. La couleur des œufs du coucou bronzé australien, selon M. Ramsay, varie extraordinairement ; de sorte qu'à cet égard, comme pour la grosseur, la sélection naturelle aurait certainement pu choisir et fixer toute variation avantageuse.

Le jeune coucou européen chasse ordinairement du nid, trois jours après sa naissance, les petits de ses parents nourriciers. Comme il est encore bien faible à cet âge, M. Gould était autrefois disposé à croire que les parents se chargeaient eux-mêmes de chasser leurs petits. Mais il a dû changer d'opinion à ce sujet, car on a observé un jeune coucou, encore aveugle, et ayant à peine la force de soulever la tête, en train d'expulser du nid ses frères nourriciers. L'observateur replaça un de ces petits dans le nid et le coucou le rejeta dehors. Comment cet étrange et odieux instinct a-t-il pu se produire ? S'il est très important pour le jeune coucou, et c'est probablement le cas, de recevoir après sa naissance le plus de nourriture possible, je ne vois pas grande difficulté à admettre que, pendant de nombreuses générations successives, il ait graduellement acquis le désir aveugle, la force et la conformation la plus propre pour expulser ses compagnons ; en effet, les jeunes coucous doués de cette habitude et de cette conformation sont plus certains de réussir. Il se peut que le premier pas vers l'acquisition de cet instinct n'ait été qu'une disposition turbulente du jeune coucou à un âge un peu plus avancé ; puis, cette habitude s'est développée et s'est transmise par hérédité à un âge beaucoup plus tendre. Cela ne me paraît pas plus difficile à admettre que l'instinct qui porte les jeunes oiseaux encore dans l'œuf à briser la coquille qui les enveloppe, ou que la production, chez les jeunes serpents, ainsi que l'a remarqué Owen, d'une dent acérée temporaire, placée à la mâchoire supérieure, qui leur permet de se frayer un passage au travers de l'enveloppe coriace de l'œuf. Si chaque partie du corps est susceptible de variations individuelles à tout âge, et que ces variations tendent à devenir héréditaires à l'âge correspondant, faits qu'on ne peut contester, les instincts et la conformation peuvent se modifier lentement, aussi bien chez les petits que chez les adultes. Ce sont là deux propositions qui sont à la base de la théorie de la sélection naturelle et qui doivent subsister ou tomber avec elle.

Quelques espèces du genre Molothrus, genre très distinct d'oiseaux américains, voisins de nos étourneaux, ont des habitudes parasites semblables à celles du coucou ; ces espèces présentent des gradations intéressantes dans la perfection de leurs instincts. M. Hudson, excellent observateur, a constaté que les Molothrus badius des deux sexes vivent quelquefois en bandes dans la promiscuité la plus absolue, ou qu'ils s'accouplent quelquefois. Tantôt ils se construisent un nid particulier, tantôt ils s'emparent de celui d'un autre oiseau, en jetant dehors la couvée qu'il contient, et y pondent leurs œufs, ou construisent bizarrement à son sommet un nid à leur usage. Ils couvent ordinairement leurs œufs et élèvent leurs jeunes ; mais M. Hudson dit qu'à l'occasion ils sont probablement parasites, car il a observé des jeunes de cette espèce accompagnant des oiseaux adultes d'une autre espèce et criant pour que ceux-ci leur donnent des aliments. Les habitudes parasites d'une autre espèce de Molothrus, le Molothrus bonariensis, sont beaucoup plus développées, sans être cependant parfaites. Celui-ci, autant qu'on peut le savoir, pond invariablement dans des nids étrangers. Fait curieux, plusieurs se réunissent quelquefois pour commencer la construction d'un nid irrégulier et mal conditionné, placé dans des situations singulièrement mal choisies, sur les feuilles d'un grand chardon par exemple. Toutefois, autant que M. Hudson a pu s'en assurer, ils n'achèvent jamais leur nid. Ils pondent souvent un si grand nombre d'œufs — de quinze à vingt — dans le même nid étranger, qu'il n'en peut éclore qu'un petit nombre. Ils ont de plus l'habitude extraordinaire de crever à coups de bec les œufs qu'ils trouvent dans les nids étrangers sans épargner même ceux de leur propre espèce. Les femelles déposent aussi sur le sol beaucoup d'œufs, qui se trouvent perdus. Une troisième espèce, le Molothrus pecoris de l'Amérique du Nord, a acquis des instincts aussi parfaits que ceux du coucou, en ce qu'il ne pond pas plus d'un œuf dans un nid étranger, ce qui assure l'élevage certain du jeune oiseau. M. Hudson, qui est un grand adversaire de l'évolution, a été, cependant, si frappé de l'imperfection des instincts du Molothrus bonariensis, qu'il se demande, en citant mes paroles : « Faut-il considérer ces habitudes, non comme des instincts créés de toutes pièces, dont a été doué l'animal, mais comme de faibles conséquences d'une loi générale, à savoir : la transition ? »

Différents oiseaux, comme nous l'avons déjà fait remarquer, déposent accidentellement leurs œufs dans les nids d'autres oiseaux. Cette habitude n'est pas très rare chez les gallinacés et explique l'instinct singulier qui s'observe chez l'autruche. Plusieurs autruches femelles se réunissent pour pondre d'abord dans un nid, puis dans un autre, quelques œufs qui sont ensuite couvés par les mâles. Cet instinct provient peut-être de ce que les femelles pondent un grand nombre d'œufs, mais, comme le coucou, à deux ou trois jours d'intervalle. Chez l'autruche américaine toutefois, comme chez le Molothrus bonariensis, l'instinct n'est pas encore arrivé à un haut degré de perfection, car l'autruche disperse ses œufs çà et là en grand nombre dans la plaine, au point que, pendant une journée de chasse, j'ai ramassé jusqu'à vingt de ces œufs perdus et gaspillés.

Il y a des abeilles parasites qui pondent régulièrement leurs œufs dans les nids d'autres abeilles. Ce cas est encore plus remarquable que celui du coucou ; car, chez ces abeilles, la conformation aussi bien que l'instinct s'est modifiée pour se mettre en rapport avec les habitudes parasites ; elles ne possèdent pas, en effet, l'appareil collecteur de pollen qui leur serait indispensable si elles avaient à récolter et à amasser des aliments pour leurs petits. Quelques espèces de sphégides (insectes qui ressemblent aux guêpes) vivent de même en parasites sur d'autres espèces. M. Fabre a récemment publié des observations qui nous autorisent à croire que, bien que le Tachytes nigra creuse ordinairement son propre terrier et l'emplisse d'insectes paralysés destinés à nourrir ses larves, il devient parasite toutes les fois qu'il rencontre un terrier déjà creusé et approvisionné par une autre guêpe et s'en empare. Dans ce cas, comme dans celui du Molothrus et du coucou, je ne vois aucune difficulté à ce que la sélection naturelle puisse rendre permanente une habitude accidentelle, si elle est avantageuse pour l'espèce et s'il n'en résulte pas l'extinction de l'insecte dont on prend traîtreusement le nid et les provisions.

Instinct esclavagiste des fourmis. — Ce remarquable instinct fut d'abord découvert chez la Formica (polyergues) rufescens par Pierre Huber, observateur plus habile peut-être encore que son illustre père. Ces fourmis dépendent si absolument de leurs esclaves, que, sans leur aide, l'espèce s'éteindrait certainement dans l'espace d'une seule année. Les mâles et les femelles fécondes ne travaillent pas ; les ouvrières ou femelles stériles, très énergiques et très courageuses quand il s'agit de capturer des esclaves, ne font aucun autre ouvrage. Elles sont incapables de construire leurs nids ou de nourrir leurs larves. Lorsque le vieux nid se trouve insuffisant et que les fourmis doivent le quitter, ce sont les esclaves qui décident l'émigration ; elles transportent même leurs maîtres entre leurs mandibules. Ces derniers sont complètement impuissants ; Huber en enferma une trentaine sans esclaves, mais abondamment pourvus de leurs aliments de prédilection, outre des larves et des nymphes pour les stimuler au travail ; ils restèrent inactifs et, ne pouvant même pas se nourrir eux-mêmes, la plupart périrent de faim. Huber introduisit alors au milieu d'eux une seule esclave (Formica fusca), qui se mit aussitôt à l'ouvrage, sauva les survivants en leur donnant des aliments, construisit quelques cellules, prit soin des larves, et mit tout en ordre. Peut-on concevoir quelque chose de plus extraordinaire que ces faits bien constatés ? Si nous ne connaissions aucune autre espèce de fourmi douée d'instincts esclavagistes, il serait inutile de spéculer sur l'origine et le perfectionnement d'un instinct aussi merveilleux.

Pierre Huber fut encore le premier à observer qu'une autre espèce, la Formica sanguinea, se procure aussi des esclaves. Cette espèce, qui se rencontre dans les parties méridionales de l'Angleterre, a fait l'objet des études de M. F. Smith, du British Museum, auquel je dois de nombreux renseignements sur ce sujet et sur quelques autres. Plein de confiance dans les affirmations de Huber et de M. Smith, je n'abordai toutefois l'étude de cette question qu'avec des dispositions sceptiques bien excusables, puisqu'il s'agissait de vérifier la réalité d'un instinct aussi extraordinaire. J'entrerai donc dans quelques détails sur les observations que j'ai pu faire à cet égard. J'ai ouvert quatorze fourmilières de Formica sanguinea dans lesquelles j'ai toujours trouvé quelques esclaves appartenant à l'espèce Formica fusca. Les mâles et les femelles fécondes de cette dernière espèce ne se trouvent que dans leurs propres fourmilières, mais jamais dans celles de la Formica sanguinea. Les esclaves sont noires et moitié plus petites que leurs maîtres, qui sont rouges ; le contraste est donc frappant. Lorsqu'on dérange légèrement le nid, les esclaves sortent ordinairement et témoignent, ainsi que leurs maîtres, d'une vive agitation pour défendre la cité ; si la perturbation est très grande et que les larves et les nymphes soient exposées, les esclaves se mettent énergiquement à l'œuvre et aident leurs maîtres à les emporter et à les mettre en sûreté ; il est donc évident que les fourmis esclaves se sentent tout à fait chez elles. Pendant trois années successives, en juin et en juillet, j'ai observé, pendant des heures entières, plusieurs fourmilières dans les comtés de Surrey et de Sussex, et je n'ai jamais vu une seule fourmi esclave y entrer ou en sortir. Comme, à cette époque, les esclaves sont très peu nombreuses, je pensai qu'il pouvait en être autrement lorsqu'elles sont plus abondantes ; mais M. Smith, qui a observé ces fourmilières à différentes heures pendant les mois de mai, juin et août, dans les comtés de Surrey et de Hampshire, m'affirme que, même en août, alors que le nombre des esclaves est très considérable, il n'en a jamais vu une seule entrer ou sortir du nid. Il les considère donc comme des esclaves rigoureusement domestiques. D'autre part, on voit les maîtres apporter constamment à la fourmilière des matériaux de construction, et des provisions de toute espèce. En 1860, au mois de juillet, je découvris cependant une communauté possédant un nombre inusité d'esclaves, et j'en remarquai quelques-unes qui quittaient le nid en compagnie de leurs maîtres pour se diriger avec eux vers un grand pin écossais, éloigné de 25 mètres environ, dont ils firent tous l'ascension, probablement en quête de pucerons ou de coccus. D'après

Huber, qui a eu de nombreuses occasions de les observer en Suisse, les esclaves travaillent habituellement avec les maîtres à la construction de la fourmilière, mais ce sont elles qui, le matin, ouvrent les portes et qui les ferment le soir ; il affirme que leur principale fonction est de chercher des pucerons. Cette différence dans les habitudes ordinaires des maîtres et des esclaves dans les deux pays, provient probablement de ce qu'en Suisse les esclaves sont capturées en plus grand nombre qu'en Angleterre.

J'eus un jour la bonne fortune d'assister à une migration de la Formica sanguinea d'un nid dans un autre ; c'était un spectacle des plus intéressants que de voir les fourmis maîtresses porter avec le plus grand soin leurs esclaves entre leurs mandibules, au lieu de se faire porter par elles comme dans le cas de la Formica rufescens. Un autre jour, la présence dans le même endroit d'une vingtaine de fourmis esclavagistes qui n'étaient évidemment pas en quête d'aliments attira mon attention. Elles s'approchèrent d'une colonie indépendante de l'espèce qui fournit les esclaves, Formica fusca, et furent vigoureusement repoussées par ces dernières, qui se cramponnaient quelquefois jusqu'à trois aux pattes des assaillants. Les Formica sanguinea tuaient sans pitié leurs petits adversaires et emportaient leurs cadavres dans leur nid, qui se trouvait à une trentaine de mètres de distance ; mais elles ne purent pas s'emparer de nymphes pour en faire des esclaves. Je déterrai alors, dans une autre fourmilière, quelques nymphes de la Formica fusca, que je plaçai sur le sol près du lieu du combat ; elles furent aussitôt saisies et enlevées par les assaillants, qui se figurèrent probablement avoir remporté la victoire dans le dernier engagement.

Je plaçai en même temps, sur le même point, quelques nymphes d'une autre espèce, la Formica flava, avec quelques parcelles de leur nid, auxquelles étaient restées attachées quelques-unes de ces petites fourmis jaunes qui sont quelquefois, bien que rarement, d'après M. Smith, réduites en esclavage. Quoique fort petite, cette espèce est très courageuse, et je l'ai vue attaquer d'autres fourmis avec une grande bravoure. Ayant une fois, à ma grande surprise, trouvé une colonie indépendante de Formica flava, à l'abri d'une pierre placée sous une fourmilière de Formica sanguinea, espèce esclavagiste, je dérangeai accidentellement les deux nids ; les deux espèces se trouvèrent en présence et je vis les petites fourmis se précipiter avec un courage étonnant sur leurs grosses voisines. Or, j'étais curieux de savoir si les Formica sanguinea distingueraient les nymphes de la Formica fusca, qui est l'espèce dont elles font habituellement leurs esclaves, de celles de la petite et féroce Formica flava, qu'elles ne prennent que rarement ; je pus constater qu'elles les reconnurent immédiatement. Nous avons vu, en effet, qu'elles s'étaient précipitées sur les nymphes de la Formica fusca pour les enlever aussitôt, tandis qu'elles parurent terrifiées en rencontrant les nymphes et même la terre provenant du nid de la Formica flava, et s'empressèrent de se sauver. Cependant, au bout d'un quart d'heure, quand les petites fourmis jaunes eurent toutes disparu, les autres reprirent courage et revinrent chercher les nymphes.

Un soir que j'examinais une autre colonie de Formica sanguinea, je vis un grand nombre d'individus de cette espèce qui regagnaient leur nid, portant des cadavres de Formica fusca (preuve que ce n'était pas une migration) et une quantité de nymphes. J'observai une longue file de fourmis chargées de butin, aboutissant à 40 mètres en arrière à une grosse touffe de bruyères d'où je vis sortir une dernière Formica sanguinea, portant une nymphe. Je ne pus pas retrouver, sous l'épaisse bruyère, le nid dévasté ; il devait cependant être tout près, car je vis deux ou trois Formica fusca extrêmement agitées, une surtout qui, penchée immobile sur un brin de bruyère, tenant entre ses mandibules une nymphe de son espèce, semblait l'image du désespoir gémissant sur son domicile ravagé.

Tels sont les faits, qui, du reste, n'exigeaient aucune confirmation de ma part, sur ce remarquable instinct qu'ont les fourmis de réduire leurs congénères en esclavage. Le contraste entre les habitudes instinctives de la Formica sanguinea et celles de la Formica rufescens du continent est à remarquer. Cette dernière ne bâtit pas son nid, ne décide même pas ses migrations, ne cherche ses aliments ni pour elle, ni pour ses petits, et ne peut pas même se nourrir ; elle est absolument sous la dépendance de ses nombreux esclaves. La Formica sanguinea, d'autre part, a beaucoup moins d'esclaves, et, au commencement de l'été, elle en a fort peu ; ce sont les maîtres qui décident du moment et du lieu où un nouveau nid devra être construit, et, lorsqu'ils émigrent, ce sont eux qui portent les esclaves. Tant en Suisse qu'en Angleterre, les esclaves paraissent exclusivement chargées de l'entretien des larves ; les maîtres seuls entreprennent les expéditions pour se procurer des esclaves. En Suisse, esclaves et maîtres travaillent ensemble, tant pour se procurer les matériaux du nid que pour l'édifier ; les uns et les autres, mais surtout les esclaves, vont à la recherche des pucerons pour les traire, si l'on peut employer cette expression, et tous recueillent ainsi les aliments nécessaires à la communauté. En Angleterre, les maîtres seuls quittent le nid pour se procurer les matériaux de construction et les aliments indispensables à eux, à leurs esclaves et à leurs larves ; les services que leur rendent leurs esclaves sont donc moins importants dans ce pays qu'ils ne le sont en Suisse.

Je ne prétends point faire de conjectures sur l'origine de cet instinct de la Formica sanguinea. Mais, ainsi que je l'ai observé, les fourmis non esclavagistes emportent quelquefois dans leur nid des nymphes d'autres espèces disséminées dans le voisinage, et il est possible que ces nymphes, emmagasinées dans le principe pour servir d'aliments, aient pu se développer ; il est possible aussi que ces fourmis étrangères élevées sans intention, obéissant à leurs instincts, aient rempli les fonctions dont elles étaient capables. Si leur présence s'est trouvée être utile à l'espèce qui les avait capturées — s'il est devenu plus avantageux pour celle-ci de se procurer des ouvrières au dehors plutôt que de les procréer — la sélection naturelle a pu développer l'habitude de recueillir des nymphes primitivement destinées à servir de nourriture, et l'avoir rendue permanente dans le but bien différent d'en faire des esclaves. Un tel instinct une fois acquis, fût-ce même à un degré bien moins prononcé qu'il ne l'est chez la Formica sanguinea en Angleterre — à laquelle, comme nous l'avons vu, les esclaves rendent beaucoup moins de services qu'ils n'en rendent à la même espèce en Suisse — la sélection naturelle a pu accroître et modifier cet instinct, à condition, toutefois, que chaque modification ait été avantageuse à l'espèce, et produire enfin une fourmi aussi complètement placée sous la dépendance de ses esclaves que l'est la Formica rufescens.

Instinct de la construction des cellules chez l'abeille. — Je n'ai pas l'intention d'entrer ici dans des détails très circonstanciés, je me contenterai de résumer les conclusions auxquelles j'ai été conduit sur ce sujet. Qui peut examiner cette délicate construction du rayon de cire, si parfaitement adapté à son but, sans éprouver un sentiment d'admiration enthousiaste ? Les mathématiciens nous apprennent que les abeilles ont pratiquement résolu un problème des plus abstraits, celui de donner à leurs cellules, en se servant d'une quantité minima de leur précieux élément de construction, la cire, précisément la forme capable de contenir le plus grand volume de miel. Un habile ouvrier, pourvu d'outils spéciaux, aurait beaucoup de peine à construire des cellules en cire identiques à celles qu'exécutent une foule d'abeilles travaillant dans une ruche obscure. Qu'on leur accorde tous les instincts qu'on voudra, il semble incompréhensible que les abeilles puissent tracer les angles et les plans nécessaires et se rendre compte de l'exactitude de leur travail. La difficulté n'est cependant pas aussi énorme qu'elle peut le paraître au premier abord, et l'on peut, je crois, démontrer que ce magnifique ouvrage est le simple résultat d'un petit nombre d'instincts très simples.

C'est à M. Waterhouse que je dois d'avoir étudié ce sujet ; il a démontré que la forme de la cellule est intimement liée à la présence des cellules contiguës ; on peut, je crois, considérer les idées qui suivent comme une simple modification de sa théorie. Examinons le grand principe des transitions graduelles, et voyons si la nature ne nous révèle pas le procédé qu'elle emploie. À l'extrémité d'une série peu étendue, nous trouvons les bourdons, qui se servent de leurs vieux cocons pour y déposer leur miel, en y ajoutant parfois des tubes courts en cire, substance avec laquelle ils façonnent également quelquefois des cellules séparées, très irrégulièrement arrondies. À l'autre extrémité de la série, nous avons les cellules de l'abeille, construites sur deux rangs ; chacune de ces cellules, comme on sait, a la forme d'un prisme hexagonal avec les bases de ses six côtés taillés en biseau de manière à s'ajuster sur une pyramide renversée formée par trois rhombes. Ces rhombes présentent certains angles déterminés et trois des faces, qui forment la base pyramidale de chaque cellule située sur un des côtés du rayon de miel, font également partie des bases de trois cellules contiguës appartenant au côté opposé du rayon. Entre les cellules si parfaites de l'abeille, et la cellule éminemment simple du bourdon, on trouve, comme degré intermédiaire, les cellules de la Melipona domestica du Mexique, qui ont été soigneusement figurées et décrites par Pierre Huber. La mélipone forme elle-même un degré intermédiaire entre l'abeille et le bourdon, mais elle est plus rapprochée de ce dernier. Elle construit un rayon de cire presque régulier, composé de cellules cylindriques, dans lesquelles se fait l'incubation des petits, et elle y joint quelques grandes cellules de cire, destinées à recevoir du miel. Ces dernières sont presque sphériques, de grandeur à peu près égale et agrégées en une masse irrégulière. Mais le point essentiel à noter est que ces cellules sont toujours placées à une distance telle les unes des autres, qu'elles se seraient entrecoupées mutuellement, si les sphères qu'elles constituent étaient complètes, ce qui n'a jamais lieu, l'insecte construisant des cloisons de cire parfaitement droites et planes sur les lignes où les sphères achevées tendraient à s'entrecouper. Chaque cellule est donc extérieurement composée d'une portion sphérique et, intérieurement, de deux, trois ou plus de surfaces planes, suivant que la cellule est elle-même contiguë à deux, trois ou plusieurs cellules. Lorsqu'une cellule repose sur trois autres, ce qui, vu l'égalité de leurs dimensions, arrive souvent et même nécessairement, les trois surfaces planes sont réunies en une pyramide qui, ainsi que l'a remarqué Huber, semble être une grossière imitation des bases pyramidales à trois faces de la cellule de l'abeille. Comme dans celle-ci, les trois surfaces planes de la cellule font donc nécessairement partie de la construction de trois cellules adjacentes. Il est évident que, par ce mode de construction, la mélipone économise de la cire, et, ce qui est plus important, du travail ; car les parois planes qui séparent deux cellules adjacentes ne sont pas doubles, mais ont la même épaisseur que les portions sphériques externes, tout en faisant partie de deux cellules à la fois.

En réfléchissant sur ces faits, je remarquai que si la mélipone avait établi ses sphères à une distance égale les unes des autres, que si elle les avait construites d'égale grandeur et ensuite disposées symétriquement sur deux couches, il en serait résulté une construction probablement aussi parfaite que le rayon de l'abeille. J'écrivis donc à Cambridge, au professeur Miller, pour lui soumettre le document suivant, fait d'après ses renseignements, et qu'il a trouvé rigoureusement exact :

Si l'on décrit un nombre de sphères égales, ayant leur centre placé dans deux plans parallèles, et que le centre de chacune de ces sphères soit à une distance égale au rayon × ou rayon × 1,41421 (ou à une distance un peu moindre) et à semblable distance des centres des sphères adjacentes placées dans le plan opposé et parallèle ; si, alors, on fait passer des plans d'intersection entre les diverses sphères des deux plans, il en résultera une double couche de prismes hexagonaux réunis par des bases pyramidales à trois rhombes, et les rhombes et les côtés des prismes hexagonaux auront identiquement les mêmes angles que les observations les plus minutieuses ont donnés pour les cellules des abeilles. Le professeur Wyman, qui a entrepris de nombreuses et minutieuses observations à ce sujet, m'informe qu'on a beaucoup exagéré l'exactitude du travail de l'abeille ; au point, ajoute-t-il, que, quelle que puisse être la forme type de la cellule, il est bien rare qu'elle soit jamais réalisée.

Nous pouvons donc conclure en toute sécurité que, si les instincts que la mélipone possède déjà, qui ne sont pas très extraordinaires, étaient susceptibles de légères modifications, cet insecte pourrait construire des cellules aussi parfaites que celles de l'abeille. Il suffit de supposer que la mélipone puisse faire des cellules tout à fait sphériques et de grandeur égale ; or, cela ne serait pas très étonnant, car elle y arrive presque déjà ; nous savons, d'ailleurs, qu'un grand nombre d'insectes parviennent à forer dans le bois des trous parfaitement cylindriques, ce qu'ils font probablement en tournant autour d'un point fixe. Il faudrait, il est vrai, supposer encore qu'elle disposât ses cellules dans des plans parallèles, comme elle le fait déjà pour ses cellules cylindriques, et, en outre, c'est là le plus difficile, qu'elle pût estimer exactement la distance à laquelle elle doit se tenir de ses compagnes lorsqu'elles travaillent plusieurs ensemble à construire leurs sphères ; mais, sur ce point encore, la mélipone est déjà à même d'apprécier la distance dans une certaine mesure, puisqu'elle décrit toujours ses sphères de manière à ce qu'elles coupent jusqu'à un certain point les sphères voisines, et qu'elle réunit ensuite les points d'intersection par des cloisons parfaitement planes. Grâce à de semblables modifications d'instincts, qui n'ont en eux-mêmes rien de plus étonnant que celui qui guide l'oiseau dans la construction de son nid, la sélection naturelle a, selon moi, produit chez l'abeille d'inimitables facultés architecturales.

Cette théorie, d'ailleurs, peut être soumise au contrôle de l'expérience. Suivant en cela l'exemple de M. Tegetmeier, j'ai séparé deux rayons en plaçant entre eux une longue et épaisse bande rectangulaire de cire, dans laquelle les abeilles commencèrent aussitôt à creuser de petites excavations circulaires, qu'elles approfondirent et élargirent de plus en plus jusqu'à ce qu'elles eussent pris la forme de petits bassins ayant le diamètre ordinaire des cellules et présentant à l'œil un parfait segment sphérique. J'observai avec un vif intérêt que, partout où plusieurs abeilles avaient commencé à creuser ces excavations près les unes des autres, elles s'étaient placées à la distance voulue pour que, les bassins ayant acquis le diamètre utile, c'est-à-dire celui d'une cellule ordinaire, et en profondeur le sixième du diamètre de la sphère dont ils formaient un segment, leurs bords se rencontrassent. Dès que le travail en était arrivé à ce point, les abeilles cessaient de creuser, et commençaient à élever, sur les lignes d'intersection séparant les excavations, des cloisons de cire parfaitement planes, de sorte que chaque prisme hexagonal s'élevait sur le bord ondulé d'un bassin aplani, au lieu d'être construit sur les arêtes droites des faces d'une pyramide trièdre comme dans les cellules ordinaires.

J'introduisis alors dans la ruche, au lieu d'une bande de cire rectangulaire et épaisse, une lame étroite et mince de la même substance colorée avec du vermillon. Les abeilles commencèrent comme auparavant à excaver immédiatement des petits bassins rapprochés les uns des autres ; mais, la lame de cire étant fort mince, si les cavités avaient été creusées à la même profondeur que dans l'expérience précédente, elles se seraient confondues en une seule et la plaque de cire aurait été perforée de part en part. Les abeilles, pour éviter cet accident, arrêtèrent à temps leur travail d'excavation ; de sorte que, dès que les cavités furent un peu indiquées, le fond consistait en une surface plane formée d'une couche mince de cire colorée et ces bases planes étaient, autant que l'on pourrait en juger, exactement placées dans le plan fictif d'intersection imaginaire passant entre les cavités situées du côté opposé de la plaque de cire. En quelques endroits, des fragments plus ou moins considérables de rhombes avaient été laissés entre les cavités opposées ; mais le travail, vu l'état artificiel des conditions, n'avait pas été bien exécuté. Les abeilles avaient dû travailler toutes à peu près avec la même vitesse, pour avoir rongé circulairement les cavités des deux côtés de la lame de cire colorée, et pour avoir ainsi réussi à conserver des cloisons planes entre les excavations en arrêtant leur travail aux plans d'intersection.

La cire mince étant très flexible, je ne vois aucune difficulté à ce que les abeilles, travaillant des deux côtés d'une lame, s'aperçoivent aisément du moment où elles ont amené la paroi au degré d'épaisseur voulu, et arrêtent à temps leur travail. Dans les rayons ordinaires, il m'a semblé que les abeilles ne réussissent pas toujours à travailler avec la même vitesse des deux côtés ; car j'ai observé, à la base d'une cellule nouvellement commencée, des rhombes à moitié achevés qui étaient légèrement concaves d'un côté et convexes de l'autre, ce qui provenait, je suppose, de ce que les abeilles avaient travaillé plus vite dans le premier cas que dans le second. Dans une circonstance entre autres, je replaçai les rayons dans la ruche, pour laisser les abeilles travailler pendant quelque temps, puis, ayant examiné de nouveau la cellule, je trouvai que la cloison irrégulière avait été achevée et était devenue parfaitement plane ; il était absolument impossible, tant elle était mince, que les abeilles aient pu l'aplanir en rongeant le côté convexe, et je suppose que, dans des cas semblables, les abeilles placées à l'opposé poussent et font céder la cire ramollie par la chaleur jusqu'à ce qu'elle se trouve à sa vraie place, et, en ce faisant, l'aplanissent tout à fait. J'ai fait quelques essais qui me prouvent que l'on obtient facilement ce résultat.

L'expérience précédente faite avec de la cire colorée prouve que, si les abeilles construisaient elles-mêmes une mince muraille de cire, elles pourraient donner à leurs cellules la forme convenable en se tenant à la distance voulue les unes des autres, en creusant avec la même vitesse, et en cherchant à faire des cavités sphériques égales, sans jamais permettre aux sphères de communiquer les unes avec les autres. Or, ainsi qu'on peut s'en assurer, en examinant le bord d'un rayon en voie de construction, les abeilles établissent réellement autour du rayon un mur grossier qu'elles rongent des deux côtés opposés en travaillant toujours circulairement à mesure qu'elles creusent chaque cellule. Elles ne font jamais à la fois la base pyramidale à trois faces de la cellule, mais seulement celui ou ceux de ces rhombes qui occupent l'extrême bord du rayon croissant, et elles ne complètent les bords supérieurs des rhombes que lorsque les parois hexagonales sont commencées. Quelques-unes de ces assertions diffèrent des observations faites par le célèbre Huber, mais je suis certain de leur exactitude, et, si la place me le permettait, je pourrais démontrer qu'elles n'ont rien de contradictoire avec ma théorie.

L'assertion de Huber, que la première cellule est creusée dans une petite muraille de cire à faces parallèles, n'est pas très exacte ; autant toutefois que j'ai pu le voir, le point de départ est toujours un petit capuchon de cire ; mais je n'entrerai pas ici dans tous ces détails. Nous voyons quel rôle important joue l'excavation dans la construction des cellules, mais ce serait une erreur de supposer que les abeilles ne peuvent pas élever une muraille de cire dans la situation voulue, c'est-à-dire sur le plan d'intersection entre deux sphères contiguës. Je possède plusieurs échantillons qui prouvent clairement que ce travail leur est familier. Même dans la muraille ou le rebord grossier de cire qui entoure le rayon en voie de construction, on remarque quelquefois des courbures correspondant par leur position aux faces rhomboïdales qui constituent les bases des cellules futures. Mais, dans tous les cas, la muraille grossière de cire doit, pour être achevée, être considérablement rongée des deux côtés. Le mode de construction employé par les abeilles est curieux ; elles font toujours leur première muraille de cire dix à vingt fois plus épaisse que ne le sera la paroi excessivement mince de la cellule définitive. Les abeilles travaillent comme le feraient des maçons qui, après avoir amoncelé sur un point une certaine masse de ciment, la tailleraient ensuite également des deux côtés, pour ne laisser au milieu qu'une paroi mince sur laquelle ils empileraient à mesure, soit le ciment enlevé sur les côtés, soit du ciment nouveau. Nous aurions ainsi un mur mince s'élevant peu à peu, mais toujours surmonté par un fort couronnement qui, recouvrant partout les cellules à quelque degré d'avancement qu'elles soient parvenues, permet aux abeilles de s'y cramponner et d'y ramper sans endommager les parois si délicates des cellules hexagonales. Ces parois varient beaucoup d'épaisseur, ainsi que le professeur Miller l'a vérifié à ma demande. Cette épaisseur, d'après une moyenne de douze observations faites près du bord du rayon, est de 1/353 de pouce anglais[7] ; tandis que les faces rhomboïdales de la base des cellules sont plus épaisses dans le rapport approximatif de 3 à 2 ; leur épaisseur s'étant trouvée, d'après la moyenne de vingt et une observations, égale à 1/229 de pouce anglais[8]. Par suite du mode singulier de construction que nous venons de décrire, la solidité du rayon va constamment en augmentant, tout en réalisant la plus grande économie possible de cire.

La circonstance qu'une foule d'abeilles travaillent ensemble paraît d'abord ajouter à la difficulté de comprendre le mode de construction des cellules ; chaque abeille, après avoir travaillé un moment à une cellule, passe à une autre, de sorte que, comme Huber l'a constaté, une vingtaine d'individus participent, dès le début, à la construction de la première cellule. J'ai pu rendre le fait évident en couvrant les bords des parois hexagonales d'une cellule, ou le bord extrême de la circonférence d'un rayon en voie de construction, d'une mince couche de cire colorée avec du vermillon. J'ai invariablement reconnu ensuite que la couleur avait été aussi délicatement répandue par les abeilles qu'elle aurait pu l'être au moyen d'un pinceau ; en effet, des parcelles de cire colorée enlevées du point où elles avaient été placées, avaient été portées tout autour sur les bords croissants des cellules voisines. La construction d'un rayon semble donc être la résultante du travail de plusieurs abeilles se tenant toutes instinctivement à une même distance relative les unes des autres, toutes décrivant des sphères égales, et établissant les points d'intersection entre ces sphères, soit en les élevant directement, soit en les ménageant lorsqu'elles creusent. Dans certains cas difficiles, tels que la rencontre sous un certain angle de deux portions de rayon, rien n'est plus curieux que d'observer combien de fois les abeilles démolissent et reconstruisent une même cellule de différentes manières, revenant quelquefois à une forme qu'elles avaient d'abord rejetée.

Lorsque les abeilles peuvent travailler dans un emplacement qui leur permet de prendre la position la plus commode — par exemple une lame de bois placée sous le milieu d'un rayon s'accroissant par le bas, de manière à ce que le rayon

---

[7] 1/353 de pouce anglais = 0mm,07.
[8] 1/229 de pouce anglais = 0mm,11.

doive être établi sur une face de la lame — les abeilles peuvent alors poser les bases de la muraille d'un nouvel hexagone à sa véritable place, faisant saillie au-delà des cellules déjà construites et achevées. Il suffit que les abeilles puissent se placer à la distance voulue entre elles et entre les parois des dernières cellules faites. Elles élèvent alors une paroi de cire intermédiaire sur l'intersection de deux sphères contiguës imaginaires ; mais, d'après ce que j'ai pu voir, elles ne finissent pas les angles d'une cellule en les rongeant, avant que celle-ci et les cellules qui l'avoisinent soient déjà très avancées. Cette aptitude qu'ont les abeilles d'élever, dans certains cas, une muraille grossière entre deux cellules commencées, est importante en ce qu'elle se rattache à un fait qui paraît d'abord renverser la théorie précédente, à savoir, que les cellules du bord externe des rayons de la guêpe sont quelquefois rigoureusement hexagonales, mais le manque d'espace m'empêche de développer ici ce sujet. Il ne me semble pas qu'il y ait grande difficulté à ce qu'un insecte isolé, comme l'est la femelle de la guêpe, puisse façonner des cellules hexagonales en travaillant alternativement à l'intérieur et à l'extérieur de deux ou trois cellules commencées en même temps, en se tenant toujours à la distance relative convenable des parties des cellules déjà commencées, et en décrivant des sphères ou des cylindres imaginaires entre lesquels elle élève des parois intermédiaires.

La sélection naturelle n'agissant que par l'accumulation de légères modifications de conformation ou d'instinct, toutes avantageuses à l'individu par rapport à ses conditions d'existence, on peut se demander avec quelque raison comment de nombreuses modifications successives et graduelles de l'instinct constructeur, tendant toutes vers le plan de construction parfait que nous connaissons aujourd'hui, ont pu être profitables à l'abeille ? La réponse me paraît facile : les cellules construites comme celles de la guêpe et de l'abeille gagnent en solidité, tout en économisant la place, le travail et les matériaux nécessaires à leur construction. En ce qui concerne la formation de la cire, on sait que les abeilles ont souvent de la peine à se procurer suffisamment de nectar, M. Tegetmeier m'apprend qu'il est expérimentalement prouvé que, pour produire 1 livre de cire, une ruche doit consommer de 12 à 15 litres de sucre ; il faut donc, pour produire la quantité de cire nécessaire à la construction de leurs rayons, que les abeilles récoltent et consomment une énorme masse du nectar liquide des fleurs. De plus, un grand nombre d'abeilles demeurent oisives plusieurs jours, pendant que la sécrétion se fait. Pour nourrir pendant l'hiver une nombreuse communauté, une grande provision de miel est indispensable, et la prospérité de la ruche dépend essentiellement de la quantité d'abeilles qu'elle peut entretenir. Une économie de cire est donc un élément de réussite important pour toute communauté d'abeilles, puisqu'elle se traduit par une économie de miel et du temps qu'il faut pour le récolter. Le succès de l'espèce dépend encore, cela va sans dire, indépendamment de ce qui est relatif à la quantité de miel en provision, de ses ennemis, de ses parasites et de causes diverses. Supposons, cependant, que la quantité de miel détermine, comme cela arrive probablement souvent, l'existence en grand nombre dans un pays d'une espèce de bourdon ; supposons encore que, la colonie passant l'hiver, une provision de miel soit indispensable à sa conservation, il n'est pas douteux qu'il serait très avantageux pour le bourdon qu'une légère modification de son instinct le poussât à rapprocher ses petites cellules de manière à ce qu'elles s'entrecoupent, car alors une seule paroi commune pouvant servir à deux cellules adjacentes, il réaliserait une économie de travail et de cire. L'avantage augmenterait toujours si les bourdons, rapprochant et régularisant davantage leurs cellules, les agrégeaient en une seule masse, comme la mélipone ; car, alors, une partie plus considérable de la paroi bornant chaque cellule, servant aux cellules voisines, il y aurait encore une économie plus considérable de travail et de cire. Pour les mêmes raisons, il serait utile à la mélipone qu'elle resserrât davantage ses cellules, et qu'elle leur donnât plus de régularité qu'elles n'en ont actuellement ; car, alors, les surfaces sphériques disparaissant et étant remplacées par des surfaces planes, le rayon de la mélipone serait aussi parfait que celui de l'abeille. La sélection naturelle ne pourrait pas conduire au-delà de ce degré de perfection architectural, car, autant que nous pouvons en juger, le rayon de l'abeille est déjà absolument parfait sous le rapport de l'économie de la cire et du travail.

Ainsi, à mon avis, le plus étonnant de tous les instincts connus, celui de l'abeille, peut s'expliquer par l'action de la sélection naturelle. La sélection naturelle a mis à profit les modifications légères, successives et nombreuses qu'ont subies des instincts d'un ordre plus simple ; elle a ensuite amené graduellement l'abeille à décrire plus parfaitement et plus régulièrement des sphères placées sur deux rangs à égales distances, et à creuser et à élever des parois planes sur les lignes d'intersection. Il va sans dire que les abeilles ne savent pas plus qu'elles décrivent leurs sphères à une distance déterminée les unes des autres, qu'elles ne savent ce que c'est que les divers côtés d'un prisme hexagonal ou les rhombes de sa base. La cause déterminante de l'action de la sélection naturelle a été la construction de cellules solides, ayant la forme et la capacité voulues pour contenir les larves, réalisée avec le minimum de dépense de cire et de travail. L'essaim particulier qui a construit les cellules les plus parfaites avec le moindre travail et la moindre dépense de miel transformé en cire a le mieux réussi, et a transmis ses instincts économiques nouvellement acquis à des essaims successifs qui, à leur tour aussi, ont eu plus de chances en leur faveur dans la lutte pour l'existence.

Objections contre l'application de la théorie de la sélection naturelle aux instincts : insectes neutres et stériles.

On a fait, contre les hypothèses précédentes sur l'origine des instincts, l'objection que « les variations de conformation et d'instinct doivent avoir été simultanées et rigoureusement adaptées les unes aux autres, car toute modification dans l'une, sans un changement correspondant immédiat dans l'autre, aurait été fatale. » La valeur de cette objection repose entièrement sur la supposition que les changements, soit de la conformation, soit de l'instinct, se produisent subitement. Prenons pour exemple le cas de la grande mésange (Parus major), auquel nous avons fait allusion dans un chapitre précédent ; cet oiseau, perché sur une branche, tient souvent entre ses pattes les graines de l'if qu'il frappe avec son bec jusqu'à ce qu'il ait mis l'amande à nu. Or, ne peut-on concevoir que la sélection naturelle ait conservé toutes les légères variations individuelles survenues dans la forme du bec, variations tendant à le mieux adapter à ouvrir les graines, pour produire enfin un bec aussi bien conformé dans ce but que celui de le sittelle, et qu'en même temps, par habitude, par nécessité, ou par un changement spontané de goût, l'oiseau se nourrisse de plus en plus de graines ? On suppose, dans ce cas, que la sélection naturelle a modifié lentement la forme du bec, postérieurement à quelques lents changements dans les habitudes et les goûts, afin de mettre la conformation en harmonie avec ces derniers. Mais que, par exemple, les pattes de la mésange viennent à varier et à grossir par suite d'une corrélation avec le bec ou en vertu de toute autre cause inconnue, il n'est pas improbable que cette circonstance serait de nature à rendre l'oiseau de plus en plus grimpeur, et que, cet instinct se développant toujours davantage, il finisse par acquérir les aptitudes et les instincts remarquables de la sittelle. On suppose, dans ce cas, une modification graduelle de conformation qui conduit à un changement dans les instincts. Pour prendre un autre exemple : il est peu d'instincts plus remarquables que celui en vertu duquel la salangane de l'archipel de la Sonde construit entièrement son nid avec de la salive durcie. Quelques oiseaux construisent leur nid avec de la boue qu'on croit être délayée avec de la salive, et un martinet de l'Amérique du Nord construit son nid, ainsi que j'ai pu m'en assurer, avec de petites baguettes agglutinées avec de la salive et même avec des plaques de salive durcie. Est-il donc très improbable que la sélection naturelle de certains individus sécrétant une plus grande quantité de salive ait pu amener la production d'une espèce dont l'instinct la pousse à négliger d'autres matériaux et à construire son nid exclusivement avec de la salive durcie ? Il en est de même dans beaucoup d'autres cas. Nous devons toutefois reconnaître que, le plus souvent, il nous est impossible de savoir si l'instinct ou la conformation a varié le premier.

On pourrait, sans aucun doute, opposer à la théorie de la sélection naturelle un grand nombre d'instincts qu'il est très difficile d'expliquer ; il en est, en effet, dont nous ne pouvons comprendre l'origine ; pour d'autres, nous ne connaissons aucun des degrés de transition par lesquels ils ont passé ; d'autres sont si insignifiants, que c'est à peine si la sélection naturelle a pu exercer quelque action sur eux ; d'autres, enfin, sont presque identiques chez des animaux trop éloignés les uns des autres dans l'échelle des êtres pour qu'on puisse supposer que cette similitude soit l'héritage d'un ancêtre commun, et il faut, par conséquent, les regarder comme acquis indépendamment en vertu de l'action de la sélection naturelle. Je ne puis étudier ici tous ces cas divers, je m'en tiendrai à une difficulté toute spéciale qui, au premier abord, me parut assez insurmontable pour renverser ma théorie. Je veux parler des neutres ou femelles stériles des communautés d'insectes. Ces neutres, en effet, ont souvent des instincts et une conformation tout différents de ceux des mâles et des femelles fécondes, et, cependant, vu leur stérilité, elles ne peuvent propager leur race.

Ce sujet mériterait d'être étudié à fond ; toutefois, je n'examinerai ici qu'un cas spécial : celui des fourmis ouvrières ou fourmis stériles. Comment expliquer la stérilité de ces ouvrières ? c'est déjà là une difficulté ; cependant cette difficulté n'est pas plus grande que celle que comportent d'autres modifications un peu considérables de conformation ; on peut, en effet, démontrer que, à l'état de nature, certains insectes et certains autres animaux articulés peuvent parfois devenir stériles. Or, si ces insectes vivaient en société, et qu'il soit avantageux pour la communauté qu'annuellement un certain nombre de ses membres naissent aptes au travail, mais incapables de procréer, il est facile de comprendre que ce résultat a pu être amené par la sélection naturelle. Laissons, toutefois, de côté ce premier point. La grande difficulté gît surtout dans les différences considérables qui existent entre la conformation des fourmis ouvrières et celle des individus sexués ; le thorax des ouvrières a une conformation différente ; elles sont dépourvues d'ailes et quelquefois elles n'ont pas d'yeux ; leur instinct est tout différent. S'il ne s'agissait que de l'instinct, l'abeille nous aurait offert l'exemple de la plus grande différence qui existe sous ce rapport entre les ouvrières et les femelles parfaites. Si la fourmi ouvrière ou les autres insectes neutres étaient des animaux ordinaires, j'aurais admis sans hésitation que tous leurs caractères se sont accumulés lentement grâce à la sélection naturelle ; c'est-à-dire que des individus nés avec quelques modifications avantageuses, les ont transmises à leurs descendants, qui, variant encore, ont été choisis à leur tour, et ainsi de suite. Mais la fourmi ouvrière est un insecte qui diffère beaucoup de ses parents et qui cependant est complètement stérile ; de sorte que la fourmi ouvrière n'a jamais pu transmettre les modifications de conformation ou d'instinct qu'elle a graduellement acquises. Or, comment est-il possible de concilier ce fait avec la théorie de la sélection naturelle ?

Rappelons-nous d'abord que de nombreux exemples empruntés aux animaux tant à l'état domestique qu'à l'état de nature, nous prouvent qu'il y a toutes sortes de différences de conformations héréditaires en corrélation avec certains âges et avec l'un ou l'autre sexe. Il y a des différences qui sont en corrélation non seulement avec un seul sexe, mais encore avec la courte période pendant laquelle le système reproducteur est en activité ; le plumage nuptial de beaucoup d'oiseaux, et le crochet de la mâchoire du saumon mâle. Il y a même de légères différences, dans les cornes de diverses races de bétail, qui accompagnent un état imparfait artificiel du sexe mâle ; certains bœufs, en effet, ont les cornes plus longues que celles de bœufs appartenant à d'autres races, relativement à la longueur de ces mêmes appendices, tant chez les taureaux que chez les vaches appartenant aux mêmes races. Je ne vois donc pas grande difficulté à supposer qu'un caractère finit par se trouver en corrélation avec l'état de stérilité qui caractérise certains membres des communautés d'insectes ; la vraie difficulté est d'expliquer comment la sélection naturelle a pu accumuler de semblables modifications corrélatives de structure.

Insurmontable, au premier abord, cette difficulté s'amoindrit et disparaît même, si l'on se rappelle que la sélection s'applique à la famille aussi bien qu'à l'individu, et peut ainsi atteindre le but désiré. Ainsi, les éleveurs de bétail désirent que, chez leurs animaux, le gras et le maigre soient bien mélangés : l'animal qui présentait ces caractères bien développés est abattu ; mais l'éleveur continue à se procurer des individus de la même souche, et réussit. On peut si bien se fier à la sélection, qu'on pourrait probablement former, à la longue, une race de bétail donnant toujours des bœufs à cornes extraordinairement longues, en observant soigneusement quels individus, taureaux et vaches, produisent, par leur accouplement, les bœufs aux cornes les plus longues, bien qu'aucun bœuf ne puisse jamais propager son espèce. Voici, d'ailleurs, un excellent exemple : selon M. Verlot, quelques variétés de la giroflée annuelle double, ayant été longtemps soumises à une sélection convenable, donnent toujours, par semis, une forte proportion de plantes portant des fleurs doubles et entièrement stériles, mais aussi quelques fleurs simples et fécondes. Ces dernières fleurs seules assurent la propagation de la variété, et peuvent se comparer aux fourmis fécondes mâles et femelles, tandis que les fleurs doubles et stériles peuvent se comparer aux fourmis neutres de la même communauté. De même que chez les variétés de la giroflée, la sélection, chez les insectes vivant en société, exerce son action non sur l'individu, mais sur la famille, pour atteindre un résultat avantageux. Nous pouvons donc conclure que de légères modifications de structure ou d'instinct, en corrélation avec la stérilité de certains membres de la colonie, se sont trouvées être avantageuses à celles-ci ; en conséquence, les mâles et les femelles fécondes ont prospéré et transmis à leur progéniture féconde là même tendance à produire des membres stériles présentant les mêmes modifications. C'est grâce à la répétition de ce même procédé que s'est peu à peu accumulée la prodigieuse différence qui existe entre les femelles stériles et les femelles fécondes de la même espèce, différence que nous remarquons chez tant d'insectes vivant en société.

Il nous reste à aborder le point le plus difficile, c'est-à-dire le fait que les neutres, chez diverses espèces de fourmis, diffèrent non seulement des mâles et des femelles fécondes, mais encore diffèrent les uns des autres, quelquefois à un degré presque incroyable, et au point de former deux ou trois castes. Ces castes ne se confondent pas les unes avec les autres, mais sont parfaitement bien définies, car elles sont aussi distinctes les unes des autres que peuvent l'être deux espèces d'un même genre, ou plutôt deux genres d'une même famille. Ainsi, chez les Eciton, il y a des neutres ouvriers et soldats, dont les mâchoires et les instincts diffèrent extraordinairement ; chez les Cryptocerus, les ouvrières d'une caste portent sur la tête un curieux bouclier, dont l'usage est tout à fait inconnu ; chez les Myrmecocystus du Mexique, les ouvrières d'une caste ne quittent jamais le nid ; elles sont nourries par les ouvrières d'une autre caste, et ont un abdomen énormément développé, qui sécrète une sorte de miel, suppléant à celui que fournissent les pucerons que nos fourmis européennes conservent en captivité, et qu'on pourrait regarder comme constituant pour elles un vrai bétail domestique.

On m'accusera d'avoir une confiance présomptueuse dans le principe de la sélection naturelle, car je n'admets pas que des faits aussi étonnants et aussi bien constatés doivent renverser d'emblée ma théorie. Dans le cas plus simple, c'est-à-dire là où il n'y a qu'une seule caste d'insectes neutres que, selon moi, la sélection naturelle a rendus différents des femelles et des mâles féconds, nous pouvons conclure, d'après l'analogie avec les variations ordinaires, que les modifications légères, successives et avantageuses n'ont pas surgi chez tous les neutres d'un même nid, mais chez quelques-uns seulement ; et que, grâce à la persistance des colonies pourvues de femelles produisant le plus grand nombre de neutres ainsi avantageusement modifiés, les neutres ont fini par présenter tous le même caractère. Nous devrions, si cette manière de voir est fondée, trouver parfois, dans un même nid, des insectes neutres présentant des gradations de structure ; or, c'est bien ce qui arrive, assez fréquemment même, si l'on considère que, jusqu'à présent, on n'a guère étudié avec soin les insectes neutres en dehors de l'Europe. M. F. Smith a démontré que, chez plusieurs fourmis d'Angleterre, les neutres diffèrent les uns des autres d'une façon surprenante par la taille et quelquefois par la couleur ; il a démontré en outre, que l'on peut rencontrer, dans un même nid, tous les individus intermédiaires qui relient les formes les plus extrêmes, ce que j'ai pu moi-même vérifier. Il se trouve quelquefois que les grandes ouvrières sont plus nombreuses dans un nid que les petites ou réciproquement ; tantôt les grandes et les petites sont abondantes, tandis que celles de taille moyenne sont rares. La Formica flava a des ouvrières grandes et petites, outre quelques-unes de taille moyenne ; chez cette espèce, d'après les observations de M. F. Smith, les grandes ouvrières ont des yeux simples ou ocellés, bien visibles quoique petits, tandis que ces mêmes organes sont rudimentaires chez les petites ouvrières. Une dissection attentive de plusieurs ouvrières m'a prouvé que les yeux sont, chez les petites, beaucoup plus rudimentaires que ne le comporte l'infériorité de leur taille, et je crois, sans que je veuille l'affirmer d'une manière positive, que les ouvrières de taille moyenne ont aussi des yeux présentant des caractères intermédiaires. Nous avons donc, dans ce cas, deux groupes d'ouvrières stériles dans un même nid, différant non seulement par la taille, mais encore par les organes de la vision, et reliées par quelques individus présentant des caractères intermédiaires. J'ajouterai, si l'on veut bien me permettre cette digression, que, si les ouvrières les plus petites avaient été les plus utiles à la communauté, la sélection aurait porté sur les mâles et les femelles produisant le plus grand nombre de ces petites ouvrières, jusqu'à ce qu'elles le devinssent toutes ; il en serait alors résulté une espèce de fourmis dont les neutres seraient à peu près semblables à celles des Myrmica. Les ouvrières des myrmica, en effet, ne possèdent même pas les rudiments des yeux, bien que les mâles et les femelles de ce genre aient des yeux simples et bien développés.

Je puis citer un autre cas. J'étais si certain de trouver des gradations portant sur beaucoup de points importants de la conformation des diverses castes de neutres d'une même espèce, que j'acceptai volontiers l'offre que me fit M. F. Smith de me remettre un grand nombre d'individus pris dans un même nid de l'Anomma, fourmi de l'Afrique occidentale. Le lecteur jugera peut-être mieux des différences existant chez ces ouvrières d'après des termes de comparaison exactement proportionnels, que d'après des mesures réelles : cette différence est la même que celle qui existerait dans un groupe de maçons dont les uns n'auraient que 5 pieds 4 pouces, tandis que les autres auraient 6 pieds ; mais il faudrait supposer, en outre, que ces derniers auraient la tête quatre fois au lieu de trois fois plus grosse que celle des petits hommes et des mâchoires près de cinq fois aussi grandes. De plus, les mâchoires des fourmis ouvrières de diverses grosseurs diffèrent sous le rapport de la forme et par le nombre des dents. Mais le point important pour nous, c'est que, bien qu'on puisse grouper ces ouvrières en castes ayant des grosseurs diverses, cependant ces groupes se confondent les uns dans les autres, tant sous le rapport de la taille que sous celui de la conformation de leurs mâchoires. Des dessins faits à la chambre claire par sir J. Lubbock, d'après les mâchoires que j'ai disséquées sur des ouvrières de différente grosseur, démontrent incontestablement ce fait. Dans son intéressant ouvrage, le Naturaliste sur les Amazones, M. Bates a décrit des cas analogues.

En présence de ces faits, je crois que la sélection naturelle, en agissant sur les fourmis fécondes ou parentes, a pu amener la formation d'une espèce produisant régulièrement des neutres, tous grands, avec des mâchoires ayant une certaine forme, ou tous petits, avec des mâchoires ayant une tout autre conformation, ou enfin, ce qui est le comble de la difficulté, à la fois des ouvrières d'une grandeur et d'une structure données et simultanément d'autres ouvrières différentes sous ces deux rapports ; une série graduée a dû d'abord se former, comme dans le cas de l'Anomma, puis les formes extrêmes se sont développées en nombre toujours plus considérable, grâce à la persistance des parents qui les procréaient, jusqu'à ce qu'enfin la production des formes intermédiaires ait cessé.

M. Wallace a proposé une explication analogue pour le cas également complexe de certains papillons de l'archipel Malais dont les femelles présentent régulièrement deux et même trois formes distinctes. M. Fritz Müller a recours à la même argumentation relativement à certains crustacés du Brésil, chez lesquels on peut reconnaître deux formes très différentes chez les mâles. Mais il n'est pas nécessaire d'entrer ici dans une discussion approfondie de ce sujet.

Je crois avoir, dans ce qui précède, expliqué comment s'est produit ce fait étonnant, que, dans une même colonie, il existe deux castes nettement distinctes d'ouvrières stériles, très différentes les unes des autres ainsi que de leurs parents. Nous pouvons facilement comprendre que leur formation a dû être aussi avantageuse aux fourmis vivant en société que le principe de la division du travail peut être utile à l'homme civilisé. Les fourmis, toutefois, mettent en œuvre des instincts, des organes ou des outils héréditaires, tandis que l'homme se sert pour travailler de connaissances acquises et d'instruments fabriqués. Mais je dois avouer que, malgré toute la foi que j'ai en la sélection naturelle, je ne me serais jamais attendu qu'elle pût amener des résultats aussi importants, si je n'avais été convaincu par l'exemple des insectes neutres. Je suis donc entré, sur ce sujet, dans des détails un peu plus circonstanciés, bien qu'encore insuffisants, d'abord pour faire comprendre la puissance de la sélection naturelle, et, ensuite, parce qu'il s'agissait d'une des difficultés les plus sérieuses que ma théorie ait rencontrées. Le cas est aussi des plus intéressants, en ce qu'il prouve que, chez les animaux comme chez les plantes, une somme quelconque de modifications peut être réalisée par l'accumulation de variations spontanées, légères et nombreuses, pourvu qu'elles soient avantageuses, même en dehors de toute intervention de l'usage ou de l'habitude. En effet, les habitudes particulières propres aux femelles stériles ou neutres, quelque durée qu'elles aient eue, ne pourraient, en aucune façon, affecter les mâles ou les femelles qui seuls laissent des descendants. Je suis étonné que personne n'ait encore songé à arguer du cas des insectes neutres contre la théorie bien connue des habitudes héréditaires énoncée par Lamarck.

RÉSUMÉ.

J'ai cherché, dans ce chapitre, à démontrer brièvement que les habitudes mentales de nos animaux domestiques sont variables, et que leurs variations sont héréditaires. J'ai aussi, et plus brièvement encore, cherché à démontrer que les instincts peuvent légèrement varier à l'état de nature. Comme on ne peut contester que les instincts de chaque animal ont pour lui une haute importance, il n'y a aucune difficulté à ce que, sous l'influence de changements dans les conditions d'existence, la sélection naturelle puisse accumuler à un degré quelconque de légères modification de l'instinct, pourvu qu'elles présentent quelque utilité. L'usage et le défaut d'usage ont probablement joué un rôle dans certains cas. Je ne prétends point que les faits signalés dans ce chapitre viennent appuyer beaucoup ma théorie, mais j'estime aussi qu'aucune des difficultés qu'ils soulèvent n'est de nature à la renverser. D'autre part, le fait que les instincts ne sont pas toujours parfaits et sont quelquefois sujets à erreur ; — qu'aucun instinct n'a été produit pour l'avantage d'autres animaux, bien que certains animaux tirent souvent un parti avantageux de l'instinct des autres ; — que l'axiome : Natura non facit saltum, aussi bien applicable aux instincts qu'à la conformation physique, s'explique tout simplement d'après la théorie développée ci-dessus, et autrement reste inintelligible, — sont autant de points qui tendent à corroborer la théorie de la sélection naturelle.

Quelques autres faits relatifs aux instincts viennent encore à son appui ; le cas fréquent, par exemple, d'espèces voisines mais distinctes, habitant des parties éloignées du globe, et vivant dans des conditions d'existence fort différentes, qui, cependant, ont conservé à peu près les mêmes instincts. Ainsi, il nous devient facile de comprendre comment, en vertu du principe d'hérédité, la grive de la partie tropicale de l'Amérique méridionale tapisse son nid de boue, comme le fait la grive en Angleterre ; comment il se fait que les calaos de l'Afrique et de l'Inde ont le même instinct bizarre d'emprisonner les femelles dans un trou d'arbre, en ne laissant qu'une petite ouverture à travers laquelle les mâles donnent la pâture à la mère et à ses petits ; comment encore le roitelet mâle (Troglodytes) de l'Amérique du Nord construit des « nids de coqs » dans lesquels il perche, comme le mâle de notre roitelet — habitude qui ne se remarque chez aucun autre oiseau connu. Enfin, en admettant même que la déduction ne soit pas rigoureusement logique, il est infiniment plus satisfaisant de considérer certains instincts, tels que celui qui pousse le jeune coucou à expulser du nid ses frères de lait, — les fourmis à se procurer des esclaves, — les larves d'ichneumon à dévorer l'intérieur du corps des chenilles vivantes, — non comme le résultat d'actes créateurs spéciaux, mais comme de petites conséquences d'une loi générale, ayant pour but le progrès de tous les êtres organisés, c'est-à-dire leur multiplication, leur variation, la persistance du plus fort et l'élimination du plus faible.

Chapitre IX

HYBRIDITÉ.

Distinction entre la stérilité des premiers croisements et celle des hybrides. — La stérilité est variable en degré, pas universelle, affectée par la consanguinité rapprochée, supprimée par la domestication. — Lois régissant la stérilité des hybrides. — La stérilité n'est pas un caractère spécial, mais dépend d'autres différences et n'est pas accumulée par la sélection naturelle. — Causes de la stérilité des hybrides et des premiers croisements. — Parallélisme entre les effets des changements dans les conditions d'existence et ceux du croisement. — Dimorphisme et trimorphisme. — La fécondité des variétés croisées et de leurs descendants métis n'est pas universelle. — Hybrides et métis comparés indépendamment de leur fécondité. — Résumé.

Les naturalistes admettent généralement que les croisements entre espèces distinctes ont été frappés spécialement de stérilité pour empêcher qu'elles ne se confondent. Cette opinion, au premier abord, paraît très probable, car les espèces d'un même pays n'auraient guère pu se conserver distinctes, si elles eussent été susceptibles de s'entrecroiser librement. Ce sujet a pour nous une grande importance, surtout en ce sens que la stérilité des espèces, lors d'un premier croisement, et celle de leur descendance hybride, ne peuvent pas provenir, comme je le démontrerai, de la conservation de degrés successifs et avantageux de stérilité. La stérilité résulte de différences dans le système reproducteur des espèces parentes.

On a d'ordinaire, en traitant ce sujet, confondu deux ordres de faits qui présentent des différences fondamentales et qui sont, d'une part, la stérilité de l'espèce à la suite d'un premier croisement, et, d'autre part, celle des hybrides qui proviennent de ces croisements.

Le système reproducteur des espèces pures est, bien entendu, en parfait état, et cependant, lorsqu'on les entrecroise, elles ne produisent que peu ou point de descendants. D'autre part, les organes reproducteurs des hybrides sont fonctionnellement impuissants, comme le prouve clairement l'état de l'élément mâle, tant chez les plantes que chez les animaux, bien que les organes eux-mêmes, autant que le microscope permet de le constater, paraissent parfaitement conformés. Dans le premier cas, les deux éléments sexuels qui concourent à former l'embryon sont complets ; dans le second, ils sont ou complètement rudimentaires ou plus ou moins atrophiés. Cette distinction est importante, lorsqu'on en vient à considérer la cause de la stérilité, qui est commune aux deux cas ; on l'a négligée probablement parce que, dans l'un et l'autre cas, on regardait la stérilité comme le résultat d'une loi absolue dont les causes échappaient à notre intelligence.

La fécondité des croisements entre variétés, c'est-à-dire entre des formes qu'on sait ou qu'on suppose descendues de parents communs, ainsi que la fécondité entre leurs métis, est, pour ma théorie, tout aussi importante que la stérilité des espèces ; car il semble résulter de ces deux ordres de phénomènes une distinction bien nette et bien tranchée entre les variétés et les espèces.

DEGRÉS DE STÉRILITÉ.

Examinons d'abord la stérilité des croisements entre espèces, et celle de leur descendance hybride. Deux observateurs consciencieux, Kölreuter et Gärtner, ont presque voué leur vie à l'étude de ce sujet, et il est impossible de lire les mémoires qu'ils ont consacrés à cette question sans acquérir la conviction profonde que les croisements entre espèces sont, jusqu'à un certain point, frappés de stérilité. Kölreuter considère cette loi comme universelle, mais cet auteur tranche le nœud de la question, car, par dix fois, il n'a pas hésité à considérer comme des variétés deux formes parfaitement fécondes entre elles et que la plupart des auteurs regardent comme des espèces distinctes. Gärtner admet aussi l'universalité de la loi, mais il conteste la fécondité complète dans les dix cas cités par Kölreuter. Mais, dans ces cas comme dans beaucoup d'autres, il est obligé de compter soigneusement les graines, pour démontrer qu'il y a bien diminution de fécondité. Il compare toujours le nombre maximum des graines produites par le premier croisement entre deux espèces, ainsi que le maximum produit par leur postérité hybride, avec le nombre moyen que donnent, à l'état de nature, les espèces parentes pures. Il introduit ainsi, ce me semble, une grave cause d'erreur ; car une plante, pour être artificiellement fécondée, doit être soumise à la castration ; et, ce qui est souvent plus important, doit être enfermée pour empêcher que les insectes ne lui apportent du pollen d'autres plantes. Presque toutes les plantes dont Gärtner s'est servi pour ses expériences étaient en pots et placées dans une chambre de sa maison. Or, il est certain qu'un pareil traitement est souvent nuisible à la fécondité des plantes, car Gärtner indique une vingtaine de plantes qu'il féconda artificiellement avec leur propre pollen après les avoir châtrées (il faut exclure les cas comme ceux des légumineuses, pour lesquelles la manipulation nécessaire est très difficile), et la moitié de ces plantes subirent une diminution de fécondité. En outre, comme Gärtner a croisé bien des fois certaines formes, telles que le mouron rouge et le mouron bleu (Anagallis arvensis et Anagallis cærulea), que les meilleurs botanistes regardent comme des variétés, et qu'il les a trouvées absolument stériles, on peut douter qu'il y ait réellement autant d'espèces stériles, lorsqu'on les croise, qu'il paraît le supposer.

Il est certain, d'une part, que la stérilité des diverses espèces croisées diffère tellement en degré, et offre tant de gradations insensibles ; que, d'autre part, la fécondité des espèces pures est si aisément affectée par différentes circonstances, qu'il est, en pratique, fort difficile de dire où finit la fécondité parfaite et où commence la stérilité. On ne saurait, je crois, trouver une meilleure preuve de ce fait que les conclusions diamétralement opposées, à l'égard des mêmes espèces, auxquelles en sont arrivés les deux observateurs les plus expérimentés qui aient existé, Kölreuter et Gärtner. Il est aussi fort instructif de comparer — sans entrer dans des détails qui ne sauraient trouver ici la place nécessaire — les preuves présentées par nos meilleurs botanistes sur la question de savoir si certaines formes douteuses sont des espèces ou des variétés, avec les preuves de fécondité apportées par divers horticulteurs qui ont cultivé des hybrides, ou par un même horticulteur, après des expériences faites à des époques différentes. On peut démontrer ainsi que ni la stérilité ni la fécondité ne fournissent aucune distinction certaine entre les espèces et les variétés. Les preuves tirées de cette source offrent d'insensibles gradations, et donnent lieu aux mêmes doutes que celles qu'on tire des autres différences de constitution et de conformation.

Quant à la stérilité des hybrides dans les générations successives, bien qu'il ait pu en élever quelques-uns en évitant avec grand soin tout croisement avec l'une ou l'autre des deux espèces pures, pendant six ou sept et même, dans un cas, pendant dix générations, Gärtner constate expressément que leur fécondité n'augmente jamais, mais qu'au contraire elle diminue ordinairement tout à coup. On peut remarquer, à propos de cette diminution, que, lorsqu'une déviation de structure ou de constitution est commune aux deux parents, elle est souvent transmise avec accroissement à leur descendant ; or, chez les plantes hybrides, les deux éléments sexuels sont déjà affectés à un certain degré. Mais je crois que, dans la plupart de ces cas, la fécondité diminue en vertu d'une cause indépendante, c'est-à-dire les croisements entre des individus très proches parents. J'ai fait tant d'expériences, j'ai réuni un ensemble de faits si considérable, prouvant que, d'une part, le croisement occasionnel avec un individu ou une variété distincte augmente la vigueur et la fécondité des descendants, et, d'autre part, que les croisements consanguins produisent l'effet inverse, que je ne saurais douter de l'exactitude de cette conclusion. Les expérimentateurs n'élèvent ordinairement que peu d'hybrides, et, comme les deux espèces mères, ainsi que d'autres hybrides alliés, croissent la plupart du temps dans le même jardin, il faut empêcher avec soin l'accès des insectes pendant la floraison. Il en résulte que, dans chaque génération, la fleur d'un hybride est généralement fécondée par son propre pollen, circonstance qui doit nuire à sa fécondité déjà amoindrie par le fait de son origine hybride. Une assertion, souvent répétée par Gärtner, fortifie ma conviction à cet égard ; il affirme que, si on féconde artificiellement les hybrides, même les moins féconds, avec du pollen hybride de la même variété, leur fécondité augmente très visiblement et va toujours en augmentant, malgré les effets défavorables que peuvent exercer les manipulations nécessaires. En procédant aux fécondations artificielles, on prend souvent, par hasard (je le sais par expérience), du pollen des anthères d'une autre fleur que du pollen de la fleur même qu'on veut féconder, de sorte qu'il en résulte un croisement entre deux fleurs, bien qu'elles appartiennent souvent à la même plante. En outre, lorsqu'il s'agit d'expériences compliquées, un observateur aussi soigneux que Gärtner a dû soumettre ses hybrides à la castration, de sorte qu'à chaque génération un croisement a dû sûrement avoir lieu avec du pollen d'une autre fleur appartenant soit à la même plante, soit à une autre plante, mais toujours de même nature hybride. L'étrange accroissement de fécondité dans les générations successives d'hybrides fécondés artificiellement, contrastant avec ce qui se passe chez ceux qui sont spontanément fécondés, pourrait ainsi s'expliquer, je crois, par le fait que les croisements consanguins sont évités.

Passons maintenant aux résultats obtenus par un troisième expérimentateur non moins habile, le révérend W. Herbert. Il affirme que quelques hybrides sont parfaitement féconds, aussi féconds que les espèces-souches pures, et il soutient ses conclusions avec autant de vivacité que Kölreuter et Gärtner, qui considèrent, au contraire, que la loi générale de la nature est que tout croisement entre espèces distinctes est frappé d'un certain degré de stérilité. Il a expérimenté sur les mêmes espèces que Gärtner. On peut, je crois, attribuer la différence dans les résultats obtenus à la grande habileté d'Herbert en horticulture, et au fait qu'il avait des serres chaudes à sa disposition. Je citerai un seul exemple pris parmi ses nombreuses et importantes observations : « Tous les ovules d'une même gousse de Crinum capense fécondés par le Crinum revolutum ont produit chacun une plante, fait que je n'ai jamais vu dans le cas d'une fécondation naturelle. » Il y a donc là une fécondité parfaite ou même plus parfaite qu'à l'ordinaire dans un premier croisement opéré entre deux espèces distinctes.

Ce cas du Crinum m'amène à signaler ce fait singulier, qu'on peut facilement féconder des plantes individuelles de certaines espèces de Lobelia, de Verbascum et de Passiflora avec du pollen provenant d'une espèce distincte, mais pas avec du pollen provenant de la même plante, bien que ce dernier soit parfaitement sain et capable de féconder d'autres plantes et d'autres espèces. Tous les individus des genres Hippeastrum et Corydalis, ainsi que l'a démontré le professeur Hildebrand, tous ceux de divers orchidées, ainsi que l'ont démontré MM. Scott et Fritz Müller, présentent cette même particularité. Il en résulte que certains individus anormaux de quelques espèces, et tous les individus d'autres espèces, se croisent beaucoup plus facilement qu'ils ne peuvent être fécondés par du pollen provenant du même individu. Ainsi, une bulbe d'Hippeastrum aulicum produisit quatre fleurs ; Herbert en féconda trois avec leur propre pollen, et la quatrième fut postérieurement fécondée avec du pollen provenant d'un hybride mixte descendu de trois espèces distinctes ; voici le résultat de cette expérience : « les ovaires des trois premières fleurs cessèrent bientôt de se développer et périrent au bout de quelques jours, tandis que la gousse fécondée par le pollen de l'hybride poussa vigoureusement, arriva rapidement à maturité, et produisit des graines excellentes qui germèrent facilement. » Des expériences semblables faites pendant bien des années par M. Herbert lui ont toujours donné les mêmes résultats. Ces faits servent à démontrer de quelles causes mystérieuses et insignifiantes dépend quelquefois la plus ou moins grande fécondité d'une espèce.

Les expériences pratiques des horticulteurs, bien que manquant de précision scientifique, méritent cependant quelque attention. Il est notoire que presque toutes les espèces de Pelargonium, de Fuchsia, de Calceolaria, de Petunia, de Rhododendron, etc., ont été croisées de mille manières ; cependant beaucoup de ces hybrides produisent régulièrement des graines. Herbert affirme, par exemple, qu'un hybride de Calceolaria integrifolia et de Calceolaria plantaginea, deux espèces aussi dissemblables qu'il est possible par leurs habitudes générales, « s'est reproduit aussi régulièrement que si c'eût été une espèce naturelle des montagnes du Chili ». J'ai fait quelques recherches pour déterminer le degré de fécondité de quelques rhododendrons hybrides, provenant des croisements les plus compliqués, et j'ai acquis la conviction que beaucoup d'entre eux sont complètement féconds. M. C. Noble, par exemple, m'apprend qu'il élève pour la greffe un grand nombre d'individus d'un hybride entre le Rhododendron Ponticum et le Rhododendron Catawbiense, et que cet hybride donne des graines en aussi grande abondance qu'on peut se l'imaginer. Si la fécondité des hybrides convenablement traités avait toujours été en diminuant de génération en génération, comme le croit Gärtner, le fait serait connu des horticulteurs. Ceux-ci cultivent des quantités considérables des mêmes hybrides, et c'est seulement ainsi que les plantes se trouvent placées dans des conditions convenables ; l'intervention des insectes permet, en effet, des croisements faciles entre les différents individus et empêche l'influence nuisible d'une consanguinité trop rapprochée. On peut aisément se convaincre de l'efficacité du concours des insectes en examinant les fleurs des rhododendrons hybrides les plus stériles ; ils ne produisent pas de pollen et cependant les stigmates sont couverts de pollen provenant d'autres fleurs.

On a ait beaucoup moins d'expériences précises sur les animaux que sur les plantes. Si l'on peut se fier à nos classifications systématiques, c'est-à-dire si les genres zoologiques sont aussi distincts les uns des autres que le sont les genres botaniques, nous pouvons conclure des faits constatés que, chez les animaux, des individus plus éloignés les uns des autres dans l'échelle naturelle peuvent se croiser plus facilement que cela n'a lieu chez les végétaux ; mais les hybrides qui proviennent de ces croisements sont, je crois, plus stériles. Il faut, cependant, prendre en considération le fait que peu d'animaux reproduisent volontiers en captivité, et que, par conséquent, il n'y a eu que peu d'expériences faites dans de bonnes conditions : le serin, par exemple, a été croisé avec neuf espèces distinctes de moineaux ; mais, comme aucune de ces espèces ne se reproduit en captivité, nous n'avons pas lieu de nous attendre à ce que le premier croisement entre elles et le serin ou entre leurs hybrides soit parfaitement fécond. Quant à la fécondité des générations successives des animaux hybrides les plus féconds, je ne connais pas de cas où l'on ait élevé à la fois deux familles d'hybrides provenant de parents différents, de manière à éviter les effets nuisibles des croisements consanguins. On a, au contraire, habituellement croisé ensemble les frères et les sœurs à chaque génération successive, malgré les avis constants de tous les éleveurs. Il n'y a donc rien d'étonnant à ce que, dans ces conditions, la stérilité inhérente aux hybrides ait été toujours en augmentant.

Bien que je ne connaisse aucun cas bien authentique d'animaux hybrides parfaitement féconds, j'ai des raisons pour croire que les hybrides du Cervulus vaginalis et du Cervulus Reevesii, ainsi que ceux du Phasianus colchicus et du Phasianus torquatus, sont parfaitement féconds. M. de Quatrefages constate qu'on a pu observer à Paris la fécondité inter se, pendant huit générations, des hybrides provenant de deux phalènes (Bombyx cynthia et Bombyx arrindia). On a récemment affirmé que deux espèces aussi distinctes que le lièvre et le lapin, lorsqu'on réussit à les apparier, donnent des produits qui sont très féconds lorsqu'on les croise avec une des espèces parentes. Les hybrides entre l'oie commune et l'oie chinoise (Anagallis cygnoides), deux espèces assez différentes pour qu'on les range ordinairement dans des genres distincts, se sont souvent reproduits dans ce pays avec l'une ou l'autre des souches pures, et dans un seul cas inter se. Ce résultat a été obtenu par M. Eyton, qui éleva deux hybrides provenant des mêmes parents, mais de pontes différentes ; ces deux oiseaux ne lui donnèrent pas moins de huit hybrides en une seule couvée, hybrides qui se trouvaient être les petits-enfants des oies pures. Ces oies de races croisées doivent être très fécondes dans l'Inde, car deux juges irrécusables en pareille matière, M. Blyth et le capitaine Hutton, m'apprennent qu'on élève dans diverses parties de ce pays des troupeaux entiers de ces oies hybrides ; or, comme on les élève pour en tirer profit, là où aucune des espèces parentes pures ne se rencontre, il faut bien que leur fécondité soit parfaite.

Nos diverses races d'animaux domestiques croisées sont tout à fait fécondes, et, cependant, dans bien des cas, elles descendent de deux ou de plusieurs espèces sauvages. Nous devons conclure de ce fait, soit que les espèces parentes primitives ont produit tout d'abord des hybrides parfaitement féconds, soit que ces derniers le sont devenus sous l'influence de la domestication. Cette dernière alternative, énoncée pour la première fois par Pallas, paraît la plus probable, et ne peut guère même être mise en doute.

Il est, par exemple, presque certain que nos chiens descendent de plusieurs souches sauvages ; cependant tous sont parfaitement féconds les uns avec les autres, quelques chiens domestiques indigènes de l'Amérique du Sud exceptés peut-être ; mais l'analogie me porte à penser que les différentes espèces primitives ne se sont pas, tout d'abord, croisées librement et n'ont pas produit des hybrides parfaitement féconds. Toutefois, j'ai récemment acquis la preuve décisive de la complète fécondité inter se des hybrides provenant du croisement du bétail à bosse de l'Inde avec notre bétail ordinaire. Cependant les importantes différences ostéologiques constatées par Rütimeyer entre les deux formes, ainsi que les différences dans les mœurs, la voix, la constitution, etc., constatées par M. Blyth, sont de nature à les faire considérer comme des espèces absolument distinctes. On peut appliquer les mêmes remarques aux deux races principales du cochon. Nous devons donc renoncer à croire à la stérilité absolue des espèces croisées, ou il faut considérer cette stérilité chez les animaux, non pas comme un caractère indélébile, mais comme un caractère que la domestication peut effacer.

En résumé, si l'on considère l'ensemble des faits bien constatés relatifs à l'entrecroisement des plantes et des animaux, on peut conclure qu'une certaine stérilité relative se manifeste très généralement, soit chez les premiers croisements, soit chez les hybrides, mais que, dans l'état actuel de nos connaissances, cette stérilité ne peut pas être considérée comme absolue et universelle.

LOIS QUI RÉGISSENT LA STÉRILITÉ DES PREMIERS CROISEMENTS ET DES HYBRIDES.

Étudions maintenant avec un peu plus de détails les lois qui régissent la stérilité des premiers croisements et des hybrides. Notre but principal est de déterminer si ces lois prouvent que les espèces ont été spécialement douées de cette propriété, en vue d'empêcher un croisement et un mélange devant entraîner une confusion générale. Les conclusions qui suivent sont principalement tirées de l'admirable ouvrage de Gärtner sur l'hybridation des plantes. J'ai surtout cherché à m'assurer jusqu'à quel point les règles qu'il pose sont applicables aux animaux, et, considérant le peu de connaissances que nous avons sur les animaux hybrides, j'ai été surpris de trouver que ces mêmes règles s'appliquent généralement aux deux règnes.

Nous avons déjà remarqué que le degré de fécondité, soit des premiers croisements, soit des hybrides, présente des gradations insensibles depuis la stérilité absolue jusqu'à la fécondité parfaite. Je pourrais citer bien des preuves curieuses de cette gradation, mais je ne peux donner ici qu'un rapide aperçu des faits. Lorsque le pollen d'une plante est placé sur le stigmate d'une plante appartenant à une famille distincte, son action est aussi nulle que pourrait l'être celle de la première poussière venue. À partir de cette stérilité absolue, le pollen des différentes espèces d'un même genre, appliqué sur le stigmate de l'une des espèces de ce genre, produit un nombre de graines qui varie de façon à former une série graduelle depuis la stérilité absolue jusqu'à une fécondité plus ou moins parfaite et même, comme nous l'avons vu, dans certains cas anormaux, jusqu'à une fécondité supérieure à celle déterminée par l'action du pollen de la plante elle-même. De même, il y a des hybrides qui n'ont jamais produit et ne produiront peut-être jamais une seule graine féconde, même avec du pollen pris sur l'une des espèces pures ; mais on a pu, chez quelques-uns, découvrir une première trace de fécondité, en ce sens que sous l'action du pollen d'une des espèces parentes la fleur hybride se flétrit un peu plus tôt qu'elle n'eût fait autrement ; or, chacun sait que c'est là un symptôme d'un commencement de fécondation. De cet extrême degré de stérilité nous passons graduellement par des hybrides féconds, produisant toujours un plus grand nombre de graines jusqu'à ceux qui atteignent à la fécondité parfaite.

Les hybrides provenant de deux espèces difficiles à croiser, et dont les premiers croisements sont généralement très stériles, sont rarement féconds ; mais il n'y a pas de parallélisme rigoureux à établir entre la difficulté d'un premier croisement et le degré de stérilité des hybrides qui en résultent — deux ordres de faits qu'on a ordinairement confondus. Il y a beaucoup de cas où deux espèces pures, dans le genre Verbascum, par exemple, s'unissent avec la plus grande facilité et produisent de nombreux hybrides, mais ces hybrides sont eux-mêmes absolument stériles. D'autre part, il y a des espèces qu'on ne peut croiser que rarement ou avec une difficulté extrême, et dont les hybrides une fois produits sont très féconds. Ces deux cas opposés se présentent dans les limites mêmes d'un seul genre, dans le genre Dianthus, par exemple.

Les conditions défavorables affectent plus facilement la fécondité, tant des premiers croisements que des hybrides, que celle des espèces pures. Mais le degré de fécondité des premiers croisements est également variable en vertu d'une disposition innée, car cette fécondité n'est pas toujours égale chez tous les individus des mêmes espèces, croisés dans les mêmes conditions ; elle paraît dépendre en partie de la constitution des individus qui ont été choisis pour l'expérience. Il en est de même pour les hybrides, car la fécondité varie quelquefois beaucoup chez les divers individus provenant des graines contenues dans une même capsule, et exposées aux mêmes conditions.

On entend, par le terme d'affinité systématique, les ressemblances que les espèces ont les unes avec les autres sous le rapport de la structure et de la constitution. Or, cette affinité régit dans une grande mesure la fécondité des premiers croisements et celle des hybrides qui en proviennent. C'est ce que prouve clairement le fait qu'on n'a jamais pu obtenir des hybrides entre espèces classées dans des familles distinctes, tandis que, d'autre part, les espèces très voisines peuvent en général se croiser facilement. Toutefois, le rapport entre l'affinité systématique et la facilité de croisement n'est en aucune façon rigoureuse. On pourrait citer de nombreux exemples d'espèces très voisines qui refusent de se croiser, ou qui ne le font qu'avec une extrême difficulté, et des cas d'espèces très distinctes qui, au contraire, s'unissent avec une grande facilité. On peut, dans une même famille, rencontrer un genre, comme le Dianthus par exemple, chez lequel un grand nombre d'espèces s'entrecroisent facilement, et un autre genre, tel que le Silene, chez lequel, malgré les efforts les plus persévérants, on n'a pu réussir à obtenir le moindre hybride entre des espèces extrêmement voisines. Nous rencontrons ces mêmes différences dans les limites d'un même genre ; on a , par exemple, croisé les nombreuses espèces du genre Nicotiana beaucoup plus que les espèces d'aucun autre genre ; cependant Gärtner a constaté que la Nicotiana acuminata, qui, comme espèce, n'a rien d'extraordinairement particulier, n'a pu féconder huit autres espèces de Nicotiana, ni être fécondée par elles. Je pourrais citer beaucoup de faits analogues.

Personne n'a pu encore indiquer quelle est la nature ou le degré des différences appréciables qui suffisent pour empêcher le croisement de deux espèces. On peut démontrer que des plantes très différentes par leur aspect général et par leurs habitudes, et présentant des dissemblances très marquées dans toutes les parties de la fleur, même dans le pollen, dans le fruit et dans les cotylédons, peuvent être croisées ensemble. On peut souvent croiser facilement ensemble des plantes annuelles et vivaces, des arbres à feuilles caduques et à feuilles persistantes, des plantes adaptées à des climats fort différents et habitant des stations tout à fait diverses.

Par l'expression de croisement réciproque entre deux espèces j'entends des cas tels, par exemple, que le croisement d'un étalon avec une ânesse, puis celui d'un âne avec une jument ; on peut alors dire que les deux espèces ont été réciproquement croisées. Il y a souvent des différences immenses quant à la facilité avec laquelle on peut réaliser les croisements réciproques. Les cas de ce genre ont une grande importance, car ils prouvent que l'aptitude qu'ont deux espèces à se croiser est souvent indépendante de leurs affinités systématiques, c'est-à-dire de toute différence dans leur organisation, le système reproducteur excepté. Kölreuter, il y a longtemps déjà, a observé la diversité des résultats que présentent les croisements réciproques entre les deux mêmes espèces. Pour en citer un exemple, la Mirabilis jalapa est facilement fécondée par le pollen de la Mirabilis longiflora, et les hybrides qui proviennent de ce croisement sont assez féconds ; mais Kölreuter a essayé plus de deux cents fois, dans l'espace de huit ans, de féconder réciproquement la Mirabilis longiflora par du pollen de la Mirabilis jalapa, sans pouvoir y parvenir. On connaît d'autres cas non moins frappants. Thuret a observé le même fait sur certains fucus marins. Gärtner a, en outre, reconnu que cette différence dans la facilité avec laquelle les croisements réciproques peuvent s'effectuer est, à un degré moins prononcé, très générale. Il l'a même observée entre des formes très voisines, telles que la Matthiola annua et la Matthiola glabra, que beaucoup de botanistes considèrent comme des variétés. C'est encore un fait remarquable que les hybrides provenant de croisements réciproques, bien que constitués par les deux mêmes espèces — puisque chacune d'elles a été successivement employée comme père et ensuite comme mère — bien que différant rarement par leurs caractères extérieurs, diffèrent généralement un peu et quelquefois beaucoup sous le rapport de la fécondité.

On pourrait tirer des observations de Gärtner plusieurs autres règles singulières ; ainsi, par exemple, quelques espèces ont une facilité remarquable à se croiser avec d'autres ; certaines espèces d'un même genre sont remarquables par l'énergie avec laquelle elles impriment leur ressemblance à leur descendance hybride ; mais ces deux aptitudes ne vont pas nécessairement ensemble. Certains hybrides, au lieu de présenter des caractères intermédiaires entre leurs parents, comme il arrive d'ordinaire, ressemblent toujours beaucoup plus à l'un d'eux ; bien que ces hybrides ressemblent extérieurement de façon presque absolue à une des espèces parentes pures, ils sont en général, et à de rares exceptions près, extrêmement stériles. De même, parmi les hybrides qui ont une conformation habituellement intermédiaire entre leurs parents, on rencontre parfois quelques individus exceptionnels qui ressemblent presque complètement à l'un de leurs ascendants purs ; ces hybrides sont presque toujours absolument stériles, même lorsque d'autres sujets provenant de graines tirées de la même capsule sont très féconds. Ces faits prouvent combien la fécondité d'un hybride dépend peu de sa ressemblance extérieure avec l'une ou l'autre de ses formes parentes pures.

D'après les règles précédentes, qui régissent la fécondité des premiers croisements et des hybrides, nous voyons que, lorsque l'on croise des formes qu'on peut regarder comme des espèces bien distinctes, leur fécondité présente tous les degrés depuis zéro jusqu'à une fécondité parfaite, laquelle peut même, dans certaines conditions, être poussée à l'extrême ; que cette fécondité, outre qu'elle est facilement affectée par l'état favorable ou défavorable des conditions extérieures, est variable en vertu de prédispositions innées ; que cette fécondité n'est pas toujours égale en degré, dans le premier croisement et dans les hybrides qui proviennent de ce croisement ; que la fécondité des hybrides n'est pas non plus en rapport avec le degré de ressemblance extérieure qu'ils peuvent avoir avec l'une ou l'autre de leurs formes parentes ; et, enfin, que la facilité avec laquelle un premier croisement entre deux espèces peut être effectué ne dépend pas toujours de leurs affinités systématiques, ou du degré de ressemblance qu'il peut y avoir entre elles. La réalité de cette assertion est démontrée par la différence des résultats que donnent les croisements réciproques entre les deux mêmes espèces, car, selon que l'une des deux est employée comme père ou comme mère, il y a ordinairement quelque différence, et parfois une différence considérable, dans la facilité qu'on trouve à effectuer le croisement. En outre, les hybrides provenant de croisements réciproques diffèrent souvent en fécondité.

Ces lois singulières et complexes indiquent-elles que les croisements entre espèces ont été frappés de stérilité uniquement pour que les formes organiques ne puissent pas se confondre dans la nature ? Je ne le crois pas. Pourquoi, en effet, la stérilité serait elle si variable, quant au degré, suivant les espèces qui se croisent, puisque nous devons supposer qu'il est également important pour toutes d'éviter le mélange et la confusion ? Pourquoi le degré de stérilité serait-il variable en vertu de prédispositions innées chez divers individus de la même espèce ? Pourquoi des espèces qui se croisent avec la plus grande facilité produisent-elles des hybrides très stériles, tandis que d'autres, dont les croisements sont très difficiles à réaliser, produisent des hybrides assez féconds ? Pourquoi cette différence si fréquente et si considérable dans les résultats des croisements réciproques opérés entre les deux mêmes espèces ? Pourquoi, pourrait-on encore demander, la production des hybrides est-elle possible ? Accorder à l'espèce la propriété spéciale de produire des hybrides, pour arrêter ensuite leur propagation ultérieure par divers degrés de stérilité, qui ne sont pas rigoureusement en rapport avec la facilité qu'ont leurs parents à se croiser, semble un étrange arrangement.

D'autre part, les faits et les règles qui précèdent me paraissent nettement indiquer que la stérilité, tant des premiers croisements que des hybrides, est simplement une conséquence dépendant de différences inconnues qui affectent le système reproducteur. Ces différences sont d'une nature si particulière et si bien déterminée, que, dans les croisements réciproques entre deux espèces, l'élément mâle de l'une est souvent apte à exercer facilement son action ordinaire sur l'élément femelle de l'autre, sans que l'inverse puisse avoir lieu. Un exemple fera mieux comprendre ce que j'entends en disant que la stérilité est une conséquence d'autres différences, et n'est pas une propriété dont les espèces ont été spécialement douées. L'aptitude que possèdent certaines plantes à pouvoir être greffées sur d'autres est sans aucune importance pour leur prospérité à l'état de nature ; personne, je présume, ne supposera donc qu'elle leur ait été donnée comme une propriété spéciale, mais chacun admettra qu'elle est une conséquence de certaines différences dans les lois de la croissance des deux plantes. Nous pouvons quelquefois comprendre que tel arbre ne peut se greffer sur un autre, en raison de différences dans la rapidité de la croissance, dans la dureté du bois, dans l'époque du flux de la sève, ou dans la nature de celle-ci, etc. ; mais il est une foule de cas où nous ne saurions assigner une cause quelconque. Une grande diversité dans la taille de deux plantes, le fait que l'une est ligneuse, l'autre herbacée, que l'une est à feuilles caduques et l'autre à feuilles persistantes, l'adaptation même à différents climats, n'empêchent pas toujours de les greffer l'une sur l'autre. Il en est de même pour la greffe que pour l'hybridation ; l'aptitude est limitée par les affinités systématiques, car on n'a jamais pu greffer l'un sur l'autre des arbres appartenant à des familles absolument distinctes, tandis que, d'autre part, on peut ordinairement, quoique pas invariablement, greffer facilement les unes sur les autres des espèces voisines et les variétés d'une même espèce. Mais, de même encore que dans l'hybridation, l'aptitude à la greffe n'est point absolument en rapport avec l'affinité systématique, car on a pu greffer les uns sur les autres des arbres appartenant à des genres différents d'une même famille, tandis que l'opération n'a pu, dans certains cas, réussir entre espèces du même genre. Ainsi, le poirier se greffe beaucoup plus aisément sur le cognassier, qui est considéré comme un genre distinct, que sur le pommier, qui appartient au même genre. Diverses variétés du poirier se greffent même plus ou moins facilement sur le cognassier ; il en est de même pour différentes variétés d'abricotier et de pêcher sur certaines variétés de prunier.

De même que Gärtner a découvert des différences innées chez différents individus de deux mêmes espèces sous le rapport du croisement, de même Sageret croit que les différents individus de deux mêmes espèces ne se prêtent pas également bien à la greffe. De même que, dans les croisements réciproques, la facilité qu'on a à obtenir l'union est loin d'être égale chez les deux sexes, de même l'union par la greffe est souvent fort inégale ; ainsi, par exemple, on ne peut pas greffer le groseillier à maquereau sur le groseillier à grappes, tandis que ce dernier prend, quoique avec difficulté, sur le groseillier à maquereau.

Nous avons vu que la stérilité chez les hybrides, dont les organes reproducteurs sont dans un état imparfait, constitue un cas très différent de la difficulté qu'on rencontre à unir deux espèces pures qui ont ces mêmes organes en parfait état ; cependant, ces deux cas distincts présentent un certain parallélisme. On observe quelque chose d'analogue à l'égard de la greffe ; ainsi Thouin a constaté que trois espèces de Robinia qui, sur leur propre tige, donnaient des graines en abondance, et qui se laissaient greffer sans difficulté sur une autre espèce, devenaient complètement stériles après la greffe. D'autre part, certaines espèces de Sorbus, greffées sur une autre espèce, produisent deux fois autant de fruits que sur leur propre tige. Ce fait rappelle ces cas singuliers des Hippeastrum, des Passiflora, etc., qui produisent plus de graines quand on les féconde avec le pollen d'une espèce distincte que sous l'action de leur propre pollen.

Nous voyons par là que, bien qu'il y ait une différence évidente et fondamentale entre la simple adhérence de deux souches greffées l'une sur l'autre et l'union des éléments mâle et femelle dans l'acte de la reproduction, il existe un certain parallélisme entre les résultats de la greffe et ceux du croisement entre des espèces distinctes. Or, de même que nous devons considérer les lois complexes et curieuses qui régissent la facilité avec laquelle les arbres peuvent être greffés les uns sur les autres, comme une conséquence de différences inconnues de leur organisation végétative, de même je crois que les lois, encore plus complexes, qui déterminent la facilité avec laquelle les premiers croisements peuvent s'opérer, sont également une conséquence de différences inconnues de leurs organes reproducteurs. Dans les deux cas, ces différences sont jusqu'à un certain point en rapport avec les affinités systématiques, terme qui comprend toutes les similitudes et toutes les dissemblances qui existent entre tous les êtres organisés. Les faits eux-mêmes n'impliquent nullement que la difficulté plus ou moins grande qu'on trouve à greffer l'une sur l'autre ou à croiser ensemble des espèces différentes soit une propriété ou un don spécial ; bien que, dans les cas de croisements, cette difficulté soit aussi importante pour la durée et la stabilité des formes spécifiques qu'elle est insignifiante pour leur prospérité dans les cas de greffe.

ORIGINE ET CAUSES DE LA STÉRILITÉ DES PREMIERS CROISEMENTS ET DES HYBRIDES.

J'ai pensé, à une époque, et d'autres ont pensé comme moi, que la stérilité des premiers croisements et celle des hybrides pouvait provenir de la sélection naturelle, lente et continue, d'individus un peu moins féconds que les autres ; ce défaut de fécondité, comme toutes les autres variations, se serait produit chez certains individus d'une variété croisés avec d'autres appartenant à des variétés différentes. En effet, il est évidemment avantageux pour deux variétés ou espèces naissantes qu'elles ne puissent se mélanger avec d'autres, de même qu'il est indispensable que l'homme maintienne séparées l'une de l'autre deux variétés qu'il cherche à produire en même temps. En premier lieu, on peut remarquer que des espèces habitant des régions distinctes restent stériles quand on les croise. Or, il n'a pu évidemment y avoir aucun avantage à ce que des espèces séparées deviennent ainsi mutuellement stériles, et, en conséquence, la sélection naturelle n'a joué aucun rôle pour amener ce résultat ; on pourrait, il est vrai, soutenir peut-être que, si une espèce devient stérile avec une espèce habitant la même région, la stérilité avec d'autres est une conséquence nécessaire. En second lieu, il est pour le moins aussi contraire à la théorie de la sélection naturelle qu'à celle des créations spéciales de supposer que, dans les croisements réciproques, l'élément mâle d'une forme ait été rendu complètement impuissant sur une seconde, et que l'élément mâle de cette seconde forme ait en même temps conservé l'aptitude à féconder la première. Cet état particulier du système reproducteur ne pourrait, en effet, être en aucune façon avantageux à l'une ou l'autre des deux espèces.

Au point de vue du rôle que la sélection a pu jouer pour produire la stérilité mutuelle entre les espèces, la plus grande difficulté qu'on ait à surmonter est l'existence de nombreuses gradations entre une fécondité à peine diminuée et la stérilité. On peut admettre qu'il serait avantageux pour une espèce naissante de devenir un peu moins féconde si elle se croise avec sa forme parente ou avec une autre variété, parce qu'elle produirait ainsi moins de descendants bâtards et dégénérés pouvant mélanger leur sang avec la nouvelle espèce en voie de formation. Mais si l'on réfléchit aux degrés successifs nécessaires pour que la sélection naturelle ait développé ce commencement de stérilité et l'ait amené au point où il en est arrivé chez la plupart des espèces ; pour qu'elle ait, en outre, rendu cette stérilité universelle chez les formes qui ont été différenciées de manière à être classées dans des genres et dans des familles distincts, la question se complique considérablement. Après mûre réflexion, il me semble que la sélection naturelle n'a pas pu produire ce résultat. Prenons deux espèces quelconques qui, croisées l'une avec l'autre, ne produisent que des descendants peu nombreux et stériles ; quelle cause pourrait, dans ce cas, favoriser la persistance des individus qui, doués d'une stérilité mutuelle un peu plus prononcée, s'approcheraient ainsi d'un degré vers la stérilité absolue ? Cependant, si on fait intervenir la sélection naturelle, une tendance de ce genre a dû incessamment se présenter chez beaucoup d'espèces, car la plupart sont réciproquement complètement stériles. Nous avons, dans le cas des insectes neutres, des raisons pour croire que la sélection naturelle a lentement accumulé des modifications de conformation et de fécondité, par suite des avantages indirects qui ont pu en résulter pour la communauté dont ils font partie sur les autres communautés de la même espèce. Mais, chez un animal qui ne vit pas en société, une stérilité même légère accompagnant son croisement avec une autre variété n'entraînerait aucun avantage, ni direct pour lui, ni indirect pour les autres individus de la même variété, de nature à favoriser leur conservation. Il serait d'ailleurs superflu de discuter cette question en détail. Nous trouvons, en effet, chez les plantes, des preuves convaincantes que la stérilité des espèces croisées dépend de quelque principe indépendant de la sélection naturelle. Gärtner et Kölreuter ont prouvé que, chez les genres comprenant beaucoup d'espèces, on peut établir une série allant des espèces qui, croisées, produisent toujours moins de graines, jusqu'à celles qui n'en produisent pas une seule, mais qui, cependant, sont sensibles à l'action du pollen de certaines autres espèces, car le germe grossit. Dans ce cas, il est évidemment impossible que les individus les plus stériles, c'est-à-dire ceux qui ont déjà cessé de produire des graines, fassent l'objet d'une sélection. La sélection naturelle n'a donc pu amener cette stérilité absolue qui se traduit par un effet produit sur le germe seul. Les lois qui régissent les différents degrés de stérilité sont si uniformes dans le royaume animal et dans le royaume végétal, que, quelle que puisse être la cause de la stérilité, nous pouvons conclure que cette cause est la même ou presque la même dans tous les cas.

Examinons maintenant d'un peu plus près la nature probable des différences qui déterminent la stérilité dans les premiers croisements et dans ceux des hybrides. Dans les cas de premiers croisements, la plus ou moins grande difficulté qu'on rencontre à opérer une union entre les individus et à en obtenir des produits paraît dépendre de plusieurs causes distinctes. Il doit y avoir parfois impossibilité à ce que l'élément mâle atteigne l'ovule, comme, par exemple, chez une plante qui aurait un pistil trop long pour que les tubes polliniques puissent atteindre l'ovaire. On a aussi observé que, lorsqu'on place le pollen d'une espèce sur le stigmate d'une espèce différente, les tubes polliniques, bien que projetés, ne pénètrent pas à travers la surface du stigmate. L'élément mâle peut encore atteindre l'élément femelle sans provoquer le développement de l'embryon, cas qui semble s'être présenté dans quelques-unes des expériences faites par Thuret sur les fucus. On ne saurait pas plus expliquer ces faits qu'on ne saurait dire pourquoi certains arbres ne peuvent être greffés sur d'autres. Enfin, un embryon peut se former et périr au commencement de son développement. Cette dernière alternative n'a pas été l'objet de l'attention qu'elle mérite, car, d'après des observations qui m'ont été communiquées par M. Hewitt, qui a une grande expérience des croisements des faisans et des poules, il paraît que la mort précoce de l'embryon est une des causes les plus fréquentes de la stérilité des premiers croisements. M. Salter a récemment examiné cinq cents œufs produits par divers croisements entre trois espèces de Gallus et leurs hybrides, dont la plupart avaient été fécondés. Dans la grande majorité de ces œufs fécondés, les embryons s'étaient partiellement développés, puis avaient péri, ou bien ils étaient presque arrivés à la maturité, mais les jeunes poulets n'avaient pas pu briser la coquille de l'œuf. Quant aux poussins éclos, les cinq sixièmes périrent dès les premiers jours ou les premières semaines, sans cause apparente autre que l'incapacité de vivre ; de telle sorte que, sur les cinq cents œufs, douze poussins seulement survécurent. Il paraît probable que la mort précoce de l'embryon se produit aussi chez les plantes, car on sait que les hybrides provenant d'espèces très distinctes sont quelquefois faibles et rabougris, et périssent de bonne heure, fait dont Max Wichura a récemment signalé quelques cas frappants chez les saules hybrides. Il est bon de rappeler ici que, dans les cas de parthénogenèse, les embryons des œufs de vers à soie qui n'ont pas été fécondés périssent après avoir, comme les embryons résultant d'un croisement entre deux espèces distinctes, parcouru les premières phases de leur évolution. Tant que j'ignorais ces faits, je n'étais pas disposé à croire à la fréquence de la mort précoce des embryons hybrides ; car ceux-ci, une fois nés, font généralement preuve de vigueur et de longévité ; le mulet, par exemple. Mais les circonstances où se trouvent les hybrides, avant et après leur naissance, sont bien différentes ; ils sont généralement placés dans des conditions favorables d'existence, lorsqu'ils naissent et vivent dans le pays natal de leurs deux ascendants. Mais l'hybride ne participe qu'à une moitié de la nature et de la constitution de sa mère ; aussi, tant qu'il est nourri dans le sein de celle-ci, ou qu'il reste dans l'œuf et dans la graine, il se trouve dans des conditions qui, jusqu'à un certain point, peuvent ne pas lui être entièrement favorables, et qui peuvent déterminer sa mort dans les premiers temps de son développement, d'autant plus que les êtres très jeunes sont éminemment sensibles aux moindres conditions défavorables. Mais, après tout, il est plus probable qu'il faut chercher la cause de ces morts fréquentes dans quelque imperfection de l'acte primitif de la fécondation, qui affecte le développement normal et parfait de l'embryon, plutôt que dans les conditions auxquelles il peut se trouver exposé plus tard.

À l'égard de la stérilité des hybrides chez lesquels les éléments sexuels ne sont qu'imparfaitement développés, le cas est quelque peu différent. J'ai plus d'une fois fait allusion à un ensemble de faits que j'ai recueillis, prouvant que, lorsque l'on place les animaux et les plantes en dehors de leurs conditions naturelles, leur système reproducteur en est très fréquemment et très gravement affecté. C'est là ce qui constitue le grand obstacle à la domestication des animaux. Il y a de nombreuses analogies entre la stérilité ainsi provoquée et celle des hybrides. Dans les deux cas, la stérilité ne dépend pas de la santé générale, qui est, au contraire, excellente, et qui se traduit souvent par un excès de taille et une exubérance remarquable. Dans les deux cas, la stérilité varie quant au degré ; dans les deux cas, c'est l'élément mâle qui est le plus promptement affecté, quoique quelquefois l'élément femelle le soit plus profondément que le mâle. Dans les deux cas, la tendance est jusqu'à un certain point en rapport avec les affinités systématiques, car des groupes entiers d'animaux et de plantes deviennent impuissants à reproduire quand ils sont placés dans les mêmes conditions artificielles, de même que des groupes entiers d'espèces tendent à produire des hybrides stériles. D'autre part, il peut arriver qu'une seule espèce de tout un groupe résiste à de grands changements de conditions sans que sa fécondité en soit diminuée, de même que certaines espèces d'un groupe produisent des hybrides d'une fécondité extraordinaire. On ne peut jamais prédire avant l'expérience si tel animal se reproduira en captivité, ou si telle plante exotique donnera des graines une fois soumise à la culture ; de même qu'on ne peut savoir, avant l'expérience, si deux espèces d'un genre produiront des hybrides plus ou moins stériles. Enfin, les êtres organisés soumis, pendant plusieurs générations, à des conditions nouvelles d'existence, sont extrêmement sujets à varier ; fait qui paraît tenir en partie à ce que leur système reproducteur a été affecté, bien qu'à un moindre degré que lorsque la stérilité en résulte. Il en est de même pour les hybrides dont les descendants, pendant le cours des générations successives, sont, comme tous les observateurs l'ont remarqué, très sujets à varier.

Nous voyons donc que le système reproducteur, indépendamment de l'état général de la santé, est affecté d'une manière très analogue lorsque les êtres organisés sont placés dans des conditions nouvelles et artificielles, et lorsque les hybrides sont produits par un croisement artificiel entre deux espèces. Dans le premier cas, les conditions d'existence ont été troublées, bien que le changement soit souvent trop léger pour que nous puissions l'apprécier ; dans le second, celui des hybrides, les conditions extérieures sont restées les mêmes, mais l'organisation est troublée par le mélange en une seule de deux conformations et de deux structures différentes, y compris, bien entendu, le système reproducteur. Il est, en effet, à peine possible que deux organismes puissent se confondre en un seul sans qu'il en résulte quelque perturbation dans le développement, dans l'action périodique, ou dans les relations mutuelles des divers organes les uns par rapport aux autres ou par rapport aux conditions de la vie. Quand les hybrides peuvent se reproduire inter se, ils transmettent de génération en génération à leurs descendants la même organisation mixte, et nous ne devons pas dès lors nous étonner que leur stérilité, bien que variable à quelque degré, ne diminue pas ; elle est même sujette à augmenter, fait qui, ainsi que nous l'avons déjà expliqué, est généralement le résultat d'une reproduction consanguine trop rapprochée. L'opinion que la stérilité des hybrides est causée par la fusion en une seule de deux constitutions différentes a été récemment vigoureusement soutenue par Max Wichura.

Il faut cependant reconnaître que ni cette théorie, ni aucune autre, n'explique quelques faits relatifs à la stérilité des hybrides, tels, par exemple, que la fécondité inégale des hybrides issus de croisements réciproques, ou la plus grande stérilité des hybrides qui, occasionnellement et exceptionnellement, ressemblent beaucoup à l'un ou à l'autre de leurs parents. Je ne prétends pas dire, d'ailleurs, que les remarques précédentes aillent jusqu'au fond de la question ; nous ne pouvons, en effet, expliquer pourquoi un organisme placé dans des conditions artificielles devient stérile. Tout ce que j'ai essayé de démontrer, c'est que, dans les deux cas, analogues sous certains rapports, la stérilité est un résultat commun d'une perturbation des conditions d'existence dans l'un, et, dans l'autre, d'un trouble apporté dans l'organisation et la constitution par la fusion de deux organismes en un seul.

Un parallélisme analogue paraît exister dans un ordre de faits voisins, bien que très différents. Il est une ancienne croyance très répandue, et qui repose sur un ensemble considérable de preuves, c'est que de légers changements dans les conditions d'existence sont avantageux pour tous les êtres vivants. Nous en voyons l'application dans l'habitude qu'ont les fermiers et les jardiniers de faire passer fréquemment leurs graines, leurs tubercules, etc., d'un sol ou d'un climat à un autre, et réciproquement. Le moindre changement dans les conditions d'existence exerce toujours un excellent effet sur les animaux en convalescence. De même, aussi bien chez les animaux que chez les plantes, il est évident qu'un croisement entre deux individus d'une même espèce, différant un peu l'un de l'autre, donne une grande vigueur et une grande fécondité à la postérité qui en provient ; l'accouplement entre individus très proches parents, continué pendant plusieurs générations, surtout lorsqu'on les maintient dans les mêmes conditions d'existence, entraîne presque toujours l'affaiblissement et la stérilité des descendants.

Il semble donc que, d'une part, de légers changements dans les conditions d'existence sont avantageux à tous les êtres organisés, et que, d'autre part, de légers croisements, c'est-à-dire des croisements entre mâles et femelles d'une même espèce, qui ont été placés dans des conditions d'existence un peu différentes ou qui ont légèrement varié, ajoutent à la vigueur et à la fécondité des produits. Mais, comme nous l'avons vu, les êtres organisés à l'état de nature, habitués depuis longtemps à certaines conditions uniformes, tendent à devenir plus ou moins stériles quand ils sont soumis à un changement considérable de ces conditions, quand ils sont réduits en captivité, par exemple ; nous savons, en outre, que des croisements entre mâles et femelles très éloignés, c'est-à-dire spécifiquement différents, produisent généralement des hybrides plus ou moins stériles. Je suis convaincu que ce double parallélisme n'est ni accidentel ni illusoire. Quiconque pourra expliquer pourquoi, lorsqu'ils sont soumis à une captivité partielle dans leur pays natal, l'éléphant et une foule d'autres animaux sont incapables de se reproduire, pourra expliquer aussi la cause première de la stérilité si ordinaire des hybrides. Il pourra expliquer, en même temps, comment il se fait que quelques-unes de nos races domestiques, souvent soumises à des conditions nouvelles et différentes, restent tout à fait fécondes, bien que descendant d'espèces distinctes qui, croisées dans le principe, auraient été probablement tout à fait stériles. Ces deux séries de faits parallèles semblent rattachées l'une à l'autre par quelque lien inconnu, essentiellement en rapport avec le principe même de la vie. Ce principe, selon M. Herbert Spencer, est que la vie consiste en une action et une réaction incessantes de forces diverses, ou qu'elle en dépend ; ces forces, comme il arrive toujours dans la nature, tendent partout à se faire équilibre, mais dès que, par une cause quelconque, cette tendance à l'équilibre est légèrement troublée, les forces vitales gagnent en énergie.

DIMORPHISME ET TRIMORPHISME RÉCIPROQUES.

Nous allons discuter brièvement ce sujet, qui jette quelque lumière sur les phénomènes de l'hybridité. Plusieurs plantes appartenant à des ordres distincts présentent deux formes à peu près égales en nombre, et ne différant sous aucun rapport, les organes de reproduction exceptés. Une des formes a un long pistil et les étamines courtes ; l'autre, un pistil court avec de longues étamines ; les grains de pollen sont de grosseur différente chez les deux. Chez les plantes trimorphes, il y a trois formes, qui diffèrent également par la longueur des pistils et des étamines, par la grosseur et la couleur des grains de pollen, et sous quelques autres rapports. Dans chacune des trois formes on trouve deux systèmes d'étamines, il y a donc en tout six systèmes d'étamines et trois sortes de pistils. Ces organes ont, entre eux, des longueurs proportionnelles telles que la moitié des étamines, dans deux de ces formes, se trouvent au niveau du stigmate de la troisième. J'ai démontré, et mes conclusions ont été confirmées par d'autres observateurs, que, pour que ces plantes soient parfaitement fécondes, il faut féconder le stigmate d'une forme avec du pollen pris sur les étamines de hauteur correspondante dans l'autre forme. De telle sorte que, chez les espèces dimorphes, il y a deux unions que nous appellerons unions légitimes, qui sont très fécondes, et deux unions que nous qualifierons d'illégitimes, qui sont plus ou moins stériles. Chez les espèces trimorphes, six unions sont légitimes ou complètement fécondes, et douze sont illégitimes ou plus ou moins stériles.

La stérilité que l'on peut observer chez diverses plantes dimorphes et trimorphes, lorsqu'elles sont illégitimement fécondées — c'est-à-dire par du pollen provenant d'étamines dont la hauteur ne correspond pas avec celle du pistil — est variable quant au degré, et peut aller jusqu'à la stérilité absolue, exactement comme dans les croisements entre des espèces distinctes. De même aussi, dans ces mêmes cas, le degré de stérilité des plantes soumises à une union illégitime dépend essentiellement d'un état plus ou moins favorable des conditions extérieures. On sait que si, après avoir placé sur le stigmate d'une fleur du pollen d'une espèce distincte, on y place ensuite, même après un long délai, du pollen de l'espèce elle-même, ce dernier a une action si prépondérante, qu'il annule les effets du pollen étranger. Il en est de même du pollen des diverses formes de la même espèce, car, lorsque les deux pollens, légitime et illégitime, sont déposés sur le même stigmate, le premier l'emporte sur le second. J'ai vérifié ce fait en fécondant plusieurs fleurs, d'abord avec du pollen illégitime, puis, vingt-quatre heures après, avec du pollen légitime pris sur une variété d'une couleur particulière, et toutes les plantes produites présentèrent la même coloration ; ce qui prouve que, bien qu'appliqué vingt-quatre heures après l'autre, le pollen légitime a entièrement détruit l'action du pollen illégitime antérieurement employé, ou empêche même cette action. En outre, lorsqu'on opère des croisements réciproques entre deux espèces, on obtient quelquefois des résultats très différents ; il en est de même pour les plantes trimorphes. Par exemple, la forme à style moyen du Lythrum salicaria, fécondée illégitimement, avec la plus grande facilité, par du pollen pris sur les longues étamines de la forme à styles courts, produisit beaucoup de graines ; mais cette dernière forme, fécondée par du pollen pris sur les longues étamines de la forme à style moyen, ne produisit pas une seule graine.

Sous ces divers rapports et sous d'autres encore, les formes d'une même espèce, illégitimement unies, se comportent exactement de la même manière que le font deux espèces distinctes croisées. Ceci me conduisit à observer, pendant quatre ans, un grand nombre de plantes provenant de plusieurs unions illégitimes. Le résultat principal de ces observations est que ces plantes illégitimes, comme on peut les appeler, ne sont pas parfaitement fécondes. On peut faire produire aux espèces dimorphes des plantes illégitimes à style long et à style court, et aux plantes trimorphes les trois formes illégitimes ; on peut ensuite unir ces dernières entre elles légitimement. Cela fait, il n'y a aucune raison apparente pour qu'elles ne produisent pas autant de graines que leurs parents légitimement fécondés. Mais il n'en est rien. Elles sont toutes plus ou moins stériles ; quelques-unes le sont même assez absolument et assez incurablement pour n'avoir produit, pendant le cours de quatre saisons, ni une capsule ni une graine. On peut rigoureusement comparer la stérilité de ces plantes illégitimes, unies ensuite d'une manière légitime, à celle des hybrides croisés inter se. Lorsque, d'autre part, on recroise un hybride avec l'une ou l'autre des espèces parentes pures, la stérilité diminue ; il en est de même lorsqu'on féconde une plante illégitime avec une légitime. De même encore que la stérilité des hybrides ne correspond pas à la difficulté d'opérer un premier croisement entre les deux espèces parentes, de même la stérilité de certaines plantes illégitimes peut être très prononcée, tandis que celle de l'union dont elles dérivent n'a rien d'excessif. Le degré de stérilité des hybrides nés de la graine d'une même capsule est variable d'une manière innée ; le même fait est fortement marqué chez les plantes illégitimes. Enfin, un grand nombre d'hybrides produisent des fleurs en abondance et avec persistance, tandis que d'autres, plus stériles, n'en donnent que peu, et restent faibles et rabougris ; chez les descendants illégitimes des plantes dimorphes et trimorphes on remarque des faits tout à fait analogues.

Il y a donc, en somme, une grande identité entre les caractères et la manière d'être des plantes illégitimes et des hybrides. Il ne serait pas exagéré d'admettre que les premières sont des hybrides produits dans les limites de la même espèce par l'union impropre de certaines formes, tandis que les hybrides ordinaires sont le résultat d'une union impropre entre de prétendues espèces distinctes. Nous avons aussi déjà vu qu'il y a, sous tous les rapports, la plus grande analogie entre les premières unions illégitimes et les premiers croisements entre espèces distinctes. C'est ce qu'un exemple fera mieux comprendre. Supposons qu'un botaniste trouve deux variétés bien marquées (on peut en trouver) de la forme à long style du Lythrum salicaria trimorphe, et qu'il essaye de déterminer leur distinction spécifique en les croisant. Il trouverait qu'elles ne donnent qu'un cinquième de la quantité normale de graines, et que, sous tous les rapports, elles se comportent comme deux espèces distinctes. Mais, pour mieux s'en assurer, il sèmerait ces graines supposées hybrides, et n'obtiendrait que quelques pauvres plantes rabougries, entièrement stériles, et se comportant, sous tous les rapports, comme des hybrides ordinaires. Il serait alors en droit d'affirmer, d'après les idées reçues, qu'il a réellement fourni la preuve que ces deux variétés sont des espèces aussi tranchées que possible ; cependant il se serait absolument trompé.

Les faits que nous venons d'indiquer chez les plantes dimorphes et trimorphes sont importants en ce qu'ils prouvent, d'abord, que le fait physiologique de la fécondité amoindrie, tant dans les premiers croisements que chez les hybrides, n'est point une preuve certaine de distinction spécifique ; secondement, parce que nous pouvons conclure qu'il doit exister quelque lien inconnu qui rattache la stérilité des unions illégitimes à celle de leur descendance illégitime, et que nous pouvons étendre la même conclusion aux premiers croisements et aux hybrides ; troisièmement, et ceci me paraît particulièrement important, parce que nous voyons qu'il peut exister deux ou trois formes de la même espèce, ne différant sous aucun rapport de structure ou de constitution relativement aux conditions extérieures, et qui, cependant, peuvent rester stériles lorsqu'elles s'unissent de certaines manières. Nous devons nous rappeler, en effet, que l'union des éléments sexuels d'individus ayant la même forme, par exemple l'union de deux individus à long style, reste stérile, alors que l'union des éléments sexuels propres à deux formes distinctes est parfaitement féconde. Cela paraît, à première vue, exactement le contraire de ce qui a lieu dans les unions ordinaires entre les individus de la même espèce et dans les croisements entre des espèces distinctes. Toutefois, il est douteux qu'il en soit réellement ainsi ; mais je ne m'étendrai pas davantage sur cet obscur sujet.

En résumé, l'étude des plantes dimorphes et trimorphes semble nous autoriser à conclure que la stérilité des espèces distinctes croisées, ainsi que celle de leurs produits hybrides, dépend exclusivement de la nature de leurs éléments sexuels, et non d'une différence quelconque de leur structure et leur constitution générale. Nous sommes également conduits à la même conclusion par l'étude des croisements réciproques, dans lesquels le mâle d'une espèce ne peut pas s'unir ou ne s'unit que très difficilement à la femelle d'une seconde espèce, tandis que l'union inverse peut s'opérer avec la plus grande facilité. Gärtner, cet excellent observateur, est également arrivé à cette même conclusion, que la stérilité des espèces croisées est due à des différences restreintes à leur système reproducteur.

LA FÉCONDITÉ DES VARIÉTÉS CROISÉES ET DE LEURS DESCENDANTS MÉTIS N'EST PAS UNIVERSELLE.

On pourrait alléguer, comme argument écrasant, qu'il doit exister quelque distinction essentielle entre les espèces et les variétés, puisque ces dernières, quelque différentes qu'elles puissent être par leur apparence extérieure, se croisent avec facilité et produisent des descendants absolument féconds.

J'admets complètement que telle est la règle générale ; il y a toutefois quelques exceptions que je vais signaler. Mais la question est hérissée de difficultés, car, en ce qui concerne les variétés naturelles, si on découvre entre deux formes, jusqu'alors considérées comme des variétés, la moindre stérilité à la suite de leur croisement, elles sont aussitôt classées comme espèces par la plupart des naturalistes. Ainsi, presque tous les botanistes regardent le mouron bleu et le mouron rouge comme deux variétés ; mais Gärtner, lorsqu'il les a croisés, les ayant trouvés complètement stériles, les a en conséquence considérés comme deux espèces distinctes. Si nous tournons ainsi dans un cercle vicieux, il est certain que nous devons admettre la fécondité de toutes les variétés produites à l'état de nature.

Si nous passons aux variétés qui se sont produites, ou qu'on suppose s'être produites à l'état domestique, nous trouvons encore matière à quelque doute. Car, lorsqu'on constate, par exemple, que certains chiens domestiques indigènes de l'Amérique du Sud ne se croisent pas facilement avec les chiens européens, l'explication qui se présente à chacun, et probablement la vraie, est que ces chiens descendent d'espèces primitivement distinctes. Néanmoins, la fécondité parfaite de tant de variétés domestiques, si profondément différentes les unes des autres en apparence, telles, par exemple, que les variétés du pigeon ou celles du chou, est un fait réellement remarquable, surtout si nous songeons à la quantité d'espèces qui, tout en se ressemblant de très près, sont complètement stériles lorsqu'on les entrecroise. Plusieurs considérations, toutefois, suffisent à expliquer la fécondité des variétés domestiques. On peut observer tout d'abord que l'étendue des différences externes entre deux espèces n'est pas un indice sûr de leur degré de stérilité mutuelle, de telle sorte que des différences analogues ne seraient pas davantage un indice sûr dans le cas des variétés. Il est certain que, pour les espèces, c'est dans des différences de constitution sexuelle qu'il faut exclusivement en chercher la cause. Or, les conditions changeantes auxquelles les animaux domestiques et les plantes cultivées ont été soumis ont eu si peu de tendance à agir sur le système reproducteur pour le modifier dans le sens de la stérilité mutuelle, que nous avons tout lieu d'admettre comme vraie la doctrine toute contraire de Pallas, c'est-à-dire que ces conditions ont généralement pour effet d'éliminer la tendance à la stérilité ; de sorte que les descendants domestiques d'espèces qui, croisées à l'état de nature, se fussent montrées stériles dans une certaine mesure, finissent par devenir tout à fait fécondes les unes avec les autres. Quant aux plantes, la culture, bien loin de déterminer, chez les espèces distinctes, une tendance à la stérilité, a, au contraire, comme le prouvent plusieurs cas bien constatés, que j'ai déjà cités, exercé une influence toute contraire, au point que certaines plantes, qui ne peuvent plus se féconder elles-mêmes, ont conservé l'aptitude de féconder d'autres espèces ou d'être fécondées par elles. Si on admet la doctrine de Pallas sur l'élimination de la stérilité par une domestication prolongée, et il n'est guère possible de la repousser, il devient extrêmement improbable que les mêmes circonstances longtemps continuées puissent déterminer cette même tendance ; bien que, dans certains cas, et chez des espèces douées d'une constitution particulière, la stérilité puisse avoir été le résultat de ces mêmes causes. Ceci, je le crois, nous explique pourquoi il ne s'est pas produit, chez les animaux domestiques, des variétés mutuellement stériles, et pourquoi, chez les plantes cultivées, on n'en a observé que certains cas, que nous signalerons un peu plus loin.

La véritable difficulté à résoudre dans la question qui nous occupe n'est pas, selon moi, d'expliquer comment il se fait que les variétés domestiques croisées ne sont pas devenues réciproquement stériles, mais, plutôt, comment il se fait que cette stérilité soit générale chez les variétés naturelles, aussitôt qu'elles ont été suffisamment modifiées de façon permanente pour prendre rang d'espèces. Notre profonde ignorance, à l'égard de l'action normale ou anormale du système reproducteur, nous empêche de comprendre la cause précise de ce phénomène. Toutefois, nous pouvons supposer que, par suite de la lutte pour l'existence qu'elles ont à soutenir contre de nombreux concurrents, les espèces sauvages ont dû être soumises pendant de longues périodes à des conditions plus uniformes que ne l'ont été les variétés domestiques ; circonstance qui a pu modifier considérablement le résultat définitif. Nous savons, en effet, que les animaux et les plantes sauvages, enlevés à leurs conditions naturelles et réduits en captivité, deviennent ordinairement stériles ; or, les organes reproducteurs, qui ont toujours vécu dans des conditions naturelles, doivent probablement aussi être extrêmement sensibles à l'influence d'un croisement artificiel. On pouvait s'attendre, d'autre part, à ce que les produits domestiques qui, ainsi que le prouve le fait même de leur domestication, n'ont pas dû être, dans le principe, très sensibles à des changements des conditions d'existence, et qui résistent actuellement encore, sans préjudice pour leur fécondité, à des modifications répétées de ces mêmes conditions, dussent produire des variétés moins susceptibles d'avoir le système reproducteur affecté par un acte de croisement avec d'autres variétés de provenance analogue.

J'ai parlé jusqu'ici comme si les variétés d'une même espèce étaient invariablement fécondes lorsqu'on les croise. On ne peut cependant pas contester l'existence d'une légère stérilité dans certains cas que je vais brièvement passer en revue. Les preuves sont tout aussi concluantes que celles qui nous font admettre la stérilité chez une foule d'espèces ; elles nous sont d'ailleurs fournies par nos adversaires, pour lesquels, dans tous les autres cas, la fécondité et la stérilité sont les plus sûrs indices des différences de valeur spécifique. Gärtner a élevé l'une après l'autre, dans son jardin, pendant plusieurs années, une variété naine d'un maïs à grains jaunes, et une variété de grande taille à grains rouges ; or, bien que ces plantes aient des sexes séparés, elle ne se croisèrent jamais naturellement. Il féconda alors treize fleurs d'une de ces variétés avec du pollen de l'autre, et n'obtint qu'un seul épi portant des graines au nombre de cinq seulement. Les sexes étant distincts, aucune manipulation de nature préjudiciable à la plante n'a pu intervenir. Personne, je le crois, n'a cependant prétendu que ces variétés de maïs fussent des espèces distinctes ; il est essentiel d'ajouter que les plantes hybrides provenant des cinq graines obtenues furent elles-mêmes si complètement fécondes, que Gärtner lui-même n'osa pas considérer les deux variétés comme des espèces distinctes.

Girou de Buzareingues a croisé trois variétés de courges qui, comme le maïs, ont des sexes séparés ; il assure que leur fécondation réciproque est d'autant plus difficile que leurs différences sont plus prononcées. Je ne sais pas quelle valeur on peut attribuer à ces expériences ; mais Sageret, qui fait reposer sa classification principalement sur la fécondité ou sur la stérilité des croisements, considère les formes sur lesquelles a porté cette expérience comme des variétés, conclusion à laquelle Naudin est également arrivé.

Le fait suivant est encore bien plus remarquable ; il semble tout d'abord incroyable, mais il résulte d'un nombre immense d'essais continués pendant plusieurs années sur neuf espèces de verbascum, par Gärtner, l'excellent observateur, dont le témoignage a d'autant plus de poids qu'il émane d'un adversaire. Gärtner donc a constaté que, lorsqu'on croise les variétés blanches et jaunes, on obtient moins de graines que lorsqu'on féconde ces variétés avec le pollen des variétés de même couleur. Il affirme en outre que, lorsqu'on croise les variétés jaunes et blanches d'une espèce avec les variétés jaunes et blanches d'une espèce distincte, les croisements opérés entre fleurs de couleur semblable produisent plus de graines que ceux faits entre fleurs de couleur différente. M. Scott a aussi entrepris des expériences sur les espèces et les variétés de verbascum, et, bien qu'il n'ait pas pu confirmer les résultats de Gärtner sur les croisements entre espèces distinctes, il a trouvé que les variétés dissemblablement colorées d'une même espèce croisées ensemble donnent moins de graines, dans la proportion de 86 pour 100, que les variétés de même couleur fécondées l'une par l'autre. Ces variétés ne diffèrent cependant que sous le rapport de la couleur de la fleur, et quelquefois une variété s'obtient de la graine d'une autre.

Kölreuter, dont tous les observateurs subséquents ont confirmé l'exactitude, a établi le fait remarquable qu'une des variétés du tabac ordinaire est bien plus féconde que les autres, en cas de croisement avec une autre espèce très distincte. Il fit porter ses expériences sur cinq formes, considérées ordinairement comme des variétés, qu'il soumit à l'épreuve du croisement réciproque ; les hybrides provenant de ces croisements furent parfaitement féconds. Toutefois, sur cinq variétés, une seule, employée soit comme élément mâle, soit comme élément femelle, et croisée avec la Nicotiana glutinosa, produisit toujours des hybrides moins stériles que ceux provenant du croisement des quatre autres variétés avec la même Nicotiana glutinosa. Le système reproducteur de cette variété particulière a donc dû être modifié de quelque manière et en quelque degré.

Ces faits prouvent que les variétés croisées ne sont pas toujours parfaitement fécondes. La grande difficulté de faire la preuve de la stérilité des variétés à l'état de nature — car toute variété supposée, reconnue comme stérile à quelque degré que ce soit, serait aussitôt considérée comme constituant une espèce distincte ; — le fait que l'homme ne s'occupe que des caractères extérieurs chez ses variétés domestiques, lesquelles n'ont pas été d'ailleurs exposées pendant longtemps à des conditions uniformes, — sont autant de considérations qui nous autorisent à conclure que la fécondité ne constitue pas une distinction fondamentale entre les espèces et les variétés. La stérilité générale qui accompagne le croisement des espèces peut être considérée non comme une acquisition ou comme une propriété spéciale, mais comme une conséquence de changements, de nature inconnue, qui ont affecté les éléments sexuels.

COMPARAISON ENTRE LES HYBRIDES ET LES MÉTIS, INDÉPENDAMMENT DE LEUR FÉCONDITÉ.

On peut, la question de fécondité mise à part, comparer entre eux, sous divers autres rapports, les descendants de croisements entre espèces avec ceux de croisements entre variétés. Gärtner, quelque désireux qu'il fût de tirer une ligne de démarcation bien tranchée entre les espèces et les variétés, n'a pu trouver que des différences peu nombreuses, et qui, selon moi, sont bien insignifiantes, entre les descendants dits hybrides des espèces et les descendants dits métis des variétés. D'autre part, ces deux classes d'individus se ressemblent de très près sous plusieurs rapports importants.

Examinons rapidement ce point. La distinction la plus importante est que, dans la première génération, les métis sont plus variables que les hybrides ; toutefois, Gärtner admet que les hybrides d'espèces soumises depuis longtemps à la culture sont souvent variables dans la première génération, fait dont j'ai pu moi-même observer de frappants exemples. Gärtner admet, en outre, que les hybrides entre espèces très voisines sont plus variables que ceux provenant de croisements entre espèces très distinctes ; ce qui prouve que les différences dans le degré de variabilité tendent à diminuer graduellement. Lorsqu'on propage, pendant plusieurs générations, les métis ou les hybrides les plus féconds, on constate dans leur postérité une variabilité excessive ; on pourrait, cependant, citer quelques exemples d'hybrides et de métis qui ont conservé pendant longtemps un caractère uniforme. Toutefois, pendant les générations successives, les métis paraissent être plus variables que les hybrides.

Cette variabilité plus grande chez les métis que chez les hybrides n'a rien d'étonnant. Les parents des métis sont, en effet, des variétés, et, pour la plupart, des variétés domestiques (on n'a entrepris que fort peu d'expériences sur les variétés naturelles), ce qui implique une variabilité récente, qui doit se continuer et s'ajouter à celle que provoque déjà le fait même du croisement. La légère variabilité qu'offrent les hybrides à la première génération, comparée à ce qu'elle est dans les suivantes, constitue un fait curieux et digne d'attention. Rien, en effet, ne confirme mieux l'opinion que j'ai émise sur une des causes de la variabilité ordinaire, c'est-à-dire que, vu l'excessive sensibilité du système reproducteur pour tout changement apporté aux conditions d'existence, il cesse, dans ces circonstances, de remplir ses fonctions d'une manière normale et de produire une descendance identique de tous points à la forme parente. Or, les hybrides, pendant la première génération, proviennent d'espèces (à l'exception de celles qui ont été depuis longtemps cultivées) dont le système reproducteur n'a été en aucune manière affecté, et qui ne sont pas variables ; le système reproducteur des hybrides est, au contraire, supérieurement affecté, et leurs descendants sont par conséquent très variables.

Pour en revenir à la comparaison des métis avec les hybrides, Gärtner affirme que les métis sont, plus que les hybrides, sujets à faire retour à l'une ou à l'autre des formes parentes ; mais, si le fait est vrai, il n'y a certainement là qu'une différence de degré. Gärtner affirme expressément, en outre, que les hybrides provenant de plantes depuis longtemps cultivées sont plus sujets au retour que les hybrides provenant d'espèces naturelles, ce qui explique probablement la différence singulière des résultats obtenus par divers observateurs. Ainsi, Max Wichura doute que les hybrides fassent jamais retour à leurs formes parentes, ses expériences ayant été faites sur des saules sauvages ; tandis que Naudin, qui a surtout expérimenté sur des plantes cultivées, insiste fortement sur la tendance presque universelle qu'ont les hybrides à faire retour. Gärtner constate, en outre, que, lorsqu'on croise avec une troisième espèce, deux espèces d'ailleurs très voisines, les hybrides diffèrent considérablement les uns des autres ; tandis que, si l'on croise deux variétés très distinctes d'une espèce avec une autre espèce, les hybrides diffèrent peu. Toutefois, cette conclusion est, autant que je puis le savoir, basée sur une seule observation, et paraît être directement contraire aux résultats de plusieurs expériences faites par Kölreuter.

Telles sont les seules différences, d'ailleurs peu importantes, que Gärtner ait pu signaler entre les plantes hybrides et les plantes métisses. D'autre part, d'après Gärtner, les mêmes lois s'appliquent au degré et à la nature de la ressemblance qu'ont avec leurs parents respectifs, tant les métis que les hybrides, et plus particulièrement les hybrides provenant d'espèces très voisines. Dans les croisements de deux espèces, l'une d'elles est quelquefois douée d'une puissance prédominante pour imprimer sa ressemblance au produit hybride, et il en est de même, je pense, pour les variétés des plantes. Chez les animaux, il est non moins certain qu'une variété a souvent la même prépondérance sur une autre variété. Les plantes hybrides provenant de croisements réciproques se ressemblent généralement beaucoup, et il en est de même des plantes métisses résultant d'un croisement de ce genre. Les hybrides, comme les métis, peuvent être ramenés au type de l'un ou de l'autre parent, à la suite de croisements répétés avec eux pendant plusieurs générations successives.

Ces diverses remarques s'appliquent probablement aussi aux animaux ; mais la question se complique beaucoup dans ce cas, soit en raison de l'existence de caractères sexuels secondaires, soit surtout parce que l'un des sexes a une prédisposition beaucoup plus forte que l'autre à transmettre sa ressemblance, que le croisement s'opère entre espèces ou qu'il ait lieu entre variétés. Je crois, par exemple, que certains auteurs soutiennent avec raison que l'âne exerce une action prépondérante sur le cheval, de sorte que le mulet et le bardot tiennent plus du premier que du second. Cette prépondérance est plus prononcée chez l'âne que chez l'ânesse, de sorte que le mulet, produit d'un âne et d'une jument, tient plus de l'âne que le bardot, qui est le produit d'une ânesse et d'un étalon.

Quelques auteurs ont beaucoup insisté sur le prétendu fait que les métis seuls n'ont pas des caractères intermédiaires à ceux de leurs parents, mais ressemblent beaucoup à l'un d'eux ; on peut démontrer qu'il en est quelquefois de même chez les hybrides, mais moins fréquemment que chez les métis, je l'avoue. D'après les renseignements que j'ai recueillis sur les animaux croisés ressemblant de très près à un de leurs parents, j'ai toujours vu que les ressemblances portent surtout sur des caractères de nature un peu monstrueuse, et qui ont subitement apparu — tels que l'albinisme, le mélanisme, le manque de queue ou de cornes, la présence de doigts ou d'orteils supplémentaires — et nullement sur ceux qui ont été lentement acquis par voie de sélection. La tendance au retour soudain vers le caractère parfait de l'un ou de l'autre parent doit aussi se présenter plus fréquemment chez les métis qui descendent de variétés souvent produites subitement et ayant un caractère semi-monstrueux, que chez les hybrides, qui proviennent d'espèces produites naturellement et lentement. En somme, je suis d'accord avec le docteur Prosper Lucas, qui, après avoir examiné un vaste ensemble de faits relatifs aux animaux, conclut que les lois de la ressemblance d'un enfant avec ses parents sont les mêmes, que les parents diffèrent peu ou beaucoup l'un de l'autre, c'est-à-dire que l'union ait lieu entre deux individus appartenant à la même variété, à des variétés différentes ou à des espèces distinctes.

La question de la fécondité ou de la stérilité mise de côté, il semble y avoir, sous tous les autres rapports, une identité générale entre les descendants de deux espèces croisées et ceux de deux variétés. Cette identité serait très surprenante dans l'hypothèse d'une création spéciale des espèces, et de la formation des variétés par des lois secondaires ; mais elle est en harmonie complète avec l'opinion qu'il n'y a aucune distinction essentielle à établir entre les espèces et les variétés.

Résumé.

Les premiers croisements entre des formes assez distinctes pour constituer des espèces, et les hybrides qui en proviennent, sont très généralement, quoique pas toujours stériles. La stérilité se manifeste à tous les degrés ; elle est parfois assez faible pour que les expérimentateurs les plus soigneux aient été conduits aux conclusions les plus opposées quand ils ont voulu classifier les formes organiques par les indices qu'elle leur a fournis. La stérilité varie chez les individus d'une même espèce en vertu de prédispositions innées, et elle est extrêmement sensible à l'influence des conditions favorables ou défavorables. Le degré de stérilité ne correspond pas rigoureusement aux affinités systématiques, mais il paraît obéir à l'action de plusieurs lois curieuses et complexes. Les croisements réciproques entre les deux mêmes espèces sont généralement affectés d'une stérilité différente et parfois très inégale. Elle n'est pas toujours égale en degré, dans le premier croisement, et chez les hybrides qui en proviennent.

De même que, dans la greffe des arbres, l'aptitude dont jouit une espèce ou une variété à se greffer sur une autre dépend de différences généralement inconnues existant dans le système végétatif ; de même, dans les croisements, la plus ou moins grande facilité avec laquelle une espèce peut se croiser avec une autre dépend aussi de différences inconnues dans le système reproducteur. Il n'y a pas plus de raison pour admettre que les espèces ont été spécialement frappées d'une stérilité variable en degré, afin d'empêcher leur croisement et leur confusion dans la nature, qu'il n'y en a à croire que les arbres ont été doués d'une propriété spéciale, plus ou moins prononcée, de résistance à la greffe, pour empêcher qu'ils ne se greffent naturellement les uns sur les autres dans nos forêts.

Ce n'est pas la sélection naturelle qui a amené la stérilité des premiers croisements et celle de leurs produits hybrides. La stérilité, dans les cas de premiers croisements, semble dépendre de plusieurs circonstances ; dans quelques cas, elle dépend surtout de la mort précoce de l'embryon. Dans le cas des hybrides, elle semble dépendre de la perturbation apportée à la génération, par le fait qu'elle est composée de deux formes distinctes ; leur stérilité offre beaucoup d'analogie avec celle qui affecte si souvent les espèces pures, lorsqu'elles sont exposées à des conditions d'existence nouvelles et peu naturelles. Quiconque expliquera ces derniers cas, pourra aussi expliquer la stérilité des hybrides ; cette supposition s'appuie encore sur un parallélisme d'un autre genre, c'est-à-dire que, d'abord, de légers changements dans les conditions d'existence paraissent ajouter à la vigueur et à la fécondité de tous les êtres organisés, et, secondement, que le croisement des formes qui ont été exposées à des conditions d'existence légèrement différentes ou qui ont varié, favorise la vigueur et la fécondité de leur descendance. Les faits signalés sur la stérilité des unions illégitimes des plantes dimorphes et trimorphes, ainsi que sur celle de leurs descendants illégitimes, nous permettent peut-être de considérer comme probable que, dans tous les cas, quelque lien inconnu existe entre le degré de fécondité des premiers croisements et ceux de leurs produits. La considération des faits relatifs au dimorphisme, jointe aux résultats des croisements réciproques, conduit évidemment à la conclusion que la cause primaire de la stérilité des croisements entre espèces doit résider dans les différences des éléments sexuels. Mais nous ne savons pas pourquoi, dans le cas des espèces distinctes, les éléments sexuels ont été si généralement plus ou moins modifiés dans une direction tendant à provoquer la stérilité mutuelle qui les caractérise, mais ce fait semble provenir de ce que les espèces ont été soumises pendant de longues périodes à des conditions d'existence presque uniformes.

Il n'est pas surprenant que, dans la plupart des cas, la difficulté qu'on trouve à croiser entre elles deux espèces quelconques, corresponde à la stérilité des produits hybrides qui en résultent, ces deux ordres de faits fussent-ils même dus à des causes distinctes ; ces deux faits dépendent, en effet, de la valeur des différences existant entre les espèces croisées. Il n'y a non plus rien d'étonnant à ce que la facilité d'opérer un premier croisement, la fécondité des hybrides qui en proviennent, et l'aptitude des plantes à être greffées l'une sur l'autre — bien que cette dernière propriété dépende évidemment de circonstances toutes différentes — soient toutes, jusqu'à un certain point, en rapport avec les affinités systématiques des formes soumises à l'expérience ; car l'affinité systématique comprend des ressemblances de toute nature.

Les premiers croisements entre formes connues comme variétés, ou assez analogues pour être considérées comme telles, et leurs descendants métis, sont très généralement, quoique pas invariablement féconds, ainsi qu'on l'a si souvent prétendu. Cette fécondité parfaite et presque universelle ne doit pas nous étonner, si nous songeons au cercle vicieux dans lequel nous tournons en ce qui concerne les variétés à l'état de nature, et si nous nous rappelons que la grande majorité des variétés a été produite à l'état domestique par la sélection de simples différences extérieures, et qu'elles n'ont jamais été longtemps exposées à des conditions d'existence uniformes. Il faut se rappeler que, la domestication prolongée tendant à éliminer la stérilité, il est peu vraisemblable qu'elle doive aussi la provoquer. La question de fécondité mise à part, il y a, sous tous les autres rapports, une ressemblance générale très prononcée entre les hybrides et les métis, quant à leur variabilité, leur propriété de s'absorber mutuellement par des croisements répétés, et leur aptitude à hériter des caractères des deux formes parentes. En résumé donc, bien que nous soyons aussi ignorants sur la cause précise de la stérilité des premiers croisements et de leurs descendants hybrides que nous le sommes sur les causes de la stérilité que provoque chez les animaux et les plantes un changement complet des conditions d'existence, cependant les faits que nous venons de discuter dans ce chapitre ne me paraissent point s'opposer à la théorie que les espèces ont primitivement existé sous forme de variétés.

Chapitre X

INSUFFISANCE DES DOCUMENTS GÉOLOGIQUES.

De l'absence actuelle des variétés intermédiaires. — De la nature des variétés intermédiaires éteintes ; de leur nombre. — Du laps de temps écoulé, calculé d'après l'étendue des dénudations et des dépôts. — Du laps de temps estimé en années. — Pauvreté de nos collections paléontologiques. — Intermittence des formations géologiques. — De la dénudation des surfaces granitiques. — Absence des variétés intermédiaires dans une formation quelconque. — Apparition soudaine de groupes d'espèces. — De leur apparition soudaine dans les couches fossilifères les plus anciennes. — Ancienneté de la terre habitable.

J'ai énuméré dans le sixième chapitre les principales objections qu'on pouvait raisonnablement élever contre les opinions émises dans ce volume. J'en ai maintenant discuté la plupart. Il en est une qui constitue une difficulté évidente, c'est la distinction bien tranchée des formes spécifiques, et l'absence d'innombrables chaînons de transition les reliant les unes aux autres. J'ai indiqué pour quelles raisons ces formes de transition ne sont pas communes actuellement, dans les conditions qui semblent cependant les plus favorables à leur développement, telles qu'une surface étendue et continue, présentant des conditions physiques graduelles et différentes. Je me suis efforcé de démontrer que l'existence de chaque espèce dépend beaucoup plus de la présence d'autres formes organisées déjà définies que du climat, et que, par conséquent, les conditions d'existence véritablement efficaces ne sont pas susceptibles de gradations insensibles comme le sont celles de la chaleur ou de l'humidité. J'ai cherché aussi à démontrer que les variétés intermédiaires, étant moins nombreuses que les formes qu'elles relient, sont généralement vaincues et exterminées pendant le cours des modifications et des améliorations ultérieures. Toutefois, la cause principale de l'absence générale d'innombrables formes de transition dans la nature dépend surtout de la marche même de la sélection naturelle, en vertu de laquelle les variétés nouvelles prennent constamment la place des formes parentes dont elles dérivent et qu'elles exterminent. Mais, plus cette extermination s'est produite sur une grande échelle, plus le nombre des variétés intermédiaires qui ont autrefois existé a dû être considérable. Pourquoi donc chaque formation géologique, dans chacune des couches qui la composent, ne regorge-t-elle pas de formes intermédiaires ? La géologie ne révèle assurément pas une série organique bien graduée, et c'est en cela, peut-être, que consiste l'objection la plus sérieuse qu'on puisse faire à ma théorie. Je crois que l'explication se trouve dans l'extrême insuffisance des documents géologiques.

Il faut d'abord se faire une idée exacte de la nature des formes intermédiaires qui, d'après ma théorie, doivent avoir existé antérieurement. Lorsqu'on examine deux espèces quelconques, il est difficile de ne pas se laisser entraîner à se figurer des formes exactement intermédiaires entre elles. C'est là une supposition erronée ; il nous faut toujours chercher des formes intermédiaires entre chaque espèce et un ancêtre commun, mais inconnu, qui aura généralement différé sous quelques rapports de ses descendants modifiés. Ainsi, pour donner un exemple de cette loi, le pigeon paon et le pigeon grosse-gorge descendent tous les deux du biset ; si nous possédions toutes les variétés intermédiaires qui ont successivement existé, nous aurions deux séries continues et graduées entre chacune de ces deux variétés et le biset ; mais nous n'en trouverions pas une seule qui fût exactement intermédiaire entre le pigeon paon et le pigeon grosse-gorge ; aucune, par exemple, qui réunît à la fois une queue plus ou moins étalée et un jabot plus ou moins gonflé, traits caractéristiques de ces deux races. De plus, ces deux variétés se sont si profondément modifiées, depuis leur point de départ, que, sans les preuves historiques que nous possédons sur leur origine, il serait impossible de déterminer par une simple comparaison de leur conformation avec celle du biset (C. livia), si elles descendent de cette espèce, ou de quelque autre espèce voisine, telle que le C. ænas.

Il en est de même pour les espèces à l'état de nature ; si nous considérons des formes très distinctes, comme le cheval et le tapir, nous n'avons aucune raison de supposer qu'il y ait jamais eu entre ces deux êtres des formes exactement intermédiaires, mais nous avons tout lieu de croire qu'il a dû en exister entre chacun d'eux et un ancêtre commun inconnu. Cet ancêtre commun doit avoir eu, dans l'ensemble de son organisation, une grande analogie générale avec le cheval et le tapir ; mais il peut aussi, par différents points de sa conformation, avoir différé considérablement de ces deux types, peut-être même plus qu'ils ne diffèrent actuellement l'un de l'autre. Par conséquent, dans tous les cas de ce genre, il nous serait impossible de reconnaître la forme parente de deux ou plusieurs espèces, même par la comparaison la plus attentive de l'organisation de l'ancêtre avec celle de ses descendants modifiés, si nous n'avions pas en même temps à notre disposition la série à peu près complète des anneaux intermédiaires de la chaîne.

Il est cependant possible, d'après ma théorie, que, de deux formes vivantes, l'une soit descendue de l'autre ; que le cheval, par exemple, soit issu du tapir ; or, dans ce cas, il a dû exister des chaînons directement intermédiaires entre eux. Mais un cas pareil impliquerait la persistance sans modification, pendant une très longue durée, d'une forme dont les descendants auraient subi des changements considérables ; or, un fait de cette nature ne peut être que fort rare, en raison du principe de la concurrence entre tous les organismes ou entre le descendant et ses parents ; car, dans tous les cas, les formes nouvelles perfectionnées tendent à supplanter les formes antérieures demeurées fixes.

Toutes les espèces vivantes, d'après la théorie de la sélection naturelle, se rattachent à la souche mère de chaque genre, par des différences qui ne sont pas plus considérables que celles que nous constatons actuellement entre les variétés naturelles et domestiques d'une même espèce ; chacune de ces souches mères elles-mêmes, maintenant généralement éteintes, se rattachait de la même manière à d'autres espèces plus anciennes ; et, ainsi de suite, en remontant et en convergeant toujours vers le commun ancêtre de chaque grande classe. Le nombre des formes intermédiaires constituant les chaînons de transition entre toutes les espèces vivantes et les espèces perdues a donc dû être infiniment grand ; or, si ma théorie est vraie, elles ont certainement vécu sur la terre.

DU LAPS DE TEMPS ÉCOULÉ, DÉDUIT DE L'APPRÉCIATION DE LA RAPIDITÉ DES DÉPÔTS ET DE L'ÉTENDUE DES DÉNUDATIONS.

Outre que nous ne trouvons pas les restes fossiles de ces innombrables chaînons intermédiaires, on peut objecter que, chacun des changements ayant dû se produire très lentement, le temps doit avoir manqué pour accomplir d'aussi grandes modifications organiques. Il me serait difficile de rappeler au lecteur qui n'est pas familier avec la géologie les faits au moyen desquels on arrive à se faire une vague et faible idée de l'immensité de la durée des âges écoulés. Quiconque peut lire le grand ouvrage de sir Charles Lyell sur les principe de la Géologie, auquel les historiens futurs attribueront à juste titre une révolution dans les sciences naturelles, sans reconnaître la prodigieuse durée des périodes écoulées, peut fermer ici ce volume. Ce n'est pas qu'il suffise d'étudier les Principes de la Géologie, de lire les traités spéciaux des divers auteurs sur telle ou telle formation, et de tenir compte des essais qu'ils font pour donner une idée insuffisante des durées de chaque formation ou même de chaque couche ; c'est en étudiant les forces qui sont entrées en jeu que nous pouvons le mieux nous faire une idée des temps écoulés, c'est en nous rendant compte de l'étendue de la surface terrestre qui a été dénudée et de l'épaisseur des sédiments déposés que nous arrivons à nous faire une vague idée de la durée des périodes passées. Ainsi que Lyell l'a très justement fait remarquer, l'étendue et l'épaisseur de nos couches de sédiments sont le résultat et donnent la mesure de la dénudation que la croûte terrestre a éprouvée ailleurs. Il faut donc examiner par soi-même ces énormes entassements de couches superposées, étudier les petits ruisseaux charriant de la boue, contempler les vagues rongeant les antiques falaises, pour se faire quelque notion de la durée des périodes écoulées, dont les monuments nous environnent de toutes parts.

Il faut surtout errer le long des côtes formées de roches modérément dures, et constater les progrès de leur désagrégation. Dans la plupart des cas, le flux n'atteint les rochers que deux fois par jour et pour peu de temps ; les vagues ne les rongent que lorsqu'elles sont chargées de sables et de cailloux, car l'eau pure n'use pas le roc. La falaise, ainsi minée par la base, s'écroule en grandes masses qui, gisant sur la plage, sont rongées et usées atome par atome, jusqu'à ce qu'elles soient assez réduites pour être roulées par les vagues, qui alors les broient plus promptement et les transforment en cailloux, en sable ou en vase. Mais combien ne trouvons-nous pas, au pied des falaises, qui reculent pas à pas, de blocs arrondis, couverts d'une épaisse couche de végétations marines, dont la présence est une preuve de leur stabilité et du peu d'usure à laquelle ils sont soumis ! Enfin, si nous suivons pendant l'espace de quelques milles une falaise rocheuse sur laquelle la mer exerce son action destructive, nous ne la trouvons attaquée que çà et là, par places peu étendues, autour des promontoires saillants. La nature de la surface et la végétation dont elle est couverte prouvent que, partout ailleurs, bien des années se sont écoulées depuis que l'eau en est venue baigner la base.

Les observations récentes de Ramsay, de Jukes, de Geikie, de Croll et d'autres, nous apprennent que la désagrégation produite par les agents atmosphériques joue sur les côtes un rôle beaucoup plus important que l'action des vagues. Toute la surface de la terre est soumise à l'action chimique de l'air et de l'acide carbonique dissous dans l'eau de pluie, et à la gelée dans les pays froids ; la matière désagrégée est entraînée par les fortes pluies, même sur les pentes douces, et, plus qu'on ne le croit généralement, par le vent dans les pays arides ; elle est alors charriée par les rivières et par les fleuves qui, lorsque leur cours est rapide, creusent profondément leur lit et triturent les fragments. Les ruisseaux boueux qui, par un jour de pluie, coulent le long de toutes les pentes, même sur des terrains faiblement ondulés, nous montrent les effets de la désagrégation atmosphérique. MM. Ramsay et Whitaker ont démontré, et cette observation est très remarquable, que les grandes lignes d'escarpement du district wealdien et celles qui s'étendent au travers de l'Angleterre, qu'autrefois on considérait comme d'anciennes côtes marines, n'ont pu être ainsi produites, car chacune d'elles est constituée d'une même formation unique, tandis que nos falaises actuelles sont partout composées de l'intersection de formations variées. Cela étant ainsi, il nous faut admettre que les escarpements doivent en grande partie leur origine à ce que la roche qui les compose a mieux résisté à l'action destructive des agents atmosphériques que les surfaces voisines, dont le niveau s'est graduellement abaissé, tandis que les lignes rocheuses sont restées en relief. Rien ne peut mieux nous faire concevoir ce qu'est l'immense durée du temps, selon les idées que nous nous faisons du temps, que la vue des résultats si considérables produits par des agents atmosphériques qui nous paraissent avoir si peu de puissance et agir si lentement.

Après s'être ainsi convaincu de la lenteur avec laquelle les agents atmosphériques et l'action des vagues sur les côtes rongent la surface terrestre, il faut ensuite, pour apprécier la durée des temps passés, considérer, d'une part, le volume immense des rochers qui ont été enlevés sur des étendues considérables, et, de l'autre, examiner l'épaisseur de nos formations sédimentaires. Je me rappelle avoir été vivement frappé en voyant les îles volcaniques, dont les côtes ravagées par les vagues présentent aujourd'hui des falaises perpendiculaires hautes de 1000 à 2000 pieds, car la pente douce des courants de lave, due à leur état autrefois liquide, indiquait tout de suite jusqu'où les couches rocheuses avaient dû s'avancer en pleine mer. Les grandes failles, c'est-à-dire ces immenses crevasses le long desquelles les couches se sont souvent soulevées d'un côté ou abaissées de l'autre, à une hauteur ou à une profondeur de plusieurs milliers de pieds, nous enseignent la même leçon ; car, depuis l'époque où ces crevasses se sont produites, qu'elles l'aient été brusquement ou, comme la plupart des géologues le croient aujourd'hui, très lentement à la suite de nombreux petits mouvements, la surface du pays s'est depuis si bien nivelée, qu'aucune trace de ces prodigieuses dislocations n'est extérieurement visible. La faille de Craven, par exemple, s'étend sur une ligne de 30 milles de longueur, le long de laquelle le déplacement vertical des couches varie de 600 à 3000 pieds. Le professeur Ramsay a constaté un affaissement de 2300 pieds dans l'île d'Anglesea, et il m'apprend qu'il est convaincu que, dans le Merionethshire, il en existe un autre de 12000 pieds ; cependant, dans tous ces cas, rien à la surface ne trahit ces prodigieux mouvements, les amas de rochers de chaque côté de la faille ayant été complètement balayés.

D'autre part, dans toutes les parties du globe, les amas de couches sédimentaires ont une épaisseur prodigieuse. J'ai vu, dans les Cordillères, une masse de conglomérat dont j'ai estimé l'épaisseur à environ 10000 pieds ; et, bien que les conglomérats aient dû probablement s'accumuler plus vite que des couches de sédiments plus fins, ils ne sont cependant composés que de cailloux roulés et arrondis qui, portant chacun l'empreinte du temps, prouvent avec quelle lenteur des masses aussi considérables ont dû s'entasser. Le professeur Ramsay m'a donné les épaisseurs maxima des formations successives dans différentes parties de la Grande-Bretagne, d'après des mesures prises sur les lieux dans la plupart des cas. En voici le résultat :

	Pieds anglais.
Couches paléozoïques (non compris les roches ignées)	37154
Couches secondaires	13190
Couches tertiaires	2340

— formant un total de 72584 pieds, c'est-à-dire environ 13 milles anglais et trois quarts. Certaines formations, qui sont représentées en Angleterre par des couches minces, atteignent sur le continent une épaisseur de plusieurs milliers de pieds. En outre, s'il faut en croire la plupart des géologues, il doit s'être écoulé, entre les formations successives, des périodes extrêmement longues pendant lesquelles aucun dépôt ne s'est formé. La masse entière des couches superposées des roches sédimentaires de l'Angleterre ne donne donc qu'une idée incomplète du temps qui s'est écoulé pendant leur accumulation. L'étude de faits de cette nature semble produire sur l'esprit une impression analogue à celle qui résulte de nos vaines tentatives pour concevoir l'idée d'éternité.

Cette impression n'est pourtant pas absolument juste. M. Croll fait remarquer, dans un intéressant mémoire, que nous ne nous trompons pas par « une conception trop élevée de la longueur des périodes géologiques », mais en les estimant en années. Lorsque les géologues envisagent des phénomènes considérables et compliqués, et qu'ils considèrent ensuite les chiffres qui représentent des millions d'années, les deux impressions produites sur l'esprit sont très différentes, et les chiffres sont immédiatement taxés d'insuffisance. M. Croll démontre, relativement à la dénudation produite par les agents atmosphériques, en calculant le rapport de la quantité connue de matériaux sédimentaires que charrient annuellement certaines rivières, relativement à l'étendue des surfaces drainées, qu'il faudrait six millions d'années pour désagréger et pour enlever au niveau moyen de l'aire totale qu'on considère une épaisseur de 1000 pieds de roches. Un tel résultat peut paraître étonnant, et le serait encore si, d'après quelques considérations qui peuvent faire supposer qu'il est exagéré, on le réduisait à la moitié ou au quart. Bien peu de personnes, d'ailleurs, se rendent un compte exact de ce que signifie réellement un million. M. Croll cherche à le faire comprendre par l'exemple suivant : on étend, sur le mur d'une grande salle, une bande étroite de papier, longue de 83 pieds et 4 pouces (25m,70) ; on fait alors à une extrémité de cette bande une division d'un dixième de pouce (2mm,5) ; cette division représente un siècle, et la bande entière représente un million d'années. Or, pour le sujet qui nous occupe, que sera un siècle figuré par une mesure aussi insignifiante relativement aux vastes dimensions de la salle ? Plusieurs éleveurs distingués ont, pendant leur vie, modifié assez fortement quelques animaux supérieurs pour avoir créé de véritables sous-races nouvelles ; or, ces espèces supérieures se produisent beaucoup plus lentement que les espèces inférieures. Bien peu d'hommes se sont occupés avec soin d'une race pendant plus de cinquante ans, de sorte qu'un siècle représente le travail de deux éleveurs successifs. Il ne faudrait pas toutefois supposer que les espèces à l'état de nature puissent se modifier aussi promptement que peuvent le faire les animaux domestiques sous l'action de la sélection méthodique. La comparaison serait plus juste entre les espèces naturelles et les résultats que donne la sélection inconsciente, c'est-à-dire la conservation, sans intention préconçue de modifier la race, des animaux les plus utiles ou les plus beaux. Or, sous l'influence de la seule sélection inconsciente, plusieurs races se sont sensiblement modifiées dans le cours de deux ou trois siècles.

Les modifications sont, toutefois, probablement beaucoup plus lentes encore chez les espèces dont un petit nombre seulement se modifie en même temps dans un même pays. Cette lenteur provient de ce que tous les habitants d'une région étant déjà parfaitement adaptés les uns aux autres, de nouvelles places dans l'économie de la nature ne se présentent qu'à de longs intervalles, lorsque les conditions physiques ont éprouvé quelques modifications d'une nature quelconque, ou qu'il s'est produit une immigration de nouvelles formes. En outre, les différences individuelles ou les variations dans la direction voulue, de nature à mieux adapter quelques-uns des habitants aux conditions nouvelles, peuvent ne pas surgir immédiatement. Nous n'avons malheureusement aucun moyen de déterminer en années la période nécessaire pour modifier une espèce. Nous aurons d'ailleurs à revenir sur ce sujet.

PAUVRETÉ DE NOS COLLECTIONS PALÉONTOLOGIQUES.

Quel triste spectacle que celui de nos musées géologiques les plus riches ! Chacun s'accorde à reconnaître combien sont incomplètes nos collections. Il ne faut jamais oublier la remarque du célèbre paléontologiste E. Forbes, c'est-à-dire qu'un grand nombre de nos espèces fossiles ne sont connues et dénommées que d'après des échantillons isolés, souvent brisés, ou d'après quelques rares spécimens recueillis sur un seul point. Une très petite partie seulement de la surface du globe a été géologiquement explorée, et nulle part avec assez de soin, comme le prouvent les importantes découvertes qui se font chaque année en Europe. Aucun organisme complètement mou ne peut se conserver. Les coquilles et les ossements, gisant au fond des eaux, là où il ne se dépose pas de sédiments, se détruisent et disparaissent bientôt. Nous partons malheureusement toujours de ce principe erroné qu'un immense dépôt de sédiment est en voie de formation sur presque toute l'étendue du lit de la mer, avec une rapidité suffisante pour ensevelir et conserver des débris fossiles. La belle teinte bleue et la limpidité de l'Océan dans sa plus grande étendue témoignent de la pureté de ses eaux. Les nombreux exemples connus de formations géologiques régulièrement recouvertes, après un immense intervalle de temps, par d'autres formations plus récentes, sans que la couche sous-jacente ait subi dans l'intervalle la moindre dénudation ou la moindre dislocation, ne peut s'expliquer que si l'on admet que le fond de la mer demeure souvent intact pendant des siècles. Les eaux pluviales chargées d'acide carbonique doivent souvent dissoudre les fossiles enfouis dans les sables ou les graviers, en s'infiltrant dans ces couches lors de leur émersion. Les nombreuses espèces d'animaux qui vivent sur les côtes, entre les limites des hautes et des basses marées, paraissent être rarement conservées. Ainsi, les diverses espèces de Chthamalinées (sous-famille de cirripèdes sessiles) tapissent les rochers par myriades dans le monde entier ; toutes sont rigoureusement littorales ; or — à l'exception d'une seule espèce de la Méditerranée qui vit dans les eaux profondes, et qu'on a trouvée à l'état fossile en Sicile — on n'en a pas rencontré une seule espèce fossile dans aucune formation tertiaire ; il est avéré, cependant, que le genre Chthamalus existait à l'époque de la craie. Enfin, beaucoup de grands dépôts qui ont nécessité pour s'accumuler des périodes extrêmement longues, sont entièrement dépourvus de tous débris organiques, sans que nous puissions expliquer pourquoi. Un des exemples les plus frappants est la formation du flysch, qui consiste en grès et en schistes, dont l'épaisseur atteint jusqu'à 6000 pieds, qui s'étend entre Vienne et la Suisse sur une longueur d'au moins 300 milles, et dans laquelle, malgré toutes les recherches, on n'a pu découvrir, en fait de fossiles, que quelques débris végétaux.

Il est presque superflu d'ajouter, à l'égard des espèces terrestres qui vécurent pendant la période secondaire et la période paléozoïque, que nos collections présentent de nombreuses lacunes. On ne connaissait, par exemple, jusque tout récemment encore, aucune coquille terrestre ayant appartenu à l'une ou l'autre de ces deux longues périodes, à l'exception d'une seule espèce trouvée dans les couches carbonifères de l'Amérique du Nord par sir C. Lyell et le docteur Dawson ; mais, depuis, on a trouvé des coquilles terrestres dans le lias. Quant aux restes fossiles de mammifères, un simple coup d'œil sur la table historique du manuel de Lyell suffit pour prouver, mieux que des pages de détails, combien leur conservation est rare et accidentelle. Cette rareté n'a rien de surprenant, d'ailleurs, si l'on songe à l'énorme proportion d'ossements de mammifères tertiaires qui ont été trouvés dans des cavernes ou des dépôts lacustres, nature de gisements dont on ne connaît aucun exemple dans nos formations secondaires ou paléozoïques.

Mais les nombreuses lacunes de nos archives géologiques proviennent en grande partie d'une cause bien plus importante que les précédentes, c'est-à-dire que les diverses formations ont été séparées les unes des autres par d'énormes intervalles de temps. Cette opinion a été chaudement soutenue par beaucoup de géologues et de paléontologistes qui, comme E. Forbes, nient formellement la transformation des espèces. Lorsque nous voyons la série des formations, telle que la donnent les tableaux des ouvrages sur la géologie, ou que nous étudions ces formations dans la nature, nous échappons difficilement à l'idée qu'elles ont été strictement consécutives. Cependant le grand ouvrage de sir R. Murchison sur la Russie nous apprend quelles immenses lacunes il y a dans ce pays entre les formations immédiatement superposées ; il en est de même dans l'Amérique du Nord et dans beaucoup d'autres parties du monde. Aucun géologue, si habile qu'il soit, dont l'attention se serait portée exclusivement sur l'étude de ces vastes territoires, n'aurait jamais soupçonné que, pendant ces mêmes périodes complètement inertes pour son propre pays, d'énormes dépôts de sédiment, renfermant une foule de formes organiques nouvelles et toutes spéciales, s'accumulaient autre part. Et si, dans chaque contrée considérée séparément, il est presque impossible d'estimer le temps écoulé entre les formations consécutives, nous pouvons en conclure qu'on ne saurait le déterminer nulle part. Les fréquents et importants changements qu'on peut constater dans la composition minéralogique des formations consécutives, impliquent généralement aussi de grands changements dans la géographie des régions environnantes, d'où ont dû provenir les matériaux des sédiments, ce qui confirme encore l'opinion que de longues périodes se sont écoulées entre chaque formation.

Nous pouvons, je crois, nous rendre compte de cette intermittence presque constante des formations géologiques de chaque région, c'est-à-dire du fait qu'elles ne se sont pas succédé sans interruption. Rarement un fait m'a frappé autant que l'absence, sur une longueur de plusieurs centaines de milles des côtes de l'Amérique du Sud, qui ont été récemment soulevées de plusieurs centaines de pieds, de tout dépôt récent assez considérable pour représenter même une courte période géologique. Sur toute la côte occidentale, qu'habite une faune marine particulière, les couches tertiaires sont si peu développées, que plusieurs faunes marines successives et toutes spéciales ne laisseront probablement aucune trace de leur existence aux âges géologiques futurs. Un peu de réflexion fera comprendre pourquoi, sur la côte occidentale de l'Amérique du Sud en voie de soulèvement, on ne peut trouver nulle part de formation étendue contenant des débris tertiaires ou récents, bien qu'il ait dû y avoir abondance de matériaux de sédiments, par suite de l'énorme dégradation des rochers des côtes et de la vase apportée par les cours d'eau qui se jettent dans la mer. Il est probable, en effet, que les dépôts sous-marins du littoral sont constamment désagrégés et emportés, à mesure que le soulèvement lent et graduel du sol les expose à l'action des vagues.

Nous pouvons donc conclure que les dépôts de sédiment doivent être accumulés en masses très épaisses, très étendues et très solides, pour pouvoir résister, soit à l'action incessante des vagues, lors des premiers soulèvements du sol, et pendant les oscillations successives du niveau, soit à la désagrégation atmosphérique. Des masses de sédiment aussi épaisses et aussi étendues peuvent se former de deux manières : soit dans les grandes profondeurs de la mer, auquel cas le fond est habité par des formes moins nombreuses et moins variées que les mers peu profondes ; en conséquence, lorsque la masse vient à se soulever, elle ne peut offrir qu'une collection très incomplète des formes organiques qui ont existé dans le voisinage pendant la période de son accumulation. Ou bien, une couche de sédiment de quelque épaisseur et de quelque étendue que ce soit peut se déposer sur un bas-fond en voie de s'affaisser lentement ; dans ce cas, tant que l'affaissement du sol et l'apport des sédiments s'équilibrent à peu près, la mer reste peu profonde et offre un milieu favorable à l'existence d'un grand nombre de formes variées ; de sorte qu'un dépôt riche en fossiles, et assez épais pour résister, après un soulèvement ultérieur, à une grande dénudation, peut ainsi se former facilement.

Je suis convaincu que presque toutes nos anciennes formations riches en fossiles dans la plus grande partie de leur épaisseur se sont ainsi formées pendant un affaissement. J'ai, depuis 1845, époque où je publiai mes vues à ce sujet, suivi avec soin les progrès de la géologie, et j'ai été étonné de voir comment les auteurs, traitant de telle ou telle grande formation, sont arrivés, les uns après les autres, à conclure qu'elle avait dû s'accumuler pendant un affaissement du sol. Je puis ajouter que la seule formation tertiaire ancienne qui, sur la côte occidentale de l'Amérique du Sud, ait été assez puissante pour résister aux dégradations qu'elle a déjà subies, mais qui ne durera guère jusqu'à une nouvelle époque géologique bien distante, s'est accumulée pendant une période d'affaissement, et a pu ainsi atteindre une épaisseur considérable.

Tous les faits géologiques nous démontrent clairement que chaque partie de la surface terrestre a dû éprouver de nombreuses et lentes oscillations de niveau, qui ont évidemment affecté des espaces considérables. Des formations riches en fossiles, assez épaisses et assez étendues pour résister aux érosions subséquentes, ont pu par conséquent se former sur de vastes régions pendant les périodes d'affaissement, là où l'apport des sédiments était assez considérable pour maintenir le fond à une faible profondeur et pour enfouir et conserver les débris organiques avant qu'ils aient eu le temps de se désagréger. D'autre part, tant que le fond de la mer reste stationnaire, des dépôts épais ne peuvent pas s'accumuler dans les parties peu profondes les plus favorables à la vie. Ces dépôts sont encore moins possibles pendant les périodes intermédiaires de soulèvement, ou, pour mieux dire, les couches déjà accumulées sont généralement détruites à mesure que leur soulèvement les amenant au niveau de l'eau, les met aux prises avec l'action destructive des vagues côtières.

Ces remarques s'appliquent principalement aux formations littorales ou sous-littorales. Dans le cas d'une mer étendue et peu profonde, comme dans une grande partie de l'archipel Malais, où la profondeur varie entre 30, 40 et 60 brasses, une vaste formation pourrait s'accumuler pendant une période de soulèvement, et, cependant, ne pas souffrir une trop grande dégradation à l'époque de sa lente émersion. Toutefois, son épaisseur ne pourrait pas être bien grande, car, en raison du mouvement ascensionnel, elle serait moindre que la profondeur de l'eau où elle s'est formée. Le dépôt ne serait pas non plus très solide, ni recouvert de formations subséquentes, ce qui augmenterait ses chances d'être désagrégé par les agents atmosphériques et par l'action de la mer pendant les oscillations ultérieures du niveau. M. Hopkins a toutefois fait remarquer que si une partie de la surface venait, après un soulèvement, à s'affaisser de nouveau avant d'avoir été dénudée, le dépôt formé pendant le mouvement ascensionnel pourrait être ensuite recouvert par de nouvelles accumulations, et être ainsi, quoique mince, conservé pendant de longues périodes.

M. Hopkins croit aussi que les dépôts sédimentaires de grande étendue horizontale n'ont été que rarement détruits en entier. Mais tous les géologues, à l'exception du petit nombre de ceux qui croient que nos schistes métamorphiques actuels et nos roches plutoniques ont formé le noyau primitif du globe, admettront que ces dernières roches ont été soumises à une dénudation considérable. Il n'est guère possible, en effet, que des roches pareilles se soient solidifiées et cristallisées à l'air libre ; mais si l'action métamorphique s'est effectuée dans les grandes profondeurs de l'Océan, le revêtement protecteur primitif des roches peut n'avoir pas été très épais. Si donc l'on admet que les gneiss, les micaschistes, les granits, les diorites, etc., ont été autrefois nécessairement recouverts, comment expliquer que d'immenses surfaces de ces roches soient actuellement dénudées sur tant de points du globe, autrement que par la désagrégation subséquente complète de toutes les couches qui les recouvraient ? On ne peut douter qu'il existe de semblables étendues très considérables ; selon Humboldt, la région granitique de Parime est au moins dix-neuf fois aussi grande que la Suisse. Au sud de l'Amazone, Boué en décrit une autre composée de roches de cette nature ayant une surface équivalente à celle qu'occupent l'Espagne, la France, l'Italie, une partie de l'Allemagne et les Îles-Britanniques réunies. Cette région n'a pas encore été explorée avec tout le soin désirable, mais tous les voyageurs affirment l'immense étendue de la surface granitique ; ainsi, von Eschwege donne une coupe détaillée de ces roches qui s'étendent en droite ligne dans l'intérieur jusqu'à 260 milles géographiques de Rio de Janeiro ; j'ai fait moi-même 150 milles dans une autre direction, sans voir autre chose que des roches granitiques. J'ai examiné de nombreux spécimens recueillis sur toute la côte depuis Rio de Janeiro jusqu'à l'embouchure de la Plata, soit une distance de 1100 milles géographiques, et tous ces spécimens appartenaient à cette même classe de roches. Dans l'intérieur, sur toute la rive septentrionale de la Plata, je n'ai pu voir, outre des dépôts tertiaires modernes, qu'un petit amas d'une roche légèrement métamorphique, qui seule a pu constituer un fragment de la couverture primitive de la série granitique. Dans la région mieux connue des États-Unis et du Canada, d'après la belle carte du professeur H.-D. Rogers, j'ai estimé les surfaces en découpant la carte elle-même et en en pesant le papier, et j'ai trouvé que les roches granitiques et métamorphiques (à l'exclusion des semi-métamorphiques) excèdent, dans le rapport de 19 à 12,5, l'ensemble des formations paléozoïques plus nouvelles. Dans bien des régions, les roches métamorphiques et granitiques auraient une bien plus grande étendue si les couches sédimentaires qui reposent sur elles étaient enlevées, couches qui n'ont pas pu faire partie du manteau primitif sous lequel elles ont cristallisé. Il est donc probable que, dans quelques parties du monde, des formations entières ont été désagrégées d'une manière complète, sans qu'il soit resté aucune trace de l'état antérieur.

Il est encore une remarque digne d'attention. Pendant les périodes de soulèvement, l'étendue des surfaces terrestres, ainsi que celle des parties peu profondes de mer qui les entourent, augmente et forme ainsi de nouvelles stations — toutes circonstances favorables, ainsi que nous l'avons expliqué, à la formation des variétés et des espèces nouvelles ; mais il y a généralement aussi, pendant ces périodes, une lacune dans les archives géologiques. D'autre part, pendant les périodes d'affaissement, la surface habitée diminue, ainsi que le nombre des habitants (excepté sur les côtes d'un continent au moment où il se fractionne en archipel), et, par conséquent, bien qu'il y ait de nombreuses extinctions, il se forme peu de variétés ou d'espèces nouvelles ; or, c'est précisément pendant ces périodes d'affaissement que se sont accumulés les dépôts les plus riches en fossiles.

De l'absence de nombreuses variétés intermédiaires dans une formation quelconque.

Les considérations qui précèdent prouvent à n'en pouvoir douter l'extrême imperfection des documents que, dans son ensemble, la géologie peut nous fournir ; mais, si nous concentrons notre examen sur une formation quelconque, il devient beaucoup plus difficile de comprendre pourquoi nous n'y trouvons pas une série étroitement graduée des variétés qui ont dû relier les espèces voisines qui vivaient au commencement et à la fin de cette formation. On connaît quelques exemples de variétés d'une même espèce, existant dans les parties supérieures et dans les parties inférieures d'une même formation : ainsi Trautschold cite quelques exemples d'Ammonites ; Hilgendorf décrit un cas très curieux, c'est-à-dire dix formes graduées du Planorbis multiformis trouvées dans les couches successives d'une formation calcaire d'eau douce en Suisse. Bien que chaque formation ait incontestablement nécessité pour son dépôt un nombre d'années considérable, on peut donner plusieurs raisons pour expliquer comment il se fait que chacune d'elles ne présente pas ordinairement une série graduée de chaînons reliant les espèces qui ont vécu au commencement et à la fin ; mais je ne saurais déterminer la valeur relative des considérations qui suivent.

Toute formation géologique implique certainement un nombre considérable d'années ; il est cependant probable que chacune de ces périodes est courte, si on la compare à la période nécessaire pour transformer une espèce en une autre. Deux paléontologistes dont les opinions ont un grand poids, Bronn et Woodward, ont conclu, il est vrai, que la durée moyenne de chaque formation est deux ou trois fois aussi longue que la durée moyenne des formes spécifiques. Mais il me semble que des difficultés insurmontables s'opposent à ce que nous puissions arriver sur ce point à aucune conclusion exacte. Lorsque nous voyons une espèce apparaître pour la première fois au milieu d'une formation, il serait téméraire à l'extrême d'en conclure qu'elle n'a pas précédemment existé ailleurs ; de même qu'en voyant une espèce disparaître avant le dépôt des dernières couches, il serait également téméraire d'affirmer son extinction. Nous oublions que, comparée au reste du globe, la superficie de l'Europe est fort peu de chose, et qu'on n'a d'ailleurs pas établi avec une certitude complète la corrélation, dans toute l'Europe, des divers étages d'une même formation.

Relativement aux animaux marins de toutes espèces, nous pouvons présumer en toute sûreté qu'il y a eu de grandes migrations dues à des changements climatériques ou autres ; et, lorsque nous voyons une espèce apparaître pour la première fois dans une formation, il y a toute probabilité pour que ce soit une immigration nouvelle dans la localité. On sait, par exemple, que plusieurs espèces ont apparu dans les couches paléozoïques de l'Amérique du Nord un peu plus tôt que dans celle de l'Europe, un certain temps ayant été probablement nécessaire à leur migration des mers d'Amérique à celles d'Europe. En examinant les dépôts les plus récents dans différentes parties du globe, on a remarqué partout que quelques espèces encore existantes sont très communes dans un dépôt, mais ont disparu de la mer immédiatement voisine ; ou inversement, que des espèces abondantes dans les mers du voisinage sont rares dans un dépôt ou y font absolument défaut. Il est bon de réfléchir aux nombreuses migrations bien prouvées des habitants de l'Europe pendant l'époque glaciaire, qui ne constitue qu'une partie d'une période géologique entière. Il est bon aussi de réfléchir aux oscillations du sol, aux changements extraordinaires de climat, et à l'immense laps de temps compris dans cette même période glaciaire. On peut cependant douter qu'il y ait un seul point du globe où, pendant toute cette période, il se soit accumulé sur une même surface, et d'une manière continue, des dépôts sédimentaires renfermant des débris fossiles. Il n'est pas probable, par exemple, que, pendant toute la période glaciaire, il se soit déposé des sédiments à l'embouchure du Mississipi, dans les limites des profondeurs qui conviennent le mieux aux animaux marins ; car nous savons que, pendant cette même période de temps, de grands changements géographiques ont eu lieu dans d'autres parties de l'Amérique. Lorsque les couches de sédiment déposées dans des eaux peu profondes à l'embouchure du Mississipi, pendant une partie de la période glaciaire, se seront soulevées, les restes organiques qu'elles contiennent apparaîtront et disparaîtront probablement à différents niveaux, en raison des migrations des espèces et des changements géographiques. Dans un avenir éloigné, un géologue examinant ces couches pourra être tenté de conclure que la durée moyenne de la persistance des espèces fossiles enfouies a été inférieure à celle de la période glaciaire, tandis qu'elle aura réellement été beaucoup plus grande, puisqu'elle s'étend dès avant l'époque glaciaire jusqu'à nos jours.

Pour qu'on puisse trouver une série de formes parfaitement graduées entre deux espèces enfouies dans la partie supérieure ou dans la partie inférieure d'une même formation, il faudrait que celle-ci eût continué de s'accumuler pendant une période assez longue pour que les modifications toujours lentes des espèces aient eu le temps de s'opérer. Le dépôt devrait donc être extrêmement épais ; il aurait fallu, en outre, que l'espèce en voie de se modifier ait habité tout le temps dans la même région. Mais nous avons vu qu'une formation considérable, également riche en fossiles dans toute son épaisseur, ne peut s'accumuler que pendant une période d'affaissement ; et, pour que la profondeur reste sensiblement la même, condition nécessaire pour qu'une espèce marine quelconque puisse continuer à habiter le même endroit, il faut que l'apport des sédiments compense à peu près l'affaissement. Or, le même mouvement d'affaissement tendant aussi à submerger les terrains qui fournissent les matériaux du sédiment lui-même, il en résulte que la quantité de ce dernier tend à diminuer tant que le mouvement d'affaissement continue. Un équilibre approximatif entre la rapidité de production des sédiments et la vitesse de l'affaissement est donc probablement un fait rare ; beaucoup de paléontologistes ont, en effet, remarqué que les dépôts très épais sont ordinairement dépourvus de fossiles, sauf vers leur limite supérieure ou inférieure.

Il semble même que chaque formation distincte, de même que toute la série des formations d'un pays, s'est en général accumulée de façon intermittente. Lorsque nous voyons, comme cela arrive si souvent, une formation constituée par des couches de composition minéralogique différente, nous avons tout lieu de penser que la marche du dépôt a été plus ou moins interrompue. Mais l'examen le plus minutieux d'un dépôt ne peut nous fournir aucun élément de nature à nous permettre d'estimer le temps qu'il a fallu pour le former. On pourrait citer bien des cas de couches n'ayant que quelques pieds d'épaisseur, représentant des formations qui, ailleurs, ont atteint des épaisseurs de plusieurs milliers de pieds, et dont l'accumulation n'a pu se faire que dans une période d'une durée énorme ; or, quiconque ignore ce fait ne pourrait même soupçonner l'immense série de siècles représentée par la couche la plus mince. On pourrait citer des cas nombreux de couches inférieures d'une formation qui ont été soulevées, dénudées, submergées, puis recouvertes par les couches supérieures de la même formation — faits qui démontrent qu'il a pu y avoir des intervalles considérables et faciles à méconnaître dans l'accumulation totale. Dans d'autres cas, de grands arbres fossiles, encore debout sur le sol où ils ont vécu, nous prouvent nettement que de longs intervalles de temps se sont écoulés et que des changements de niveau ont eu lieu pendant la formation des dépôts ; ce que nul n'aurait jamais pu soupçonner si les arbres n'avaient pas été conservés. Ainsi sir C. Lyell et le docteur Dawson ont trouvé dans la Nouvelle-Écosse des dépôts carbonifères ayant 1 400 pieds d'épaisseur, formés de couches superposées contenant des racines, et cela à soixante-huit niveaux différents. Aussi, quand la même espèce se rencontre à la base, au milieu et au sommet d'une formation, il y a toute probabilité qu'elle n'a pas vécu au même endroit pendant toute la période du dépôt, mais qu'elle a paru et disparu, bien des fois peut-être, pendant la même période géologique. En conséquence, si de semblables espèces avaient subi, pendant le cours d'une période géologique, des modifications considérables, un point donné de la formation ne renfermerait pas tous les degrés intermédiaires d'organisation qui, d'après ma théorie, ont dû exister, mais présenterait des changements de formes soudains, bien que peut-être peu considérables.

Il est indispensable de se rappeler que les naturalistes n'ont aucune formule mathématique qui leur permette de distinguer les espèces des variétés ; ils accordent une petite variabilité à chaque espèce ; mais aussitôt qu'ils rencontrent quelques différences un peu plus marquées entre deux formes, ils les regardent toutes deux comme des espèces, à moins qu'ils ne puissent les relier par une série de gradations intermédiaires très voisines ; or, nous devons rarement, en vertu des raisons que nous venons de donner, espérer trouver, dans une section géologique quelconque, un rapprochement semblable. Supposons deux espèces B et C, et qu'on trouve, dans une couche sous-jacente et plus ancienne, une troisième espèce A ; en admettant même que celle-ci soit rigoureusement intermédiaire entre B et C, elle serait simplement considérée comme une espèce distincte, à moins qu'on ne trouve des variétés intermédiaires la rellant avec l'une ou l'autre des deux formes ou avec toutes les deux. Il ne faut pas oublier que, ainsi que nous l'avons déjà expliqué, A pourrait être l'ancêtre de B et de C, sans être rigoureusement intermédiaire entre les deux dans tous ses caractères. Nous pourrions donc trouver dans les couches inférieures et supérieures d'une même formation l'espèce parente et ses différents descendants modifiés, sans pouvoir reconnaître leur parenté, en l'absence des nombreuses formes de transition, et, par conséquent, nous les considérerions comme des espèces distinctes.

On sait sur quelles différences excessivement légères beaucoup de paléontologistes ont fondé leurs espèces, et ils le font d'autant plus volontiers que les spécimens proviennent des différentes couches d'une même formation. Quelques conchyliologistes expérimentés ramènent actuellement au rang de variétés un grand nombre d'espèces établies par d'Orbigny et tant d'autres, ce qui nous fournit la preuve des changements que, d'après ma théorie, nous devons constater. Dans les dépôts tertiaires récents, on rencontre aussi beaucoup de coquilles que la majorité des naturalistes regardent comme identiques avec des espèces vivantes ; mais d'autres excellents naturalistes, comme Agassiz et Pictet, soutiennent que toutes ces espèces tertiaires sont spécifiquement distinctes, tout en admettant que les différences qui existent entre elles sont très légères. Là encore, à moins de supposer que ces éminents naturalistes se sont laissés entraîner par leur imagination, et que les espèces tertiaires ne présentent réellement aucune différence avec leurs représentants vivants, ou à moins d'admettre que la grande majorité des naturalistes ont tort en refusant de reconnaître que les espèces tertiaires sont réellement distinctes des espèces actuelles, nous avons la preuve de l'existence fréquente de légères modifications telles que les demande ma théorie. Si nous étudions des périodes plus considérables et que nous examinions les étages consécutifs et distincts d'une même grande formation, nous trouvons que les fossiles enfouis, bien qu'universellement considérés comme spécifiquement différents, sont cependant beaucoup plus voisins les uns des autres que ne le sont les espèces enfouies dans des formations chronologiquement plus éloignées les unes des autres ; or, c'est encore là une preuve évidente de changements opérés dans la direction requise par ma théorie. Mais j'aurai à revenir sur ce point dans le chapitre suivant.

Pour les plantes et les animaux qui se propagent rapidement et se déplacent peu, il y a raison de supposer, comme nous l'avons déjà vu, que les variétés sont d'abord généralement locales, et que ces variétés locales ne se répandent beaucoup et ne supplantent leurs formes parentes que lorsqu'elles se sont considérablement modifiées et perfectionnées. La chance de rencontrer dans une formation d'un pays quelconque toutes les formes primitives de transition entre deux espèces est donc excessivement faible, puisque l'on suppose que les changements successifs ont été locaux et limités à un point donné. La plupart des animaux marins ont un habitat très étendu ; nous avons vu, en outre, que ce sont les plantes ayant l'habitat le plus étendu qui présentent le plus souvent des variétés. Il est donc probable que ce sont les mollusques et les autres animaux marins disséminés sur des espaces considérables, dépassant de beaucoup les limites des formations géologiques connues en Europe, qui ont dû aussi donner le plus souvent naissance à des variétés locales d'abord, puis enfin à des espèces nouvelles ; circonstance qui ne peut encore que diminuer la chance que nous avons de retrouver tous les états de transition entre deux formes dans une formation géologique quelconque.

Le docteur Falconer a encore signalé une considération plus importante, qui conduit à la même conclusion, c'est-à-dire que la période pendant laquelle chaque espèce a subi des modifications, bien que fort longue si on l'apprécie en années, a dû être probablement fort courte en comparaison du temps pendant lequel cette même espèce n'a subi aucun changement.

Nous ne devons point oublier que, de nos jours, bien que nous ayons sous les yeux des spécimens parfaits, nous ne pouvons que rarement relier deux formes l'une à l'autre par des variétés intermédiaires de manière à établir leur identité spécifique, jusqu'à ce que nous ayons réuni un grand nombre de spécimens provenant de contrées différentes ; or, il est rare que nous puissions en agir ainsi à l'égard des fossiles. Rien ne peut nous faire mieux comprendre l'improbabilité qu'il y a à ce que nous puissions relier les unes aux autres les espèces par des formes fossiles intermédiaires, nombreuses et graduées, que de nous demander, par exemple, comment un géologue pourra, à quelque époque future, parvenir à démontrer que nos différentes races de bestiaux, de moutons, de chevaux ou de chiens, descendent d'une seule souche originelle ou de plusieurs ; ou encore, si certaines coquilles marines habitant les côtes de l'Amérique du Nord, que quelques conchyliologistes considèrent comme spécifiquement distinctes de leurs congénères d'Europe et que d'autres regardent seulement comme des variétés, sont réellement des variétés ou des espèces. Le géologue de l'avenir ne pourrait résoudre cette difficulté qu'en découvrant à l'état fossile de nombreuses formes intermédiaires, chose improbable au plus haut degré.

Les auteurs qui croient à l'immutabilité des espèces ont répété à satiété que la géologie ne fournit aucune forme de transition. Cette assertion, comme nous le verrons dans le chapitre suivant, est tout à fait erronée. Comme l'a fait remarquer sir J. Lubbock, « chaque espèce constitue un lien entre d'autres formes alliées ». Si nous prenons un genre ayant une vingtaine d'espèces vivantes et éteintes, et que nous en détruisions les quatre cinquièmes, il est évident que les formes qui resteront seront plus éloignées et plus distinctes les unes des autres. Si les formes ainsi détruites sont les formes extrêmes du genre, celui-ci sera lui-même plus distinct des autres genres alliés. Ce que les recherches géologiques n'ont pas encore révélé, c'est l'existence passée de gradations infiniment nombreuses, aussi rapprochées que le sont les variétés actuelles, et reliant entre elles presque toutes les espèces éteintes ou encore vivantes. Or, c'est ce à quoi nous ne pouvons nous attendre, et c'est cependant la grande objection qu'on a, à maintes reprises, opposée à ma théorie.

Pour résumer les remarques qui précèdent sur les causes de l'imperfection des documents géologiques, supposons l'exemple suivant : l'archipel malais est à peu près égal en étendue à l'Europe, du cap Nord à la Méditerranée et de l'Angleterre à la Russie ; il représente par conséquent une superficie égale à celle dont les formations géologiques ont été jusqu'ici examinées avec soin, celles des États-Unis exceptées. J'admets complètement, avec M. Godwin-Austen, que l'archipel malais, dans ses conditions actuelles, avec ses grandes îles séparées par des mers larges et peu profondes, représente probablement l'ancien état de l'Europe, à l'époque où s'accumulaient la plupart de nos formations. L'archipel malais est une des régions du globe les plus riches en êtres organisés ; cependant, si on rassemblait toutes les espèces qui y ont vécu, elles ne représenteraient que bien imparfaitement l'histoire naturelle du monde.

Nous avons, en outre, tout lieu de croire que les productions terrestres de l'archipel ne seraient conservées que d'une manière très imparfaite, dans les formations que nous supposons y être en voie d'accumulation. Un petit nombre seulement des animaux habitant le littoral, ou ayant vécu sur les rochers sous-marins dénudés, doivent être enfouis ; encore ceux qui ne seraient ensevelis que dans le sable et le gravier ne se conserveraient pas très longtemps. D'ailleurs, partout où il ne se fait pas de dépôts au fond de la mer et où ils ne s'accumulent pas assez promptement pour recouvrir à temps et protéger contre la destruction les corps organiques, les restes de ceux-ci ne peuvent être conservés.

Les formations riches en fossiles divers et assez épaisses pour persister jusqu'à une période future aussi éloignée dans l'avenir que le sont les terrains secondaires dans le passé, ne doivent, en règle générale, se former dans l'archipel que pendant les mouvements d'affaissement du sol. Ces périodes d'affaissement sont nécessairement séparées les unes des autres par des intervalles considérables, pendant lesquels la région reste stationnaire ou se soulève. Pendant les périodes de soulèvement, les formations fossilifères des côtes les plus escarpées doivent être détruites presque aussitôt qu'accumulées par l'action incessante des vagues côtières, comme cela a lieu actuellement sur les rivages de l'Amérique méridionale. Même dans les mers étendues et peu profondes de l'archipel, les dépôts de sédiment ne pourraient guère, pendant les périodes de soulèvement, atteindre une bien grande épaisseur, ni être recouverts et protégés par des dépôts subséquents qui assureraient leur conservation jusque dans un avenir éloigné. Les époques d'affaissement doivent probablement être accompagnées de nombreuses extinctions d'espèces, et celles de soulèvement de beaucoup de variations ; mais, dans ce dernier cas, les documents géologiques sont beaucoup plus incomplets.

On peut douter que la durée d'une grande période d'affaissement affectant tout ou partie de l'archipel, ainsi que l'accumulation contemporaine des sédiments, doive excéder la durée moyenne des mêmes formes spécifiques ; deux conditions indispensables pour la conservation de tous les états de transition qui ont existé entre deux ou plusieurs espèces. Si tous ces intermédiaires n'étaient pas conservés, les variétés de transition paraîtraient autant d'espèces nouvelles bien que très voisines. Il est probable aussi que chaque grande période d'affaissement serait interrompue par des oscillations de niveau, et que de légers changements de climat se produiraient pendant de si longues périodes ; dans ces divers cas, les habitants de l'archipel émigreraient.

Un grand nombre des espèces marines de l'archipel s'étendent actuellement à des milliers de lieues de distance au-delà de ses limites ; or, l'analogie nous conduit certainement à penser que ce sont principalement ces espèces très répandues qui produisent le plus souvent des variétés nouvelles. Ces variétés sont d'abord locales, ou confinées dans une seule région ; mais si elles sont douées de quelque avantage décisif sur d'autres formes, si elles continuent à se modifier et à se perfectionner, elles se multiplient peu à peu et finissent par supplanter la souche mère. Or, quand ces variétés reviennent dans leur ancienne patrie, comme elles diffèrent d'une manière uniforme, quoique peut-être très légère, de leur état primitif, et comme elles se trouvent enfouies dans des couches un peu différentes de la même formation, beaucoup de paléontologistes, d'après les principes en vigueur, les classent comme des espèces nouvelles et distinctes.

Si les remarques que nous venons de faire ont quelque justesse, nous ne devons pas nous attendre à trouver dans nos formations géologiques un nombre infini de ces formes de transition qui, d'après ma théorie, ont relié les unes aux autres toutes les espèces passées et présentes d'un même groupe, pour en faire une seule longue série continue et ramifiée. Nous ne pouvons espérer trouver autre chose que quelques chaînons épars, plus ou moins voisins les uns des autres ; et c'est là certainement ce qui arrive. Mais si ces chaînons, quelque rapprochés qu'ils puissent être, proviennent d'étages différents d'une même formation, beaucoup de paléontologistes les considèrent comme des espèces distinctes. Cependant, je n'aurais jamais, sans doute, soupçonné l'insuffisance et la pauvreté des renseignements que peuvent nous fournir les couches géologiques les mieux conservées, sans l'importance de l'objection que soulevait contre ma théorie l'absence de chaînons intermédiaires entre les espèces qui ont vécu au commencement et à la fin de chaque formation.

Apparition soudaine de groupes entiers d'espèces alliées.

Plusieurs paléontologistes, Agassiz, Pictet et Sedgwick par exemple, ont argué de l'apparition soudaine de groupes entiers d'espèces dans certaines formations comme d'un fait inconciliable avec la théorie de la transformation. Si des espèces nombreuses, appartenant aux mêmes genres ou aux mêmes familles, avaient réellement apparu tout à coup, ce fait anéantirait la théorie de l'évolution par la sélection naturelle. En effet, le développement par la sélection naturelle d'un ensemble de formes, toutes descendant d'un ancêtre unique, a dû être fort long, et les espèces primitives ont dû vivre bien des siècles avant leur descendance modifiée. Mais, disposés que nous sommes à exagérer continuellement la perfection des archives géologiques, nous concluons très faussement, de ce que certains genres ou certaines familles n'ont pas été rencontrés au-dessous d'une couche, qu'ils n'ont pas existé avant le dépôt de cette couche. On peut se fier complètement aux preuves paléontologiques positives ; mais, comme l'expérience nous l'a si souvent démontré, les preuves négatives n'ont aucune valeur. Nous oublions toujours combien le monde est immense, comparé à la surface suffisamment étudiée de nos formations géologiques ; nous ne songeons pas que des groupes d'espèces ont pu exister ailleurs pendant longtemps, et s'être lentement multipliés avant d'envahir les anciens archipels de l'Europe et des États-Unis. Nous ne tenons pas assez compte des énormes intervalles qui ont dû s'écouler entre nos formations successives, intervalles qui, dans bien des cas, ont peut-être été plus longs que les périodes nécessaires à l'accumulation de chacune de ces formations. Ces intervalles ont permis la multiplication d'espèces dérivées d'une ou plusieurs formes parentes, constituant les groupes qui, dans la formation suivante, apparaissent comme s'ils étaient soudainement créés.

Je dois rappeler ici une remarque que nous avons déjà faite ; c'est qu'il doit falloir une longue succession de siècles pour adapter un organisme à des conditions entièrement nouvelles, telles, par exemple, que celle du vol. En conséquence, les formes de transition ont souvent dû rester longtemps circonscrites dans les limites d'une même localité ; mais, dès que cette adaptation a été effectuée, et que quelques espèces ont ainsi acquis un avantage marqué sur d'autres organismes, il ne faut plus qu'un temps relativement court pour produire un grand nombre de formes divergentes, aptes à se répandre rapidement dans le monde entier. Dans une excellente analyse du présent ouvrage, le professeur Pictet, traitant des premières formes de transition et prenant les oiseaux pour exemple, ne voit pas comment les modifications successives des membres antérieurs d'un prototype supposé ont pu offrir aucun avantage. Considérons, toutefois, les pingouins des mers du Sud ; les membres antérieurs de ces oiseaux ne se trouvent-ils pas dans cet état exactement intermédiaire où ils ne sont ni bras ni aile ? Ces oiseaux tiennent cependant victorieusement leur place dans la lutte pour l'existence, puisqu'ils existent en grand nombre et sous diverses formes. Je ne pense pas que ce soient là les vrais états de transition par lesquels la formation des ailes définitives des oiseaux a dû passer ; mais y aurait-il quelque difficulté spéciale à admettre qu'il pourrait devenir avantageux au descendants modifiés du pingouin d'acquérir, d'abord, la faculté de circuler en battant l'eau de leurs ailes, comme le canard à ailes courtes, pour finir par s'élever et s'élancer dans les airs ?

Donnons maintenant quelques exemples à l'appui des remarques qui précèdent, et aussi pour prouver combien nous sommes sujets à erreur quand nous supposons que des groupes entiers d'espèces se sont produits soudainement. M. Pictet a dû considérablement modifier ses conclusions relativement à l'apparition et à la disparition subite de plusieurs groupes d'animaux dans le court intervalle qui sépare les deux éditions de son grand ouvrage sur la paléontologie, parues, l'une en 1844-1846, la seconde en 1853-57, et une troisième réclamerait encore d'autres changements. Je puis rappeler le fait bien connu que, dans tous les traités de géologie publiés il n'y a pas bien longtemps, on enseigne que les mammifères ont brusquement apparu au commencement de l'époque tertiaire. Or, actuellement, l'un des dépôts les plus riches en fossiles de mammifères que l'on connaisse appartient au milieu de l'époque secondaire, et l'on a découvert de véritables mammifères dans les couches de nouveau grès rouge, qui remontent presque au commencement de cette grande époque. Cuvier a soutenu souvent que les couches tertiaires ne contiennent aucun singe, mais on a depuis trouvé des espèces éteintes de ces animaux dans l'Inde, dans l'Amérique du Sud et en Europe, jusque dans les couches de l'époque miocène. Sans la conservation accidentelle et fort rare d'empreintes de pas dans le nouveau grès rouge des États-Unis, qui eût osé soupçonner que plus de trente espèces d'animaux ressemblant à des oiseaux, dont quelques-uns de taille gigantesque, ont existé pendant cette période ? On n'a pu découvrir dans ces couches le plus petit fragment d'ossement. Jusque tout récemment, les paléontologistes soutenaient que la classe entière des oiseaux avait apparu brusquement pendant l'époque éocène ; mais le professeur Owen a démontré depuis qu'il existait un oiseau incontestable lors du dépôt du grès vert supérieur. Plus récemment encore on a découvert dans les couches oolithiques de Solenhofen cet oiseau bizarre, l'archéopteryx, dont la queue de lézard allongée porte à chaque articulation une paire de plumes, et dont les ailes sont armées de deux griffes libres. Il y a peu de découvertes récentes qui prouvent aussi éloquemment que celle-ci combien nos connaissances sur les anciens habitants du globe sont encore limitées.

Je citerai encore un autre exemple qui m'a particulièrement frappé lorsque j'eus l'occasion de l'observer. J'ai affirmé, dans un mémoire sur les cirripèdes sessiles fossiles, que, vu le nombre immense d'espèces tertiaires vivantes et éteintes ; que, vu l'abondance extraordinaire d'individus de plusieurs espèces dans le monde entier, depuis les régions arctiques jusqu'à l'équateur, habitant à diverses profondeurs, depuis les limites des hautes eaux jusqu'à 50 brasses ; que, vu la perfection avec laquelle les individus sont conservés dans les couches tertiaires les plus anciennes ; que, vu la facilité avec laquelle le moindre fragment de valve peut être reconnu, on pouvait conclure que, si des cirripèdes sessiles avaient existé pendant la période secondaire, ces espèces eussent certainement été conservées et découvertes. Or, comme pas une seule espèce n'avait été découverte dans les gisements de cette époque, j'en arrivai à la conclusion que cet immense groupe avait dû se développer subitement à l'origine de la série tertiaire ; cas embarrassant pour moi, car il fournissait un exemple de plus de l'apparition soudaine d'un groupe important d'espèces. Mon ouvrage venait de paraître, lorsque je reçus d'un habile paléontologiste, M. Bosquet, le dessin d'un cirripède sessile incontestable admirablement conservé, découvert par lui-même dans la craie, en Belgique. Le cas était d'autant plus remarquable, que ce cirripède était un véritable Chthamalus, genre très commun, très nombreux, et répandu partout, mais dont on n'avait pas encore rencontré un spécimen, même dans aucun dépôt tertiaire. Plus récemment encore, M. Woodward a découvert dans la craie supérieure un Pyrgoma, membre d'une sous-famille distincte des cirripèdes sessiles. Nous avons donc aujourd'hui la preuve certaine que ce groupe d'animaux a existé pendant la période secondaire.

Le cas sur lequel les paléontologistes insistent le plus fréquemment, comme exemple de l'apparition subite d'un groupe entier d'espèces, est celui des poissons téléostéens dans les couches inférieures, selon Agassiz, de l'époque de la craie. Ce groupe renferme la grande majorité des espèces actuelles. Mais on admet généralement aujourd'hui que certaines formes jurassiques et triasiques appartiennent au groupe des téléostéens, et une haute autorité a même classé dans ce groupe certaines formes paléozoïques. Si tout le groupe téléostéen avait réellement apparu dans l'hémisphère septentrional au commencement de la formation de la craie, le fait serait certainement très remarquable ; mais il ne constituerait pas une objection insurmontable contre mon hypothèse, à moins que l'on ne puisse démontrer en même temps que les espèces de ce groupe ont apparu subitement et simultanément dans le monde entier à cette même époque. Il est superflu de rappeler que l'on ne connaît encore presqu'aucun poisson fossile provenant du sud de l'équateur, et l'on verra, en parcourant la Paléontologie de Pictet, que les diverses formations européennes n'ont encore fourni que très peu d'espèces. Quelques familles de poissons ont actuellement une distribution fort limitée ; il est possible qu'il en ait été autrefois de même pour les poissons téléostéens, et qu'ils se soient ensuite largement répandus, après s'être considérablement développés dans quelque mer. Nous n'avons non plus aucun droit de supposer que les mers du globe ont toujours été aussi librement ouvertes du sud au nord qu'elles le sont aujourd'hui. De nos jours encore, si l'archipel malais se transformait en continent, les parties tropicales de l'océan indien formeraient un grand bassin fermé, dans lequel des groupes importants d'animaux marins pourraient se multiplier, et rester confinés jusqu'à ce que quelques espèces adaptées à un climat plus froid, et rendues ainsi capables de doubler les caps méridionaux de l'Afrique et de l'Australie, pussent ensuite s'étendre et gagner des mers éloignées.

Ces considérations diverses, notre ignorance sur la géologie des pays qui se trouvent en dehors des limites de l'Europe et des États-Unis, la révolution que les découvertes des douze dernières années ont opérée dans nos connaissances paléontologiques, me portent à penser qu'il est aussi hasardeux de dogmatiser sur la succession des formes organisées dans le globe entier, qu'il le serait à un naturaliste qui aurait débarqué cinq minutes sur un point stérile des côtes de l'Australie de discuter sur le nombre et la distribution des productions de ce continent.

De l'apparition soudaine de groupes d'espèces alliées dans les couches fossilifères les plus anciennes.

Il est une autre difficulté analogue, mais beaucoup plus sérieuse. Je veux parler de l'apparition soudaine d'espèces appartenant aux divisions principales du règne animal dans les roches fossilifères les plus anciennes que l'on connaisse. Tous les arguments qui m'ont convaincu que toutes les espèces d'un même groupe descendent d'un ancêtre commun, s'appliquent également aux espèces les plus anciennes que nous connaissions. Il n'est pas douteux, par exemple, que tous les trilobites cambriens et siluriens descendent de quelque crustacé qui doit avoir vécu longtemps avant l'époque cambrienne, et qui différait probablement beaucoup de tout animal connu. Quelques-uns des animaux les plus anciens, tels que le Nautile, la Lingule, etc., ne diffèrent pas beaucoup des espèces vivantes ; et, d'après ma théorie, on ne saurait supposer que ces anciennes espèces aient été les ancêtres de toutes les espèces des mêmes groupes qui ont apparu dans la suite, car elles ne présentent à aucun degré des caractères intermédiaires.

Par conséquent, si ma théorie est vraie, il est certain qu'il a dû s'écouler, avant le dépôt des couches cambriennes inférieures, des périodes aussi longues, et probablement même beaucoup plus longues, que toute la durée des périodes comprises entre l'époque cambrienne et l'époque actuelle, périodes inconnues pendant lesquelles des êtres vivants ont fourmillé sur la terre. Nous rencontrons ici une objection formidable ; on peut douter, en effet, que la période pendant laquelle l'état de la terre a permis la vie à sa surface ait duré assez longtemps. Sir W. Thompson admet que la consolidation de la croûte terrestre ne peut pas remonter à moins de 20 millions ou à plus de 400 millions d'années, et doit être plus probablement comprise entre 98 et 200 millions. L'écart considérable entre ces limites prouve combien les données sont vagues, et il est probable que d'autres éléments doivent être introduits dans le problème. M. Croll estime à 60 millions d'années le temps écoulé depuis le dépôt des terrains cambriens ; mais, à en juger par le peu d'importance des changements organiques qui ont eu lieu depuis le commencement de l'époque glaciaire, cette durée paraît courte relativement aux modifications nombreuses et considérables que les formes vivantes ont subies depuis la formation cambrienne. Quant aux 140 millions d'années antérieures, c'est à peine si l'on peut les considérer comme suffisantes pour le développement des formes variées qui existaient déjà pendant l'époque cambrienne. Il est toutefois probable, ainsi que le fait expressément remarquer sir W. Thompson, que pendant ces périodes primitives le globe devait être exposé à des changements plus rapides et plus violents dans ses conditions physiques qu'il ne l'est actuellement ; d'où aussi des modifications plus rapides chez les êtres organisés qui habitaient la surface de la terre à ces époques reculées.

Pourquoi ne trouvons-nous pas des dépôts riches en fossiles appartenant à ces périodes primitives antérieures à l'époque cambrienne ? C'est là une question à laquelle je ne peux faire aucune réponse satisfaisante. Plusieurs géologues éminents, sir R. Murchison à leur tête, étaient, tout récemment encore, convaincus que nous voyons les premières traces de la vie dans les restes organiques que nous fournissent les couches siluriennes les plus anciennes. D'autres juges, très compétents, tels que Lyell et E. Forbes, ont contesté cette conclusion. N'oublions point que nous ne connaissons un peu exactement qu'une bien petite portion du globe. Il n'y a pas longtemps que M. Barrande a ajouté au système silurien un nouvel étage inférieur, peuplé de nombreuses espèces nouvelles et spéciales ; plus récemment encore, M. Hicks a trouvé, dans le sud du pays de Galles, des couches appartenant à la formation cambrienne inférieure, riches en trilobites, et contenant en outre divers mollusques et divers annélides. La présence de nodules phosphatiques et de matières bitumineuses, même dans quelques-unes des roches azoïques, semble indiquer l'existence de la vie dès ces périodes. L'existence de l'Eozoon dans la formation laurentienne, au Canada, est généralement admise. Il y a au Canada, au-dessous du système silurien, trois grandes séries de couches ; c'est dans la plus ancienne qu'on a trouvé l'Eozoon. Sir W. Logan affirme « que l'épaisseur des trois séries réunies dépasse probablement de beaucoup celle de toutes les roches des époques suivantes, depuis la base de la série paléozoïque jusqu'à nos jours. Ceci nous fait reculer si loin dans le passé, qu'on peut considérer l'apparition de la faune dite primordiale (de Barrande) comme un fait relativement moderne. » L'Eozoon appartient à la classe des animaux les plus simples au point de vue de l'organisation ; mais, malgré cette simplicité, il est admirablement organisé. Il a existé en quantités innombrables, et, comme l'a fait remarquer le docteur Dawson, il devait certainement se nourrir d'autres êtres organisés très petits, qui ont dû également pulluler en nombres incalculables. Ainsi se sont vérifiées les remarques que je faisais en 1859, au sujet de l'existence d'êtres vivant longtemps avant la période cambrienne, et les termes dont je me servais alors sont à peu près les mêmes que ceux dont s'est servi plus tard sir W. Logan. Néanmoins, la difficulté d'expliquer par de bonnes raisons l'absence de vastes assises de couches fossilifères au-dessous des formations du système cambrien supérieur reste toujours très grande. Il est peu probable que les couches les plus anciennes aient été complètement détruites par dénudation, et que les fossiles aient été entièrement oblitérés par suite d'une action métamorphique ; car, s'il en eût été ainsi, nous n'aurions ainsi trouvé que de faibles restes des formations qui les ont immédiatement suivies, et ces restes présenteraient toujours des traces d'altération métamorphique. Or, les descriptions que nous possédons des dépôts siluriens qui couvrent d'immenses territoires en Russie et dans l'Amérique du Nord ne permettent pas de conclure que, plus une formation est ancienne, plus invariablement elle a dû souffrir d'une dénudation considérable ou d'un métamorphisme excessif.

Le problème reste donc, quant à présent, inexpliqué, insoluble, et l'on peut continuer à s'en servir comme d'un argument sérieux contre les opinions émises ici. Je ferai toutefois l'hypothèse suivante, pour prouver qu'on pourra peut-être plus tard lui trouver une solution. En raison de la nature des restes organiques qui, dans les diverses formations de l'Europe et des États-Unis, ne paraissent pas avoir vécu à de bien grandes profondeurs, et de l'énorme quantité de sédiments dont l'ensemble constitue ces puissantes formations d'une épaisseur de plusieurs kilomètres, nous pouvons penser que, du commencement à la fin, de grandes îles ou de grandes étendues de terrain, propres à fournir les éléments de ces dépôt, ont dû exister dans le voisinage des continents actuels de l'Europe et de l'Amérique du Nord. Agassiz et d'autres savants ont récemment soutenu cette même opinion. Mais nous ne savons pas quel était l'état des choses dans les intervalles qui ont séparé les diverses formations successives ; nous ne savons pas si, pendant ces intervalles, l'Europe et les États-Unis existaient à l'état de terres émergées ou d'aires sous-marines près des terres, mais sur lesquelles ne se formait aucun dépôt, ou enfin comme le lit d'une mer ouverte et insondable.

Nous voyons que les océans actuels, dont la surface est le triple de celle des terres, sont parsemés d'un grand nombre d'îles ; mais on ne connaît pas une seule île véritablement océanique (la Nouvelle-Zélande exceptée, si toutefois on peut la considérer comme telle) qui présente même une trace de formations paléozoïques ou secondaires. Nous pouvons donc peut-être en conclure que, là où s'étendent actuellement nos océans, il n'existait, pendant l'époque paléozoïque et pendant l'époque secondaire, ni continents ni îles continentales ; car, s'il en avait existé, il se serait, selon toute probabilité, formé, aux dépens des matériaux qui leur auraient été enlevés, des dépôts sédimentaires paléozoïques et secondaires, lesquels auraient ensuite été partiellement soulevés dans les oscillations de niveau qui ont dû nécessairement se produire pendant ces immenses périodes. Si donc nous pouvons conclure quelque chose de ces faits c'est que, là où s'étendent actuellement nos océans, des océans ont dû exister depuis l'époque la plus reculée dont nous puissions avoir connaissance, et, d'autre part, que, là où se trouvent aujourd'hui les continents, il a existé de grandes étendues de terre depuis l'époque cambrienne, soumises très probablement à de fortes oscillations de niveau. La carte colorée que j'ai annexée à mon ouvrage sur les récifs de corail m'a amené à conclure que, en général, les grands océans sont encore aujourd'hui des aires d'affaissement ; que les grands archipels sont toujours le théâtre des plus grandes oscillations de niveau, et que les continents représentent des aires de soulèvement. Mais nous n'avons aucune raison de supposer que les choses aient toujours été ainsi depuis le commencement du monde. Nos continents semblent avoir été formés, dans le cours de nombreuses oscillations de niveau, par une prépondérance de la force de soulèvement ; mais ne se peut-il pas que les aires du mouvement prépondérant aient changé dans le cours des âges ? À une période fort antérieure à l'époque cambrienne, il peut y avoir eu des continents là où les océans s'étendent aujourd'hui, et des océans sans bornes peuvent avoir recouvert la place de nos continents actuels. Nous ne serions pas non plus autorisés à supposer que, si le fond actuel de l'océan Pacifique, par exemple, venait à être converti en continent, nous y trouverions, dans un état reconnaissable, des formations sédimentaires plus anciennes que les couches cambriennes, en supposant qu'elles y soient autrefois déposées ; car il se pourrait que des couches, qui par suite de leur affaissement se seraient rapprochées de plusieurs milles du centre de la terre, et qui auraient été fortement comprimées sous le poids énorme de la grande masse d'eau qui les recouvrait, eussent éprouvé des modifications métamorphiques bien plus considérables que celles qui sont restées plus près de la surface. Les immenses étendues de roches métamorphiques dénudées qui se trouvent dans quelques parties du monde, dans l'Amérique du Sud par exemple, et qui doivent avoir été soumises à l'action de la chaleur sous une forte pression, m'ont toujours paru exiger quelque explication spéciale ; et peut-être voyons-nous, dans ces immenses régions, de nombreuses formations, antérieures de beaucoup à l'époque cambrienne, aujourd'hui complètement dénudées et transformées par le métamorphisme.

Résumé.

Les diverses difficultés que nous venons de discuter, à savoir : l'absence dans nos formations géologiques de chaînons présentant tous les degrés de transition entre les espèces actuelles et celles qui les ont précédées, bien que nous y rencontrions souvent des formes intermédiaires ; l'apparition subite de groupes entiers d'espèces dans nos formations européennes ; l'absence presque complète, du moins jusqu'à présent, de dépôts fossilifères au-dessous du système cambrien, ont toutes incontestablement une grande importance. Nous en voyons la preuve dans le fait que les paléontologistes les plus éminents, tels que Cuvier, Agassiz, Barrande, Pictet, Falconer, E. Forbes, etc., et tous nos plus grands géologues, Lyell, Murchison, Sedgwick, etc., ont unanimement, et souvent avec ardeur, soutenu le principe de l'immutabilité des espèces. Toutefois, sir C. Lyell appuie actuellement de sa haute autorité l'opinion contraire, et la plupart des paléontologistes et des géologues sont fort ébranlés dans leurs convictions antérieures. Ceux qui admettent la perfection et la suffisance des documents que nous fournit la géologie repousseront sans doute immédiatement ma théorie. Quant à moi, je considère les archives géologiques, selon la métaphore de Lyell, comme une histoire du globe incomplètement conservée, écrite dans un dialecte toujours changeant, et dont nous ne possédons que le dernier volume traitant de deux ou trois pays seulement. Quelques fragments de chapitres de ce volume et quelques lignes éparses de chaque page sont seuls parvenus jusqu'à nous. Chaque mot de ce langage changeant lentement, plus ou moins différent dans les chapitres successifs, peut représenter les formes qui ont vécu, qui sont ensevelies dans les formations successives, et qui nous paraissent à tort avoir été brusquement introduites. Cette hypothèse atténue beaucoup, si elle ne les fait pas complètement disparaître, les difficultés que nous avons discutées dans le présent chapitre.

Chapitre XI

DE LA SUCCESSION GÉOLOGIQUE DES ÊTRES ORGANISÉS.

Apparition lente et successive des espèces nouvelles. — Leur différente vitesse de transformation. — Les espèces éteintes ne reparaissent plus. — Les groupes d'espèces, au point de vue de leur apparition et de leur disparition, obéissent aux mêmes règles générales que les espèces isolées. — Extinction. — Changements simultanés des formes organiques dans le monde entier. — Affinités des espèces éteintes soit entre elles, soit avec les espèces vivantes. — État de développement des formes anciennes. — Succession des mêmes types dans les mêmes zones. — Résumé de ce chapitre et du chapitre précédent.

Examinons maintenant si les lois et les faits relatifs à la succession géologique des êtres organisés s'accordent mieux avec la théorie ordinaire de l'immutabilité des espèces qu'avec celle de leur modification lente et graduelle, par voie de descendance et de sélection naturelle.

Les espèces nouvelles ont apparu très lentement, l'une après l'autre, tant sur la terre que dans les eaux. Lyell a démontré que, sous ce rapport, les diverses couches tertiaires fournissent un témoignage incontestable ; chaque année tend à combler quelques-unes des lacunes qui existent entre ces couches, et à rendre plus graduelle la proportion entre les formes éteintes et les formes nouvelles. Dans quelques-unes des couches les plus récentes, bien que remontant à une haute antiquité si l'on compte par années, on ne constate l'extinction que d'une ou deux espèces, et l'apparition d'autant d'espèces nouvelles, soit locales, soit, autant que nous pouvons en juger, sur toute la surface de la terre. Les formations secondaires sont plus bouleversées ; mais, ainsi que le fait remarquer Bronn, l'apparition et la disparition des nombreuses espèces éteintes enfouies dans chaque formation n'ont jamais été simultanées.

Les espèces appartenant à différents genres et à différentes classes n'ont pas changé au même degré ni avec la même rapidité. Dans les couches tertiaires les plus anciennes on peut trouver quelques espèces actuellement vivantes, au milieu d'une foule de formes éteintes. Falconer a signalé un exemple frappant d'un fait semblable, c'est un crocodile existant encore qui se trouve parmi des mammifères et des reptiles éteints dans les dépôts sous-himalayens. La lingule silurienne diffère très peu des espèces vivantes de ce genre, tandis que la plupart des autres mollusques siluriens et tous les crustacés ont beaucoup changé. Les habitants de la terre paraissent se modifier plus rapidement que ceux de la mer ; on a observé dernièrement en Suisse un remarquable exemple de ce fait. Il y a lieu de croire que les organismes élevés dans l'échelle se modifient plus rapidement que les organismes inférieurs ; cette règle souffre cependant quelques exceptions. La somme des changements organiques, selon la remarque de Pictet, n'est pas la même dans chaque formation successive. Cependant, si nous comparons deux formations qui ne sont pas très-voisines, nous trouvons que toutes les espèces ont subi quelques modifications. Lorsqu'une espèce a disparu de la surface du globe, nous n'avons aucune raison de croire que la forme identique reparaisse jamais. Le cas qui semblerait le plus faire exception à cette règle est celui des « colonies » de M. Barrande, qui font invasion pendant quelque temps au milieu d'une formation plus ancienne, puis cèdent de nouveau la place à la faune préexistante ; mais Lyell me semble avoir donné une explication satisfaisante de ce fait, en supposant des migrations temporaires provenant de provinces géographiques distinctes.

Ces divers faits s'accordent bien avec ma théorie, qui ne suppose aucune loi fixe de développement, obligeant tous les habitants d'une zone à se modifier brusquement, simultanément, ou à un égal degré. D'après ma théorie, au contraire, la marche des modifications doit être lente, et n'affecter généralement que peu d'espèces à la fois ; en effet, la variabilité de chaque espèce est indépendante de celle de toutes les autres. L'accumulation par la sélection naturelle, à un degré plus ou moins prononcé, des variations ou des différences individuelles qui peuvent surgir, produisant ainsi plus ou moins de modifications permanentes, dépend d'éventualités nombreuses et complexes — telles que la nature avantageuse des variations, la liberté des croisements, les changements lents dans les conditions physiques de la contrée, l'immigration de nouvelles formes et la nature des autres habitants avec lesquels l'espèce qui varie se trouve en concurrence. Il n'y a donc rien d'étonnant à ce qu'une espèce puisse conserver sa forme plus longtemps que d'autres, ou que, si elle se modifie, elle le fasse à un moindre degré. Nous trouvons des rapports analogues entre les habitants actuels de pays différents ; ainsi, les coquillages terrestres et les insectes coléoptères de Madère en sont venus à différer considérablement des formes du continent européen qui leur ressemblent le plus, tandis que les coquillages marins et les oiseaux n'ont pas changé. La rapidité plus grande des modifications chez les animaux terrestres et d'une organisation plus élevée, comparativement à ce qui se passe chez les formes marines et inférieures, s'explique peut-être par les relations plus complexes qui existent entre les êtres supérieurs et les conditions organiques et inorganiques de leur existence, ainsi que nous l'avons déjà indiqué dans un chapitre précédent. Lorsqu'un grand nombre d'habitants d'une région quelconque se sont modifiés et perfectionnés, il résulte du principe de la concurrence et des rapports essentiels qu'ont mutuellement entre eux les organismes dans la lutte pour l'existence, que toute forme qui ne se modifie pas et ne se perfectionne pas dans une certaine mesure doit être exposée à la destruction. C'est pourquoi toutes les espèces d'une même région finissent toujours, si l'on considère un laps de temps suffisamment long, par se modifier, car autrement elles disparaîtraient.

La moyenne des modifications chez les membres d'une même classe peut être presque la même, pendant des périodes égales et de grande longueur ; mais, comme l'accumulation de couches durables, riches en fossiles, dépend du dépôt de grandes masses de sédiments sur des aires en voie d'affaissement, ces couches ont dû nécessairement se former à des intervalles très considérables et irrégulièrement intermittents. En conséquence, la somme des changements organiques dont témoignent les fossiles contenus dans des formations consécutives n'est pas égale. Dans cette hypothèse, chaque formation ne représente pas un acte nouveau et complet de création, mais seulement une scène prise au hasard dans un drame qui change lentement et toujours.

Il est facile de comprendre pourquoi une espèce une fois éteinte ne saurait reparaître, en admettant même le retour de conditions d'existence organiques et inorganiques identiques. En effet, bien que la descendance d'une espèce puisse s'adapter de manière à occuper dans l'économie de la nature la place d'une autre (ce qui est sans doute arrivé très souvent), et parvenir ainsi à la supplanter, les deux formes — l'ancienne et la nouvelle — ne pourraient jamais être identiques, parce que toutes deux auraient presque certainement hérité de leurs ancêtres distincts des caractères différents, et que des organismes déjà différents tendent à varier d'une manière différente. Par exemple, il est possible que, si nos pigeons paons étaient tous détruits, les éleveurs parvinssent à refaire une nouvelle race presque semblable à la race actuelle. Mais si nous supposons la destruction de la souche parente, le biset — et nous avons toute raison de croire qu'à l'état de nature les formes parentes sont généralement remplacées et exterminées par leurs descendants perfectionnés — il serait peu probable qu'un pigeon paon, identique à la race existante, pût descendre d'une autre espèce de pigeon ou même d'aucune autre race bien fixe du pigeon domestique. En effet, les variations successives seraient certainement différentes dans un certain degré, et la variété nouvellement formée emprunterait probablement à la souche parente quelques divergences caractéristiques.

Les groupes d'espèces, c'est-à-dire les genres et les familles, suivent dans leur apparition et leur disparition les mêmes règles générales que les espèces isolées, c'est-à-dire qu'ils se modifient plus ou moins fortement, et plus ou moins promptement. Un groupe une fois éteint ne reparaît jamais ; c'est-à-dire que son existence, tant qu'elle se perpétue, est rigoureusement continue. Je sais que cette règle souffre quelques exceptions apparentes, mais elles sont si rares, que E. Forbes, Pictet et Woodward (quoique tout à fait opposés aux idées que je soutiens) l'admettent pour vraie. Or, cette règle s'accorde rigoureusement avec ma théorie, car toutes les espèces d'un même groupe, quelle qu'ait pu en être la durée, sont les descendants modifiés les uns des autres, et d'un ancêtre commun. Les espèces du genre lingule, par exemple, qui ont successivement apparu à toutes les époques, doivent avoir été reliées les unes aux autres par une série non interrompue de générations, depuis les couches les plus anciennes du système silurien jusqu'à nos jours.

Nous avons vu dans le chapitre précédent que des groupes entiers d'espèces semblent parfois apparaître tous à la fois et soudainement. J'ai cherché à donner une explication de ce fait, qui serait, s'il était bien constaté, fatal à ma théorie. Mais de pareils cas sont exceptionnels ; la règle générale, au contraire, est une augmentation progressive en nombre, jusqu'à ce que le groupe atteigne son maximum, tôt ou tard suivi d'un décroissement graduel. Si on représente le nombre des espèces contenues dans un genre, ou le nombre des genres contenus dans une famille, par un trait vertical d'épaisseur variable, traversant les couches géologiques successives contenant ces espèces, le trait paraît quelquefois commencer à son extrémité inférieure, non par une pointe aiguë, mais brusquement. Il s'épaissit graduellement en montant ; il conserve souvent une largeur égale pendant un trajet plus ou moins long, puis il finit par s'amincir dans les couches supérieures, indiquant le décroissement et l'extinction finale de l'espèce. Cette multiplication graduelle du nombre des espèces d'un groupe est strictement d'accord avec ma théorie, car les espèces d'un même genre et les genres d'une même famille ne peuvent augmenter que lentement et progressivement la modification et la production de nombreuses formes voisines ne pouvant être que longues et graduelles. En effet, une espèce produit d'abord deux ou trois variétés, qui se convertissent lentement en autant d'espèces, lesquelles à leur tour, et par une marche également graduelle, donnent naissance à d'autres variétés et à d'autres espèces, et, ainsi de suite, comme les branches qui, partant du tronc unique d'un grand arbre, finissent, en se ramifiant toujours, par former un groupe considérable dans son ensemble.

EXTINCTION.

Nous n'avons, jusqu'à présent, parlé qu'incidemment de la disparition des espèces et des groupes d'espèces. D'après la théorie de la sélection naturelle, l'extinction des formes anciennes et la production des formes nouvelles perfectionnées sont deux faits intimement connexes. La vieille notion de la destruction complète de tous les habitants du globe, à la suite de cataclysmes périodiques, est aujourd'hui généralement abandonnée, même par des géologues tels que E. de Beaumont, Murchison, Barrande, etc., que leurs opinions générales devraient naturellement conduire à des conclusions de cette nature. Il résulte, au contraire, de l'étude des formations tertiaires que les espèces et les groupes d'espèces disparaissent lentement les uns après les autres, d'abord sur un point, puis sur un autre, et enfin de la terre entière. Dans quelques cas très rares, tels que la rupture d'un isthme et l'irruption, qui en est la conséquence, d'une foule de nouveaux habitants provenant d'une mer voisine, ou l'immersion totale d'une île, la marche de l'extinction a pu être rapide. Les espèces et les groupes d'espèces persistent pendant des périodes d'une longueur très inégale ; nous avons vu, en effet, que quelques groupes qui ont apparu dès l'origine de la vie existent encore aujourd'hui, tandis que d'autres ont disparu avant la fin de la période paléozoïque. Le temps pendant lequel une espèce isolée ou un genre peut persister ne paraît dépendre d'aucune loi fixe. Il y a tout lieu de croire que l'extinction de tout un groupe d'espèces doit être beaucoup plus lente que sa production. Si l'on figure comme précédemment l'apparition et la disparition d'un groupe par un trait vertical d'épaisseur variable, ce dernier s'effile beaucoup plus graduellement en pointe à son extrémité supérieure, qui indique la marche de l'extinction, qu'à son extrémité inférieure, qui représente l'apparition première, et la multiplication progressive de l'espèce. Il est cependant des cas où l'extinction de groupes entiers a été remarquablement rapide ; c'est ce qui a eu lieu pour les ammonites à la fin de la période secondaire.

On a très gratuitement enveloppé de mystères l'extinction des espèces. Quelques auteurs ont été jusqu'à supposer que, de même que la vie de l'individu a une limite définie, celle de l'espèce a aussi une durée déterminée. Personne n'a pu être, plus que moi, frappé d'étonnement par le phénomène de l'extinction des espèces. Quelle ne fut pas ma surprise, par exemple, lorsque je trouvai à la Plata la dent d'un cheval enfouie avec les restes de mastodontes, de mégathériums, de toxodontes et autres mammifères géants éteints, qui tous avaient coexisté à une période géologique récente avec des coquillages encore vivants. En effet, le cheval, depuis son introduction dans l'Amérique du Sud par les Espagnols, est redevenu sauvage dans tout le pays et s'est multiplié avec une rapidité sans pareille ; je devais donc me demander quelle pouvait être la cause de l'extinction du cheval primitif, dans des conditions d'existence si favorables en apparence. Mon étonnement était mal fondé ; le professeur Owen ne tarda pas à reconnaître que la dent, bien que très semblable à celle du cheval actuel, appartenait à une espèce éteinte. Si ce cheval avait encore existé, mais qu'il eût été rare, personne n'en aurait été étonné ; car dans tous les pays la rareté est l'attribut d'une foule d'espèces de toutes classes ; si l'on demande les causes de cette rareté, nous répondons qu'elles sont la conséquence de quelques circonstances défavorables dans les conditions d'existence, mais nous ne pouvons presque jamais indiquer quelles sont ces circonstances. En supposant que le cheval fossile ait encore existé comme espèce rare, il eût semblé tout naturel de penser, d'après l'analogie avec tous les autres mammifères, y compris l'éléphant, dont la reproduction est si lente, ainsi que d'après la naturalisation du cheval domestique dans l'Amérique du Sud, que, dans des conditions favorables, il eût, en peu d'années, repeuplé le continent. Mais nous n'aurions pu dire quelles conditions défavorables avaient fait obstacle à sa multiplication ; si une ou plusieurs causes avaient agi ensemble ou séparément ; à quelle période de la vie et à quel degré chacune d'elles avait agi. Si les circonstances avaient continué, si lentement que ce fût, à devenir de moins en moins favorables, nous n'aurions certainement pas observé le fait, mais le cheval fossile serait devenu de plus en plus rare, et se serait finalement éteint, cédant sa place dans la nature à quelque concurrent plus heureux.

Il est difficile d'avoir toujours présent à l'esprit le fait que la multiplication de chaque forme vivante est sans cesse limitée par des causes nuisibles inconnues qui cependant sont très suffisantes pour causer d'abord la rareté et ensuite l'extinction. On comprend si peu ce sujet, que j'ai souvent entendu des gens exprimer la surprise que leur causait l'extinction d'animaux géants, tels que le mastodonte et le dinosaure, comme si la force corporelle seule suffisait pour assurer la victoire dans la lutte pour l'existence. La grande taille d'une espèce, au contraire, peut entraîner dans certains cas, ainsi qu'Owen en a fait la remarque, une plus prompte extinction, par suite de la plus grande quantité de nourriture nécessaire. La multiplication continue de l'éléphant actuel a dû être limitée par une cause quelconque avant que l'homme habitât l'Inde ou l'Afrique. Le docteur Falconer, juge très compétent, attribue cet arrêt de l'augmentation en nombre de l'éléphant indien aux insectes qui le harassent et l'affaiblissent ; Bruce en est arrivé à la même conclusion relativement à l'éléphant africain en Abyssinie. Il est certain que la présence des insectes et des vampires décide, dans diverses parties de l'Amérique du Sud, de l'existence des plus grands mammifères naturalisés.

Dans les formations tertiaires récentes, nous voyons des cas nombreux où la rareté précède l'extinction, et nous savons que le même fait se présente chez les animaux que l'homme, par son influence, a localement ou totalement exterminés. Je peux répéter ici ce que j'écrivais en 1845 : admettre que les espèces deviennent généralement rares avant leur extinction, et ne pas s'étonner de leur rareté, pour s'émerveiller ensuite de ce qu'elles disparaissent, c'est comme si l'on admettait que la maladie est, chez l'individu, l'avant-coureur de la mort, que l'on voie la maladie sans surprise, puis que l'on s'étonne et que l'on attribue la mort du malade à quelque acte de violence.

La théorie de la sélection naturelle est basée sur l'opinion que chaque variété nouvelle, et, en définitive, chaque espèce nouvelle, se forme et se maintient à l'aide de certains avantages acquis sur celles avec lesquelles elle se trouve en concurrence ; et, enfin, sur l'extinction des formes moins favorisées, qui en est la conséquence inévitable. Il en est de même pour nos productions domestiques, car, lorsqu'une variété nouvelle et un peu supérieure a été obtenue, elle remplace d'abord les variétés inférieures du voisinage ; plus perfectionnée, elle se répand de plus en plus, comme notre bétail à courtes cornes, et prend la place d'autres races dans d'autres pays. L'apparition de formes nouvelles et la disparition des anciennes sont donc, tant pour les productions naturelles que pour les productions artificielles, deux faits connexes. Le nombre des nouvelles formes spécifiques, produites dans un temps donné, a dû parfois, chez les groupes florissants, être probablement plus considérable que celui des formes anciennes qui ont été exterminées ; mais nous savons que, au moins pendant les époques géologiques récentes, les espèces n'ont pas augmenté indéfiniment ; de sorte que nous pouvons admettre, en ce qui concerne les époques les plus récentes, que la production de nouvelles formes a déterminé l'extinction d'un nombre à peu près égal de formes anciennes.

La concurrence est généralement plus rigoureuse, comme nous l'avons déjà démontré par des exemples, entre les formes qui se ressemblent sous tous les rapports. En conséquence, les descendants modifiés et perfectionnés d'une espèce causent généralement l'extermination de la souche mère ; et si plusieurs formes nouvelles, provenant d'une même espèce, réussissent à se développer, ce sont les formes les plus voisines de cette espèce, c'est-à-dire les espèces du même genre, qui se trouvent être les plus exposées à la destruction. C'est ainsi, je crois, qu'un certain nombre d'espèces nouvelles, descendues d'une espèce unique et constituant ainsi un genre nouveau, parviennent à supplanter un genre ancien, appartenant à la même famille. Mais il a dû souvent arriver aussi qu'une espèce nouvelle appartenant à un groupe a pris la place d'une espèce appartenant à un groupe différent, et provoqué ainsi son extinction. Si plusieurs formes alliées sont sorties de cette même forme, d'autres espèces conquérantes antérieures auront dû céder la place, et ce seront alors généralement les formes voisines qui auront le plus à souffrir, en raison de quelque infériorité héréditaire commune à tout leur groupe. Mais que les espèces obligées de céder ainsi leur place à d'autres plus perfectionnées appartiennent à une même classe ou à des classes distinctes, il pourra arriver que quelques-unes d'entre elles puissent être longtemps conservées, par suite de leur adaptation à des conditions différentes d'existence, ou parce que, occupant une station isolée, elles auront échappé à une rigoureuse concurrence. Ainsi, par exemple, quelques espèces de Trigonia, grand genre de mollusques des formations secondaires, ont surtout vécu et habitent encore les mers australiennes ; et quelques membres du groupe considérable et presque éteint des poissons ganoïdes se trouvent encore dans nos eaux douces. On comprend donc pourquoi l'extinction complète d'un groupe est généralement, comme nous l'avons vu, beaucoup plus lente que sa production.

Quant à la soudaine extinction de familles ou d'ordres entiers, tels que le groupe des trilobites à la fin de l'époque paléozoïque, ou celui des ammonites à la fin de la période secondaire, nous rappellerons ce que nous avons déjà dit sur les grands intervalles de temps qui ont dû s'écouler entre nos formations consécutives, intervalles pendant lesquels il a pu s'effectuer une extinction lente, mais considérable. En outre, lorsque, par suite d'immigrations subites ou d'un développement plus rapide qu'à l'ordinaire, plusieurs espèces d'un nouveau groupe s'emparent d'une région quelconque, beaucoup d'espèces anciennes doivent être exterminées avec une rapidité correspondante ; or, les formes ainsi supplantées sont probablement proches alliées, puisqu'elles possèdent quelque commun défaut.

Il me semble donc que le mode d'extinction des espèces isolées ou des groupes d'espèces s'accorde parfaitement avec la théorie de la sélection naturelle. Nous ne devons pas nous étonner de l'extinction, mais plutôt de notre présomption à vouloir nous imaginer que nous comprenons les circonstances complexes dont dépend l'existence de chaque espèce. Si nous oublions un instant que chaque espèce tend à se multiplier à l'infini, mais qu'elle est constamment tenue en échec par des causes que nous ne comprenons que rarement, toute l'économie de la nature est incompréhensible. Lorsque nous pourrons dire précisément pourquoi telle espèce est plus abondante que telle autre en individus, ou pourquoi telle espèce et non pas telle autre peut être naturalisée dans un pays donné, alors seulement nous aurons le droit de nous étonner de ce que nous ne pouvons pas expliquer l'extinction de certaines espèces ou de certains groupes.

Des changements presque instantanés des formes vivantes dans le monde.

L'une des découvertes les plus intéressantes de la paléontologie, c'est que les formes de la vie changent dans le monde entier d'une manière presque simultanée. Ainsi, l'on peut reconnaître notre formation européenne de la craie dans plusieurs parties du globe, sous les climats les plus divers, là même où l'on ne saurait trouver le moindre fragment de minéral ressemblant à la craie, par exemple dans l'Amérique du Nord, dans l'Amérique du Sud équatoriale, à la Terre de Feu, au cap de Bonne-Espérance et dans la péninsule indienne. En effet, sur tous ces points éloignés, les restes organiques de certaines couches présentent une ressemblance incontestable avec ceux de la craie ; non qu'on y rencontre les mêmes espèces, car, dans quelques cas, il n'y en a pas une qui soit identiquement la même, mais elles appartiennent aux mêmes familles, aux mêmes genres, aux mêmes subdivisions de genres, et elles sont parfois semblablement caractérisées par les mêmes caractères superficiels, tels que la ciselure extérieure.

En outre, d'autres formes qu'on ne rencontre pas en Europe dans la craie, mais qui existent dans les formations supérieures ou inférieures, se suivent dans le même ordre sur ces différents points du globe si éloignés les uns des autres. Plusieurs auteurs ont constaté un parallélisme semblable des formes de la vie dans les formations paléozoïques successives de la Russie, de l'Europe occidentale et de l'Amérique du Nord ; il en est de même, d'après Lyell, dans les divers dépôts tertiaires de l'Europe et de l'Amérique du Nord. En mettant même de côté les quelques espèces fossiles qui sont communes à l'ancien et au nouveau monde, le parallélisme général des diverses formes de la vie dans les couches paléozoïques et dans les couches tertiaires n'en resterait pas moins manifeste et rendrait facile la corrélation des diverses formations.

Ces observations, toutefois, ne s'appliquent qu'aux habitants marins du globe ; car les données suffisantes nous manquent pour apprécier si les productions des terres et des eaux douces ont, sur des points éloignés, changé d'une manière parallèle analogue. Nous avons lieu d'en douter. Si l'on avait apporté de la Plata le Megatherium, le Mylodon, le Macrauchenia et le Toxodon sans renseignements sur leur position géologique, personne n'eût soupçonné que ces formes ont coexisté avec des mollusques marins encore vivants ; toutefois, leur coexistence avec le mastodonte et le cheval aurait permis de penser qu'ils avaient vécu pendant une des dernières périodes tertiaires.

Lorsque nous disons que les faunes marines ont simultanément changé dans le monde entier, il ne faut pas supposer que l'expression s'applique à la même année ou au même siècle, ou même qu'elle ait un sens géologique bien rigoureux ; car, si tous les animaux marins vivant actuellement en Europe, ainsi que ceux qui y ont vécu pendant la période pléistocène, déjà si énormément reculée, si on compte son antiquité par le nombre des années, puisqu'elle comprend toute l'époque glaciaire, étaient comparés à ceux qui existent actuellement dans l'Amérique du Sud ou en Australie, le naturaliste le plus habile pourrait à peine décider lesquels, des habitants actuels ou de ceux de l'époque pléistocène en Europe, ressemblent le plus à ceux de l'hémisphère austral. Ainsi encore, plusieurs observateurs très compétents admettent que les productions actuelles des États-Unis se rapprochent plus de celles qui ont vécu en Europe pendant certaines périodes tertiaires récentes que des formes européennes actuelles, et, cela étant, il est évident que des couches fossilifères se déposant maintenant sur les côtes de l'Amérique du Nord risqueraient dans l'avenir d'être classées avec des dépôts européens quelque peu plus anciens. Néanmoins, dans un avenir très éloigné, il n'est pas douteux que toutes les formations marines plus modernes, à savoir le pliocène supérieur, le pléistocène et les dépôts tout à fait modernes de l'Europe, de l'Amérique du Nord, de l'Amérique du Sud et de l'Australie, pourront être avec raison considérées comme simultanées, dans le sens géologique du terme, parce qu'elles renfermeront des débris fossiles plus ou moins alliés, et parce qu'elles ne contiendront aucune des formes propres aux dépôts inférieurs plus anciens.

Ce fait d'un changement simultané des formes de la vie dans les diverses parties du monde, en laissant à cette loi le sens large et général que nous venons de lui donner, a beaucoup frappé deux observateurs éminents, MM. de Verneuil et d'Archiac. Après avoir rappelé le parallélisme qui se remarque entre les formes organiques de l'époque paléozoïque dans diverses parties de l'Europe, ils ajoutent : « Si, frappés de cette étrange succession, nous tournons les yeux vers l'Amérique du Nord et que nous y découvrions une série de phénomènes analogues, il nous paraîtra alors certain que toutes les modifications des espèces, leur extinction, l'introduction d'espèces nouvelles, ne peuvent plus être le fait de simples changements dans les courants de l'Océan, ou d'autres causes plus ou moins locales et temporaires, mais doivent dépendre de lois générales qui régissent l'ensemble du règne animal. » M. Barrande invoque d'autres considérations de grande valeur qui tendent à la même conclusion. On ne saurait, en effet, attribuer à des changements de courants, de climat, ou d'autres conditions physiques, ces immenses mutations des formes organisées dans le monde entier, sous les climats les plus divers. Nous devons, ainsi que Barrande l'a fait observer, chercher quelque loi spéciale. C'est ce qui ressortira encore plus clairement lorsque nous traiterons de la distribution actuelle des êtres organisés, et que nous verrons combien sont insignifiants les rapports entre les conditions physiques des diverses contrées et la nature de ses habitants.

Ce grand fait de la succession parallèle des formes de la vie dans le monde s'explique aisément par la théorie de la sélection naturelle. Les espèces nouvelles se forment parce qu'elles possèdent quelques avantages sur les plus anciennes ; or, les formes déjà dominantes, ou qui ont quelque supériorité sur les autres formes d'un même pays, sont celles qui produisent le plus grand nombre de variétés nouvelles ou espèces naissantes. La preuve évidente de cette loi, c'est que les plantes dominantes, c'est-à-dire celles qui sont les plus communes et les plus répandues, sont aussi celles qui produisent la plus grande quantité de variétés nouvelles. Il est naturel, en outre, que les espèces prépondérantes, variables, susceptibles de se répandre au loin et ayant déjà envahi plus ou moins les territoires d'autres espèces, soient aussi les mieux adaptées pour s'étendre encore davantage, et pour produire, dans de nouvelles régions, des variétés et des espèces nouvelles. Leur diffusion peut souvent être très lente, car elle dépend de changements climatériques et géographiques, d'accidents imprévus et de l'acclimatation graduelle des espèces nouvelles aux divers climats qu'elles peuvent avoir à traverser ; mais, avec le temps, ce sont les formes dominantes qui, en général, réussissent le mieux à se répandre et, en définitive, à prévaloir. Il est probable que les animaux terrestres habitant des continents distincts se répandent plus lentement que les formes marines peuplant des mers continues. Nous pouvons donc nous attendre à trouver, comme on l'observe en effet, un parallélisme moins rigoureux dans la succession des formes terrestres que dans les formes marines.

Il me semble, en conséquence, que la succession parallèle et simultanée, en donnant à ce dernier terme son sens le plus large, des mêmes formes organisées dans le monde concorde bien avec le principe selon lequel de nouvelles espèces seraient produites par la grande extension et par la variation des espèces dominantes. Les espèces nouvelles étant elles-mêmes dominantes, puisqu'elles ont encore une certaine supériorité sur leurs formes parentes qui l'étaient déjà, ainsi que sur les autres espèces, continuent à se répandre, à varier et à produire de nouvelles variétés. Les espèces anciennes, vaincues par les nouvelles formes victorieuses, auxquelles elles cèdent la place, sont généralement alliées en groupes, conséquence de l'héritage commun de quelque cause d'infériorité ; à mesure donc que les groupes nouveaux et perfectionnés se répandent sur la terre, les anciens disparaissent, et partout il y a correspondance dans la succession des formes, tant dans leur première apparition que dans leur disparition finale.

Je crois encore utile de faire une remarque à ce sujet. J'ai indiqué les raisons qui me portent à croire que la plupart de nos grandes formations riches en fossiles ont été déposées pendant des périodes d'affaissement, et que des interruptions d'une durée immense, en ce qui concerne le dépôt des fossiles, ont dû se produire pendant les époques où le fond de la mer était stationnaire ou en voie de soulèvement, et aussi lorsque les sédiments ne se déposaient pas en assez grande quantité, ni assez rapidement pour enfouir et conserver les restes des êtres organisés. Je suppose que, pendant ces longs intervalles, dont nous ne pouvons retrouver aucune trace, les habitants de chaque région ont subi une somme considérable de modifications et d'extinctions, et qu'il y a eu de fréquentes migrations d'une région dans une autre. Comme nous avons toutes raisons de croire que d'immenses surfaces sont affectées par les mêmes mouvements, il est probable que des formations exactement contemporaines ont dû souvent s'accumuler sur de grandes étendues dans une même partie du globe ; mais nous ne sommes nullement autorisés à conclure qu'il en a invariablement été ainsi, et que de grandes surfaces ont toujours été affectées par les mêmes mouvements. Lorsque deux formations se sont déposées dans deux régions pendant à peu près la même période, mais cependant pas exactement la même, nous devons, pour les raisons que nous avons indiquées précédemment, remarquer une même succession générale dans les formes qui y ont vécu, sans que, cependant, les espèces correspondent exactement ; car il y a eu, dans l'une des régions, un peu plus de temps que dans l'autre, pour permettre les modifications, les extinctions et les immigrations.

Je crois que des cas de ce genre se présentent en Europe. Dans ses admirables mémoires sur les dépôts éocènes de l'Angleterre et de la France, M. Prestwich est parvenu à établir un étroit parallélisme général entre les étages successifs des deux pays ; mais, lorsqu'il compare certains terrains de l'Angleterre avec les dépôts correspondants en France, bien qu'il trouve entre eux une curieuse concordance dans le nombre des espèces appartenant aux mêmes genres, cependant les espèces elles-mêmes diffèrent d'une manière qu'il est difficile d'expliquer, vu la proximité des deux gisements ; — à moins, toutefois, qu'on ne suppose qu'un isthme a séparé deux mers peuplées par deux faunes contemporaines, mais distinctes. Lyell a fait des observations semblables sur quelques-unes des formations tertiaires les plus récentes. Barrande signale, de son côté, un remarquable parallélisme général dans les dépôts siluriens successifs de la Bohême et de la Scandinavie ; néanmoins, il trouve des différences surprenantes chez les espèces. Si, dans ces régions, les diverses formations n'ont pas été déposées exactement pendant les mêmes périodes — un dépôt, dans une région, correspondant souvent à une période d'inactivité dans une autre — et si, dans les deux régions, les espèces ont été en se modifiant lentement pendant l'accumulation des diverses formations et les longs intervalles qui les ont séparées, les dépôts, dans les deux endroits, pourront être rangés dans le même ordre quant à la succession générale des formes organisées, et cet ordre paraîtrait à tort strictement parallèle ; néanmoins, les espèces ne seraient pas toutes les mêmes dans les étages en apparence correspondants des deux stations.

DES AFFINITÉS DES ESPÈCES ÉTEINTES LES UNES AVEC LES AUTRES ET AVEC LES FORMES VIVANTES.

Examinons maintenant les affinités mutuelles des espèces éteintes et vivantes. Elles se groupent toutes dans un petit nombre de grandes classes, fait qu'explique d'emblée la théorie de la descendance. En règle générale, plus une forme est ancienne, plus elle diffère des formes vivantes. Mais, ainsi que l'a depuis longtemps fait remarquer Buckland, on peut classer toutes les espèces éteintes, soit dans les groupes existants, soit dans les intervalles qui les séparent. Il est certainement vrai que les espèces éteintes contribuent à combler les vides qui existent entre les genres, les familles et les ordres actuels ; mais, comme on a contesté et même nié ce point, il peut être utile de faire quelques remarques à ce sujet et de citer quelques exemples ; si nous portons seulement notre attention sur les espèces vivantes ou sur les espèces éteintes appartenant à la même classe, la série est infiniment moins parfaite que si nous les combinons toutes deux en un système général. On trouve continuellement dans les écrits du professeur Owen l'expression « formes généralisées » appliquée à des animaux éteints ; Agassiz parle à chaque instant de types « prophétiques ou synthétiques ; » or, ces termes s'appliquent à des formes ou chaînons intermédiaires. Un autre paléontologiste distingué, M. Gaudry, a démontré de la manière la plus frappante qu'un grand nombre des mammifères fossiles qu'il a découverts dans l'Attique servent à combler les intervalles entre les genres existants. Cuvier regardait les ruminants et les pachydermes comme les deux ordres de mammifères les plus distincts ; mais on a retrouvé tant de chaînons fossiles intermédiaires que le professeur Owen a dû remanier toute la classification et placer certains pachydermes dans un même sous-ordre avec des ruminants ; il fait, par exemple, disparaître par des gradations insensibles l'immense lacune qui existait entre le cochon et le chameau. Les ongulés ou quadrupèdes à sabots sont maintenant divisés en deux groupes, le groupe des quadrupèdes à doigts en nombre pair et celui des quadrupèdes à doigts en nombre impair ; mais le Macrauchenia de l'Amérique méridionale relie dans une certaine mesure ces deux groupes importants. Personne ne saurait contester que l'hipparion forme un chaînon intermédiaire entre le cheval existant et certains autres ongulés. Le Typotherium de l'Amérique méridionale, que l'on ne saurait classer dans aucun ordre existant, forme, comme l'indique le nom que lui a donné le professeur Gervais, un chaînon intermédiaire remarquable dans la série des mammifères. Les Sirenia constituent un groupe très distinct de mammifères et l'un des caractères les plus remarquables du dugong et du lamantin actuels est l'absence complète de membres postérieurs, sans même que l'on trouve chez eux des rudiments de ces membres ; mais l'Halithérium, éteint, avait, selon le professeur Flower, l'os de la cuisse ossifié « articulé dans un acetabulum bien défini du pelvis » et il se rapproche par là des quadrupèdes ongulés ordinaires, auxquels les Sirenia sont alliés, sous quelques autres rapports. Les cétacés ou baleines diffèrent considérablement de tous les autres mammifères, mais le zeuglodon et le squalodon de l'époque tertiaire, dont quelques naturalistes ont fait un ordre distinct, sont, d'après le professeur Huxley, de véritables cétacés et « constituent un chaînon intermédiaire avec les carnivores aquatiques. »

Le professeur Huxley a aussi démontré que même l'énorme intervalle qui sépare les oiseaux des reptiles se trouve en partie comblé, de la manière la plus inattendue, par l'autruche et l'Archeopteryx éteint, d'une part, et de l'autre, par le Compsognatus, un des dinosauriens, groupe qui comprend les reptiles terrestres les plus gigantesques. À l'égard des invertébrés, Barrande, dont l'autorité est irrécusable en pareille matière, affirme que les découvertes de chaque jour prouvent que, bien que les animaux paléozoïques puissent certainement se classer dans les groupes existants, ces groupes n'étaient cependant pas, à cette époque reculée, aussi distinctement séparés qu'ils le sont actuellement.

Quelques auteurs ont nié qu'aucune espèce éteinte ou aucun groupe d'espèces puisse être considéré comme intermédiaire entre deux espèces quelconques vivantes ou entre des groupes d'espèces actuelles. L'objection n'aurait de valeur qu'autant qu'on entendrait par là que la forme éteinte est, par tous ses caractères, directement intermédiaire entre deux formes ou entre deux groupes vivants. Mais, dans une classification naturelle, il y a certainement beaucoup d'espèces fossiles qui se placent entre des genres vivants, et même entre des genres appartenant à des familles distinctes. Le cas le plus fréquent, surtout quand il s'agit de groupes très différents, comme les poissons et les reptiles, semble être que si, par exemple, dans l'état actuel, ces groupes se distinguent par une douzaine de caractères, le nombre des caractères distinctifs est moindre chez les anciens membres des deux groupes, de sorte que les deux groupes étaient autrefois un peu plus voisins l'un de l'autre qu'ils ne le sont aujourd'hui.

On croit assez communément que, plus une forme est ancienne, plus elle tend à relier, par quelques-uns de ses caractères, des groupes actuellement fort éloignés les uns des autres. Cette remarque ne s'applique, sans doute, qu'aux groupes qui, dans le cours des âges géologiques, ont subi des modifications considérables ; il serait difficile, d'ailleurs, de démontrer la vérité de la proposition, car de temps à autre on découvre des animaux même vivants qui, comme le lepidosiren, se rattachent, par leurs affinités, à des groupes fort distincts. Toutefois, si nous comparons les plus anciens reptiles et les plus anciens batraciens, les plus anciens poissons, les plus anciens céphalopodes et les mammifères de l'époque éocène, avec les membres plus récents des mêmes classes, il nous faut reconnaître qu'il y a du vrai dans cette remarque.

Voyons jusqu'à quel point les divers faits et les déductions qui précèdent concordent avec la théorie de la descendance avec modification. Je prierai le lecteur, vu la complication du sujet, de recourir au tableau dont nous nous sommes déjà servis au quatrième chapitre. Supposons que les lettres en italiques et numérotées représentent des genres, et les lignes ponctuées, qui s'en écartent en divergeant, les espèces de chaque genre. La figure est trop simple et ne donne que trop peu de genres et d'espèces ; mais ceci nous importe peu. Les lignes horizontales peuvent figurer des formations géologiques successives, et on peut considérer comme éteintes toutes les formes placées au-dessous de la ligne supérieure. Les trois genres existants, a14, q14, p14, formeront une petite famille ; b14 et f14, une famille très voisine ou sous-famille, et o14, e14, m14, une troisième famille. Ces trois familles réunies aux nombreux genres éteints faisant partie des diverses lignes de descendance provenant par divergence de l'espèce parente A, formeront un ordre ; car toutes auront hérité quelque chose en commun de leur ancêtre primitif. En vertu du principe de la tendance continue à la divergence des caractères, que notre diagramme a déjà servi à expliquer, plus une forme est récente, plus elle doit ordinairement différer de l'ancêtre primordial. Nous pouvons par là comprendre aisément pourquoi ce sont les fossiles les plus anciens qui diffèrent le plus des formes actuelles. La divergence des caractères n'est toutefois pas une éventualité nécessaire ; car cette divergence dépend seulement de ce qu'elle a permis aux descendants d'une espèce de s'emparer de plus de places différentes dans l'économie de la nature. Il est donc très possible, ainsi que nous l'avons vu pour quelques formes siluriennes, qu'une espèce puisse persister en ne présentant que de légères modifications correspondant à de faibles changements dans ses conditions d'existence, tout en conservant, pendant une longue période, ses traits caractéristiques généraux. C'est ce que représente, dans la figure, la lettre F14.

Toutes les nombreuses formes éteintes et vivantes descendues de A constituent, comme nous l'avons déjà fait remarquer, un ordre qui, par la suite des effets continus de l'extinction et de la divergence des caractères, s'est divisé en plusieurs familles et sous-familles ; on suppose que quelques-unes ont péri à différentes périodes, tandis que d'autres ont persisté jusqu'à nos jours.

Nous voyons, en examinant le diagramme, que si nous découvrions, sur différents points de la partie inférieure de la série, un grand nombre de formes éteintes qu'on suppose avoir été enfouies dans les formations successives, les trois familles qui existent sur la ligne supérieure deviendraient moins distinctes l'une de l'autre. Si, par exemple, on retrouvait les genres a1, a5, a10, f8, m3, m6, m9, ces trois familles seraient assez étroitement reliées pour qu'elles dussent probablement être réunies en une seule grande famille, à peu près comme on a dû le faire à l'égard des ruminants et de certains pachydermes. Cependant, on pourrait peut-être contester que les genres éteints qui relient ainsi les genres vivants de trois familles soient intermédiaires, car ils ne le sont pas directement, mais seulement par un long circuit et en passant par un grand nombre de formes très différentes. Si l'on découvrait beaucoup de formes éteintes au-dessus de l'une des lignes horizontales moyennes qui représentent les différentes formations géologiques — au-dessus du numéro VI, par exemple, — mais qu'on n'en trouvât aucune au-dessous de cette ligne, il n'y aurait que deux familles (seulement les deux familles de gauche a14 et b14, etc.) à réunir en une seule ; il resterait deux familles qui seraient moins distinctes l'une de l'autre qu'elles ne l'étaient avant la découverte des fossiles. Ainsi encore, si nous supposons que les trois familles formées de huit genres (a14 à m14) sur la ligne supérieure diffèrent l'une de l'autre par une demi-douzaine de caractères importants, les familles qui existaient à l'époque indiquée par la ligne VI devaient certainement différer l'une de l'autre par un moins grand nombre de caractères, car à ce degré généalogique reculé elles avaient dû moins s'écarter de leur commun ancêtre. C'est ainsi que des genres anciens et éteints présentent quelquefois, dans une certaine mesure, des caractères intermédiaires entre leurs descendants modifiés, ou entre leurs parents collatéraux.

Les choses doivent toujours être beaucoup plus compliquées dans la nature qu'elles ne le sont dans le diagramme ; les groupes, en effet, ont dû être plus nombreux ; ils ont dû avoir des durées d'une longueur fort inégale, et éprouver des modifications très variables en degré. Comme nous ne possédons que le dernier volume des Archives géologiques, et que de plus ce volume est fort incomplet, nous ne pouvons espérer, sauf dans quelques cas très rares, pouvoir combler les grandes lacunes du système naturel, et relier ainsi des familles ou des ordres distincts. Tout ce qu'il nous est permis d'espérer, c'est que les groupes qui, dans les périodes géologiques connues, ont éprouvé beaucoup de modifications, se rapprochent un peu plus les uns des autres dans les formations plus anciennes, de manière que les membres de ces groupes appartenant aux époques plus reculées diffèrent moins par quelques-uns de leurs caractères que ne le font les membres actuels des mêmes groupes. C'est, du reste, ce que s'accordent à reconnaître nos meilleurs paléontologistes.

La théorie de la descendance avec modifications explique donc d'une manière satisfaisante les principaux faits qui se rattachent aux affinités mutuelles qu'on remarque tant entre les formes éteintes qu'entre celles-ci et les formes vivantes. Ces affinités me paraissent inexplicables si l'on se place à tout autre point de vue.

D'après la même théorie, il est évident que la faune de chacune des grandes périodes de l'histoire de la terre doit être intermédiaire, par ses caractères généraux, entre celle qui l'a précédée et celle qui l'a suivie. Ainsi, les espèces qui ont vécu pendant la sixième grande période indiquée sur le diagramme, sont les descendantes modifiées de celles qui vivaient pendant la cinquième, et les ancêtres des formes encore plus modifiées de la septième ; elles ne peuvent donc guère manquer d'être à peu près intermédiaires par leur caractère entre les formes de la formation inférieure et celles de la formation supérieure. Nous devons toutefois faire la part de l'extinction totale de quelques-unes des formes antérieures, de l'immigration dans une région quelconque de formes nouvelles venues d'autres régions, et d'une somme considérable de modifications qui ont dû s'opérer pendant les longs intervalles négatifs qui se sont écoulés entre le dépôt des diverses formations successives. Ces réserves faites, la faune de chaque période géologique est certainement intermédiaire par ses caractères entre la faune qui l'a précédée et celle qui l'a suivie. Je n'en citerai qu'un exemple : les fossiles du système dévonien, lors de leur découverte, furent d'emblée reconnus par les paléontologistes comme intermédiaires par leurs caractères entre ceux des terrains carbonifères qui les suivent et ceux du système silurien qui les précèdent. Mais chaque faune n'est pas nécessairement et exactement intermédiaire, à cause de l'inégalité de la durée des intervalles qui se sont écoulés entre le dépôt des formations consécutives.

Le fait que certains genres présentent une exception à la règle ne saurait invalider l'assertion que toute faune d'une époque quelconque est, dans son ensemble, intermédiaire entre celle qui la précède et celle qui la suit. Par exemple, le docteur Falconer a classé en deux séries les mastodontes et les éléphants : l'une, d'après leurs affinités mutuelles ; l'autre, d'après l'époque de leur existence ; or, ces deux séries ne concordent pas. Les espèces qui présentent des caractères extrêmes ne sont ni les plus anciennes ni les plus récentes, et celles qui sont intermédiaires par leurs caractères ne le sont pas par l'époque où elles ont vécu. Mais, dans ce cas comme dans d'autres cas analogues, en supposant pour un instant que nous possédions les preuves du moment exact de l'apparition et de la disparition de l'espèce, ce qui n'est certainement pas, nous n'avons aucune raison pour supposer que les formes successivement produites se perpétuent nécessairement pendant des temps égaux. Une forme très ancienne peut parfois persister beaucoup plus longtemps qu'une forme produite postérieurement autre part, surtout quand il s'agit de formes terrestres habitant des districts séparés. Comparons, par exemple, les petites choses aux grandes : si l'on disposait en série, d'après leurs affinités, toutes les races vivantes et éteintes du pigeon domestique, cet arrangement ne concorderait nullement avec l'ordre de leur production, et encore moins avec celui de leur extinction. En effet, la souche parente, le biset, existe encore, et une foule de variétés comprises entre le biset et le messager se sont éteintes ; les messagers, qui ont des caractères extrêmes sous le rapport de la longueur du bec, ont une origine plus ancienne que les culbutants à bec court, qui se trouvent sous ce rapport à l'autre extrémité de la série.

Tous les paléontologistes ont constaté que les fossiles de deux formations consécutives sont beaucoup plus étroitement alliés que les fossiles de formations très éloignées ; ce fait confirme l'assertion précédemment formulée du caractère intermédiaire, jusqu'à un certain point, des restes organiques qui sont conservés dans une formation intermédiaire. Pictet en donne un exemple bien connu, c'est-à-dire la ressemblance générale qu'on constate chez les fossiles contenus dans les divers étages de la formation de la craie, bien que, dans chacun de ces étages, les espèces soient distinctes. Ce fait seul, par sa généralité, semble avoir ébranlé chez le professeur Pictet la ferme croyance à l'immutabilité des espèces. Quiconque est un peu familiarisé avec la distribution des espèces vivant actuellement à la surface du globe ne songera pas à expliquer l'étroite ressemblance qu'offrent les espèces distinctes de deux formations consécutives par la persistance, dans les mêmes régions, des mêmes conditions physiques pendant de longues périodes. Il faut se rappeler que les formes organisées, les formes marines au moins, ont changé presque simultanément dans le monde entier et, par conséquent, sous les climats les plus divers et dans les conditions les plus différentes. Combien peu, en effet, les formes spécifiques des habitants de la mer ont-elles été affectées par les vicissitudes considérables du climat pendant la période pléistocène, qui comprend toute la période glaciaire !

D'après la théorie de la descendance, rien n'est plus aisé que de comprendre les affinités étroites qui se remarquent entre les fossiles de formations rigoureusement consécutives, bien qu'ils soient considérés comme spécifiquement distincts. L'accumulation de chaque formation ayant été fréquemment interrompue, et de longs intervalles négatifs s'étant écoulés entre les dépôts successifs, nous ne saurions nous attendre, ainsi que j'ai essayé de le démontrer dans le chapitre précédent, à trouver dans une ou deux formations quelconques toutes les variétés intermédiaires entre les espèces qui ont apparu au commencement et à la fin de ces périodes ; mais nous devons trouver, après des intervalles relativement assez courts, si on les estime au point de vue géologique, quoique fort longs, si on les mesure en années, des formes étroitement alliées, ou, comme on les a appelées, des espèces représentatives. Or, c'est ce que nous constatons journellement. Nous trouvons, en un mot, les preuves d'une mutation lente et insensible des formes spécifiques, telle que nous sommes en droit de l'attendre.

Du degré de développement des formes anciennes comparé à celui des formes vivantes.

Nous avons vu, dans le quatrième chapitre, que, chez tous les êtres organisés ayant atteint l'âge adulte, le degré de différenciation et de spécialisation des divers organes nous permet de déterminer leur degré de perfection et leur supériorité relative. Nous avons vu aussi que, la spécialisation des organes constituant un avantage pour chaque être, la sélection naturelle doit tendre à spécialiser l'organisation de chaque individu, et à la rendre, sous ce rapport, plus parfaite et plus élevée ; mais cela n'empêche pas qu'elle peut laisser à de nombreux êtres une conformation simple et inférieure, appropriée à des conditions d'existence moins complexes, et, dans certains cas même, elle peut déterminer chez eux une simplification et une dégradation de l'organisation, de façon à les mieux adapter à des conditions particulières. Dans un sens plus général, les espèces nouvelles deviennent supérieures à celles qui les ont précédées ; car elles ont, dans la lutte pour l'existence, à l'emporter sur toutes les formes antérieures avec lesquelles elles se trouvent en concurrente active. Nous pouvons donc conclure que, si l'on pouvait mettre en concurrence, dans des conditions de climat à peu près identiques, les habitants de l'époque éocène avec ceux du monde actuel, ceux-ci l'emporteraient sur les premiers et les extermineraient ; de même aussi, les habitants de l'époque éocène l'emporteraient sur les formes de la période secondaire, et celles-ci sur les formes paléozoïques. De telle sorte que cette épreuve fondamentale de la victoire dans la lutte pour l'existence, aussi bien que le fait de la spécialisation des organes, tendent à prouver que les formes modernes doivent, d'après la théorie de la sélection naturelle, être plus élevées que les formes anciennes. En est-il ainsi ? L'immense majorité des paléontologistes répondrait par l'affirmative, et leur réponse, bien que la preuve en soit difficile, doit être admise comme vraie.

Le fait que certains brachiopodes n'ont été que légèrement modifiés depuis une époque géologique fort reculée, et que certains coquillages terrestres et d'eau douce sont restés à peu près ce qu'ils étaient depuis l'époque où, autant que nous pouvons le savoir, ils ont paru pour la première fois, ne constitue point une objection sérieuse contre cette conclusion. Il ne faut pas voir non plus une difficulté insurmontable dans le fait constaté par le docteur Carpenter, que l'organisation des foraminifères n'a pas progressé depuis l'époque laurentienne ; car quelques organismes doivent rester adaptés à des conditions de vie très simples ; or, quoi de mieux approprié sous ce rapport que ces protozoaires à l'organisation si inférieure ? Si ma théorie impliquait comme condition nécessaire le progrès de l'organisation, des objections de cette nature lui seraient fatales. Elles le seraient également si l'on pouvait prouver, par exemple, que les foraminifères ont pris naissance pendant l'époque laurentienne, ou les brachiopodes pendant la formation cambrienne ; car alors il ne se serait pas écoulé un temps suffisant pour que le développement de ces organismes en soit arrivé au point qu'ils ont atteint. Une fois arrivés à un état donné, la théorie de la sélection naturelle n'exige pas qu'ils continuent à progresser davantage, bien que, dans chaque période successive, ils doivent se modifier légèrement, de manière à conserver leur place dans la nature, malgré de légers changements dans les conditions ambiantes. Toutes ces objections reposent sur l'ignorance où nous sommes de l'âge réel de notre globe, et des périodes auxquelles les différentes formes de la vie ont apparu pour la première fois, points fort discutables.

La question de savoir si l'ensemble de l'organisation a progressé constitue de toute façon un problème fort compliqué. Les archives géologiques, toujours fort incomplètes, ne remontent pas assez haut pour qu'on puisse établir avec une netteté incontestable que, pendant le temps dont l'histoire nous est connue, l'organisation a fait de grands progrès. Aujourd'hui même, si l'on compare les uns aux autres les membres d'une même classe, les naturalistes ne sont pas d'accord pour décider quelles sont les formes les plus élevées. Ainsi, les uns regardent les sélaciens ou requins comme les plus élevés dans la série des poissons, parce qu'ils se rapprochent des reptiles par certains points importants de leur conformation ; d'autres donnent le premier rang aux téléostéens. Les ganoïdes sont placés entre les sélaciens et les téléostéens ; ces derniers sont actuellement très prépondérants quant au nombre, mais autrefois les sélaciens et les ganoïdes existaient seuls ; par conséquent, suivant le type de supériorité qu'on aura choisi, on pourra dire que l'organisation des poissons a progressé ou rétrogradé. Il semble complètement impossible de juger de la supériorité relative des types appartenant à des classes distinctes ; car qui pourra, par exemple, décider si une seiche est plus élevée qu'une abeille, cet insecte auquel von Baer attribuait, « une organisation supérieure à celle d'un poisson, bien que construit sur un tout autre modèle ? » Dans la lutte complexe pour l'existence, il est parfaitement possible que des crustacés, même peu élevés dans leur classe, puissent vaincre les céphalopodes, qui constituent le type supérieur des mollusques ; ces crustacés, bien qu'ayant un développement inférieur, occupent un rang très élevé dans l'échelle des invertébrés, si l'on en juge d'après l'épreuve la plus décisive de toutes, la loi du combat. Outre ces difficultés inhérentes qui se présentent lorsqu'il s'agit de déterminer quelles sont les formes les plus élevées par leur organisation, il ne faut pas seulement comparer les membres supérieurs d'une classe à deux époques quelconques — bien que ce soit là, sans doute, le fait le plus important à considérer dans la balance — mais il faut encore comparer entre eux tous les membres de la même classe, supérieurs et inférieurs, pendant l'une et l'autre période. À une époque reculée, les mollusques les plus élevés et les plus inférieurs, les céphalopodes et les brachiopodes, fourmillaient en nombre ; actuellement, ces deux ordres ont beaucoup diminué, tandis que d'autres, dont l'organisation est intermédiaire, ont considérablement augmenté. Quelques naturalistes soutiennent en conséquence que les mollusques présentaient autrefois une organisation supérieure à celle qu'ils ont aujourd'hui. Mais on peut fournir à l'appui de l'opinion contraire l'argument bien plus fort basé sur le fait de l'énorme réduction des mollusques inférieurs, et le fait que les céphalopodes existants, quoique peu nombreux, présentent une organisation beaucoup plus élevée que ne l'était celle de leurs anciens représentants. Il faut aussi comparer les nombres proportionnels des classes supérieures et inférieures existant dans le monde entier à deux périodes quelconques ; si, par exemple, il existe aujourd'hui cinquante mille formes de vertébrés, et que nous sachions qu'à une époque antérieure il n'en existait que dix mille, il faut tenir compte de cette augmentation en nombre de la classe supérieure qui implique un déplacement considérable de formes inférieures, et qui constitue un progrès décisif dans l'organisation universelle. Nous voyons par là combien il est difficile, pour ne pas dire impossible, de comparer, avec une parfaite exactitude, à travers des conditions aussi complexes, le degré de supériorité relative des organismes imparfaitement connus qui ont composé les faunes des diverses périodes successives.

Cette difficulté ressort clairement de l'examen de certaines faunes et de certaines fleurs actuelles. La rapidité extraordinaire avec laquelle les productions européennes se sont récemment répandues dans la Nouvelle-Zélande et se sont emparées de positions qui devaient être précédemment occupées par les formes indigènes, nous permet de croire que, si tous les animaux et toutes les plantes de la Grande-Bretagne étaient importés et mis en liberté dans la Nouvelle-Zélande, un grand nombre de formes britanniques s'y naturaliseraient promptement avec le temps, et extermineraient un grand nombre des formes indigènes. D'autre part, le fait qu'à peine un seul habitant de l'hémisphère austral s'est naturalisé à l'état sauvage dans une partie quelconque de l'Europe, nous permet de douter que, si toutes les productions de la Nouvelle-Zélande étaient introduites en Angleterre, il y en aurait beaucoup qui pussent s'emparer de positions actuellement occupées par nos plantes et par nos animaux indigènes. À ce point de vue, les productions de la Grande-Bretagne peuvent donc être considérées comme supérieures à celles de la Nouvelle-Zélande. Cependant, le naturaliste le plus habile n'aurait pu prévoir ce résultat par le simple examen des espèces des deux pays.

Agassiz et plusieurs autres juges compétents insistent sur ce fait que les animaux anciens ressemblent, dans une certaine mesure, aux embryons des animaux actuels de la même classe ; ils insistent aussi sur le parallélisme assez exact qui existe entre la succession géologique des formes éteintes et le développement embryogénique des formes actuelles. Cette manière de voir concorde admirablement avec ma théorie. Je chercherai, dans un prochain chapitre, à démontrer que l'adulte diffère de l'embryon par suite de variations survenues pendant le cours de la vie des individus, et héritées par leur postérité à un âge correspondant. Ce procédé, qui laisse l'embryon presque sans changements, accumule continuellement, pendant le cours des générations successives, des différences de plus en plus grandes chez l'adulte. L'embryon reste ainsi comme une sorte de portrait, conservé par la nature, de l'état ancien et moins modifié de l'animal. Cette théorie peut être vraie et cependant n'être jamais susceptible d'une preuve complète. Lorsqu'on voit, par exemple, que les mammifères, les reptiles et les poissons les plus anciennement connus appartiennent rigoureusement à leurs classes respectives, bien que quelques-unes de ces formes antiques soient, jusqu'à un certain point, moins distinctes entre elles que ne le sont aujourd'hui les membres typiques des mêmes groupes, il serait inutile de rechercher des animaux réunissant les caractères embryogéniques communs à tous les vertébrés tant qu'on n'aura pas découvert des dépôts riches en fossiles, au-dessous des couches inférieures du système cambrien — découverte qui semble très peu probable.

DE LA SUCCESSION DES MÊMES TYPES DANS LES MÊMES ZONES PENDANT LES DERNIÈRES PÉRIODES TERTIAIRES.

M. Clift a démontré, il y a bien des années, que les mammifères fossiles provenant des cavernes de l'Australie sont étroitement alliés aux marsupiaux qui vivent actuellement sur ce continent. Une parenté analogue, manifeste même pour un œil inexpérimenté, se remarque également dans l'Amérique du Sud, dans les fragments d'armures gigantesques semblables à celle du tatou, trouvées dans diverses localités de la Plata. Le professeur Owen a démontré de la manière la plus frappante que la plupart des mammifères fossiles, enfouis en grand nombre dans ces contrées, se rattachent aux types actuels de l'Amérique méridionale. Cette parenté est rendue encore plus évidente par l'étonnante collection d'ossements fossiles recueillis dans les cavernes du Brésil par MM. Lund et Clausen. Ces faits m'avaient vivement frappé que, dès 1839 et 1845, j'insistais vivement sur cette « loi de la succession des types » — et sur « ces remarquables rapports de parenté qui existent entre les formes éteintes et les formes vivantes d'un même continent.» Le professeur Owen a depuis étendu la même généralisation aux mammifères de l'ancien monde, et les restaurations des gigantesques oiseaux éteints de la Nouvelle-Zélande, faites par ce savant naturaliste, confirment également la même loi. Il en est de même des oiseaux trouvés dans les cavernes du Brésil. M. Woodward a démontré que cette même loi s'applique aux coquilles marines, mais elle est moins apparente, à cause de la vaste distribution de la plupart des mollusques. On pourrait encore ajouter d'autres exemples, tels que les rapports qui existent entre les coquilles terrestres éteintes et vivantes de l'île de Madère et entre les coquilles éteintes et vivantes des eaux saumâtres de la mer Aralo-Caspienne.

Or, que signifie cette loi remarquable de la succession des mêmes types dans les mêmes régions ? Après avoir comparé le climat actuel de l'Australie avec celui de certaines parties de l'Amérique méridionale situées sous la même latitude, il serait téméraire d'expliquer, d'une part, la dissemblance des habitants de ces deux continents par la différence des conditions physiques ; et d'autre part, d'expliquer par les ressemblances de ces conditions l'uniformité des types qui ont existé dans chacun de ces pays pendant les dernières périodes tertiaires. On ne saurait non plus prétendre que c'est en vertu d'une loi immuable que l'Australie a produit principalement ou exclusivement des marsupiaux, ou que l'Amérique du Sud a seule produit des édentés et quelques autres types qui lui sont propres. Nous savons, en effet, que l'Europe était anciennement peuplée de nombreux marsupiaux, et j'ai démontré, dans les travaux auxquels j'ai fait précédemment allusion, que la loi de la distribution des mammifères terrestres était autrefois différente en Amérique de ce qu'elle est aujourd'hui. L'Amérique du Nord présentait anciennement beaucoup des caractères actuels de la moitié méridionale de ce continent ; et celle-ci se rapprochait, beaucoup plus que maintenant, de la moitié septentrionale. Les découvertes de Falconer et de Cautley nous ont aussi appris que les mammifères de l'Inde septentrionale ont été autrefois en relation plus étroite avec ceux de l'Afrique qu'ils ne le sont actuellement. La distribution des animaux marins fournit des faits analogues.

La théorie de la descendance avec modification explique immédiatement cette grande loi de la succession longtemps continuée, mais non immuable, des mêmes types dans les mêmes régions ; car les habitants de chaque partie du monde tendent évidemment à y laisser, pendant la période suivante, des descendants étroitement alliés, bien que modifiés dans une certaine mesure. Si les habitants d'un continent ont autrefois considérablement différé de ceux d'un autre continent, de même leurs descendants modifiés diffèrent encore à peu près de la même manière et au même degré. Mais, après de très longs intervalles et des changements géographiques importants, à la suite desquels il y a eu de nombreuses migrations réciproques, les formes plus faibles cèdent la place aux formes dominantes, de sorte qu'il ne peut y avoir rien d'immuable dans les lois de la distribution passée ou actuelle des êtres organisés.

On demandera peut-être, en manière de raillerie, si je considère le paresseux, le tatou et le fourmilier comme les descendants dégénérés du mégathérium et des autres monstres gigantesques voisins, qui ont autrefois habité l'Amérique méridionale. Ceci n'est pas un seul instant admissible. Ces énormes animaux sont éteints, et n'ont laissé aucune descendance. Mais on trouve, dans les cavernes du Brésil, un grand nombre d'espèces fossiles qui, par leur taille et par tous leurs autres caractères, se rapprochent des espèces vivant actuellement dans l'Amérique du Sud, et dont quelques-unes peuvent avoir été les ancêtres réels des espèces vivantes. Il ne faut pas oublier que, d'après ma théorie, toutes les espèces d'un même genre descendent d'une espèce unique, de sorte que, si l'on trouve dans une formation géologique six genres ayant chacun huit espèces, et dans la formation géologique suivante six autres genres alliés ou représentatifs ayant chacun le même nombre d'espèces, nous pouvons conclure qu'en général une seule espèce de chacun des anciens genres a laissé des descendants modifiés, constituant les diverses espèces des genres nouveaux ; les sept autres espèces de chacun des anciens genres ont dû s'éteindre sans laisser de postérité. Ou bien, et c'est là probablement le cas le plus fréquent, deux ou trois espèces appartenant à deux ou trois des six genres anciens ont seules servi de souche aux nouveaux genres, les autres espèces et les autres genres entiers ayant totalement disparu. Chez les ordres en voie d'extinction, dont les genres et les espèces décroissent peu à peu en nombre, comme celui des édentés dans l'Amérique du Sud, un plus petit nombre encore de genres et d'espèces doivent laisser des descendants modifiés.

RÉSUMÉ DE CE CHAPITRE ET DU CHAPITRE PRÉCÉDENT.

J'ai essayé de démontrer que nos archives géologiques sont extrêmement incomplètes ; qu'une très petite partie du globe seulement a été géologiquement explorée avec soin ; que certaines classes d'êtres organisés ont seules été conservées en abondance à l'état fossile ; que le nombre des espèces et des individus qui en font partie conservés dans nos musées n'est absolument rien en comparaison du nombre des générations qui ont dû exister pendant la durée d'une seule formation ; que l'accumulation de dépôts riches en espèces fossiles diverses, et assez épais pour résister aux dégradations ultérieures, n'étant guère possible que pendant des périodes d'affaissement du sol, d'énormes espaces de temps ont dû s'écouler dans l'intervalle de plusieurs périodes successives ; qu'il y a probablement eu plus d'extinctions pendant les périodes d'affaissement et plus de variations pendant celles de soulèvement, en faisant remarquer que ces dernières périodes étant moins favorables à la conservation des fossiles, le nombre des formes conservées a dû être moins considérable ; que chaque formation n'a pas été déposée d'une manière continue ; que la durée de chacune d'elles a été probablement plus courte que la durée moyenne des formes spécifiques ; que les migrations ont joué un rôle important dans la première apparition de formes nouvelles dans chaque zone et dans chaque formation ; que les espèces répandues sont celles qui ont dû varier le plus fréquemment, et, par conséquent, celles qui ont dû donner naissance au plus grand nombre d'espèces nouvelles ; que les variétés ont été d'abord locales ; et enfin que, bien que chaque espèce ait dû parcourir de nombreuses phases de transition, il est probable que les périodes pendant lesquelles elle a subi des modifications, bien que longues, si on les estime en années, ont dû être courtes, comparées à celles pendant lesquelles chacune d'elle est restée sans modifications. Ces causes réunies expliquent dans une grande mesure pourquoi, bien que nous retrouvions de nombreux chaînons, nous ne rencontrons pas des variétés innombrables, reliant entre elles d'une manière parfaitement graduée toutes les formes éteintes et vivantes. Il ne faut jamais oublier non plus que toutes les variétés intermédiaires entre deux ou plusieurs formes seraient infailliblement regardées comme des espèces nouvelles et distinctes, à moins qu'on ne puisse reconstituer la chaîne complète qui les rattache les unes aux autres ; car on ne saurait soutenir que nous possédions aucun moyen certain qui nous permette de distinguer les espèces des variétés.

Quiconque n'admet pas l'imperfection des documents géologiques doit avec raison repousser ma théorie tout entière ; car c'est en vain qu'on demandera où sont les innombrables formes de transition qui ont dû autrefois relier les espèces voisines ou représentatives qu'on rencontre dans les étages successifs d'une même formation. On peut refuser de croire aux énormes intervalles de temps qui ont dû s'écouler entre nos formations consécutives, et méconnaître l'importance du rôle qu'ont dû jouer les migrations quand on étudie les formations d'une seule grande région, l'Europe par exemple. On peut soutenir que l'apparition subite de groupes entiers d'espèces est un fait évident, bien que la plupart du temps il n'ait que l'apparence de la vérité. On peut se demander où sont les restes de ces organismes si infiniment nombreux, qui ont dû exister longtemps avant que les couches inférieures du système cambrien aient été déposées. Nous savons maintenant qu'il existait, à cette époque, au moins un animal ; mais je ne puis répondre à cette dernière question qu'en supposant que nos océans ont dû exister depuis un temps immense là où ils s'étendent actuellement, et qu'ils ont dû occuper ces points depuis le commencement de l'époque cambrienne ; mais que, bien avant cette période, le globe avait un aspect tout différent, et que les continents d'alors, constitués par des formations beaucoup plus anciennes que celles que nous connaissons, n'existent plus qu'à l'état métamorphique, ou sont ensevelis au fond des mers.

Ces difficultés réservées, tous les autres faits principaux de la paléontologie me paraissent concorder admirablement avec la théorie de la descendance avec modifications par la sélection naturelle. Il nous devient facile de comprendre comment les espèces nouvelles apparaissent lentement et successivement ; pourquoi les espèces des diverses classes ne se modifient pas simultanément avec la même rapidité ou au même degré, bien que toutes, à la longue, éprouvent dans une certaine mesure des modifications. L'extinction des formes anciennes est la conséquence presque inévitable de la production de formes nouvelles. Nous pouvons comprendre pourquoi une espèce qui a disparu ne reparaît jamais. Les groupes d'espèces augmentent lentement en nombre, et persistent pendant des périodes inégales en durée, car la marche des modifications est nécessairement lente et dépend d'une foule d'éventualités complexes. Les espèces dominantes appartenant à des groupes étendus et prépondérants tendent à laisser de nombreux descendants, qui constituent à leur tour de nouveaux sous-groupes, puis des groupes. À mesure que ceux-ci se forment, les espèces des groupes moins vigoureux, en raison de l'infériorité qu'ils doivent par hérédité à un ancêtre commun, tendent à disparaître sans laisser de descendants modifiés à la surface de la terre. Toutefois, l'extinction complète d'un groupe entier d'espèces peut souvent être une opération très longue, par suite de la persistance de quelques descendants qui ont pu continuer à se maintenir dans certaines positions isolées et protégées. Lorsqu'un groupe a complètement disparu, il ne reparaît jamais, le lien de ses générations ayant été rompu.

Nous pouvons comprendre comment il se fait que les formes dominantes, qui se répandent beaucoup et qui fournissent le plus grand nombre de variétés, doivent tendre à peupler le monde de descendants qui se rapprochent d'elles, tout en étant modifiés. Ceux-ci réussissent généralement à déplacer les groupes qui, dans la lutte pour l'existence, leur sont inférieurs. Il en résulte qu'après de longs intervalles les habitants du globe semblent avoir changé partout simultanément.

Nous pouvons comprendre comment il se fait que toutes les formes de la vie, anciennes et récentes, ne constituent dans leur ensemble qu'un petit nombre de grandes classes. Nous pouvons comprendre pourquoi, en vertu de la tendance continue à la divergence des caractères, plus une forme est ancienne, plus elle diffère d'ordinaire de celles qui vivent actuellement ; pourquoi d'anciennes formes éteintes comblent souvent des lacunes existant entre des formes actuelles et réunissent quelquefois en un seul deux groupes précédemment considérés comme distincts, mais le plus ordinairement ne tendent qu'à diminuer la distance qui les sépare. Plus une forme est ancienne, plus souvent il arrive qu'elle a, jusqu'à un certain point, des caractères intermédiaires entre des groupes aujourd'hui distincts ; car, plus une forme est ancienne, plus elle doit se rapprocher de l'ancêtre commun de groupes qui ont depuis divergé considérablement, et par conséquent lui ressembler. Les formes éteintes présentent rarement des caractères directement intermédiaires entre les formes vivantes ; elles ne sont intermédiaires qu'au moyen d'un circuit long et tortueux, passant par une foule d'autres formes différentes et disparues. Nous pouvons facilement comprendre pourquoi les restes organiques de formations immédiatement consécutives sont très étroitement alliés, car ils sont en relation généalogique plus étroite ; et, aussi, pourquoi les fossiles enfouis dans une formation intermédiaire présentent des caractères intermédiaires.

Les habitants de chaque période successive de l'histoire du globe ont vaincu leurs prédécesseurs dans la lutte pour l'existence, et occupent de ce fait une place plus élevée qu'eux dans l'échelle de la nature, leur conformation s'étant généralement plus spécialisée ; c'est ce qui peut expliquer l'opinion admise par la plupart des paléontologistes que, dans son ensemble, l'organisation a progressé. Les animaux anciens et éteints ressemblent, jusqu'à un certain point, aux embryons des animaux vivants appartenant à la même classe ; fait étonnant qui s'explique tout simplement par ma théorie. La succession des mêmes types d'organisation dans les mêmes régions, pendant les dernières périodes géologiques, cesse d'être un mystère, et s'explique tout simplement par les lois de l'hérédité.

Si donc les archives géologiques sont aussi imparfaites que beaucoup de savants le croient, et l'on peut au moins affirmer que la preuve du contraire ne saurait être fournie, les principales objections soulevées contre la théorie de la sélection sont bien amoindries ou disparaissent. Il me semble, d'autre part, que toutes les lois essentielles établies par la paléontologie proclament clairement que les espèces sont le produit de la génération ordinaire, et que les formes anciennes ont été remplacées par des formes nouvelles et perfectionnées, elles-mêmes le résultat de la variation et de la persistance du plus apte.

Chapitre XII.

DISTRIBUTION GÉOGRAPHIQUE.

Les différences dans les conditions physiques ne suffisent pas pour expliquer la distribution géographique actuelle. — Importance des barrières. — Affinités entre les productions d'un même continent. — Centres de création. — Dispersion provenant de modifications dans le climat, dans le niveau du sol et d'autres moyens accidentels. — Dispersion pendant la période glaciaire. — Périodes glaciaires alternantes dans l'hémisphère boréal et dans l'hémisphère austral.

Lorsque l'on considère la distribution des êtres organisés à la surface du globe, le premier fait considérable dont on est frappé, c'est que ni les différences climatériques ni les autres conditions physiques n'expliquent suffisamment les ressemblances ou les dissemblances des habitants des diverses régions. Presque tous les naturalistes qui ont récemment étudié cette question en sont arrivés à cette même conclusion. Il suffirait d'examiner l'Amérique pour en démontrer la vérité ; tous les savants s'accordent, en effet, à reconnaître que, à l'exception de la partie septentrionale tempérée et de la zone qui entoure le pôle, la distinction de la terre en ancien et en nouveau monde constitue une des divisions fondamentales de la distribution géographique. Cependant, si nous parcourons le vaste continent américain, depuis les parties centrales des États-Unis jusqu'à son extrémité méridionale, nous rencontrons les conditions les plus différentes : des régions humides, des déserts arides, des montagnes élevées, des plaines couvertes d'herbes, des forêts, des marais, des lacs et des grandes rivières, et presque toutes les températures. Il n'y a pour ainsi dire pas, dans l'ancien monde, un climat ou une condition qui n'ait son équivalent dans le nouveau monde — au moins dans les limites de ce qui peut être nécessaire à une même espèce. On peut, sans doute, signaler dans l'ancien monde quelques régions plus chaudes qu'aucune de celles du nouveau monde, mais ces régions ne sont point peuplées par une faune différente de celle des régions avoisinantes ; il est fort rare, en effet, de trouver un groupe d'organismes confiné dans une étroite station qui ne présente que de légères différences dans ses conditions particulières. Malgré ce parallélisme général entre les conditions physiques respectives de l'ancien et du nouveau monde, quelle immense différence n'y a-t-il pas dans leurs productions vivantes !

Si nous comparons, dans l'hémisphère austral, de grandes étendues de pays en Australie, dans l'Afrique australe et dans l'ouest de l'Amérique du Sud, entre les 25e et 35e degrés de latitude, nous y trouvons des points très semblables par toutes leurs conditions ; il ne serait cependant pas possible de trouver trois faunes et trois flores plus dissemblables. Si, d'autre part, nous comparons les productions de l'Amérique méridionale, au sud du 35e degré de latitude, avec celles au nord du 25e degré, productions qui se trouvent par conséquent séparées par un espace de dix degrés de latitude, et soumises à des conditions bien différentes, elles sont incomparablement plus voisines les unes des autres qu'elles ne le sont des productions australiennes ou africaines vivant sous un climat presque identique. On pourrait signaler des faits analogues chez les habitants de la mer.

Un second fait important qui nous frappe, dans ce coup d'œil général, c'est que toutes les barrières ou tous les obstacles qui s'opposent à une libre migration sont étroitement en rapport avec les différences qui existent entre les productions de diverses régions. C'est ce que nous démontre la grande différence qu'on remarque dans presque toutes les productions terrestres de l'ancien et du nouveau monde, les parties septentrionales exceptées, où les deux continents se joignent presque, et où, sous un climat peu différent, il peut y avoir eu migration des formes habitant les parties tempérées du nord, comme cela s'observe actuellement pour les productions strictement arctiques. Le même fait est appréciable dans la différence que présentent, sous une même latitude, les habitants de l'Australie, de l'Afrique et de l'Amérique du Sud, pays aussi isolés les uns des autres que possible. Il en est de même sur tous les continents ; car nous trouvons souvent des productions différentes sur les côtés opposés de grandes chaînes de montagnes élevées et continues, de vastes déserts et souvent même de grandes rivières. Cependant, comme les chaînes de montagnes, les déserts, etc., ne sont pas aussi infranchissables et n'ont probablement pas existé depuis aussi longtemps que les océans qui séparent les continents, les différences que de telles barrières apportent dans l'ensemble du monde organisé sont bien moins tranchées que celles qui caractérisent les productions de continents séparés.

Si nous étudions les mers, nous trouvons que la même loi s'applique aussi. Les habitants des mers de la côte orientale et de la côte occidentale de l'Amérique méridionale sont très distincts, et il n'y a que fort peu de poissons, de mollusques et de crustacés qui soient communs aux unes et aux autres ; mais le docteur Günther a récemment démontré que, sur les rives opposées de l'isthme de Panama, environ 30 pour 100 des poissons sont communs aux deux mers ; c'est là un fait qui a conduit quelques naturalistes à croire que l'isthme a été autrefois ouvert. À l'ouest des côtes de l'Amérique s'étend un océan vaste et ouvert, sans une île qui puisse servir de lieu de refuge ou de repos à des émigrants ; c'est là une autre espèce de barrière, au-delà de laquelle nous trouvons, dans les îles orientales du Pacifique, une autre faune complètement distincte, de sorte que nous avons ici trois faunes marines, s'étendant du nord au sud, sur un espace considérable et sur des lignes parallèles peu éloignées les unes des autres et sous des climats correspondants ; mais, séparées qu'elles sont par des barrières infranchissables, c'est-à-dire par des terres continues ou par des mers ouvertes et profondes, elles sont presque totalement distinctes. Si nous continuons toujours d'avancer vers l'ouest, au-delà des îles orientales de la région tropicale du Pacifique, nous ne rencontrons point de barrières infranchissables, mais des îles en grand nombre pouvant servir de lieux de relâche ou des côtes continues, jusqu'à ce qu'après avoir traversé un hémisphère entier, nous arrivions aux côtes d'Afrique ; or, sur toute cette vaste étendue, nous ne remarquons point de faune marine bien définie et bien distincte. Bien qu'un si petit nombre d'animaux marins soient communs aux trois faunes de l'Amérique orientale, de l'Amérique occidentale et des îles orientales du Pacifique, dont je viens d'indiquer approximativement les limites, beaucoup de poissons s'étendent cependant depuis l'océan Pacifique jusque dans l'océan Indien, et beaucoup de coquillages sont communs aux îles orientales de l'océan Pacifique et aux côtes orientales de l'Afrique, deux régions situées sous des méridiens presque opposés.

Un troisième grand fait principal, presque inclus, d'ailleurs, dans les deux précédents, c'est l'affinité qui existe entre les productions d'un même continent ou d'une même mer, bien que les espèces elles-mêmes soient quelquefois distinctes en ses divers points et dans des stations différentes. C'est là une loi très générale, et dont chaque continent offre des exemples remarquables. Néanmoins, le naturaliste voyageant du nord au sud, par exemple, ne manque jamais d'être frappé de la manière dont des groupes successifs d'êtres spécifiquement distincts, bien qu'en étroite relation les uns avec les autres, se remplacent mutuellement. Il voit des oiseaux analogues : leur chant est presque semblable ; leurs nids sont presque construits de la même manière ; leurs œufs sont à peu près de même couleur, et cependant ce sont des espèces différentes. Les plaines avoisinant le détroit de Magellan sont habitées par une espèce d'autruche américaine (Rhea), et les plaines de la Plata, situées plus au nord, par une espèce différente du même genre ; mais on n'y rencontre ni la véritable autruche ni l'ému, qui vivent sous les mêmes latitudes en Afrique et en Australie. Dans ces mêmes plaines de la Plata, on rencontre l'agouti et la viscache, animaux ayant à peu près les mêmes habitudes que nos lièvres et nos lapins, et qui appartiennent au même ordre de rongeurs, mais qui présentent évidemment dans leur structure un type tout américain. Sur les cimes élevées des Cordillères, nous trouvons une espèce de viscache alpestre ; dans les eaux nous ne trouvons ni le castor ni le rat musqué, mais le coypou et le capybara, rongeurs ayant le type sud-américain. Nous pourrions citer une foule d'autres exemples analogues. Si nous examinons les îles de la côte américaine, quelques différentes qu'elles soient du continent par leur nature géologique, leurs habitants sont essentiellement américains, bien qu'ils puissent tous appartenir à des espèces particulières. Nous pouvons remonter jusqu'aux périodes écoulées et, ainsi que nous l'avons vu dans le chapitre précédent, nous trouverons encore que ce sont des types américains qui dominent dans les mers américaines et sur le continent américain. Ces faits dénotent l'existence de quelque lien organique intime et profond qui prévaut dans le temps et dans l'espace, dans les mêmes étendues de terre et de mer, indépendamment des conditions physiques. Il faudrait qu'un naturaliste fût bien indifférent pour n'être pas tenté de rechercher quel peut être ce lien.

Ce lien est tout simplement l'hérédité, cette cause qui, seule, autant que nous le sachions d'une manière positive, tend à produire des organismes tout à fait semblables les uns aux autres, ou, comme on le voit dans le cas des variétés, presque semblables. La dissemblance des habitants de diverses régions peut être attribuée à des modifications dues à la variation et à la sélection naturelle et probablement aussi, mais à un moindre degré, à l'action directe de conditions physiques différentes. Les degrés de dissemblance dépendent de ce que les migrations des formes organisées dominantes ont été plus ou moins efficacement empêchées à des époques plus ou moins reculées ; de la nature et du nombre des premiers immigrants, et de l'action que les habitants ont pu exercer les uns sur les autres, au point de vue de la conservation de différentes modifications ; les rapports qu'ont entre eux les divers organismes dans la lutte pour l'existence, étant, comme je l'ai déjà souvent indiqué, les plus importants de tous. C'est ainsi que les barrières, en mettant obstacle aux migrations, jouent un rôle aussi important que le temps, quand il s'agit des lentes modifications par la sélection naturelle. Les espèces très répandues, comprenant de nombreux individus, qui ont déjà triomphé de beaucoup de concurrents dans leurs vastes habitats, sont aussi celles qui ont le plus de chances de s'emparer de places nouvelles, lorsqu'elles se répandent dans de nouvelles régions. Soumises dans leur nouvelle patrie à de nouvelles conditions, elles doivent fréquemment subir des modifications et des perfectionnements ultérieurs ; il en résulte qu'elles doivent remporter de nouvelles victoires et produire des groupes de descendants modifiés. Ce principe de l'hérédité avec modifications nous permet de comprendre pourquoi des sections de genres, des genres entiers et même des familles entières, se trouvent confinés dans les mêmes régions, cas si fréquent et si connu.

Ainsi que je l'ai fait remarquer dans le chapitre précédent, on ne saurait prouver qu'il existe une loi de développement indispensable. La variabilité de chaque espèce est une propriété indépendante dont la sélection naturelle ne s'empare qu'autant qu'il en résulte un avantage pour l'individu dans sa lutte complexe pour l'existence ; la somme des modifications chez des espèces différentes ne doit donc nullement être uniforme. Si un certain nombre d'espèces, après avoir été longtemps en concurrence les unes avec les autres dans leur ancien habitat émigraient dans une région nouvelle qui, plus tard, se trouverait isolée, elles seraient peu sujettes à des modifications, car ni la migration ni l'isolement ne peuvent rien par eux-mêmes. Ces causes n'agissent qu'en amenant les organismes à avoir de nouveaux rapports les uns avec les autres, et, à un moindre degré, avec les conditions physiques ambiantes. De même que nous avons vu, dans le chapitre précédent, que quelques formes ont conservé à peu près les mêmes caractères depuis une époque géologique prodigieusement reculée, de même certaines espèces se sont disséminées sur d'immenses espaces, sans se modifier beaucoup, ou même sans avoir éprouvé aucun changement.

En partant de ces principes, il est évident que les différentes espèces d'un même genre, bien qu'habitant les points du globe les plus éloignés, doivent avoir la même origine, puisqu'elles descendent d'un même ancêtre. À l'égard des espèces qui n'ont éprouvé que peu de modifications pendant des périodes géologiques entières, il n'y a pas de grande difficulté à admettre qu'elles ont émigré d'une même région ; car, pendant les immenses changements géographiques et climatériques qui sont survenus depuis les temps anciens, toutes les migrations, quelque considérables qu'elles soient, ont été possibles. Mais, dans beaucoup d'autres cas où nous avons des raisons de penser que les espèces d'un genre se sont produites à des époques relativement récentes cette question présente de grandes difficultés.

Il est évident que les individus appartenant à une même espèce, bien qu'habitant habituellement des régions éloignées et séparées, doivent provenir d'un seul point, celui où ont existé leurs parents ; car, ainsi que nous l'avons déjà expliqué, il serait inadmissible que des individus absolument identiques eussent pu être produits par des parents spécifiquement distincts.

CENTRES UNIQUES DE CRÉATION.

Nous voilà ainsi amenés à examiner une question qui a soulevé tant de discussions parmi les naturalistes. Il s'agit de savoir si les espèces ont été créées sur un ou plusieurs points de la surface terrestre. Il y a sans doute des cas où il est extrêmement difficile de comprendre comment la même espèce a pu se transmettre d'un point unique jusqu'aux diverses régions éloignées et isolées où nous la trouvons aujourd'hui. Néanmoins, il semble si naturel que chaque espèce se soit produite d'abord dans une région unique, que cette hypothèse captive aisément l'esprit. Quiconque la rejette, repousse la vera causa de la génération ordinaire avec migrations subséquentes et invoque l'intervention d'un miracle. Il est universellement admis que, dans la plupart des cas, la région habitée par une espèce est continue ; et que, lorsqu'une plante ou un animal habite deux points si éloignés ou séparés l'un de l'autre par des obstacles de nature telle, que la migration devient très difficile, on considère le fait comme exceptionnel et extraordinaire. L'impossibilité d'émigrer à travers une vaste mer est plus évidente pour les mammifères terrestres que pour tous les autres êtres organisés ; aussi ne trouvons-nous pas d'exemple inexplicable de l'existence d'un même mammifère habitant des points éloignés du globe. Le géologue n'est point embarrassé de voir que l'Angleterre possède les mêmes quadrupèdes que le reste de l'Europe, parce qu'il est évident que les deux régions ont été autrefois réunies. Mais, si les mêmes espèces peuvent être produites sur deux points séparés, pourquoi ne trouvons-nous pas un seul mammifère commun à l'Europe et à l'Australie ou à l'Amérique du Sud ? Les conditions d'existence sont si complètement les mêmes, qu'une foule de plantes et d'animaux européens se sont naturalisés en Australie et en Amérique, et que quelques plantes indigènes sont absolument identiques sur ces points si éloignés de l'hémisphère boréal et de l'hémisphère austral. Je sais qu'on peut répondre que les mammifères n'ont pas pu émigrer, tandis que certaines plantes, grâce à la diversité de leurs moyens de dissémination, ont pu être transportées de proche en proche à travers d'immenses espaces. L'influence considérable des barrières de toutes sortes n'est compréhensible qu'autant que la grande majorité des espèces a été produite d'un côté, et n'a pu passer au côté opposé. Quelques familles, beaucoup de sous-familles, un grand nombre de genres, sont confinés dans une seule région, et plusieurs naturalistes ont observé que les genres les plus naturels, c'est-à-dire ceux dont les espèces se rapprochent le plus les unes des autres, sont généralement propres à une seule région assez restreinte, ou, s'ils ont une vaste extension, cette extension est continue. Ne serait-ce pas une étrange anomalie qu'en descendant un degré plus bas dans la série, c'est-à-dire jusqu'aux individus de la même espèce, une règle toute opposée prévalût, et que ceux-ci n'eussent pas, au moins à l'origine, été confinés dans quelque région unique ?

Il me semble donc beaucoup plus probable, ainsi du reste qu'à beaucoup d'autres naturalistes, que l'espèce s'est produite dans une seule contrée, d'où elle s'est ensuite répandue aussi loin que le lui ont permis ses moyens de migration et de subsistance, tant sous les conditions de vie passée que sous les conditions de vie actuelle. Il se présente, sans doute, bien des cas où il est impossible d'expliquer le passage d'une même espèce d'un point à un autre, mais les changements géographiques et climatériques qui ont certainement eu lieu depuis des époques géologiques récentes doivent avoir rompu la continuité de la distribution primitive de beaucoup d'espèces. Nous en sommes donc réduits à apprécier si les exceptions à la continuité de distribution sont assez nombreuses et assez graves pour nous faire renoncer à l'hypothèse, appuyée par tant de considérations générales, que chaque espèce s'est produite sur un point, et est partie de là pour s'étendre ensuite aussi loin qu'il lui a été possible. Il serait fastidieux de discuter tous les cas exceptionnels où la même espèce vit actuellement sur des points isolés et éloignés, et encore n'aurais-je pas la prétention de trouver une explication complète. Toutefois, après quelques considérations préliminaires, je discuterai quelques-uns des exemples les plus frappants, tels que l'existence d'une même espèce sur les sommets de montagnes très éloignées les unes des autres et sur des points très distants des régions arctiques et antarctiques ; secondement (dans le chapitre suivant), l'extension remarquable des formes aquatiques d'eau douce ; et, troisièmement, l'existence des mêmes espèces terrestres dans les îles et sur les continents les plus voisins, bien que parfois séparés par plusieurs centaines de milles de pleine mer. Si l'existence d'une même espèce en des points distants et isolés de la surface du globe peut, dans un grand nombre de cas, s'expliquer par l'hypothèse que chaque espace a émigré de son centre de production, alors, considérant notre ignorance en ce qui concerne, tant les changements climatériques et géographiques qui ont eu lieu autrefois, que les moyens accidentels de transport qui ont pu concourir à cette dissémination, je crois que l'hypothèse d'un berceau unique est incontestablement la plus naturelle.

La discussion de ce sujet nous permettra en même temps d'étudier un point également très important pour nous, c'est-à-dire si les diverses espèces d'un même genre qui, d'après ma théorie, doivent toutes descendre d'un ancêtre commun, peuvent avoir émigré de la contrée habitée par celui-ci tout en se modifiant pendant leur émigration. Si l'on peut démontrer que, lorsque la plupart des espèces habitant une région sont différentes de celles d'une autre région, tout en en étant cependant très voisines, il y a eu autrefois des migrations probables d'une de ces régions dans l'autre, ces faits confirmeront ma théorie, car on peut les expliquer facilement par l'hypothèse de la descendance avec modifications. Une île volcanique, par exemple, formée par soulèvement à quelques centaines de milles d'un continent, recevra probablement, dans le cours des temps, un petit nombre de colons, dont les descendants, bien que modifiés, seront cependant en étroite relation d'hérédité avec les habitants du continent. De semblables cas sont communs, et, ainsi que nous le verrons plus tard, sont complètement inexplicables dans l'hypothèse des créations indépendantes. Cette opinion sur les rapports qui existent entre les espèces de deux régions se rapproche beaucoup de celle émise par M. Wallace, qui conclut que « chaque espèce, à sa naissance, coïncide pour le temps et pour le lieu avec une autre espèce préexistante et proche alliée ». On sait actuellement que M. Wallace attribue cette coïncidence à la descendance avec modifications.

La question de l'unité ou de la pluralité des centres de création diffère d'une autre question qui, cependant, s'en rapproche beaucoup : tous les individus d'une même espèce descendent-ils d'un seul couple, ou d'un seul hermaphrodite, ou, ainsi que l'admettent quelques auteurs, de plusieurs individus simultanément créés ? À l'égard des êtres organisés qui ne se croisent jamais, en admettant qu'il y en ait, chaque espèce doit descendre d'une succession de variétés modifiées, qui se sont mutuellement supplantées, mais sans jamais se mélanger avec d'autres individus ou d'autres variétés de la même espèce ; de sorte qu'à chaque phase successive de la modification tous les individus de la même variété descendent d'un seul parent. Mais, dans la majorité des cas, pour tous les organismes qui s'apparient habituellement pour chaque fécondation, ou qui s'entrecroisent parfois, les individus d'une même espèce, habitant la même région, se maintiennent à peu près uniformes par suite de leurs croisements constants ; de sorte qu'un grand nombre d'individus se modifiant simultanément, l'ensemble des modifications caractérisant une phase donnée ne sera pas dû à la descendance d'un parent unique. Pour bien faire comprendre ce que j'entends : nos chevaux de course diffèrent de toutes les autres races, mais ils ne doivent pas leur différence et leur supériorité à leur descendance d'un seul couple, mais aux soins incessants apportés à la sélection et à l'entraînement d'un grand nombre d'individus pendant chaque génération.

Avant de discuter les trois classes de faits que j'ai choisis comme présentant les plus grandes difficultés qu'on puisse élever contre la théorie des « centres uniques de création », je dois dire quelques mots sur les moyens de dispersion.

MOYENS DE DISPERSION.

Sir C. Lyell et d'autres auteurs ont admirablement traité cette question ; je me bornerai donc à résumer ici en quelques mots les faits les plus importants. Les changements climatériques doivent avoir exercé une puissante influence sur les migrations ; une région, infranchissable aujourd'hui, peut avoir été une grande route de migration, lorsque son climat était différent de ce qu'il est actuellement. J'aurai bientôt, d'ailleurs, à discuter ce côté de la question avec quelques détails. Les changements de niveau du sol ont dû aussi jouer un rôle important ; un isthme étroit sépare aujourd'hui deux faunes marines ; que cet isthme soit submergé ou qu'il l'ait été autrefois, et les deux faunes se mélangeront ou se seront déjà mélangées. Là où il y a aujourd'hui une mer, des terres ont pu anciennement relier des îles ou même des continents, et ont permis aux productions terrestres de passer des uns aux autres. Aucun géologue ne conteste les grands changements de niveau qui se sont produits pendant la période actuelle, changements dont les organismes vivants ont été les contemporains. Edouard Forbes a insisté sur le fait que toutes les îles de l'Atlantique ont dû être, à une époque récente, reliées à l'Europe ou à l'Afrique, de même que l'Europe à l'Amérique. D'autres savants ont également jeté des ponts hypothétiques sur tous les océans, et relié presque toutes les îles à un continent. Si l'on pouvait accorder une foi entière aux arguments de Forbes, il faudrait admettre que toutes les îles ont été récemment rattachées à un continent. Cette hypothèse tranche le nœud gordien de la dispersion d'une même espèce sur les points les plus éloignés, et écarte bien des difficultés ; mais, autant que je puis en juger, je ne crois pas que nous soyons autorisés à admettre qu'il y ait eu des changements géographiques aussi énormes dans les limites de la période des espèces existantes. Il me semble que nous avons de nombreuses preuves de grandes oscillations du niveau des terres et des mers, mais non pas de changements assez considérables dans la position et l'extension de nos continents pour nous donner le droit d'admettre que, à une époque récente, ils aient tous été reliés les uns aux autres ainsi qu'aux diverses îles océaniques. J'admets volontiers l'existence antérieure de beaucoup d'îles, actuellement ensevelies sous la mer, qui ont pu servir de stations, de lieux de relâche, aux plantes et aux animaux pendant leurs migrations. Dans les mers où se produit le corail, ces îles submergées sont encore indiquées aujourd'hui par les anneaux de corail ou atolls qui les surmontent. Lorsqu'on admettra complètement, comme on le fera un jour, que chaque espèce est sortie d'un berceau unique, et qu'à la longue nous finirons par connaître quelque chose de plus précis sur les moyens de dispersion des êtres organisés, nous pourrons spéculer avec plus de certitude sur l'ancienne extension des terres. Mais je ne pense pas qu'on arrive jamais à prouver que, pendant la période récente, la plupart de nos continents, aujourd'hui complètement séparés, aient été réunis d'une manière continue ou à peu près continue les uns avec les autres, ainsi qu'avec les grandes îles océaniques. Plusieurs faits relatifs à la distribution géographique, tels, par exemple, que la grande différence des faunes marines sur les côtes opposées de presque tous les continents ; les rapports étroits qui relient aux habitants actuels les formes tertiaires de plusieurs continents et même de plusieurs océans ; le degré d'affinité qu'on observe entre les mammifères habitant les îles et ceux du continent le plus rapproché, affinité qui est en partie déterminée, comme nous le verrons plus loin, par la profondeur de la mer qui les sépare ; tous ces faits et quelques autres analogues me paraissent s'opposer à ce que l'on admette que des révolutions géographiques aussi considérables que l'exigeraient les opinions soutenues par Forbes et ses partisans, se sont produites à une époque récente. Les proportions relatives et la nature des habitants des îles océaniques me paraissent également s'opposer à l'hypothèse que celles-ci ont été autrefois reliées avec les continents. La constitution presque universellement volcanique de ces îles n'est pas non plus favorable à l'idée qu'elles représentent des restes de continents submergés ; car, si elles avaient primitivement constitué des chaînes de montagnes continentales, quelques-unes au moins seraient, comme d'autres sommets, formées de granit, de schistes métamorphiques d'anciennes roches fossilifères ou autres roches analogues, au lieu de n'être que des entassements de matières volcaniques.

Je dois maintenant dire quelques mots sur ce qu'on a appelé les moyens accidentels de dispersion, moyens qu'il vaudrait mieux appeler occasionnels ; je ne parlerai ici que des plantes. On dit, dans les ouvrages de botanique, que telle ou telle plante se prête mal à une grande dissémination ; mais on peut dire qu'on ignore presque absolument si telle ou telle plante peut traverser la mer avec plus ou moins de facilité. On ne savait même pas, avant les quelques expériences que j'ai entreprises sur ce point avec le concours de M. Berkeley, pendant combien de temps les graines peuvent résister à l'action nuisible de l'eau de mer. Je trouvai, à ma grande surprise, que, sur quatre-vingt-sept espèces, soixante quatre ont germé après une immersion de vingt-huit jours, et que certaines résistèrent même à une immersion de cent trente-sept jours. Il est bon de noter que certains ordres se montrèrent beaucoup moins aptes que d'autres à résister à cette épreuve ; neuf légumineuses, à l'exception d'une seule, résistèrent mal à l'action de l'eau salée ; sept espèces appartenant aux deux ordres alliés, les hydrophyllacées et les polémoniacées, furent toutes détruites par un mois d'immersion. Pour plus de commodité, j'expérimentai principalement sur les petites graines dépouillées de leur fruit, ou de leur capsule ; or, comme toutes allèrent au fond au bout de peu de jours, elles n'auraient pas pu traverser de grands bras de mer, qu'elles fussent ou non endommagées par l'eau salée. J'expérimentai ensuite sur quelques fruits et sur quelques capsules, etc., de plus grosse dimension ; quelques-uns flottèrent longtemps. On sait que le bois vert flotte beaucoup moins longtemps que le bois sec. Je pensai que les inondations doivent souvent entraîner à la mer des plantes ou des branches desséchées chargées de capsules ou de fruits. Cette idée me conduisit à faire sécher les tiges et les branches de quatre-vingt-quatorze plantes portant des fruits mûrs, et je les plaçai ensuite sur de l'eau de mer. La plupart allèrent promptement au fond, mais quelques-unes, qui, vertes, ne flottaient que peu de temps, résistèrent beaucoup plus longtemps une fois sèches ; ainsi, les noisettes vertes s'enfoncèrent de suite, mais, sèches, elles flottèrent pendant quatre-vingt-dix jours, et germèrent après avoir été mises en terre ; un plant d'asperge portant des baies mûres flotta vingt-trois jours ; après avoir été desséché, il flotta quatre-vingt-cinq jours et les graines germèrent ensuite. Les graines mûres de l'Helosciadium, qui allaient au fond au bout de deux jours, flottèrent pendant plus de quatre-vingt-dix jours une fois sèches, et germèrent ensuite. Au total, sur quatre-vingt-quatorze plantes sèches, dix-huit flottèrent pendant plus de vingt-huit jours, et quelques-unes dépassèrent de beaucoup ce terme. Il en résulte que 64/87 des graines que je soumis à l'expérience germèrent après une immersion de vingt-huit jours, et que 18/94 des plantes à fruits mûrs (toutes n'appartenaient pas aux mêmes espèces que dans l'expérience précédente) flottèrent, après dessiccation, pendant plus de vingt-huit jours. Nous pouvons donc conclure, autant du moins qu'il est permis de tirer une conclusion d'un si petit nombre de faits, que les graines de 14/100 des plantes d'une contrée quelconque peuvent être entraînées pendant vingt-huit jours par les courants marins sans perdre la faculté de germer. D'après l'atlas physique de Johnston, la vitesse moyenne des divers courants de l'Atlantique est de 53 kilomètres environ par jour, quelques-uns même atteignent la vitesse de 96 kilomètres et demi par jour ; d'après cette moyenne, les 14/100 de graines de plantes d'un pays pourraient donc être transportés à travers un bras de mer large de 1487 kilomètres jusque dans un autre pays, et germer si, après avoir échoué sur la rive, le vent les portait dans un lieu favorable à leur développement.

M. Martens a entrepris subséquemment des expériences semblables aux miennes, mais dans de meilleures conditions ; il plaça, en effet, ses graines dans une boîte plongée dans la mer même, de sorte qu'elles se trouvaient alternativement soumises à l'action de l'air et de l'eau, comme des plantes réellement flottantes. Il expérimenta sur quatre-vingt-dix-huit graines pour la plupart différentes des miennes ; mais il choisit de gros fruits et des graines de plantes vivant sur les côtes, circonstances de nature à augmenter la longueur moyenne de leur flottaison et leur résistance à l'action nuisible de l'eau salée. D'autre part, il n'a pas fait préalablement sécher les plantes portant leur fruit ; fait qui, comme nous l'avons vu, aurait permis à certaines de flotter encore plus longtemps. Le résultat obtenu fut que 18/98 de ces graines flottèrent pendant quarante-deux jours et germèrent ensuite. Je crois cependant que des plantes exposées aux vagues ne doivent pas flotter aussi longtemps que celles qui, comme dans ces expériences, sont à l'abri d'une violente agitation. Il serait donc plus sûr d'admettre que les graines d'environ 10 pour 100 des plantes d'une flore peuvent, après dessiccation, flotter à travers un bras de mer large de 1450 kilomètres environ, et germer ensuite. Le fait que les fruits plus gros sont aptes à flotter plus longtemps que les petits est intéressant, car il n'y a guère d'autre moyen de dispersion pour les plantes à gros fruits et à grosses graines ; d'ailleurs, ainsi que l'a démontré Alph. de Candolle, ces plantes ont généralement une extension limitée.

Les graines peuvent être occasionnellement transportées d'une autre manière. Les courants jettent du bois flotté sur les côtes de la plupart des îles, même de celles qui se trouvent au milieu des mers les plus vastes ; les naturels des îles de corail du Pacifique ne peuvent se procurer les pierres avec lesquelles ils confectionnent leurs outils qu'en prenant celles qu'ils trouvent engagées dans les racines des arbres flottés ; ces pierres appartiennent au roi, qui en tire de gros revenus. J'ai observé que, lorsque des pierres de forme irrégulière sont enchâssées dans les racines des arbres, de petites parcelles de terre remplissent souvent les interstices qui peuvent se trouver entre elles et le bois, et sont assez bien protégées pour que l'eau ne puisse les enlever pendant la plus longue traversée. J'ai vu germer trois dicotylédones contenues dans une parcelle de terre ainsi enfermée dans les racines d'un chêne ayant environ cinquante ans ; je puis garantir l'exactitude de cette observation. Je pourrais aussi démontrer que les cadavres d'oiseaux, flottant sur la mer, ne sont pas toujours immédiatement dévorés ; or, un grand nombre de graines peuvent conserver longtemps leur vitalité dans le jabot des oiseaux flottants ; ainsi, les pois et les vesces sont tués par quelques jours d'immersion dans l'eau salée, mais, à ma grande surprise, quelques-unes de ces graines, prises dans le jabot d'un pigeon qui avait flotté sur l'eau salée pendant trente jours, germèrent presque toutes.

Les oiseaux vivants ne peuvent manquer non plus d'être des agents très efficaces pour le transport des graines. Je pourrais citer un grand nombre de faits qui prouvent que des oiseaux de diverses espèces sont fréquemment chassés par les ouragans à d'immenses distances en mer. Nous pouvons en toute sûreté admettre que, dans ces circonstances, ils doivent atteindre une vitesse de vol d'environ 56 kilomètres à l'heure ; et quelques auteurs l'estiment à beaucoup plus encore. Je ne crois pas que les graines alimentaires puissent traverser intactes l'intestin d'un oiseau, mais les noyaux des fruits passent sans altération à travers les organes digestifs du dindon lui-même. J'ai recueilli en deux mois, dans mon jardin, douze espèces de graines prises dans les fientes des petits oiseaux ; ces graines paraissaient intactes, et quelques-unes ont germé. Mais voici un fait plus important. Le jabot des oiseaux ne sécrète pas de suc gastrique et n'exerce aucune action nuisible sur la germination des graines, ainsi que je m'en suis assuré par de nombreux essais. Or, lorsqu'un oiseau a rencontré et absorbé une forte quantité de nourriture, il est reconnu qu'il faut de douze à dix-huit heures pour que tous les grains aient passé dans le gésier. Un oiseau peut, dans cet intervalle, être chassé par la tempête à une distance de 800 kilomètres, et comme les oiseaux de proie recherchent les oiseaux fatigués, le contenu de leur jabot déchiré peut être ainsi dispersé. Certains faucons et certains hiboux avalent leur proie entière, et, après un intervalle de douze à vingt heures, dégorgent de petites pelotes dans lesquelles, ainsi qu'il résulte d'expériences faites aux

Zoological Gardens, il y a des graines aptes à germer. Quelques graines d'avoine, de blé, de millet, de chènevis, de chanvre, de trèfle et de betterave ont germé après avoir séjourné de douze à vingt-quatre heures dans l'estomac de divers oiseaux de proie ; deux graines de betterave ont germé après un séjour de soixante-deux heures dans les mêmes conditions. Les poissons d'eau douce avalent les graines de beaucoup de plantes terrestres et aquatiques ; or, les oiseaux qui dévorent souvent les poissons, deviennent ainsi les agents du transport des graines. J'ai introduit une quantité de graines dans l'estomac de poissons morts que je faisais ensuite dévorer par des aigles pêcheurs, des cigognes et des pélicans ; après un intervalle de plusieurs heures, ces oiseaux dégorgeaient les graines en pelotes, ou les rejetaient dans leurs excréments, et plusieurs germèrent parfaitement ; il y a toutefois des graines qui ne résistent jamais à ce traitement.

Les sauterelles sont quelquefois emportées à de grandes distances des côtes ; j'en ai moi-même capturé une à 595 kilomètres de la côte d'Afrique, et on en a recueilli à des distances plus grandes encore. Le rév. R.-T. Lowe a informé sir C. Lyell qu'en novembre 1844 des essaims de sauterelles ont envahi l'île de Madère. Elles étaient en quantités innombrables, aussi serrées que les flocons dans les grandes tourmentes de neige, et s'étendaient en l'air aussi loin qu'on pouvait voir avec un télescope. Pendant deux ou trois jours, elles décrivirent lentement dans les airs une immense ellipse ayant 5 ou 6 kilomètres de diamètre, et le soir s'abattirent sur les arbres les plus élevés, qui en furent bientôt couverts. Elles disparurent ensuite aussi subitement qu'elles étaient venues et n'ont pas depuis reparu dans l'île. Or, les fermiers de certaines parties du Natal croient, sans preuves bien suffisantes toutefois, que des graines nuisibles sont introduites dans leurs prairies par les excréments qu'y laissent les immenses vols de sauterelles qui souvent envahissent le pays. M. Weale m'ayant, pour expérimenter ce fait, envoyé un paquet de boulettes sèches provenant de ces insectes, j'y trouvai, en les examinant à l'aide du microscope, plusieurs graines qui me donnèrent sept graminées appartenant à deux espèces et à deux genres. Une invasion de sauterelles, comme celle qui a eu lieu à Madère, pourrait donc facilement introduire plusieurs sortes de plantes dans une île située très loin du continent.

Bien que le bec et les pattes des oiseaux soient généralement propres, il y adhère parfois un peu de terre ; j'ai, dans une occasion, enlevé environ 4 grammes, et dans une autre 1g,4 de terre argileuse sur la patte d'une perdrix ; dans cette terre, se trouvait un caillou de la grosseur d'une graine de vesce. Voici un exemple plus frappant : un ami m'a envoyé la patte d'une bécasse à laquelle était attaché un fragment de terre sèche pesant 58 centigrammes seulement, mais qui contenait une graine de Juncus bufonius, qui germa et fleurit. M. Swaysland, de Brighton, qui depuis quarante ans étudie avec beaucoup de soin nos oiseaux de passage, m'informe qu'ayant souvent tiré des hoche-queues (Motacillæ), des motteux et des tariers (Saxicolæ), à leur arrivée, avant qu'ils se soient abattus sur nos côtes, il a plusieurs fois remarqué qu'ils portent aux pattes de petites parcelles de terre sèche. On pourrait citer beaucoup de faits qui montrent combien le sol est presque partout chargé de graines. Le professeur Newton, par exemple, m'a envoyé une patte de perdrix (Caccabis rufa) devenue, à la suite d'une blessure, incapable de voler, et à laquelle adhérait une boule de terre durcie qui pesait environ 200 grammes. Cette terre, qui avait été gardée trois ans, fut ensuite brisée, arrosée et placée sous une cloche de verre ; il n'en leva pas moins de quatre-vingt-deux plantes, consistant en douze monocotylédonées, comprenant l'avoine commune, et au moins une espèce d'herbe ; et soixante et dix dicotylédonées, qui, à en juger par les jeunes feuilles, appartenaient à trois espèces distinctes au moins. De pareils faits nous autorisent à conclure que les nombreux oiseaux qui sont annuellement entraînés par les bourrasques à des distances considérables en mer, ainsi que ceux qui émigrent chaque année, les millions de cailles qui traversent la Méditerranée, par exemple, doivent occasionnellement transporter quelques graines enfouies dans la boue qui adhère à leur bec et à leurs pattes. Mais j'aurai bientôt à revenir sur ce sujet.

On sait que les glaces flottantes sont souvent chargées de pierres et de terre, et qu'on y a même trouvé des broussailles, des os et le nid d'un oiseau terrestre ; on ne saurait donc douter qu'elles ne puissent quelquefois, ainsi que le suggère Lyell, transporter des graines d'un point à un autre des régions arctiques et antarctiques. Pendant la période glaciaire, ce moyen de dissémination a pu s'étendre dans nos contrées actuellement tempérées. Aux Açores, le nombre considérable des plantes européennes, en comparaison de celles qui croissent sur les autres îles de l'Atlantique plus rapprochées du continent, et leurs caractères quelque peu septentrionaux pour la latitude où elles vivent, ainsi que l'a fait remarquer M. H.-C. Watson, m'ont porté à croire que ces îles ont dû être peuplées en partie de graines apportées par les glaces pendant l'époque glaciaire. À ma demande, sir C. Lyell a écrit à M. Hartung pour lui demander s'il avait observé des blocs erratiques dans ces îles, et celui-ci répondit qu'il avait en effet trouvé de grands fragments de granit et d'autres roches qui ne se rencontrent pas dans l'archipel. Nous pouvons donc conclure que les glaces flottantes ont autrefois déposé leurs fardeaux de pierre sur les rives de ces îles océaniques, et que, par conséquent, il est très possible qu'elles y aient aussi apporté les graines de plantes septentrionales.

Si l'on songe que ces divers modes de transport, ainsi que d'autres qui, sans aucun doute, sont encore à découvrir, ont agi constamment depuis des milliers et des milliers d'années, il serait vraiment merveilleux qu'un grand nombre de plantes n'eussent pas été ainsi transportées à de grandes distances. On qualifie ces moyens de transport du terme peu correct d'accidentels ; en effet, les courants marins, pas plus que la direction des vents dominants, ne sont accidentels. Il faut observer qu'il est peu de modes de transport aptes à porter des graines à des distances très considérables, car les graines ne conservent pas leur vitalité lorsqu'elles sont soumises pendant un temps très prolongé à l'action de l'eau salée, et elles ne peuvent pas non plus rester bien longtemps dans le jabot ou dans l'intestin des oiseaux. Ces moyens peuvent, toutefois suffire pour les transports occasionnels à travers des bras de mer de quelques centaines de kilomètres, ou d'île en île, ou d'un continent à une île voisine, mais non pas d'un continent à un autre très éloigné. Leur intervention ne doit donc pas amener le mélange des flores de continents très distants, et ces flores ont dû rester distinctes comme elles le sont, en effet, aujourd'hui. Les courants, en raison de leur direction, ne transporteront jamais des graines de l'Amérique du Nord en Angleterre, bien qu'ils puissent en porter et qu'ils en portent, en effet, des Antilles jusque sur nos côtes de l'ouest, où, si elles n'étaient pas déjà endommagées par leur long séjour dans l'eau salée, elles ne pourraient d'ailleurs pas supporter notre climat. Chaque année, un ou deux oiseaux de terre sont chassés par le vent à travers tout l'Atlantique, depuis l'Amérique du Nord jusqu'à nos côtes occidentales de l'Irlande et de l'Angleterre ; mais ces rares voyageurs ne pourraient transporter de graines que celles que renfermerait la boue adhérant à leurs pattes ou à leur bec, circonstance qui ne peut être que très accidentelle. Même dans le cas où elle se présenterait, la chance que cette graine tombât sur un sol favorable, et arrivât à maturité, serait bien faible. Ce serait cependant une grave erreur de conclure de ce qu'une île bien peuplée, comme la Grande-Bretagne, n'a pas, autant qu'on le sache, et ce qu'il est d'ailleurs assez difficile de prouver, reçu pendant le cours des derniers siècles, par l'un ou l'autre de ces modes occasionnels de transport, des immigrants d'Europe ou d'autres continents, qu'une île pauvrement peuplée, bien que plus éloignée de la terre ferme, ne pût pas recevoir, par de semblables moyens, des colons venant d'ailleurs. Il est possible que, sur cent espèces d'animaux ou de graines transportées dans une île, même pauvre en habitants, il ne s'en trouvât qu'une assez bien adaptée à sa nouvelle patrie pour s'y naturaliser ; mais ceci ne serait point, à mon avis, un argument valable contre ce qui a pu être effectué par des moyens occasionnels de transport dans le cours si long des époques géologiques, pendant le lent soulèvement d'une île et avant qu'elle fût suffisamment peuplée. Sur un terrain encore stérile, que n'habite aucun insecte ou aucun oiseau destructeur, une graine, une fois arrivée, germerait et survivrait probablement, à condition toutefois que le climat ne lui soit pas absolument contraire.

DISPERSION PENDANT LA PÉRIODE GLACIAIRE.

L'identité de beaucoup de plantes et d'animaux qui vivent sur les sommets de chaînes de montagnes, séparées les unes des autres par des centaines de milles de plaines, dans lesquelles les espèces alpines ne pourraient exister, est un des cas les plus frappants d'espèces identiques vivant sur des points très éloignés, sans qu'on puisse admettre la possibilité de leur migration de l'un à l'autre de ces points. C'est réellement un fait remarquable que de voir tant de plantes de la même espèce vivre sur les sommets neigeux des Alpes et des Pyrénées, en même temps que dans l'extrême nord de l'Europe ; mais il est encore bien plus extraordinaire que les plantes des montagnes Blanches, aux États-Unis, soient toutes semblables à celles du Labrador et presque semblables, comme nous l'apprend Asa Gray, à celles des montagnes les plus élevées de l'Europe. Déjà, en 1747, l'observation de faits de ce genre avait conduit Gmelin à conclure à la création indépendante d'une même espèce en plusieurs points différents ; et peut-être aurait-il fallu nous en tenir à cette hypothèse, si les recherches d'Agassiz et d'autres n'avaient appelé une vive attention sur la période glaciaire, qui, comme nous allons le voir, fournit une explication toute simple de cet ordre de faits. Nous avons les preuves les plus variées, organiques et inorganiques, que, à une période géologique récente, l'Europe centrale et l'Amérique du Nord subirent un climat arctique. Les ruines d'une maison consumée par le feu ne racontent pas plus clairement la catastrophe qui l'a détruite que les montages de l'Écosse et du pays de Galles, avec leurs flancs labourés, leurs surfaces polies et leurs blocs erratiques, ne témoignent de la présence des glaciers qui dernièrement encore en occupaient les vallées. Le climat de l'Europe a si considérablement changé que, dans le nord de l'Italie, les moraines gigantesques laissées par d'anciens glaciers sont actuellement couvertes de vignes et de maïs. Dans une grande partie des États-Unis, des blocs erratiques et des roches striées révèlent clairement l'existence passée d'une période de froid.

Nous allons indiquer en quelques mots l'influence qu'a dû autrefois exercer l'existence d'un climat glacial sur la distribution des habitants de l'Europe, d'après l'admirable analyse qu'en a faite E. Forbes. Pour mieux comprendre les modifications apportées par ce climat, nous supposerons l'apparition d'une nouvelle période glaciaire commençant lentement, puis disparaissant, comme cela a eu lieu autrefois. À mesure que le froid augmente, les zones plus méridionales deviennent plus propres à recevoir les habitants du Nord ; ceux-ci s'y portent et remplacent les formes des régions tempérées qui s'y trouvaient auparavant. Ces dernières, à leur tour et pour la même raison, descendent de plus en plus vers le sud, à moins qu'elles ne soient arrêtées par quelque obstacle, auquel cas elles périssent. Les montagnes se couvrant de neige et de glace, les formes alpines descendent dans les plaines, et, lorsque le froid aura atteint son maximum, une faune et une flore arctiques occuperont toute l'Europe centrale jusqu'aux Alpes et aux Pyrénées, en s'étendant même jusqu'en Espagne. Les parties actuellement tempérées des États-Unis seraient également peuplées de plantes et d'animaux arctiques, qui seraient à peu près identiques à ceux de l'Europe ; car les habitants actuels de la zone glaciale qui, partout, auront émigré vers le sud, sont remarquablement uniformes autour du pôle.

Au retour de la chaleur, les formes arctiques se retireront vers le nord, suivies dans leur retraite par les productions des régions plus tempérées. À mesure que la neige quittera le pied des montagnes, les formes arctiques s'empareront de ce terrain déblayé, et remonteront toujours de plus en plus sur leurs flancs à mesure que, la chaleur augmentant, la neige fondra à une plus grande hauteur, tandis que les autres continueront à remonter vers le nord. Par conséquent, lorsque la chaleur sera complètement revenue, les mêmes espèces qui auront vécu précédemment dans les plaines de l'Europe et de l'Amérique du Nord se trouveront tant dans les régions arctiques de l'ancien et du nouveau monde, que sur les sommets de montagnes très éloignées les unes des autres.

Ainsi s'explique l'identité de bien des plantes habitant des points aussi distants que le sont les montagnes des États-Unis et celles de l'Europe. Ainsi s'explique aussi le fait que les plantes alpines de chaque chaîne de montagnes se rattachent plus particulièrement aux formes arctiques qui vivent plus au nord, exactement ou presque exactement sur les mêmes degrés de longitude ; car les migrations provoquées par l'arrivée du froid, et le mouvement contraire résultant du retour de la chaleur, ont dû généralement se produire du nord au sud et du sud au nord. Ainsi, les plantes alpines de l'Écosse, selon les observations de M. H.-C. Watson, et celles des Pyrénées d'après Ramond, se rapprochent surtout des plantes du nord de la Scandinavie ; celles des États-Unis, de celles du Labrador, et celles des montagnes de la Sibérie, de celles des régions arctiques de ce pays. Ces déductions, basées sur l'existence bien démontrée d'une époque glaciaire antérieure, me paraissent expliquer d'une manière si satisfaisante la distribution actuelle des productions alpines et arctiques de l'Europe et de l'Amérique, que, lorsque nous rencontrons, dans d'autres régions, les mêmes espèces sur des sommets éloignés, nous pouvons presque conclure, sans autre preuve, à l'existence d'un climat plus froid, qui a permis autrefois leur migration au travers des plaines basses intermédiaires, devenues actuellement trop chaudes pour elles.

Pendant leur migration vers le sud et leur retraite vers le nord, causées par le changement du climat, les formes arctiques n'ont pas dû, quelque long qu'ait été le voyage, être exposées à une grande diversité de température ; en outre, comme elles ont dû toujours s'avancer en masse, leurs relations mutuelles n'ont pas été sensiblement troublées. Il en résulte que ces formes, selon les principes que nous cherchons à établir dans cet ouvrage, n'ont pas dû être soumises à de grandes modifications. Mais, à l'égard des productions alpines, isolées depuis l'époque du retour de la chaleur, d'abord au pied des montagnes, puis au sommet, le cas aura dû être un peu différent. Il n'est guère probable, en effet, que précisément les mêmes espèces arctiques soient restées sur des sommets très éloignés les uns des autres et qu'elles aient pu y survivre depuis. Elles ont dû, sans aucun doute, se mélanger aux espèces alpines plus anciennes qui, habitant les montagnes avant le commencement de l'époque glaciaire, ont dû, pendant la période du plus grand froid, descendre dans la plaine. Enfin, elles doivent aussi avoir été exposées à des influences climatériques un peu diverses. Ces diverses causes ont dû troubler leurs rapports mutuels, et elles sont en conséquence devenues susceptibles de modifications. C'est ce que nous remarquons en effet, si nous comparons les unes aux autres les formes alpines d'animaux et de plantes de diverses grandes chaînes de montagnes européennes ; car, bien que beaucoup d'espèces demeurent identiques, les unes offrent les caractères de variétés, d'autres ceux de formes douteuses ou sous-espèces ; d'autres, enfin, ceux d'espèces distinctes, bien que très étroitement alliées et se représentant mutuellement dans les diverses stations qu'elles occupent.

Dans l'exemple qui précède, j'ai supposé que, au commencement de notre époque glaciaire imaginaire, les productions arctiques étaient aussi uniformes qu'elles le sont de nos jours dans les régions qui entourent le pôle. Mais il faut supposer aussi que beaucoup de formes subarctiques et même quelques formes des climats tempérés étaient identiques tout autour du globe, car on retrouve des espèces identiques sur les pentes inférieures des montagnes et dans les plaines, tant en Europe que dans l'Amérique du Nord. Or, on pourrait se demander comment j'explique cette uniformité des espèces subarctiques et des espèces tempérées à l'origine de la véritable époque glaciaire. Actuellement, les formes appartenant à ces deux catégories, dans l'ancien et dans le nouveau monde, sont séparées par l'océan Atlantique et par la partie septentrionale de l'océan Pacifique. Pendant la période glaciaire, alors que les habitants de l'ancien et du nouveau monde vivaient plus au sud qu'aujourd'hui, elles devaient être encore plus complètement séparées par de plus vastes océans. De sorte qu'on peut se demander avec raison comment les mêmes espèces ont pu s'introduire dans deux continents aussi éloignés. Je crois que ce fait peut s'expliquer par la nature du climat qui a dû précéder l'époque glaciaire. À cette époque, c'est-à-dire pendant la période du nouveau pliocène, les habitants du monde étaient, en grande majorité, spécifiquement les mêmes qu'aujourd'hui, et nous avons toute raison de croire que le climat était plus chaud qu'il n'est à présent. Nous pouvons supposer, en conséquence, que les organismes qui vivent maintenant par 60 degrés de latitude ont dû, pendant la période pliocène, vivre plus près du cercle polaire, par 66 ou 67 degrés de latitude, et que les productions arctiques actuelles occupaient les terres éparses plus rapprochées du pôle. Or, si nous examinons une sphère, nous voyons que, sous le cercle polaire, les terres sont presque continues depuis l'ouest de l'Europe, par la Sibérie, jusqu'à l'Amérique orientale. Cette continuité des terres circumpolaires, jointe à une grande facilité de migration, résultant d'un climat plus favorable, peut expliquer l'uniformité supposée des productions subarctiques et tempérées de l'ancien et du nouveau monde à une époque antérieure à la période glaciaire.

Je crois pouvoir admettre, en vertu de raisons précédemment indiquées, que nos continents sont restés depuis fort longtemps à peu près dans la même position relative, bien qu'ayant subi de grandes oscillations de niveau ; je suis donc fortement disposé à étendre l'idée ci-dessus développée, et à conclure que, pendant une période antérieure et encore plus chaude, telle que l'ancien pliocène, un grand nombre de plantes et d'animaux semblables ont habité la région presque continue qui entoure le pôle. Ces plantes et ces animaux ont dû, dans les deux mondes, commencer à émigrer lentement vers le sud, à mesure que la température baissait, longtemps avant le commencement de la période glaciaire. Ce sont, je crois, leurs descendants, modifiés pour la plupart, qui occupent maintenant les portions centrales de l'Europe et des États-Unis. Cette hypothèse nous permet de comprendre la parenté, d'ailleurs très éloignée de l'identité, qui existe entre les productions de l'Europe et celles des États-Unis ; parenté très remarquable, vu la distance qui existe entre les deux continents, et leur séparation par un océan aussi considérable que l'Atlantique. Nous comprenons également ce fait singulier, remarqué par plusieurs observateurs, que les productions des États-Unis et celles de l'Europe étaient plus voisines les unes des autres pendant les derniers étages de l'époque tertiaire qu'elles ne le sont aujourd'hui. En effet, pendant ces périodes plus chaudes, les parties septentrionales de l'ancien et du nouveau monde ont dû être presque complètement réunies par des terres, qui ont servi de véritables ponts, permettant les migrations réciproques de leurs habitants, ponts que le froid a depuis totalement interceptés.

La chaleur décroissant lentement pendant la période pliocène, les espèces communes à l'ancien et au nouveau monde ont dû émigrer vers le sud ; dès qu'elles eurent dépassé les limites du cercle polaire, toute communication entre elles a été interceptée, et cette séparation, surtout en ce qui concerne les productions correspondant à un climat plus tempéré, a dû avoir lieu à une époque très reculée. En descendant vers le sud, les plantes et les animaux ont dû, dans l'une des grandes régions, se mélanger avec les productions indigènes de l'Amérique, et entrer en concurrence avec elles, et, dans l'autre grande région, avec les productions de l'ancien monde. Nous trouvons donc là toutes les conditions voulues pour des modifications bien plus considérables que pour les productions alpines, qui sont restées depuis une époque plus récente isolées sur les diverses chaînes de montagnes et dans les régions arctiques de l'Europe et de l'Amérique du Nord. Il en résulte que, lorsque nous comparons les unes aux autres les productions actuelles des régions tempérées de l'ancien et du nouveau monde, nous trouvons très peu d'espèces identiques, bien qu'Asa Gray ait récemment démontré qu'il y en a beaucoup plus qu'on ne le supposait autrefois ; mais, en même temps, nous trouvons, dans toutes les grandes classes, un nombre considérable de formes que quelques naturalistes regardent comme des races géographiques, et d'autres comme des espèces distinctes ; nous trouvons, enfin, une multitude de formes étroitement alliées ou représentatives, que tous les naturalistes s'accordent à regarder comme spécifiquement distinctes.

Il en a été dans les mers de même que sur la terre ; la lente migration vers le sud dune faune marine, entourant à peu près uniformément les côtes continues situées sous le cercle polaire à l'époque pliocène, ou même à une époque quelque peu antérieure, nous permet de nous rendre compte, d'après la théorie de la modification, de l'existence d'un grand nombre de formes alliées, vivant actuellement dans des mers complètement séparées. C'est ainsi que nous pouvons expliquer la présence sur la côte occidentale et sur la côte orientale de la partie tempérée de l'Amérique du Nord, de formes étroitement alliées existant encore ou qui se sont éteintes pendant la période tertiaire ; et le fait encore plus frappant de la présence de beaucoup de crustacés, décrits dans l'admirable ouvrage de Dana, de poissons et d'autres animaux marins étroitement alliés, dans la Méditerranée et dans les mers du Japon, deux régions qui sont actuellement séparées par un continent tout entier, et par d'immenses océans.

Ces exemples de parenté étroite entre des espèces ayant habité ou habitant encore les mers des côtes occidentales et orientales de l'Amérique du Nord, la Méditerranée, les mers du Japon et les zones tempérées de l'Amérique et de l'Europe, ne peuvent s'expliquer par la théorie des créations indépendantes. Il est impossible de soutenir que ces espèces ont reçu lors de leur création des caractères identiques, en raison de la ressemblance des conditions physiques des milieux ; car, si nous comparons par exemple certaines parties de l'Amérique du Sud avec d'autres parties de l'Afrique méridionale ou de l'Australie, nous voyons des pays dont toutes les conditions physiques sont exactement analogues, mais dont les habitants sont entièrement différents.

Périodes glaciaires alternantes au nord et au midi.

Pour en revenir à notre sujet principal, je suis convaincu que l'on peut largement généraliser l'hypothèse de Forbes. Nous trouvons, en Europe, les preuves les plus évidentes de l'existence d'une période glaciaire, depuis les côtes occidentales de l'Angleterre jusqu'à la chaîne de l'Oural, et jusqu'aux Pyrénées au sud. Les mammifères congelés et la nature de la végétation des montagnes de la Sibérie témoignent du même fait. Le docteur Hooker affirme que l'axe central du Liban fut autrefois recouvert de neiges éternelles, alimentant des glaciers qui descendaient d'une hauteur de 4000 pieds dans les vallées. Le même observateur a récemment découvert d'immenses moraines à un niveau plus élevé sur la chaîne de l'Atlas, dans l'Afrique septentrionale. Sur les flancs de l'Himalaya, sur des points éloignés entre eux de 1450 kilomètres, des glaciers ont laissé les marques de leur descente graduelle dans les vallées ; dans le Sikkim, le docteur Hooker a vu du maïs croître sur d'anciennes et gigantesques moraines. Au sud du continent asiatique, de l'autre côté de l'équateur, les savantes recherches du docteur J. Haast et du docteur Hector nous ont appris que d'immenses glaciers descendaient autrefois à un niveau relativement peu élevé dans la Nouvelle-Zélande ; le docteur Hooker a trouvé dans cette île, sur des montagnes fort éloignées les unes des autres, des plantes analogues qui témoignent aussi de l'existence d'une ancienne période glaciaire. Il résulte des faits qui m'ont été communiqués par le révérend W.-B. Clarke, que les montagnes de l'angle sud-est de l'Australie portent aussi les traces d'une ancienne action glaciaire.

Dans la moitié septentrionale de l'Amérique, on a observé, sur le côté oriental de ce continent, des blocs de rochers transportés par les glaces vers le sud jusque par 36 ou 37 degrés de latitude, et, sur les côtes du Pacifique, où le climat est actuellement si différent, jusque par 46 degrés de latitude. On a aussi remarqué des blocs erratiques sur les montagnes Rocheuses. Dans les Cordillères de l'Amérique du Sud, presque sous l'équateur, les glaciers descendaient autrefois fort au-dessous de leur niveau actuel. J'ai examiné, dans le Chili central, un immense amas de détritus contenant de gros blocs erratiques, traversant la vallée de Portillo, restes sans aucun doute d'une gigantesque moraine. M. D. Forbes m'apprend qu'il a trouvé sur divers points des Cordillères, à une hauteur de 12000 pieds environ, entre le 13e et 30e degré de latitude sud, des roches profondément striées, semblables à celles qu'il a étudiées en Norvège, et également de grandes masses de débris renfermant des cailloux striés. Il n'existe actuellement, sur tout cet espace des Cordillères, même à des hauteurs bien plus considérables, aucun glacier véritable. Plus au sud, des deux côtés du continent, depuis le 41e degré de latitude jusqu'à l'extrémité méridionale, on trouve les preuves les plus évidentes d'une ancienne action glaciaire dans la présence de nombreux et immenses blocs erratiques, qui ont été transportés fort loin des localités d'où ils proviennent.

L'extension de l'action glaciaire tout autour de l'hémisphère boréal et de l'hémisphère austral ; le peu d'ancienneté, dans le sens géologique du terme, de la période glaciaire dans l'un et l'autre hémisphère ; sa durée considérable, estimée d'après l'importance des effets qu'elle a produits ; enfin le niveau inférieur auquel les glaciers se sont récemment abaissés tout le long des Cordillères, sont autant de faits qui m'avaient autrefois porté à penser que probablement la température du globe entier devait, pendant la période glaciaire, s'être abaissée d'une manière simultanée. Mais M. Croll a récemment cherché, dans une admirable série de mémoires, à démontrer que l'état glacial d'un climat est le résultat de diverses causes physiques, déterminées par une augmentation dans l'excentricité de l'orbite de la terre. Toutes ces causes tendent au même but, mais la plus puissante paraît être l'influence de l'excentricité de l'orbite sur les courants océaniques. Il résulte des recherches de M. Croll que des périodes de refroidissement reviennent régulièrement tous les dix ou quinze mille ans ; mais qu'à des intervalles beaucoup plus considérables, par suite de certaines éventualités, dont la plus importante, comme l'a démontré sir Ch. Lyell, est la position relative de la terre et des eaux, le froid devient extrêmement rigoureux. M. Croll estime que la dernière grande période glaciaire remonte à 240000 ans et a duré, avec de légères variations de climat, pendant environ 160000 ans. Quant aux périodes glaciaires plus anciennes, plusieurs géologues sont convaincus, et ils fournissent à cet égard des preuves directes, qu'il a dû s'en produire pendant l'époque miocène et l'époque éocène, sans parler des formations plus anciennes. Mais, pour en revenir au sujet immédiat de notre discussion, le résultat le plus important auquel soit arrivé M. Croll est que, lorsque l'hémisphère boréal traverse une période de refroidissement, la température de l'hémisphère austral s'élève sensiblement ; les hivers deviennent moins rudes, principalement par suite de changements dans la direction des courants de l'Océan. L'inverse a lieu pour l'hémisphère boréal, lorsque l'hémisphère austral passe à son tour par une période glaciaire. Ces conclusions jettent une telle lumière sur la distribution géographique, que je suis disposé à les accepter ; mais je commence par les faits qui réclament une explication.

Le docteur Hooker a démontré que, dans l'Amérique du Sud, outre un grand nombre d'espèces étroitement alliées, environ quarante ou cinquante plantes à fleurs de la Terre de Feu, constituant une partie importante de la maigre flore de cette région, sont communes à l'Amérique du Nord et à l'Europe, si éloignées que soient ces régions situées dans deux hémisphères opposés. On rencontre, sur les montagnes élevées de l'Amérique équatoriale, une foule d'espèces particulières appartenant à des genres européens. Gardner a trouvé sur les monts Organ, au Brésil, quelques espèces appartenant aux régions tempérées européennes, des espèces antarctiques, et quelques genres des Andes, qui n'existent pas dans les plaines chaudes intermédiaires. L'illustre Humboldt a trouvé aussi, il y a longtemps, sur la Silla de Caracas, des espèces appartenant à des genres caractéristiques des Cordillères.

En Afrique, plusieurs formes ayant un caractère européen, et quelques représentants de la flore du cap de Bonne-Espérance se retrouvent sur les montagnes de l'Abyssinie. On a rencontré au cap de Bonne-Espérance quelques espèces européennes qui ne paraissent pas avoir été introduites par l'homme, et, sur les montagnes, plusieurs formes représentatives européennes qu'on ne trouve pas dans les parties intertropicales de l'Afrique. Le docteur Hooker a récemment démontré aussi que plusieurs plantes habitant les parties supérieures de l'île de Fernando-Po, ainsi que les montagnes voisines du Cameroun, dans le golfe de Guinée, se rapprochent étroitement de celles qui vivent sur les montagnes de l'Abyssinie et aussi des plantes de l'Europe tempérée. Le docteur Hooker m'apprend, en outre, que quelques-unes de ces plantes, appartenant aux régions tempérées, ont été découvertes par le révérend F. Lowe sur les montagnes des îles du Cap-Vert. Cette extension des mêmes formes tempérées, presque sous l'équateur, à travers tout le continent africain jusqu'aux montagnes de l'archipel du Cap-Vert, est sans contredit un des cas les plus étonnants qu'on connaisse en fait de distribution de plantes.

Sur l'Himalaya et sur les chaînes de montagnes isolées de la péninsule indienne, sur les hauteurs de Ceylan et sur les cônes volcaniques de Java, on rencontre beaucoup de plantes, soit identiques, soit se représentant les unes les autres, et, en même temps, représentant des plantes européennes, mais qu'on ne trouve pas dans les régions basses et chaudes intermédiaires. Une liste des genres recueillis sur les pics les plus élevés de Java semble dressée d'après une collection faite en Europe sur une colline. Un fait encore plus frappant, c'est que des formes spéciales à l'Australie se trouvent représentées par certaines plantes croissant sur les sommets des montagnes de Bornéo. D'après le docteur Hooker, quelques-unes de ces formes australiennes s'étendent le long des hauteurs de la péninsule de Malacca, et sont faiblement disséminées d'une part dans l'Inde, et, d'autre part, aussi loin vers le nord que le Japon.

Le docteur F. Müller a découvert plusieurs espèces européennes sur les montagnes de l'Australie méridionale ; d'autres espèces, non introduites par l'homme, se rencontrent dans les régions basses ; et, d'après le docteur Hooker, on pourrait dresser une longue liste de genres européens existant en Australie, et qui n'existent cependant pas dans les régions torrides intermédiaires. Dans l'admirable Introduction à la flore de la Nouvelle-Zélande, le docteur Hooker signale des faits analogues et non moins frappants relatifs aux plantes de cette grande île. Nous voyons donc que certaines plantes vivant sur les plus hautes montagnes des tropiques dans toutes les parties du globe et dans les plaines des régions tempérées, dans les deux hémisphères du nord et du sud, appartiennent aux mêmes espèces, ou sont des variétés des mêmes espèces. Il faut observer, toutefois, que ces plantes ne sont pas rigoureusement des formes arctiques, car, ainsi que le fait remarquer M. H.-C. Watson, « à mesure qu'on descend des latitudes polaires vers l'équateur, les flores de montagnes, ou flores alpines, perdent de plus en plus leurs caractères arctiques. » Outre ces formes identiques et très étroitement alliées, beaucoup d'espèces, habitant ces mêmes stations si complètement séparées, appartiennent à des genres qu'on ne trouve pas actuellement dans les régions basses tropicales intermédiaires.

Ces brèves remarques ne s'appliquent qu'aux plantes ; on pourrait, toutefois, citer quelques faits analogues relatifs aux animaux terrestres. Ces mêmes remarques s'appliquent aussi aux animaux marins ; je pourrais citer, par exemple, une assertion d'une haute autorité, le professeur Dana : « Il est certainement étonnant de voir, dit-il, que les crustacés de la Nouvelle-Zélande aient avec ceux de l'Angleterre, son antipode, une plus étroite ressemblance qu'avec ceux de toute autre partie du globe. » Sir J. Richardson parle aussi de la réapparition sur les côtes de la Nouvelle-Zélande, de la Tasmanie, etc., de formes de poissons toutes septentrionales. Le docteur Hooker m'apprend que vingt-cinq espèces d'algues, communes à la Nouvelle-Zélande et à l'Europe, ne se trouvent pas dans les mers tropicales intermédiaires.

Les faits qui précèdent, c'est-à-dire la présence de formes tempérées dans les régions élevées de toute l'Afrique équatoriale, de la péninsule indienne jusqu'à Ceylan et l'archipel malais, et, d'une manière moins marquée, dans les vastes régions de l'Amérique tropicale du Sud, nous autorisent à penser qu'à une antique époque, probablement pendant la partie la plus froide de la période glaciaire, les régions basses équatoriales de ces grands continents ont été habitées par un nombre considérable de formes tempérées. À cette époque, il est probable qu'au niveau de la mer le climat était alors sous l'équateur ce qu'il est aujourd'hui sous la même latitude à 5 ou 6000 pieds de hauteur, ou peut-être même encore un peu plus froid. Pendant cette période très froide, les régions basses sous l'équateur ont dû être couvertes d'une végétation mixte tropicale et tempérée, semblable à celle qui, d'après le docteur Hooker, tapisse avec exubérance les croupes inférieures de l'Himalaya à une hauteur de 4 à 5000 pieds, mais peut-être avec une prépondérance encore plus forte de formes tempérées. De même encore M. Mann a trouvé que des formes européennes tempérées commencent à apparaître à 5000 pieds de hauteur environ, sur l'île montagneuse de Fernando-Po, dans le golfe de Guinée. Sur les montagnes de Panama, le docteur Seemann a trouvé, à 2000 pieds seulement de hauteur, une végétation semblable à celle de Mexico, et présentant un « harmonieux mélange des formes de la zone torride avec celles des régions tempérées ».

Voyons maintenant si l'hypothèse de M. Croll sur une période plus chaude dans l'hémisphère austral, pendant que l'hémisphère boréal subissait le froid intense de l'époque glaciaire, jette quelque lumière sur cette distribution, inexplicable en apparence, des divers organismes dans les parties tempérées des deux hémisphères, et sur les montagnes des régions tropicales. Mesurée en années, la période glaciaire doit avoir été très longue, plus que suffisante, en un mot, pour expliquer toutes les migrations, si l'on considère combien il a fallu peu de siècles pour que certaines plantes et certains animaux naturalisés se répandent sur d'immenses espaces. Nous savons que les formes arctiques ont envahi les régions tempérées à mesure que l'intensité du froid augmentait, et, d'après les faits que nous venons de citer, il faut admettre que quelques-unes des formes tempérées les plus vigoureuses, les plus dominantes et les plus répandues, ont dû alors pénétrer jusque dans les plaines équatoriales. Les habitants de ces plaines équatoriales ont dû, en même temps, émigrer vers les régions intertropicales de l'hémisphère sud, plus chaud à cette époque. Sur le déclin de la période glaciaire, les deux hémisphères reprenant graduellement leur température précédente, les formes tempérées septentrionales occupant les plaines équatoriales ont dû être repoussées vers le nord, ou détruites et remplacées par les formes équatoriales revenant du sud. Il est cependant très probable que quelques-unes de ces formes tempérées se sont retirées sur les parties les plus élevées de la région ; or, si ces parties étaient assez élevées, elles y ont survécu et y sont restées, comme les formes arctiques sur les montagnes de l'Europe. Dans le cas même où le climat ne leur aurait pas parfaitement convenu, elles ont dû pouvoir survivre, car le changement de température a dû être fort lent, et le fait que les plantes transmettent à leurs descendants des aptitudes constitutionnelles différentes pour résister à la chaleur et au froid, prouve qu'elles possèdent incontestablement une certaine aptitude à l'acclimatation.

Le cours régulier des phénomènes amenant une période glaciaire dans l'hémisphère austral et une surabondance de chaleur dans l'hémisphère boréal, les formes tempérées méridionales ont dû à leur tour envahir les plaines équatoriales. Les formes septentrionales, autrefois restées sur les montagnes, ont dû descendre alors et se mélanger avec les formes méridionales. Ces dernières, au retour de la chaleur, ont dû se retirer vers leur ancien habitat, en laissant quelques espèces sur les sommets, et en emmenant avec elles vers le sud quelques-unes des formes tempérées du nord qui étaient descendues de leurs positions élevées sur les montagnes. Nous devons donc trouver quelques espèces identiques dans les zones tempérées boréales et australes et sur les sommets des montagnes des régions tropicales intermédiaires. Mais les espèces reléguées ainsi pendant longtemps sur les montagnes, ou dans un autre hémisphère, ont dû être obligées d'entrer en concurrence avec de nombreuses formes nouvelles et se sont trouvées exposées à des conditions physiques un peu différentes ; ces espèces, pour ces motifs, ont dû subir de grandes modifications, et doivent actuellement exister sous forme de variétés ou d'espèces représentatives ; or, c'est là ce qui se présente. Il faut aussi se rappeler l'existence de périodes glaciaires antérieures dans les deux hémisphères, fait qui nous explique, selon les mêmes principes, le nombre des espèces distinctes qui habitent des régions analogues très éloignées les unes des autres, espèces appartenant à des genres qui ne se rencontrent plus maintenant dans les zones torrides intermédiaires.

Il est un fait remarquable sur lequel le docteur Hooker a beaucoup insisté à l'égard de l'Amérique, et Alph. de Candolle à l'égard de l'Australie, c'est qu'un bien plus grand nombre d'espèces identiques ou légèrement modifiées ont émigré du nord au sud que du sud au nord. On rencontre cependant quelques formes méridionales sur les montagnes de Bornéo et d'Abyssinie. Je pense que cette migration plus considérable du nord au sud est due à la plus grande étendue des terres dans l'hémisphère boréal et à la plus grande quantité des formes qui les habitent ; ces formes, par conséquent, ont dû se trouver, grâce à la sélection naturelle et à une concurrence plus active, dans un état de perfection supérieur, qui leur aura assuré la prépondérance sur les formes méridionales. Aussi, lorsque les deux catégories de formes se sont mélangées dans les régions équatoriales, pendant les alternances des périodes glaciaires, les formes septentrionales, plus vigoureuses, se sont trouvées plus aptes à garder leur place sur les montagnes, et ensuite à s'avancer vers le sud avec les formes méridionales, tandis que celles-ci n'ont pas pu remonter vers le nord avec les formes septentrionales. C'est ainsi que nous voyons aujourd'hui de nombreuses productions européennes envahir la Plata, la Nouvelle-Zélande, et, à un moindre degré, l'Australie, et vaincre les formes indigènes ; tandis que fort peu de formes méridionales se naturalisent dans l'hémisphère boréal, bien qu'on ait abondamment importé en Europe, depuis deux ou trois siècles, de la Plata, et, depuis ces quarante ou cinquante dernières années, d'Australie, des peaux, de la laine et d'autres objets de nature à recéler des graines. Les monts Nillgherries de l'Inde offrent cependant une exception partielle ; car, ainsi que me l'apprend le docteur Hooker, les formes australiennes s'y naturalisent rapidement. Il n'est pas douteux qu'avant la dernière période glaciaire les montagnes intertropicales ont été peuplées par des formes alpines endémiques ; mais celles-ci ont presque partout cédé la place aux formes plus dominantes, engendrées dans les régions plus étendues et les ateliers plus actifs du nord. Dans beaucoup d'îles, les productions indigènes sont presque égalées ou même déjà dépassées par des formes étrangères acclimatées ; circonstance qui est un premier pas fait vers leur extinction complète. Les montagnes sont des îles sur la terre ferme, et leurs habitants ont cédé la place à ceux provenant des régions plus vastes du nord, tout comme les habitants des véritables îles ont partout disparu et disparaissent encore devant les formes continentales acclimatées par l'homme.

Les mêmes principes s'appliquent à la distribution des animaux terrestres et des formes marines, tant dans les zones tempérées de l'hémisphère boréal et de l'hémisphère austral que sur les montagnes intertropicales. Lorsque, pendant l'apogée de la période glaciaire, les courants océaniques étaient fort différents de ce qu'ils sont aujourd'hui, quelques habitants des mers tempérées ont pu atteindre l'équateur. Un petit nombre d'entre eux ont pu peut-être s'avancer immédiatement plus au sud en se maintenant dans les courants plus froids, pendant que d'autres sont restés stationnaires à des profondeurs où la température était moins élevée et y ont survécu jusqu'à ce qu'une période glaciaire, commençant dans l'hémisphère austral, leur ait permis de continuer leur marche ultérieure vers le sud. Les choses se seraient passées de la même manière que pour ces espaces isolés qui, selon Forbes, existent de nos jours dans les parties les plus profondes de nos mers tempérées, parties peuplées de productions arctiques.

Je suis loin de croire que les hypothèses qui précèdent lèvent toutes les difficultés que présentent la distribution et les affinités des espèces identiques et alliées qui vivent aujourd'hui à de si grandes distances dans les deux hémisphères et quelquefois sur les chaînes de montagnes intermédiaires. On ne saurait tracer les routes exactes des migrations, ni dire pourquoi certaines espèces et non d'autres ont émigré ; pourquoi certaines espèces se sont modifiées et ont produit des formes nouvelles, tandis que d'autres sont restées intactes. Nous ne pouvons espérer l'explication de faits de cette nature que lorsque nous saurons dire pourquoi l'homme peut acclimater dans un pays étranger telle espèce et non pas telle autre ; pourquoi telle espèce se répand deux ou trois fois plus loin, ou est deux ou trois fois plus abondante que telle autre, bien que toutes deux soient placées dans leurs conditions naturelles.

Il reste encore diverses difficultés spéciales à résoudre : la présence, par exemple, d'après le docteur Hooker, des mêmes plantes sur des points aussi prodigieusement éloignés que le sont la terre de Kerguelen, la Nouvelle-Zélande et la Terre de Feu ; mais, comme le suggère Lyell, les glaces flottantes peuvent avoir contribué à leur dispersion. L'existence, sur ces mêmes points et sur plusieurs autres encore de l'hémisphère austral, d'espèces qui, quoique distinctes, font partie de genres exclusivement restreints à cet hémisphère, constitue un fait encore plus remarquable. Quelques-unes de ces espèces sont si distinctes, que nous ne pouvons pas supposer que le temps écoulé depuis le commencement de la dernière période glaciaire ait été suffisant pour leur migration et pour que les modifications nécessaires aient pu s'effectuer. Ces faits me semblent indiquer que des espèces distinctes appartenant aux mêmes genres ont émigré d'un centre commun en suivant des lignes rayonnantes, et me portent à croire que, dans l'hémisphère austral, de même que dans l'hémisphère boréal, la période glaciaire a été précédée d'une époque plus chaude, pendant laquelle les terres antarctiques, actuellement couvertes de glaces, ont nourri une flore isolée et toute particulière. On peut supposer qu'avant d'être exterminées pendant la dernière période glaciaire quelques formes de cette flore ont été transportées dans de nombreuses directions par des moyens accidentels, et, à l'aide d'îles intermédiaires, depuis submergées, sur divers points de l'hémisphère austral.

C'est ainsi que les côtes méridionales de l'Amérique, de l'Australie et de la Nouvelle-Zélande se trouveraient présenter en commun ces formes particulières d'êtres organisés.

Sir C. Lyell a, dans des pages remarquables, discuté, dans un langage presque identique au mien, les effets des grandes alternances du climat sur la distribution géographique dans l'univers entier. Nous venons de voir que la conclusion à laquelle est arrivé M. Croll, relativement à la succession de périodes glaciaires dans un des hémisphères, coïncidant avec des périodes de chaleur dans l'autre hémisphère, jointe à la lente modification des espèces, explique la plupart des faits que présentent, dans leur distribution sur tous les points du globe, les formes organisées identiques, et celles qui sont étroitement alliées. Les ondes vivantes ont, pendant certaines périodes, coulé du nord au sud et réciproquement, et dans les deux cas, ont atteint l'équateur ; mais le courant de la vie a toujours été beaucoup plus considérable du nord au sud que dans le sens contraire, et c'est, par conséquent, celui du nord qui a le plus largement inondé l'hémisphère austral. De même que le flux dépose en lignes horizontales les débris qu'il apporte sur les grèves, s'élevant plus haut sur les côtes où la marée est plus forte, de même les ondes vivantes ont laissé sur les hauts sommets leurs épaves vivantes, suivant une ligne s'élevant lentement depuis les basses plaines arctiques jusqu'à une grande altitude sous l'équateur. On peut comparer les êtres divers ainsi échoués à ces tribus de sauvages qui, refoulées de toutes parts, survivent dans les parties retirées des montagnes de tous les pays, et y perpétuent la trace et le souvenir, plein d'intérêt pour nous, des anciens habitants des plaines environnantes.

Chapitre XIII

Distribution géographique (suite).

Distribution des productions d'eau douce. — Sur les productions des îles océaniques. — Absence de batraciens et de mammifères terrestres. — Sur les rapports entre les habitants des îles et ceux du continent le plus voisin. — Sur la colonisation provenant de la source la plus rapprochée avec modifications ultérieures. — Résumé de ce chapitre et du chapitre précédent.

Productions d'eau douce.

Les rivières et les lacs étant séparés les uns des autres par des barrières terrestres, on pourrait croire que les productions des eaux douces ne doivent pas se répandre facilement dans une même région et qu'elles ne peuvent jamais s'étendre jusque dans les pays éloignés, la mer constituant une barrière encore plus infranchissable. Toutefois, c'est exactement le contraire qui a lieu. Les espèces d'eau douce appartenant aux classes les plus différentes ont non seulement une distribution étendue, mais des espèces alliées prévalent d'une manière remarquable dans le monde entier. Je me rappelle que, lorsque je recueillis, pour la première fois, les produits des eaux douces du Brésil, je fus frappé de la ressemblance des insectes, des coquillages, etc., que j'y trouvais, avec ceux de l'Angleterre, tandis que les productions terrestres en différaient complètement.

Je crois que, dans la plupart des cas, on peut expliquer cette aptitude inattendue qu'ont les productions d'eau douce à s'étendre beaucoup, par le fait qu'elles se sont adaptées, à leur plus grand avantage, à de courtes et fréquentes migrations d'étang à étang, ou de cours d'eau à cours d'eau, dans les limites de leur propre région ; circonstance dont la conséquence nécessaire a été une grande facilité à la dispersion lointaine. Nous ne pouvons étudier ici que quelques exemples. Les plus difficiles s'observent sans contredit chez les poissons. On croyait autrefois que les mêmes espèces d'eau douce n'existent jamais sur deux continents éloignés l'un de l'autre. Mais le docteur Günther a récemment démontré que le Galaxias attenuatus habite la Tasmanie, la Nouvelle-Zélande, les îles Falkland et le continent de l'Amérique du Sud. Il y a là un cas extraordinaire qui indique probablement une dispersion émanant d'un centre antarctique pendant une période chaude antérieure. Toutefois, le cas devient un peu moins étonnant lorsque l'on sait que les espèces de ce genre ont la faculté de franchir, par des moyens inconnus, des espaces considérables en plein océan ; ainsi, une espèce est devenue commune à la Nouvelle-Zélande et aux Iles Auckland, bien que ces deux régions soient séparées par une distance d'environ 380 kilomètres. Sur un même continent les poissons d'eau douce s'étendent souvent beaucoup et presque capricieusement ; car deux systèmes de rivières possèdent parfois quelques espèces en commun, et quelques autres des espèces très différentes. Il est probable que les productions d'eau douce sont quelquefois transportées par ce que l'on pourrait appeler des moyens accidentels. Ainsi, les tourbillons entraînent assez fréquemment des poissons vivants à des distances considérables ; on sait, en outre, que les œufs, même retirés de l'eau, conservent pendant longtemps une remarquable vitalité. Mais je serais disposé à attribuer principalement la dispersion des poissons d'eau douce à des changements dans le niveau du sol, survenus à une époque récente, et qui ont pu faire écouler certaines rivières les unes dans les autres. On pourrait citer des exemples de ce mélange des eaux de plusieurs systèmes de rivières par suite d'inondations, sans qu'il y ait eu changement de niveau. La grande différence entre les poissons qui vivent sur les deux versants opposés de la plupart des chaînes de montagnes continues, dont la présence a, dès une époque très reculée, empêché tout mélange entre les divers systèmes de rivières, paraît motiver la même conclusion. Quelques poissons d'eau douce appartiennent à des formes très anciennes, on conçoit donc qu'il y ait eu un temps bien suffisant pour permettre d'amples changements géographiques et par conséquent de grandes migrations. En outre, plusieurs considérations ont conduit le docteur Günther à penser que, chez les poissons, les mêmes formes persistent très longtemps. On peut, avec des soins, habituer lentement les poissons de mer à vivre dans l'eau douce ; et, d'après Valenciennes, il n'y a presque pas un seul groupe dont tous les membres soient exclusivement limités à l'eau douce, de sorte qu'une espèce marine d'un groupe d'eau douce, après avoir longtemps voyagé le long des côtes, pourrait s'adapter, sans beaucoup de difficulté, aux eaux douces d'un pays éloigné.

Quelques espèces de coquillages d'eau douce ont une très vaste distribution, et certaines espèces alliées, qui, d'après ma théorie, descendent d'un ancêtre commun, et doivent provenir d'une source unique, prévalent dans le monde entier. Leur distribution m'a d'abord très embarrassé, car leurs œufs ne sont point susceptibles d'être transportés par les oiseaux, et sont, comme les adultes, tués immédiatement par l'eau de mer. Je ne pouvais pas même comprendre comment quelques espèces acclimatées avaient pu se répandre aussi promptement dans une même localité, lorsque j'observai deux faits qui, entre autres, jettent quelque lumière sur le sujet. Lorsqu'un canard, après avoir plongé, émerge brusquement d'un étang couvert de lentilles aquatiques, j'ai vu deux fois ces plantes adhérer sur le dos de l'oiseau, et il m'est souvent arrivé, en transportant quelques lentilles d'un aquarium dans un autre, d'introduire, sans le vouloir, dans ce dernier des coquillages provenant du premier. Il est encore une autre intervention qui est peut-être plus efficace ; ayant suspendu une patte de canard dans un aquarium où un grand nombre d'œufs de coquillages d'eau douce étaient en train d'éclore, je la trouvai couverte d'une multitude de petits coquillages tout fraîchement éclos, et qui y étaient cramponnés avec assez de force pour ne pas se détacher lorsque je secouais la patte sortie de l'eau ; toutefois, à un âge plus avancé, ils se laissent tomber d'eux-mêmes. Ces coquillages tout récemment sortis de l'œuf, quoique de nature aquatique, survécurent de douze à vingt heures sur la patte du canard, dans un air humide ; temps pendant lequel un héron ou un canard peut franchir au vol un espace de 900 à 1100 kilomètres ; or, s'il était entraîné par le vent vers une île océanique ou vers un point quelconque de la terre ferme, l'animal s'abattrait certainement sur un étang ou sur un ruisseau. Sir C. Lyell m'apprend qu'on a capturé un Dytiscus emportant un Ancylus (coquille d'eau douce analogue aux patelles) qui adhérait fortement à son corps ; un coléoptère aquatique de la même famille, un Colymbetes, tomba à bord du Beagle, alors à 72 kilomètres environ de la terre la plus voisine ; on ne saurait dire jusqu'où il eût pu être emporté s'il avait été poussé par un vent favorable.

On sait depuis longtemps combien est immense la dispersion d'un grand nombre de plantes d'eau douce et même de plantes des marais, tant sur les continents que sur les îles océaniques les plus éloignées. C'est, selon la remarque d'Alph. de Candolle, ce que prouvent d'une manière frappante certains groupes considérables de plantes terrestres, qui n'ont que quelques représentants aquatiques ; ces derniers, en effet, semblent immédiatement acquérir une très grande extension comme par une conséquence nécessaire de leurs habitudes. Je crois que ce fait s'explique par des moyens plus favorables de dispersion. J'ai déjà dit que, parfois, quoique rarement, une certaine quantité de terre adhère aux pattes et au bec des oiseaux. Les échassiers qui fréquentent les bords vaseux des étangs, venant soudain à être mis en fuite, sont les plus sujets à avoir les pattes couvertes de boue. Or, les oiseaux de cet ordre sont généralement grands voyageurs et se rencontrent parfois jusque dans les îles les plus éloignées et les plus stériles, situées en plein océan. Il est peu probable qu'ils s'abattent à la surface de la mer, de sorte que la boue adhérente à leurs pattes ne risque pas d'être enlevée, et ils ne sauraient manquer, en prenant terre, de voler vers les points où ils trouvent les eaux douces qu'ils fréquentent ordinairement. Je ne crois pas que les botanistes se doutent de la quantité de graines dont la vase des étangs est chargée ; voici un des faits les plus frappants que j'aie observés dans les diverses expériences que j'ai entreprises à ce sujet. Je pris, au mois de février, sur trois points différents sous l'eau, près du bord d'un petit étang, trois cuillerées de vase qui, desséchée, pesait seulement 193 grammes. Je conservai cette vase pendant six mois dans mon laboratoire, arrachant et notant chaque plante à mesure qu'elle poussait ; j'en comptai en tout 537 appartenant à de nombreuses espèces, et cependant la vase humide tenait tout entière dans une tasse à café. Ces faits prouvent, je crois, qu'il faudrait plutôt s'étonner si les oiseaux aquatiques ne transportaient jamais les graines des plantes d'eau douce dans des étangs et dans des ruisseaux situés à de très grandes distances. La même intervention peut agir aussi efficacement à l'égard des œufs de quelques petits animaux d'eau douce.

Il est d'autres actions inconnues qui peuvent avoir aussi contribué à cette dispersion. J'ai constaté que les poissons d'eau douce absorbent certaines graines, bien qu'ils en rejettent beaucoup d'autres après les avoir avalées ; les petits poissons eux-mêmes avalent des graines ayant une certaine grosseur, telles que celles du nénuphar jaune et du potamogéton. Les hérons et d'autres oiseaux ont, siècle après siècle, dévoré quotidiennement des poissons ; ils prennent ensuite leur vol et vont s'abattre sur d'autres ruisseaux, ou sont entraînés à travers les mers par les ouragans ; nous avons vu que les graines conservent la faculté de germer pendant un nombre considérable d'heures, lorsqu'elles sont rejetées avec les excréments ou dégorgées en boulettes. Lorsque je vis la grosseur des graines d'une magnifique plante aquatique, le Nelumbium, et que je me rappelai les remarques d'Alph. de Candolle sur cette plante, sa distribution me parut un fait entièrement inexplicable ; mais Audubon constate qu'il a trouvé dans l'estomac d'un héron des graines du grand nénuphar méridional, probablement, d'après le docteur Hooker, le Nelumbium luteum. Or, je crois qu'on peut admettre par analogie qu'un héron volant d'étang en étang, et faisant en route un copieux repas de poissons, dégorge ensuite une pelote contenant des graines encore en état de germer.

Outre ces divers moyens de distribution, il ne faut pas oublier que lorsqu'un étang ou un ruisseau se forme pour la première fois, sur un îlot en voie de soulèvement par exemple, cette station aquatique est inoccupée ; en conséquence, un seul œuf ou une seule graine a toutes chances de se développer. Bien qu'il doive toujours y avoir lutte pour l'existence entre les individus des diverses espèces, si peu nombreuses qu'elles soient, qui occupent un même étang, cependant comme leur nombre, même dans un étang bien peuplé, est faible comparativement au nombre des espèces habitant une égale étendue de terrain, la concurrence est probablement moins rigoureuse entre les espèces aquatiques qu'entre les espèces terrestres. En conséquence, un immigrant, venu des eaux d'une contrée étrangère, a plus de chances de s'emparer d'une place nouvelle que s'il s'agissait d'une forme terrestre. Il faut encore se rappeler que bien des productions d'eau douce sont peu élevées dans l'échelle de l'organisation, et nous avons des raisons pour croire que les êtres inférieurs se modifient moins promptement que les êtres supérieurs, ce qui assure un temps plus long que la moyenne ordinaire aux migrations des espèces aquatiques. N'oublions pas non plus qu'un grand nombre d'espèces d'eau douce ont probablement été autrefois disséminées, autant que ces productions peuvent l'être, sur d'immenses étendues, puisqu'elles se sont éteintes ultérieurement dans les régions intermédiaires. Mais la grande distribution des plantes et des animaux inférieurs d'eau douce, qu'ils aient conservé des formes identiques ou qu'ils se soient modifiés clans une certaine mesure, semble dépendre essentiellement de la dissémination de leurs graines et de leurs œufs par des animaux et surtout par les oiseaux aquatiques, qui possèdent une grande puissance de vol, et qui voyagent naturellement d'un système de cours d'eau à un autre.

Les habitants des îles océaniques.

Nous arrivons maintenant à la dernière des trois classes de faits que j'ai choisis comme présentant les plus grandes difficultés, relativement à la distribution, dans l'hypothèse que non seulement tous les individus de la même espèce ont émigré d'un point unique, mais encore que toutes les espèces alliées, bien qu'habitant aujourd'hui les localités les plus éloignées, proviennent d'une unique station — berceau de leur premier ancêtre. J'ai déjà indiqué les raisons qui me font repousser l'hypothèse de l'extension des continents pendant la période des espèces actuelles, ou, tout au moins, une extension telle que les nombreuses îles des divers océans auraient reçu leurs habitants terrestres par suite de leur union avec un continent. Cette hypothèse lève bien des difficultés, mais elle n'explique aucun des faits relatifs aux productions insulaires. Je ne m'en tiendrai pas, dans les remarques qui vont suivre, à la seule question de la dispersion, mais j'examinerai certains autres faits, qui ont quelque portée sur la théorie des créations indépendantes ou sur celle de la descendance avec modifications.

Les espèces de toutes sortes qui peuplent les îles océaniques sont en petit nombre, si on les compare à celles habitant des espaces continentaux d'égale étendue ; Alph. de Candolle admet ce fait pour les plantes, et Wollaston pour les insectes. La Nouvelle-Zélande, par exemple, avec ses montagnes élevées et ses stations variées, qui couvre plus de 1250 kilomètres en latitude, jointe aux îles voisines d'Auckland, de Campbell et de Chatham, ne renferme en tout que 960 espèces de plantes à fleurs. Si nous comparons ce chiffre modeste à celui des espèces qui fourmillent sur des superficies égales dans le sud-ouest de l'Australie ou au cap de Bonne-Espérance, nous devons reconnaître qu'une aussi grande différence en nombre doit provenir de quelque cause tout à fait indépendante d'une simple différence dans les conditions physiques. Le comté de Cambridge, pourtant si uniforme, possède 847 espèces de plantes, et la petite île d'Anglesea, 764 ; il est vrai que quelques fougères et une petite quantité de plantes introduites par l'homme sont comprises dans ces chiffres, et que, sous plusieurs rapports, la comparaison n'est pas très juste. Nous avons la preuve que l'île de l'Ascension, si stérile, ne possédait pas primitivement plus d'une demi-douzaine d'espèces de plantes à fleurs ; cependant, il en est un grand nombre qui s'y sont acclimatées, comme à la Nouvelle-Zélande, ainsi que dans toutes les îles océaniques connues. À Sainte-Hélène, il y a toute raison de croire que les plantes et les animaux acclimatés ont exterminé, ou à peu près, un grand nombre de productions indigènes. Quiconque admet la doctrine des créations séparées pour chaque espèce devra donc admettre aussi que le nombre suffisant des plantes et des animaux les mieux adaptés n'a pas été créé pour les îles océaniques, puisque l'homme les a involontairement peuplées plus parfaitement et plus richement que ne l'a fait la nature.

Bien que, dans les îles océaniques, les espèces soient peu nombreuses, la proportion des espèces endémiques, c'est-à-dire qui ne se trouvent nulle part ailleurs sur le globe, y est souvent très grande. On peut établir la vérité de cette assertion en comparant, par exemple, le rapport entre la superficie des terrains et le nombre des coquillages terrestres spéciaux à l'île de Madère, ou le nombre des oiseaux endémiques de l'archipel des Galapagos avec le nombre de ceux habitant un continent quelconque. Du reste, ce fait pouvait être théoriquement prévu, car, comme nous l'avons déjà expliqué, des espèces arrivant de loin en loin dans un district isolé et nouveau, et ayant à entrer en lutte avec de nouveaux concurrents, doivent être éminemment sujettes à se modifier et doivent souvent produire des groupes de descendants modifiés. Mais de ce que, dans une île, presque toutes les espèces d'une classe sont particulières à cette station, il n'en résulte pas nécessairement que celles d'une autre classe ou d'une autre section de la même classe doivent l'être aussi ; cette différence semble provenir en partie de ce que les espèces non modifiées ont émigré en troupe, de sorte que leurs rapports réciproques n'ont subi que peu de perturbation, et, en partie, de l'arrivée fréquente d'immigrants non modifiés, venant de la même patrie, avec lesquels les formes insulaires se sont croisées.

Il ne faut pas oublier que les descendants de semblables croisements doivent presque certainement gagner en vigueur ; de telle sorte qu'un croisement accidentel suffirait pour produire des effets plus considérables qu'on ne pourrait s'y attendre. Voici quelques exemples à l'appui des remarques qui précèdent. Dans les îles Galapagos, on trouve vingt-six espèces d'oiseaux terrestres, dont vingt et une, ou peut-être même vingt-trois, sont particulières à ces îles, tandis que, sur onze espèces marines, deux seulement sont propres à l'archipel ; il est évident, en effet, que les oiseaux marins peuvent arriver dans ces îles beaucoup plus facilement et beaucoup plus souvent que les oiseaux terrestres. Les Bermudes, au contraire, qui sont situées à peu près à la même distance de l'Amérique du Nord que les îles Galapagos de l'Amérique du Sud, et qui ont un sol tout particulier, ne possèdent pas un seul oiseau terrestre endémique ; mais nous savons, par la belle description des Bermudes que nous devons à M. J -M. Jones, qu'un très grand nombre d'oiseaux de l'Amérique du Nord visitent fréquemment cette île. M. E.-V. Harcourt m'apprend que, presque tous les ans, les vents emportent jusqu'à Madère beaucoup d'oiseaux d'Europe et d'Afrique. Cette île est habitée par quatre-vingt-dix-neuf espèces d'oiseaux, dont une seule lui est propre, bien que très étroitement alliée à une espèce européenne ; trois ou quatre autres espèces sont confinées à Madère et aux Canaries. Les Bermudes et Madère ont donc été peuplées, par les continents voisins, d'oiseaux qui, pendant de longs siècles, avaient déjà lutté les uns avec les autres dans leurs patries respectives, et qui s'étaient mutuellement adaptés les uns aux autres. Une fois établie dans sa nouvelle station, chaque espèce a dû être maintenue par les autres dans ses propres limites et dans ses anciennes habitudes, sans présenter beaucoup de tendance à des modifications, que le croisement avec les formes non modifiées, venant de temps à autre de la mère patrie, devait contribuer d'ailleurs à réprimer. Madère est, en outre, habitée par un nombre considérable de coquillages terrestres qui lui sont propres, tandis que pas une seule espèce de coquillages marins n'est particulière à ses côtes ; or, bien que nous ne connaissions pas le mode de dispersion des coquillages marins, il est cependant facile de comprendre que leurs œufs ou leurs larves adhérant peut-être à des plantes marines ou à des bois flottants, ou bien aux pattes des échassiers, pourraient être transportés bien plus facilement que des coquillages terrestres, à travers 400 ou 500 kilomètres de pleine mer. Les divers ordres d'insectes habitant Madère présentent des cas presque analogues.

Les îles océaniques sont quelquefois dépourvues de certaines classes entières d'animaux dont la place est occupée par d'autres classes ; ainsi, des reptiles dans les îles Galapagos, et des oiseaux aptères gigantesques à la Nouvelle-Zélande, prennent la place des mammifères. Il est peut-être douteux qu'on doive considérer la Nouvelle-Zélande comme une île océanique, car elle est très grande et n'est séparée de l'Australie que par une mer peu profonde ; le révérend W.-B. Clarke, se fondant sur les caractères géologiques de cette île et sur la direction des chaînes de montagnes, a récemment soutenu l'opinion qu'elle devait, ainsi que la Nouvelle-Calédonie, être considérée comme une dépendance de l'Australie. Quant aux plantes, le docteur Hooker a démontré que, dans les îles Galapagos, les nombres proportionnels des divers ordres sont très différents de ce qu'ils sont ailleurs. On explique généralement toutes ces différences en nombre, et l'absence de groupes entiers de plantes et d'animaux sur les îles, par des différences supposées dans les conditions physiques ; mais l'explication me paraît peu satisfaisante, et je crois que les facilités d'immigration ont dû jouer un rôle au moins aussi important que la nature des conditions physiques.

On pourrait signaler bien des faits remarquables relatifs aux habitants des îles océaniques. Par exemple, dans quelques îles où il n'y a pas un seul mammifère, certaines plantes indigènes ont de magnifiques graines à crochets ; or, il y a peu de rapports plus évidents que l'adaptation des graines à crochets avec un transport opéré au moyen de la laine ou de la fourrure des quadrupèdes. Mais une graine armée de crochets peut être portée dans une autre île par d'autres moyens, et la plante, en se modifiant, devient une espèce endémique conservant ses crochets, qui ne constituent pas un appendice plus inutile que ne le sont les ailes rabougries qui, chez beaucoup de coléoptères insulaires, se cachent sous leurs élytres soudées. On trouve souvent encore, dans les îles, des arbres ou des arbrisseaux appartenant à des ordres qui, ailleurs, ne contiennent que des plantes herbacées ; or, les arbres, ainsi que l'a démontré A. de Candolle, ont généralement, quelles qu'en puissent être les causes, une distribution limitée. Il en résulte que les arbres ne pourraient guère atteindre les îles océaniques éloignées. Une plante herbacée qui, sur un continent, n'aurait que peu de chances de pouvoir soutenir la concurrence avec les grands arbres bien développés qui occupent le terrain, pourrait, transplantée dans une île, l'emporter sur les autres plantes herbacées en devenant toujours plus grande et en les dépassant. La sélection naturelle, dans ce cas, tendrait à augmenter la stature de la plante, à quelque ordre qu'elle appartienne, et par conséquent à la convertir en un arbuste d'abord et en un arbre ensuite.

ABSENCE DE BATRACIENS ET DE MAMMIFÈRES TERRESTRES DANS LES ÎLES OCÉANIQUES.

Quant à l'absence d'ordres entiers d'animaux dans les îles océaniques, Bory Saint-Vincent a fait remarquer, il y a longtemps déjà, qu'on ne trouve jamais de batraciens (grenouilles, crapauds, salamandres) dans les nombreuses îles dont les grands océans sont parsemés. Les recherches que j'ai faites pour vérifier cette assertion en ont confirmé l'exactitude, si l'on excepte la Nouvelle-Zélande, la Nouvelle-Calédonie, les îles Andaman et peut-être les îles Salomon et les îles

Seychelles. Mais, j'ai déjà fait remarquer combien il est douteux qu'on puisse compter la Nouvelle-Zélande et la Nouvelle-Calédonie au nombre des îles océaniques et les doutes sont encore plus grands quand il s'agit des îles Andaman, des îles Salomon et des Seychelles. Ce n'est pas aux conditions physiques qu'on peut attribuer cette absence générale de batraciens dans un si grand nombre d'îles océaniques, car elles paraissent particulièrement propres à l'existence de ces animaux, et la preuve, c'est que des grenouilles introduites à Madère, aux Açores et à l'île Maurice s'y sont multipliées au point de devenir un fléau. Mais, comme ces animaux ainsi que leur frai sont immédiatement tués par le contact de l'eau de mer, à l'exception toutefois d'une espèce indienne, leur transport par cette voie serait très difficile, et, en conséquence, nous pouvons comprendre pourquoi ils n'existent sur aucune île océanique. Il serait, par contre, bien difficile d'expliquer pourquoi, dans la théorie des créations indépendantes, il n'en aurait pas été créé dans ces localités.

Les mammifères offrent un autre cas analogue. Après avoir compulsé avec soin les récits des plus anciens voyageurs, je n'ai pas trouvé un seul témoignage certain de l'existence d'un mammifère terrestre, à l'exception des animaux domestiques que possédaient les indigènes, habitant une île éloignée de plus de 500 kilomètres d'un continent ou d'une grande île continentale, et bon nombre d'îles plus rapprochées de la terre ferme en sont également dépourvues. Les îles Falkland, qu'habite un renard ressemblant au loup, semblent faire exception à cette règle ; mais ce groupe ne peut pas être considéré comme océanique, car il repose sur un banc qui se rattache à la terre ferme, distante de 450 kilomètres seulement ; de plus, comme les glaces flottantes ont autrefois charrié des blocs erratiques sur sa côte occidentale, il se peut que des renards aient été transportés de la même manière, comme cela a encore lieu actuellement dans les régions arctiques. On ne saurait soutenir, cependant, que les petites îles ne sont pas propres à l'existence au moins des petits mammifères, car on en rencontre sur diverses parties du globe dans de très petites îles, lorsqu'elles se trouvent dans le voisinage d'un continent. On ne saurait, d'ailleurs, citer une seule île dans laquelle nos petits mammifères ne se soient naturalisés et abondamment multipliés. On ne saurait alléguer non plus, d'après la théorie des créations indépendantes, que le temps n'a pas été suffisant pour la création des mammifères ; car un grand nombre d'îles volcaniques sont d'une antiquité très reculée, comme le prouvent les immenses dégradations qu'elles ont subies et les gisements tertiaires qu'on y rencontre ; d'ailleurs, le temps a été suffisant pour la production d'espèces endémiques appartenant à d'autres classes ; or on sait que, sur les continents, les mammifères apparaissent et disparaissent plus rapidement que les animaux inférieurs. Si les mammifères terrestres font défaut aux îles océaniques, presque toutes ont des mammifères aériens. La Nouvelle-Zélande possède deux chauves-souris qu'on ne rencontre nulle part ailleurs dans le monde ; l'île Norfolk, l'archipel Fidji, les îles Bonin, les archipels des Carolines et des îles Mariannes, et l'île Maurice, possèdent tous leurs chauves-souris particulières. Pourquoi la force créatrice n'a-t-elle donc produit que des chauves-souris, à l'exclusion de tous les autres mammifères, dans les îles écartées ? D'après ma théorie, il est facile de répondre à cette question ; aucun mammifère terrestre, en effet, ne peut être transporté à travers un large bras de mer, mais les chauves-souris peuvent franchir la distance au vol. On a vu des chauves-souris errer de jour sur l'océan Atlantique à de grandes distances de la terre, et deux espèces de l'Amérique du Nord visitent régulièrement ou accidentellement les Bermudes, à 1000 kilomètres de la terre ferme. M. Tomes, qui a étudié spécialement cette famille, m'apprend que plusieurs espèces ont une distribution considérable, et se rencontrent sur les continents et dans des îles très éloignées. Il suffit donc de supposer que des espèces errantes se sont modifiées dans leurs nouvelles stations pour se mettre en rapport avec les nouveaux milieux dans lesquels elles se trouvent, et nous pouvons alors comprendre pourquoi il peut y avoir, dans les îles océaniques, des chauves-souris endémiques, en l'absence de tout autre mammifère terrestre.

Il y a encore d'autres rapports intéressants à constater entre la profondeur des bras de mer qui séparent les îles, soit les unes des autres, soit des continents les plus voisins, et le degré d'affinité des mammifères qui les habitent. M. Windsor Earl a fait sur ce point quelques observations remarquables, observations considérablement développées depuis par les belles recherches de M. Wallace sur le grand archipel malais, lequel est traversé, près des Célèbes, par un bras de mer profond, qui marque une séparation complète entre deux faunes très distinctes de mammifères. De chaque côté de ce bras de mer, les îles reposent sur un banc sous-marin ayant une profondeur moyenne, et sont peuplées de mammifères identiques ou très étroitement alliés. Je n'ai pas encore eu le temps d'étudier ce sujet pour toutes les parties du globe, mais jusqu'à présent j'ai trouvé que le rapport est assez général. Ainsi, les mammifères sont les mêmes en Angleterre que dans le reste de l'Europe, dont elle n'est séparée que par un détroit peu profond ; il en est de même pour toutes les îles situées près des côtes de l'Australie. D'autre part, les îles formant les Indes occidentales sont situées sur un banc submergé à une profondeur d'environ 1000 brasses ; nous y trouvons les formes américaines, mais les espèces et même les genres sont tout à fait distincts. Or, comme la somme des modifications que les animaux de tous genres peuvent éprouver dépend surtout du laps de temps écoulé, et que les îles séparées du continent ou des îles voisines par des eaux peu profondes ont dû probablement former une région continue à une époque plus récente que celles qui sont séparées par des détroits d'une grande profondeur, il est facile de comprendre qu'il doive exister un rapport entre la profondeur de la mer séparant deux faunes de mammifères, et le degré de leurs affinités ; — rapport qui, dans la théorie des créations indépendantes, demeure inexplicable.

Les faits qui précèdent relativement aux habitants des îles océaniques, c'est-à-dire : le petit nombre des espèces, joint à la forte proportion des formes endémiques, — les modifications qu'ont subies les membres de certains groupes, sans que d' autres groupes appartenant à la même classe aient été modifiés, — l'absence d'ordres entiers tels que les batraciens et les mammifères terrestres, malgré la présence de chauves-souris aériennes, — les proportions singulières de certains ordres de plantes, — le développement des formes herbacées en arbres, etc., — me paraissent s'accorder beaucoup mieux avec l'opinion que les moyens occasionnels de transport ont une efficacité suffisante pour peupler les îles, à condition qu'ils se continuent pendant de longues périodes, plutôt qu'avec la supposition que toutes les îles océaniques ont été autrefois rattachées au continent le plus rapproché. Dans cette dernière hypothèse, en effet, il est probable que les diverses classes auraient immigré d'une manière plus uniforme, et qu'alors, les relations mutuelles des espèces introduites en grandes quantités étant peu troublées, elles ne se seraient pas modifiées ou l'auraient fait d'une manière plus égale.

Je ne prétends pas dire qu'il ne reste pas encore beaucoup de sérieuses difficultés pour expliquer comment la plupart des habitants des îles les plus éloignées ont atteint leur patrie actuelle, comment il se fait qu'ils aient conservé leurs formes spécifiques ou qu'ils se soient ultérieurement modifiés. Il faut tenir compte ici de la probabilité de l'existence d'îles intermédiaires, qui ont pu servir de point de relâche, mais qui, depuis, ont disparu. Je me contenterai de citer un des cas les plus difficiles. Presque toutes les îles océaniques, même les plus petites et les plus écartées, sont habitées par des coquillages terrestres appartenant généralement à des espèces endémiques, mais quelquefois aussi par des espèces qui se trouvent ailleurs — fait dont le docteur A.-A. Gould a observé des exemples frappants dans le Pacifique. Or, on sait que les coquillages terrestres sont facilement tués par l'eau de mer ; leurs œufs, tout au moins ceux que j'ai pu soumettre à l'expérience, tombent au fond et périssent. Il faut cependant qu'il y ait eu quelque moyen de transport inconnu, mais efficace. Serait-ce peut-être par l'adhérence des jeunes nouvellement éclos aux pattes des oiseaux ? J'ai pensé que les coquillages terrestres, pendant la saison d'hibernation et alors que l'ouverture de leur coquille est fermée par un diaphragme membraneux, pourraient peut-être se conserver dans les fentes de bois flottant et traverser ainsi des bras de mer assez larges. J'ai constaté que plusieurs espèces peuvent, dans cet état, résister à l'immersion dans l'eau de mer pendant sept jours. Une Helix pomatia, après avoir subi ce traitement, fut remise, lorsqu'elle hiverna de nouveau, pendant vingt jours dans l'eau de mer, et résista parfaitement. Pendant ce laps de temps, elle eût pu être transportée par un courant marin ayant une vitesse moyenne à une distance de 660 milles géographiques. Comme cette helix a un diaphragme calcaire très épais, je l'enlevai, et lorsqu'il fut remplacé par un nouveau diaphragme membraneux, je la replaçai dans l'eau de mer pendant quatorze jours, au bout desquels l'animal, parfaitement intact, s'échappa. Des expériences semblables ont été dernièrement entreprises par le baron Aucapitaine ; il mit, dans une boîte percée de trous, cent coquillages terrestres, appartenant à dix espèces, et plongea le tout dans la mer pendant quinze jours. Sur les cent coquillages, vingt-sept se rétablirent. La présence du diaphragme paraît avoir une grande importance, car, sur douze spécimens de Cyclostoma elegans qui en étaient pourvus, onze ont survécu. Il est remarquable, vu la façon dont l'Helix pomatia avait résisté dans mes essais à l'action de l'eau salée, que pas un des cinquante-quatre spécimens d'helix appartenant à quatre espèces, qui servirent aux expériences du baron Aucapitaine, n'ait survécu. Il est toutefois peu probable que les coquillages terrestres aient été souvent transportés ainsi ; le mode de transport par les pattes des oiseaux est le plus vraisemblable.

SUR LES RAPPORTS ENTRE LES HABITANTS DES ÎLES ET CEUX DU CONTINENT LE PLUS RAPPROCHÉ.

Le fait le plus important pour nous est l'affinité entre les espèces qui habitent les îles et celles qui habitent le continent le plus voisin, sans que ces espèces soient cependant identiques. On pourrait citer de nombreux exemples de ce fait. L'archipel Galapagos est situé sous l'équateur, à 800 ou 900 kilomètres des côtes de l'Amérique du Sud. Tous les produits terrestres et aquatiques de cet archipel portent l'incontestable cachet du type continental américain. Sur vingt-six oiseaux terrestres, vingt et un, ou peut-être même vingt-trois, sont considérés comme des espèces si distinctes, qu'on les suppose créées dans le lieu même ; pourtant rien n'est plus manifeste que l'affinité étroite qu'ils présentent avec les oiseaux américains par tous leurs caractères, par leurs mœurs, leurs gestes et les intonations de leur voix. Il en est de même pour les autres animaux et pour la majorité des plantes, comme le prouve le docteur Hooker dans son admirable ouvrage sur la flore de cet archipel. En contemplant les habitants de ces îles volcaniques isolées dans le Pacifique, distantes du continent de plusieurs centaines de kilomètres, le naturaliste sent cependant qu'il est encore sur une terre américaine. Pourquoi en est-il ainsi ? Pourquoi ces espèces, qu'on suppose avoir été créées dans l'archipel Galapagos, et nulle part ailleurs, portent-elles si évidemment cette empreinte d'affinité avec les espèces créées en Amérique ? Il n'y a rien, dans les conditions d'existence, dans la nature géologique de ces îles, dans leur altitude ou leur climat, ni dans les proportions suivant lesquelles les diverses classes y sont associées, qui ressemble aux conditions de la côte américaine ; en fait, il y a même une assez grande dissemblance sous tous les rapports. D'autre part, il y a dans la nature volcanique du sol, dans le climat, l'altitude et la superficie de ces îles, une grande analogie entre elles et les îles de l'archipel du Cap-Vert ; mais quelle différence complète et absolue au point de vue des habitants ! La population de ces dernières a les mêmes rapports avec les habitants de l'Afrique que les habitants des Galapagos avec les formes américaines. La théorie des créations indépendantes ne peut fournir aucune explication de faits de cette nature. Il est évident, au contraire, d'après la théorie que nous soutenons, que les îles Galapagos, soit par suite d'une ancienne continuité avec la terre ferme (bien que je ne partage pas cette opinion), soit par des moyens de transport éventuels, ont dû recevoir leurs habitants d'Amérique, de même que les îles du Cap-Vert ont reçu les leurs de l'Afrique ; les uns et les autres ont dû subir des modifications, mais ils trahissent toujours leur lieu d'origine en vertu du principe d'hérédité.

On pourrait citer bien des faits analogues ; c'est, en effet, une loi presque universelle que les productions indigènes d'une île soient en rapport de parenté étroite avec celles des continents ou des îles les plus rapprochées. Les exceptions sont rares et s'expliquent pour la plupart. Ainsi, bien que l'île de Kerguelen soit plus rapprochée de l'Afrique que de l'Amérique, les plantes qui l'habitent sont, d'après la description qu'en a faite le docteur Hooker, en relation très étroite avec les formes américaines ; mais cette anomalie disparaît, car il faut admettre que cette île a dû être principalement peuplée par les graines charriées avec de la terre et des pierres par les glaces flottantes poussées par les courants dominants. Par ses plantes indigènes, la Nouvelle-Zélande a, comme on pouvait s'y attendre, des rapports beaucoup plus étroits avec l'Australie, la terre ferme la plus voisine, qu'avec aucune autre région ; mais elle présente aussi avec l'Amérique du Sud des rapports marqués, et ce continent, bien que venant immédiatement après l'Australie sous le rapport de la distance, est si éloigné, que le fait paraît presque anormal. La difficulté disparaît, toutefois, dans l'hypothèse que la Nouvelle-Zélande, l'Amérique du Sud et d'autres régions méridionales ont été peuplées en partie par des formes venues d'un point intermédiaire, quoique éloigné, les îles antarctiques, alors que, pendant une période tertiaire chaude, antérieure à la dernière période glaciaire, elles étaient recouvertes de végétation. L'affinité, faible sans doute, mais dont le docteur Hooker affirme la réalité, qui se remarque entre la flore de la partie sud-ouest de l'Australie et celle du cap de Bonne-Espérance, est un cas encore bien plus remarquable ; cette affinité, toutefois, est limitée aux plantes, et sera sans doute expliquée quelque jour.

La loi qui détermine la parenté entre les habitants des îles et ceux de la terre ferme la plus voisine se manifeste parfois sur une petite échelle, mais d'une manière très intéressante dans les limites d'un même archipel. Ainsi, chaque île de l'archipel Galapagos est habitée, et le fait est merveilleux, par plusieurs espèces distinctes, mais qui ont des rapports beaucoup plus étroits les unes avec les autres qu'avec les habitants du continent américain ou d'aucune autre partie du monde. C'est bien ce à quoi on devait s'attendre, car des îles aussi rapprochées doivent nécessairement avoir reçu des émigrants soit de la même source originaire, soit les unes des autres. Mais comment se fait-il que ces émigrants ont été différemment modifiés, quoiqu'à un faible degré, dans les îles si rapprochées les unes des autres, ayant la même nature géologique, la même altitude, le même climat, etc.? Ceci m'a longtemps embarrassé ; mais la difficulté provient surtout de la tendance erronée, mais profondément enracinée dans notre esprit, qui nous porte à toujours regarder les conditions physiques d'un pays comme le point le plus essentiel ; tandis qu'il est incontestable que la nature des autres habitants, avec lesquels chacun est en lutte, constitue un point tout aussi essentiel, et qui est généralement un élément de succès beaucoup plus important. Or, si nous examinons les espèces qui habitent les îles Galapagos, et qui se trouvent également dans d'autres parties du monde, nous trouvons qu'elles diffèrent beaucoup dans les diverses îles. Cette différence était à prévoir, si l'on admet que les îles ont été peuplées par des moyens accidentels de transport, une graine d'une plante ayant pu être apportée dans une île, par exemple, et celle d'une plante différente dans une autre, bien que toutes deux aient une même origine générale. Il en résulte que, lorsque autrefois un immigrant aura pris pied sur une des îles, ou aura ultérieurement passé de l'une à l'autre, il aura sans doute été exposé dans les diverses îles à des conditions différentes ; car il aura eu à lutter contre des ensembles d'organismes différents ; une plante, par exemple, trouvant le terrain qui lui est le plus favorable occupé par des formes un peu diverses suivant les îles, aura eu à résister aux attaques d'ennemis différents. Si cette plante s'est alors mise à varier, la sélection naturelle aura probablement favorisé dans chaque île des variétés également un peu différentes. Toutefois, quelques espèces auront pu se répandre et conserver leurs mêmes caractères dans tout l'archipel, de même que nous voyons quelques espèces largement disséminées sur un continent rester partout les mêmes.

Le fait réellement surprenant dans l'archipel Galapagos, fait que l'on remarque aussi à un moindre degré dans d'autres cas analogues, c'est que les nouvelles espèces une fois formées dans une île ne se sont pas répandues promptement dans les autres. Mais les îles, bien qu'en vue les unes des autres, sont séparées par des bras de mer très profonds, presque toujours plus larges que la Manche, et rien ne fait supposer qu'elles aient été autrefois réunies. Les courants marins qui traversent l'archipel sont très rapides, et les coups de vent extrêmement rares, de sorte que les îles sont, en fait, beaucoup plus séparées les unes des autres qu'elles ne le paraissent sur la carte. Cependant, quelques-unes des espèces spéciales à l'archipel ou qui se trouvent dans d'autres parties du globe, sont communes aux diverses îles, et nous pouvons conclure de leur distribution actuelle qu'elles ont dû passer d'une île à l'autre. Je crois, toutefois, que nous nous trompons souvent en supposant que les espèces étroitement alliées envahissent nécessairement le territoire les unes des autres, lorsqu'elles peuvent librement communiquer entre elles. Il est certain que, lorsqu'une espèce est douée de quelque supériorité sur une autre, elle ne tarde pas à la supplanter en tout ou en partie ; mais il est probable que toutes deux conservent leur position respective pendant très longtemps, si elles sont également bien adaptées à la situation quelles occupent. Le fait qu'un grand nombre d'espèces naturalisées par l'intervention de l'homme, se sont répandues avec une étonnante rapidité sur de vastes surfaces, nous porte à conclure que la plupart des espèces ont dû se répandre de même ; mais il faut se rappeler que les espèces qui s'acclimatent dans des pays nouveaux ne sont généralement pas étroitement alliées aux habitants indigènes ; ce sont, au contraire, des formes très distinctes, appartenant dans la plupart des cas, comme l'a démontré Alph. de Candolle, à des genres différents. Dans l'archipel Galapagos, un grand nombre d'oiseaux, quoique si bien adaptés pour voler d'île en île, sont distincts dans chacune d'elles ; c'est ainsi qu'on trouve trois espèces étroitement alliées de merles moqueurs, dont chacune est confinée dans une île distincte. Supposons maintenant que le merle moqueur de l'île Chatham soit emporté par le vent dans l'île Charles, qui possède le sien ; pourquoi réussirait-il à s'y établir ? Nous pouvons admettre que l'île Charles est suffisamment peuplée par son espèce locale, car chaque année il se pond plus d'œufs et il s'élève plus de petits qu'il n'en peut survivre, et nous devons également croire que l'espèce de l'île Charles est au moins aussi bien adaptée à son milieu que l'est celle de l'île Chatham. Je dois à sir C. Lyell et à M. Wollaston communication d'un fait remarquable en rapport avec cette question : Madère et la petite île adjacente de Porto Santo possèdent plusieurs espèces distinctes, mais représentatives, de coquillages terrestres, parmi lesquels il en est quelques-uns qui vivent dans les crevasses des rochers ; or, on transporte annuellement de Porto Santo à Madère de grandes quantités de pierres, sans que l'espèce de la première île se soit jamais introduite dans la seconde, bien que les deux îles aient été colonisées par des coquillages terrestres européens, doués sans doute de quelque supériorité sur les espèces indigènes. Je pense donc qu'il n'y a pas lieu d'être surpris de ce que les espèces indigènes qui habitent les diverses îles de l'archipel Galapagos ne se soient pas répandues d'une île à l'autre. L'occupation antérieure a probablement aussi contribué dans une grande mesure, sur un même continent, à empêcher le mélange d'espèces habitant des régions distinctes, bien qu'offrant des conditions physiques semblables. C'est ainsi que les angles sud-est et sud-ouest de l'Australie, bien que présentant des conditions physiques à peu près analogues, et bien que formant un tout continu, sont cependant peuplés par un grand nombre de mammifères, d'oiseaux et de végétaux distincts ; il en est de même, selon M. Bates, pour les papillons et les autres animaux qui habitent la grande vallée ouverte et continue des Amazones.

Le principe qui règle le caractère général des habitants des îles océaniques, c'est-à-dire leurs rapports étroits avec la région qui a pu le plus facilement leur envoyer des colons, ainsi que leur modification ultérieure, est susceptible de nombreuses applications dans la nature ; on en voit la preuve sur chaque montagne, dans chaque lac et dans chaque marais. Les espèces alpines, en effet, si l'on en excepte celles qui, lors de la dernière période glaciaire, se sont largement répandues, se rattachent aux espèces habitant les basses terres environnantes. Ainsi, dans l'Amérique du Sud, on trouve des espèces alpines d'oiseaux-mouches, de rongeurs, de plantes, etc., toutes formes appartenant à des types strictement américains ; il est évident, en effet, qu'une montagne, pendant son lent soulèvement, a dû être colonisée par les habitants des plaines adjacentes. Il en est de même des habitants des lacs et des marais, avec cette réserve que de plus grandes facilités de dispersion ont contribué à répandre les mêmes formes dans plusieurs parties du monde. Les caractères de la plupart des animaux aveugles qui peuplent les cavernes de l'Amérique et de l'Europe, ainsi que d'autres cas analogues offrent les exemples de l'application du même principe. Lorsque dans deux régions, quelque éloignées qu'elles soient l'une de l'autre, on rencontre beaucoup d'espèces étroitement alliées ou représentatives, on y trouve également quelques espèces identiques ; partout où l'on rencontre beaucoup d'espèces étroitement alliées, on rencontre aussi beaucoup de formes que certains naturalistes classent comme des espèces distinctes et d'autres comme de simples variétés ; ce sont là deux points qui, à mon avis, ne sauraient être contestés ; or, ces formes douteuses nous indiquent les degrés successifs de la marche progressive de la modification.

On peut démontrer d'une manière plus générale le rapport qui existe entre l'énergie et l'étendue des migrations de certaines espèces, soit dans les temps actuels, soit à une époque antérieure, et l'existence d'espèces étroitement alliées sur des points du globe très éloignés les uns des autres. M. Gould m'a fait remarquer, il y a longtemps, que les genres d'oiseaux répandus dans le monde entier comportent beaucoup d'espèces qui ont une distribution très considérable. Je ne mets pas en doute la vérité générale de cette assertion, qu'il serait toutefois difficile de prouver. Les chauves-souris et, à un degré un peu moindre, les félidés et les canidés nous en offrent chez les mammifères un exemple frappant. La même loi gouverne la distribution des papillons et des coléoptères, ainsi que celle de la plupart des habitants des eaux douces, chez lesquels un grand nombre de genres, appartenant aux classes les plus distinctes, sont répandus dans le monde entier et renferment beaucoup d'espèces présentant également une distribution très étendue. Ce n'est pas que toutes les espèces des genres répandus dans le monde entier, aient toujours une grande distribution ni qu'elles aient même une distribution moyenne très considérable, car cette distribution dépend beaucoup du degré de leurs modifications. Si, par exemple, deux variétés d'une même espèce habitent, l'une l'Amérique, l'autre l'Europe, l'espèce aura une vaste distribution ; mais, si la variation est poussée au point que l'on considère les deux variétés comme des espèces, la distribution en sera aussitôt réduite de beaucoup. Nous n'entendons pas dire non plus que les espèces aptes à franchir les barrières et à se répandre au loin, telles que certaines espèces d'oiseaux au vol puissant, ont nécessairement une distribution très étendue, car il faut toujours se rappeler que l'extension d'une espèce implique non seulement l'aptitude à franchir les obstacles, mais la faculté bien plus importante de pouvoir, sur un sol étranger, l'emporter dans la lutte pour l'existence sur les formes qui l'habitent. Mais, dans l'hypothèse que toutes les espèces d'un même genre, bien qu'actuellement réparties sur divers points du globe souvent très éloignés les uns des autres, descendent d'un unique ancêtre, nous devions pouvoir constater, et nous constatons généralement en effet, que quelques espèces au moins présentent une distribution considérable.

Nous devons nous rappeler que beaucoup de genres dans toutes les classes sont très anciens et que les espèces qu'ils comportent ont eu, par conséquent, amplement le temps de se disséminer et d'éprouver de grandes modifications ultérieures. Les documents géologiques semblent prouver aussi que les organismes inférieurs, à quelque classe qu'ils appartiennent, se modifient moins rapidement que ceux qui sont plus élevés sur l'échelle ; ces organismes ont, par conséquent, plus de chances de se disperser plus largement, tout en conservant les mêmes caractères spécifiques. En outre, les graines et les œufs de presque tous les organismes inférieurs sont très petits, et par conséquent plus propres à être transportés au loin ; ces deux causes expliquent probablement une loi formulée depuis longtemps et que Alph. de Candolle a récemment discutée en ce qui concerne les plantes, à savoir : que plus un groupe d'organismes est placé bas sur l'échelle, plus sa distribution est considérable.

Tous les rapports que nous venons d'examiner, c'est-à-dire la plus grande dissémination des formes inférieures, comparativement à celle des formes supérieures ; la distribution considérable des espèces faisant partie de genres eux-mêmes très largement répandus ; les relations qui existent entre les productions alpines, lacustres, etc., et celles qui habitent les régions basses environnantes ; l'étroite parenté qui unit les habitants des îles à ceux de la terre ferme la plus rapprochée ; la parenté plus étroite encore entre les habitants distincts d'îles faisant partie d'un même archipel, sont autant de faits que la théorie de la création indépendante de chaque espèce ne permet pas d'expliquer ; il devient facile de les comprendre si l'on admet la colonisation par la source la plus voisine ou la plus accessible, jointe à une adaptation ultérieure des immigrants aux conditions de leur nouvelle patrie.

RÉSUMÉ DE CE CHAPITRE ET DU CHAPITRE PRÉCÉDENT.

Les difficultés qui paraissent s'opposer à l'hypothèse en vertu de laquelle tous les individus d'une même espèce, où qu'ils se trouvent, descendent de parents communs, sont sans doute plus apparentes que réelles. En effet, nous ignorons profondément quels sont les effets précis qui peuvent résulter de changements dans le climat ou dans le niveau d'un pays, changements qui se sont certainement produits pendant une période récente, outre d'autres modifications qui se sont très probablement effectuées ; nous ignorons également quels sont les moyens éventuels de transport qui ont pu entrer en jeu ; nous sommes autorisés, enfin, à supposer et c'est là une considération fort importante, qu'une espèce, après avoir occupé toute une vaste région continue, a pu s'éteindre ensuite dans certaines régions intermédiaires. D'ailleurs, diverses considérations générales et surtout l'importance des barrières de toute espèce et la distribution analogue des sous-genres, des genres et des familles, nous autorisent à accepter la doctrine adoptée déjà par beaucoup de naturalistes et qu'ils ont désignée sous le nom de centres uniques de création.

Quant aux espèces distinctes d'un même genre qui, d'après ma théorie, émanent d'une même souche parente, la difficulté, quoique presque aussi grande que quand il s'agit de la dispersion des individus d'une même espèce, n'est pas plus considérable, si nous faisons la part de ce que nous ignorons et si nous tenons compte de la lenteur avec laquelle certaines formes ont dû se modifier et du laps de temps immense qui a pu s'écouler pendant leurs migrations.

Comme exemple des effets que les changements climatériques ont pu exercer sur la distribution, j'ai cherché à démontrer l'importance du rôle qu'a joué la dernière période glaciaire, qui a affecté jusqu'aux régions équatoriales, et qui, pendant les alternances de froid au nord et au midi, a permis le mélange des productions des deux hémisphères opposés, et en a fait échouer quelques-unes, si l'on peut s'exprimer ainsi, sur les sommets des hautes montagnes dans toutes les parties du monde. Une discussion un peu plus détaillée du mode de dispersion des productions d'eau douce m'a servi à signaler la diversité des modes accidentels de transport.

Nous avons vu qu'aucune difficulté insurmontable n'empêche d'admettre que, étant donné le cours prolongé des temps, tous les individus d'une même espèce et toutes les espèces d'un même genre descendent d'une source commune ; tous les principaux faits de la distribution géographique s'expliquent donc par la théorie de la migration, combinée avec la modification ultérieure et la multiplication des formes nouvelles. Ainsi s'explique l'importance capitale des barrières, soit de terre, soit de mer, qui non seulement séparent, mais qui circonscrivent les diverses provinces zoologiques et botaniques. Ainsi s'expliquent encore la concentration des espèces alliées dans les mêmes régions et le lien mystérieux qui, sous diverses latitudes, dans l'Amérique méridionale par exemple, rattache les uns aux autres ainsi qu'aux formes éteintes qui ont autrefois vécu sur le même continent, les habitants des plaines et des montagnes, ceux des forêts, des marais et des déserts. Si l'on songe à la haute importance des rapports mutuels d'organisme à organisme, on comprend facilement que des formes très différentes habitent souvent deux régions offrant à peu près les mêmes conditions physiques ; car, le temps depuis lequel les immigrants ont pénétré dans une des régions ou dans les deux, la nature des communications qui a facilité l'entrée de certaines formes en plus ou moins grand nombre et exclu certaines autres, la concurrence que les formes nouvelles ont eu à soutenir soit les unes avec les autres, soit avec les formes indigènes, l'aptitude enfin des immigrants à varier plus ou moins promptement, sont autant de causes qui ont dû engendrer dans les deux régions, indépendamment des conditions physiques, des conditions d'existence infiniment diverses. La somme des réactions organiques et inorganiques a dû être presque infinie, et nous devons trouver, et nous trouvons en effet, dans les diverses grandes provinces géographiques du globe, quelques groupes d'êtres très modifiés, d'autres qui le sont très peu, les uns comportent un nombre considérable d'individus, d'autres un nombre très restreint.

Ces mêmes principes, ainsi que j'ai cherché à le démontrer, nous permettent d'expliquer pourquoi la plupart des habitants des îles océaniques, d'ailleurs peu nombreux, sont endémiques ou particuliers ; pourquoi, en raison de la différence des moyens de migration, un groupe d'êtres ne renferme que des espèces particulières, tandis que les espèces d'un autre groupe appartenant à la même classe sont communes à plusieurs parties du monde. Il devient facile de comprendre que des groupes entiers d'organismes, tels que les batraciens et les mammifères terrestres, fassent défaut dans les îles océaniques, tandis que les plus écartées et les plus isolées possèdent leurs espèces particulières de mammifères aériens ou chauves-souris ; qu'il doive y avoir un rapport entre l'existence, dans les îles, de mammifères à un état plus ou moins modifié et la profondeur de la mer qui sépare ces îles de la terre ferme ; que tous les habitants d'un archipel, bien que spécifiquement distincts dans chaque petite île, doivent être étroitement alliés les uns aux autres, et se rapprocher également, mais d'une manière moins étroite, de ceux qui occupent le continent ou le lieu quelconque d'où les immigrants ont pu tirer leur origine. Enfin, nous nous expliquons pourquoi, s'il existe dans deux régions, quelque distantes qu'elles soient l'une de l'autre, des espèces étroitement alliées ou représentatives, on y rencontre presque toujours aussi quelques espèces identiques.

Ainsi que Edward Forbes l'a fait bien souvent remarquer, il existe un parallélisme frappant entre les lois de la vie dans le temps et dans l'espace. Les lois qui ont réglé la succession des formes dans les temps passés sont à peu près les mêmes que celles qui actuellement déterminent les différences dans les diverses zones. Un grand nombre de faits viennent à l'appui de cette hypothèse. La durée de chaque espèce ou de chaque groupe d'espèces est continue dans le temps ; car les exceptions à cette règle sont si rares, qu'elles peuvent être attribuées à ce que nous n'avons pas encore découvert, dans des dépôts intermédiaires, certaines formes qui semblent y manquer, mais qui se rencontrent dans les formations supérieures et inférieures. De même dans l'espace, il est de règle générale que les régions habitées par une espèce ou par un groupe d'espèces soient continues ; les exceptions, assez nombreuses il est vrai, peuvent s'expliquer, comme j'ai essayé de le démontrer, par d'anciennes migrations effectuées dans des circonstances différentes ou par des moyens accidentels de transport, ou par le fait de l'extinction de l'espèce dans les régions intermédiaires. Les espèces et les groupes d'espèces ont leur point de développement maximum dans le temps et dans l'espace. Des groupes d'espèces, vivant pendant une même période ou dans une même zone, sont souvent caractérisés par des traits insignifiants qui leur sont communs, tels, par exemple, que les détails extérieurs de la forme et de la couleur. Si l'on considère la longue succession des époques passées, ou les régions très éloignées les unes des autres à la surface du globe actuel, on trouve que, chez certaines classes, les espèces diffèrent peu les unes des autres, tandis que celles d'une autre classe, ou même celles d'une famille distincte du même ordre, diffèrent considérablement dans le temps comme dans l'espace. Les membres inférieurs de chaque classe se modifient généralement moins que ceux dont l'organisation est plus élevée ; la règle présente toutefois dans les deux cas des exceptions marquées. D'après ma théorie, ces divers rapports dans le temps comme dans l'espace sont très intelligibles ; car, soit que nous considérions les formes alliées qui se sont modifiées pendant les âges successifs, soit celles qui se sont modifiées après avoir émigré dans des régions éloignées, les formes n'en sont pas moins, dans les deux cas, rattachées les unes aux autres par le lien ordinaire de la génération ;

dans les deux cas, les lois de la variation ont été les mêmes, et les modifications ont été accumulées en vertu d'une même loi, la sélection naturelle.

Chapitre XIV.

Affinités mutuelles des êtres organisés ; morphologie ; embryologie ; organes rudimentaires.

Classification ; groupes subordonnés à d'autres groupes. — Système naturel. — Les lois et les difficultés de la classification expliquées par la théorie de la descendance avec modifications. — Classification des variétés. — Emploi de la généalogie dans la classification. — Caractères analogiques ou d'adaptation. — Affinités générales, complexes et divergentes. — L'extinction sépare et définit les groupes. — Morphologie, entre les membres d'une même classe et entre les parties d'un même individu. — Embryologie ; ses lois expliquées par des variations qui ne surgissent pas à un âge précoce et qui sont héréditaires à un âge correspondant. — Organes rudimentaires ; explication de leur origine. — Résumé.

CLASSIFICATION.

Dès la période la plus reculée de l'histoire du globe on constate entre les êtres organisés une ressemblance continue héréditaire, de sorte qu'on peut les classer en groupes subordonnés à d'autres groupes. Cette classification n'est pas arbitraire, comme l'est, par exemple, le groupement des étoiles en constellations. L'existence des groupes aurait eu une signification très simple si l'un eût été exclusivement adapté à vivre sur terre, un autre dans l'eau ; celui-ci à se nourrir de chair, celui-là de substances végétales, et ainsi de suite ; mais il en est tout autrement ; car on sait que, bien souvent, les membres d'un même groupe ont des habitudes différentes. Dans le deuxième et dans le quatrième chapitre, sur la Variation et sur la Sélection naturelle, j'ai essayé de démontrer que, dans chaque région, ce sont les espèces les plus répandues et les plus communes, c'est-à-dire les espèces dominantes, appartenant aux plus grands genres de chaque classe, qui varient le plus. Les variétés ou espèces naissantes produites par ces variations se convertissent ultérieurement en espèces nouvelles et distinctes ; ces dernières tendent, en vertu du principe de l'hérédité, à produire à leur tour d'autres espèces nouvelles et dominantes. En conséquence, les groupes déjà considérables qui comprennent ordinairement de nombreuses espèces dominantes, tendent à augmenter toujours davantage. J'ai essayé, en outre, de démontrer que les descendants variables de chaque espèce cherchant toujours à occuper le plus de places différentes qu'il leur est possible dans l'économie de la nature, cette concurrence incessante détermine une tendance constante à la divergence des caractères. La grande diversité des formes qui entrent en concurrence très vive, dans une région très restreinte, et certains faits d'acclimatation, viennent à l'appui de cette assertion.

J'ai cherché aussi à démontrer qu'il existe, chez les formes qui sont en voie d'augmenter en nombre et de diverger en caractères, une tendance constante à remplacer et à exterminer les formes plus anciennes, moins divergentes et moins parfaites. Je prie le lecteur de jeter un nouveau coup d'œil sur le tableau représentant l'action combinée de ces divers principes ; il verra qu'ils ont une conséquence inévitable, c'est que les descendants modifiés d'un ancêtre unique finissent par se séparer en groupes subordonnés à d'autres groupes. Chaque lettre de la ligne supérieure de la figure peut représenter un genre comprenant plusieurs espèces, et l'ensemble des genres de cette même ligne forme une classe ; tous descendent, en effet, d'un même ancêtre et doivent par conséquent posséder quelques caractères communs. Mais les trois genres groupés sur la gauche ont, d'après le même principe, beaucoup de caractères communs et forment une sous-famille distincte de celle comprenant les deux genres suivants, à droite, qui ont divergé d'un parent commun depuis la cinquième période généalogique. Ces cinq genres ont aussi beaucoup de caractères communs, mais pas assez pour former une sous-famille ; ils forment une famille distincte de celle qui renferme les trois genres placés plus à droite, lesquels ont divergé à une période encore plus ancienne. Tous les genres, descendus de A, forment un ordre distinct de celui qui comprend les genres descendus de I. Nous avons donc là un grand nombre d'espèces, descendant d'un ancêtre unique, groupées en genres ; ceux-ci en sous-familles, en familles et en ordres, le tout constituant une grande classe. C'est ainsi, selon moi, que s'explique ce grand fait de la subordination naturelle de tous les êtres organisés en groupes subordonnés à d'autres groupes, fait auquel nous n'accordons pas toujours toute l'attention qu'il mérite, parce qu'il nous est trop familier. On peut, sans doute, classer de plusieurs manières les êtres organisés, comme beaucoup d'autres objets, soit artificiellement d'après leurs caractères isolés, ou plus naturellement, d'après l'ensemble de leurs caractères. Nous savons, par exemple, qu'on peut classer ainsi les minéraux et les substances élémentaires ; dans ce cas, il n'existe, bien entendu, aucun rapport généalogique ; on ne saurait donc alléguer aucune raison à leur division en groupes. Mais, pour les êtres organisés, le cas est différent, et l'hypothèse que je viens d'exposer explique leur arrangement naturel en groupes subordonnés à d'autres groupes, fait dont une autre explication n'a pas encore été tentée.

Les naturalistes, comme nous l'avons vu, cherchent à disposer les espèces, les genres et les familles de chaque classe, d'après ce qu'ils appellent le système naturel. Qu'entend-on par là ? Quelques auteurs le considèrent simplement comme un système imaginaire qui leur permet de grouper ensemble les êtres qui se ressemblent le plus, et de séparer les uns des autres ceux qui diffèrent le plus ; ou bien encore comme un moyen artificiel d'énoncer aussi brièvement que possible des propositions générales, c'est-à-dire de formuler par une phrase les caractères communs, par exemple, à tous les mammifères ; par une autre, ceux qui sont communs à tous les carnassiers ; par une autre, ceux qui sont communs au genre chien, puis en ajoutant une seule autre phrase, de donner la description complète de chaque espèce de chien. Ce système est incontestablement ingénieux et utile. Mais beaucoup de naturalistes estiment que le système naturel comporte quelque chose de plus ; ils croient qu'il contient la révélation du plan du Créateur ; mais à moins qu'on ne précise si cette expression elle-même signifie l'ordre dans le temps ou dans l'espace, ou tous deux, ou enfin ce qu'on entend par plan de création, il me semble que cela n'ajoute rien à nos connaissances. Une énonciation comme celle de Linné, qui est restée célèbre, et que nous rencontrons souvent sous une forme plus ou moins dissimulée, c'est-à-dire que les caractères ne font pas le genre, mais que c'est le genre qui donne les caractères, semble impliquer qu'il y a dans nos classifications quelque chose de plus qu'une simple ressemblance. Je crois qu'il en est ainsi et que le lien que nous révèlent partiellement nos classifications, lien déguisé comme il l'est par divers degrés de modifications, n'est autre que la communauté de descendance, la seule cause connue de la similitude des êtres organisés.

Examinons maintenant les règles suivies en matière de classification, et les difficultés qu'on trouve à les appliquer selon que l'on suppose que la classification indique quelque plan inconnu de création, ou qu'elle n'est simplement qu'un moyen d'énoncer des propositions générales et de grouper ensemble les formes les plus semblables. On aurait pu croire, et on a cru autrefois, que les parties de l'organisation qui déterminent les habitudes vitales et fixent la place générale de chaque être dans l'économie de la nature devaient avoir une haute importance au point de vue de la classification. Rien de plus inexact. Nul ne regarde comme importantes les similitudes extérieures qui existent entre la souris et la musaraigne, le dugong et la baleine, ou la baleine et un poisson. Ces ressemblances, bien qu'en rapport intime avec la vie des individus, ne sont considérées que comme de simples caractères « analogiques » ou « d'adaptation » ; mais nous aurons à revenir sur ce point. On peut même poser en règle générale que, moins une partie de l'organisation est en rapport avec des habitudes spéciales, plus elle devient importante au point de vue de la classification. Owen dit, par exemple, en parlant du dugong : « Les organes de la génération étant ceux qui offrent les rapports les plus éloignés avec les habitudes et la nourriture de l'animal, je les ai toujours considérés comme ceux qui indiquent le plus nettement ses affinités réelles. Nous sommes moins exposés, dans les modifications de ces organes, à prendre un simple caractère d'adaptation pour un caractère essentiel. » Chez les plantes, n'est-il pas remarquable de voir la faible signification des organes de la végétation dont dépendent leur nutrition et leur vie, tandis que les organes reproducteurs, avec leurs produits, la graine et l'embryon, ont une importance capitale ? Nous avons déjà eu occasion de voir l'utilité qu'ont souvent, pour la classification, certains caractères morphologiques dépourvus d'ailleurs de toute importance au point de vue de la fonction. Ceci dépend de leur constance chez beaucoup de groupes alliés, constance qui résulte principalement de ce que la sélection naturelle, ne s'exerçant que sur des caractères utiles, n'a ni conservé ni accumulé les légères déviations de conformation qu'ils ont pu présenter.

Un même organe, tout en ayant, comme nous avons toute raison de le supposer, à peu près la même valeur physiologique dans des groupes alliés, peut avoir une valeur toute différente au point de vue de la classification, et ce fait semble prouver que l'importance physiologique seule ne détermine pas la valeur qu'un organe peut avoir à cet égard. On ne saurait étudier à fond aucun groupe sans être frappé de ce fait que la plupart des savants ont d'ailleurs reconnu. Il suffira de citer les paroles d'une haute autorité, Robert Brown, qui, parlant de certains organes des protéacées, dit, au sujet de leur importance générique, « qu'elle est, comme celle de tous les points de leur conformation, non seulement dans cette famille, mais dans toutes les familles naturelles, très inégale et même, dans quelques cas, absolument nulle. » Il ajoute, dans un autre ouvrage, que les genres des connaracées « diffèrent les uns des autres par la présence d'un ou de plusieurs ovaires, par la présence ou l'absence d'albumen et par leur préfloraison imbriquée ou valvulaire. Chacun de ces caractères pris isolément a souvent une importance plus que générique, bien que, pris tous ensemble, ils semblent insuffisants pour séparer les Cnestis des Connarus. » Pour prendre un autre exemple chez les insectes, Westwood a remarqué que, dans une des principales divisions des hyménoptères, les antennes ont une conformation constante, tandis que dans une autre elles varient beaucoup et présentent des différences d'une valeur très inférieure pour la classification. On ne saurait cependant pas soutenir que, dans ces deux divisions du même ordre, les antennes ont une importance physiologique inégale. On pourrait citer un grand nombre d'exemples prouvant qu'un même organe important peut, dans un même groupe d'êtres vivants, varier quant à sa valeur en matière de classification.

De même, nul ne soutient que les organes rudimentaires ou atrophiés ont une importance vitale ou physiologique considérable ; cependant ces organes ont souvent une haute valeur au point de vue de la classification. Ainsi, il n'est pas douteux que les dents rudimentaires qui se rencontrent à la mâchoire supérieure des jeunes ruminants, et certains os rudimentaires de leur jambe, ne soient fort utiles pour démontrer l'affinité étroite qui existe entre les ruminants et les pachydermes. Robert Brown a fortement insisté sur l'importance qu'a, dans la classification des graminées, la position des fleurettes rudimentaires.

On pourrait citer de nombreux exemples de caractères tirés de parties qui n'ont qu'une importance physiologique insignifiante, mais dont chacun reconnaît l'immense utilité pour la définition de groupes entiers. Ainsi, la présence ou l'absence d'une ouverture entre les fosses nasales et la bouche, le seul caractère, d'après Owen, qui distingue absolument les poissons des reptiles, — l'inflexion de l'angle de la mâchoire chez les marsupiaux, — la manière dont les ailes sont pliées chez les insectes, — la couleur chez certaines algues, — la seule pubescence sur certaines parties de la fleur chez les plantes herbacées, — la nature du vêtement épidermique, tel que les poils ou les plumes, chez les vertébrés. Si l'ornithorynque avait été couvert de plumes au lieu de poils, ce caractère externe et insignifiant aurait été regardé par les naturalistes comme d'un grand secours pour la détermination du degré d'affinité que cet étrange animal présente avec les oiseaux.

L'importance qu'ont, pour la classification, les caractères insignifiants, dépend principalement de leur corrélation avec beaucoup d'autres caractères qui ont une importance plus ou moins grande. Il est évident, en effet, que l'ensemble de plusieurs caractères doit souvent, en histoire naturelle, avoir une grande valeur. Aussi, comme on en a souvent fait la remarque, une espèce peut s'écarter de ses alliées par plusieurs caractères ayant une haute importance physiologique ou remarquables par leur prévalence universelle, sans que cependant nous ayons le moindre doute sur la place où elle doit être classée. C'est encore la raison pour laquelle tous les essais de classification basés sur un caractère unique, quelle qu'en puisse être l'importance, ont toujours échoué, aucune partie de l'organisation n'ayant une constance invariable. L'importance d'un ensemble de caractères, même quand chacun d'eux a une faible valeur, explique seule cet aphorisme de Linné, que les caractères ne donnent pas le genre, mais que le genre donne les caractères ; car cet axiome semble fondé sur l'appréciation d'un grand nombre de points de ressemblance trop légers pour être définis. Certaines plantes de la famille des malpighiacées portent des fleurs parfaites et certaines autres des fleurs dégénérées ; chez ces dernières, ainsi que l'a fait remarquer A. de Jussieu, « la plus grande partie des caractères propres à l'espèce, au genre, à la famille et à la classe disparaissent, et se jouent ainsi de notre classification. »

Mais lorsque l'Aspicarpa n'eut, après plusieurs années de séjour en France, produit que des fleurs dégénérées, s'écartant si fortement, sur plusieurs points essentiels de leur conformation, du type propre à l'ordre, M. Richard reconnut cependant avec une grande sagacité, comme le fait observer Jussieu, que ce genre devait quand même être maintenu parmi les malpighiacées. Cet exemple me paraît bien propre à faire comprendre l'esprit de nos classifications.

En pratique, les naturalistes s'inquiètent peu de la valeur physiologique des caractères qu'ils emploient pour la définition d'un groupe ou la distinction d'une espèce particulière. S'ils rencontrent un caractère presque semblable, commun à un grand nombre de formes et qui n'existe pas chez d'autres, ils lui attribuent une grande valeur ; s'il est commun à un moins grand nombre de formes, ils ne lui attribuent qu'une importance secondaire. Quelques naturalistes ont franchement admis que ce principe est le seul vrai, et nul ne l'a plus clairement avoué que l'excellent botaniste Aug. Saint-Hilaire. Si plusieurs caractères insignifiants se combinent toujours, on leur attribue une valeur toute particulière, bien qu'on ne puisse découvrir entre eux aucun lien apparent de connexion. Les organes importants, tels que ceux qui mettent le sang en mouvement, ceux qui l'amènent au contact de l'air, ou ceux qui servent à la propagation, étant presque uniformes dans la plupart des groupes d'animaux, on les considère comme fort utiles pour la classification ; mais il y a des groupes d'êtres chez lesquels les organes vitaux les plus importants ne fournissent que des caractères d'une valeur secondaire. Ainsi, selon les remarques récentes de Fritz Müller, dans un même groupe de crustacés, les Cypridina sont pourvus d'un cœur, tandis que chez les deux genres alliés, Cypris et Cytherea, cet organe fait défaut ; une espèce de cypridina a des branchies bien développées, tandis qu'une autre en est privée.

On conçoit aisément pourquoi des caractères dérivés de l'embryon doivent avoir une importance égale à ceux tirés de l'adulte, car une classification naturelle doit, cela va sans dire, comprendre tous les âges. Mais, au point de vue de la théorie ordinaire, il n'est nullement évident pourquoi la conformation de l'embryon doit être plus importante dans ce but que celle de l'adulte, qui seul joue un rôle complet dans l'économie de la nature. Cependant, deux grands naturalistes, Agassiz et Milne-Edwards, ont fortement insisté sur ce point, que les caractères embryologiques sont les plus importants de tous, et cette doctrine est très généralement admise comme vraie. Néanmoins, l'importance de ces caractères a été quelquefois exagérée parce que l'on n'a pas exclu les caractères d'adaptation de la larve ; Fritz Müller, pour le démontrer, a classé, d'après ces caractères seuls, la grande classe des crustacés, et il est arrivé à un arrangement peu naturel. Mais il n'en est pas moins certain que les caractères fournis par l'embryon ont une haute valeur, si l'on en exclut les caractères de la larve tant chez les animaux que chez les plantes. C'est ainsi que les divisions fondamentales des plantes phanérogames sont basées sur des différences de l'embryon, c'est-à-dire sur le nombre et la position des cotylédons, et sur le mode de développement de la plumule et de la radicule. Nous allons voir immédiatement que ces caractères n'ont une si grande valeur dans la classification que parce que le système naturel n'est autre chose qu'un arrangement généalogique.

Souvent, nos classifications suivent tout simplement la chaîne des affinités. Rien n'est plus facile que d'énoncer un certain nombre de caractères communs à tous les oiseaux ; mais une pareille définition a jusqu'à présent été reconnue impossible pour les crustacés. On trouve, aux extrémités opposées de la série, des crustacés qui ont à peine un caractère commun, et cependant, les espèces les plus extrêmes étant évidemment alliées à celles qui leur sont voisines, celles-ci à d'autres, et ainsi de suite, on reconnaît que toutes appartiennent à cette classe des articulés et non aux autres.

On a souvent employé dans la classification, peut-être peu logiquement, la distribution géographique, surtout pour les groupes considérables renfermant des formes étroitement alliées. Temminck insiste sur l'utilité et même sur la nécessité de tenir compte de cet élément pour certains groupes d'oiseaux, et plusieurs entomologistes et botanistes ont suivi son exemple.

Quant à la valeur comparative des divers groupes d'espèces, tels que les ordres, les sous-ordres, les familles, les sous-familles et les genres, elle semble avoir été, au moins jusqu'à présent, presque complètement arbitraire. Plusieurs excellents botanistes, tels que M. Bentham et d'autres, ont particulièrement insisté sur cette valeur arbitraire. On pourrait citer, chez les insectes et les plantes, des exemples de groupes de formes considérés d'abord par des naturalistes expérimentés comme de simples genres, puis élevés au rang de sous-famille ou de famille, non que de nouvelles recherches aient révélé d'importantes différences de conformation qui avaient échappé au premier abord, mais parce que depuis l'on a découvert de nombreuses espèces alliées, présentant de légers degrés de différences.

Toutes les règles, toutes les difficultés, tous les moyens de classification qui précèdent, s'expliquent, à moins que je ne me trompe étrangement, en admettant que le système naturel a pour base la descendance avec modifications, et que les caractères regardés par les naturalistes comme indiquant des affinités réelles entre deux ou plusieurs espèces sont ceux qu'elles doivent par hérédité à un parent commun. Toute classification vraie est donc généalogique ; la communauté de descendance est le lien caché que les naturalistes ont, sans en avoir conscience, toujours recherché, sous prétexte de découvrir, soit quelque plan inconnu de création, soit d'énoncer des propositions générales, ou de réunir des choses semblables et de séparer des choses différentes.

Mais je dois m'expliquer plus complètement. Je crois que l'arrangement des groupes dans chaque classe, d'après leurs relations et leur degré de subordination mutuelle, doit, pour être naturel, être rigoureusement généalogique ; mais que la somme des différences dans les diverses branches ou groupes, alliés d'ailleurs au même degré de consanguinité avec leur ancêtre commun, peut différer beaucoup, car elle dépend des divers degrés de modification qu'ils ont subis ; or, c'est là ce qu'exprime le classement des formes en genres, en familles, en sections ou en ordres. Le lecteur comprendra mieux ce que j'entends en consultant la figure du quatrième chapitre. Supposons que les lettres A à L représentent des genres alliés qui vécurent pendant l'époque silurienne, et qui descendent d'une forme encore plus ancienne. Certaines espèces appartenant à trois de ces genres (A, F et I) ont transmis, jusqu'à nos jours, des descendants modifiés, représentés par les quinze genres (a14 à z14) qui occupent la ligne horizontale supérieure. Tous ces descendants modifiés d'une seule espèce sont parents entre eux au même degré ; on pourrait métaphoriquement les appeler cousins à un même millionième degré ; cependant ils diffèrent beaucoup les uns des autres et à des points de vue divers. Les formes descendues de A, maintenant divisées en deux ou trois familles, constituent un ordre distinct de celui comprenant les formes descendues de I, aussi divisé en deux familles. On ne saurait non plus classer dans le même genre que leur forme parente A les espèces actuelles qui en descendent, ni celles dérivant de I dans le même genre que I. Mais on peut supposer que le genre existant F14 n'a été que peu modifié, et on pourra le grouper avec le genre primitif F dont il est issu ; c'est ainsi que quelques organismes encore vivants appartiennent à des genres siluriens. De sorte que la valeur comparative des différences entre ces êtres organisés, tous parents les uns des autres au même degré de consanguinité, a pu être très différente. Leur arrangement généalogique n'en est pas moins resté rigoureusement exact, non seulement aujourd'hui, mais aussi à chaque période généalogique successive. Tous les descendants modifiés de A auront hérité quelque chose en commun de leur commun parent, il en aura été de même de tous les descendants de I, et il en sera de même pour chaque branche subordonnée des descendants dans chaque période successive. Si, toutefois, nous supposons que quelque descendant de A ou de I se soit assez modifié pour ne plus conserver de traces de sa parenté, sa place dans le système naturel sera perdue, ainsi que cela semble devoir être le cas pour quelques organismes existants. Tous les descendants du genre F, dans toute la série généalogique, ne formeront qu'un seul genre, puisque nous supposons qu'ils se sont peu modifiés ; mais ce genre, quoique fort isolé, n'en occupera pas moins la position intermédiaire qui lui est propre. La représentation des groupes indiquée dans la figure sur une surface plane est beaucoup trop simple. Les branches devraient diverger dans toutes les directions. Si nous nous étions bornés à placer en série linéaire les noms des groupes, nous aurions encore moins pu figurer un arrangement naturel, car il est évidemment impossible de représenter par une série, sur une surface plane, les affinités que nous observons dans la nature entre les êtres d'un même groupe. Ainsi donc, le système naturel ramifié ressemble à un arbre généalogique ; mais la somme des modifications éprouvées par les différents groupes doit exprimer leur arrangement en ce qu'on appelle genres, sous-familles, familles, sections, ordres et classes.

Pour mieux faire comprendre cet exposé de la classification, prenons un exemple tiré des diverses langues humaines. Si nous possédions l'arbre généalogique complet de l'humanité, un arrangement généalogique des races humaines présenterait la meilleure classification des diverses langues parlées actuellement dans le monde entier ; si toutes les langues mortes et tous les dialectes intermédiaires et graduellement changeants devaient y être introduits, un tel groupement serait le seul possible. Cependant, il se pourrait que quelques anciennes langues, s'étant fort peu altérées, n'eussent engendré qu'un petit nombre de langues nouvelles ; tandis que d'autres, par suite de l'extension, de l'isolement, ou de l'état de civilisation des différentes races codescendantes, auraient pu se modifier considérablement et produire ainsi un grand nombre de nouveaux dialectes et de nouvelles langues. Les divers degrés de différences entre les langues dérivant d'une même souche devraient donc s'exprimer par des groupes subordonnés à d'autres groupes ; mais le seul arrangement convenable ou même possible serait encore l'ordre généalogique. Ce serait, en même temps, l'ordre strictement naturel, car il rapprocherait toutes les langues mortes et vivantes, suivant leurs affinités les plus étroites, en indiquant la filiation et l'origine de chacune d'elles.

Pour vérifier cette hypothèse, jetons un coup d'œil sur la classification des variétés qu'on suppose ou qu'on sait descendues d'une espèce unique. Les variétés sont groupées sous les espèces, les sous-variétés sous les variétés, et, dans quelques cas même, comme pour les pigeons domestiques, on distingue encore plusieurs autres nuances de différences. On suit, en un mot, à peu près les mêmes règles que pour la classification des espèces. Les auteurs ont insisté sur la nécessité de classer les variétés d'après un système naturel et non pas d'après un système artificiel ; on nous avertit, par exemple, de ne pas classer ensemble deux variétés d'ananas, bien que leurs fruits, la partie la plus importante de la plante, soient presque identiques ; nul ne place ensemble le navet commun et le navet de Suède, bien que leurs tiges épaisses et charnues soient si semblables. On classe les variétés d'après les parties qu'on reconnaît être les plus constantes ;

ainsi, le grand agronome Marshall dit que, pour la classification du bétail, on se sert avec avantage des cornes, parce que ces organes varient moins que la forme ou la couleur du corps, etc., tandis que, chez les moutons, les cornes sont moins utiles sous ce rapport, parce qu'elles sont moins constantes. Pour les variétés, je suis convaincu que l'on préférerait certainement une classification généalogique, si l'on avait tous les documents nécessaires pour l'établir ; on l'a essayé, d'ailleurs, dans quelques cas. On peut être certain, en effet, quelle qu'ait été du reste l'importance des modifications subies, que le principe d'hérédité doit tendre à grouper ensemble les formes alliées par le plus grand nombre de points de ressemblance. Bien que quelques sous-variétés du pigeon culbutant diffèrent des autres par leur long bec, ce qui est un caractère important, elles sont toutes reliées les unes aux autres par l'habitude de culbuter, qui leur est commune ; la race à courte face a, il est vrai, presque totalement perdu cette aptitude, ce qui n'empêche cependant pas qu'on la maintienne dans ce même groupe, à cause de certains points de ressemblance et de sa communauté d'origine avec les autres.

À l'égard des espèces à l'état de nature, chaque naturaliste a toujours fait intervenir l'élément généalogique dans ses classifications, car il comprend les deux sexes dans la dernière de ses divisions, l'espèce ; on sait, cependant, combien les deux sexes diffèrent parfois l'un de l'autre par les caractères les plus importants. C'est à peine si l'on peut attribuer un seul caractère commun aux mâles adultes et aux hermaphrodites de certains cirripèdes, que cependant personne ne songe à séparer. Aussitôt qu'on eut reconnu que les trois formes d'orchidées, antérieurement groupées dans les trois genres Monocanthus, Myanthus et Catusetum, se rencontrent parfois sur la même plante, on les considéra comme des variétés ; j'ai pu démontrer depuis qu'elles n'étaient autre chose que les formes mâle, femelle et hermaphrodite de la même espèce. Les naturalistes comprennent dans une même espèce les diverses phases de la larve d'un même individu, quelque différentes qu'elles puissent être l'une de l'autre et de la forme adulte ; ils y comprennent également les générations dites alternantes de Steenstrup, qu'on ne peut que techniquement considérer comme formant un même individu. Ils comprennent encore dans l'espèce les formes monstrueuses et les variétés, non parce qu'elles ressemblent partiellement à leur forme parente, mais parce qu'elles en descendent.

Puisqu'on a universellement invoqué la généalogie pour classer ensemble les individus de la même espèce, malgré les grandes différences qui existent quelquefois entre les mâles, les femelles et les larves ; puisqu'on s'est fondé sur elle pour grouper des variétés qui ont subi des changements parfois très considérables, ne pourrait-il pas se faire qu'on ait utilisé, d'une manière inconsciente, ce même élément généalogique pour le groupement des espèces dans les genres, et de ceux-ci dans les groupes plus élevés, sous le nom de système naturel ? Je crois que tel est le guide qu'on a inconsciemment suivi et je ne saurais m'expliquer autrement la raison des diverses règles auxquelles se sont conformés nos meilleurs systématistes. Ne possédant point de généalogies écrites, il nous faut déduire la communauté d'origine de ressemblances de tous genres. Nous choisissons pour cela les caractères qui, autant que nous en pouvons juger, nous paraissent probablement avoir été le moins modifiés par l'action des conditions extérieures auxquelles chaque espèce a été exposée dans une période récente. À ce point de vue, les conformations rudimentaires sont aussi bonnes, souvent meilleures, que d'autres parties de l'organisation. L'insignifiance d'un caractère nous importe peu ; que ce soit une simple inflexion de l'angle de la mâchoire, la manière dont l'aile d'un insecte est pliée, que la peau soit garnie de plumes ou de poils, peu importe ; pourvu que ce caractère se retrouve chez des espèces nombreuses et diverses et surtout chez celles qui ont des habitudes très différentes, il acquiert aussitôt une grande valeur ; nous ne pouvons, en effet, expliquer son existence chez tant de formes, à habitudes si diverses, que par l'influence héréditaire d'un ancêtre commun. Nous pouvons à cet égard nous tromper sur certains points isolés de conformation ; mais, lorsque plusieurs caractères, si insignifiants qu'ils soient, se retrouvent dans un vaste groupe d'êtres doués d'habitudes différentes, on peut être à peu près certain, d'après la théorie de la descendance, que ces caractères proviennent par hérédité d'un commun ancêtre ; or, nous savons que ces ensembles de caractères ont une valeur toute particulière en matière de classification.

Il devient aisé de comprendre pourquoi une espèce ou un groupe d'espèces, bien que s'écartant des formes alliées par quelques traits caractéristiques importants, doit cependant être classé avec elles ; ce qui peut se faire et se fait souvent, lorsqu'un nombre suffisant de caractères, si insignifiants qu'ils soient, subsiste pour trahir le lien caché dû à la communauté d'origine. Lorsque deux formes extrêmes n'offrent pas un seul caractère en commun, il suffit de l'existence d'une série continue de groupes intermédiaires, les reliant l'une à l'autre, pour nous autoriser à conclure à leur communauté d'origine et à les réunir dans une même classe. Comme les organes ayant une grande importance physiologique, ceux par exemple qui servent à maintenir la vie dans les conditions d'existence les plus diverses, sont généralement les plus constants, nous leur accordons une valeur spéciale ; mais si, dans un autre groupe ou dans une section de groupe, nous voyons ces mêmes organes différer beaucoup, nous leur attribuons immédiatement moins d'importance pour la classification. Nous verrons tout à l'heure pourquoi, à ce point de vue, les caractères embryologiques ont une si haute valeur. La distribution géographique peut parfois être employée utilement dans le classement des grands genres, parce que toutes les espèces d'un même genre, habitant une région isolée et distincte, descendent, selon toute probabilité, des mêmes parents.

Ressemblances analogues.

Les remarques précédentes nous permettent de comprendre la distinction très essentielle qu'il importe d'établir entre les affinités réelles et les ressemblances d'adaptation ou ressemblances analogues. Lamarck a le premier attiré l'attention sur cette distinction, admise ensuite par Macleay et d'autres. La ressemblance générale du corps et celle des membres antérieurs en forme de nageoires qu'on remarque entre le Dugong, animal pachyderme, et la baleine, ainsi que la ressemblance entre ces deux mammifères et les poissons, sont des ressemblances analogues. Il en est de même de la ressemblance entre la souris et la musaraigne (Sorex), appartenant à des ordres différents, et de celle, encore beaucoup plus grande, selon les observations de M. Mivart, existant entre la souris et un petit marsupial (Antechinus) d'Australie. On peut, à ce qu'il me semble, expliquer ces dernières ressemblances par une adaptation à des mouvements également actifs au milieu de buissons et d'herbages, permettant plus facilement à l'animal d'échapper à ses ennemis.

On compte d'innombrables cas de ressemblance chez les insectes ; ainsi Linné, trompé par l'apparence extérieure, classa un insecte homoptère parmi les phalènes. Nous remarquons des faits analogues même chez nos variétés domestiques, la similitude frappante, par exemple, des formes des races améliorées du porc commun et du porc chinois, descendues d'espèces différentes ; tout comme dans les tiges semblablement épaissies du navet commun et du navet de Suède. La ressemblance entre le lévrier et le cheval de course est à peine plus imaginaire que certaines analogies que beaucoup de savants ont signalées entre des animaux très différents.

En partant de ce principe, que les caractères n'ont d'importance réelle pour la classification qu'autant qu'ils révèlent les affinités généalogiques, on peut aisément comprendre pourquoi des caractères analogues ou d'adaptation, bien que d'une haute importance pour la prospérité de l'individu, peuvent n'avoir presque aucune valeur pour les systématistes. Des animaux appartenant à deux lignées d'ancêtres très distinctes peuvent, en effet, s'être adaptés à des conditions semblables, et avoir ainsi acquis une grande ressemblance extérieure ; mais ces ressemblances, loin de révéler leurs relations de parenté, tendent plutôt à les dissimuler. Ainsi s'explique encore ce principe, paradoxal en apparence, que les mêmes caractères sont analogues lorsqu'on compare un groupe à un autre groupe, mais qu'ils révèlent de véritables affinités chez les membres d'un même groupe, comparés les uns aux autres. Ainsi, la forme du corps et les membres en forme de nageoires sont des caractères purement analogues lorsqu'on compare la baleine aux poissons, parce qu'ils constituent dans les deux classes une adaptation spéciale en vue d'un mode de locomotion aquatique ; mais la forme du corps et les membres en forme de nageoires prouvent de véritables affinités entre les divers membres de la famille des baleines, car ces divers caractères sont si exactement semblables dans toute la famille, qu'on ne saurait douter qu'ils ne proviennent par hérédité d'un ancêtre commun. Il en est de même pour les poissons.

On pourrait citer, chez des êtres absolument distincts, de nombreux cas de ressemblance extraordinaire entre des organes isolés, adaptés aux mêmes fonctions. L'étroite ressemblance de la mâchoire du chien avec celle du loup tasmanien (Thylacinus), animaux très éloignés l'un de l'autre dans le système naturel, en offre un excellent exemple. Cette ressemblance, toutefois, se borne à un aspect général, tel que la saillie des canines et la forme incisive des molaires. Mais les dents diffèrent réellement beaucoup : ainsi le chien porte, de chaque côté de la mâchoire supérieure, quatre prémolaires et seulement deux molaires, tandis que le thylacinus a trois prémolaires et quatre molaires. La conformation et la grandeur relative des molaires diffèrent aussi beaucoup chez les deux animaux. La dentition adulte est précédée d'une dentition de lactation tout à fait différente. On peut donc nier que, dans les deux cas, ce soit la sélection naturelle de variations successives qui a adapté les dents à déchirer la chair ; mais il m'est impossible de comprendre qu'on puisse l'admettre dans un cas et le nier dans l'autre. Je suis heureux de voir que le professeur Flower, dont l'opinion a un si grand poids, en est arrivé à la même conclusion.

Les cas extraordinaires, cités dans un chapitre antérieur, relatifs à des poissons très différents pourvus d'appareils électriques, à des insectes très divers possédant des organes lumineux, et à des orchidées et à des asclépiades à masses de pollen avec disques visqueux, doivent rentrer aussi sous la rubrique des ressemblances analogues. Mais ces cas sont si étonnants, qu'on les a présentés comme des difficultés ou des objections contre ma théorie. Dans tous les cas, on peut observer quelque différence fondamentale dans la croissance ou le développement des organes, et généralement dans la conformation adulte. Le but obtenu est le même, mais les moyens sont essentiellement différents, bien que paraissant superficiellement les mêmes. Le principe auquel nous avons fait allusion précédemment sous le nom de variation analogue a probablement joué souvent un rôle dans les cas de ce genre. Les membres de la même classe, quoique alliés de très loin, ont hérité de tant de caractères constitutionnels communs, qu'ils sont aptes à varier d'une façon semblable sous l'influence de causes de même nature, ce qui aiderait évidemment l'acquisition par la sélection naturelle d'organes ou de parties se ressemblant étonnamment, en dehors de ce qu'a pu produire l'hérédité directe d'un ancêtre commun.

Comme des espèces appartenant à des classes distinctes se sont souvent adaptées par suite de légères modifications successives à vivre dans des conditions presque semblables — par exemple, à habiter la terre, l'air ou l'eau — il n'est peut-être pas impossible d'expliquer comment il se fait qu'on ait observe quelquefois un parallélisme numérique entre les sous-groupes de classes distinctes. Frappé d'un parallélisme de ce genre, un naturaliste, en élevant ou en rabaissant arbitrairement la valeur des groupes de plusieurs classes, valeur jusqu'ici complètement arbitraire, ainsi que l'expérience l'a toujours prouvé, pourrait aisément donner à ce parallélisme une grande extension ; c'est ainsi que, très probablement, on a imaginé les classifications septénaires, quinaires, quaternaires et ternaires.

Il est une autre classe de faits curieux dans lesquels la ressemblance extérieure ne résulte pas d'une adaptation à des conditions d'existence semblables, mais provient d'un besoin de protection. Je fais allusion aux faits observés pour la première fois par M. Bates, relativement à certains papillons qui copient de la manière la plus étonnante d'autres espèces complètement distinctes. Cet excellent observateur a démontré que, dans certaines régions de l'Amérique du Sud, où, par exemple, pullulent les essaims brillants d'Ithomia, un autre papillon, le Leptalis, se faufile souvent parmi les ithomia, auxquels il ressemble si étrangement par la forme, la nuance et les taches de ses ailes, que M. Bates, quoique exercé par onze ans de recherches, et toujours sur ses gardes, était cependant trompé sans cesse. Lorsqu'on examine le modèle et la copie et qu'on les compare l'un à l'autre, on trouve que leur conformation essentielle diffère entièrement, et qu'ils appartiennent non seulement à des genres différents, mais souvent à des familles distinctes. Une pareille ressemblance aurait pu être considérée comme une bizarre coïncidence, si elle ne s'était rencontrée qu'une ou deux fois. Mais, dans les régions où les Leptalis copient les Ithomia, on trouve d'autres espèces appartenant aux mêmes genres, s'imitant les unes des autres avec le même degré de ressemblance. On a énuméré jusqu'à dix genres contenant des espèces qui copient d'autres papillons. Les espèces copiées et les espèces copistes habitent toujours les mêmes localités, et on ne trouve jamais les copistes sur des points éloignés de ceux qu'occupent les espèces qu'ils imitent. Les copistes ne comptent habituellement que peu d'individus, les espèces copiées fourmillent presque toujours par essaims. Dans les régions où une espèce de Leptalis copie une Ithomia, il y a quelquefois d'autres lépidoptères qui copient aussi la même ithomia ; de sorte que, dans un même lieu, on peut rencontrer des espèces appartenant à trois genres de papillons, et même une phalène, qui toutes ressemblent à un papillon appartenant à un quatrième genre. Il faut noter spécialement, comme le démontrent les séries graduées qu'on peut établir entre plusieurs formes de leptalis copistes et les formes copiées, qu'il en est un grand nombre qui ne sont que de simples variétés de la même espèce, tandis que d'autres appartiennent, sans aucun doute, à des espèces distinctes. Mais pourquoi, peut-on se demander, certaines formes sont-elles toujours copiées, tandis que d'autres jouent toujours le rôle de copistes ? M. Bates répond d'une manière satisfaisante à cette question en démontrant que la forme copiée conserve les caractères habituels du groupe auquel elle appartient, et que ce sont les copistes qui ont changé d'apparence extérieure et cessé de ressembler à leurs plus proches alliés.

Nous sommes ensuite conduits à rechercher pour quelle raison certains papillons ou certaines phalènes revêtent si fréquemment l'apparence extérieure d'une autre forme tout à fait distincte, et pourquoi, à la grande perplexité des naturalistes, la nature s'est livrée à de semblables déguisements. M. Bates, à mon avis, en a fourni la véritable explication. Les formes copiées, qui abondent toujours en individus, doivent habituellement échapper largement à la destruction, car autrement elles n'existeraient pas en quantités si considérables ; or, on a aujourd'hui la preuve qu'elles ne servent jamais de proie aux oiseaux ni aux autres animaux qui se nourrissent d'insectes, à cause, sans doute, de leur goût désagréable. Les copistes, d'une part, qui habitent la même localité, sont comparativement fort rares, et appartiennent à des groupes qui le sont également ; ces espèces doivent donc être exposées à quelque danger habituel, car autrement, vu le nombre des œufs que pondent tous les papillons, elles fourmilleraient dans tout le pays au bout de trois ou quatre générations. Or, si un membre d'un de ces groupes rares et persécutés vient à emprunter la parure d'une espèce mieux protégée, et cela de façon assez parfaite pour tromper l'œil d'un entomologiste exercé, il est probable qu'il pourrait tromper aussi les oiseaux de proie et les insectes carnassiers, et par conséquent échapper à la destruction. On pourrait presque dire que M. Bates a assisté aux diverses phases par lesquelles ces formes copistes en sont venues à ressembler de si près aux formes copiées ; il a remarqué, en effet, que quelques-unes des formes de leptalis qui copient tant d'autres papillons sont variables au plus haut degré. Il en a rencontré dans un district plusieurs variétés, dont une seule ressemble jusqu'à un certain point à l'ithomia commune de la localité. Dans un autre endroit se trouvaient deux ou trois variétés, dont l'une, plus commune que les autres, imitait à s'y méprendre une autre forme d'ithomia. M. Bates, se basant sur des faits de ce genre, conclut que le leptalis varie d'abord ; puis, quand une variété arrive à ressembler quelque peu à un papillon abondant dans la même localité, cette variété, grâce à sa similitude avec une forme prospère et peu inquiétée, étant moins exposée à être la proie des oiseaux et des insectes, est par conséquent plus souvent conservée ; — « les degrés de ressemblance moins parfaite étant successivement éliminés dans chaque génération, les autres finissent par rester seuls pour propager leur type. » Nous avons là un exemple excellent de sélection naturelle.

MM. Wallace et Trimen ont aussi décrit plusieurs cas d'imitation également frappants, observés chez les lépidoptères, dans l'archipel malais ; et, en Afrique, chez des insectes appartenant à d'autres ordres, M. Wallace a observé aussi un cas de ce genre chez les oiseaux, mais nous n'en connaissons aucun chez les mammifères. La fréquence plus grande de ces imitations chez les insectes que chez les autres animaux est probablement une conséquence de leur petite taille ; les insectes ne peuvent se défendre, sauf toutefois ceux qui sont armés d'un aiguillon, et je ne crois pas que ces derniers copient jamais d'autres insectes, bien qu'ils soient eux-mêmes copiés très souvent par d'autres. Les insectes ne peuvent échapper par le vol aux plus grands animaux qui les poursuivent ; ils se trouvent donc réduits, comme tous les êtres faibles, à recourir à la ruse et à la dissimulation.

Il est utile de faire observer que ces imitations n'ont jamais dû commencer entre des formes complètement dissemblables au point de vue de la couleur. Mais si l'on suppose que deux espèces se ressemblent déjà quelque peu, les raisons que nous venons d'indiquer expliquent aisément une ressemblance absolue entre ces deux espèces à condition que cette ressemblance soit avantageuse à l'une d'elles. Si, pour une cause quelconque, la forme copiée s'est ensuite graduellement modifiée, la forme copiste a dû entrer dans la même voie et se modifier aussi dans des proportions telles, qu'elle a dû revêtir un aspect et une coloration absolument différents de ceux des autres membres de la famille à laquelle elle appartient. Il y a, cependant, de ce chef une certaine difficulté, car il est nécessaire de supposer, dans quelques cas, que des individus appartenant à plusieurs groupes distincts ressemblaient, avant de s'être modifiés autant qu'ils le sont aujourd'hui, à des individus d'un autre groupe mieux protégé ; cette ressemblance accidentelle ayant servi de base à l'acquisition ultérieure d'une ressemblance parfaite.

Sur la nature des affinités reliant les êtres organisés.

Comme les descendants modifiés d'espèces dominantes appartenant aux plus grands genres tendent à hériter des avantages auxquels les groupes dont ils font partie doivent leur extension et leur prépondérance, ils sont plus aptes à se répandre au loin et à occuper des places nouvelles dans l'économie de la nature. Les groupes les plus grands et les plus dominants dans chaque classe tendent ainsi à s'agrandir davantage, et, par conséquent, à supplanter beaucoup d'autres groupes plus petits et plus faibles. On s'explique ainsi pourquoi tous les organismes, éteints et vivants, sont compris dans un petit nombre d'ordres et dans un nombre de classes plus restreint encore. Un fait assez frappant prouve le petit nombre des groupes supérieurs et leur vaste extension sur le globe, c'est que la découverte de l'Australie n'a pas ajouté un seul insecte appartenant à une classe nouvelle ; c'est ainsi que, dans le règne végétal, cette découverte n'a ajouté, selon le docteur Hooker, que deux ou trois petites familles à celles que nous connaissions déjà.

J'ai cherché à établir, dans le chapitre sur la succession géologique, en vertu du principe que chaque groupe a généralement divergé beaucoup en caractères pendant la marche longue et continue de ses modifications, comment il se fait que les formes les plus anciennes présentent souvent des caractères jusqu'à un certain point intermédiaires entre des groupes existants. Un petit nombre de ces formes anciennes et intermédiaires a transmis jusqu'à ce jour des descendants peu modifiés, qui constituent ce qu'on appelle les espèces aberrantes. Plus une forme est aberrante, plus le nombre des formes exterminées et totalement disparues qui la rattachaient à d'autres formes doit être considérable. Nous avons la preuve que les groupes aberrants ont dû subir de nombreuses extinctions, car ils ne sont ordinairement représentés que par un très petit nombre d'espèces ; ces espèces, en outre, sont le plus souvent très distinctes les unes des autres, ce qui implique encore de nombreuses extinctions. Les genres Ornithorynchus et Lepidosiren, par exemple, n'auraient pas été moins aberrants s'ils eussent été représentés chacun par une douzaine d'espèces au lieu de l'être aujourd'hui par une seule, par deux ou par trois. Nous ne pouvons, je crois, expliquer ce fait qu'en considérant les groupes aberrants comme des formes vaincues par des concurrents plus heureux, et qu'un petit nombre de membres qui se sont conservés sur quelques points, grâce à des conditions particulièrement favorables, représentent seuls aujourd'hui.

M. Waterhouse a remarqué que, lorsqu'un animal appartenant à un groupe présente quelque affinité avec un autre groupe tout à fait distinct, cette affinité est, dans la plupart des cas, générale et non spéciale. Ainsi, d'après M. Waterhouse, la viscache est, de tous les rongeurs, celui qui se rapproche le plus des marsupiaux ; mais ses rapports avec cet ordre portent sur des points généraux, c'est-à-dire qu'elle ne se rapproche pas plus d'une espèce particulière de marsupial que d'une autre. Or, comme on admet que ces affinités sont réelles et non pas simplement le résultat d'adaptations, elles doivent, selon ma théorie, provenir par hérédité d'un ancêtre commun. Nous devons donc supposer, soit que tous les rongeurs, y compris la viscache, descendent de quelque espèce très ancienne de l'ordre des marsupiaux qui aurait naturellement présenté des caractères plus ou moins intermédiaires entre les formes existantes de cet ordre ; soit que les rongeurs et les marsupiaux descendent d'un ancêtre commun et que les deux groupes ont depuis subi de profondes modifications dans des directions divergentes. Dans les deux cas, nous devons admettre que la viscache a conservé, par hérédité, un plus grand nombre de caractères de son ancêtre primitif que ne l'ont fait les autres rongeurs ; par conséquent, elle ne doit se rattacher spécialement à aucun marsupial existant, mais indirectement à tous, ou à presque tous, parce qu'ils ont conservé en partie le caractère de leur commun ancêtre ou de quelque membre très ancien du groupe. D'autre part, ainsi que le fait remarquer M. Waterhouse, de tous les marsupiaux, c'est le phascolomys qui ressemble le plus, non à une espèce particulière de rongeurs, mais en général à tous les membres de cet ordre. On peut toutefois, dans ce cas, soupçonner que la ressemblance est purement analogue, le phascolomys ayant pu s'adapter à des habitudes semblables à celles des rongeurs. A.-P. de Candolle a fait des observations à peu près analogues sur la nature générale des affinités de familles distinctes de plantes.

En partant du principe que les espèces descendues d'un commun parent se multiplient en divergeant graduellement en caractères, tout en conservant par héritage quelques caractères communs, on peut expliquer les affinités complexes et divergentes qui rattachent les uns aux autres tous les membres d'une même famille ou même d'un groupe plus élevé. En effet, l'ancêtre commun de toute une famille, actuellement fractionnée par l'extinction en groupes et en sous-groupes distincts, a dû transmettre à toutes les espèces quelques-uns de ses caractères modifiés de diverses manières et à divers degrés ; ces diverses espèces doivent, par conséquent, être alliées les unes aux autres par des lignes d'affinités tortueuses et de longueurs inégales, remontant dans le passé par un grand nombre d'ancêtres, comme on peut le voir dans la figure à laquelle j'ai déjà si souvent renvoyé le lecteur. De même qu'il est fort difficile de saisir les rapports de parenté entre les nombreux descendants d'une noble et ancienne famille, ce qui est même presque impossible sans le secours d'un arbre généalogique, on peut comprendre combien a dû être grande, pour le naturaliste, la difficulté de décrire, sans l'aide d'une figure, les diverses affinités qu'il remarque entre les nombreux membres vivants et éteints d'une même grande classe naturelle.

L'extinction, ainsi que nous l'avons vu au quatrième chapitre, a joué un rôle important en déterminant et en augmentant toujours les intervalles existant entre les divers groupes de chaque classe. Nous pouvons ainsi nous expliquer pourquoi les diverses classes sont si distinctes les unes des autres, la classe des oiseaux, par exemple, comparée aux autres vertébrés. Il suffit d'admettre qu'un grand nombre de formes anciennes, qui reliaient autrefois les ancêtres reculés des oiseaux à ceux des autres classes de vertébrés, alors moins différenciées, se sont depuis tout à fait perdues. L'extinction des formes qui reliaient autrefois les poissons aux batraciens a été moins complète ; il y a encore eu moins d'extinction dans d'autres classes, celle des crustacés par exemple, car les formes les plus étonnamment diverses y sont encore reliées par une longue chaîne d'affinités qui n'est que partiellement interrompue. L'extinction n'a fait que séparer les groupes ; elle n'a contribué en rien à les former ; car, si toutes les formes qui ont vécu sur la terre venaient à reparaître, il serait sans doute impossible de trouver des définitions de nature à distinguer chaque groupe, mais leur classification naturelle ou plutôt leur arrangement naturel serait possible. C'est ce qu'il est facile de comprendre en reprenant notre figure. Les lettres A à L peuvent représenter onze genres de l'époque silurienne, dont quelques-uns ont produit des groupes importants de descendants modifiés ; on peut supposer que chaque forme intermédiaire, dans chaque branche, est encore vivante et que ces formes intermédiaires ne sont pas plus écartées les unes des autres que le sont les variétés actuelles. En pareil cas, il serait absolument impossible de donner des définitions qui permissent de distinguer les membres des divers groupes de leurs parents et de leurs descendants immédiats. Néanmoins, l'arrangement naturel que représente la figure n'en serait pas moins exact ; car, en vertu du principe de l'hérédité, toutes les formes descendant de A, par exemple, posséderaient quelques caractères communs. Nous pouvons, dans un arbre, distinguer telle ou telle branche, bien qu'à leur point de bifurcation elles s'unissent et se confondent. Nous ne pourrions pas, comme je l'ai dit, définir les divers groupes ; mais nous pourrions choisir des types ou des formes comportant la plupart des caractères de chaque groupe petit ou grand, et donner ainsi une idée générale de la valeur des différences qui les séparent. C'est ce que nous serions obligés de faire, si nous parvenions jamais à recueillir toutes les formes d'une classe qui ont vécu dans le temps et dans l'espace. Il est certain que nous n'arriverons jamais à parfaire une collection aussi complète ; néanmoins, pour certaines classes, nous tendons à ce résultat ; et Milne-Edwards a récemment insisté, dans un excellent mémoire, sur l'importance qu'il y a à s'attacher aux types, que nous puissions ou non séparer et définir les groupes auxquels ces types appartiennent.

En résumé, nous avons vu que la sélection naturelle, qui résulte de la lutte pour l'existence et qui implique presque inévitablement l'extinction des espèces et la divergence des caractères chez les descendants d'une même espèce parente, explique les grands traits généraux des affinités de tous les êtres organisés, c'est-à-dire leur classement en groupes subordonnés à d'autres groupes. C'est en raison des rapports généalogiques que nous classons les individus des deux sexes et de tous les âges dans une même espèce, bien qu'ils puissent n'avoir que peu de caractères en commun ; la classification des variétés reconnues, quelque différentes qu'elles soient de leurs parents, repose sur le même principe, et je crois que cet élément généalogique est le lien caché que les naturalistes ont cherché sous le nom de système naturel. Dans l'hypothèse que le système naturel, au point où il en est arrivé, est généalogique en son arrangement, les termes genres, familles, ordres, etc., n'expriment que des degrés de différence et nous pouvons comprendre les règles auxquelles nous sommes forcés de nous conformer dans nos classifications. Nous pouvons comprendre pourquoi nous accordons à certaines ressemblances plus de valeur qu'à certaines autres ; pourquoi nous utilisons les organes rudimentaires et inutiles, ou n'ayant que peu d'importance physiologique ; pourquoi, en comparant un groupe avec un autre groupe distinct, nous repoussons sommairement les caractères analogues ou d'adaptation, tout en les employant dans les limites d'un même groupe. Nous voyons clairement comment il se fait que toutes les formes vivantes et éteintes peuvent être groupées dans quelques grandes classes, et comment il se fait que les divers membres de chacune d'elles sont réunis les uns aux autres par les lignes d'affinité les plus complexes et les plus divergentes. Nous ne parviendrons probablement jamais à démêler l'inextricable réseau des affinités qui unissent entre eux les membres de chaque classe ; mais, si nous nous proposons un but distinct, sans chercher quelque plan de création inconnu, nous pouvons espérer faire des progrès lents, mais sûrs.

Le professeur Hæckel, dans sa Generelle Morphologie et dans d'autres ouvrages récents, s'est occupé avec sa science et son talent habituels de ce qu'il appelle la phylogénie, ou les lignes généalogiques de tous les êtres organisés. C'est surtout sur les caractères embryologiques qu'il s'appuie pour rétablir ses diverses séries, mais il s'aide aussi des organes rudimentaires et homologues, ainsi que des périodes successives auxquelles les diverses formes de la vie ont, suppose-t-on, paru pour la première fois dans nos formations géologiques. Il a ainsi commencé une œuvre hardie et il nous a montré comment la classification doit être traitée à l'avenir.

MORPHOLOGIE.

Nous avons vu que les membres de la même classe, indépendamment de leurs habitudes d'existence, se ressemblent par le plan général de leur organisation. Cette ressemblance est souvent exprimée par le terme d'unité de type, c'est-à-dire que chez les différentes espèces de la même classe les diverses parties et les divers organes sont homologues. L'ensemble de ces questions prend le nom général de morphologie et constitue une des parties les plus intéressantes de l'histoire naturelle, dont elle peut être considérée comme l'âme. N'est-il pas très remarquable que la main de l'homme faite pour saisir, la griffe de la taupe destinée à fouir la terre, la jambe du cheval, la nageoire du marsouin et l'aile de la chauve-souris, soient toutes construites sur un même modèle et renferment des os semblables, situés dans les mêmes positions relatives ? N'est-il pas extrêmement curieux, pour donner un exemple d'un ordre moins important, mais très frappant, que les pieds postérieurs du kangourou, si bien appropriés aux bonds énormes que fait cet animal dans les plaines ouvertes ; ceux du koala, grimpeur et mangeur de feuilles, également bien conformés pour saisir les branches ; ceux des péramèles qui vivent dans des galeries souterraines et qui se nourrissent d'insectes ou de racines, et ceux de quelques autres marsupiaux australiens, soient tous construits sur le même type extraordinaire, c'est-à-dire que les os du second et du troisième doigt sont très minces et enveloppés dans une même peau, de telle sorte qu'ils ressemblent à un doigt unique pourvu de deux griffes ? Malgré cette similitude de type, il est évident que les pieds postérieurs de ces divers animaux servent aux usages les plus différents que l'on puisse imaginer. Le cas est d'autant plus frappant que les opossums américains, qui ont presque les mêmes habitudes d'existence que certains de leurs parents australiens, ont les pieds construits sur le plan ordinaire. Le professeur Flower, à qui j'ai emprunté ces renseignements, conclut ainsi : « On peut appliquer aux faits de ce genre l'expression de conformité au type, sans approcher beaucoup de l'explication du phénomène ; » puis il ajoute : « Mais ces faits n'éveillent-ils pas puissamment l'idée d'une véritable parenté et de la descendance d'un ancêtre commun ? »

Geoffroy Saint-Hilaire a beaucoup insisté sur la haute importance de la position relative ou de la connexité des parties homologues, qui peuvent différer presque à l'infini sous le rapport de la forme et de la grosseur, mais qui restent cependant unies les unes aux autres suivant un ordre invariable. Jamais, par exemple, on n'a observé une transposition des os du bras et de l'avant-bras, ou de la cuisse et de la jambe. On peut donc donner les mêmes noms aux os homologues chez les animaux les plus différents. La même loi se retrouve dans la construction de la bouche des insectes ; quoi de plus différent que la longue trompe roulée en spirale du papillon sphinx, que celle si singulièrement repliée de l'abeille ou de la punaise, et que les grandes mâchoires d'un coléoptère ? Tous ces organes, cependant, servant à des usages si divers, sont formés par des modifications infiniment nombreuses d'une lèvre supérieure, de mandibules et de deux paires de mâchoires. La même loi règle la construction de la bouche et des membres des crustacés. Il en est de même des fleurs des végétaux.

Il n'est pas de tentative plus vaine que de vouloir expliquer cette similitude du type chez les membres d'une classe par l'utilité ou par la doctrine des causes finales. Owen a expressément admis l'impossibilité d'y parvenir dans son intéressant ouvrage sur la Nature des membres. Dans l'hypothèse de la création indépendante de chaque être, nous ne pouvons que constater ce fait en ajoutant qu'il a plu au Créateur de construire tous les animaux et toutes les plantes de chaque grande classe sur un plan uniforme ; mais ce n'est pas là une explication scientifique.

L'explication se présente, au contraire, d'elle-même, pour ainsi dire, dans la théorie de la sélection des modifications légères et successives, chaque modification étant avantageuse en quelque manière à la forme modifiée et affectant souvent par corrélation d'autres parties de l'organisation. Dans les changements de cette nature, il ne saurait y avoir qu'une bien faible tendance à modifier le plan primitif, et aucune à en transposer les parties. Les os d'un membre peuvent, dans quelque proportion que ce soit, se raccourcir et s'aplatir, ils peuvent s'envelopper en même temps d'une épaisse membrane, de façon à servir de nageoire ; ou bien, les os d'un pied palmé peuvent s'allonger plus ou moins considérablement en même temps que la membrane interdigitale, et devenir ainsi une aile ; cependant toutes ces modifications ne tendent à altérer en rien la charpente des os ou leurs rapports relatifs. Si nous supposons un ancêtre reculé, qu'on pourrait appeler l'archétype de tous les mammifères, de tous les oiseaux et de tous les reptiles, dont les membres avaient la forme générale actuelle, quel qu'ait pu, d'ailleurs, être l'usage de ces membres, nous pouvons concevoir de suite la construction homologue des membres chez tous les représentants de la classe entière. De même, à l'égard de la bouche des insectes ; nous n'avons qu'à supposer un ancêtre commun pourvu d'une lèvre supérieure, de mandibules et de deux paires de mâchoires, toutes ces parties ayant peut-être une forme très simple ; la sélection naturelle suffit ensuite pour expliquer la diversité infinie qui existe dans la conformation et les fonctions de la bouche de ces animaux. Néanmoins, on peut concevoir que le plan général d'un organe puisse s'altérer au point de disparaître complètement par la réduction, puis par l'atrophie complète de certaines parties, par la fusion, le doublement ou la multiplication d'autres parties, variations que nous savons être dans les limites du possible. Le plan général semble avoir été ainsi en partie altéré dans les nageoires des gigantesques lézards marins éteints, et dans la bouche de certains crustacés suceurs.

Il est encore une autre branche également curieuse de notre sujet : c'est la comparaison, non plus des mêmes parties ou des mêmes organes chez les différents membres d'une même classe, mais l'examen comparé des diverses parties ou des divers organes chez le même individu. La plupart des physiologistes admettent que les os du crâne sont homologues avec les parties élémentaires d'un certain nombre de vertèbres, c'est-à-dire qu'ils présentent le même nombre de ces parties dans la même position relative réciproque. Les membres antérieurs et postérieurs de toutes les classes de vertébrés supérieurs sont évidemment homologues. Il en est de même des mâchoires si compliquées et des pattes des crustacés. Chacun sait que, chez une fleur, on explique les positions relatives des sépales, des pétales, des étamines et des pistils, ainsi que leur structure intime, en admettant que ces diverses parties sont formées de feuilles métamorphosées et disposées en spirale. Les monstruosités végétales nous fournissent souvent la preuve directe de la transformation possible d'un organe en un autre ; en outre, nous pouvons facilement constater que, pendant les premières phases du développement des fleurs, ainsi que chez les embryons des crustacés et de beaucoup d'autres animaux, des organes très différents, une fois arrivés à maturité, se ressemblent d'abord complètement.

Comment expliquer ces faits d'après la théorie des créations ? Pourquoi le cerveau est-il renfermé dans une boîte composée de pièces osseuses si nombreuses et si singulièrement conformées qui semblent représenter des vertèbres ? Ainsi que l'a fait remarquer Owen, l'avantage que présente cette disposition, en permettant aux os séparés de fléchir pendant l'acte de la parturition chez les mammifères, n'expliquerait en aucune façon pourquoi la même conformation se retrouve dans le crâne des oiseaux et des reptiles. Pourquoi des os similaires ont-ils été créés pour former l'aile et la jambe de la chauve-souris, puisque ces os sont destinés à des usages si différents, le vol et la marche ? Pourquoi un crustacé, pourvu d'une bouche extrêmement compliquée, formée d'un grand nombre de pièces, a-t-il toujours, et comme une conséquence nécessaire, un moins grand nombre de pattes ? et inversement pourquoi ceux qui ont beaucoup de pattes ont-ils une bouche plus simple ? Pourquoi les sépales, les pétales, les étamines et les pistils de chaque fleur, bien qu'adaptés à des usages si différents, sont-ils tous construits sur le même modèle ?

La théorie de la sélection naturelle nous permet, jusqu'à un certain point, de répondre à ces questions. Nous n'avons pas à considérer ici comment les corps de quelques animaux se sont primitivement divisés en séries de segments, ou en côtés droit et gauche, avec des organes correspondants, car ces questions dépassent presque la limite de toute investigation. Il est cependant probable que quelques conformations en séries sont le résultat d'une multiplication de cellules par division, entraînant la multiplication des parties qui proviennent de ces cellules. Il nous suffit, pour le but que nous nous proposons, de nous rappeler la remarque faite par Owen, c'est-à-dire qu'une répétition indéfinie de parties ou d'organes constitue le trait caractéristique de toutes les formes inférieures et peu spécialisées. L'ancêtre inconnu des vertébrés devait donc avoir beaucoup de vertèbres, celui des articulés beaucoup de segments, et celui des végétaux à fleurs de nombreuses feuilles disposées en une ou plusieurs spires ; nous avons aussi vu précédemment que les organes souvent répétés sont essentiellement aptes à varier, non seulement par le nombre, mais aussi par la forme. Par conséquent, leur présence en quantité considérable et leur grande variabilité ont naturellement fourni les matériaux nécessaires à leur adaptation aux buts les plus divers, tout en conservant, en général, par suite de la force héréditaire, des traces distinctes de leur ressemblance originelle ou fondamentale. Ils doivent conserver d'autant plus cette ressemblance que les variations fournissant la base de leur modification subséquente à l'aide de la sélection naturelle, tendent dès l'abord à être semblables ; les parties, à leur état précoce, se ressemblant et étant soumises presque aux mêmes conditions. Ces parties plus ou moins modifiées seraient sérialement homologues, à moins que leur origine commune ne fût entièrement obscurcie.

Bien qu'on puisse aisément démontrer dans la grande classe des mollusques l'homologie des parties chez des espèces distinctes, on ne peut signaler que peu d'homologies sériales telles que les valves des chitons ; c'est-à-dire que nous pouvons rarement affirmer l'homologie de telle partie du corps avec telle autre partie du même individu. Ce fait n'a rien de surprenant ; chez les mollusques, en effet, même parmi les représentants les moins élevés de la classe, nous sommes loin de trouver cette répétition indéfinie d'une partie donnée, que nous remarquons dans les autres grands ordres du règne animal et du règne végétal.

La morphologie constitue, d'ailleurs, un sujet bien plus compliqué qu'il ne le paraît d'abord ; c'est ce qu'a récemment démontré M. Ray-Lankester dans un mémoire remarquable. M. Lankester établit une importante distinction entre certaines classes de faits que tous les naturalistes ont considérés comme également homologues. Il propose d'appeler structures homogènes les structures qui se ressemblent chez des animaux distincts, par suite de leur descendance d'un ancêtre commun avec des modifications subséquentes, et les ressemblances qu'on ne peut expliquer ainsi, ressemblances homoplastiques. Par exemple, il croit que le cœur des oiseaux et des mammifères est homogène dans son ensemble, c'est-à-dire qu'il provient d'un ancêtre commun ; mais que les quatre cavités du cœur sont, chez les deux classes, homoplastiques, c'est-à-dire qu'elles se sont développées indépendamment. M. Lankester allègue encore l'étroite ressemblance des parties situées du côté droit et du côté gauche du corps, ainsi que des segments successifs du même individu ; ce sont là des parties ordinairement appelées homologues, et qui, cependant, ne se rattachent nullement à la descendance d'espèces diverses d'un ancêtre commun. Les conformations homoplastiques sont celles que j'avais classées, d'une manière imparfaite, il est vrai, comme des modifications ou des ressemblances analogues. On peut, en partie, attribuer leur formation à des variations qui ont affecté d'une manière semblable des organismes distincts ou des parties distinctes des organismes, et, en partie, à des modifications analogues, conservées dans un but général ou pour une fonction générale. On en pourrait citer beaucoup d'exemples.

Les naturalistes disent souvent que le crâne est formé de vertèbres métamorphosées, que les mâchoires des crabes sont des pattes métamorphosées, les étamines et les pistils des fleurs des feuilles métamorphosées ; mais, ainsi que le professeur Huxley l'a fait remarquer, il serait, dans la plupart des cas, plus correct de parler du crâne et des vertèbres, des mâchoires et des pattes, etc., comme provenant, non pas de la métamorphose en un autre organe de l'un de ces organes, tel qu'il existe, mais de la métamorphose de quelque élément commun et plus simple. La plupart des naturalistes, toutefois, n'emploient l'expression que dans un sens métaphorique, et n'entendent point par là que, dans le cours prolongé des générations, des organes primordiaux quelconques — vertèbres dans un cas et pattes dans l'autre — aient jamais été réellement transformés en crânes ou en mâchoires. Cependant, il y a tant d'apparences que de semblables modifications se sont opérées, qu'il est presque impossible d'éviter l'emploi d'une expression ayant cette signification directe. À mon point de vue, de pareils termes peuvent s'employer dans un sens littéral ; et le fait remarquable que les mâchoires d'un crabe, par exemple, ont retenu de nombreux caractères, qu'elles auraient probablement conservés par hérédité si elles eussent réellement été le produit d'une métamorphose de pattes véritables, quoique fort simples, se trouverait en partie expliqué.

DÉVELOPPEMENT ET EMBRYOLOGIE.

Nous abordons ici un des sujets les plus importants de toute l'histoire naturelle. Les métamorphoses des insectes, que tout le monde connaît, s'accomplissent d'ordinaire brusquement au moyen d'un petit nombre de phases, mais les transformations sont en réalité nombreuses et graduelles. Un certain insecte éphémère (Chlöeon), ainsi que l'a démontré Sir J. Lubbock, passe, pendant son développement, par plus de vingt mues, et subit chaque fois une certaine somme de changements ; dans ce cas, la métamorphose s'accomplit d'une manière primitive et graduelle. On voit, chez beaucoup d'insectes, et surtout chez quelques crustacés, quels étonnants changements de structure peuvent s'effectuer pendant le développement. Ces changements, toutefois, atteignent leur apogée dans les cas dits de génération alternante qu'on observe chez quelques animaux inférieurs. N'est-il pas étonnant, par exemple, qu'une délicate coralline ramifiée, couverte de polypes et fixée à un rocher sous-marin, produise, d'abord par bourgeonnement et ensuite par division transversale, une foule d'énormes méduses flottantes ? Celles-ci, à leur tour, produisent des œufs d'où sortent des animalcules doués de la faculté de nager ; ils s'attachent aux rochers et se développent ensuite en corallines ramifiées ; ce cycle se continue ainsi à l'infini. La croyance à l'identité essentielle de la génération alternante avec la métamorphose ordinaire a été confirmée dans une forte mesure par une découverte de Wagner ; il a observé, en effet, que la larve de la cécidomye produit asexuellement d'autres larves. Celles-ci, à leur tour, en produisent d'autres, qui finissent par se développer en mâles et en femelles réels, propageant leur espèce de la façon habituelle, par des œufs.

Je dois ajouter que, lorsqu'on annonça la remarquable découverte de Wagner, on me demanda comment il était possible de concevoir que la larve de cette mouche ait pu acquérir l'aptitude à une reproduction asexuelle. Il était impossible de répondre tant que le cas restait unique. Mais Grimm a démontré qu'une autre mouche, le chironome, se reproduit d'une manière presque identique, et il croit que ce phénomène se présente fréquemment dans cet ordre. C'est la chrysalide et non la larve du chironome qui a cette aptitude, et Grimm démontre, en outre, que ce cas relie jusqu'à un certain point, « celui de la cécidomye avec la parthénogénèse des coccidés », — le terme parthénogénèse impliquant que les femelles adultes des coccidés peuvent produire des œufs féconds sans le concours du mâle. On sait actuellement que certains animaux, appartenant à plusieurs classes, sont doués de l'aptitude à la reproduction ordinaire dès un âge extraordinairement précoce ; or, nous n'avons qu'à faire remonter graduellement la reproduction parthénogénétique à un âge toujours plus précoce — le chironome nous offre, d'ailleurs, une phase presque exactement intermédiaire, celle de la chrysalide — pour expliquer le cas merveilleux de la cécidomye.

Nous avons déjà constaté que diverses parties d'un même individu, qui sont identiquement semblables pendant la première période embryonnaire, se différencient considérablement à l'état adulte et servent alors à des usages fort différents. Nous avons démontré, en outre, que les embryons des espèces les plus distinctes appartenant à une même classe sont généralement très semblables, mais en se développant deviennent fort différents. On ne saurait trouver une meilleure preuve de ce fait que ces paroles de von Baer : « Les embryons des mammifères, des oiseaux, des lézards, des serpents, et probablement aussi ceux des tortues, se ressemblent beaucoup pendant les premières phases de leur développement, tant dans leur ensemble que par le mode d'évolution des parties ; cette ressemblance est même si parfaite, que nous ne pouvons les distinguer que par leur grosseur. Je possède, conservés dans l'alcool, deux petits embryons dont j'ai omis d'inscrire le nom, et il me serait actuellement impossible de dire à quelle classe ils appartiennent. Ce sont peut-être des lézards, des petits oiseaux, ou de très jeunes mammifères, tant est grande la similitude du mode de formation de la tête et du tronc chez ces animaux. Il est vrai que les extrémités de ces embryons manquent encore ; mais eussent-elles été dans la première phase de leur développement, qu'elles ne nous auraient rien appris, car les pieds des lézards et des mammifères, les ailes et les pieds des oiseaux, et même les mains et les pieds de l'homme, partent tous de la même forme fondamentale.» Les larves de la plupart des crustacés, arrivées à des périodes égales de développement, se ressemblent beaucoup, quelques différents que ces crustacés puissent devenir quand ils sont adultes ; il en est de même pour beaucoup d'autres animaux. Des traces de la loi de la ressemblance embryonnaire persistent quelquefois jusque dans un âge assez avancé ; ainsi, les oiseaux d'un même genre et de genres alliés se ressemblent souvent par leur premier plumage comme nous le voyons dans les plumes tachetées des jeunes du groupe des merles. Dans la tribu des chats, la plupart des espèces sont rayées et tachetées, raies et taches étant disposées en lignes, et on distingue nettement des raies ou des taches sur la fourrure des lionceaux et des jeunes pumas. On observe parfois, quoique rarement, quelque chose de semblable chez les plantes ; ainsi, les premières feuilles de l'ajonc (ulex) et celles des acacias phyllodinés sont pinnées ou divisées comme les feuilles ordinaires des légumineuses.

Les points de conformation par lesquels les embryons d'animaux fort différents d'une même classe se ressemblent n'ont souvent aucun rapport avec les conditions d'existence. Nous ne pouvons, par exemple, supposer que la forme particulière en lacet qu'affectent, chez les embryons des vertébrés, les artères des fentes branchiales, soit en rapport avec les conditions d'existence, puisque la même particularité se remarque à la fois chez le jeune mammifère nourri dans le sein maternel, chez l'œuf de l'oiseau couvé dans un nid, ou chez le frai d'une grenouille qui se développe sous l'eau. Nous n'avons pas plus de motifs pour admettre un pareil rapport, que nous n'en avons pour croire que les os analogues de la main de l'homme, de l'aile de la chauve-souris ou de la nageoire du marsouin, soient en rapport avec des conditions semblables d'existence. Personne ne suppose que la fourrure tigrée du lionceau ou les plumes tachetées du jeune merle aient pour eux aucune utilité.

Le cas est toutefois différent lorsque l'animal, devenant actif pendant une partie de sa vie embryonnaire, doit alors pourvoir lui-même à sa nourriture. La période d'activité peut survenir à un âge plus ou moins précoce ; mais, à quelque moment qu'elle se produise, l'adaptation de la larve à ses conditions d'existence est aussi parfaite et aussi admirable qu'elle l'est chez l'animal adulte. Les observations de sir J. Lubbock sur la ressemblance étroite qui existe entre certaines larves d'insectes appartenant à des ordres très différents, et inversement sur la dissemblance des larves d'autres insectes d'un même ordre, suivant leurs conditions d'existence et leurs habitudes, indiquent quel rôle important ont joué ces adaptations. Il résulte de ce genre d'adaptations, surtout lorsqu'elles impliquent une division de travail pendant les diverses phases du développement — quand la même larve doit, par exemple, pendant une phase de son développement, chercher sa nourriture, et, pendant une autre phase, chercher une place pour se fixer — que la ressemblance des larves d'animaux très voisins est fréquemment très obscurcie. On pourrait même citer des exemples de larves d'espèces alliées ou de groupes d'espèces qui diffèrent plus les unes des autres que ne le font les adultes. Dans la plupart des cas, cependant, les larves, bien qu'actives, subissent encore plus ou moins la loi commune des ressemblances embryonnaires. Les cirripèdes en offrent un excellent exemple ; l'illustre Cuvier lui-même ne s'est pas aperçu qu'une balane est un crustacé, bien qu'un seul coup d'œil jeté sur la larve suffise pour ne laisser aucun doute à cet égard. De même le deux principaux groupes des cirripèdes, les pédonculés et les sessiles, bien que très différents par leur aspect extérieur, ont des larves qu'on peut à peine distinguer les unes des autres pendant les phases successives de leur développement.

Dans le cours de son évolution, l'organisation de l'embryon s'élève généralement ; j'emploie cette expression, bien que je sache qu'il est presque impossible de définir bien nettement ce qu'on entend par une organisation plus ou moins élevée. Toutefois, nul ne constatera probablement que le papillon est plus élevé que la chenille. Il y a néanmoins des cas où l'on doit considérer l'animal adulte comme moins élevé que sa larve dans l'échelle organique ; tels sont, par exemple, certains crustacés parasites. Revenons encore aux cirripèdes, dont les larves, pendant la première phase du développement, ont trois paires de pattes, un œil unique et simple, et une bouche en forme de trompe, avec laquelle elles mangent beaucoup, car elles augmentent rapidement en grosseur. Pendant la seconde phase, qui correspond à l'état de chrysalide chez le papillon, elles ont six paires de pattes natatoires admirablement construites, une magnifique paire d'yeux composés et des antennes très compliquées ; mais leur bouche est très imparfaite et hermétiquement close, de sorte qu'elles ne peuvent manger. Dans cet état, leur seule fonction est de chercher, grâce au développement des organes des sens, et d'atteindre, au moyen de leur appareil de natation, un endroit convenable auquel elles puissent s'attacher pour y subir leur dernière métamorphose. Ceci fait, elles demeurent attachées à leur rocher pour le reste de leur vie ; leurs pattes se transforment en organes préhensiles ; une bouche bien conformée reparaît, mais elles n'ont plus d'antennes, et leurs deux yeux sont de nouveau remplacés par un seul petit œil très simple, semblable à un point. Dans cet état complet, qui est le dernier, les cirripèdes peuvent être également considérés comme ayant une organisation plus ou moins élevée que celle qu'ils avaient à l'état de larve. Mais, dans quelques genres, les larve se transforment, soit en hermaphrodites présentant la conformation ordinaire, soit en ce que j'ai appelé des mâles complémentaires ; chez ces derniers, le développement est certainement rétrograde, car ils ne constituent plus qu'un sac, qui ne vit que très peu de temps, privé qu'il est de bouche, d'estomac et de tous les organes importants, ceux de la reproduction exceptés.

Nous sommes tellement habitués à voir une différence de conformation entre l'embryon et l'adulte, que nous sommes disposés à regarder cette différence comme une conséquence nécessaire de la croissance. Mais il n'y a aucune raison pour que l'aile d'une chauve-souris, ou les nageoires d'un marsouin, par exemple, ne soient pas esquissées dans toutes leurs parties, et dans les proportions voulues, dès que ces parties sont devenues visibles dans l'embryon. Il y a certains groupes entiers d'animaux, et aussi certains membres d'autres groupes, chez lesquels l'embryon, à toutes les périodes de son existence, ne diffère pas beaucoup de la forme adulte. Ainsi Owen a remarqué que chez la seiche « il n'y a pas de métamorphose, le caractère céphalopode se manifestant longtemps avant que les divers organes de l'embryon soient complets. » Les coquillages terrestres et les crustacés d'eau douce naissent avec leurs formes propres, tandis que les membres marins des deux mêmes grandes classes subissent, dans le cours de leur développement, des modifications considérables. Les araignées n'éprouvent que de faibles métamorphoses. Les larves de la plupart des insectes passent par un état vermiforme, qu'elles soient actives et adaptées à des habitudes diverses, ou que, placées au sein de la nourriture qui leur convient, ou nourries par leurs parents, elles restent inactives. Il est cependant quelques cas, comme celui des aphis, dans le développement desquels, d'après les beaux dessins du professeur Huxley, nous ne trouvons presque pas de traces d'un état vermiforme.

Parfois, ce sont seulement les premières phases du développement qui font défaut. Ainsi Fritz Müller a fait la remarquable découverte que certains crustacés, alliés aux Penœus, et ressemblant à des crevettes, apparaissent d'abord sous la forme simple de Nauplies, puis, après avoir passé par deux ou trois états de la forme Zoé, et enfin par l'état de Mysis, acquièrent leur conformation adulte. Or, dans la grande classe des malacostracés, à laquelle appartiennent ces crustacés, ou ne connaît aucun autre membre qui se développe d'abord sous la forme de nauplie, bien que beaucoup apparaissent sous celle de zoé ; néanmoins, Müller donne des raisons de nature à faire croire que tous ces crustacés auraient apparu comme nauplies, s'il n'y avait pas eu une suppression de développement.

Comment donc expliquer ces divers faits de l'embryologie ? Comment expliquer la différence si générale, mais non universelle, entre la conformation de l'embryon et celle de l'adulte ; la similitude, aux débuts de l'évolution, des diverses parties d'un même embryon, qui doivent devenir plus tard entièrement dissemblables et servir à des fonctions très diverses ; la ressemblance générale, mais non invariable, entre les embryons ou les larves des espèces les plus distinctes dans une même classe ; la conservation, chez l'embryon encore dans l'œuf ou dans l'utérus, de conformations qui lui sont inutiles à cette période aussi bien qu'à une période plus tardive de la vie ; le fait que, d'autre part, des larves qui ont à suffire à leurs propres besoins s'adaptent parfaitement aux conditions ambiantes ; enfin, le fait que certaines larves se trouvent placées plus haut sur l'échelle de l'organisation que les animaux adultes qui sont le terme final de leurs transformations ? Je crois que ces divers faits peuvent s'expliquer de la manière suivante.

On suppose ordinairement, peut-être parce que certaines monstruosités affectent l'embryon de très bonne heure, que les variations légères ou les différences individuelles apparaissent nécessairement à une époque également très précoce. Nous n'avons que peu de preuves sur ce point, mais les quelques-unes que nous possédons indiquent certainement le contraire ; il est notoire, en effet, que les éleveurs de bétail, de chevaux et de divers animaux de luxe, ne peuvent dire positivement qu'un certain temps après la naissance quelles seront les qualités ou les défauts d'un animal. Nous remarquons le même fait chez nos propres enfants ; car nous ne pouvons dire d'avance s'ils seront grands ou petits, ni quels seront précisément leurs traits. La question n'est pas de savoir à quelle époque de la vie chaque variation a pu être causée, mais à quel moment s'en manifestent les effets. Les causes peuvent avoir agi, et je crois que cela est généralement le cas, sur l'un des parents ou sur tous deux, avant l'acte de la génération. Il faut remarquer que tant que le jeune animal reste dans le sein maternel ou dans l'œuf, et que tant qu'il est nourri et protégé par ses parents, il lui importe peu que la plupart de ses caractères se développent un peu plus tôt ou un peu plus tard. Peu importe, en effet, à un oiseau auquel, par exemple, un bec très recourbé est nécessaire pour se procurer sa nourriture, de posséder ou non un bec de cette forme, tant qu'il est nourri par ses parents.

J'ai déjà fait observer, dans le premier chapitre, que toute variation, à quelque période de la vie qu'elle puisse apparaître chez les parents, tend à se manifester chez les descendants à l'âge correspondant. Il est même certaines variations qui ne peuvent apparaître qu'à cet âge correspondant ; tels sont certains caractères de la chenille, du cocon ou de l'état de chrysalide chez le ver à soie, ou encore les variations qui affectent les cornes du bétail. Mais les variations qui, autant que nous pouvons en juger, pourraient indifféremment se manifester à un âge plus ou moins précoce, tendent cependant à reparaître également chez le descendant à l'âge où elles se sont manifestées chez le parent. Je suis loin de vouloir prétendre qu'il en soit toujours ainsi, car je pourrais citer des cas nombreux de variations, ce terme étant pris dans son acception la plus large, qui se sont manifestées à un âge plus précoce chez l'enfant que chez le parent.

J'estime que ces deux principes, c'est-à-dire que les variations légères n'apparaissent généralement pas à un âge très précoce, et qu'elles sont héréditaires à l'âge correspondant, expliquent les principaux faits embryologiques que nous venons d'indiquer. Toutefois, examinons d'abord certains cas analogues chez nos variétés domestiques. Quelques savants, qui se sont occupés particulièrement du chien, admettent que le lévrier ou le bouledogue, bien que si différents, sont réellement des variétés étroitement alliées, descendues de la même souche sauvage. J'étais donc curieux de voir quelles différences on peut observer chez leurs petits ; des éleveurs me disaient qu'ils diffèrent autant que leurs parents, et, à en juger par le seul coup d'œil, cela paraissait être vrai. Mais en mesurant les chiens adultes et les petits âgés de six jours, je trouvai que ceux-ci sont loin d'avoir acquis toutes leurs différences proportionnelles. On m'avait dit aussi que les poulains du cheval de course et ceux du cheval de trait — races entièrement formées par la sélection sous l'influence de la domestication — diffèrent autant les uns des autres que les animaux adultes ; mais j'ai pu constater par des mesures précises, prises sur des juments des deux races et sur leurs poulains âgés de trois jours, que ce n'est en aucune façon le cas.

Comme nous possédons la preuve certaine que les races de pigeons descendent d'une seule espèce sauvage, j'ai comparé les jeunes pigeons de diverses races douze heures après leur éclosion. J'ai mesuré avec soin les dimensions du bec et de son ouverture, la longueur des narines et des paupières, celle des pattes, et la grosseur des pieds, chez des individus de l'espèce sauvage, chez des grosses-gorges, des paons, des runts, des barbes, des dragons, des messagers et des culbutants. Quelques-uns de ces oiseaux, à l'état adulte, diffèrent par la longueur et la forme du bec, et par plusieurs autres caractères, à un point tel que, trouvés à l'état de nature, on les classerait sans aucun doute dans des genres distincts. Mais, bien qu'on puisse distinguer pour la plupart les pigeons nouvellement éclos de ces diverses races, si on les place les uns auprès des autres, ils présentent, sur les points précédemment indiqués, des différences proportionnelles incomparablement moindres que les oiseaux adultes. Quelques traits caractéristiques, tels que la largeur du bec, sont à peine saisissables chez les jeunes. Je n'ai constaté qu'une seule exception remarquable à cette règle, c'est que les jeunes culbutants à courte face diffèrent presque autant que les adultes des jeunes du biset sauvage et de ceux des autres races.

Les deux principes déjà mentionnés expliquent ces faits. Les amateurs choisissent leurs chiens, leurs chevaux, leurs pigeons reproducteurs, etc., lorsqu'ils ont déjà presque atteint l'âge adulte ; peu leur importe que les qualités qu'ils désirent soient acquises plus tôt ou plus tard, pourvu que l'animal adulte les possède. Les exemples précédents, et surtout celui des pigeons, prouvent que les différences caractéristiques qui ont été accumulées par la sélection de l'homme et qui donnent aux races leur valeur, n'apparaissent pas généralement à une période précoce de la vie, et deviennent héréditaires à un âge correspondant et assez avancé. Mais l'exemple du culbutant courte face, qui possède déjà ses caractères propres à l'âge de douze heures, prouve que cette règle n'est pas universelle ; chez lui, en effet, les différences caractéristiques ont, ou apparu plus tôt qu'à l'ordinaire, ou bien ces différences, au lieu d'être transmises héréditairement à l'âge correspondant, se sont transmises à un âge plus précoce.

Appliquons maintenant ces deux principes aux espèces à l'état de nature. Prenons un groupe d'oiseaux descendus de quelque forme ancienne, et que la sélection naturelle a modifiés en vue d'habitudes diverses. Les nombreuses et légères variations successives survenues chez les différentes espèces à un âge assez avancé se transmettent par hérédité à l'âge correspondant ; les jeunes seront donc peu modifiés et se ressembleront davantage que ne le font les adultes, comme nous venons de l'observer chez les races de pigeons. On peut étendre cette manière de voir à des conformations très distinctes et à des classes entières. Les membres antérieurs, par exemple, qui ont autrefois servi de jambes à un ancêtre reculé, peuvent, à la suite d'un nombre infini de modifications, s'être adaptés à servir de mains chez un descendant, de nageoires chez un autre, d'ailes chez un troisième ; mais, en vertu des deux principes précédents, les membres antérieurs n'auront pas subi beaucoup de modifications chez les embryons de ces diverses formes, bien que, dans chacune d'elles, le membre antérieur doive différer considérablement à l'âge adulte. Quelle que soit l'influence que l'usage ou le défaut d'usage puisse avoir pour modifier les membres ou les autres organes d'un animal, cette influence affecte surtout l'animal adulte, obligé de se servir de toutes ses facultés pour pourvoir à ses besoins ; or, les modifications ainsi produites se transmettent aux descendants au même âge adulte correspondant. Les jeunes ne sont donc pas modifiés, ou ne le sont qu'à un faible degré, par les effets de l'usage ou du non-usage des parties.

Chez quelques animaux, les variations successives ont pu se produire à un âge très précoce, ou se transmettre par hérédité un peu plus tôt que l'époque à laquelle elles ont primitivement apparu. Dans les deux cas, comme nous l'avons vu pour le Culbutant courte-face, les embryons ou les jeunes ressemblent étroitement à la forme parente adulte. Telle est la loi du développement pour certains groupes entiers ou pour certains sous-groupes, tels que les céphalopodes, les coquillages terrestres, les crustacés d'eau douce, les araignées et quelques membres de la grande classe des insectes. Pourquoi, dans ces groupes, les jeunes ne subissent-ils aucune métamorphose ? Cela doit résulter des raisons suivantes : d'abord, parce que les jeunes doivent de bonne heure suffire à leurs propres besoins, et ensuite, parce qu'ils suivent le même genre de vie que leurs parents ; car, dans ce cas, leur existence dépend de ce qu'ils se modifient de la même manière que leurs parents. Quant au fait singulier qu'un grand nombre d'animaux terrestres et fluviatiles ne subissent aucune métamorphose, tandis que les représentants marins des mêmes groupes passent par des transformations diverses, Fritz Müller a émis l'idée que la marche des modifications lentes, nécessaires pour adapter un animal à vivre sur terre ou dans l'eau douce au lieu de vivre dans la mer, serait bien simplifiée s'il ne passait pas par l'état de larve ; car il n'est pas probable que des places bien adaptées à l'état de larve et à l'état parfait, dans des conditions d'existence aussi nouvelles et aussi modifiées, dussent se trouver inoccupées ou mal occupées par d'autres organismes. Dans ce cas, la sélection naturelle favoriserait une acquisition graduelle de plus en plus précoce de la conformation adulte, et le résultat serait la disparition de toutes traces des métamorphoses antérieures.

Si, d'autre part, il était avantageux pour le jeune animal d'avoir des habitudes un peu différentes de celles de ses parents, et d'être, en conséquence, conformé un peu autrement, ou s'il était avantageux pour une larve, déjà différente de sa forme parente, de se modifier encore davantage, la sélection naturelle pourrait, en vertu du principe de l'hérédité à l'âge correspondant, rendre le jeune animal ou la larve de plus en plus différent de ses parents, et cela à un degré quelconque. Les larves pourraient encore présenter des différences en corrélation avec les diverses phases de leur développement, de sorte qu'elles finiraient par différer beaucoup dans leur premier état de ce qu'elles sont dans le second, comme cela est le cas chez un grand nombre d'animaux. L'adulte pourrait encore s'adapter à des situations et à des habitudes pour lesquelles les organes des sens ou de la locomotion deviendraient inutiles, auquel cas la métamorphose serait rétrograde.

Les remarques précédentes nous expliquent comment, par suite de changements de conformation chez les jeunes, en raison de changements dans les conditions d'existence, outre l'hérédité à un âge correspondant, les animaux peuvent arriver à traverser des phases de développement tout à fait distinctes de la condition primitive de leurs ancêtres adultes. La plupart de nos meilleurs naturalistes admettent aujourd'hui que les insectes ont acquis par adaptation les différentes phases de larve et de chrysalide qu'ils traversent, et que ces divers états ne leur ont pas été transmis héréditairement par un ancêtre reculé. L'exemple curieux du Sitaris, coléoptère qui traverse certaines phases extraordinaires de développement, nous aide à comprendre comment cela peut arriver. Selon M. Fabre, la première larve du sitaris est un insecte petit, actif, pourvu de six pattes, de deux longues antennes et de quatre yeux. Ces larves éclosent dans les nids d'abeilles, et quand, au printemps, les abeilles mâles sortent de leur trou, ce qu'elles font avant les femelles, ces petites larves s'attachent à elles, et se glissent ensuite sur les femelles pendant l'accouplement. Aussitôt que les femelles pondent leurs œufs dans les cellules pourvues de miel préparées pour les recevoir, les larves de sitaris se jettent sur les œufs et les dévorent. Ces larves subissent ensuite un changement complet ; les yeux disparaissent, les pattes et les antennes deviennent rudimentaires ; alors elles se nourrissent de miel. En cet état, elles ressemblent beaucoup aux larves ordinaires des insectes ; puis, elles subissent ultérieurement une nouvelle transformation et apparaissent à l'état de coléoptère parfait. Or, qu'un insecte subissant des transformations semblables à celles du sitaris devienne la souche d'une nouvelle classe d'insectes, les phases du développement de cette nouvelle classe seraient très probablement différentes de celles de nos insectes actuels, et la première phase ne représenterait certainement pas l'état antérieur d'aucun insecte adulte.

Il est, d'autre part, très probable que, chez un grand nombre d'animaux, l'état embryonnaire ou l'état de larve nous représente, d'une manière plus ou moins complète, l'état adulte de l'ancêtre du groupe entier. Dans la grande classe des crustacés, des formes étonnamment distinctes les unes des autres, telles que les parasites suceurs, les cirripèdes, les entomostracés, et même les malacostracés, apparaissent d'abord comme larves sous la forme de nauplies. Comme ces larves vivent en liberté en pleine mer, qu'elles ne sont pas adaptées à des conditions d'existence spéciales, et pour d'autres raisons encore indiquées par Fritz Müller, il est probable qu'il a existé autrefois, à une époque très reculée, quelque animal adulte indépendant, ressemblant au nauplie, qui a subséquemment produit, suivant plusieurs lignes généalogiques divergentes, les groupes considérables de crustacés que nous venons d'indiquer. Il est probable aussi, d'après ce que nous savons sur les embryons des mammifères, des oiseaux, des reptiles et des poissons, que ces animaux sont les descendants modifiés de quelque forme ancienne qui, à l'état adulte, était pourvue de branchies, d'une vessie natatoire, de quatre membres simples en forme de nageoires et d'une queue, le tout adapté à la vie aquatique.

Comme tous les êtres organisés éteints et récents qui ont vécu dans le temps et dans l'espace peuvent se grouper dans un petit nombre de grandes classes, et comme tous les êtres, dans chacune de ces classes, ont, d'après ma théorie, été reliés les uns aux autres par une série de fines gradations, la meilleure classification, la seule possible d'ailleurs, si nos collections étaient complètes, serait la classification généalogique ; le lien caché que les naturalistes ont cherché sous le nom de système naturel, n'est, en un mot, autre chose que la descendance. Ces considérations nous permettent de comprendre comment il se fait que, pour la plupart des naturalistes, la conformation de l'embryon est encore plus importante que celle de l'adulte au point de vue de la classification. Lorsque deux ou plusieurs groupes d'animaux, quelque différentes que puissent être d'ailleurs leur conformation et leurs habitudes à l'état d'adulte, traversent des phases embryonnaires très semblables, nous pouvons être certains qu'ils descendent d'un ancêtre commun et qu'ils sont, par conséquent, unis étroitement les uns aux autres par un lien de parenté. La communauté de conformation embryonnaire révèle donc une communauté d'origine ; mais la dissemblance du développement embryonnaire ne prouve pas le contraire, car il se peut que, chez un ou deux groupes, quelques phases du développement aient été supprimées ou aient subi, pour s'adapter à de nouvelles conditions d'existence, des modifications telles qu'elles ne sont plus reconnaissables. La conformation de la larve révèle souvent une communauté d'origine pour des groupes mêmes dont les formes adultes ont été modifiées à un degré extrême ; ainsi, nous avons vu que les larves des cirripèdes nous révèlent immédiatement qu'ils appartiennent à la grande classe des crustacés, bien qu'à l'état adulte ils soient extérieurement analogues aux coquillages. Comme la conformation de l'embryon nous indique souvent d'une manière plus ou moins nette ce qu'a dû être la conformation de l'ancêtre très ancien et moins modifié du groupe, nous pouvons comprendre pourquoi les formes éteintes et remontant à un passé très reculé ressemblent si souvent, à l'état adulte, aux embryons des espèces actuelles de la même classe. Agassiz regarde comme universelle dans la nature cette loi dont la vérité sera, je l'espère, démontrée dans l'avenir. Cette loi ne peut toutefois être prouvée que dans le cas où l'ancien état de l'ancêtre du groupe n'a pas été totalement effacé, soit par des variations successives survenues pendant les premières phases de la croissance, soit par des variations devenues héréditaires chez les descendants à un âge plus précoce que celui de leur apparition première. Nous devons nous rappeler aussi que la loi peut être vraie, mais cependant n'être pas encore de longtemps, si elle l'est jamais, susceptible d'une démonstration complète, faute de documents géologiques remontant à une époque assez reculée. La loi ne se vérifiera pas dans les cas où une forme ancienne à l'état de larve s'est adaptée à quelque habitude spéciale, et a transmis ce même état au groupe entier de ses descendants ; ces larves, en effet, ne peuvent ressembler à aucune forme plus ancienne à l'état adulte.

Les principaux faits de l'embryologie, qui ne le cèdent à aucun en importance, me semblent donc s'expliquer par le principe que des modifications survenues chez les nombreux descendants d'un ancêtre primitif n'ont pas surgi dès les premières phases de la vie de chacun d'eux, et que ces variations sont transmises par hérédité à un âge correspondant. L'embryologie acquiert un grand intérêt, si nous considérons l'embryon comme un portrait plus ou moins effacé de l'ancêtre commun, à l'état de larve ou à l'état adulte, de tous les membres d'une même grande classe.

ORGANES RUDIMENTAIRES, ATROPHIÉS ET AVORTÉS.

On trouve très communément, très généralement même dans la nature, des parties ou des organes dans cet état singulier, portant l'empreinte d'une complète inutilité. Il serait difficile de nommer un animal supérieur chez lequel il n'existe pas quelque partie à l'état rudimentaire. Chez les mammifères, par exemple, les mâles possèdent toujours des mamelles rudimentaires ; chez les serpents, un des lobes des poumons est rudimentaire ; chez les oiseaux, l'aile bâtarde n'est qu'un doigt rudimentaire, et chez quelques espèces, l'aile entière est si rudimentaire, qu'elle est inutile pour le vol. Quoi de plus curieux que la présence de dents chez les fœtus de la baleine, qui, adultes, n'ont pas trace de ces organes ; ou que la présence de dents, qui ne percent jamais la gencive, à la mâchoire supérieure du veau avant sa naissance ?

Les organes rudimentaires racontent eux-mêmes, de diverses manières, leur origine et leur signification. Il y a des coléoptères appartenant à des espèces étroitement alliées ou, mieux encore, à la même espèce, qui ont, les uns des ailes parfaites et complètement développées, les autres de simples rudiments d'ailes très petits, fréquemment recouverts par des élytres soudées ensemble ; dans ce cas, il n'y a pas à douter que ces rudiments représentent des ailes. Les organes rudimentaires conservent quelquefois leurs propriétés fonctionnelles ; c'est ce qui arrive occasionnellement aux mamelles des mammifères mâles, qu'on a vues parfois se développer et sécréter du lait. De même, chez le genre Bos, il y a normalement quatre mamelons bien développés et deux rudimentaires ; mais, chez nos vaches domestiques, ces derniers se développent quelquefois et donnent du lait. Chez les plantes, on rencontre chez des individus de la même espèce des pétales tantôt rudimentaires, tantôt bien développés. Kölreuter a observé, chez certaines plantes à sexes séparés, qu'en croisant une espèce dont les fleurs mâles possèdent un rudiment de pistil avec une espèce hermaphrodite ayant, bien entendu, un pistil bien développé, le rudiment de pistil prend un grand accroissement chez la postérité hybride ; ce qui prouve que les pistils rudimentaires et les pistils parfaits ont exactement la même nature. Un animal peut posséder diverses parties dans un état parfait, et cependant on peut, dans un certain sens, les regarder comme rudimentaires, parce qu'elles sont inutiles. Ainsi, le têtard de la salamandre commune, comme le fait remarquer M. G.-H. Lewes, « a des branchies et passe sa vie dans l'eau ; mais la Salamandra atra, qui vit sur les hauteurs dans les montagnes, fait ses petits tout formés. Cet animal ne vit jamais dans l'eau. Cependant, si on ouvre une femelle pleine, on y trouve des têtards pourvus de branchies admirablement ramifiées et qui, mis dans l'eau, nagent comme les têtards de la salamandre aquatique. Cette organisation aquatique n'a évidemment aucun rapport avec la vie future de l'animal ; elle n'est pas davantage adaptée à ses conditions embryonnaires ; elle se rattache donc uniquement à des adaptations ancestrales et répète une des phases du développement qu'ont parcouru les formes anciennes dont elle descend. »

Un organe servant à deux fonctions peut devenir rudimentaire ou s'atrophier complètement pour l'une d'elles, parfois même pour la plus importante, et demeurer parfaitement capable de remplir l'autre. Ainsi, chez les plantes, le rôle du pistil est de permettre aux tubes polliniques de pénétrer jusqu'aux ovules de l'ovaire. Le pistil consiste en un stigmate porté sur un style ; mais, chez quelques composées, les fleurs mâles, qui ne sauraient être fécondées naturellement, ont un pistil rudimentaire, en ce qu'il ne porte pas de stigmate ; le style pourtant, comme chez les autres fleurs parfaites, reste bien développé et garni de poils qui servent à frotter les anthères pour en faire jaillir le pollen qui les environne. Un organe peut encore devenir rudimentaire relativement à sa fonction propre et s'adapter à un usage différent ; telle est la vessie natatoire de certains poissons, qui semble être devenue presque rudimentaire quant à sa fonction propre, consistant à donner de la légèreté au poisson, pour se transformer en un organe respiratoire ou en un poumon en voie de formation. On pourrait citer beaucoup d'autres exemples analogues.

On ne doit pas considérer comme rudimentaires les organes qui, si peu développés qu'ils soient, ont cependant quelque utilité, à moins que nous n'ayons des raisons pour croire qu'ils étaient autrefois plus développés. Il se peut aussi que ce soient des organes naissants en voie de développement. Les organes rudimentaires, au contraire, tels, par exemple, que les dents qui ne percent jamais les gencives, ou que les ailes d'une autruche qui ne servent plus guère que de voiles, sont presque inutiles. Comme il est certain qu'à un état moindre de développement ces organes seraient encore plus inutiles que dans leur condition actuelle, ils ne peuvent pas avoir été produits autrefois par la variation et par la sélection naturelle, qui n'agit jamais que par la conservation des modifications utiles. Ils se rattachent à un ancien état de choses et ont été en partie conservés par la puissance de l'hérédité. Toutefois, il est souvent difficile de distinguer les organes rudimentaires des organes naissants, car l'analogie seule nous permet de juger si un organe est susceptible de nouveaux développements, auquel cas seulement on peut l'appeler naissant. Les organes naissants doivent toujours être assez rares, car les individus pourvus d'un organe dans cette condition ont dû être généralement remplacés par des successeurs possédant cet organe à un état plus parfait, et ont dû, par conséquent, s'éteindre il y a longtemps. L'aile du pingouin lui est fort utile, car elle lui sert de nageoire ; elle pourrait donc représenter l'état naissant des ailes des oiseaux ; je ne crois cependant pas qu'il en soit ainsi ; c'est plus probablement un organe diminué et qui s'est modifié en vue d'une fonction nouvelle. L'aile de l'aptéryx, d'autre part, est complètement inutile à cet animal et peut être considérée comme vraiment rudimentaire. Owen considère les membres filiformes si simples du lépidosirène comme « le commencement d'organes qui atteignent leur développement fonctionnel complet chez les vertébrés supérieurs ; » mais le docteur Günther a soutenu récemment l'opinion que ce sont probablement les restes de l'axe persistant d'une nageoire dont les branches latérales ou les rayons sont atrophiés. On peut considérer les glandes mammaires de l'ornithorynque comme étant à l'état naissant, comparativement aux mamelles de la vache. Les freins ovigères de certains cirripèdes, qui ne sont que légèrement développés, et qui ont cessé de servir à retenir les œufs, sont des branchies naissantes.

Les organes rudimentaires sont très sujets à varier au point de vue de leur degré de développement et sous d'autres rapports, chez les individus de la même espèce ; de plus, le degré de diminution qu'un même organe a pu éprouver diffère quelquefois beaucoup chez les espèces étroitement alliées. L'état des ailes des phalènes femelles appartenant à une même famille offre un excellent exemple de ce fait. Les organes rudimentaires peuvent avorter complètement ; ce qui implique, chez certaines plantes et chez certains animaux, l'absence complète de parties que, d'après les lois de l'analogie, nous nous attendrions à rencontrer chez eux et qui se manifestent occasionnellement chez les individus monstrueux. C'est ainsi que, chez la plupart des scrophulariacées, la cinquième étamine est complètement atrophiée ; cependant, une cinquième étamine a dû autrefois exister chez ces plantes, car chez plusieurs espèces de la famille on en retrouve un rudiment, qui, à l'occasion, peut se développer complètement, ainsi qu'on le voit chez le muflier commun. Lorsqu'on veut retracer les homologies d'un organe quelconque chez les divers membres d'une même classe, rien n'est plus utile, pour comprendre nettement les rapports des parties, que la découverte de rudiments ; c'est ce que prouvent admirablement les dessins qu'a faits Owen des os de la jambe du cheval, du bœuf et du rhinocéros.

Un fait très important, c'est que, chez l'embryon, on peut souvent observer des organes, tels que les dents à la mâchoire supérieure de la baleine et des ruminants, qui disparaissent ensuite complètement. C'est aussi, je crois, une règle universelle, qu'un organe rudimentaire soit proportionnellement plus gros, relativement aux parties voisines, chez l'embryon que chez l'adulte ; il en résulte qu'à cette période précoce l'organe est moins rudimentaire ou même ne l'est pas du tout. Aussi, on dit souvent que les organes rudimentaires sont restés chez l'adulte à leur état embryonnaire.

Je viens d'exposer les principaux faits relatifs aux organes rudimentaires. En y réfléchissant, on se sent frappé d'étonnement ; car les mêmes raisons qui nous conduisent à reconnaître que la plupart des parties et des organes sont admirablement adaptés à certaines fonctions, nous obligent à constater, avec autant de certitude, l'imperfection et l'inutilité des organes rudimentaires ou atrophiés. On dit généralement dans les ouvrages sur l'histoire naturelle que les organes rudimentaires ont été créés « en vue de la symétrie » ou pour « compléter le plan de la nature » ; or, ce n'est là qu'une simple répétition du fait, et non pas une explication. C'est de plus une inconséquence, car le boa constrictor possède les rudiments d'un bassin et de membres postérieurs ; si ces os ont été conservés pour compléter le plan de la nature, pourquoi, ainsi que le demande le professeur Weismann, ne se trouvent-ils pas chez tous les autres serpents, où on n'en aperçoit pas la moindre trace ? Que penserait-on d'un astronome qui soutiendrait que les satellites décrivent autour des planètes une orbite elliptique en vue de la symétrie, parce que les planètes décrivent de pareilles courbes autour du soleil ? Un physiologiste éminent explique la présence des organes rudimentaires en supposant qu'ils servent à excréter des substances en excès, ou nuisibles à l'individu ; mais pouvons-nous admettre que la papille infime qui représente souvent le pistil chez certaines fleurs mâles, et qui n'est constituée que par du tissu cellulaire, puisse avoir une action pareille ? Pouvons-nous admettre que des dents rudimentaires, qui sont ultérieurement résorbées, soient utiles à l'embryon du veau en voie de croissance rapide, alors qu'elles emploient inutilement une matière aussi précieuse que le phosphate de chaux ? On a vu quelquefois, après l'amputation des doigts chez l'homme, des ongles imparfaits se former sur les moignons ; or il me serait aussi aisé de croire que ces traces d'ongles ont été développées pour excréter de la matière cornée, que d'admettre que les ongles rudimentaires qui terminent la nageoire du lamantin, l'ont été dans le même but.

Dans l'hypothèse de la descendance avec modifications, l'explication de l'origine des organes rudimentaires est comparativement simple. Nous pouvons, en outre, nous expliquer dans une grande mesure les lois qui président à leur développement imparfait. Nous avons des exemples nombreux d'organes rudimentaires chez nos productions domestiques, tels, par exemple, que le tronçon de queue qui persiste chez les races sans queue, les vestiges de l'oreille chez les races ovines qui sont privées de cet organe, la réapparition de petites cornes pendantes chez les races de bétail sans cornes, et surtout, selon Youatt, chez les jeunes animaux, et l'état de la fleur entière dans le chou-fleur. Nous trouvons souvent chez les monstres les rudiments de diverses parties. Je doute qu'aucun de ces exemples puisse jeter quelque lumière sur l'origine des organes rudimentaires à l'état de nature, sinon qu'ils prouvent que ces rudiments peuvent se produire ; car tout semble indiquer que les espèces à l'état de nature ne subissent jamais de grands et brusques changements. Mais l'étude de nos productions domestiques nous apprend que le non-usage des parties entraîne leur diminution, et cela d'une manière héréditaire. Il me semble probable que le défaut d'usage a été la cause principale de ces phénomènes d'atrophie, que ce défaut d'usage, en un mot, a dû déterminer d'abord très lentement et très graduellement la diminution de plus en plus complète d'un organe, jusqu'à ce qu'il soit devenu rudimentaire. On pourrait citer comme exemples les yeux des animaux vivant dans des cavernes obscures, et les ailes des oiseaux habitant les îles océaniques, oiseaux qui, rarement forcés de s'élancer dans les airs pour échapper aux bêtes féroces, ont fini par perdre la faculté de voler. En outre, un organe, utile dans certaines conditions, peut devenir nuisible dans des conditions différentes, comme les ailes de coléoptères vivant sur des petites îles battues par les vents ; dans ce cas, la sélection naturelle doit tendre lentement à réduire l'organe, jusqu'à ce qu'il cesse d'être nuisible en devenant rudimentaire.

Toute modification de conformation et de fonction, à condition qu'elle puisse s'effectuer par degrés insensibles, est du ressort de la sélection naturelle ; de sorte qu'un organe qui, par suite de changements dans les conditions d'existence, devient nuisible ou inutile, peut, à certains égards, se modifier de manière à servir à quelque autre usage. Un organe peut aussi ne conserver qu'une seule des fonctions qu'il avait été précédemment appelé à remplir. Un organe primitivement formé par la sélection naturelle, devenu inutile, peut alors devenir variable, ses variations n'étant plus empêchées par la sélection naturelle. Tout cela concorde parfaitement avec ce que nous voyons dans la nature. En outre, à quelque période de la vie que le défaut d'usage ou la sélection tende à réduire un organe, ce qui arrive généralement lorsque l'individu ayant atteint sa maturité doit faire usage de toutes ses facultés, le principe d'hérédité à l'âge correspondant tend à reproduire, chez les descendants de cet individu, ce même organe dans son état réduit, exactement au même âge, mais ne l'affecte que rarement chez l'embryon. Ainsi s'explique pourquoi les organes rudimentaires sont relativement plus grands chez l'embryon que chez l'adulte. Si, par exemple, le doigt d'un animal adulte servait de moins en moins, pendant de nombreuses générations par suite de quelques changements dans ses habitudes, ou si un organe ou une glande exerçait moins de fonctions, on pourrait conclure qu'ils se réduiraient en grosseur chez les descendants adultes de cet animal, mais qu'ils conserveraient à peu près le type originel de leur développement chez l'embryon.

Toutefois, il subsiste encore une difficulté. Après qu'un organe a cessé de servir et qu'il a, en conséquence, diminué dans de fortes proportions, comment peut-il encore subir une diminution ultérieure jusqu'à ne laisser que des traces imperceptibles et enfin jusqu'à disparaître tout à fait ? Il n'est guère possible que le défaut d'usage puisse continuer à produire de nouveaux effets sur un organe qui a cessé de remplir toutes ses fonctions. Il serait indispensable de pouvoir donner ici quelques explications dans lesquelles je ne peux malheureusement pas entrer. Si on pouvait prouver, par exemple, que toutes les variations des parties tendent à la diminution plutôt qu'à l'augmentation du volume de ces parties, il serait facile de comprendre qu'un organe inutile deviendrait rudimentaire, indépendamment des effets du défaut d'usage, et serait ensuite complètement supprimé, car toutes les variations tendant à une diminution de volume cesseraient d'être combattues par la sélection naturelle. Le principe de l'économie de croissance expliqué dans un chapitre précédent, en vertu duquel les matériaux destinés à la formation d'un organe sont économisés autant que possible, si cet organe devient inutile à son possesseur, a peut-être contribué à rendre rudimentaire une partie inutile du corps. Mais les effets de ce principe ont dû nécessairement n'influencer que les premières phases de la marche de la diminution ; car nous ne pouvons admettre qu'une petite papille représentant, par exemple, dans une fleur mâle, le pistil de la fleur femelle, et formée uniquement de tissu cellulaire, puisse être réduite davantage ou résorbée complètement pour économiser quelque nourriture.

Enfin, quelles que soient les phases qu'ils aient parcourues pour être amenés à leur état actuel qui les rend inutiles, les organes rudimentaires, conservés qu'ils ont été par l'hérédité seule, nous retracent un état primitif des choses. Nous pouvons donc comprendre, au point de vue généalogique de la classification, comment il se fait que les systématistes, en cherchant à placer les organismes à leur vraie place dans le système naturel, ont souvent trouvé que les parties rudimentaires sont d'une utilité aussi grande et parfois même plus grande que d'autres parties ayant une haute importance physiologique. On peut comparer les organes rudimentaires aux lettres qui, conservées dans l'orthographe d'un mot, bien qu'inutiles pour sa prononciation, servent à en retracer l'origine et la filiation. Nous pouvons donc conclure que, d'après la doctrine de la descendance avec modifications, l'existence d'organes que leur état rudimentaire et imparfait rend inutiles, loin de constituer une difficulté embarrassante, comme cela est assurément le cas dans l'hypothèse ordinaire de la création, devait au contraire être prévue comme une conséquence des principes que nous avons développés.

Résumé.

J'ai essayé de démontrer dans ce chapitre que le classement de tous les êtres organisés qui ont vécu dans tous les temps en groupes subordonnés à d'autres groupes ; que la nature des rapports qui unissent dans un petit nombre de grandes classes tous les organismes vivants et éteints, par des lignes d'affinité complexes, divergentes et tortueuses ; que les difficultés que rencontrent, et les règles que suivent les naturalistes dans leurs classifications ; que la valeur qu'on accorde aux caractères lorsqu'ils sont constants et généraux, qu'ils aient une importance considérable ou qu'ils n'en aient même pas du tout, comme dans les cas d'organes rudimentaires ; que la grande différence de valeur existant entre les caractères d'adaptation ou analogues et d'affinités véritables ; j'ai essayé de démontrer, dis-je, que toutes ces règles, et encore d'autres semblables, sont la conséquence naturelle de l'hypothèse de la parenté commune des formes alliées et de leurs modifications par la sélection naturelle, jointe aux circonstances d'extinction et de divergence de caractères qu'elle détermine. En examinant ce principe de classification, il ne faut pas oublier que l'élément généalogique a été universellement admis et employé pour classer ensemble dans la même espèce les deux sexes, les divers âges, les formes dimorphes et les variétés reconnues, quelque différente que soit d'ailleurs leur conformation. Si l'on étend l'application de cet élément généalogique, seule cause connue des ressemblances que l'on constate entre les êtres organisés, on comprendra ce qu'il faut entendre par système naturel ; c'est tout simplement un essai de classement généalogique où les divers degrés de différences acquises s'expriment par les termes variétés, espèces, genres, familles, ordres et classes.

En partant de ce même principe de la descendance avec modifications, la plupart des grands faits de la morphologie deviennent intelligibles, soit que nous considérions le même plan présenté par les organes homologues des différentes espèces d'une même classe, quelles que soient, d'ailleurs, leurs fonctions ; soit que nous les considérions dans les organes homologues d'un même individu, animal ou végétal.

D'après ce principe, que les variations légères et successives ne surgissent pas nécessairement ou même généralement à une période très précoce de l'existence, et qu'elles deviennent héréditaires à l'âge correspondant, on peut expliquer les faits principaux de l'embryologie, c'est-à-dire la ressemblance étroite chez l'embryon des parties homologues, qui, développées ensuite, deviennent très différentes tant par la conformation que par la fonction, et la ressemblance chez les espèces alliées, quoique distinctes, des parties ou des organes homologues, bien qu'à l'état adulte ces parties ou ces organes doivent s'adapter à des fonctions aussi dissemblables que possible. Les larves sont des embryons actifs qui ont été plus ou moins modifiés suivant leur mode d'existence, et dont les modifications sont devenues héréditaires à l'âge correspondant. Si l'on se souvient que, lorsque des organes s'atrophient, soit par défaut d'usage, soit par sélection naturelle, ce ne peut être en général qu'à cette période de l'existence où l'individu doit pourvoir à ses propres besoins ; si l'on réfléchit, d'autre part, à la force du principe d'hérédité, on peut prévoir, en vertu de ces mêmes principes, la formation d'organes rudimentaires. L'importance des caractères embryologiques, ainsi que celle des organes rudimentaires, est aisée à concevoir en partant de ce point de vue, qu'une classification, pour être naturelle, doit être généalogique.

En résumé, les diverses classes de faits que nous venons d'étudier dans ce chapitre me semblent établir si clairement que les innombrables espèces, les genres et les familles qui peuplent le globe sont tous descendus, chacun dans sa propre classe, de parents communs, et ont tous été modifiés dans la suite des générations, que j'aurais adopté cette théorie sans aucune hésitation lors même qu'elle ne serait pas appuyée sur d'autres faits et sur d'autres arguments.

Chapitre XV.

Récapitulation et conclusions.

Récapitulation des objections élevées contre la théorie de la sélection naturelle. — Récapitulation des faits généraux et particuliers qui lui sont favorables. — Causes de la croyance générale à l'immutabilité des espèces. — Jusqu'à quel point on peut étendre la théorie de la sélection naturelle. — Effets de son adoption sur l'étude de l'histoire naturelle. — Dernières remarques.

Ce volume tout entier n'étant qu'une longue argumentation, je crois devoir présenter au lecteur une récapitulation sommaire des faits principaux et des déductions qu'on peut en tirer.

Je ne songe pas à nier que l'on peut opposer à la théorie de la descendance, modifiée par la variation et par la sélection naturelle, de nombreuses et sérieuses objections que j'ai cherché à exposer dans toute leur force. Tout d'abord, rien ne semble plus difficile que de croire au perfectionnement des organes et des instincts les plus complexes, non par des moyens supérieurs, bien qu'analogues à la raison humaine, mais par l'accumulation d'innombrables et légères variations, toutes avantageuses à leur possesseur individuel. Cependant, cette difficulté, quoique paraissant insurmontable à notre imagination, ne saurait être considérée comme valable, si l'on admet les propositions suivantes : toutes les parties de l'organisation et tous les instincts offrent au moins des différences individuelles ; la lutte constante pour l'existence détermine la conservation des déviations de structure ou d'instinct qui peuvent être avantageuses ; et, enfin, des gradations dans l'état de perfection de chaque organe, toutes bonnes en elles-mêmes, peuvent avoir existé. Je ne crois pas que l'on puisse contester la vérité de ces propositions.

Il est, sans doute, très difficile de conjecturer même par quels degrés successifs ont passé beaucoup de conformations pour se perfectionner, surtout dans les groupes d'êtres organisés qui, ayant subi d'énormes extinctions, sont actuellement rompus et présentent de grandes lacunes ; mais nous remarquons dans la nature des gradations si étranges, que nous devons être très circonspects avant d'affirmer qu'un organe, où qu'un instinct, ou même que la conformation entière, ne peuvent pas avoir atteint leur état actuel en parcourant un grand nombre de phases intermédiaires. Il est, il faut le reconnaître, des cas particulièrement difficiles qui semblent contraires à la théorie de la sélection naturelle ; un des plus curieux est, sans contredit, l'existence, dans une même communauté de fourmis, de deux ou trois castes définies d'ouvrières ou de femelles stériles. J'ai cherché à faire comprendre comment on peut arriver à expliquer ce genre de difficultés.

Quant à la stérilité presque générale que présentent les espèces lors d'un premier croisement, stérilité qui contraste d'une manière si frappante avec la fécondité presque universelle des variétés croisées les unes avec les autres, je dois renvoyer le lecteur à la récapitulation, donnée à la fin du neuvième chapitre, des faits qui me paraissent prouver d'une façon concluante que cette stérilité n'est pas plus une propriété spéciale, que ne l'est l'inaptitude que présentent deux arbres distincts à se greffer l'un sur l'autre, mais qu'elle dépend de différences limitées au système reproducteur des espèces qu'on veut entrecroiser. La grande différence entre les résultats que donnent les croisements réciproques de deux mêmes espèces, c'est-à-dire lorsqu'une des espèces est employée d'abord comme père et ensuite comme mère nous prouve le bien fondé de cette conclusion. Nous sommes conduits à la même conclusion par l'examen des plantes dimorphes et trimorphes, dont les formes unies illégitimement ne donnent que peu ou point de graines, et dont la postérité est plus ou moins stérile ; or, ces plantes appartiennent incontestablement à la même espèce, et ne diffèrent les unes des autres que sous le rapport de leurs organes reproducteurs et de leurs fonctions.

Bien qu'un grand nombre de savants aient affirmé que la fécondité des variétés croisées et de leurs descendants métis est universelle, cette assertion ne peut plus être considérée comme absolue après les faits que j'ai cités sur l'autorité de Gärtner et de Kölreuter.

La plupart des variétés sur lesquelles on a expérimenté avaient été produites à l'état de domesticité ; or, comme la domesticité, et je n'entends pas par là une simple captivité, tend très certainement à éliminer cette stérilité qui, à en juger par analogie, aurait affecté l'entrecroisement des espèces parentes, nous ne devons pas nous attendre à ce que la domestication provoque également la stérilité de leurs descendants modifiés, quand on les croise les uns avec les autres. Cette élimination de stérilité paraît résulter de la même cause qui permet à nos animaux domestiques de se reproduire librement dans bien des milieux différents ; ce qui semble résulter de ce qu'ils ont été habitués graduellement à de fréquents changements des conditions d'existence.

Une double série de faits parallèles semble jeter beaucoup de lumière sur la stérilité des espèces croisées pour la première fois et sur celle de leur postérité hybride. D'un côté, il y a d'excellentes raisons pour croire que de légers changements dans les conditions d'existence donnent à tous les êtres organisés un surcroît de vigueur et de fécondité. Nous savons aussi qu'un croisement entre des individus distincts de la même variété, et entre des individus appartenant à des variétés différentes, augmente le nombre des descendants, et augmente certainement leur taille ainsi que leur force. Cela résulte principalement du fait que les formes que l'on croise ont été exposées à des conditions d'existence quelque peu différentes ; car j'ai pu m'assurer par une série de longues expériences que, si l'on soumet pendant plusieurs générations tous les individus d'une même variété aux mêmes conditions, le bien résultant du croisement est souvent très diminué ou disparaît tout à fait. C'est un des côtés de la question. D'autre part, nous savons que les espèces depuis longtemps exposées à des conditions presque uniformes périssent, ou, si elles survivent, deviennent stériles, bien que conservant une parfaite santé, si on les soumet à des conditions nouvelles et très différentes, à l'état de captivité par exemple. Ce fait ne s'observe pas ou s'observe seulement à un très faible degré chez nos produits domestiques, qui ont été depuis longtemps soumis à des conditions variables. Par conséquent, lorsque nous constatons que les hybrides produits par le croisement de deux espèces distinctes sont peu nombreux à cause de leur mortalité dès la conception ou à un âge très précoce, ou bien à cause de l'état plus ou moins stérile des survivants, il semble très probable que ce résultat dépend du fait qu'étant composés de deux organismes différents, ils sont soumis à de grands changements dans les conditions d'existence. Quiconque pourra expliquer de façon absolue pourquoi l'éléphant ou le renard, par exemple, ne se reproduisent jamais en captivité, même dans leur pays natal, alors que le porc et le chien domestique donnent de nombreux produits dans les conditions d'existence les plus diverses, pourra en même temps répondre de façon satisfaisante à la question suivante : Pourquoi deux espèces distinctes croisées, ainsi que leurs descendants hybrides, sont-elles généralement plus ou moins stériles, tandis que deux variétés domestiques croisées, ainsi que leurs descendants métis, sont parfaitement fécondes ?

En ce qui concerne la distribution géographique, les difficultés que rencontre la théorie de la descendance avec modifications sont assez sérieuses. Tous les individus d'une même espèce et toutes les espèces d'un même genre, même chez les groupes supérieurs, descendent de parents communs ; en conséquence, quelque distants et quelque isolés que soient actuellement les points du globe où on les rencontre, il faut que, dans le cours des générations successives, ces formes parties d'un seul point aient rayonné vers tous les autres. Il nous est souvent impossible de conjecturer même par quels moyens ces migrations ont pu se réaliser. Cependant, comme nous avons lieu de croire que quelques espèces ont conservé la même forme spécifique pendant des périodes très longues, énormément longues même, si on les compte par années, nous ne devons pas attacher trop d'importance à la grande diffusion occasionnelle d'une espèce quelconque ; car, pendant le cours de ces longues périodes, elle a dû toujours trouver des occasions favorables pour effectuer de vastes migrations par des moyens divers. On peut souvent expliquer une extension discontinue par l'extinction de l'espèce dans les régions intermédiaires. Il faut, d'ailleurs, reconnaître que nous savons fort peu de chose sur l'importance réelle des divers changements climatériques et géographiques que le globe a éprouvés pendant les périodes récentes, changements qui ont certainement pu faciliter les migrations. J'ai cherché, comme exemple, à faire comprendre l'action puissante qu'a dû exercer la période glaciaire sur la distribution d'une même espèce et des espèces alliées dans le monde entier. Nous ignorons encore absolument quels ont pu être les moyens occasionnels de transport. Quant aux espèces distinctes d'un même genre, habitant des régions éloignées et isolées, la marche de leur modification ayant dû être nécessairement lente, tous les modes de migration auront pu être possibles pendant une très longue période, ce qui atténue jusqu'à un certain point la difficulté d'expliquer la dispersion immense des espèces d'un même genre.

La théorie de la sélection naturelle impliquant l'existence antérieure d'une foule innombrable de formes intermédiaires, reliant les unes aux autres, par des nuances aussi délicates que le sont nos variétés actuelles, toutes les espèces de chaque groupe, on peut se demander pourquoi nous ne voyons pas autour de nous toutes ces formes intermédiaires, et pourquoi tous les êtres organisés ne sont pas confondus en un inextricable chaos. À l'égard des formes existantes, nous devons nous rappeler que nous n'avons aucune raison, sauf dans des cas fort rares, de nous attendre à rencontrer des formes intermédiaires les reliant directement les unes aux autres, mais seulement celles qui rattachent chacune d'elles à quelque forme supplantée et éteinte. Même sur une vaste surface, demeurée continue pendant une longue période, et dont le climat et les autres conditions d'existence changent insensiblement en passant d'un point habité par une espèce à un autre habité par une espèce étroitement alliée, nous n'avons pas lieu de nous attendre à rencontrer souvent des variétés intermédiaires dans les zones intermédiaires. Nous avons tout lieu de croire, en effet, que, dans un genre, quelques espèces seulement subissent des modifications, les autres s'éteignant sans laisser de postérité variable. Quant aux espèces qui se modifient, il y en a peu qui le fassent en même temps dans une même région, et toutes les modifications sont lentes à s'effectuer. J'ai démontré aussi que les variétés intermédiaires, qui ont probablement occupé d'abord les zones intermédiaires, ont dû être supplantées par les formes alliées existant de part et d'autre ; car ces dernières, étant les plus nombreuses, tendent pour cette raison même à se modifier et à se perfectionner plus rapidement que les espèces intermédiaires moins abondantes ; en sorte que celles-ci ont dû, à la longue, être exterminées et remplacées.

Si l'hypothèse de l'extermination d'un nombre infini de chaînons reliant les habitants actuels avec les habitants éteints du globe, et, à chaque période successive, reliant les espèces qui y ont vécu avec les formes plus anciennes, est fondée, pourquoi ne trouvons-nous pas, dans toutes les formations géologiques, une grande abondance de ces formes intermédiaires ? Pourquoi nos collections de restes fossiles ne fournissent-elles pas la preuve évidente de la gradation et des mutations des formes vivantes ? Bien que les recherches géologiques aient incontestablement révélé l'existence passée d'un grand nombre de chaînons qui ont déjà rapproché les unes des autres bien des formes de la vie, elles ne présentent cependant pas, entre les espèces actuelles et les espèces passées, toutes les gradations infinies et insensibles que réclame ma théorie, et c'est là, sans contredit, l'objection la plus sérieuse qu'on puisse lui opposer. Pourquoi voit-on encore des groupes entiers d'espèces alliées, qui semblent, apparence souvent trompeuse, il est vrai, surgir subitement dans les étages géologiques successifs ? Bien que nous sachions maintenant que les êtres organisés ont habité le globe dès une époque dont l'antiquité est incalculable, longtemps avant le dépôt des couches les plus anciennes du système cambrien, pourquoi ne trouvons-nous pas sous ce dernier système de puissantes masses de sédiment renfermant les restes des ancêtres des fossiles cambriens ? Car ma théorie implique que de semblables couches ont été déposées quelque part, lors de ces époques si reculées et si complètement ignorées de l'histoire du globe.

Je ne puis répondre à ces questions et résoudre ces difficultés qu'en supposant que les archives géologiques sont bien plus incomplètes que les géologues ne l'admettent généralement. Le nombre des spécimens que renferment tous nos musées n'est absolument rien auprès des innombrables générations d'espèces qui ont certainement existé. La forme souche de deux ou de plusieurs espèces ne serait pas plus directement intermédiaire dans tous ses caractères entre ses descendants modifiés, que le biset n'est directement intermédiaire par son jabot et par sa queue entre ses descendants, le pigeon grosse-gorge et le pigeon paon. Il nous serait impossible de reconnaître une espèce comme la forme souche d'une autre espèce modifiée, si attentivement que nous les examinions, à moins que nous ne possédions la plupart des chaînons intermédiaires, qu'en raison de l'imperfection des documents géologiques nous ne devons pas nous attendre à trouver en grand nombre. Si même on découvrait deux, trois ou même un plus grand nombre de ces formes intermédiaires, on les regarderait simplement comme des espèces nouvelles, si légères que pussent être leurs différences, surtout si on les rencontrait dans différents étages géologiques. On pourrait citer de nombreuses formes douteuses, qui ne sont probablement que des variétés ; mais qui nous assure qu'on découvrira dans l'avenir un assez grand nombre de formes fossiles intermédiaires, pour que les naturalistes soient à même de décider si ces variétés douteuses méritent oui ou non la qualification de variétés ? On n'a exploré géologiquement qu'une bien faible partie du globe. D'ailleurs, les êtres organisés appartenant à certaines classes peuvent seuls se conserver à l'état de fossiles, au moins en quantités un peu considérables. Beaucoup d'espèces une fois formées ne subissent jamais de modifications subséquentes, elles s'éteignent sans laisser de descendants ; les périodes pendant lesquelles d'autres espèces ont subi des modifications, bien qu'énormes, estimées en années, ont probablement été courtes, comparées à celles pendant lesquelles elles ont conservé une même forme. Ce sont les espèces dominantes et les plus répandues qui varient le plus et le plus souvent, et les variétés sont souvent locales ; or, ce sont là deux circonstances qui rendent fort peu probable la découverte de chaînons intermédiaires dans une forme quelconque. Les variétés locales ne se disséminent guère dans d'autres régions éloignées avant de s'être considérablement modifiées et perfectionnées ; quand elles ont émigré et qu'on les trouve dans une formation géologique, elles paraissent y avoir été subitement créées, et on les considère simplement comme des espèces nouvelles. La plupart des formations ont dû s'accumuler d'une manière intermittente, et leur durée a probablement été plus courte que la durée moyenne des formes spécifiques. Les formations successives sont, dans le plus grand nombre des cas, séparées les unes des autres par des lacunes correspondant à de longues périodes ; car des formations fossilifères assez épaisses pour résister aux dégradations futures n'ont pu, en règle générale, s'accumuler que là où d'abondants sédiments ont été déposés sur le fond d'une aire marine en voie d'affaissement. Pendant les périodes alternantes de soulèvement et de niveau stationnaire, le témoignage géologique est généralement nul. Pendant ces dernières périodes, il y a probablement plus de variabilité dans les formes de la vie, et, pendant les périodes d'affaissement, plus d'extinctions.

Quant à l'absence de riches couches fossilifères au-dessous de la formation cambrienne, je ne puis que répéter l'hypothèse que j'ai déjà développée dans le neuvième chapitre, à savoir que, bien que nos continents et nos océans aient occupé depuis une énorme période leurs positions relatives actuelles, nous n'avons aucune raison d'affirmer qu'il en ait toujours été ainsi ; en conséquence, il se peut qu'il y ait au-dessous des grands océans des gisements beaucoup plus anciens qu'aucun de ceux que nous connaissons jusqu'à présent. Quant à l'objection soulevée par sir William Thompson, une des plus graves de toutes, que, depuis la consolidation de notre planète, le laps de temps écoulé a été insuffisant pour permettre la somme des changements organiques que l'on admet, je puis répondre que, d'abord, nous ne pouvons nullement préciser, mesurée en année, la rapidité des modifications de l'espèce, et, secondement, que beaucoup de savants sont disposés à admettre que nous ne connaissons pas assez la constitution de l'univers et de l'intérieur du globe pour raisonner avec certitude sur son âge.

Personne ne conteste l'imperfection des documents géologiques ; mais qu'ils soient incomplets au point que ma théorie l'exige, peu de gens en conviendront volontiers. Si nous considérons des périodes suffisamment longues, la géologie prouve clairement que toutes les espèces ont changé, et qu'elles ont changé comme le veut ma théorie, c'est-à-dire à la fois lentement et graduellement. Ce fait ressort avec évidence de ce que les restes fossiles que contiennent les formations consécutives sont invariablement beaucoup plus étroitement reliés les uns aux autres que ne le sont ceux des formations séparées par les plus grands intervalles.

Tel est le résumé des réponses que l'on peut faire et des explications que l'on peut donner aux objections et aux diverses difficultés qu'on peut soulever contre ma théorie, difficultés dont j'ai moi-même trop longtemps senti tout le poids pour douter de leur importance. Mais il faut noter avec soin que les objections les plus sérieuses se rattachent à des questions sur lesquelles notre ignorance est telle que nous n'en soupçonnons même pas l'étendue. Nous ne connaissons pas toutes les gradations possibles entre les organes les plus simples et les plus parfaits ; nous ne pouvons prétendre connaître tous les moyens divers de distribution qui ont pu agir pendant les longues périodes du passé, ni l'étendue de l'imperfection des documents géologiques. Si sérieuses que soient ces diverses objections, elles ne sont, à mon avis, cependant pas suffisantes pour renverser la théorie de la descendance avec modifications subséquentes.

Examinons maintenant l'autre côté de la question. Nous observons, à l'état domestique, que les changements des conditions d'existence causent, ou tout au moins excitent une variabilité considérable, mais souvent de façon si obscure que nous sommes disposés à regarder les variations comme spontanées. La variabilité obéit à des lois complexes, telles que la corrélation, l'usage et le défaut d'usage, et l'action définie des conditions extérieures. Il est difficile de savoir dans quelle mesure nos productions domestiques ont été modifiées ; mais nous pouvons certainement admettre qu'elles l'ont été beaucoup, et que les modifications restent héréditaires pendant de longues périodes. Aussi longtemps que les conditions extérieures restent les mêmes, nous avons lieu de croire qu'une modification, héréditaire depuis de nombreuses générations, peut continuer à l'être encore pendant un nombre de générations à peu près illimité. D'autre part, nous avons la preuve que, lorsque la variabilité a une fois commencé à se manifester, elle continue d'agir pendant longtemps à l'état domestique, car nous voyons encore occasionnellement des variétés nouvelles apparaître chez nos productions domestiques les plus anciennes.

L'homme n'a aucune influence immédiate sur la production de la variabilité ; il expose seulement, souvent sans dessein, les êtres organisés à de nouvelles conditions d'existence ; la nature agit alors sur l'organisation et la fait varier. Mais l'homme peut choisir les variations que la nature lui fournit, et les accumuler comme il l'entend ; il adapte ainsi les animaux et les plantes à son usage ou à ses plaisirs. Il peut opérer cette sélection méthodiquement, ou seulement d'une manière inconsciente, en conservant les individus qui lui sont le plus utiles ou qui lui plaisent le plus, sans aucune intention préconçue de modifier la race. Il est certain qu'il peut largement influencer les caractères d'une race en triant, dans chaque génération successive, des différences individuelles assez légères pour échapper à des yeux inexpérimentés. Ce procédé inconscient de sélection a été l'agent principal de la formation des races domestiques les plus distinctes et les plus utiles. Les doutes inextricables où nous sommes sur la question de savoir si certaines races produites par l'homme sont des variétés ou des espèces primitivement distinctes, prouvent qu'elles possèdent dans une large mesure les caractères des espèces naturelles.

Il n'est aucune raison évidente pour que les principes dont l'action a été si efficace à l'état domestique, n'aient pas agi à l'état de nature. La persistance des races et des individus favorisés pendant la lutte incessante pour l'existence constitue une forme puissante et perpétuelle de sélection. La lutte pour l'existence est une conséquence inévitable de la multiplication en raison géométrique de tous les êtres organisés. La rapidité de cette progression est prouvée par le calcul et par la multiplication rapide de beaucoup de plantes et d'animaux pendant une série de saisons particulièrement favorables, et de leur introduction dans un nouveau pays. Il naît plus d'individus qu'il n'en peut survivre. Un atome dans la balance peut décider des individus qui doivent vivre et de ceux qui doivent mourir, ou déterminer quelles espèces ou quelles variétés augmentent ou diminuent en nombre, ou s'éteignent totalement. Comme les individus d'une même espèce entrent sous tous les rapports en plus étroite concurrence les uns avec les autres, c'est entre eux que la lutte pour l'existence est la plus vive ; elle est presque aussi sérieuse entre les variétés de la même espèce, et ensuite entre les espèces du même genre. La lutte doit, d'autre part, être souvent aussi rigoureuse entre des êtres très éloignés dans l'échelle naturelle. La moindre supériorité que certains individus, à un âge ou pendant une saison quelconque, peuvent avoir sur ceux avec lesquels ils se trouvent en concurrence, ou toute adaptation plus parfaite aux conditions ambiantes, font, dans le cours des temps, pencher la balance en leur faveur.

Chez les animaux à sexes séparés, on observe, dans la plupart des cas, une lutte entre les mâles pour la possession des femelles, à la suite de laquelle les plus vigoureux, et ceux qui ont eu le plus de succès sous le rapport des conditions d'existence, sont aussi ceux qui, en général, laissent le plus de descendants. Le succès doit cependant dépendre souvent de ce que les mâles possèdent des moyens spéciaux d'attaque ou de défense, ou de plus grands charmes ; car tout avantage, même léger, suffit à leur assurer la victoire.

L'étude de la géologie démontre clairement que tous les pays ont subi de grands changements physiques ; nous pouvons donc supposer que les êtres organisés ont dû, à l'état de nature, varier de la même manière qu'ils l'ont fait à l'état domestique. Or, s'il y a eu la moindre variabilité dans la nature, il serait incroyable que la sélection naturelle n'eût pas joué son rôle. On a souvent soutenu, mais il est impossible de prouver cette assertion, que, à l'état de nature, la somme des variations est rigoureusement limitée. Bien qu'agissant seulement sur les caractères extérieurs, et souvent capricieusement, l'homme peut cependant obtenir en peu de temps de grands résultats chez ses productions domestiques, en accumulant de simples différences individuelles ; or, chacun admet que les espèces présentent des différences de cette nature. Tous les naturalistes reconnaissent qu'outre ces différences, il existe des variétés qu'on considère comme assez distinctes pour être l'objet d'une mention spéciale dans les ouvrages systématiques. On n'a jamais pu établir de distinction bien nette entre les différences individuelles et les variétés peu marquées, ou entre les variétés prononcées, les sous-espèces et les espèces. Sur des continents isolés, ainsi que sur diverses parties d'un même continent séparées par des barrières quelconques, sur les îles écartées, que de formes ne trouve-t-on pas qui sont classées par de savants naturalistes, tantôt comme des variétés, tantôt comme des races géographiques ou des sous-espèces, et enfin, par d'autres, comme des espèces étroitement alliées, mais distinctes !

Or donc, si les plantes et les animaux varient, si lentement et si peu que ce soit, pourquoi mettrions-nous en doute que les variations ou les différences individuelles qui sont en quelque façon profitables, ne puissent être conservées et accumulées par la sélection naturelle, ou la persistance du plus apte ? Si l'homme peut, avec de la patience, trier les variations qui lui sont utiles, pourquoi, dans les conditions complexes et changeantes de l'existence, ne surgirait-il pas des variations avantageuses pour les productions vivantes de la nature, susceptibles d'être conservées par sélection ? Quelle limite pourrait-on fixer à cette cause agissant continuellement pendant des siècles, et scrutant rigoureusement et sans relâche la constitution, la conformation et les habitudes de chaque être vivant, pour favoriser ce qui est bon et rejeter ce qui est mauvais ? Je crois que la puissance de la sélection est illimitée quand il s'agit d'adapter lentement et admirablement chaque forme aux relations les plus complexes de l'existence. Sans aller plus loin, la théorie de la sélection naturelle me paraît probable au suprême degré. J'ai déjà récapitulé de mon mieux les difficultés et les objections qui lui ont été opposées ; passons maintenant aux faits spéciaux et aux arguments qui militent en sa faveur.

Dans l'hypothèse que les espèces ne sont que des variétés bien accusées et permanentes, et que chacune d'elles a d'abord existé sous forme de variété, il est facile de comprendre pourquoi on ne peut tirer aucune ligne de démarcation entre l'espèce qu'on attribue ordinairement à des actes spéciaux de création, et la variété qu'on reconnaît avoir été produite en vertu de lois secondaires. Il est facile de comprendre encore pourquoi, dans une région où un grand nombre d'espèces d'un genre existent et sont actuellement prospères, ces mêmes espèces présentent de nombreuses variétés ; en effet, c'est là où la formation des espèces a été abondante, que nous devons, en règle générale, nous attendre à la voir encore en activité ; or, tel doit être le cas si les variétés sont des espèces naissantes. De plus, les espèces des grands genres, qui fournissent le plus grand nombre de ces espèces naissantes ou de ces variétés, conservent dans une certaine mesure le caractère de variétés, car elles diffèrent moins les unes des autres que ne le font les espèces des genres plus petits. Les espèces étroitement alliées des grands genres paraissent aussi avoir une distribution restreinte, et, par leurs affinités, elles se réunissent en petits groupes autour d'autres espèces ; sous ces deux rapports elles ressemblent aux variétés. Ces rapports, fort étranges dans l'hypothèse de la création indépendante de chaque espèce, deviennent compréhensibles si l'on admet que toutes les espèces ont d'abord existé à l'état de variétés.

Comme chaque espèce tend, par suite de la progression géométrique de sa reproduction, à augmenter en nombre d'une manière démesurée et que les descendants modifiés de chaque espèce tendent à se multiplier d'autant plus qu'ils présentent des conformations et des habitudes plus diverses, de façon à pouvoir se saisir d'un plus grand nombre de places différentes dans l'économie de la nature, la sélection naturelle doit tendre constamment à conserver les descendants les plus divergents d'une espèce quelconque. Il en résulte que, dans le cours longtemps continué des modifications, les légères différences qui caractérisent les variétés de la même espèce tendent à s'accroître jusqu'à devenir les différences plus importantes qui caractérisent les espèces d'un même genre. Les variétés nouvelles et perfectionnées doivent remplacer et exterminer inévitablement les variétés plus anciennes, intermédiaires et moins parfaites, et les espèces tendent à devenir ainsi plus distinctes et mieux définies. Les espèces dominantes, qui font partie des groupes principaux de chaque classe, tendent à donner naissance à des formes nouvelles et dominantes, et chaque groupe principal tend toujours ainsi à s'accroître davantage, et, en même temps, à présenter des caractères toujours plus divergents. Mais, comme tous les groupes ne peuvent ainsi réussir à augmenter en nombre, car la terre ne pourrait les contenir, les plus dominants l'emportent sur ceux qui le sont moins. Cette tendance qu'ont les groupes déjà considérables à augmenter toujours et à diverger par leurs caractères, jointe à la conséquence presque inévitable d'extinctions fréquentes, explique l'arrangement de toutes les formes vivantes en groupes subordonnés à d'autres groupes, et tous compris dans un petit nombre de grandes classes, arrangement qui a prévalu dans tous les temps. Ce grand fait du groupement de tous les êtres organisés, d'après ce qu'on a appelé le système naturel, est absolument inexplicable dans l'hypothèse des créations.

Comme la sélection naturelle n'agit qu'en accumulant des variations légères, successives et favorables, elle ne peut pas produire des modifications considérables ou subites ; elle ne peut agir qu'à pas lents et courts. Cette théorie rend facile à comprendre l'axiome : *Natura non facit saltum*[9], dont chaque nouvelle conquête de la science démontre chaque jour de plus en plus la vérité. Nous voyons encore comment, dans toute la nature, le même but général est atteint par une variété presque infinie de moyens ; car toute particularité, une fois acquise, est pour longtemps héréditaire, et des conformations déjà diversifiées de bien des manières différentes ont à s'adapter à un même but général. Nous voyons, en un mot, pourquoi la nature est prodigue de variétés, tout en étant avare d'innovations. Or, pourquoi cette loi existerait-elle si chaque espèce avait été indépendamment créée ? C'est ce que personne ne saurait expliquer.

Un grand nombre d'autres faits me paraissent explicables d'après cette théorie. N'est-il pas étrange qu'un oiseau ayant la forme du pic se nourrisse d'insectes terrestres ; qu'une oie, habitant les terres élevées et ne nageant jamais, ou du moins bien rarement, ait des pieds palmés ; qu'un oiseau semblable au merle plonge et se nourrisse d'insectes subaquatiques ; qu'un pétrel ait des habitudes et une conformation convenables pour la vie d'un pingouin, et ainsi de suite dans une foule d'autres cas ? Mais dans l'hypothèse que chaque espèce s'efforce constamment de s'accroître en nombre, pendant que la sélection naturelle est toujours prête à agir pour adapter ses descendants, lentement variables, à toute

---

[9] la Nature ne fait pas de saut.

place qui, dans la nature, est inoccupée ou imparfaitement remplie, ces faits cessent d'être étranges et étaient même à prévoir.

Nous pouvons comprendre, jusqu'à un certain point, qu'il y ait tant de beauté dans toute la nature ; car on peut, dans une grande mesure, attribuer cette beauté à l'intervention de la sélection. Cette beauté ne concorde pas toujours avec nos idées sur le beau ; il suffit, pour s'en convaincre, de considérer certains serpents venimeux, certains poissons et certaines chauves-souris hideuses, ignobles caricatures de la face humaine. La sélection sexuelle a donné de brillantes couleurs, des formes élégantes et d'autres ornements aux mâles et parfois aussi aux femelles de beaucoup d'oiseaux, de papillons et de divers animaux. Elle a souvent rendu chez les oiseaux la voix du mâle harmonieuse pour la femelle, et agréable même pour nous. Les fleurs et les fruits, rendus apparents, et tranchant par leurs vives couleurs sur le fond vert du feuillage, attirent, les unes les insectes, qui, en les visitant, contribuent à leur fécondation, et les autres les oiseaux, qui, en dévorant les fruits, concourent à en disséminer les graines. Comment se fait-il que certaines couleurs, certains tons et certaines formes plaisent à l'homme ainsi qu'aux animaux inférieurs, c'est-à-dire comment se fait-il que les êtres vivants aient acquis le sens de la beauté dans sa forme la plus simple ? C'est ce que nous ne saurions pas plus dire que nous ne saurions expliquer ce qui a primitivement pu donner du charme à certaines odeurs et à certaines saveurs.

Comme la sélection naturelle agit au moyen de la concurrence, elle n'adapte et ne perfectionne les animaux de chaque pays que relativement aux autres habitants ; nous ne devons donc nullement nous étonner que les espèces d'une région quelconque, qu'on suppose, d'après la théorie ordinaire, avoir été spécialement créées et adaptées pour cette localité, soient vaincues et remplacées par des produits venant d'autres pays. Nous ne devons pas non plus nous étonner de ce que toutes les combinaisons de la nature ne soient pas à notre point de vue absolument parfaites, l'œil humain, par exemple, et même que quelques-unes soient contraires à nos idées d'appropriation. Nous ne devons pas nous étonner de ce que l'aiguillon de l'abeille cause souvent la mort de l'individu qui l'emploie ; de ce que les mâles, chez cet insecte, soient produits en aussi grand nombre pour accomplir un seul acte, et soient ensuite massacrés par leurs sœurs stériles ; de l'énorme gaspillage du pollen de nos pins ; de la haine instinctive qu'éprouve la reine abeille pour ses filles fécondes ; de ce que l'ichneumon s'établisse dans le corps vivant d'une chenille et se nourrisse à ses dépens, et de tant d'autres cas analogues. Ce qu'il y a réellement de plus étonnant dans la théorie de la sélection naturelle, c'est qu'on n'ait pas observé encore plus de cas du défaut de la perfection absolue.

Les lois complexes et peu connues qui régissent la production des variétés sont, autant que nous en pouvons juger, les mêmes que celles qui ont régi la production des espèces distinctes. Dans les deux cas, les conditions physiques paraissent avoir déterminé, dans une mesure dont nous ne pouvons préciser l'importance, des effets définis et directs. Ainsi, lorsque des variétés arrivent dans une nouvelle station, elles revêtent occasionnellement quelques-uns des caractères propres aux espèces qui l'occupent. L'usage et le défaut d'usage paraissent, tant chez les variétés que chez les espèces, avoir produit des effets importants. Il est impossible de ne pas être conduit à cette conclusion quand on considère, par exemple, le canard à ailes courtes (microptère), dont les ailes, incapables de servir au vol, sont à peu près dans le même état que celles du canard domestique ; ou lorsqu'on voit le tucutuco fouisseur (cténomys), qui est occasionnellement aveugle, et certaines taupes qui le sont ordinairement et dont les yeux sont recouverts d'une pellicule ; enfin, lorsque l'on songe aux animaux aveugles qui habitent les cavernes obscures de l'Amérique et de l'Europe. La variation corrélative, c'est-à-dire la loi en vertu de laquelle la modification d'une partie du corps entraîne celle de diverses autres parties, semble aussi avoir joué un rôle important chez les variétés et chez les espèces ; chez les unes et chez les autres aussi des caractères depuis longtemps perdus sont sujets à reparaître. Comment expliquer par la théorie des créations l'apparition occasionnelle de raies sur les épaules et sur les jambes des diverses espèces du genre cheval et de leurs hybrides ? Combien, au contraire, ce fait s'explique simplement, si l'on admet que toutes ces espèces descendent d'un ancêtre zébré, de même que les différentes races du pigeon domestique descendent du biset, au plumage bleu et barré !

Si l'on se place dans l'hypothèse ordinaire de la création indépendante de chaque espèce, pourquoi les caractères spécifiques, c'est-à-dire ceux par lesquels les espèces du même genre diffèrent les unes des autres, seraient-ils plus variables que les caractères génériques qui sont communs à toutes les espèces ? Pourquoi, par exemple, la couleur d'une fleur serait-elle plus sujette à varier chez une espèce d'un genre, dont les autres espèces, qu'on suppose avoir été créées de façon indépendante, ont elles-mêmes des fleurs de différentes couleurs, que si toutes les espèces du genre ont des fleurs de même couleur ? Ce fait s'explique facilement si l'on admet que les espèces ne sont que des variétés bien accusées, dont les caractères sont devenus permanents à un haut degré. En effet, ayant déjà varié par certains caractères depuis l'époque où elles ont divergé de la souche commune, ce qui a produit leur distinction spécifique, ces mêmes caractères seront encore plus sujets à varier que les caractères génériques, qui, depuis une immense période, ont continué à se transmettre sans modifications. Il est impossible d'expliquer, d'après la théorie de la création, pourquoi un point de l'organisation, développé d'une manière inusitée chez une espèce quelconque d'un genre et par conséquent de grande importance pour cette espèce, comme nous pouvons naturellement le penser, est éminemment susceptible de variations. D'après ma théorie, au contraire, ce point est le siège, depuis l'époque où les diverses espèces se sont séparées de leur souche commune, d'une quantité inaccoutumée de variations et de modifications, et il doit, en conséquence, continuer à être généralement variable. Mais une partie peut se développer d'une manière exceptionnelle, comme l'aile de la chauve-souris, sans être plus variable que toute autre conformation, si elle est commune à un grand nombre de formes subordonnées, c'est-à-dire si elle s'est transmise héréditairement pendant une longue période ; car, en pareil cas, elle est devenue constante par suite de l'action prolongée de la sélection naturelle.

Quant aux instincts, quelque merveilleux que soient plusieurs d'entre eux, la théorie de la sélection naturelle des modifications successives, légères, mais avantageuses, les explique aussi facilement qu'elle explique la conformation corporelle. Nous pouvons ainsi comprendre pourquoi la nature procède par degrés pour pourvoir de leurs différents instincts les animaux divers d'une même classe. J'ai essayé de démontrer quelle lumière le principe du perfectionnement graduel jette sur les phénomènes si intéressants que nous présentent les facultés architecturales de l'abeille. Bien que, sans doute, l'habitude joue un rôle dans la modification des instincts, elle n'est pourtant pas indispensable, comme le prouvent les insectes neutres, qui ne laissent pas de descendants pour hériter des effets d'habitudes longuement continuées. Dans l'hypothèse que toutes les espèces d'un même genre descendent d'un même parent dont elles ont hérité un grand nombre de points communs, nous comprenons que les espèces alliées, placées dans des conditions d'existence très différentes, aient cependant à peu près les mêmes instincts ; nous comprenons, par exemple, pourquoi les merles de l'Amérique méridionale tempérée et tropicale tapissent leur nid avec de la boue comme le font nos espèces anglaises. Nous ne devons pas non plus nous étonner, d'après la théorie de la lente acquisition des instincts par la sélection naturelle, que quelques-uns soient imparfaits et sujets à erreur, et que d'autres soient une cause de souffrance pour d'autres animaux.

Si les espèces ne sont pas des variétés bien tranchées et permanentes, nous pouvons immédiatement comprendre pourquoi leur postérité hybride obéit aux mêmes lois complexes que les descendants de croisements entre variétés reconnues, relativement à la ressemblance avec leurs parents, à leur absorption mutuelle à la suite de croisements successifs, et sur d'autres points. Cette ressemblance serait bizarre si les espèces étaient le produit d'une création indépendante et que les variétés fussent produites par l'action de causes secondaires.

Si l'on admet que les documents géologiques sont très imparfaits, tous les faits qui en découlent viennent à l'appui de la théorie de la descendance avec modifications. Les espèces nouvelles ont paru sur la scène lentement et à intervalles successifs ; la somme des changements opérés dans des périodes égales est très différente dans les différents groupes. L'extinction des espèces et de groupes d'espèces tout entiers, qui a joué un rôle si considérable dans l'histoire du monde organique, est la conséquence inévitable de la sélection naturelle ; car les formes anciennes doivent être supplantées par des formes nouvelles et perfectionnées. Lorsque la chaîne régulière des générations est rompue, ni les espèces ni les groupes d'espèces perdues ne reparaissent jamais. La diffusion graduelle des formes dominantes et les lentes modifications de leurs descendants font qu'après de longs intervalles de temps les formes vivantes paraissent avoir simultanément changé dans le monde entier. Le fait que les restes fossiles de chaque formation présentent, dans une certaine mesure, des caractères intermédiaires, comparativement aux fossiles enfouis dans les formations inférieures et supérieures, s'explique tout simplement par la situation intermédiaire qu'ils occupent dans la chaîne généalogique. Ce grand fait, que tous les êtres éteints peuvent être groupés dans les mêmes classes que les êtres vivants, est la conséquence naturelle de ce que les uns et les autres descendent de parents communs. Comme les espèces ont généralement divergé en caractères dans le long cours de leur descendance et de leurs modifications, nous pouvons comprendre pourquoi les formes les plus anciennes, c'est-à-dire les ancêtres de chaque groupe, occupent si souvent une position intermédiaire, dans une certaine mesure, entre les groupes actuels. On considère les formes nouvelles comme étant, dans leur ensemble, généralement plus élevées dans l'échelle de l'organisation que les formes anciennes ; elles doivent l'être d'ailleurs, car ce sont les formes les plus récentes et les plus perfectionnées qui, dans la lutte pour l'existence, ont dû l'emporter sur les formes plus anciennes et moins parfaites ; leurs organes ont dû aussi se spécialiser davantage pour remplir leurs diverses fonctions. Ce fait est tout à fait compatible avec celui de la persistance d'êtres nombreux, conservant encore une conformation élémentaire et peu parfaite, adaptée à des conditions d'existence également simples ; il est aussi compatible avec le fait que l'organisation de quelques formes a rétrogradé parce que ces formes se sont successivement adaptées, à chaque phase de leur descendance, à des conditions modifiées d'ordre inférieur. Enfin, la loi remarquable de la longue persistance de formes alliées sur un même continent — des marsupiaux en Australie, des édentés dans l'Amérique méridionale, et autres cas analogues — se comprend facilement, parce que, dans une même région, les formes existantes doivent être étroitement alliées aux formes éteintes par un lien généalogique.

En ce qui concerne la distribution géographique, si l'on admet que, dans le cours immense des temps écoulés, il y a eu de grandes migrations dans les diverses parties du globe, dues à de nombreux changements climatériques et géographiques, ainsi qu'à des moyens nombreux, occasionnels et pour la plupart inconnus de dispersion, la plupart des faits importants de la distribution géographique deviennent intelligibles d'après la théorie de la descendance avec modifications. Nous pouvons comprendre le parallélisme si frappant qui existe entre la distribution des êtres organisés dans l'espace, et leur succession géologique dans le temps ; car, dans les deux cas, les êtres se rattachent les uns aux autres par le lien de la génération ordinaire, et les moyens de modification ont été les mêmes. Nous comprenons toute la signification de ce fait remarquable, qui a frappé tous les voyageurs, c'est-à-dire que, sur un même continent, dans les conditions les plus diverses, malgré la chaleur ou le froid, sur les montagnes ou dans les plaines, dans les déserts ou dans les marais, la plus grande partie des habitants de chaque grande classe ont entre eux des rapports évidents de parenté ; ils descendent, en effet, des mêmes premiers colons, leurs communs ancêtres. En vertu de ce même principe de migration antérieure, combiné dans la plupart des cas avec celui de la modification, et grâce à l'influence de la période glaciaire, on peut expliquer pourquoi l'on rencontre, sur les montagnes les plus éloignées les unes des autres et dans les zones tempérées de l'hémisphère boréal et de l'hémisphère austral, quelques plantes identiques et beaucoup d'autres étroitement alliées ; nous comprenons de même l'alliance étroite de quelques habitants des mers tempérées des deux hémisphères, qui sont cependant séparées par l'océan tropical tout entier. Bien que deux régions présentent des conditions physiques aussi semblables qu'une même espèce puisse les désirer, nous ne devons pas nous étonner de ce que leurs habitants soient totalement différents, s'ils ont été séparés complètement les uns des autres depuis une très longue période ; le rapport d'organisme à organisme est, en effet, le plus important de tous les rapports, et comme les deux régions ont dû recevoir des colons venant du dehors, ou provenant de l'une ou de l'autre, à différentes époques et en proportions différentes, la marche des modifications dans les deux régions a dû inévitablement être différente.

Dans l'hypothèse de migrations suivies de modifications subséquentes, il devient facile de comprendre pourquoi les îles océaniques ne sont peuplées que par un nombre restreint d'espèces, et pourquoi la plupart de ces espèces sont spéciales ou endémiques ; pourquoi on ne trouve pas dans ces îles des espèces appartenant aux groupes d'animaux qui ne peuvent pas traverser de larges bras de mer, tels que les grenouilles et les mammifères terrestres ; pourquoi, d'autre part, on rencontre dans des îles très éloignées de tout continent des espèces particulières et nouvelles de chauves-souris, animaux qui peuvent traverser l'océan. Des faits tels que ceux de l'existence de chauves-souris toutes spéciales dans les îles océaniques, à l'exclusion de tous autres animaux terrestres, sont absolument inexplicables d'après la théorie des créations indépendantes.

L'existence d'espèces alliées ou représentatives dans deux régions quelconques implique, d'après la théorie de la descendance avec modifications, que les mêmes formes parentes ont autrefois habité les deux régions ; nous trouvons presque invariablement en effet que, lorsque deux régions séparées sont habitées par beaucoup d'espèces étroitement alliées, quelques espèces identiques sont encore communes aux deux. Partout où l'on rencontre beaucoup d'espèces étroitement alliées, mais distinctes, on trouve aussi des formes douteuses et des variétés appartenant aux mêmes groupes. En règle générale, les habitants de chaque région ont des liens étroits de parenté avec ceux occupant la région qui paraît avoir été la source la plus rapprochée d'où les colons ont pu partir. Nous en trouvons la preuve dans les rapports frappants qu'on remarque entre presque tous les animaux et presque toutes les plantes de l'archipel des Galapagos, de Juan-Fernandez et des autres îles américaines et les formes peuplant le continent américain voisin. Les mêmes relations existent entre les habitants de l'archipel du Cap-Vert et des îles voisines et ceux du continent africain ; or, il faut reconnaître que, d'après la théorie de la création, ces rapports demeurent inexplicables.

Nous avons vu que la théorie de la sélection naturelle avec modification, entraînant les extinctions et la divergence des caractères, explique pourquoi tous les êtres organisés passés et présents peuvent se ranger, dans un petit nombre de grandes classes, en groupes subordonnés à d'autres groupes, dans lesquels les groupes éteints s'intercalent souvent entre les groupes récents. Ces mêmes principes nous montrent aussi pourquoi les affinités mutuelles des formes sont, dans chaque classe, si complexes et si indirectes ; pourquoi certains caractères sont plus utiles que d'autres pour la classification ; pourquoi les caractères d'adaptation n'ont presque aucune importance dans ce but, bien qu'indispensables à l'individu ; pourquoi les caractères dérivés de parties rudimentaires, sans utilité pour l'organisme, peuvent souvent avoir une très grande valeur au point de vue de la classification ; pourquoi, enfin, les caractères embryologiques sont ceux qui, sous ce rapport, ont fréquemment le plus de valeur. Les véritables affinités des êtres organisés, au contraire de leurs ressemblances d'adaptation, sont le résultat héréditaire de la communauté de descendance. Le système naturel est un arrangement généalogique, où les degrés de différence sont désignés par les termes variétés, espèces, genres, familles, etc., dont il nous faut découvrir les lignées à l'aide des caractères permanents, quels qu'ils puissent être, et si insignifiante que soit leur importance vitale.

La disposition semblable des os dans la main humaine, dans l'aile de la chauve-souris, dans la nageoire du marsouin et dans la jambe du cheval ; le même nombre de vertèbres dans le cou de la girafe et dans celui de l'éléphant ; tous ces faits et un nombre infini d'autres semblables s'expliquent facilement par la théorie de la descendance avec modifications successives, lentes et légères. La similitude de type entre l'aile et la jambe de la chauve-souris, quoique destinées à des usages si différents ; entre les mâchoires et les pattes du crabe ; entre les pétales, les étamines et les pistils d'une fleur, s'explique également dans une grande mesure par la théorie de la modification graduelle de parties ou d'organes qui, chez l'ancêtre reculé de chacune de ces classes, étaient primitivement semblables. Nous voyons clairement, d'après le principe que les variations successives ne surviennent pas toujours à un âge précoce et ne sont héréditaires qu'à l'âge correspondant, pourquoi les embryons de mammifères, d'oiseaux, de reptiles et de poissons, sont si semblables entre eux et si différents des formes adultes. Nous pouvons cesser de nous émerveiller de ce que les embryons d'un mammifère à respiration aérienne, ou d'un oiseau, aient des fentes branchiales et des artères en lacet, comme chez le poisson, qui doit, à l'aide de branchies bien développées, respirer l'air dissous dans l'eau.

Le défaut d'usage, aidé quelquefois par la sélection naturelle, a dû souvent contribuer à réduire des organes devenus inutiles à la suite de changements dans les conditions d'existence ou dans les habitudes ; d'après cela, il est aisé de comprendre la signification des organes rudimentaires. Mais le défaut d'usage et la sélection n'agissent ordinairement sur l'individu que lorsqu'il est adulte et appelé à prendre une part directe et complète à la lutte pour l'existence, et n'ont, au contraire, que peu d'action sur un organe dans les premiers temps de la vie ; en conséquence, un organe inutile ne paraîtra que peu réduit et à peine rudimentaire pendant le premier âge. Le veau a, par exemple, hérité d'un ancêtre primitif ayant des dents bien développées, des dents qui ne percent jamais la gencive de la mâchoire supérieure. Or, nous pouvons admettre que les dents ont disparu chez l'animal adulte par suite du défaut d'usage, la sélection naturelle ayant admirablement adapté la langue, le palais et les lèvres à brouter sans leur aide, tandis que, chez le jeune veau, les dents n'ont pas été affectées, et, en vertu du principe de l'hérédité à l'âge correspondant, se sont transmises depuis une époque éloignée jusqu'à nos jours. Au point de vue de la création indépendante de chaque être organisé et de chaque organe spécial, comment expliquer l'existence de tous ces organes portant l'empreinte la plus évidente de la plus complète inutilité, tels, par exemple, les dents chez le veau à l'état embryonnaire, ou les ailes plissées que recouvrent, chez un grand nombre de coléoptères, des élytres soudées ? On peut dire que la nature s'est efforcée de nous révéler, par les organes rudimentaires, ainsi que par les conformations embryologiques et homologues, son plan de modifications, que nous nous refusons obstinément à comprendre.

Je viens de récapituler les faits et les considérations qui m'ont profondément convaincu que, pendant une longue suite de générations, les espèces se sont modifiées.

Ces modifications ont été effectuées principalement par la sélection naturelle de nombreuses variations légères et avantageuses ; puis les effets héréditaires de l'usage et du défaut d'usage des parties ont apporté un puissant concours à cette sélection ; enfin, l'action directe des conditions de milieux et les variations qui, dans notre ignorance, nous semblent surgir spontanément, ont aussi joué un rôle, moins important, il est vrai, par leur influence sur les conformations d'adaptation dans le passé et dans le présent. Il paraît que je n'ai pas, dans les précédentes éditions de cet ouvrage, attribué un rôle assez important à la fréquence et à la valeur de ces dernières formes de variation, en ne leur attribuant pas des modifications permanentes de conformation, indépendamment de l'action de la sélection naturelle. Mais, puisque mes conclusions ont été récemment fortement dénaturées et puisque l'on a affirmé que j'attribue les modifications des espèces exclusivement à la sélection naturelle, on me permettra, sans doute, de faire remarquer que, dans la première édition de cet ouvrage, ainsi que dans les éditions subséquentes, j'ai reproduit dans une position très évidente, c'est-à-dire à la fin de l'introduction, la phrase suivante : « Je suis convaincu que la sélection naturelle a été l'agent principal des modifications, mais qu'elle n'a pas été exclusivement le seul. » Cela a été en vain, tant est grande la puissance d'une constante et fausse démonstration ; toutefois, l'histoire de la science prouve heureusement qu'elle ne dure pas longtemps.

Il n'est guère possible de supposer qu'une théorie fausse pourrait expliquer de façon aussi satisfaisante que le fait la théorie de la sélection naturelle les diverses grandes séries de faits dont nous nous sommes occupés. On a récemment objecté que c'est là une fausse méthode de raisonnement ; mais c'est celle que l'on emploie généralement pour apprécier les événements ordinaires de la vie, et les plus grands savants n'ont pas dédaigné non plus de s'en servir. C'est ainsi qu'on en est arrivé à la théorie ondulatoire de la lumière ; et la croyance à la rotation de la terre sur son axe n'a que tout récemment trouvé l'appui de preuves directes. Ce n'est pas une objection valable que de dire que, jusqu'à présent, la science ne jette aucune lumière sur le problème bien plus élevé de l'essence ou de l'origine de la vie. Qui peut expliquer ce qu'est l'essence de l'attraction ou de la pesanteur ? Nul ne se refuse cependant aujourd'hui à admettre toutes les conséquences qui découlent d'un élément inconnu, l'attraction, bien que Leibnitz ait autrefois reproché à Newton d'avoir introduit dans la science « des propriétés occultes et des miracles ».

Je ne vois aucune raison pour que les opinions développées dans ce volume blessent les sentiments religieux de qui que ce soit. Il suffit, d'ailleurs, pour montrer combien ces sortes d'impressions sont passagères, de se rappeler que la plus grande découverte que l'homme ait jamais faite, la loi de l'attraction universelle, a été aussi attaquée par Leibnitz « comme subversive de la religion naturelle, et, dans ses conséquences, de la religion révélée ». Un ecclésiastique célèbre m'écrivant un jour, « qu'il avait fini par comprendre que croire à la création de quelques formes capables de se développer par elles-mêmes en d'autres formes nécessaires, c'est avoir une conception tout aussi élevée de Dieu, que de croire qu'il ait eu besoin de nouveaux actes de création pour combler les lacunes causées par l'action des lois qu'il a établies. »

On peut se demander pourquoi, jusque tout récemment, les naturalistes et les géologues les plus éminents ont toujours repoussé l'idée de la mutabilité des espèces. On ne peut pas affirmer que les êtres organisés à l'état de nature ne sont soumis à aucune variation ; on ne peut pas prouver que la somme des variations réalisées dans le cours des temps soit une quantité limitée ; on n'a pas pu et l'on ne peut établir de distinction bien nette entre les espèces et les variétés bien tranchées. On ne peut pas affirmer que les espèces entrecroisées soient invariablement stériles, et les variétés invariablement fécondes ; ni que la stérilité soit une qualité spéciale et un signe de création. La croyance à l'immutabilité des espèces était presque inévitable tant qu'on n'attribuait à l'histoire du globe qu'une durée fort courte, et maintenant que nous avons acquis quelques notions du laps de temps écoulé, nous sommes trop prompts à admettre, sans aucunes preuves, que les documents géologiques sont assez complets pour nous fournir la démonstration évidente de la mutation des espèces si cette mutation a réellement eu lieu.

Mais la cause principale de notre répugnance naturelle à admettre qu'une espèce ait donné naissance à une autre espèce distincte tient à ce que nous sommes toujours peu disposés à admettre tout grand changement dont nous ne voyons pas les degrés intermédiaires. La difficulté est la même que celle que tant de géologues ont éprouvée lorsque Lyell a démontré le premier que les longues lignes d'escarpements intérieurs, ainsi que l'excavation des grandes vallées, sont le résultat d'influences que nous voyons encore agir autour de nous. L'esprit ne peut concevoir toute la signification de ce terme : un million d'années, il ne saurait davantage ni additionner ni percevoir les effets complets de beaucoup de variations légères, accumulées pendant un nombre presque infini de générations.

Bien que je sois profondément convaincu de la vérité des opinions que j'ai brièvement exposées dans le présent volume, je ne m'attends point à convaincre certains naturalistes, fort expérimentés sans doute, mais qui, depuis longtemps, se sont habitués à envisager une multitude de faits sous un point de vue directement opposé au mien. Il est si facile de cacher notre ignorance sous des expressions telles que plan de création, unité de type, etc. ; et de penser que nous expliquons quand nous ne faisons que répéter un même fait. Celui qui a quelque disposition naturelle à attacher plus d'importance à quelques difficultés non résolues qu'à l'explication d'un certain nombre de faits rejettera certainement ma théorie. Quelques naturalistes doués d'une intelligence ouverte et déjà disposée à mettre en doute l'immutabilité des espèces peuvent être influencés par le contenu de ce volume, mais j'en appelle surtout avec confiance à l'avenir, aux jeunes naturalistes, qui pourront étudier impartialement les deux côtés de la question. Quiconque est amené à admettre la mutabilité des espèces rendra de véritables services en exprimant consciencieusement sa conviction, car c'est seulement ainsi que l'on pourra débarrasser la question de tous les préjugés qui l'étouffent.

Plusieurs naturalistes éminents ont récemment exprimé l'opinion qu'il y a, dans chaque genre, une multitude d'espèces, considérées comme telles, qui ne sont cependant pas de vraies espèces ; tandis qu'il en est d'autres qui sont réelles, c'est-à-dire qui ont été créées d'une manière indépendante. C'est là, il me semble, une singulière conclusion. Après avoir reconnu une foule de formes, qu'ils considéraient tout récemment encore comme des créations spéciales, qui sont encore considérées comme telles par la grande majorité des naturalistes, et qui conséquemment ont tous les caractères extérieurs de véritables espèces, ils admettent que ces formes sont le produit d'une série de variations et ils refusent d'étendre cette manière de voir à d'autres formes un peu différentes. Ils ne prétendent cependant pas pouvoir définir, ou même conjecturer, quelles sont les formes qui ont été créées et quelles sont celles qui sont le produit de lois secondaires. Ils admettent la variabilité comme vera causa dans un cas, et ils la rejettent arbitrairement dans un autre, sans établir aucune distinction fixe entre les deux. Le jour viendra où l'on pourra signaler ces faits comme un curieux exemple de l'aveuglement résultant d'une opinion préconçue. Ces savants ne semblent pas plus s'étonner d'un acte miraculeux de création que d'une naissance ordinaire. Mais croient-ils réellement qu'à d'innombrables époques de l'histoire de la terre certains atomes élémentaires ont reçu l'ordre de se constituer soudain en tissus vivants ? Admettent-ils qu'à chaque acte supposé de création il se soit produit un individu ou plusieurs ? Les espèces infiniment nombreuses de plantes et d'animaux ont-elles été créées à l'état de graines, d'ovules ou de parfait développement ? Et, dans le cas des mammifères, ont-elles, lors de leur création, porté les marques mensongères de la nutrition intra-utérine ? À ces questions, les partisans de la création de quelques formes vivantes ou d'une seule forme ne sauraient, sans doute, que répondre. Divers savants ont soutenu qu'il est aussi facile de croire à la création de cent millions d'êtres qu'à la création d'un seul ; mais en vertu de l'axiome philosophique de la moindre action formulé par Maupertuis, l'esprit est plus volontiers porté à admettre le nombre moindre, et nous ne pouvons certainement pas croire qu'une quantité innombrable de formes d'une même classe aient été créées avec les marques évidentes, mais trompeuses, de leur descendance d'un même ancêtre.

Comme souvenir d'un état de choses antérieur, j'ai conservé, dans les paragraphes précédents et ailleurs, plusieurs expressions qui impliquent chez les naturalistes la croyance à la création séparée de chaque espèce. J'ai été fort blâmé de m'être exprimé ainsi ; mais c'était, sans aucun doute, l'opinion générale lors de l'apparition de la première édition de l'ouvrage actuel. J'ai causé autrefois avec beaucoup de naturalistes sur l'évolution, sans rencontrer jamais le moindre témoignage sympathique. Il est probable pourtant que quelques-uns croyaient alors à l'évolution, mais ils restaient silencieux, ou ils s'exprimaient d'une manière tellement ambiguë, qu'il n'était pas facile de comprendre leur opinion. Aujourd'hui, tout a changé et presque tous les naturalistes admettent le grand principe de l'évolution. Il en est cependant qui croient encore que des espèces ont subitement engendré, par des moyens encore inexpliqués, des formes nouvelles totalement différentes ; mais, comme j'ai cherché à le démontrer, il y a des preuves puissantes qui s'opposent à toute admission de ces modifications brusques et considérables. Au point de vue scientifique, et comme conduisant à des recherches ultérieures, il n'y a que peu de différence entre la croyance que de nouvelles formes ont été produites subitement d'une manière inexplicable par d'anciennes formes très différentes, et la vieille croyance à la création des espèces au moyen de la poussière terrestre.

Jusqu'où, pourra-t-on me demander, poussez-vous votre doctrine de la modification des espèces ? C'est là une question à laquelle il est difficile de répondre, parce que plus les formes que nous considérons sont distinctes, plus les arguments en faveur de la communauté de descendance diminuent et perdent de leur force. Quelques arguments toutefois ont un très grand poids et une haute portée. Tous les membres de classes entières sont reliés les uns aux autres par une chaîne d'affinités, et peuvent tous, d'après un même principe, être classés en groupes subordonnés à d'autres groupes. Les restes fossiles tendent parfois à remplir d'immenses lacunes entre les ordres existants.

Les organes à l'état rudimentaire témoignent clairement qu'ils ont existé à un état développé chez un ancêtre primitif ; fait qui, dans quelques cas, implique des modifications considérables chez ses descendants. Dans des classes entières, des conformations très variées sont construites sur un même plan, et les embryons très jeunes se ressemblent de très près. Je ne puis donc douter que la théorie de la descendance avec modifications ne doive comprendre tous les membres d'une même grande classe ou d'un même règne. Je crois que tous les animaux descendent de quatre ou cinq formes primitives tout au plus, et toutes les plantes d'un nombre égal ou même moindre.

L'analogie me conduirait à faire un pas de plus, et je serais disposé à croire que tous les animaux et toutes plantes descendent d'un prototype unique ; mais l'analogie peut être un guide trompeur. Toutefois, toutes les formes de la vie ont beaucoup de caractères communs : la composition chimique, la structure cellulaire, les lois de croissance et la faculté qu'elles ont d'être affectées par certaines influences nuisibles. Cette susceptibilité se remarque jusque dans les faits les plus insignifiants ; ainsi, un même poison affecte souvent de la même manière les plantes et les animaux ; le poison sécrété par la mouche à galle détermine sur l'églantier ou sur le chêne des excroissances monstrueuses. La reproduction sexuelle semble être essentiellement semblable chez tous les êtres organisés, sauf peut-être chez quelques-uns des plus infimes. Chez tous, autant que nous le sachions actuellement, la vésicule germinative est la même ; de sorte que tous les êtres organisés ont une origine commune. Même si l'on considère les deux divisions principales du monde organique, c'est-à-dire le règne animal et le règne végétal, on remarque certaines formes inférieures, assez intermédiaires par leurs caractères, pour que les naturalistes soient en désaccord quant au règne auquel elles doivent être rattachées ; et, ainsi que l'a fait remarquer le professeur Asa Gray, « les spores et autres corps reproducteurs des algues inférieures peuvent se vanter d'avoir d'abord une existence animale caractérisée, à laquelle succède une existence incontestablement végétale. » Par conséquent, d'après le principe de la sélection naturelle avec divergence des caractères, il ne semble pas impossible que les animaux et les plantes aient pu se développer en partant de ces formes inférieures et intermédiaires ; or, si nous admettons ce point, nous devons admettre aussi que tous les êtres organisés qui vivent ou qui ont vécu sur la terre peuvent descendre d'une seule forme primordiale. Mais cette déduction étant surtout fondée sur l'analogie, il est indifférent qu'elle soit acceptée ou non. Il est sans doute possible, ainsi que le suppose M. G. H. Lewes, qu'aux premières origines de la vie plusieurs formes différentes aient pu surgir ; mais, s'il en est ainsi, nous pouvons conclure que très peu seulement ont laissé des descendants modifiés ; car, ainsi que je l'ai récemment fait remarquer à propos des membres de chaque grande classe, comme les vertébrés, les articulés, etc., nous trouvons dans leurs conformations embryologiques, homologues et rudimentaires la preuve évidente que les membres de chaque règne descendent tous d'un ancêtre unique.

Lorsque les opinions que j'ai exposées dans cet ouvrage, opinions que M. Wallace a aussi soutenues dans le journal de la Société Linnéenne, et que des opinions analogues sur l'origine des espèces seront généralement admises par les naturalistes, nous pouvons prévoir qu'il s'accomplira dans l'histoire naturelle une révolution importante. Les systématistes pourront continuer leurs travaux comme aujourd'hui ; mais ils ne seront plus constamment obsédés de doutes quant à la valeur spécifique de telle ou telle forme, circonstance qui, j'en parle par expérience, ne constituera pas un mince soulagement. Les disputes éternelles sur la spécificité d'une cinquantaine de ronces britanniques cesseront. Les systématistes n'auront plus qu'à décider, ce qui d'ailleurs ne sera pas toujours facile, si une forme quelconque est assez constante et assez distincte des autres formes pour qu'on puisse la bien définir, et, dans ce cas, si ces différences sont assez importantes pour mériter un nom d'espèce. Ce dernier point deviendra bien plus important à considérer qu'il ne l'est maintenant, car des différences, quelque légères qu'elles soient, entre deux formes quelconques que ne relie aucun degré intermédiaire, sont actuellement considérées par les naturalistes comme suffisantes pour justifier leur distinction spécifique.

Nous serons, plus tard, obligés de reconnaître que la seule distinction à établir entre les espèces et les variétés bien tranchées consiste seulement en ce que l'on sait ou que l'on suppose que ces dernières sont actuellement reliées les unes aux autres par des gradations intermédiaires, tandis que les espèces ont dû l'être autrefois. En conséquence, sans négliger de prendre en considération l'existence présente de degrés intermédiaires entre deux formes quelconques, nous serons conduits à peser avec plus de soin l'étendue réelle des différences qui les séparent, et à leur attribuer une plus grande valeur. Il est fort possible que des formes, aujourd'hui reconnues comme de simples variétés, soient plus tard jugées dignes d'un nom spécifique ; dans ce cas, le langage scientifique et le langage ordinaire se trouveront d'accord. Bref, nous aurons à traiter l'espèce de la même manière que les naturalistes traitent actuellement les genres, c'est-à-dire comme de simples combinaisons artificielles, inventées pour une plus grande commodité. Cette perspective n'est peut-être pas consolante, mais nous serons au moins débarrassés des vaines recherches auxquelles donne lieu l'explication absolue, encore non trouvée et introuvable, du terme espèce.

Les autres branches plus générales de l'histoire naturelle n'en acquerront que plus d'intérêt. Les termes : affinité, parenté, communauté, type, paternité, morphologie, caractères d'adaptation, organes rudimentaires et atrophiés, etc., qu'emploient les naturalistes, cesseront d'être des métaphores et prendront un sens absolu. Lorsque nous ne regarderons plus un être organisé de la même façon qu'un sauvage contemple un vaisseau, c'est-à-dire comme quelque chose qui dépasse complètement notre intelligence ; lorsque nous verrons dans toute production un organisme dont l'histoire est fort ancienne ; lorsque nous considérerons chaque conformation et chaque instinct compliqués comme le résumé d'une foule de combinaisons toutes avantageuses à leur possesseur, de la même façon que toute grande invention mécanique est la résultante du travail, de l'expérience, de la raison, et même des erreurs d'un grand nombre d'ouvriers ; lorsque nous envisagerons l'être organisé à ce point de vue, combien, et j'en parle par expérience, l'étude de l'histoire naturelle ne gagnera-t-elle pas en intérêt !

Un champ de recherches immense et à peine foulé sera ouvert sur les causes et les lois de la variabilité, sur la corrélation, sur les effets de l'usage et du défaut d'usage, sur l'action directe des conditions extérieures, et ainsi de suite. L'étude des produits domestiques prendra une immense importance. La formation d'une nouvelle variété par l'homme sera un sujet d'études plus important et plus intéressant que l'addition d'une espèce de plus à la liste infinie de toutes celles déjà enregistrées. Nos classifications en viendront, autant que la chose sera possible, à être des généalogies ; elles indiqueront alors ce qu'on peut appeler le vrai plan de la création. Les règles de la classification se simplifieront, sans doute, lorsque nous nous proposerons un but défini. Nous ne possédons ni généalogies ni armoiries, et nous avons à découvrir et à retracer les nombreuses lignes divergentes de descendances dans nos généalogies naturelles, à l'aide des caractères de toute nature qui ont été conservés et transmis par une longue hérédité. Les organes rudimentaires témoigneront d'une manière infaillible quant à la nature de conformations depuis longtemps perdues. Les espèces ou groupes d'espèces dites aberrantes, qu'on pourrait appeler des fossiles vivants, nous aideront à reconstituer l'image des anciennes formes de la vie. L'embryologie nous révélera souvent la conformation, obscurcie dans une certaine mesure, des prototypes de chacune des grandes classes.

Lorsque nous serons certains que tous les individus de la même espèce et toutes les espèces étroitement alliées d'un même genre sont, dans les limites d'une époque relativement récente, descendus d'un commun ancêtre et ont émigré d'un berceau unique, lorsque nous connaîtrons mieux aussi les divers moyens de migration, nous pourrons alors, à l'aide des lumières que la géologie nous fournit actuellement et qu'elle continuera à nous fournir sur les changements survenus autrefois dans les climats et dans le niveau des terres, arriver à retracer admirablement les migrations antérieures du monde entier. Déjà, maintenant, nous pouvons obtenir quelques notions sur l'ancienne géographie, en comparant les différences des habitants de la mer qui occupent les côtes opposées d'un continent et la nature des diverses populations de ce continent, relativement à leurs moyens apparents d'immigration.

La noble science de la géologie laisse à désirer par suite de l'extrême pauvreté de ses archives. La croûte terrestre, avec ses restes enfouis, ne doit pas être considérée comme un musée bien rempli, mais comme une maigre collection faite au hasard et à de rares intervalles. On reconnaîtra que l'accumulation de chaque grande formation fossilifère a dû dépendre d'un concours exceptionnel de conditions favorables, et que les lacunes qui correspondent aux intervalles écoulés entre les dépôts des étages successifs ont eu une durée énorme. Mais nous pourrons évaluer leur durée avec quelque certitude en comparant les formes organiques qui ont précédé ces lacunes et celles qui les ont suivies. Il faut être très prudent quand il s'agit d'établir une corrélation de stricte contemporanéité d'après la seule succession générale des formes de la vie, entre deux formations qui ne renferment pas un grand nombre d'espèces identiques. Comme la production et l'extinction des espèces sont la conséquence de causes toujours existantes et agissant lentement, et non pas d'actes miraculeux de création ; comme la plus importante des causes des changements organiques est presque indépendante de toute modification, même subite, dans les conditions physiques, car cette cause n'est autre que les rapports mutuels d'organisme à organisme, le perfectionnement de l'un entraînant le perfectionnement ou l'extermination des autres, il en résulte que la somme des modifications organiques appréciables chez les fossiles de formations consécutives peut probablement servir de mesure relative, mais non absolue, du laps de temps écoulé entre le dépôt de chacune d'elles. Toutefois, comme un certain nombre d'espèces réunies en masse pourraient se perpétuer sans changement pendant de longues périodes, tandis que, pendant le même temps, plusieurs de ces espèces venant à émigrer vers de nouvelles régions ont pu se modifier par suite de leur concurrence avec d'autres formes étrangères, nous ne devons pas reposer une confiance trop absolue dans les changements organiques comme mesure du temps écoulé.

J'entrevois dans un avenir éloigné des routes ouvertes à des recherches encore bien plus importantes. La psychologie sera solidement établie sur la base si bien définie déjà par M. Herbert Spencer, c'est-à-dire sur l'acquisition nécessairement graduelle de toutes les facultés et de toutes les aptitudes mentales, ce qui jettera une vive lumière sur l'origine de l'homme et sur son histoire.

Certains auteurs éminents semblent pleinement satisfaits de l'hypothèse que chaque espèce a été créée d'une manière indépendante. À mon avis, il me semble que ce que nous savons des lois imposées à la matière par le Créateur s'accorde mieux avec l'hypothèse que la production et l'extinction des habitants passés et présents du globe sont le résultat de causes secondaires, telles que celles qui déterminent la naissance et la mort de l'individu. Lorsque je considère tous les êtres, non plus comme des créations spéciales, mais comme les descendants en ligne directe de quelques êtres qui ont vécu longtemps avant que les premières couches du système cambrien aient été déposées, ils me paraissent anoblis. À en juger d'après le passé, nous pouvons en conclure avec certitude que pas une des espèces actuellement vivantes ne transmettra sa ressemblance intacte à une époque future bien éloignée, et qu'un petit nombre d'entre elles auront seules des descendants dans les âges futurs, car le mode de groupement de tous les êtres organisés nous prouve que, dans chaque genre, le plus grand nombre des espèces, et que toutes les espèces dans beaucoup de genres, n'ont laissé aucun descendant, mais se sont totalement éteintes. Nous pouvons même jeter dans l'avenir un coup d'œil prophétique et prédire que ce sont les espèces les plus communes et les plus répandues, appartenant aux groupes les plus considérables de chaque classe, qui prévaudront ultérieurement et qui procréeront des espèces nouvelles et prépondérantes. Comme toutes les formes actuelles de la vie descendent en ligne directe de celles qui vivaient longtemps avant l'époque cambrienne, nous pouvons être certains que la succession régulière des générations n'a jamais été interrompue, et qu'aucun cataclysme n'a bouleversé le monde entier. Nous pouvons donc compter avec quelque confiance sur un avenir d'une incalculable longueur. Or, comme la sélection naturelle n'agit que pour le bien de chaque individu, toutes les qualités corporelles et intellectuelles doivent tendre à progresser vers la perfection.

Il est intéressant de contempler un rivage luxuriant, tapissé de nombreuses plantes appartenant à de nombreuses espèces abritant des oiseaux qui chantent dans les buissons, des insectes variés qui voltigent çà et là, des vers qui rampent dans la terre humide, si l'on songe que ces formes si admirablement construites, si différemment conformées, et dépendantes les unes des autres d'une manière si complexe, ont toutes été produites par des lois qui agissent autour de nous. Ces lois, prises dans leur sens le plus large, sont : la loi de croissance et de reproduction ; la loi d'hérédité qu'implique presque la loi de reproduction ; la loi de variabilité, résultant de l'action directe et indirecte des conditions d'existence, de l'usage et du défaut d'usage ; la loi de la multiplication des espèces en raison assez élevée pour amener la lutte pour l'existence, qui a pour conséquence la sélection naturelle, laquelle détermine la divergence des caractères, et l'extinction des formes moins perfectionnées. Le résultat direct de cette guerre de la nature, qui se traduit par la famine et par la mort, est donc le fait le plus admirable que nous puissions concevoir, à savoir : la production des animaux supérieurs. N'y a-t-il pas une véritable grandeur dans cette manière d'envisager la vie, avec ses puissances diverses attribuées primitivement par le Créateur à un petit nombre de formes, ou même à une seule ? Or, tandis que notre planète, obéissant à la loi fixe de la gravitation, continue à tourner dans son orbite, une quantité infinie de belles et admirables formes, sorties d'un commencement si simple, n'ont pas cessé de se développer et se développent encore !

Glossaire des principaux termes scientifiques

EMPLOYÉS DANS LE PRÉSENT VOLUME[10].

Aberrant. — Se dit des formes ou groupes d'animaux ou de plantes qui s'écartent par des caractères importants de leurs alliés les plus rapprochés, de manière à ne pas être aisément compris dans le même groupe.

Aberration (en optique). — Dans la réfraction de la lumière par une lentille convexe, les rayons passant à travers les différentes parties de la lentille convergent vers des foyers à des distances légèrement différentes : c'est ce qu'on appelle aberration sphérique ; d'autre part, les rayons colorés sont séparés par l'action prismatique de la lentille et convergent également vers des foyers à des distances différentes : c'est l'aberration chromatique.

Aire. — L'étendue de pays sur lequel une plante ou un animal s'étend naturellement. — Par rapport au temps, ce mot exprime la distribution d'une espèce ou d'un groupe parmi les couches fossilifères de l'écorce de la terre.

Albinisme, albinos. — Les albinos sont des animaux chez lesquels les matières colorantes, habituellement caractéristiques de l'espèce, n'ont pas été produites dans la peau et ses appendices. — Albinisme, état d'albinos.

Algues. — Une classe de plantes comprenant les plantes marines ordinaires et les plantes filamenteuses d'eau douce.

Alternante (Génération). — Voir Génération.

Ammonites. — Un groupe de coquilles fossiles, spirales et à chambres, ressemblant au genre Nautilus, mais les séparations entre les chambres sont ondulées en spirales combinées à leur jonction avec la paroi extérieure de la coquille.

Analogie. — La ressemblance de structures qui provient de fonctions semblables, comme, par exemple, les ailes des insectes et des oiseaux. On dit que de telles structures sont analogues les unes aux autres.

---

[10] Ce Glossaire a été rédigé par M. N. S. Dallas sur la demande de M. Ch. Darwin. L'explication des termes y est donnée sous une forme aussi simple et aussi claire que possible.

Animalcule. — Petit animal : terme généralement appliqué à ceux qui ne sont visibles qu'au microscope.

Annélides. — Une classe de vers chez lesquels la surface du corps présente une division plus ou moins distincte en anneaux ou segments généralement pourvus d'appendices pour la locomotion ainsi que de branchies. Cette classe comprend les vers marins ordinaires, les vers de terre et les sangsues.

Anormal. — Contraire à la règle générale.

Antennes. — Organes articulés placés à la tête chez les insectes, les crustacés et les centipèdes, n'appartenant pourtant pas à la bouche.

Anthères. — Sommités des étamines des fleurs qui produisent le pollen ou la poussière fertilisante.

Aplacentaires (aplacentalia, aplacentata). — Mammifères aplacentaires. — Voir Mammifères.

Apophyses. — Éminences naturelles des os qui se projettent généralement pour servir d'attaches aux muscles, aux ligaments, etc.

Archétype. — Forme idéale primitive d'après laquelle tous les êtres d'un groupe semblent être organisés.

Articulés. — Une grande division du règne animal, caractérisée généralement en ce qu'elle a la surface du corps divisée en anneaux appelés segments, dont un nombre plus ou moins grand est pourvu de pattes composées, tels que les insectes, les crustacés et les centipèdes.

Asymétrique. — Ayant les deux côtés dissemblables.

Atrophié. — Arrêt dans le développement survenu dans le premier âge.

Avorté. — On dit qu'un organe est avorté, quand de bonne heure il a subi un arrêt dans son développement.

Balanes (Bernacles). — Cirripèdes sessiles à test composé de plusieurs pièces, qui vivent en abondance sur les rochers du bord de la mer.

Bassin (Pelvis). — L'arc osseux auquel sont articulés les membres postérieurs des animaux vertébrés.

Batraciens. — Une classe d'animaux parents des reptiles, mais subissant une métamorphose particulière et chez lesquels le jeune animal est généralement aquatique et respire par des branchies. (Exemples : les grenouilles, les crapauds et les salamandres.)

Blocs erratiques. — Énormes blocs de pierre transportés, généralement encaissés dans de la terre argileuse ou du gravier.

Brachiopode. — Une classe de mollusques marins ou animaux à corps mou pourvus d'une coquille bivalve attachée à des matières sous-marines par une tige qui passe par une ouverture dans l'une des valvules. Ils sont pourvus de bras à franges par l'action desquelles la nourriture est portée à la bouche.

Branchiales. — Appartenant aux branchies.

Branchies. — Organes pour respirer dans l'eau.

Cambrien (Système). — Une série de roches paléozoïques entre le laurentien et le silurien, et qui, tout récemment, étaient encore considérées comme les plus anciennes roches fossilifères.

Canidés. — La famille des chiens, comprenant le chien, le loup, le renard, le chacal, etc.

Carapace. — La coquille enveloppant généralement la partie antérieure du corps chez les crustacés. Ce terme est aussi appliqué aux parties dures et aux coquilles des cirripèdes.

Carbonifère. — Ce terme est appliqué à la grande formation qui comprend, parmi d'autres roches, celles à charbon. Cette formation appartient au plus ancien système, ou système paléozoïque.

Caudal. — De la queue ou appartenant à la queue.

Célosperme. — Terme appliqué aux fruits des ombellifères, qui ont la semence creuse à la face interne.

Céphalopodes. — La classe la plus élevée des mollusques ou animaux à corps mou, caractérisée par une bouche entourée d'un nombre plus ou moins grand de bras charnus ou tentacules qui, chez la plupart des espèces vivantes, sont pourvus de suçoirs. (Exemples : la seiche, le nautile.)

Cétacé. — Un ordre de mammifères comprenant les baleines, les dauphins, etc., ayant la forme de poissons, la peau nue et dont seulement les membres antérieurs sont développés.

Champignons (Fungi). — Une classe de plantes cryptogames cellulaires

Chéloniens. — Un ordre de reptiles comprenant les tortues de mer, les tortues de terre, etc.

Cirripèdes. — Un ordre de crustacés comprenant les bernacles, les anatifes, etc. Les jeunes ressemblent à ceux de beaucoup d'autres crustacés par la forme, mais, arrivés à l'âge mûr, ils sont toujours attachés à d'autres substances, soit directement, soit au moyen d'une tige. Ils sont enfermés dans une coquille calcaire composée de plusieurs parties, dont deux peuvent s'ouvrir pour donner issue à un faisceau de tentacules entortillés et articulés qui représentent les membres.

Coccus. — Genres d'insectes comprenant la cochenille, chez lequel le mâle est une petite mouche ailée et la femelle généralement une masse inapte à tout mouvement, affectant la forme d'une graine.

Cocon. — Une enveloppe en général soyeuse dans laquelle les insectes sont fréquemment renfermés pendant la seconde période, ou la période de repos de leur existence. Le terme de « période de cocon » est employé comme équivalent de « période de chrysalide ».

Coléoptères. — Ordres d'insectes, ayant des organes buccaux masticateurs et la première paire d'ailes (élytres) plus ou moins cornée, formant une gaine pour la seconde paire, et divisée généralement en droite ligne au milieu du dos.

Colonne. — Un organe particulier chez les fleurs de la famille des orchidées dans lequel les étamines, le style et le stigmate (ou organes reproducteurs) sont réunis.

Composées ou plantes composées. — Des plantes chez lesquelles l'inflorescence consiste en petites fleurs nombreuses (fleurons) réunies en une tête épaisse, dont la base est renfermée dans une enveloppe commune. (Exemples : la marguerite, la dent-de-lion, etc.)

Conferves. — Les plantes filamenteuses d'eau douce.

Conglomérat. — Une roche faite de fragments de rochers ou de cailloux cimentés par d'autres matériaux.

Corolle. — La seconde enveloppe d'une fleur, généralement composée d'organes colorés semblables à ces feuilles (pétales) qui peuvent être unies entièrement, ou seulement à leurs extrémités, ou à la base.

Corrélation. — La coïncidence normale d'un phénomène, des caractères, etc., avec d'autres phénomènes ou d'autres caractères.

Corymbe. — Mode d'inflorescence multiple, par lequel les fleurs qui partent de la partie inférieure de la tige sont soutenues sur des tiges plus longues, de manière à être de niveau avec les fleurs supérieures.

Cotylédons. — Les premières feuilles, ou feuilles à semence des plantes.

Crustacés. — Une classe d'animaux articulés ayant la peau du corps généralement plus ou moins durcie par un dépôt de matière calcaire, et qui respirent au moyen de branchies. (Exemples : le crabe, le homard, la crevette.)

Curculion. — L'ancien terme générique pour les coléoptères connus sous le nom de charançons, caractérisés par leurs tarses à quatre articles, et par une tête qui se termine en une espèce de bec, sur les côtés duquel sont fixées les antennes.

Cutané. — De la peau ou appartenant à la peau.

Cycles. — Les cercles ou lignes spirales dans lesquels les parties des plantes sont disposées sur l'axe de croissance.

Dégradation. — Détérioration du sol par l'action de la mer ou par des influences atmosphériques.

Dentelures. — Dents disposées comme celles d'une scie.

Dénudation. — L'usure par lavage de la surface de la terre par l'eau.

Dévonien (Système), ou formation dévonienne. — Série de roches paléozoïques comprenant le vieux grès rouge.

Dicotylédonées ou Plantes dicotylédones. — Une classe de plantes caractérisées par deux feuilles à semences (cotylédons), et par la formation d'un nouveau bois entre l'écorce et l'ancien bois (croissance exogène), ainsi que par l'organisation rétiforme des nervures des feuilles. Les fleurs sont généralement divisées en multiples de cinq.

Différenciation. — Séparation ou distinction des parties ou des organes qui se trouvent plus ou moins unis dans les formes élémentaires vivantes.

Dimorphes. — Ayant deux formes distinctes. Le dimorphisme est l'existence de la même espèce sous deux formes distinctes.

Dioïque. — Ayant les organes des sexes sur des individus distincts.

Diorite. — Une forme particulière de pierre verte (Greenstone).

Dorsal. — Du dos ou appartenant au dos.

Échassiers (Grallatores). — Oiseaux généralement pourvus de longs becs, privés de plumes au-dessus du tarse, et sans membranes entre les doigts des pieds. (Exemples : les cigognes, les grues, les bécasses, etc.)

Édentés. — Ordre particulier de quadrupèdes caractérisés par l'absence au moins des incisives médianes (de devant) dans les deux mâchoires. (Exemples : les paresseux et les tatous.)

Élytres. — Les ailes antérieures durcies des coléoptères, qui recouvrent et protègent les ailes membraneuses postérieures servant seules au vol.

Embryologie. — L'étude du développement de l'embryon.

Embryon. — Le jeune animal en développement dans l'œuf ou le sein de la mère.

Endémique. — Ce qui est particulier à une localité donnée.

Entomostracés. — Une division de la classe des crustacés, ayant généralement tous les segments du corps distincts, munie de branchies aux pattes ou aux organes de la bouche, et les pattes garnies de poils fins. Ils sont généralement de petite grosseur.

Éocène. — La première couche des trois divisions de l'époque tertiaire. Les roches de cet âge contiennent en petite proportion des coquilles identiques à des espèces actuellement existantes.

Éphémères (Insectes). — Insectes ne vivant qu'un jour ou très peu de temps.

Étamines. — Les organes mâles des plantes en fleur, formant un cercle dans les pétales. Ils se composent généralement d'un filament et d'une anthère : l'anthère étant la partie essentielle dans laquelle est formé le pollen ou la poussière fécondante.

Faune. — La totalité des animaux habitant naturellement une certaine contrée ou région, ou qui y ont vécu pendant une période géologique quelconque.

Félins ou Félidés. — Mammifères de la famille des chats.

Féral (plur. Féraux). — Animaux ou plantes qui de l'état de culture ou de domesticité ont repassé à l'état sauvage.

Fleurons. — Fleurs imparfaitement développées sous quelques rapports et rassemblées en épis épais ou tête épaisse, comme dans les graminées, la dent-de-lion, etc.

Fleurs polyandriques. — Voir Polyandriques.

Flore. — La totalité des plantes croissant naturellement dans un pays, ou pendant une période géologique quelconque.

Fœtal. — Du fœtus ou appartenant au fœtus (embryon) en cours de développement

Foraminifères. — Une classe d'animaux ayant une organisation très inférieure, et généralement très petits ; ils ont un corps mou, semblable à de la gélatine ; des filaments délicats, fixés à la surface, s'allongent et se retirent pour saisir les objets extérieurs ; ils habitent une coquille calcaire généralement divisée en chambres et perforée de petites ouvertures.

Formation sédimentaire. — Voir Sédimentaires.

Fossilifères. — Contenant des fossiles.

Fossoyeurs. — Insectes ayant la faculté de creuser. Les hyménoptères fossoyeurs sont un groupe d'insectes semblables aux guêpes, qui creusent dans le sol sablonneux des nids pour leurs petits.

Fourchette ou Furcula. — L'os fourchu formé par l'union des clavicules chez beaucoup d'oiseaux, comme, par exemple, chez la poule commune.

Frenum (pl. Frena). — Une petite bande ou pli de la peau.

Gallinacés. — Ordre d'oiseaux qui comprend entre autres la poule commune, le dindon, le faisan, etc.

Gallus. — Le genre d'oiseaux qui comprend la poule commune.

Ganglion. — Une grosseur ou un nœud d'où partent les nerfs comme d'un centre.

Ganoïdes. — Poissons couverts d'écailles osseuses et émaillées d'une manière toute particulière, dont la plupart ne se trouvent plus qu'à l'état fossile.

Génération alternante. — On applique ce terme à un mode particulier de reproduction, qu'on rencontre chez un grand nombre d'animaux inférieurs ; l'œuf est produit par une forme vivante tout à fait différente de la forme parente, laquelle est reproduite à son tour par un procédé de bourgeonnement ou par la division des substances du premier produit de l'œuf.

Germinative (Vésicule). — Voir Vésicule.

Glaciaire (Période). — Voir Période.

Glande. — Organe qui sécrète ou filtre quelque produit particulier du sang ou de la sève des animaux ou des plantes.

Glotte. — L'entrée de la trachée-artère dans l'œsophage ou le gosier.

Gneiss. — Roches qui se rapprochent du granit par leur composition, mais plus ou moins lamellées, provenant de l'altération d'un dépôt sédimentaire après sa consolidation.

Granit. — Roche consistant essentiellement en cristaux de feldspath et de mica, réunis dans une masse de quartz.

Habitat. — La localité dans laquelle un animal ou une plante vit naturellement.

Hémiptères. — Un ordre ou sous-ordre d'insectes, caractérisés par la possession d'un bec à articulations ou rostre ; ils ont les ailes de devant cornées à la base et membraneuses à l'extrémité où se croisent les ailes. Ce groupe comprend les différentes espèces de punaises.

Hermaphrodite. — Possédant les organes des deux sexes.

Homologie. — La relation entre les parties qui résulte de leur développement embryonique correspondant, soit chez des êtres différents, comme dans le cas du bras de l'homme, la jambe de devant du quadrupède et l'aile d'un oiseau ; ou dans le même individu, comme dans le cas des jambes de devant et de derrière chez les quadrupèdes, et les segments ou anneaux et leurs appendices dont se compose le corps d'un ver ou d'un centipède. Cette dernière homologie est appelée homologie sériale. Les parties qui sont en telle relation l'une avec l'autre sont dites homologues, et une telle partie ou un tel organe est appelé l'homologue de l'autre. Chez différentes plantes, les parties de la fleur sont homologues, et, en général, ces parties sont regardées comme homologues avec les feuilles.

Homoptères. — Sous-ordre des hémiptères, chez lesquels les ailes de devant sont ou entièrement membraneuses ou ressemblent entièrement à du cuir. Les cigales, les pucerons en sont des exemples connus.

Hybride. — Le produit de l'union de deux espèces distinctes.

Hyménoptères. — Ordre d'insectes possédant des mandibules mordantes et généralement quatre ailes membraneuses dans lesquelles il y a quelques nervures. Les abeilles et les guêpes sont des exemples familiers de ce groupe.

Hypertrophié. — Excessivement développé.

Ichneumonides. — Famille d'insectes hyménoptères qui pondent leurs œufs dans le corps ou les œufs des autres insectes.

Image. — L'état reproductif parfait (généralement à ailes) d'un insecte.

Indigènes. — Les premiers êtres animaux ou végétaux aborigènes d'un pays ou d'une région.

Inflorescence. — Le mode d'arrangement des fleurs des plantes.

Infusoires. — Classe d'animalcules microscopiques appelés ainsi parce qu'ils ont été observés à l'origine dans des infusions de matières végétales. Ils consistent en une matière gélatineuse renfermée dans une membrane délicate, dont la totalité ou une partie est pourvue de poils courts et vibrants appelées cils, au moyen desquels ces animalcules nagent dans l'eau ou transportent les particules menues de leur nourriture à l'orifice de la bouche.

Insectivores. — Se nourrissant d'insectes.

Invertébrés ou Animaux invertébrés. — Les animaux qui ne possèdent pas d'épine dorsale ou de colonne vertébrale.

Lacunes. — Espaces laissés parmi les tissus chez quelques-uns des animaux inférieurs, et servant de voies pour la circulation des fluides du corps.

Lamellé. — Pourvu de lames ou de petites plaques.

Larves. — La première phase de la vie d'un insecte au sortir de l'œuf, quand il est généralement sous la forme de ver ou de chenille.

Larynx. — La partie supérieure de la trachée-artère qui s'ouvre dans le gosier.

Laurentien. — Système de roches très anciennes et très altérées, très développé le long du cours du Saint-Laurent, d'où il tire son nom. C'est dans ces roches qu'on a trouvé les traces des corps organiques les plus anciens.

Légumineuses. — Ordre de plantes, représenté par les pois communs et les fèves, ayant une fleur irrégulière, chez lesquelles un pétale se relève comme une aile, et les étamines et le pistil sont renfermés dans un fourreau formé par deux autres pétales. Le fruit est en forme de gousse (légume).

Lémurides. — Un groupe d'animaux à quatre mains, distinct des singes et se rapprochant des quadrupèdes insectivores par certains caractères et par leurs habitudes. Les Lémurides ont les narines recourbées ou tordues, et une griffe au lieu d'ongle sur l'index des mains de derrière.

Lépidoptères. — Ordre d'insectes caractérisés par la possession d'une trompe en spirale et de quatre grosses ailes plus ou moins écailleuses. Cet ordre comprend les papillons.

Littoral. — Habitant le rivage de la mer.

Loess (Lehm). — Un dépôt marneux de formation récente (post-tertiaire) qui occupe une grande partie de la vallée du Rhin.

Malacostracés. — L'ordre supérieur des crustacés, comprenant les crabes ordinaires, les homards, les crevettes, etc., ainsi que les cloportes et les salicoques.

Mammifères. — La première classe des animaux, comprenant les quadrupèdes velus ordinaires, les baleines, et l'homme, caractérisée par la production de jeunes vivants, nourris après leur naissance par le lait des mamelles (glandes mammaires) de la mère. Une différence frappante dans le développement embryonnaire a conduit à la division de cette classe en deux grande groupes : dans l'un, quand l'embryon a atteint une certaine période, une connexion vasculaire, appelée placenta, se forme entre l'embryon et la mère ; dans l'autre groupe cette connexion manque, et les jeunes naissent dans un état très incomplet. Les premiers, comprenant la plus grande partie de la classe, sont appelés Mammifères placentaires ; les derniers, Mammifères aplacentaires, comprennent les marsupiaux et les monotrèmes (Ornithorynques).

Mandibules, chez les insectes. — La première paire, ou paire supérieure de mâchoires, qui sont généralement des organes solides, cornés et mordants. Chez les oiseaux ce terme est appliqué aux deux mâchoires avec leurs enveloppes cornées. Chez les quadrupèdes les mandibules sont représentées par la mâchoire inférieure.

Marsupiaux. — Un ordre de mammifères chez lesquels les petits naissent dans un état très incomplet de développement et sont portés par la mère, pendant l'allaitement, dans une poche ventrale (marsupium), tels que chez les kangourous, les sarigues, etc. — Voir Mammifères.

Maxillaires, chez les insectes. — La seconde paire ou paire inférieure de mâchoires, qui sont composées de plusieurs articulations et pourvues d'appendices particuliers, appelés palpes ou antennes.

Mélanisme. — L'opposé de l'albinisme, développement anormal de matière colorante foncée dans la peau et ses appendices.

Moelle épinière. — La portion centrale du système nerveux chez les vertébrés, qui descend du cerveau à travers les arcs des vertèbres et distribue presque tous les nerfs aux divers organes du corps.

Mollusques. — Une des grandes divisions du règne animal, comprenant les animaux à corps mou, généralement pourvus d'une coquille, et chez lesquels les ganglions ou centres nerveux ne présentent pas d'arrangement général défini. Ils sont généralement connus sous la dénomination de moules et de coquillages ; la seiche, les escargots et les colimaçons communs, les coquilles, les huîtres, les moules et les peignes en sont des exemples.

Monocotylédonées ou Plantes monocotylédones. — Plantes chez lesquelles la semence ne produit qu'une seule feuille à semence (ou cotylédon), caractérisées par l'absence des couches consécutives de bois dans la tige (croissance endogène). On les reconnaît par les nervures des feuilles qui sont généralement droites et par la composition des fleurs qui sont généralement des multiples de trois. (Exemples : les graminées, les lis, les orchidées, les palmiers, etc.)

Moraines. — Les accumulations des fragments de rochers entraînés dans les vallées par les glaciers.

Morphologie. — La loi de la forme ou de la structure indépendante de la fonction.

Mysis (Forme). — Période du développement de certains crustacés (langoustes) durant laquelle ils ressemblent beaucoup aux adultes d'un genre (mysis) appartenant à un groupe un peu inférieur.

Naissant. — Commençant à se développer.

Natatoires. — Adaptés pour la natation.

Nauplius (Forme Nauplius). — La première période dans le développement de beaucoup de crustacés, appartenant surtout aux groupes inférieurs. Pendant cette période l'animal a le corps court, avec des indications confuses d'une division en segments, et est pourvu de trois paires de membres à franges. Cette forme du cyclope commun d'eau douce avait été décrite comme un genre distinct sous le nom de Nauplius.

Nervation. — L'arrangement des veines ou nervures dans les ailes des insectes.

Neutres. — Femelles de certains insectes imparfaitement développées et vivant en société (tels que les fourmis et les abeilles). Les neutres font tous les travaux de la communauté, d'où ils sont aussi appelés Travailleurs.

Nictitante (Membrane). — Membrane semi-transparente, qui peut recouvrir l'œil chez les oiseaux et les reptiles, pour modérer les effets d'une forte lumière ou pour chasser des particules de poussière, etc., de la surface de l'œil.

Ocelles (Stemmates). — Les yeux simples des insectes, généralement situés sur le sommet de la tête entre les grands yeux composés à facettes.

Œsophage. — Le gosier.

Ombellifères. — Un ordre de plantes chez lesquelles les fleurs, qui contiennent cinq étamines et un pistil avec deux styles, sont soutenues par des supports qui sortent du sommet de la tige florale et s'étendent comme les baleines d'un parapluie, de manière à amener toutes les fleurs à la même hauteur (ombelle), presque au même niveau. (Exemples : le persil et la carotte.)

Ongulés. — Quadrupèdes à sabot.

Oolithiques. — Grande série de roches secondaires appelées ainsi à cause du tissu de quelques-unes d'entre elles ; elles semblent composées d'une masse de petits corps calcaires semblables à des œufs.

Opercule. — Plaque calcaire qui sert à beaucoup de mollusques pour fermer l'ouverture de leur coquille. Les valvules operculaires des cirripèdes sont celles qui ferment l'ouverture de la coquille.

Orbite. — La cavité osseuse dans laquelle se place l'œil.

Organisme. — Un être organisé, soit plante, soit animal.

Orthosperme. — Terme appliqué aux fruits des ombellifères qui ont la semence droite.

Ova. — Œufs.

Ovarium ou Ovaire (chez les plantes). — La partie inférieure du pistil ou de l'organe femelle de la plante, contenant les ovules ou jeunes semences ; par la croissance et après que les autres organes de la fleur sont tombés, l'ovaire se transforme généralement en fruit.

Ovigère. — Portant l'œuf.

Ovules (des plantes). — Les semences dans leur première évolution.

Pachydermes. — Un groupe de mammifères, ainsi appelés à cause de leur peau épaisse, comprenant l'éléphant, le rhinocéros, l'hippopotame, etc.

Paléozoïque. — Le plus ancien système de roches fossilifères.

Palpes. — Appendices à articulations à quelques organes de la bouche chez les insectes et les crustacés.

Papilionacées. — Ordre de plantes (voir Légumineuses). Les fleurs de ces plantes sont appelées papilionacées ou semblables à des papillons, à cause de la ressemblance imaginaire des pétales supérieurs développés avec les ailes d'un papillon.

Parasite. — Animal ou plante vivant sur, dans, ou aux dépens d'un autre organisme.

Parthénogénèse. — La production d'organismes vivants par des œufs ou par des semences non fécondés.

Pédonculé. — Supporté sur une tige ou support. Le chêne pédonculé a ses glands supportés sur une tige.

Pélorie, ou Pélorisme. — Apparence de régularité de structure chez les fleurs ou les plantes qui portent normalement des fleurs irrégulières.

Période glaciaire. — Période de grand froid et d'extension énorme des glaciers à la surface de la terre. On croit que des périodes glaciaires sont survenues successivement pendant l'histoire géologique de la terre ; mais ce terme est généralement appliqué à la fin de l'époque tertiaire, lorsque presque toute l'Europe était soumise à un climat arctique.

Pétales. — Les feuilles de la corolle ou second cercle d'organes dans une fleur. Elles sont généralement d'un tissu délicat et brillamment colorées.

Phyllodineux. — Ayant des branches aplaties, semblables à des feuilles ou tiges à feuilles au lieu de feuilles véritables.

Pigment. — La matière colorante produite généralement dans les parties superficielles des animaux. Les cellules qui la sécrètent sont appelées cellules pigmentaires.

Pinné ou Penné. — Portant des petites feuilles de chaque côté d'une tige centrale.

Pistils. — Les organes femelles d'une fleur qui occupent le centre des autres organes floraux. Le pistil peut généralement être divisé en ovaire ou germe, en style et en stigmate.

Plantes composées. — Voir Composées.

— Monocotylédones. — Voir Monocotylédones.

— Polygames. — Voir Polygames.

Plantigrades. — Quadrupèdes qui marchent sur toute la plante du pied, tels que les ours.

Plastique. — Facilement susceptible de changement.

Pleistocène (Période). — La dernière période de l'époque tertiaire.

Plumule (chez les plantes). — Le petit bouton entre les feuilles à semences des plantes nouvellement germées.

Plutoniennes (Roches). — Roches supposées produites par l'action du feu dans les profondeurs de la terre.

Poissons ganoides. — Voir Ganoides.

Pollen. — L'élément mâle chez les plantes qui fleurissent ; généralement une poussière fine produite par les anthères qui effectue, par le contact avec le stigmate, la fécondation des semences. Cette fécondation est amenée par le moyen de tubes (tubes à pollen) qui sortent de graines à pollen adhérant au stigmate et pénètrent à travers les tissus jusqu'à l'ovaire.

Polyandriques (Fleurs). — Fleurs ayant beaucoup d'étamines.

Polygames (Plantes). — Plantes chez lesquelles quelques fleurs ont un seul sexe et d'autres sont hermaphrodites. Les fleurs à un seul sexe (mâles et femelles) peuvent se trouver sur la même plante ou sur différentes plantes.

Polymorphique. — Présentant beaucoup de formes.

Polyzoaires. — La structure commune formée par les cellules des polypes, tels que les coraux.

Préhensile. — Capable de saisir.

Prépotent. — Ayant une supériorité de force ou de puissance.

Primaires. — Les plumes formant le bout de l'aile d'un oiseau et insérées sur la partie qui représente la main de l'homme.

Propolis. — Matière résineuse recueillie pur les abeilles sur les boutons entr'ouverts de différents arbres.

Protéen. — Excessivement variable.

Protozoaires. — La division inférieure du règne animal. Ces animaux sont composés d'une matière gélatineuse et ont à peine des traces d'organes distincts. Les infusoires, les foraminifères et les éponges, avec quelques autres espèces, appartiennent à cette division.

Pupe. — La seconde période du développement d'un insecte après laquelle il apparaît sous une forme reproductive parfaite (ailée). Chez la plupart des insectes, la période pupale se passe dans un repos parfait. La chrysalide est l'état pupal des papillons

Radicule. — Petite racine d'une plante à l'état d'embryon.

Rétine. — La membrane interne délicate de l'œil, formée de filaments nerveux provenant du nerf optique et servant à la perception des impressions produites par la lumière.

Rétrogression. — Développement rétrograde. Quand un animal, en approchant de la maturité, devient moins parfait qu'on aurait pu s'y attendre d'après les premières phases de son existence et sa parenté connue, on dit qu'il subit alors un développement ou une métamorphose rétrograde.

Rhizopodes. — Classe d'animaux inférieurement organisés (protozoaires) ayant le corps gélatineux, dont la surface peut proéminer en forme d'appendices semblables à des racines ou à des filaments, qui servent à la locomotion et à la préhension de la nourriture. L'ordre le plus important est celui des foraminifères.

Roches métamorphiques. — Roches sédimentaires qui ont subi une altération généralement par l'action de la chaleur, après leur dépôt et leur consolidation.

Roches plutoniennes. — Voir Plutoniennes.

Rongeurs. — Mammifères rongeurs, tels que les rats, les lapins et les écureuils. Ils sont surtout caractérisés par la possession d'une seule paire de dents incisives en forme de ciseau dans chaque mâchoire, entre lesquelles et les dents molaires il existe une lacune très prononcée.

Rubus. — Le genre des ronces.

Rudimentaire. — Très imparfaitement développé.

Ruminants. — Groupe de quadrupèdes qui ruminent ou remâchent leur nourriture, tels que les bœufs, les moutons et les cerfs. Ils ont le sabot fendu, et sont privés des dents de devant à la mâchoire supérieure.

Sacral. — Appartenant à l'os sacrum, os composé habituellement de deux ou plusieurs vertèbres auxquelles, chez les animaux vertébrés, sont attachés les côtés du bassin.

Sarcode. — La matière gélatineuse dont sont composés les corps des animaux inférieurs (protozoaires).

Scutelles. — Les plaques cornées dont les pattes des oiseaux sont généralement plus ou moins couvertes, surtout dans la partie antérieure.

Sédimentaires (Formations). — Roches déposées comme sédiment par l'eau.

Segments. — Les anneaux transversaux qui forment le corps d'un animal articulé ou annélide.

Sépale. — Les feuilles ou segments du calice, ou enveloppe extérieure d'une fleur ordinaire. Ces feuilles sont généralement vertes, mais quelquefois aussi brillamment colorées.

Sessiles. — Qui n'est pas porté par une tige ou un support.

Silurien (Système). — Très ancien système de roches fossilifères appartenant à la première partie de la série paléozoïque.

Sous-cutané. — Situé sous la peau

Spécialisation. — L'usage particulier d'un organe pour l'accomplissement d'une fonction déterminée.

Sternum. — Os de la poitrine.

Stigmate. — La portion terminale du pistil chez les plantes en fleur.

Stipules. — Petits organes foliacés, placés à la base des tiges des feuilles chez beaucoup de plantes.

Style. — La partie du milieu du pistil parfait qui s'élève de l'ovaire comme une colonne et porte le stigmate à son sommet.

Suctorial. — Adapté pour l'action de sucer.

Sutures (dans le crâne). — Les lignes de jonction des os dont le crâne est composé.

Système cambrien. — Voir Cambrien.

Système dévonien. — Voir Dévonien.

Système laurentien. — Voir Laurentien.

Système silurien. — Voir Silurien.

Tarse. — Les derniers articles des pattes d'animaux articulés, tels que les insectes.

Téléostéens (Poissons). — Poissons ayant le squelette généralement complètement ossifié et les écailles cornées, comme les espèces les plus communes d'aujourd'hui.

Tentacules. — Organes charnus délicats de préhension ou du toucher possédés par beaucoup d'animaux inférieurs.

Tertiaire. — La dernière époque géologique, précédant immédiatement la période actuelle.

Trachée. — La trachée-artère ou passage pour l'entrée de l'air dans les poumons.

Travailleurs. — Voir Neutres.

Tridactyle. — À trois doigts, ou composé de trois parties mobiles attachées à une base commune.

Trilobites. — Groupe particulier de crustacés éteints, ressemblant quelque peu à un cloporte par la forme extérieure, et, comme quelques-uns d'entre eux, capable de se rouler en boule. Leurs restes ne se trouvent que dans les roches paléozoïques, et plus abondamment dans celles de l'âge silurien.

Trimorphes. — Présentent trois formes distinctes.

Unicellulaire. — Consistant en une seule cellule.

Vasculaire. — Contenant des vaisseaux sanguins.

Vermiforme. — Pareil à un ver.

Vertébrés ou Animaux vertébrés. — La classe la plus élevée du règne animal, ainsi appelée à cause de la présence, dans la plupart des cas, d'une épine dorsale composée de nombreuses articulations ou vertèbres, qui constitue le centre du squelette et qui, en même temps, soutient et protège les parties centrales du système nerveux.

Vésicule germinative. — Une petite vésicule de l'œuf des animaux dont procède le développement de l'embryon.

Zoé (Forme). — La première période du développement de beaucoup de crustacés de l'ordre supérieur, ainsi appelés du nom de Zoéa, appliqué autrefois à ces jeunes animaux, qu'on supposait constituer un genre particulier.

Zooïdes. — Chez beaucoup d'animaux inférieurs (tels que les coraux, les méduses, etc.) la reproduction se fait de deux manières, c'est-à-dire au moyen d'œufs et par un procédé de bourgeons avec ou sans la séparation du parent de son produit, qui est très souvent différent de l'œuf. L'individualité de l'espèce est représentée par la totalité des formes produites entre deux reproductions sexuelles, et ces formes, qui sont apparemment des animaux individuels, ont été appelées Zooïdes.

FIN

UltraLetters vous invite à lire ou relire...

Collection Classiques

Charles Darwin, *L'Origine des espèces*.

Comte de Lautréamont, *Les Chants de Maldoror, Lettres & Poésies*.

Nicolas Machiavel, *Le Prince*.

Oscar Wilde, *Le Portrait de Dorian Gray*.

Arthur Young, *Voyages en France en 1797, 88, 89 et 1790*.

Collection Gastronomie

Eric Lorio, *Pizzas, 50 recettes culte originales & classiques*.

www.ingramcontent.com/pod-product-compliance
Lightning Source LLC
Chambersburg PA
CBHW060315200326
41519CB00011BA/1732